● 全国中等职业学校机械电子类专业规划教材

电力拖动控制线路与技能训练

田建苏　张文燕　朱小琴　主　编
陶忠德　副主编
张　梅　汪　华　参　编
蒋金元　主　审

科学出版社
北　京

内 容 简 介

本书根据国家人力资源和社会保障部颁发的全国中等职业技术学校机械类专业教学计划与教学大纲编写，是中等职业学校电类专业理论与技能教学的一体化教材。

全书共分为4个章节：第1章为常用低压电器及其拆装与维修，主要介绍低压开关、熔断器、主令电器、接触器、继电器等常用电器及其安装、故障与维修；第2章为电动机基本控制线路及安装维修，主要介绍电动机的全压启动、降压启动、制动、调速等控制原理；第3章为常用机床电气控制线路及维修，主要介绍车床、磨床、钻床、铣床、镗床、桥式起重机等设备的电气控制线路；第4章为自动调速系统及调试与维修，主要介绍直流调速系统、电机扩大机的控制过程、变频调速系统以及可编程控制器的应用等。

本书可作为中等职业学校、高职院校电类专业教学用书，也可供一线电气维修专业人员参考。

图书在版编目（CIP）数据

电力拖动控制线路与技能训练/田建苏，张文燕，朱小琴主编. —北京：科学出版社，2009

（全国中等职业学校机械电子类专业规划教材）

ISBN 978-7-03-024150-4

Ⅰ.电… Ⅱ.①田…②张…③朱… Ⅲ.电力拖动—自动控制系统—专业学校—教材 Ⅳ.TM921.5

中国版本图书馆CIP数据核字（2009）第028946号

责任编辑：何舒民 张振华 / 责任校对：刘彦妮

责任印制：吕春珉 / 封面设计：北京美光制版有限公司

科学出版社 出版

北京东黄城根北街16号

邮政编码：100717

http：//www.sciencep.com

三河市骏杰印刷有限公司印刷

科学出版社发行 各地新华书店经销

*

2009年4月第 一 版 开本：787×1092 1/16

2020年10月第十次印刷 印张：29 1/2

字数：684 000

定价：60.00元

（如有印装质量问题，我社负责调换〈骏杰〉）

销售部电话 010-62136131 编辑部电话 010-62137154（ST03）

前　言

本书根据国家人力资源和社会保障部颁发的全国中等职业技术学院机械类专业教学计划与教学大纲编写。

本书充分体现“宽专业”的特点，是一本培养“一专多能”复合型人才的较好教材。

本书主要体现了以下几个方面的特点：

第一，以能力为主，重视实践能力的培养，突出职业技术教育特色。根据机械类专业毕业生从事职业的实际需要，合理确定学生应具备的能力结构与知识结构，加强实践性教学内容，以满足企业对技能型人才的需求。

第二，采用最新国际标准，同时尽量充实有关新知识、新技术、新设备和新材料等方面的内容，力求使教材具有时代特征。

第三，贯彻“易教易学”的原则，尽可能使用图片、实物照片或表格形式，将各个知识点生动地展示出来；每章前明确了教学目标，节前均交代了知识点和技能点，引导和培养学生自主学习的能力，也便于教师对各节重点、难点的掌握。

为便于教学，本书每章后附有一定数量的习题。本书安排 730 学时。

本书由田建苏、张文燕、朱小琴、陶忠德、张梅、汪华共同编写，蒋金元主审。

本书在编写过程中，参阅了大量的文献，在此向原作者致以衷心的感谢。书中大量图片编辑和处理得到了张绪国的大力支持和协助，在此对他表示特别的感谢。

由于作者水平有限，不足之处在所难免，恳请广大读者指正。

目 录

第1章

常用低压电器及其拆装与维修

【教学目标】

- **熟悉**

负荷开关、转换开关、低压断路器的用途、常用型号、结构和工作原理
主令控制器的用途、型号规格、电气符号、装拆及常见故障处理方法
电磁铁和频敏变阻器的安装、使用及常见故障的排除方法

- **掌握**

负荷开关、转换开关、低压断路器的选用、安装方法及常见故障排除
熔断器的保护方式、电气符号、选用原则及故障维修方法
接触器的用途、电气符号、结构及工作原理、拆装、调试及常见故障维修
中间继电器、热继电器、时间继电器、速度继电器的用途、分类、电气符号、选用、拆装及维修方法
电磁铁、凸轮控制器和频敏变阻器的用途、电气符号、工作原理、凸轮控制器的选用和常见故障处理方法

- **了解**

低压电器的分类、产品标准和常用术语
其他低压元器件的用途、结构、原理及功能特点
电子式低压元器件的功能特点及应用前景

1.1　概述

知识点

- 了解低压电器的分类、产品标准和常用术语
- 了解低压电器产品型号类组代号

技能点

- 熟练进行低压电器分类
- 熟悉元件型号的含义及组成，并会查各类参数表

凡是根据外界特定的信号或要求，自动或手动接通和断开电路，断续或连续地改变电路参数，实现对电路或非电现象的切换、控制、保护、检测和调节的电气设备均称为电器。根据工作电压的高低，电器可分为高压电器和低压电器。低压电器是指工作在交流额定电压1200V及以下、直流额定电压1500V及以下的电路中，对供电、用电系统进行控制保护和调节的电器产品。

随着科学技术的迅猛发展，工业自动化程度不断提高，供电系统的容量不断扩大，低压电器的使用范围也日益扩大，其品种规格不断增加，产品的更新换代速度加快，低压电器的额定电压等级有相应提高的趋势。同时电子技术也广泛应用于低压电器中，无触点电器得到逐步应用。

低压电器的种类很多，本单元主要介绍低压开关、熔断器、主令电器、接触器、继电器及电磁铁等在电力拖动和自动控制系统中常用的低压电器。

1.1.1　低压电器的分类

1. 按使用系统，可分为低压配电电器和低压控制电器两类

1）低压配电电器：主要用于低压供电系统。当电路出现故障（过载、短路、欠压、失压、断相、漏电等）时，断开故障电路，起保护作用。主要电器有刀开关、组合开关、低压断路器及熔断器等。

2）低压控制电器：主要用于电力传动控制系统。能分断过载电流，但不能分断短路电流。主要电器有接触器、继电器、电磁铁等。

2. 按动作方式，可分为自动切换电器和非自动切换电器两类

1）自动电器：是依靠电器本身参数的变化或外来信号的作用，自动完成接通或分断等动作，如低压断路器、接触器、继电器等。

2）手动电器：主要依靠外力（即手控）直接操作来进行切换，如按钮、刀

开关等。

3. 按工作原理，可分为电磁式电器和非电量控制电器

1）电磁式电器：电磁机构控制电器动作。

2）非电量控制电器：非电磁式控制电器动作。

4. 按执行机构，可分为有触点电器和无触点电器两类

1）有触点电器：具有可分离的动触点和静触点，利用触点的接触和分离来实现电路的通、断控制。

2）无触点电器：没有可分离的触点，主要利用半导体元器件的开关效应来实现电路的通、断控制。

1.1.2 低压电器的产品标准

低压电器产品标准的内容通常包括产品的用途、适用范围、环境条件、技术性能要求、试验项目和方法、包括运输的要求等，它是厂家和用户制造及验收的依据。

低压电器标准按内容性质可分为基础标准、专业标准和产品标准三大类。按批准的级别则分为国家标准（GB）、专业（部）标准（JB）和局批企业标准（JB/DQ）三级。因与国际接轨的需要，常用国际通用标准为IEC欧洲标准。

1.1.3 低压电器常用术语

1）通断时间：从电流开始在开关电器一个极流过瞬间起，到所有极的电弧最终熄灭瞬间为止的时间间隔。

2）燃弧时间：电器分断过程中，从触头断开（或熔体熔断）出现电弧的瞬间开始，至电弧完全熄灭为止的时间间隔。

3）分断能力：电器在规定的条件下，能在给定的电压下分断的预期分断电流值。

4）接通能力：开关电器在规定的条件下，能在给定电压下接通的预期接通电流。

5）通断能力：开关电器在规定的条件下，能在给定电压下接通和分断的预期接通电流值。

6）短路接通能力：在规定条件下，包括开关电器的出线端短路在内的接通能力。

7）短路分断能力：在规定条件下，包括电器的出线端短路在内的分断能力。

8）操作频率：开关电器在每小时内可能实现的最高循环操作次数。

9）通电持续率：电器化的有载时间和工作周期之比，常以百分数表示。

10）电（气）寿命：在规定的正常工作条件下，机械开关电器不需要修理或更换零件的负载操作循环次数。

1.1.4 低压电器型号组成形式

我国编制的低压电器产品型号适用于下列 12 大类产品：刀开关和转换开关、熔断器、断路器、控制器、接触器、启动器、控制继电器、主令电器、电阻器、变阻器、调整器、电磁铁。

低压电器产品型号组成形式及含义：

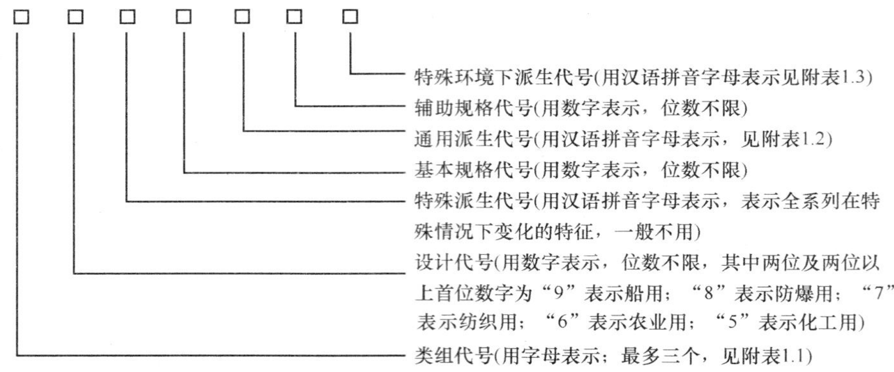

低压电器产品型号类组代号见附表 1.1。

低压电器产品型号通用派生代号见附表 1.2。

低压电器产品型号特殊环境条件派生代号见附表 1.3。

1.2 低压开关

知识点

- 熟悉负荷开关、组合开关、低压断路器的用途、型号、常用规格和结构
- 掌握负荷开关、组合开关、低压断路器的选用和安装方法
- 熟记负荷开关、组合开关、低压断路器的电气符号

技能点

- 掌握常用低压开关的拆装及并能排除常见故障

并关是最普通、使用最早的电器、其作用是分合电路、开断电流。

低压开关主要作隔离、转换及接通分断电路用，多数作机床电路的电源开关和局部照明电路的控制开关，有时也可用来直接控制小容量电动机的启动、停止和正、反转。

低压开关一般为非自动切换电器，常用的主要类型有刀开关、组合开关和低压断路器。随着自动化控制程度要求越来越高，自动切换开关已得到了广泛、实际的应用。

1.2.1 刀开关

刀开关又叫闸刀开关，是构造比较简单的手动电器，在低压电路中作为不频繁地接通和切断电路，或作为隔离开关使用。

刀开关根据刀片转换方向不同，可以分为单投刀开关和双投刀开关两种。按极数可分为单极、双极、三极等。

常见刀开关的如图 1.1 所示，其功能特性见表 1.1。

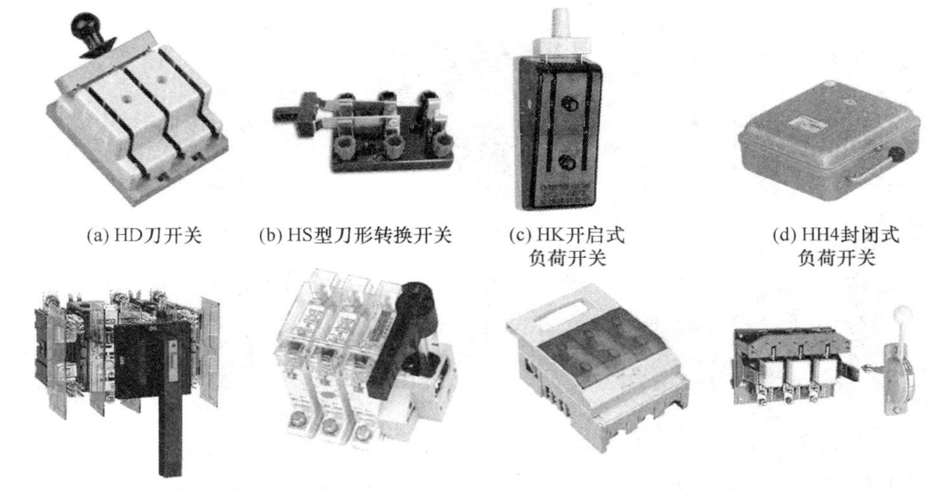

(a) HD刀开关　(b) HS型刀形转换开关　(c) HK开启式负荷开关　(d) HH4封闭式负荷开关

HH15型　NHR40型

(e) HH15隔离开关熔断器组　(f) NHR17系列熔断器式隔离开关　(g) HR3熔断器型号刀开关

图 1.1　刀开关的种类

表 1.1　常见刀开关的功能特性

型号名称	功能特性
HD、HS 开启式刀开关和刀型开关	适用于额定电压至 380V、直流至 440V，额定电流至 1500A 的成套配电装置中，作为不频繁地手动接通和分断交、直流电路或作隔离开关用（不装灭弧室）
HK 开启式负荷开关（胶壳刀开关）	适用于交流 50Hz，额定工作电压：单相 220V 或三相 380V，额定工作电流 10A 至 100A 的电路中，作不频繁地手动接通与分断负载电路及小容量线路的短路保护之用
HH 4 封闭式负荷开关（铁壳开关）	操作机构具有速断弹簧与机械联锁，用于非频繁起动、28kW 以下的三相异步电动机
HH15 系列隔离开关熔断器组	主要使用在具有高短路电流的配电电路和电动机电路中，作为手动不频繁操作的主开关或总开关。尤其适合于安装在较高级的抽屉式低压成套装置中
HR3 系列熔断器式刀开关	适用于交流 380V，额定电流至 600A 的配电系统中作为短路保护和电缆，导线的过载保护之用。在正常情况下，可供不频繁地手动接通和分断正常负载电流与过载电流，在短路情况下，由熔断器分断电流。具有刀开关和熔断器的双重功能，采用这种组合开关电器可以简化配电装置结构，经济实用，越来越广泛地用在低压配电屏上

刀开关的典型结构如图 1.2 所示。它由手柄、触头、静夹座、进线座、出线

座和绝缘底板组成。推动手柄至合位（使触头插入静夹座中），电路接通。拉下手柄至分位，电路即断开。

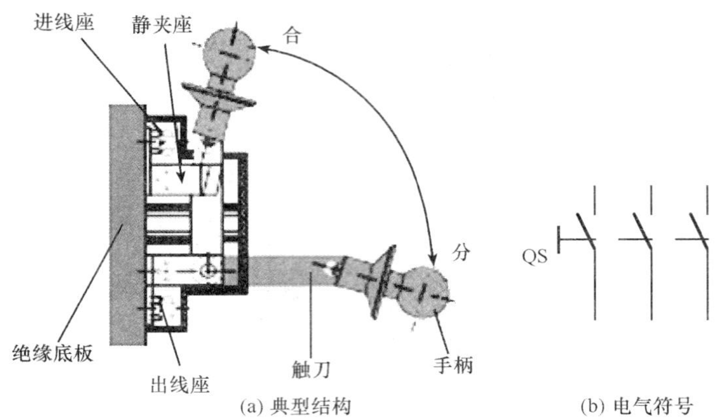

(a) 典型结构　　(b) 电气符号

图 1.2　刀开关的典型结构及电气符号

在电力拖动控制线路中常用的是由刀开关和熔断器组合而成的负荷开关。负荷开关分为开启式负荷开关和封闭式负荷开关两种。

1. 开启式负荷开关

开启式负荷开关又称为瓷底胶盖刀开关，简称闸刀开关。外形见图 1.2（b）所示。生产中常用的是 HK 系列开启开关式负荷开关，适用于照明、电热设备及小容量电动机控制线路中，供手动不频繁地接通和分断电路，并起短路保护的作用，具有价格便宜、使用维修方便的优点，目前在农村普遍采用它来操作和控制电力排灌、电动脱粒、电动风扇、粮食加工机械等许多机械的拖动电机，使用非常普遍。

(1) 开启式负荷开关型号及字符含义

开启式负荷开关的型号及字符含义如下：

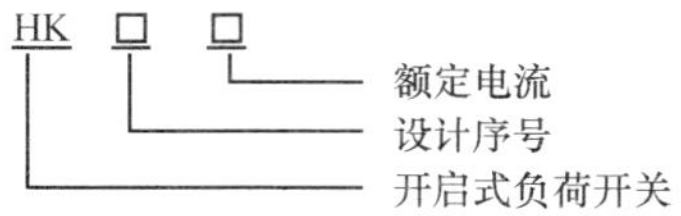

(2) 开启式负荷开关的结构

HK 系列负荷开关由刀开关和熔断器组合而成，结构如图 1.3（a）所示，主

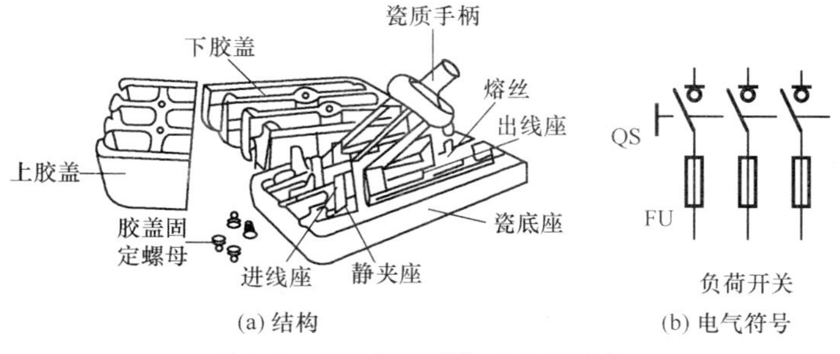

(a) 结构　　(b) 电气符号

图 1.3　HK 系列开启式负荷开关

要由瓷底座、进线座、出线座、静触头、熔丝、瓷质手柄、上、下胶盖及紧固螺钉等零件装配而成。开启式负荷开关在电路图中的符号如图 1.3（b）所示。

（3）开启式负荷开关的选用

由于开启式负荷开关的经济性和操作简单，被广泛应用于一般的照明电路和功率小于 5.5kW 的电动机控制线路中。但这种开关没有专门的灭弧装置，其刀式动触头和静夹座易被电弧灼伤而引起接触不良，因此不适用于操作频繁的电路。对开启式负荷开关的选用按如下方法：

1）用于照明和电热负载时，一般选用两极开关，额定电压 220V 或 250V，额定电流不小于电路所有负载额定电流之和。

2）用于控制电动机的直接启动和停止时，一般选用三极开关，额定电压 380V 或 500V，额定电流不小于电机额定电流 3 倍。

（4）安装与使用

为了保证开启式负荷开关的工作可靠性，安装与使用时要符合以下要求：

1）必须垂直安装，合闸状态时手柄应朝上如图 1.2 所示的“合”位置。绝不允许倒装或平装，防止操作手柄因重力掉落而发生误合闸事故，同时也利于电弧熄灭。

2）作为控制照明和电热负载使用时，要加装熔断器作短路和过载保护。接线时应按上进下出的原则（即电源进线接负荷开关的上方静触头侧的进线座，负载接负荷开关下方动触头侧的出线座）。这样在开关断开后，闸刀和熔丝上都不会带电，安全且方便更换熔丝。

3）作为电动机的控制开关时，应将开关的熔体部分用铜导线直连，在出线端另外加装熔断器作短路保护。

4）必须在闸刀断开的情况下，按原规格型号更换熔体。

5）分闸和合闸操作时，应动作迅速，使电弧尽快熄灭。

6）胶盖和瓷底一旦破损必须更换已损坏的零部件才能继续使用，否则易发生人身触电伤亡事故。

7）开启式负荷开关使用时必须特别注意使用中的安全问题。因开关的防尘、防水和防潮性都很差，所以不可放在地上使用，更不应户外露天安装使用，特别是农田作业。

常用的开启式负荷开关有 HK1～HK4 系列。以 HK1 为例其主要技术数据见表 1.2。

表 1.2　HK1 系列开启式负荷开关基本技术参数

<table>
<tr><th rowspan="3">型号</th><th rowspan="3">极数</th><th rowspan="3">额定电流值/A</th><th rowspan="3">额定电压值/V</th><th colspan="2" rowspan="2">可控制电动机最大容量值/kW</th><th colspan="4">配用丝规格</th></tr>
<tr><th colspan="3">熔丝成分/%</th><th rowspan="2">熔丝线径/mm</th></tr>
<tr><th>220V</th><th>380V</th><th>铅</th><th>锡</th><th>锑</th></tr>
<tr><td>HK1-15</td><td>2</td><td>15</td><td>220</td><td>—</td><td>—</td><td rowspan="6">98</td><td rowspan="6">1</td><td rowspan="6">1</td><td>1.45～1.59</td></tr>
<tr><td>HK1-30</td><td>2</td><td>30</td><td>220</td><td>—</td><td>—</td><td>2.30～2.52</td></tr>
<tr><td>HK1-60</td><td>2</td><td>60</td><td>220</td><td>—</td><td>—</td><td>3.36～4.00</td></tr>
<tr><td>HK1-15</td><td>3</td><td>15</td><td>380</td><td>1.5</td><td>2.2</td><td>1.45～1.59</td></tr>
<tr><td>HK1-30</td><td>3</td><td>30</td><td>380</td><td>3.0</td><td>4.0</td><td>2.30～2.52</td></tr>
<tr><td>HK1-60</td><td>3</td><td>60</td><td>380</td><td>4.5</td><td>5.5</td><td>3.36～4.00</td></tr>
</table>

(5) 常见故障及处理方法

开启式负荷开关的常见故障及处理方法见表 1.3。

表 1.3　开启式负荷开关的常见故障及处理方法

故障现象	可能的原因	处理方法
合闸后，开关一相或两相开路	1）静触头开口过大，弹性消失，造成动、静触头接触不良 2）熔丝熔断或虚连 3）动、静触头氧化或有尘污 4）开关进线或出线线头接触不良	1）修整或更换静触头 2）更换熔丝或紧固 3）清洁触头 4）重新连接
合闸后，熔丝熔断	1）外接负载短路 2）熔体规格偏小 3）开关出线接头接触不良造成局部发热	1）排除负载短路故障 2）按要求更换熔体 3）按要求重新接线
触头烧坏	1）开关容量太小 2）分、合闸动作过慢，造成电弧过大，烧坏触头	1）更换开关 2）修整或更换触头，并改善操作方法

2. 封闭式负荷开关

封闭式负荷开关是在开启式负荷开关的基础上改进设计的一种开关。其操作性能、灭弧性能、通断性能和安全防护性能都有所提高。一般用于手动、不频繁地接通和断开带负载的电路，可作为线路末端的短路保护，也可用于控制 15kW 以下的交流电动机不频繁的直接启动和停止。

(1) 封闭式负荷开关的型号及字符含义

封闭式负荷开关的型号及字符含义如下：

(2) 封闭式负荷开关的结构

常用的封闭式负荷开关有 HH3、HH4、HH12、HH15 系列，其中 HH4 系列为全国统一设计产品，它的结构如图 1.4 所示，主要由刀开关、熔断器、操动

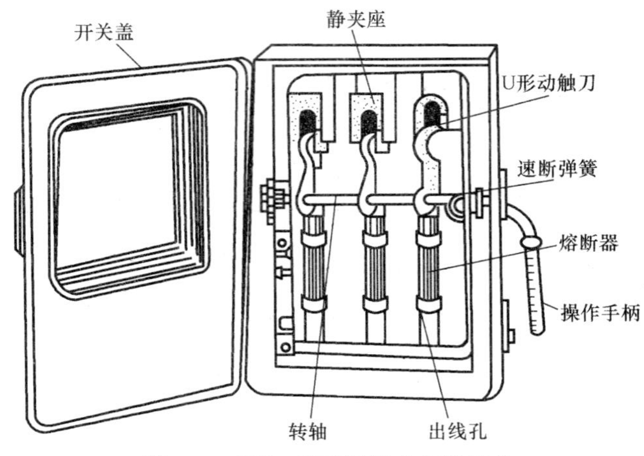

图 1.4　HH4 系列封闭式负荷开关

机构和外壳组成。这种开关的操作机构具有以下特点：

1）采用了储能分合闸方式，使触头的分、合速度与手柄操作速度无关，有利于迅速熄灭电弧，从而提高了开关的通断能力，延长其使用寿命。

2）设置了连锁装置，保证开关在合闸状态下开关盖不能开启，而在开关盖开启时不能合闸，确保操作安全。

封闭式负荷开关的电气符号与开启式负荷开关相同，见图 1.3（b）。

（3）封闭式负荷开关的选用

封闭式负荷开关的选用，应符合如下技术条件：

1）封闭式负荷开关的额定电压≥线路工作电压。

2）用于控制照明、电热负载时，封闭式负荷开关的额定电流≥所有负载额定电流之和。

3）用于控制电动机时，封闭式负荷开关的额定电流≥电动机额定电流的 3 倍，或根据表 1.4 选择。

表 1.4　HH4 系列封闭式负荷开关基本技术参数

型　　号	额定电流/A	刀开关极限通断能力（在 110%额定电压时）			熔断器极限分断能力			控制电动机最大功率/kW	熔体额定电流/A	熔体（紫铜丝）直径/mm
		通断电流/A	功率因数	通断次数	分断电流/A	功率因数	分断次数			
HH4-15/3Z	15	60	0.5	10	750	0.8	2	3.0	6 10 15	0.26 0.35 0.46
HH4-30/3Z	30	120	0.5	10	1500	0.7	2	7.5	20 25 30	0.65 0.71 0.81
HH4-60/3Z	60	240	0.4	10	3000	0.6	2	13	40 50 60	0.92 1.07 1.20

（4）安装与使用注意事项

封闭式负荷开关安装与使用应符合以下几条要求：

1）封闭式负荷开关必须垂直安装，以操作方便和安全为原则，安装高度一般离地不低于 1.3～1.5m。

2）开关外壳必须可靠接地。

3）接线时，电源进线由进线孔穿入后，接在静夹座侧的端子上，负载引线接在熔断器侧的端子上后，由出线孔穿出。

4）操作时，要站在开关的手柄侧，不可站在开关的正面，避免因发生意外故障而开关不能分断短路电流时，开关爆炸，铁壳飞出伤人。

5）一般不用额定电流 60A 以上的封闭式负荷开关控制电动机，以免发生弧光烧手事故。

6）要经常注意检查熔断器底座是否破裂、动静触头接触情况、储能弹簧是否老化等，并及时更换易损坏部件，确保开关的安全运行。

（5）常见故障及处理方法（表 1.5）

表 1.5　封闭式负荷开关常见故障及处理方法

故障现象	可能的原因	处理方法
操作手柄带电	1）外壳未接地或接地线松脱 2）电源进出线绝缘损坏碰壳	1）检查后，加固接地线 2）更换导线或恢复绝缘
夹座（静触头）过热或烧坏	1）夹座表面烧毛 2）闸刀与夹座压力不足 3）负载额定电流大于开关额定电流	1）用细锉刀修整夹座 2）调整夹座压力 3）减轻负载或更换大容量开关

1.2.2　组合开关

组合开关由于可实现多组触点同时通断而得名，实际上是一种转换开关。它体积小，安装面积也小，触头对数多，接线方式灵活，灭弧性能较好（在封闭的触头盒内灭弧），操作方便。组合开关也是一种刀开关，其操作手柄是在平行于其安装面的平面内，向左或向右转动。组合开关广泛用于交流 50Hz、380V 以下的线路中，手动不频繁地接通和断开电路、换接电源和负载、测量三相电压及控制 5kW 以下小容量异步电动机的启动、停止和正反转、变速。有单极、双极、三极和四极等，额定电流有 6～100A 多种等级。组合开关的常用型号有：HZ10、HZ5、HZ12、HZ15 等，部分外形见图 1.5 所示。

图 1.5　部分组合开关外形

（1）组合开关的型号及电气符号含义

组合开关的型号如下，电气符号含义见表 1.6。

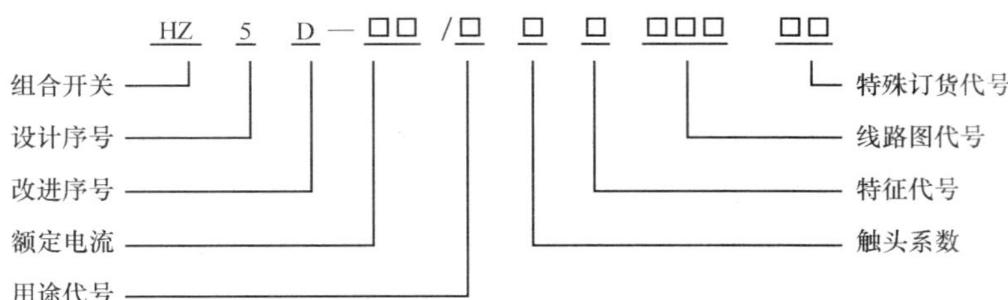

表 1.6 组合开关各代号含义

类　别	代　号	含　义
基本规格（额定电流）	10	约定发热电流 $I_{th}=10A$
	16	$I_{th}=16A$
	25	$I_{th}=25A$
用途代号	L	电源开关
触头系数（层数）	M	电动机控制开关
	无代号	线路转换开关
	0～9	1～9 数字代表 1～9 层，0 代表 10 层
特征代号	见特征代号表	表示操作方式、操作器（手柄）位置数、操作角度关系
线路图代号	详见说明书	表示不同用途开关的触头开闭状态
特殊订货代号	TH	三防产品
	DM	大面板、大手柄
注：开关的基本形式为 48×48 白面板和黑手柄，也可定制		

(2) 组合开关的结构

HZ 系列组合开关，其中 HZ10 系列是全国统一设计产品，具有性能可靠、结构简单、组合性强、寿命长等优点。随着新技术的不断发展和应用新型多功能的组合开关在生产中已得到进一步的应用，如 HZ5、HZ12 等系列。

HZ5D-40/3 型组合开关的外形与结构如图 1.6 所示，主要技术数据见表 1.7。开关的三对静触头分别装在三层绝缘垫板上，并附有接线柱，用于与电源及用电设备相接。动触头由磷铜片（或是硬紫铜片）和具有良好灭弧性能的绝

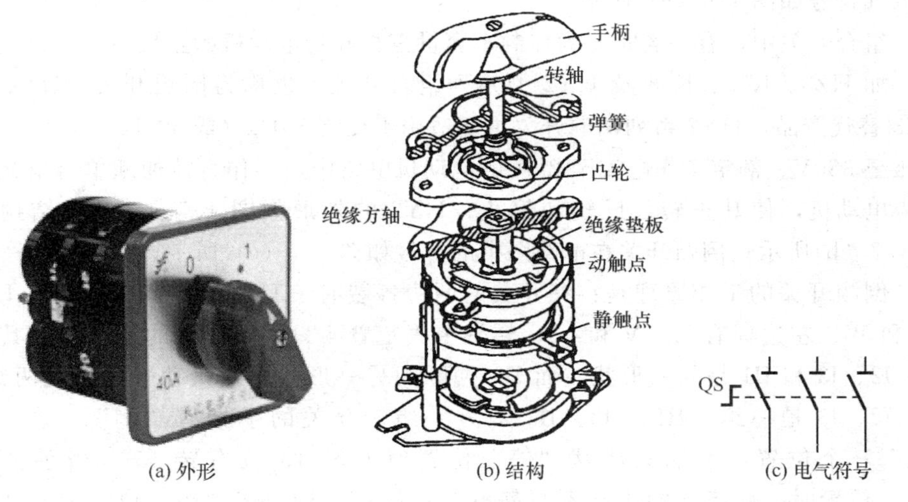

(a) 外形　(b) 结构　(c) 电气符号

图 1.6 HZ5D-40/3 型组合开关

缘钢纸板铆合而成，并和绝缘垫板一起套在附有手柄的方形绝缘转轴上。手柄和转轴能在平行于安装面的平面内沿顺时针或逆时间方向每次转动 90°，带动三个动触头分别与三对静触头接触或分离，实现接通或分断电路的目的。开关的顶盖部分是由滑板、凸轮、扭簧和手柄等构成的操动机构。由于采用了扭簧储能，可使触头快速闭合或分断，提高了开关的通断能力。

表 1.7　HZ5D 主要技术数据

项目	单位	HZ5D-10	HZ5D-16	HZ5D-25
额定绝缘电压 U_i	V	660	660	660
约定发热电流 I_{th}	A	10	16	25
操作频率	次/h	300	300	300
机械寿命	万次	300	200	100
用作电源开关 380V 额定工作电流 I_e（AC1/AC21）660V	A A	10 8	16 10	25 15
用作线路转换开关 220V 额定工作电流 I_e（AC15）380V	A A	6 4	8 6	12 8
用作电动机控制开关　380V 可控三相鼠笼电动机最大功率 （AC3/AC23）　660V	kW kW	4 3	5.5 4	7.5 5.5
电寿命（AC3/AC23）	万次	15	10	5
短路保护最大熔断器额定电流 I_N	A	10	16	25
接线端子连接导线最大截面	mm^2	1.5	2.5	4

组合开关的绝缘垫板可层层组合起来，最多可达 10 层。按不同方式配置动触头和静触头，可得到不同类型的组合开关，以满足不同的控制要求。组合开关的电气符号如图 1.6（c）所示。

组合开关中，有一类是专为控制小容量三相异步电动机的正反转而设计生产的。如 HZ3、K03、K05 及 HY2 型系列组合开关，也称为倒顺开关，HY2 是 HZ3 替代产品，HY2 系列倒顺开关主要适用于交流 50Hz（或 60Hz）、额定工作电压至 380V、额定工作电流至 20A 的电动机电路中，用作直接通断单台鼠笼式感应电动机，使其正转、反转和停止。HY2 的外形如图 1.7（a）；其结构如图 1.7（b）所示；倒顺开关在电路图中的符号如图 1.7（c）所示。

倒顺开关的工作原理是：在开关的两边各装有三只静触头，右边标有 L1、L2 和 W，左边标有 U、V 和 L3。转轴上固定着 6 只不同形状的动触头，其中 I1、I2、I3 和 II1 是同一形状，而 II2、II3 为另一形状，六只动触头分成两组，I1、I2、I3 是一组，II1、II2、II3 是另一组。开关的手柄有“倒”、“停”、“顺”三个位置，手柄只能从“停”位置时左转 45°或右转 45°。当手柄在“停”位置时，两组动触头都不与静触头接触；手柄位于“顺”位置时，动触头 I1、I2、I3 与静触头接通；而手柄处于“倒”位置时，动触头 II1、II2、II3

与静触头接通，如图 1.8 所示。倒顺开关触头的通断情况见表 1.8，表中“X”表示触头接通，空白处表示触头断开。

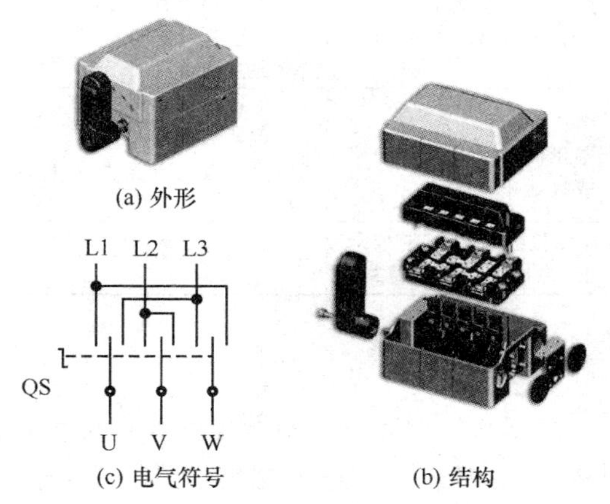

图 1.7 HY2 型倒顺开关

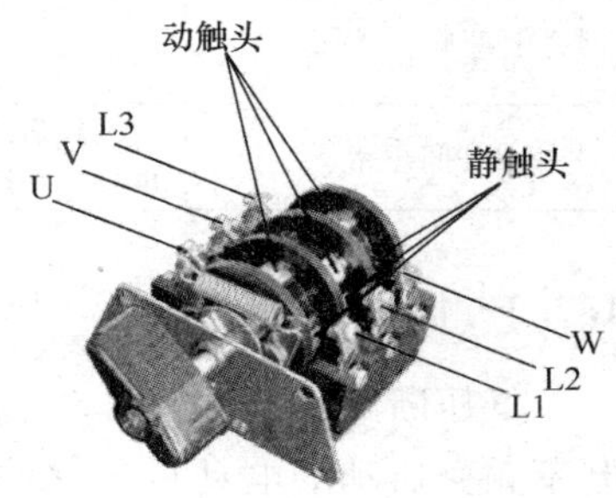

图 1.8 倒顺开关工作原理

(3) 组合开关的选用

应根据电源种类、电压等级、所需要触头数、接线方式和负载容量进行选用。用于直接控制异步电动机的启动和正转、反转时，开关的额定电流一般取电动机额定电流的 1.5～2.5 倍。

表 1.8 倒顺开关触头通断情况

触头	手柄位置		
	倒	停	顺
L1-U			×
L1-W	×		
L3-U	×		
L2-V	×		×
L3-W			×

(4) 组合开关的安装与使用

组合开关的安装与使用应符合以下几点要求：

1) 组合开关应安装在控制箱（或电柜）内，操作手柄最好在控制箱面板上或侧面。开关为断开状态时应使手柄在水平位置。HZ3、HY2 系列组合开关外壳应可靠接地。

2) 若需在箱内操作组合开关，开关应装在箱内右上方，且在其上方不安装其他电器，否则应采取隔离或绝缘措施。

3) 组合开关的通断能力虽然略高于闸刀开关，但还是比较低的，因此不能用来分断短路电流。若控制异步电动机的正反转，也必须在电动机完全停止转动后，才允许反向接通，且每小时的接通次数不能超过 20 次。

4) 当操作频率过高或负载功率因数较低时，应使开关的额定容量大于负载的计算容量一级，以延长其使用寿命。

5) 倒顺开关接线时，应特别注意看清开关接线端子标记，将开关两侧进出线中的一相互换，切忌接错，以免产生电源两相短路故障。

(5) 组合开关的常见故障及处理方法

组合开关的常见故障处理方法见表 1.9。

表 1.9　组合开关常见故障及处理方法

故障现象	可能的原因	处理方法
手柄转动后，内部触头未动	1）手柄上的轴孔磨损变形 2）绝缘杆变形（由方形磨为圆形） 3）手柄与方轴，或轴与绝缘杆杆松动 4）操动机构损坏	1）调换手柄 2）更换绝缘杆 3）坚固松动部件 4）修理更换
手柄转动后，动静触头不能按要求动作	1）组合开关型号选用不正确 2）触头角度装配不正确 3）触头失去弹性或接触不良	1）更换开关 2）重新装配 3）更换触头或除去氧化层和尘污
接线柱间短路	因铁屑或油污附着在接线柱间，形成导电层，将胶木烧焦，绝缘损坏而形成短路	更换开关

1.2.3　低压断路器

低压断路器也称为自动空气开关，可用来接通和分断负载电路，也可用来控制不频繁启动的电动机。它的功能相当于闸刀开关、过电流继电器、失压继电器、热继电器及漏电保护器等电器部分或全部的功能总和，是一种既有手动开关作用又能自动进行欠电压、失电压、过载和短路保护的开关电器，可用于不频繁地接通和断开线路及控制电动机的运行。低压断路器因具有多种保护功能（过载、短路、欠电压保护等）、动作值可调、分断能力高、操作方便、安全等优点，是电力拖动控制中重要的保护电器，所以目前已被广泛应用。

1. 低压断路器分类

低压断路器的分类详见表 1.10，外形见图 1.9。

(a) 小型低压断路器

固定式手柄操作

固定式旋转手柄操作

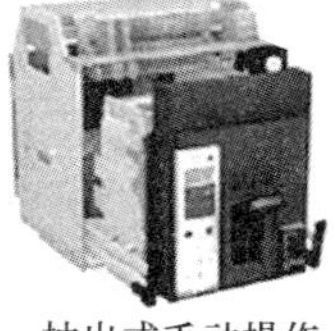

抽出式手动操作

抽出式电动操作

(b) 塑壳断路器

DW16万能式框架断路器

(c) 框架断路器

图 1.9　低压断路器外形图

表 1.10　低压断路器的分类

序号	类别	小型断路器	塑壳断路器（装置式）	框架断路器（万能式）
1	外形	图 1.9（a）	图 1.9（b）	图 1.9（c）
2	电流性质	直流和交流	直流和交流	交流
3	电流等级/A	1～63	63～800	630～6300
4	极数	1、2、3、4极	3、4极	3、4极
5	保护方式	限流式、带剩余电流保护式、带接地故障保护式		
6	操作方式	手动	手柄直接操作、杠杆操作、电磁铁操作、电动操作	
7	安装形式	固定式	固定式、抽出式、插入式	固定式、抽出式
8	接线方式		板前接和板后接线	后接线（水平和垂直）

2. 低压断路器的特点

1）额定短路分断能力高，具有短路限流结构。

2）保护功能齐全。

3）接线安全可靠。

4）智能化。

5）模块化、模数化。

6）附件功能齐全化

7）标准化设计安装。

在电力拖动控制系统中常用的断路器是自动空气开关和塑壳式断路器。下面以 DZ47 为例介绍低压断路器。

3. 低压断路器型号及含义

低压断路器型号及含义如下：

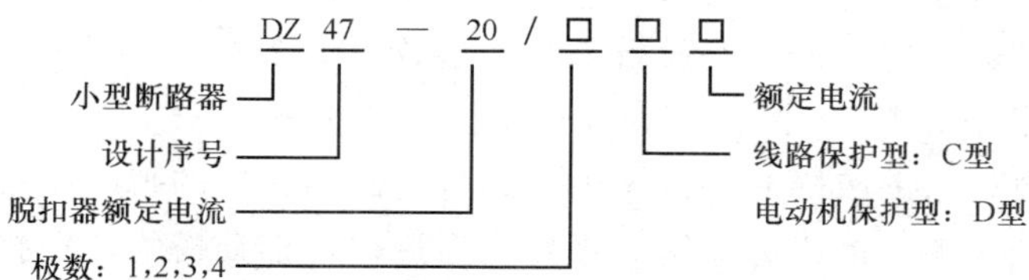

4. 低压断路器结构及工作原理

低压断路器由操作机构、动触头、静触头、保护装置（各种脱扣器）、灭弧系统等组成。其结构剖面见图 1.10，工作原理图及电气符号见图 1.11。

（1）合闸

低压断路器的主触点是靠手动操作或电动合闸的。使用时断路器主触头串联在被控制的三相电路中，上扳（按下接通）按钮时，外力使锁扣克服反作用弹簧的反力，将固定在锁扣上面的动触头与静触头闭合，并由锁扣锁住搭钩使动静触头保持闭合，开关处于接通状态。

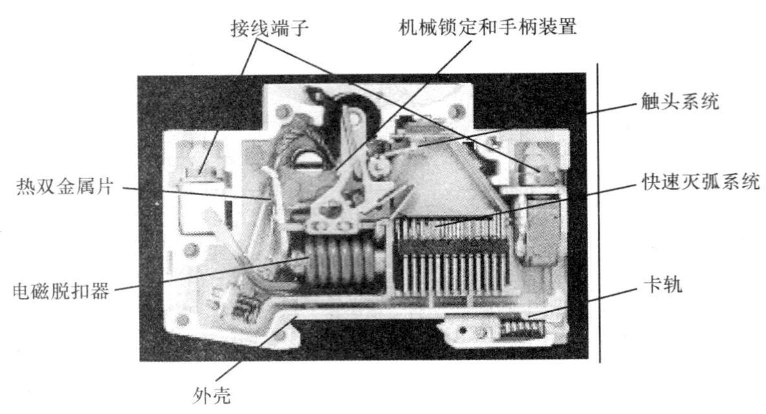

图 1.10　低压断路器结构剖面

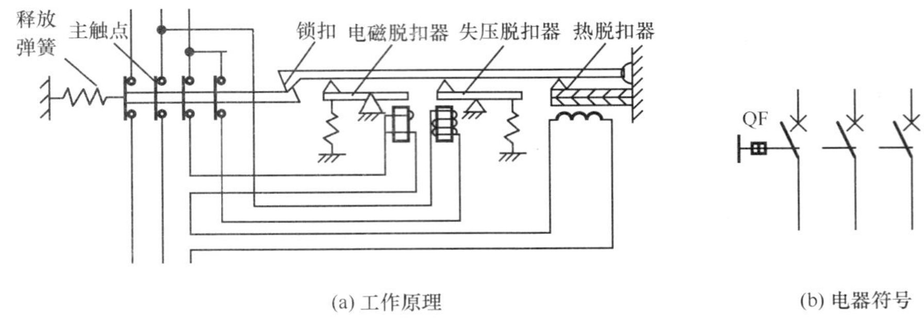

图 1.11　低压断路器

(2) 过载保护

当线路发生过载时，过载电流流过热元件产生一定的热量，使双金属片受热向上弯曲，通过杠杆推动搭钩与锁扣脱开，在反作用弹簧的推动下，动、静触头分开，从而切断电路，使线路设备不致因过载而烧毁。

(3) 短路保护

当线路发生短路故障时，短路电流超过电磁脱扣器的瞬时脱扣整定电流，电磁脱扣器产生足够大的吸力将衔铁吸合，通过杠杆推动搭钩与锁扣分开，从而切断电路，实现短路保护。低压断路器出厂时，电磁脱扣器的瞬时脱扣整定电流一般整定为断路器额定电流（I_N）的 10 倍。

(4) 欠压保护

欠压保护是由欠压脱扣器得电动作来实现的。欠压脱扣器的动作过程与电磁脱扣器恰好相反。当线圈电压正常时，欠压脱扣器的衔铁被吸合，衔铁与杠杆脱离，断路器的主触头能够闭合；当线路上的电压消失或下降到某一数值时，欠压脱扣器的吸力消失或减小到不足以克服弹簧的拉力时，衔铁在拉力弹簧的作用下撞击杠杆，将搭钩顶开，使触头分断。由此也可以看出，带欠压脱扣保护功能的断路器在欠压脱扣器两端无电压或电压过低时，不能接通电路。

(5) 手动分闸

需要手动分闸时，扳下（按下分断）按钮即可。

工作原理：主触点闭合后，自由脱扣机构将主触点锁在合闸位置上。过电流脱扣器的线圈和热脱扣器的热元件与主电路串联，欠电压脱扣器的线圈和电源并联。当电路发生短路或严重过载时，过电流脱扣器的衔铁吸合，使自由脱扣机构动作，主触点断开主电路。当电路过载时，热脱扣器的热元件发热使双金属片上弯曲，推动自由脱扣机构动作。当电路欠电压时，欠电压脱扣器的衔铁释放，也使自由脱扣机构动作。分励脱扣器则作为远距离控制用，在正常工作时，其线圈是断电的，在需要距离控制时，按下起动按钮，使线圈通电，衔铁带动自由脱扣机构动作，使主触点断开。

DZ47 型断路器的操作柄有 3 个位置，其传动原理如图 1.12 所示。

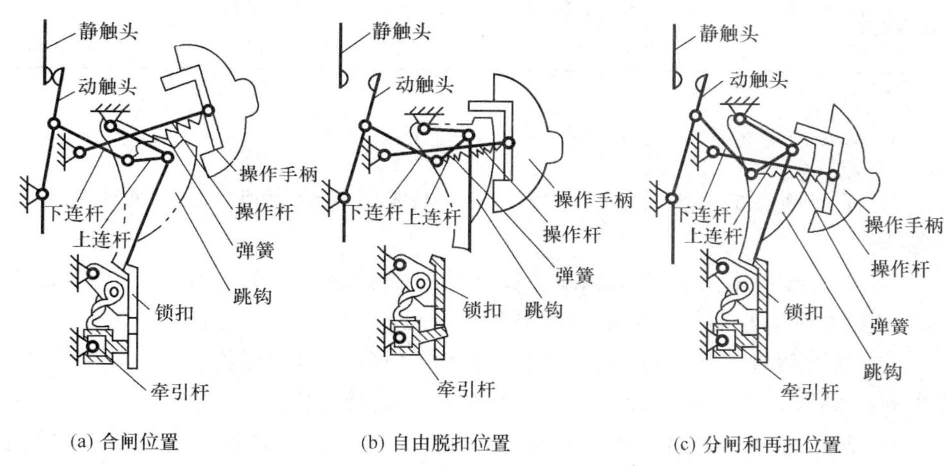

图 1.12 DZ47 型断路器操作传动原理

5. 低压断路器的一般选用原则

1) 低压断路器的额定电压和额定电流应不小于线路的正常工作电压和计算负载电流。

2) 热脱扣器的整定电流应等于所控制负载的额定电流。

3) 电磁脱扣器的瞬时脱扣整定电流应大于负载正常工作时可能出现的峰值电流。用于控制电动机的断路器，其瞬时脱扣整定电流可按下式选取：

$$I_z \geqslant K I_{st}$$

式中，K 为安全系数，可取 1.5～1.7，I_{st} 为电动机的启动电流。

4) 欠压脱扣器的额定电压应等于线路的额定电压。

5) 断路器的极限通断能力应不小于电路最大短路电流。

随着科学技术的不断发展与应用，低压断路器的生产型号除了国家统一设计外，越来越多的生产厂自主开发研制出新型断路器，并在型号中加入企业代码以示区别，现将国内外部分低压断路器生产厂家及型号列举于表 1.11 内，

以供参考。

表 1.11　低压断路器生产厂家及型号

分类（型号）			生产厂家
小型断路器	塑壳断路器	框架断路器	
S200、S280 系列	IsomaxS、Tmax 系列	Emax 系列	ABB
C65、Easy9、安家系列	NS 系列	MT、MW、MTE 系列	施耐德
5S 系列	3VL 系列	3WL、3WT 系列	西门子
CH1、CH2	KM1～2、KMZ、KML	KW1、KW2	常熟开关
DZ 系列	RDM 系列	RDW 系列	人民电器
DZ、NB 系列	NM、DZ 系列	NA、DW 系列	正泰
CDB、DZ 系列	SE、DZ5、DZ15	DW、CDW 系列	德力西
HZBE	HZMB、HZMBZ、HZLE	HZWE、HZW50	之江电器

6. 低压断路器的安装与使用

1）低压断路器应垂直于配电板安装，电源引线应接到上端，负载引线接到下端。

2）低压断路器用作电源总开关或电动机的控制开关时，在电源进线侧必须加装刀开关或熔断器等，以形成明显的断开点。

3）低压断路器在使用前应将脱扣器工作面的防锈油脂擦干净；各脱扣器动作值一经调整好，不允许随意变动，以免影响其动作值。

4）使用过程中若遇分断短路电流，应及时检查触头系统，若发现电灼烧痕，应及时修理或更换。

5）断路器上的积尘应定期清除，并定期检查各脱扣器动作值，给操作机构润滑剂。

DZ47-63 型低压断路器的技术数据见表 1.12。

表 1.12　低压断路器主要技术数据

项　　目	额定电流/A	极　　数	电压/V	通断能力/A
DZ47-63C	1、2、3、6、10、16、20、25、32、40	1	230/400	6000
		2、3、4	400	
	50、63	1	230/400	4000
		2、3、4	400	
DZ47-63D	1、2、3、6、10、16、20、25、32、40、50、63	1	230/400	4000
		2、3、4	400	

7. 常见故障处理

表 1.13 低压断路器的常见故障及处理方法

故障现象	可能的原因	处理方法
不能合闸	1）欠压脱扣器无电压或线圈损坏 2）储能弹簧变形 3）反作用弹簧力过大 4）机构不能复位再扣	1）检查施加电压或更换线圈 2）更换储能弹簧 3）重新调整 4）调整再捐款接触面至规定值
电流达到整定值，断路器不动作	1）热脱扣器双金属片损坏 2）电磁脱扣器的衔铁与铁心距离太大或电磁线圈损坏 3）主触头熔焊	1）更换双金属片 2）调整衔铁与铁心的距离或更换断路器 3）检查原因并更换主触头
启动电动机时断路器立即自行分断	1）电磁脱扣器瞬动整定值过小 2）电磁脱扣器某些零件损坏	1）调高整定值至规定值 2）更换脱扣器
断路器闭合后经一定时间自行分断	热脱扣器整定值过小	调高整定值至规定值
断路器温升过高	1）触头压力过小 2）触头表面过分磨损或接触不良 3）两个导电零件连接螺钉松动	1）调整触头压力或更多的弹簧 2）更换触头或修整接触面 3）重新拧紧

【例 1.1】 用低压断路器控制一型号为 Y132S-4 的三相异步电动机，电动机的额定功率为 5.5kW，额定电压 380V，额定电流 11.6A，启动电流为额定电流的 7 倍，试选择断路器的型号和规格。

解 （1）确定断路器的种类

根据电动机额定电流、额定电压及对保护的要求，初步确定选用 DZ47-63D 型低压断路器。

（2）确定热脱扣器额定电流

根据电动机的额定电流查断路器技术参数表（表 1.12），选择热脱扣器的额定电流为 16A，相应的电流整定范围为 10～16A。

（3）校验电磁脱扣器的瞬时脱扣整定值

电磁脱扣的瞬时脱扣整定电流为：$I_z=10\times16=160$A，而 $KI_{st}=1.7\times7\times11.6=138$A，满足 $I_z\geqslant KI_{st}$，符合要求。

（4）确定低压断路器的型号规格，根据以上分析计算，应选用 DZ47-63/3D16 型低压断路器

1.2.4 漏电断路器

漏电断路器适用于交流 50Hz 或 60Hz，额定电压单相 220V，三相 380V 的电力线路中作漏电保护之用。其额定电流与一般断路器相同。当线路中剩余电流超过某个固定值，达到人体触电电流时，漏电断路器能在 0.1s 内自动切断电源，从而保障人身安全，避免因漏电而引发的事故。

漏电断路器具有过载和短路保护功能，正常情况下亦可作线路的不频繁转换

之用。漏电断路器的外形见图 1.13 所示。图示型号中的“L”表示为电磁式漏电断路器，“LE”表示为电子式漏电断路器。

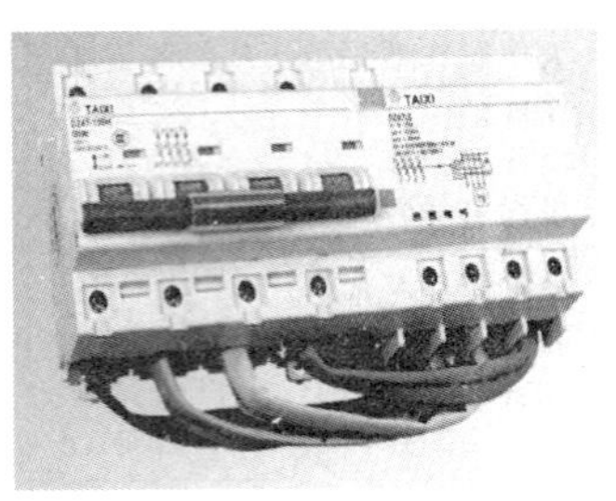

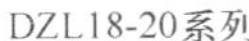

DZL18-20系列　　ZD47100LE系列　　DZ20LE系列

图 1.13　漏电断路器外形

1. 漏电断路器的结构

漏电断路器的结构是在一般断路器结构的基础上增加了零序电流互感器、漏电脱扣器、试验装置。其脱扣方式有电磁式脱扣和电子脱扣，与一般断路器相同，不同的是其动作电流由零序互感器提供。

（1）零序电流互感器作用

零序电流互感器是用来检测漏电信号，将其一次侧漏电电流变换为其二次侧的交流电压，经电子电路进行检波、放大后，再由执行电路分断供电线路，实现漏电保护功能。

（2）电磁式漏电脱扣器结构及作用

电磁式漏电脱扣器由衔铁、线圈、铁芯、永久磁铁、分磁板、拉力弹簧和铁轭组成。使用时，漏电脱扣器的线圈与零序电流互感器二次绕组相接，用来反映有无漏电电流。

（3）试验装置的作用

试验按钮的作用是随时可检查漏电断路器功能是否完好。

2. 电磁式电流动作型漏电断路器的工作原理

图 1.14 中 L 为电磁铁线图，漏电时可驱动闸刀开关 K1 断开，每个桥臂用两只 IN4007 串联可提高耐压。R_3、R_4 阻值很大，所以 K1 合上时，流经 L 的电流很小，不足以造成开关 K1 断开。R_3、R_4 为可控硅 T1、T2 是均压电阻，可以降低对可控硅的耐压要求。K2 为试验按钮，起模拟漏电的作用。按压下试验按钮 K2，K2 接通，相当于外线火线对大地有漏电，这样，穿过磁环的三相电源线和零线的电流矢量和不为零，磁环上的检测线圈的 a、b 两端就有电压输出，该项电压立即触发 T2 导通。由于 C_2 预先充有一定电压，T2 导通后，C_2 经 R_6、

R_5、T2 放电，使 R_5 上产生电压触发 T1 导通，T1、T2 导通后，流经 L 的电流大增，使电磁铁动作，驱动开关 K1 断开。用电设备漏电引起电磁铁动作的原理与此相同。R_1 为压敏电阻隔，起过压保护作用。

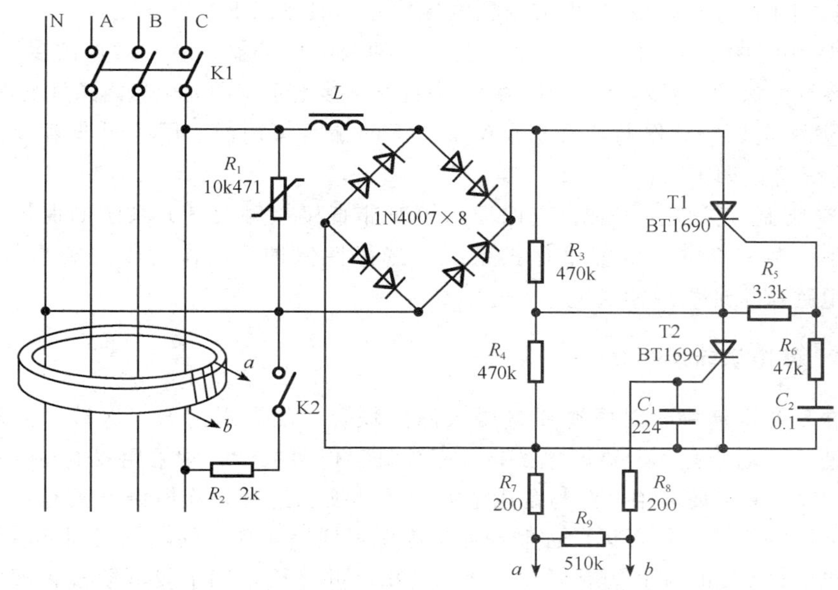

图 1.14　电磁式电流动作型漏电断路器的工作原理图

该断路器原理简单、零件少、维修方便，只是代换零件时一定要注意零件的可靠性和参数应符合要求。

3. 漏电保护器的选用

漏电断路保护器有两个功能：一是具有断路器的功能，二是具有漏电保护的功能。断路器的功能与一般低压断路器相同，所以该功能的选择与一般低压断路器的选择相同；漏电保护部分通过零序电流互感器来检测被保护电路内相线和中性线的电流瞬时值，判断对地泄漏电流的变化。

漏电保护器的选择考虑两个条件：一是漏电保护器的漏电动作电流必须躲过电网正常泄漏电流。二是漏电保护器的漏电动作电流必须小于引起火灾的最小点燃电流或人身安全电流。一般按以下原则选择漏电保护器。

1）漏电保护器的额定漏电不动作电流 $I_{\triangle 0}$，应不小于电气线路和设备的正常泄漏电流最大值的 2 倍。

2）漏电保护器的额定动作电流为额定漏电不动作电流的 2 倍。

3）电气线路和设备泄漏电流值与分级安装的漏电保护特性的配合：

① 用于单台用电设备时，漏电保护器动作电流应不小于正常运行实测泄漏电流的 4 倍，但也不能过大，以免因漏电引起触电事故和火灾。

② 配电线路的漏电保护器动作电流应不小于正常运行实测泄漏电流的 2.5 倍，

同时还应不小于其中泄漏电流最大的一台用电设备正常运行泄漏电流的 4 倍。

③ 用于全网保护时，动作电流应不小于实测漏电流的 2 倍。全网应全面增设漏电保护，防止因漏电引起火灾。

4）不同额定剩余动作电流的漏电保护器一般按以下原则选用：

① 额定剩余动作电流为 30mA 及以下的漏电保护器，用于对直接接触及 TT 配电系统的保护，及对不直接接触 IT 中性线不接地系统和完全暴露条件的保护。

② 额定剩余动作电流为 50mA 及以下的漏电保护器，用于对非直接接触及 TT 系统防止火灾的保护。

③ 配制选择性保护时，应保证除了对非直接接触及 TT 系统的保护外，还能对下级装有 30mA 的漏电保护系统作选择性保护。动作时仅隔离事故电路，其他电路应保证仍继续供电。

1.2.5 双电源转换开关

在日常生活中，对电源质量要求高的场合，如高层建筑、医院、商场、通信、消防等场合是不允许断电的，为了保证供电可靠性，常采用双电源转换开关（ATSE），来实现常用电源与备用电源间的切换。这种切换电源开关有自动和手动切换两种方式，能保证所控制和保护电源或线路实现不间断（或间断时间非常短）供电。ATSE 在我国有了几十年的历史，并经历了四个发展阶段，即两接触器型、两断路器型、励磁式专用转换开关和电动式专用转换开关，并向着小型化、一体化、智能化方向发展。常见型式如图 1.15 所示。

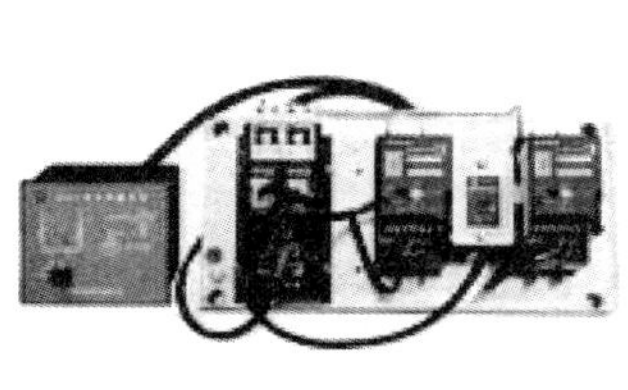

(a) 双断路器式自动转换开关

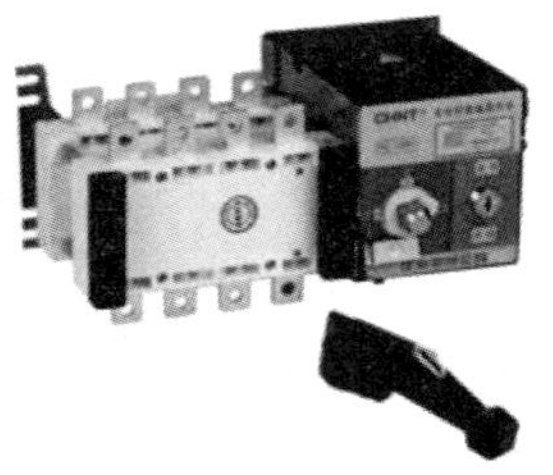

(b) 一体式自动转换开关

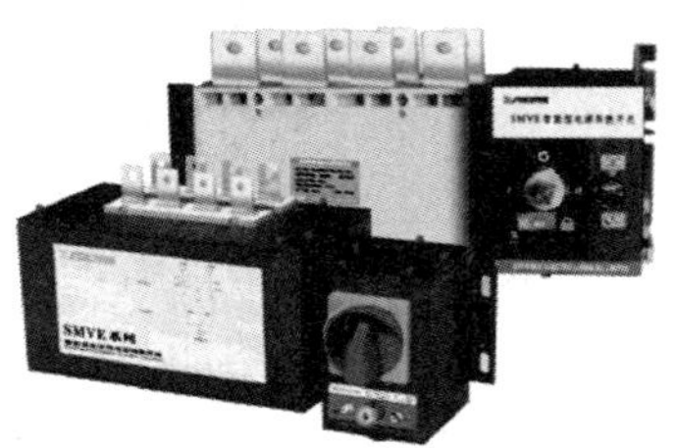

(c) 智能型自动转开关

图 1.15 双电源转换开关

技能训练 1.1 低压开关的拆装与维修

一、目的要求

熟悉常用低压开关的外形和基本结构，并能进行正确拆、装及排除故障。

二、工量具及器材清单

工量具及器材清单见表 1.14。

表 1.14　常用工量具及仪表清单

序　号	类　别	名　　称	型号规格	单　位	数　量	备　注
1	工具	测电笔、螺钉旋具、尖嘴钳、斜口钳、剥线钳、电工刀、活络扳手、镊子等		套	1	
2	仪表	兆欧表	5050 型或自定 500V，0～200MΩ	只	1	
		钳形电流表	0～50A	只	1	
		万用表	自定	只	1	
3	器材	开启式负荷开关	HK4	台	1	
		组合开关	HZ5D-40/3	只	1	
		倒顺开关	HY2	只	1	
		封闭式负荷开关	HH4-30/3	只	1	
		低压断路器	DZ47-63	台	1	
		低压断路器	DW10	台	1	

三、训练内容

1. 电器元件识别

将所给的电器元件的铭牌用胶布盖住并编号，根据电器元件实物写出元件的名称与型号，填入表 1.15 中。

表 1.15　电器元件识别

序　　号	名　　称	型号规格	单　　位	数　　量
1				
2				
3				
4				
5				
6				

2. 封闭负荷开关的基本结构与测量

将封闭式负荷开关的手柄扳到合闸位置，用万用表的电阻挡测量各对触头之间的接触情况。再用兆欧表测量每两相触头之间的绝缘电阻。打开开关盖，仔细观察其结构，将主要部件的名称和作用填入表 1.16 中。

表 1.16　封闭式负荷开关的主要结构与测量

型　　号	极数	触头间接触情况（好的打“√”，不好打“×”）			相间绝缘电阻/MΩ		
		L1 相	L2 相	L3 相	L1-L2	L2-L3	L1-L3
主要部件名称	主要部件作用						

3. 低压断路的结构

将一只 DZ47-63 型小型断路器的外壳拆开，认真观察其结构，将主要部件的作用和有关参数填入表 1.17 中。

表 1.17 低压断路器的结构

主要部件名称	主要部件作用	参 数
电磁脱扣器		
热脱扣器		
触头		
按钮		

4. 拆装步骤及工艺要求

1）卸下手柄紧固螺钉，取下手柄。

2）卸下支架上紧固螺母，取下顶盖、转轴弹簧和凸轮等操作机构。

3）抽出绝缘杆，取下绝缘垫板上盖。

4）拆卸三对动、静触头。

5）检查触头有否烧毛、损坏，视损坏程度进行修理或更换。

6）检查转轴弹簧是否松脱和消弧垫是否有严重磨损，根据实际情况确定是否调换。

7）将任一相的动触头旋转 90°，然后按拆卸的逆序进行装配。

8）装配时，应注意动、静触头的相互位置是否符合改装要求及叠片连接是否紧密。

9）装配结束后，先用万用表测量各对触头的通断情况，如果符合要求按图 1.7（c）所示连接线路进行通电校验。

10）通电校验必须在 1min 时间之内，连续进行 5 次分合闸试验，如 5 次全部成功为合格，否则须重新拆装。

5. 注意事项

1）拆装时，应将拆下的零件统一放入容器内，以防零件丢失；

2）拆卸过程中，不允许硬撬，以防损坏电器。

3）通电校验时，必须将组合开关紧固在校验板上（台）上，并有教师监护，以确保用电安全。

四、评分标准

评分标准见表 1.18。

表 1.18　评分标准

<table>
<tr><th>项目内容</th><th>配　分</th><th colspan="4">评分标准</th><th>扣　分</th></tr>
<tr><td>元件识别</td><td>20</td><td colspan="4">1）写错或漏写名称，每只　扣 4 分
2）写错或漏写型号，每只　扣 2 分</td><td></td></tr>
<tr><td>封闭式负荷开关的结构</td><td>20</td><td colspan="4">1）仪表使用方法错误　扣 5 分
2）不会测量或测量方法错误　扣 5 分
3）主要零部件名称写错，每只　扣 4 分
4）主要零部件的作用写错，每只　扣 4 分</td><td></td></tr>
<tr><td>组合开关的改装与维修</td><td>40</td><td colspan="4">1）损坏电器元件或不能装配　扣 20 分
2）丢失或漏装零件，每只　扣 10 分
3）拆装方法、步骤不正确，每次于　扣 5 分
4）拆装后未进行改装　扣 20 分
5）装配后未进行改装　扣 8 分
6）不能进行通电校验　扣 20 分
7）通电试验不成功　扣 10 分</td><td></td></tr>
<tr><td>低压断路器的结构</td><td>20</td><td colspan="4">1）主要部件的作用写错，每只　扣 4 分
2）参数漏写或写错　扣 4 分</td><td></td></tr>
<tr><td>安全文明生产</td><td></td><td colspan="4">1）各项考试中，违反安全文明生产考核要求的任何一项扣 2 分，扣完为止
2）学生在不同的技能试题中，违犯安全文明生产考核要求同一项内容的，要累计扣分
3）当老师发现学生有重大事故隐患时，要立即予以制止，并每次扣学生安全文明生产总 5 分</td><td></td></tr>
<tr><td>定额时间</td><td>3h</td><td colspan="4">每超时 5min 以内以扣 5 分计算</td><td></td></tr>
<tr><td>备注</td><td colspan="4">除定额时间外，各项内容的最高扣分不应超过配分数</td><td>成绩</td><td></td></tr>
<tr><td>开始时间</td><td colspan="2"></td><td>结束时间</td><td></td><td>实际时间</td><td></td></tr>
</table>

小　结

本节的重点是低压开关的功能、型号、文字图形符号和选用方法及拆装维修。难点是低压断路器。

开启式负荷开关，结构简单、重量轻、安装容易、价格便宜，但是没有专门的灭弧装置，安全性较差，较适合于接通或断开有电压无负载的照明、电热电路的控制，也可用于小容量电动机不频繁启动和停止的控制；

封闭式负荷开关装有速断弹簧，能快速断开和闭合，灭弧性能好，有机械联锁装置，使用安全，但结构较前者复杂，价格也贵些。可用在额定电流 200A 的照明和电热电路及配电电路中，60A 以下的 HH3 负荷开关，可以用于电动机不频繁直接启动和停止的控制。

组合开关具有寿命长、结构简单、使用可靠等优点，但是它的接线端子暴露在外面，不安全，只能安装在配电箱（柜）内。适用于 5kW 以下小容量电动机的直接启动、电动机正反转控制及照明控制等电路各使用。

低压断路器在电力控制系统中起着接通/断开电路作用，集过流、短路、欠

(失）压等多重保护于一身，是电力控制系统中的核心元件。因此其结构及工作较为复杂，价格昂贵。考虑断路器保护的多样性，控制线路及用电设备的安全性，断路器的合理选择显得尤为重要。

双电源自动转换开关，能实现电力系统的不间断供电。广泛应用于医院、智能化大楼等供电重要场合。其结构及工作原理更为复杂，价格也示其组合结构的不同而有大幅度变动。

从开启式负荷开关到双电源自动转换的学习过程中，应本着学由简入繁的原则，扎扎实实学好每一类型知识的结构及原理，能举一反三，融会贯通，灵活组合应用。

1.3 熔断器

知识点

- 熟悉常用低压断路器的种类、结构、特点、用途
- 熟悉常用低压熔断器的型号、规格、文字与图形符号

技能点

- 能正确识别常用低压熔断器
- 掌握常用低压熔断器的选用及故障处理方法

熔断器在低压配电网和电力拖动系统中的主要作用是短路保护。短路是由于电气设备或导线的绝缘损坏而导致的一种电气故障。使用时，熔断器串联在被保护的电路中，正常情况下，熔断器的熔体相当于一段导线；当线路发生短路故障，通过熔断器的电流达到或超过熔断器的设定值时，熔断器以其自身产生的热量迅速使熔体熔断，从而自动切断电路，起到保护线路和电气设备的作用。它具有结构简单、品种齐全、价格便宜、动作可靠、使用维护方便等优点，在电力行业应用广泛。

1.3.1 熔断器的结构

熔断器主要由熔体、熔管（安装熔体用）和熔座三部分组成。

1. 熔体

熔体是熔断器的主要组成部分，常做成丝状、片状或栅状。熔体的材料有多种，但其材料特性通常只有两种，如表 1.19 所示。

表 1.19　熔断器熔体材料

熔体材料	材料特性	适用场合
铅	低熔点材料	小电流回路
铅锡合金		
锌		
银	较高熔点材料	大电流回路
铜		

2. 熔管

熔管是熔体的保护外壳，用耐热绝缘材料制成，在熔体熔断时兼有灭弧作用。

3. 熔座

熔座是熔断器的底座，作用是固定熔管和外接引线。

1.3.2　熔断器的主要技术参数

1. 额定电压

熔断器的额定电压是指能保证熔断器长期正常工作的电压。如果熔断器的实际工作电压大于其额定电压，熔体熔断时可能会发生电弧不能熄灭的危险。

2. 额定电流

熔断器的额定电流指保证熔断器能长期正常工作的电流，是由熔断器各部分长期工作时的允许温升决定的。它与熔体的额定电流是两个不同的概念。熔体的额定电流是指在规定的工作条件下，长时间通过熔体而熔体不熔断的最大电流值。通常，一个额定电流等级的熔断器可以配用若干过额定电流等级的熔体，但熔体的额定电流不能大于熔断器的额定电流值。

3. 分断能力

在规定的使用和性能条件下，熔断器在规定电压下能分断的预期分断电流值。常用极限分断电流值来表示。

4. 时间-电流特性

在规定工作条件下，表征流过熔体的电流与熔体熔断时间关系的函数曲线，也称保护特性或熔断特性。

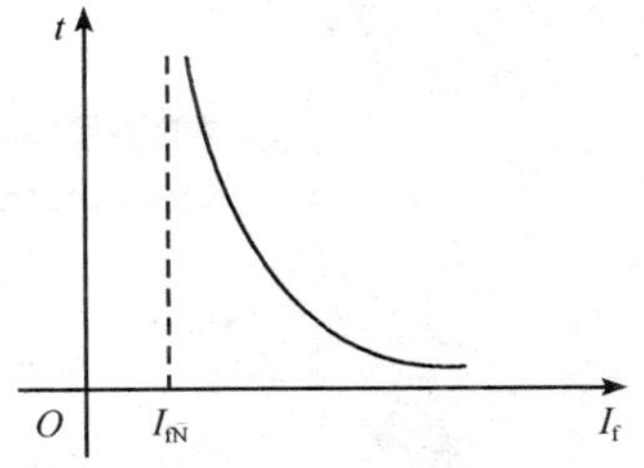

图 1.16　熔断器的时间-电流特性

如图 1.16 所示的熔断器的时间-电流特性曲线图，可以看出熔断器的熔断时间随着电流 I 的增大

反而减小，即熔断器的熔体通的电流越大，所需熔断的时间越少。

熔断器的熔断电流与熔断时间的关系见表 1.20。熔断器对过载反应是很不灵敏的，当线路中电气设备发生轻微过载时，熔断器将持续很长时间才能熔断，有时甚至不熔断。因此，除了照明线路之外，熔断器一般不宜用作过载保护区，而是用于短路保护。熔断器的这种保护特性称为反时限特性。

表 1.20　熔断器的熔断电流与熔断时间的关系

熔断器电流 I_f/A	$1.25I_N$	$1.6I_N$	$2.0\ I_N$	$2.5I_N$	$3.0I_N$	$4.0I_N$	$8.0I_N$	$10.0I_N$
熔断时间 t/s	∞	3600	40	8	4.5	2.5	1	0.4

1.3.3　常用低压熔断器

低压熔断器的类型较多，按结构形式分为半封闭插入式、无填料封闭管式、有填料封闭管式和自复式四类。

图 1.17　熔断器的电气符号

按用途可分为一般用途熔断器和半导体器件保护用熔断器。熔断器的在电路中的电气符号如图 1.17 所示，型号及含义如下：

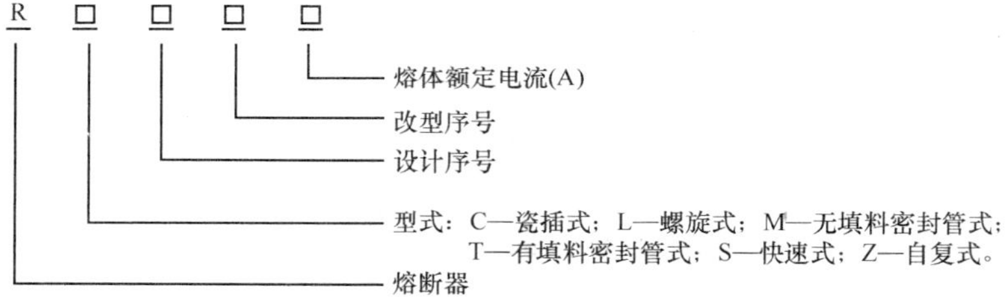

1. 常用低压熔断器

常用低压熔断器如表 1.21 所示。其中自复式熔断器内部结构原理见图 1.18。

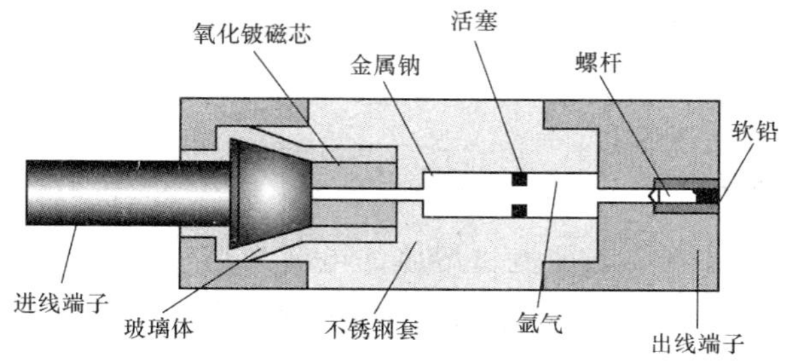

图 1.18　自复式熔断器内部结构原理

表 1.21 常用熔断器

类型	型号	外形与结构	结构特点	应用场合
瓷插式熔断器	RC1A系列		该系列熔断器由瓷座、瓷盖、动触头、静触头及熔丝五部分组成，其特点是结构简单、价格低廉、更换方便，使用时将瓷盖插入瓷座，拔下瓷盖便可更换熔丝 但该熔断器极限分断能力较差，由于为半封闭结构，熔丝熔断时有声光现象，在易燃易爆的工作场合应禁止使用	主要用于交流50Hz、额定电压380V及以下、额定电流为5～200A的低压线路末端或分支电路中，作线路和用电设备的短路保护，在照明线路中还可起过载保护作用
螺旋式	RL系列		该系列熔断器主要由瓷帽、熔断管、瓷套、上接线座、下接线座及瓷座等部分组成。熔断管内装有石英砂、熔丝和带小红点的熔断指示器，石英砂用于增强灭弧性能。该系列熔断顺的分断能力较高，结构紧凑，体积小，安装面积小，更换熔体方便，工作安全可靠，熔丝熔断后有明显指示。当从瓷帽玻璃窗口观察到带小红点的熔断指示器自动脱落时，表示熔丝已经熔断	广泛应用于交流额定电压500V、额定电流200A及以下的控制箱、配电屏电路中以及机床设备及振动较大的场合，作为短路保护器件 常用型号有RL6、RL7、RL96、RLS2、RL1BT等
无填料封闭管式	RM10系列		该系列熔断器由熔断器、熔体、夹头及夹座部分组成。熔断器两端为黄铜制成的可拆式管帽，管内熔体为变截面的熔片，更换熔体较方便 RM10系列的极限分断能力比RC1A熔断器有提高	用于交流50Hz、额定电压380V、额定电流为63A及以下工业电气装置的配电线路中（开关柜或配电屏中）
有填料管式刀形	NT（RT16）系列		该系列熔断器由熔管、底座、夹头、夹座等部分组成。它的熔管用高频电工瓷制成，熔体是两片网状紫铜片，中间用锡桥连接。熔体周围填满石英砂起灭弧作用，它的分断能力比同容量的RM10型大2.5～4倍，并配有熔断指示装置，熔体熔断后，显示出醒目的红色熔断信号，可配备专用绝缘手柄，在带电的情况下更换熔管，装取方便，安全可靠	主要适用于380V及以下，短路电流相当大的或有易燃气体的场合。作为线路保护及是气设备的短路保护及过载保护
塑壳式	RT14/RT18系列		该系列熔断器为半封闭式结构。由熔断体及熔断器支持件组成。熔断体由熔管、熔体、填料组成，由纯铜片（或铜丝）制成的变截面熔体封装于高强度熔管内，熔管内充满高纯度石英砂作为灭弧介质，熔体两端采用点焊与端帽牢固连接 熔断器支持件由载熔体、插座等腰三角形组成，由塑料压抽的底板装上载熔体插座后，铆合或螺丝固定而成，且带有熔断指示灯。熔体熔断时指示灯即亮	用于交流50Hz、额定电压380V、额定电流为63A及以下工业电气装置的配电线路中，作为线路的短路保护及过载保护

续表

类型	型号	外形与结构	结构特点	应用场合
半导体器件保护用	NGT（RS）系列		该系列的外形与RT0相似，熔断管内有石英填料，熔体也采用变截面形状、导热性能强、热容量小的银片，熔速快 熔断器保护时，要求过载或短路时必须快速熔断，一般在6倍额定电流时，熔断时间不大于20ms。故快速熔断器的主要特点是熔断时间短，动作迅速（小于5 ms）。该系列产品结构相同，但RS3系列的动作更快，分断能力更高	主要用于半导体功率元件及晶闸管的过流保护。常用的有RLS、RS0、RS3等系列。RLS系列主要用于小容量硅元件及成套装置的短路保护；RS0、RS3系列主要用于大容量晶闸管元件的短路和过载保护
自复式	RZ1PTC聚合物熔断器	外形图 原理如图1.18所示	该系列熔断器是一种采用气体、超导体或液态金属钠等作熔体的限流元件。在故障短路电流产生的高温下，使熔体瞬间呈现高阻状态，从而限制了短路电流。当故障消失后，温度下降，熔体又自动恢复至原来的低阻导电状态 其结构形式又分为插片式和贴片式。具有限流作用显著、动作时间短、动作后不必更换熔体、能重复使用、能实现自动重全闸等优点 其电流规格有100A、200A、400A、600A四个等级，在功率因数$\lambda \leqslant 0.3$时的分断能力为100kA	它适用程控交换机、总配线架、电话机、保安单元等电讯系统的防雷过流保护微型电机、分马力电机、小型变压器、充电器、电池等设备的过流超温保护。各类家用电器、影视音响设备、电子线路、汽车电器等，及电池，电池组的过流超温保护，(也可用于其他电子线路中)

2．常用熔断器底座

熔断体底座见图1.19。

(a) 方管刀形触头插入式

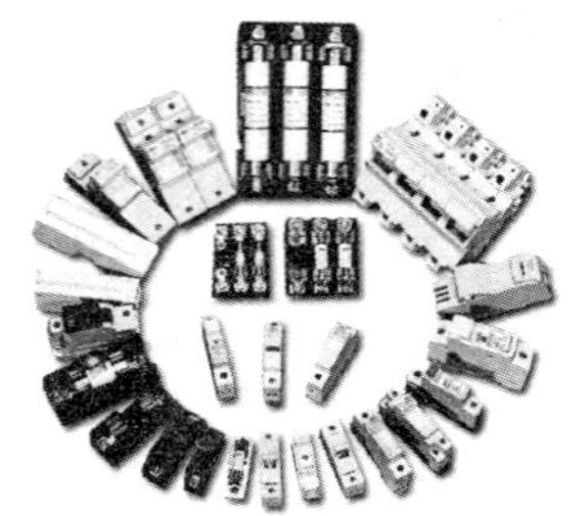

(b) 圆筒帽形

(c) 特种熔断体

图1.19　熔断体底座

3．常用低压熔断器的技术参数

常用低压熔断器的技术参数见表1.22。

表 1.22 常用低压熔断器的技术参数

类别	型号	额定电压/V	额定电流/A		分断能力/kA	功率因数
			熔断器	熔体		
瓷插式	RC1A	380	5	2、5	0.25	0.8
			10 15	2、4、6、10 6、10、15	0.5	
			30	20、25、30	1.5	0.7
			60 100 200	40、50、60 80、100 120、150、200	3	0.6
螺旋式	RL1	500	15 60	2、4、6、10、15 20、25、30、35、40、50、60	2 3.5	≧0.3
			100 200	60、80、100 100、125、150、200	20 50	
	RL2	500	25 60 200	2、4、6、10、15、20、25 25、35、50、60 80、100	1 2 3.5	
无填料封闭管式	RM10	380	15	6、10、15	1.2	0.8
			60	25、35、50、60	3.5	0.7
			100 200 350	60、80、100 100、125、160、200 200、225、260、300、350	10	0.35
			600	350、430、500、600		0.35
有填料封闭管式圆筒帽形	RT14	380	20 32 63	2、4、6、10、16、20 2、4、6、10、16、20、25、32 10、16、20、25、32、40、50、63	100	0.1～0.2
有填料封闭管式	RTO	交流 380 直流 440	100 200 400 600	30、40、50、60、100 120、150、200、250 300、350、400、450 500、550、600	交流 50 直流 25	>0.3
快速熔断器	RS3	500	50 100 150 200 300 500	10、15、30 80、100 150 200 250、300 500	50	0.1～0.2

（1）手柄

使用操作手柄装拆熔断体具有绝缘可靠、使用安全方便、手感操作力小等优点。手柄外形见图 1.20。

（2）熔断信号器

熔断信号器一般适用于交流 50Hz，额定电压为 1000V 及以下的线路，它直接并联于熔断器，当熔断器熔断时，信号器同时动作，推动微动开关，带动其他

辅助电器动作，提醒操作人员注意，其外形见图 1.21。

图 1.20　操作手柄

图 1.21　熔断信号器

1.3.4　熔断器的选用

熔断器在线路中正常工作的条件是：在电气设备正常运行和线路电流发生正常变动（如电动机启动过程中启动电流一般为额定电流的 4～6 倍），熔断器应正常工作（不熔断）；当线路发生短路故障时，熔断器的熔体应立即熔断；当用电设备持续过载时，熔断器应延时动作（熔断）。所以选择安装适当的熔断器尤为重要。

自复式保险丝——PTC 聚合物开关是一种新型的过流超温保护元件，由于它体积小，能多次开断短路电流的特点，将有着广泛的应用前景。它主要有以下特点：

1）具有过流超温保护同时兼备的特性。

2）抗雷击。

3）自动复原。在故障排除后，电路就能恢复正常工作，不会循环通断。

4）快速断开。其对过电流的响应比其他同类快很多。

5）耐高电压。PSC 系列及 PSM 系列的部分元件所能承受的最大电压为交流 250～600V。

6）安装方便，体积小易于安装。在保护动作频繁、保护精度较高等重要场合需要考虑选用此类熔断器。

熔断器选用需根据熔断器类型、熔断器额定电压、熔断器额定电流、熔体额定电流及是否带指示五个方面进行。

1. 熔断器类型的选择

根据使用环境和负载选择适当的熔断器，见表 1.23。

表 1.23　熔断器类型、功能选择表

应用场合	型号名称
用于容量较小的照明线路	RC1A 插入式或 RT 系列
在开关柜或配电屏中	RM1 无填料封闭管式
对于短路电源相当大或有易燃气体的地方	RTO 系列有填料封闭管式
机床控制线路中	RL 系列螺旋式
用于半导体功率元件及晶闸管保护	RLS 或 RS 系列快速熔断器
其他专用场合	如：RST12 地铁专用快速熔断体 RT914 船用有填料封闭管式圆筒形帽熔断体

2. 熔断器额定电压和额定电流的选用

1）熔断器的额定电压必须等于或大于线路的额定电压。

2）熔断器的额定电流必须大于或等于所装熔体的额定电流。

3）熔断器的分断能力应大于电路中可能出现的最大短路电流。

3. 熔断器熔体额定电流的选用

1）电缆、导线和照明、电热等线路的短路保护。这类线路的电流较平稳、无冲击，故熔断器熔体的电流 I_{RN} 等于或稍大于负载的额定电流。

2）电动机短路保护。

① 单台电机。不经常启动且启动时间不长，$I_{RN} \geqslant (1.5 \sim 2.5) I_N$。

② 多台电机。熔体的额定电流大于或等于其中最大容量电动机的额定电流 I_{Nmax} 的 1.5～2.5 倍，再加上其余电动机额定电流的总和 $\sum I_N$，即

$$I_{RN} \geqslant (1.2 \sim 2.5) I_{Nmax} + \sum I_N$$

3）电容器开关设备保护：$I_{RN} \geqslant 1.6 I_{N电容器}$。

4. 熔断器是否带指示

熔断器的熔断指示形式有：弹出式指示，亮灯式指示，微动开关输出等。

1.3.5 熔断器的安装与使用

1）用于安装使用的熔断器应完整无损，并标有额定电压、额定电流值。

2）熔断器安装时应保证熔体与夹头、夹头与夹座接触良好。瓷插式熔断器应垂直安装；螺旋式熔断器接线时，电源线应接在下接线座上，负载线应接在上接线座上，以保证能安全地更换熔管。

3）熔断器内要安装合格的熔体，不能用多根小规格的熔体并联代替一根大规格的熔体。

4）安装熔断器时，相邻两个熔断带电零件的最小间隔不得小于 10mm，更换熔体或熔管时，必须切断电源，尤其不允许带负荷操作，以免发生电弧灼伤。如果必须带电更换熔体，必须在两个熔断器之间装绝缘板，以防止带电更换熔断器时引起相间短路。

5）管式熔断器的熔体应用专用的载熔体（即操作手柄）进行更换。

6）对于 RM10 系列熔断器，在切断过三次相当于分断能力的电流后，必须更换熔管，以保证能可靠地切断所规定分断能力的电流。

7）熔体熔断后，应分析原因排除故障后，再更换新的熔体。在更换新的熔体时，不能轻易改变熔体的规格，更不能使用铜丝或铁丝代替熔体。

8）熔断器兼作隔离器件使用时，应安装在控制开关的电源进线端；若仅作短路保护用，就装在控制开关的出线端。

1.3.6 熔断器常见故障的处理方法

表 1.24 熔断器常见故障及处理方法

故障现象	可能的原因	处理方法
电路接通瞬间，熔体熔断	1）熔体的电流等级选择过小 2）负载侧短路或接地 3）熔体安装时受机械损伤	1）更换熔体 2）排除负载故障 3）更换熔体
熔体未熔断，但线路不通	熔体和接线座接触不良	重新连接

【例 1.2】 某机床的电动机的型号为 Y112M-4，电动机的额定功率为 4kW，额定电压 380V，额定电流 8.8A，该电动机正常工作时不需要频繁启动，若用熔断器为该项电动机提供短路保护，试确定熔断器的型号规格。

解 （1）确定熔断器的类型

该电动机是在机床中使用，所以熔断器可选用 RL1 系列螺旋式熔断器。

（2）确定熔体的额定电流

由于所保护的电动机不需要经常启动，则熔体额定电流取为

$$I_{RN}=(1.5\sim2.5)\ I_N=(1.5\sim2.5)\ \times8.8\approx13.2\sim22A$$

查表 1.20 得熔体额定电流为：I_{RN} 为 15A 或者 20A，一般情况下，选取熔体电流时要留有一定的余量，故一般取 $I_{RN}=20A$。

（3）确定熔断器的额定电流和额定电压

根据（2）选的结果，查表 1.20，可选取 RL1-60/20 型熔断器，其额定电流为 60A，额定电压为 500V。

技能训练 1.2 低压熔断器的拆装与维修

一、目的要求

能熟练识别常用低压熔断器。能正确拆、装常用低压熔断器。

二、工量具及器材清单

工量具及器材清单见表 1.25。

表 1.25 常用工量具及仪表清单

序　号	类　别	名　　称	型号规格	单　位	数　量	备　注
1	工具	螺钉旋具、尖嘴钳等			套	1
2	仪表	万用表	MF47 型　或自定	只	1	
3	器材	瓷插式熔断器	RC1A	只	2	
		螺旋式熔断器	RL1	只	2	
		有填料管式	RT0	只	2	
		无填料管式	RM10	只	2	
		塑壳式	RT18	只	2	
		半导体保护式	RS0	只	2	

三、训练内容

1. 电器元件识别

将所给的电器元件的铭牌用胶布盖住并编号，根据电器元件实物写出元件的名称与型号，填入表 1.26 中。

表 1.26 电器元件识别

序号	名称	型号规格	单位	数量
1				
2				
3				
4				
5				
6				

2. 更换 RC1A 系列和 RL1 系列熔断器的熔体

1）检查所给熔断器的熔体是否完好。对 RC1A 型熔断器需拔下瓷盖，看熔丝是否熔断；对 RL1 系列熔断器应先查看其熔断指示。

2）若熔体已熔断，需按原规格选配熔体。

3）更换熔体。RC1A 系列熔断器安装熔丝时，熔丝缠绕方向一定要正确，安装过程中不得损伤熔丝。RL1 系列熔断器的熔断管不能倒装。

4）用万用表检查更换熔体后的熔断器各部分接触是否良好。

四、评分标准

评分标准见表 1.27。

表 1.27 评分标准

项目内容	配分	评分标准		扣分
元件识别	50	1）写错或漏写名称，每只 扣 5 分 2）写错或漏写型号，每只 扣 5 分 3）漏写主要部件，每个 扣 4 分		
封闭式负荷开关的结构	50	1）检查方法不正确 扣 10 分 2）不能正确选配熔体 扣 10 分 3）更换熔体方法不正确 扣 10 分 4）损伤熔体 扣 20 分 5）更换熔体后熔断器断路 扣 25 分		
安全文明生产		1）各项考试中，违反安全文明生产考核要求的任何一项扣 2 分，扣完为止 2）学生在不同的技能试题中，违犯安全文明生产考核要求同一项内容的，要累计扣分 3）当老师发现学生有重大事故隐患时，要立即予以制止，并每次扣学生安全文明生产总 5 分		
定额时间	3h	每超时 5min 以内以扣 5 分计算		
备注	除定额时间外，各项内容的最高扣分不应超过配分数		成绩	
开始时间		结束时间	实际时间	

小　　结

本节的重点是熔断器的电气符号、常用型号、功能及用途、熔断器的选择方法及故障处理。难点是熔断器的正确选择。

熔断器是串联在电力主线路中，主要起着短路保护作用是一种重要电器元件。当线路或电气设备发生短路或长时间过载故障时，熔断器的熔断体应先熔断，切断电源，快速保护线路及电气设备。而在线路正常运行过程中，熔断器不会误动作，这正是熔断器的最大特性——“反时限特性”，即线路中流过额定电流时熔体只是相当于普通导线，当线路中流过的短路电流越大熔体熔断越快。由于此特性，熔断器一般只作线路的短路保护，而不作过载保护。熔断器具有结构简单、价格便宜、使用和维护方便、体积小、重量轻、标准化程度高等优点广泛应用于各类电力线路中。

为了确保熔断器保护线路的可靠性，在选择熔断器时要严格按照选用原则进行，并根据保护线路的用电性质及重要性来合理选择保护功能合理且经济的熔断器。必须按照正确的安装和使用要求进行安装和更换熔体。

1.4　主令电器

知识点

- 熟悉常用主令电器的种类、结构、特点、用途
- 熟悉常用低压主令电器的型号、规格、文字与图形符号

技能点

- 能正确识别常用低压主令电器
- 掌握常用低压主令电器的选用及故障处理方法

控制系统中，主令电器是一种专门发布命令、直接或通过电磁式电器间接作用于控制电路的电器。常用来控制电力拖动系统中电动机的起动、停车、调速及制动等。常用的主令电器有按钮、行程开关、万能转换开关、主令控制器、接近开关及其他主令电器如脚踏开关、紧急开关、钮子开关等。

1.4.1　按钮

1. 按钮定义及功能

按钮是一种由人体某一部分（一般为手指或手掌）施加力而操作、并具有弹簧储能复位的控制开关，是一种最常用的主令电器。按钮的触头允许通过的电流

较小，一般不超过 5A。因此，一般情况下，它不直接控制大电流的主电路的通断，而是在电流较小的控制电路中发出指令或信号，控制接触器、继电器等电器，再由它们去控制主电路的通断、功能转换或电气联锁。

2. 按钮的结构原理与电气符号

按钮一般由按钮帽、复位按钮、桥式动触头、支柱连杆及外壳等部分组成，如表 1.28 所示。

按钮按不受外力作用的自然状态时触头的分合状态，分为启动（常开）按钮、停止（常闭）按钮和复合（常开常闭触头组合一体）按钮，各种按钮的结构电气符号如表 1.28 所示。

表 1.28　按钮的结构及电气符号

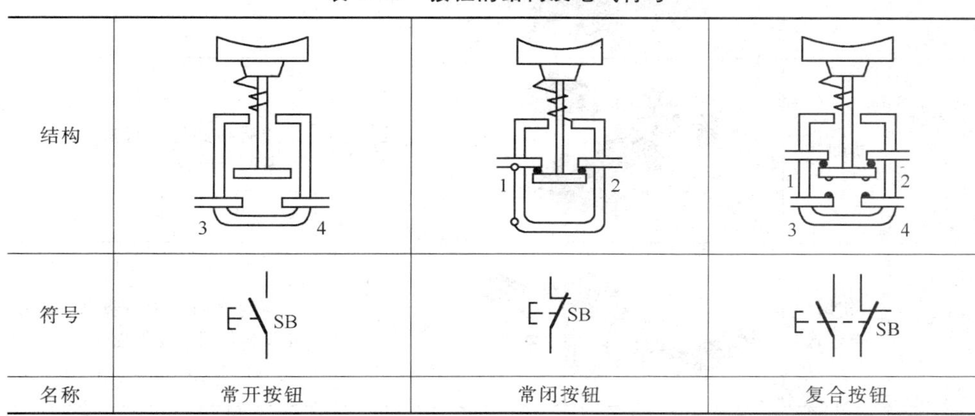

结构	3　4	1　2	1　2　3　4
符号	E-\ SB	E-7 SB	E-\--7 SB
名称	常开按钮	常闭按钮	复合按钮

3. 按钮的型号及含义

按钮的型号及含义如下：

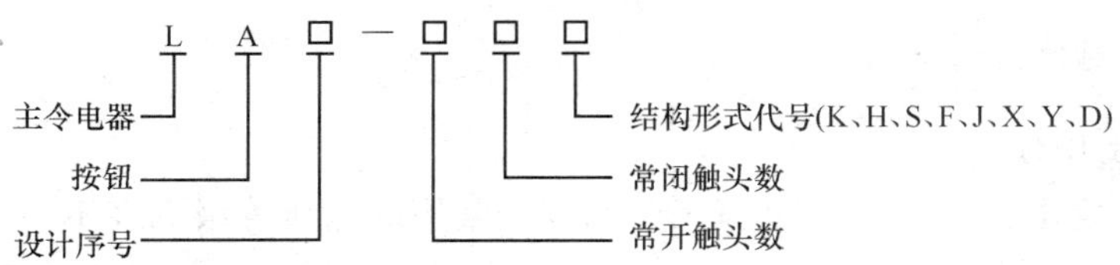

其中结构形式代号含义见表 1.29。

表 1.29　常用按钮的结构形式代号

代　号	结构形式	外　　形	电气符号	含　　义
K	开启式	IP65	见表 1.28	嵌装在操作面板上

续表

代　号	结构形式	外　　形	电气符号	含　　义
H	保护式		见表 1.28	带保护外壳，可防止内部零件受机械操作或人偶然触及带电部分
S	防水式	无特殊外形	见表 1.28	具有密封外过，可防止雨水侵入
F	防腐式	无特殊外形	见表 1.28	能防止腐蚀性气体进入
J	紧急式		 SB	带有红色大蘑菇头，作紧急切断电源用
X	旋钮式		 SB	用旋钮旋转进行操作，有通和断两个位置
Y	钥匙操作式		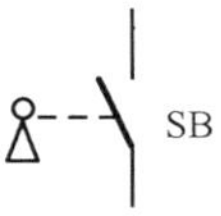 SB	用钥匙插入进行操作，可防止误操作或供专人操作
D	光标按钮		见表 1.28	按钮内装有信号灯，兼作信号指示

4．控制按钮的选用

（1）选用规格

1）额定电压 ≤AC660V 或 DC440V，常用的电压等级见表 1.30。

表 1.30　按钮常用电压等级

电源种类	电压等级/V	说　　明
直流（DC）	6、12、24、36、48、60、110、220	
交流（AC）	6、12、24、36、48、60、110、220、380	带灯按钮的电压等级为 220、380V

2）额定电流一般≤10A。

（2）选用结构形式

1）结构形式。根据实际应用场合需要，按表 1.29 选用。

2）开孔尺寸。常用的开孔尺寸有：ϕ16、ϕ22、ϕ25、ϕ30。

3）操作件头部形状。常用的操作件头部形状有圆形、方形、长方形。

（3）选用动作方式

按钮的动作方式有两种自动复位和非自动复位。

（4）选用颜色

为了便于识别各种按钮的作用，避免误操作，通常用不同的颜色和符号标志来区分按钮的作用。按钮颜色的含义见表1.31，当难以定适当的颜色时，应使用白色。急停操作件的红色不应依赖于其灯光的照度。

表1.31　按钮颜色的含义

颜　色	代　码	含　义	说　明	应用举例
红	R	紧急	危险或紧急情况时操作	急停
黄	Y	异常	异常情况时操作	干预、制止异常情况
绿	G	安全	安全情况为正常情况准备时操作	启动/接通
蓝	B	强制性的	要求强制动作下的操作	复位功能
白 灰 黑	W K	未赋予特定含义	除急停以外的一般功能的启动	启动/接通（优先） 停止/断开 启动/接通 停止/断开 启动/接通 停止/断开（优先）

注：如果用代码的辅助手段（如标记、形状、位置）来识别按钮操作件，则白、灰或黑同一颜色可用于标注各种不同功能（如白色用于标注启动/接通和停止/断开）。

根据工作状态和工作情况要求，选择按钮或指示灯的颜色。例如：启动按钮可选用白、灰或黑色，优先选用白色，也可选用绿色。急停按钮应选用红色。停止按钮可选用黑、灰或白色，优先选用黑色。

（5）选用触点数

根据控制回路的需要选择按钮触点的数量。触点形式有：一常开一常闭；二常开一常闭；二常开二常闭；三常开三常闭等供多种选项择。

5. 按钮的安装与使用

1）按钮安装在面板上时，应布置整齐，排列合理，如根据电动机启动的先后顺序，从上到下或从左到右排列。

2）同一机床运动部件有几种不同的工作关态时（如上、下、前、后、松、紧等）应使每一对相反状态的按钮安装在一组。

3）按钮的安装应牢固，安装按钮的金属板或金属按钮盒必须可靠接地。

4）按钮的触头间距较小，如有油污等极易发生短路故障，应注意保持触头间的清洁。

5）光标按钮一般不宜用于需长期通电显示的地方，以免塑料外壳过度受热而变形，使更换灯泡困难。

表 1.32　LA10 系列按钮的主要技术数据

型　号	形　式	触头数量		额定电压、电流和控制容量	按　　钮	
		常　开	常　闭		钮　数	颜　色
LA10-1K	开启式	1	1	电压：AC380V DC220V 电流：5A 容量：AC300VA DC60W	1	单极：黑、绿、红 两极：黑、红或绿、红 三级：黑、绿、红
LA10-2K	开启式	2	2		2	
LA10-3K	开启式	3	3		3	
LA10-1H	保护式	1	1		1	
LA10-2H	保护式	2	2		2	
LA10-3H	保护式	3	3		3	
LA10-1S	防水式	1	1		1	
LA10-2S	防水式	2	2		2	
LA10-3S	防水式	3	3		3	
LA10-1F	防腐式	1	1		1	
LA10-2F	防腐式	2	2		2	
LA10-3F	防腐式	3	3		3	

6. 按钮常见故障及处理方法

按钮的常见故障及处理方法见表 1.33。

表 1.33　按钮常见故障及处理方法

故障现象	可能的原因	处理方法
触头接触不良	1）触头烧损 2）触头表面有尘垢 3）触头弹簧失效	1）修整触头或更换产品 2）清洁触头表面 3）重绕弹簧或更换产品
触头间短路	1）塑料受热变形导致接线螺钉相碰短路 2）杂物或油污在触头间形成通路	1）查明原因排除故障并更换产品 2）清洁按钮内部

1.4.2　位置开关

位置开关是操动机构在机械的运动部件到达一个预定位置时动作的一种指示开关。它包括行程开关（限位开关）和接近开关等。

1. 行程开关的功能

行程开关是一种利用生产机械某些运动部件的碰撞来发出控制指令的主令电器，主要用于控制生产机械的运动方向、速度、行程大小或位置，是一种自动控制电器。

行程开关的作用原理与按钮相同，区别在于它不是靠手指的按压，而是利用生产机运动部件的碰压使其触头动作，从而将机械信号转变为电信号，使动运动机械按一定的位置或行程实现自动停止、反向运动、变速运动、自动往返运动及发信号等。

2. 行程开关的结构原理、符号

机床中常用的行程开关有 LX19 和 JLXK1 等系列，各系列行程开关的基本结构大体相同，都是由操作机构、触头系统和外壳组成，如图 1.22 所示。

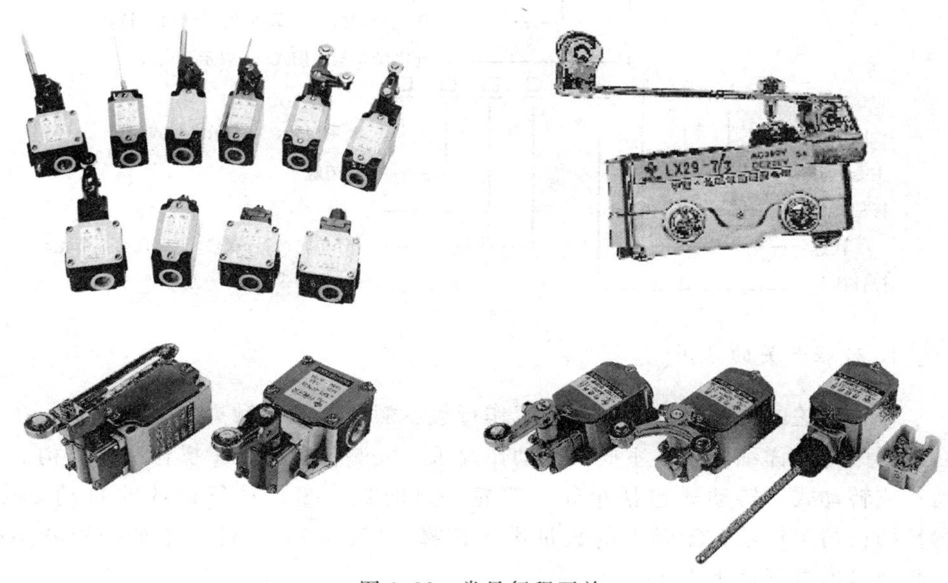

图 1.22　常见行程开关

以某种行程开关元件为基础，装置不同的操作机构，可得到各种不同形式的行程开关。常见的是按钮式（直动式）和旋转式（滚轮式）。JLXK1 系列行程开关的外形如图 1.22 所示。LX19 系列行程开关的外形与 JLXK1 系列的相似。

JLXK1 系列行程开关的动作原理及电气符号如图 1.23 所示。当运动部件的挡铁碰压行程开关的滚轮 1 时，杠杆 2 连同转轴 3 一起转动，使凸轮 4 推动撞块 5。当撞块被压到一定位置时，推动微动开关 7 快速动作，使其常闭触头断开，常开触头闭合。

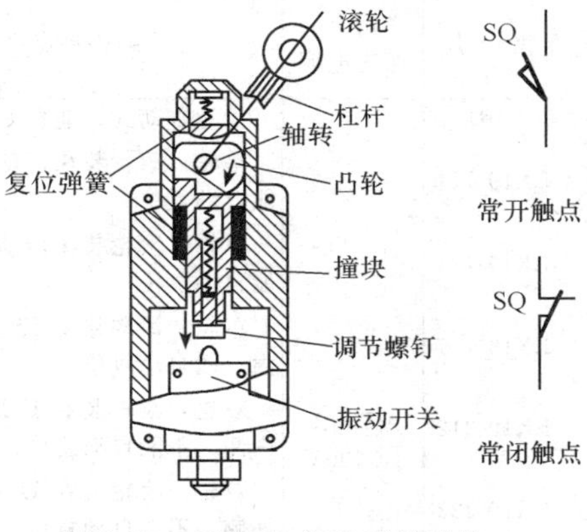

图 1.23　JLXK1 行程开关动作原理及电气符号

行程开关的触头类型有一常开一常闭、一常开二常闭、二常开一常闭、二常开二常闭等形式。动作方式可分为瞬动式、蠕动式和交叉从动式三种。动作后的复位方式有自动复位和非自动复位两种。

3. 行程开关的型号及定义

LX19 系列和 JLXK1 系列行程开关的型号及含义如下：

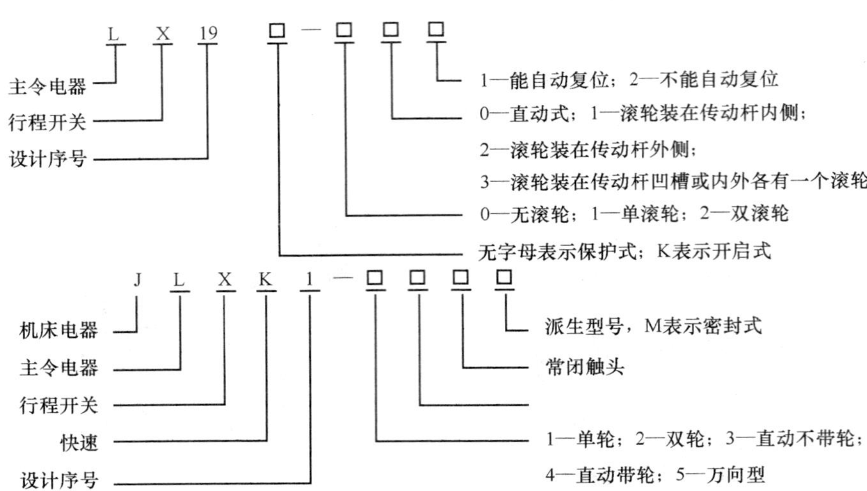

4．行程开关的选用

行程开关的主要参数是型式、工作行程、额定电压及触头的电流容量，在产品说明中都有详细介绍。主要根据动作要求、安装位置确定①操作头的结构：直动式或转动式，转动式包括单轮、双轮、万向式；②自动复位或非自动复位；③长挡铁与短挡铁；④触点的数量进行选择。LX19 和 JLXK1 系列行程开关的主要技术参数据见表 1.34。

表 1.34　LX19 和 JLXK1 系列行程开关的主要技术数据

型　号	额定电压 额定电流	结构特点	触头对数		工作行程	超行程	触头转换时间
			常开	常闭			
LX19	AC380V DC220V 5A	无轮直动式，能自复元件	1	1	3mm	1mm	≤0.04s
LX19-111		单轮，滚轮装在传动杆内侧，能自动复位	1	1	约 30°	约 20°	
LX19-121		单轮，滚轮装在传动杆外侧，能自动复位	1	1	约 30°	约 20°	
LX19-131		单轮，滚轮装在传动杆凹槽内，能自动复位	1	1	约 30°	约 20°	
LX19-212		双轮，滚轮装在 U 形传动杆内侧，不能自动复位	1	1	约 30°	约 20°	
LX19-222		双轮，滚轮装在 U 形传动杆外侧，不能自动复位	1	1	约 30°	约 15°	
LX19-232		双轮，滚轮装在 U 形传动杆内外侧各一个，不能自动复位	1	1	约 30°	约 15°	
LX19-001		无滚轮，仅有径向传动杆，能自动复位	1	1	＜ 4mm	3mm	
JLXK1-111	500V 5A	单轮防护式	1	1	12～15°	≦ 30°	≤0.04s
JLXK1-211		双轮防护式	1	1	约 45°	≦ 45°	
JLXK1-311		直动防护式	1	1	1～3mm	2～4mm	
JLXK1-411		直动滚轮防护式	1	1	1～3mm	2～4mm	

5. 行程开关的安装与使用

1）行程开关安装时，其位置要准确，安装要牢固；滚轮的方向不能装反，挡铁与其碰撞的位置应符合控制线路的要求，并确保能可靠与挡铁碰撞。

2）行程开关在使用中，要定期检查和保养，除去油垢及粉尘，清理触头，经常检查其动作是否灵活、可靠，及时排除故障，防止因行程开关触头接触不良或接线脱落而产生误动作，导致设备和人身安全事故。

6. 行程开关常见故障及处理方法

行程开关的常见故障及处理方法见表1.35。

表1.35 行程开关常见故障及处理方法

故障现象	可能的原因	处理方法
挡铁碰撞行程开关后，触头不动作	1）安装位置不准确 2）触头接触不良或接线松脱 3）触头弹簧失效	1）调整安装位置 2）清刷触头或紧固接线 3）更换弹簧
杠杆已经偏转，或无外界机械力作用，但触头不复位	1）复位弹簧失效 2）内部撞块卡阻 3）调节螺钉太长，顶住开关按钮	1）更换弹簧 2）清扫内部杂物 3）检查调节螺钉

7. 接近开关

接近开关是一种无需运动部件进行机械接触，就可以操作的无触点位置开关。当物体靠近开关的感应面至动作距离时，不需要机械接触及施加任何压力即可使开关动作，从而驱动交流（直流）电器或计算机提供控制指令。它克服了有触点开关在操作频繁时，易产生故障，工作可靠性较低的缺点。

接近开关也是一种开关型位置传感器，既有行程开关、微动开关的特性，同时又具有传感性能，且动作可靠，性能稳定，频率响应快，无机械磨损、无火花、无噪音，使用寿命长，抗干扰能力强，并具有防水、防震、耐腐蚀等特点，用途除了行程控制和限位保护外，还可作为检测金属体的存在、高速计数、测速、定位、变换运动方向、检测零件尺寸、液面控制及用作无触点按钮等。目前广泛应用于机床、冶金、化工、轻纺和印刷等行业。

（1）接近开关外形及电气符号

接近开关外形见图1.24（a），电气符号见图1.24（b）。

（2）接近开关的型号及含义

例如，LJM18T-5Z/NK表示：外形为M18圆柱形，检测距离为5mm的埋入式、直流型、电感式接近开关。接近开关的型号及含义见下表：

型号	LJ	M18	T	—	—5	Z	NK
	代号	结构形式	感应形式		检测距离	电源种类	输出形式
含义	LJ：电感式 CJ：电容式 SJ：霍尔式	M：圆柱形 B：小方形 C：大方形 D：普通形 E：槽型 F：分离型	T：埋入式 A：非埋入式 G：分离式 S：左侧 K：右侧 I：顶端			Z：直流 J：交流	NK：NPN 常开 NH：NPN 常闭 NU：NPN1 常开 1 常闭 PK：PNP 常开 PH：PNP 常闭 PU：PNP1 常开 1 常闭 W：继电器输出

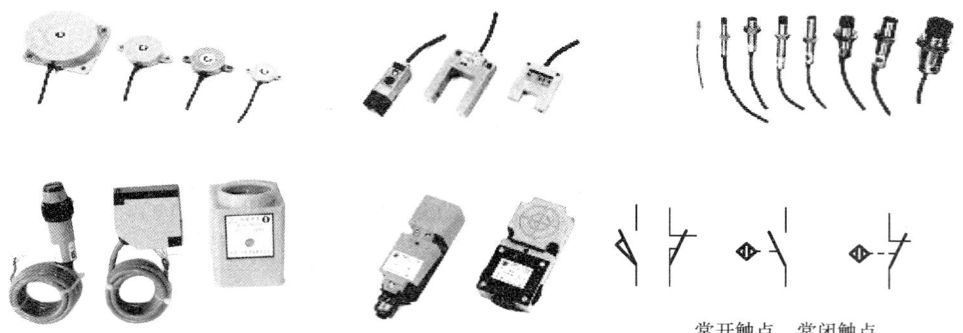

(a) 外形[3SG(德国) G系列E系列]　　(b) 电气符号

图 1.24　接近开关

(3) 接近开关的工作原理及分类

工作原理：当有金属物体接近一个以一定频率稳定振荡的高频振荡器的感应头时，由于电磁感应，该物体内部产生涡流损耗，以致振荡回路等效电阻增大，能量损耗增加，使振荡减弱直至终止。检测电路根据振荡器的工作状态控制输出电路的工作，再由输出信号去控制继电器或其他电器，达到控制目的。

接近开关的主要技术参数有：检测距离、释放距离、回差 H、动作频率和重复精度。

接近开关按工作原理分可分为：高频振荡型、感应电桥型、霍尔效应型、光电型、永磁及型敏元件型、电容型和超声波型等多种类型，其中高频振荡型最为常用。其电路结构可以归纳为如图 1.25 所示的几部分组成。

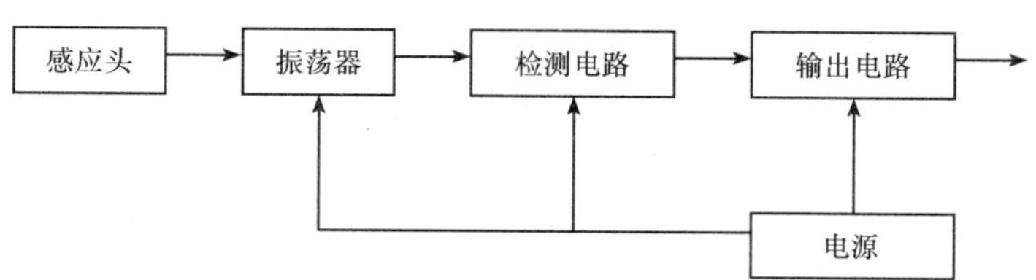

图 1.25　接近开关原理方框图

(4) 接近开关的选用

对于不同的材质的检测体和不同的检测距离，应选用不同类型的接近开关，以使其在系统中具有高的性能价格比，为此在选型中应遵循以下原则：

1) 当检测体为金属材料时，应选用高频振荡型接近开关，该类型接近开关对铁镍、A3 钢类检测体检测最灵敏；对铝、黄铜和不锈钢的检测灵敏度低。

2) 当检测体为非金属材料时，如：木材、纸张、玻璃和水等，应选用电容型接近开关。

3) 金属体和非金属要进行远距离检测和控制时，应选用光电型号接近开关的或超声波接近开关。

4) 对于检测体为金属时，若检测灵敏要求不高时，可选用价格低廉的磁性接近开关或霍尔式接近开关。

5) 选用的接近开关都应符合工作电压、负载电流、响应频率、检测距离等各项指标的要求。

1.4.3 万能转换开关

1. 万能转换开关的功能

万能转换开关是由多组相同的触头组件叠装而成、控制多回路的主令电器。主要用于控制线路的转换及电气测量仪表的转换，也可用于控制小容量异步电动机的启动、换向及变速。由于触头挡数多、换接线路多、用途广泛，故称为万能转换开关。

常用的万能转换开关有 LW5、LW6、LW15 等系列，其外形如图 1.26 (a) 所示。下面以 LW15 系列为例介绍。

2. 万能转换开关的结构原理、符号及型号含义

万能转换开关主要由接触系统、操作机构、转轴、手柄、定位机构等部件组成，用螺栓组装成一个整体。接触系统由许多接触元件组成，第一接触元件均有一胶木触头座，中间装有一对或三对触头，分别由凸轮通过支架操作时，手柄带动转轴和凸轮一起旋转，凸轮即可推动触头接通或断开，如图 1.26 所示。由于凸轮的形状不同，当手柄处于不同的操作位置时，触头的分合情况也不同，从而达到换接电路的目的。

万能转换开关在电路图中的符号如图 1.26 (c) 所示。图中的“—○ ○—”代表一路触头，竖的虚线表示手柄位置。当手柄置于某一个位置上时，处于接通状态的触头下方虚线上就标注黑点“·”。例如，手柄处于 1 位时，1 和 3 触头处于接通状态，而其他触头则是处于断开状态。触头的通断也可用图 1.26 (d) 所示的触头分合表来表示。表中“×”表示触头闭合，空白表示触头分断。

(a) 外形

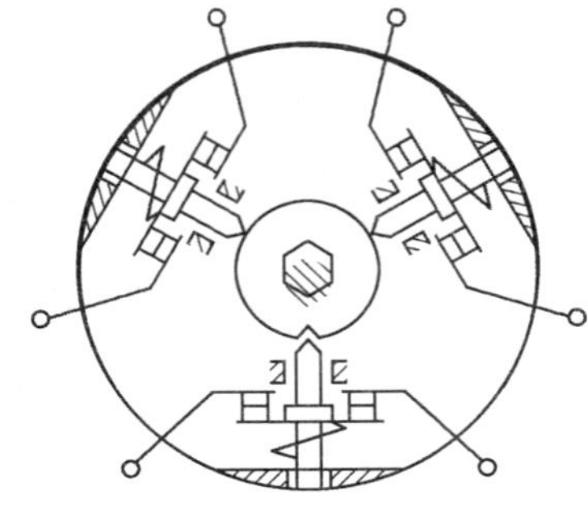
(b) 单片凸轮通断触头示意图

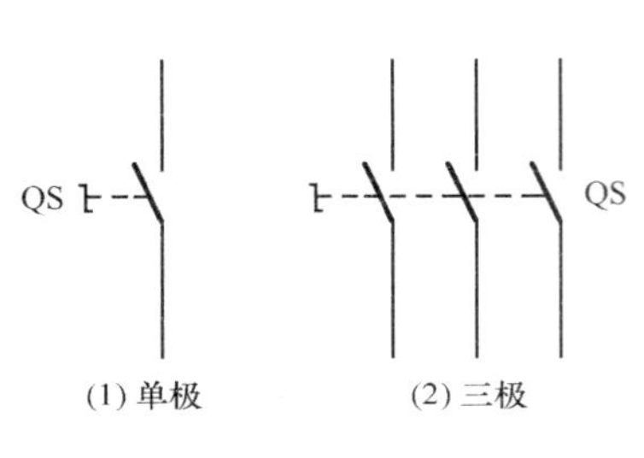

(1) 单极　(2) 三极

(c) 电气符号

LW15□ ·							
	0	1	2	3	4	5	6
	90°	60°	30°	0°	30°	60°	90°
1～2		×	×	×	×	×	×
3～4			×	×	×	×	×
4～6				×	×	×	×
7～8					×	×	×
9～10						×	×
11～12							×

(d) 触头通断表

图 1.26　LW15 系列万能转换开关

LW15 系列万能转换开关按用途分有主令控制用和直接控制 5.5kW 电动机两种；按操作方式有定位型和自复型两种；按接触系统节数分有 1 节～16 节共 16 种；按操动器外形分有旋钮式和球形捏手式两种。

万能转换开关的型号及含义如下：

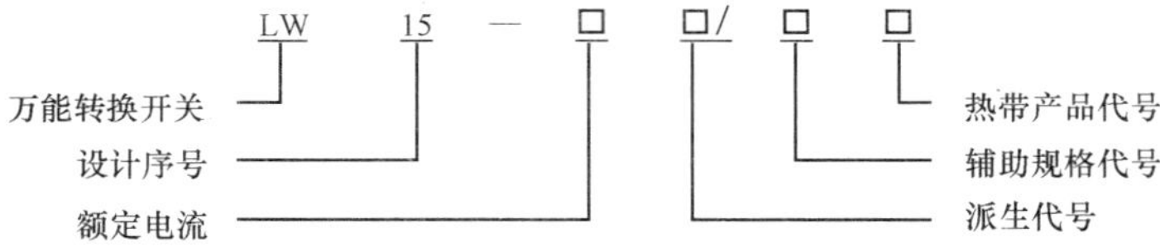

部分代号含义如下：

派生代号：第一位：S 为挂锁型；Z 自复型

第二位：定位特征代号（表 1.36）

辅助规格代号：第一位：1 为 30°；2 为 60°；3 为 45°；4 为 90°

中间四位：操作图编号后两位接触系统节数

热带产器代号：TH 为湿热带产品，TA 干热带产品

注：直接控制电动机用转换开关的型号中 Q 表示直接起动，N 表示可逆转，S 表示双速电动机变速，SN 表示双速电动机变速、可逆，这些字母前两位数字表示三相交流电动机额定功率。

表 1.36　定位特征代号

使用类号	特征代号	操作器位置											
自复型	A						0°	←45°					
	B						0°	45°					
定位型	C						0°	45°					
	D					45°	0°	45°					
	E					45°	0°	45°	90°				
	F				90°	45°	0°	45°	90°				
	G				90°	45°	0°	45°	90°	135°			
	H			135°	90°	45°	0°	45°	90°	135°			
	I			135°	90°	45°	0°	45°	90°	135°	180°		
	J		120°	90°	60°	30°	0°	30°	60°	90°	120°		
	K		120°	90°	60°	30°	0°	30°	60°	90°	120°	150°	
	L	150°	120°	90°	60°	30°	0°	30°	60°	90°	120°	150°	
	M	150°	120°	90°	60°	30°	0°	30°	60°	90°	120°	150°	180°
	N					45°		45°					
	P					90°	0°	90°					
	Q					90°	0°	90°	180°				

3. 万能转换开关的选用

万能转换开关主要根据用途（线路控制或直接电动机控制）、接线方式、所需触头档数、额定电流以及电动机的起动方式（直接起动、可逆转换、变速）等来选择。

4. 万能转换开关的安装与使用

1）万能转换开关的安装位置应与其他电器元件或机床的金属部件有一定间隙，以免在通断过程中因电弧喷出而发生对地短路故障。

2）万能转换开关一般应水平安装在平板上，但也可以倾斜或垂直安装。

3）万能转换开关的通断能力不高，当用来控制电动机时，LW5 系列只能控制 5.5kW 以下的小容量电动机。若用于控制电动机制正反转，则只能在电动机停止后才能反向启动。

4）万能转换开关本身不带保护，使用时必须与其他电器配合。

5）当万能转换开关有故障时，必须立即切断电路，检查有无妨碍可动部分正常转动的故障、弹簧有无变形或失效、触头工作状态和触头状况是否正常等。

1.4.4 主令控制器

主令控制器是按照预定程序换接控制电路接线的主令电器，主要用于电力拖动系统中，按照预定的程序分合触头，向控制系统发出指令，通过接触器达到控制电动机的启动、制动、调速及反转的目的，同时也可实现控制线路的联锁作用。

目前生产中常用的主令控制器有 LK4、XLK22、XLK23、XLK23P 及 XLKT8 等系列，其外形如图 1.27 所示。其中 XLK23 系列主令控制器 XLK23 系列主令控制器采用 IEC 标准，结构先进合理，在同等产品中，它体积小、重量轻、耐冲击、安装省力、使用轻便、维护简单、尤其是不改变产品安装尺寸，可直接替代 LK1、LK5、LK16、LK17、LK18、LKW 等控制器。本产品用于冶金、起重、矿山、机械、轧钢等行业的传统电器控制。

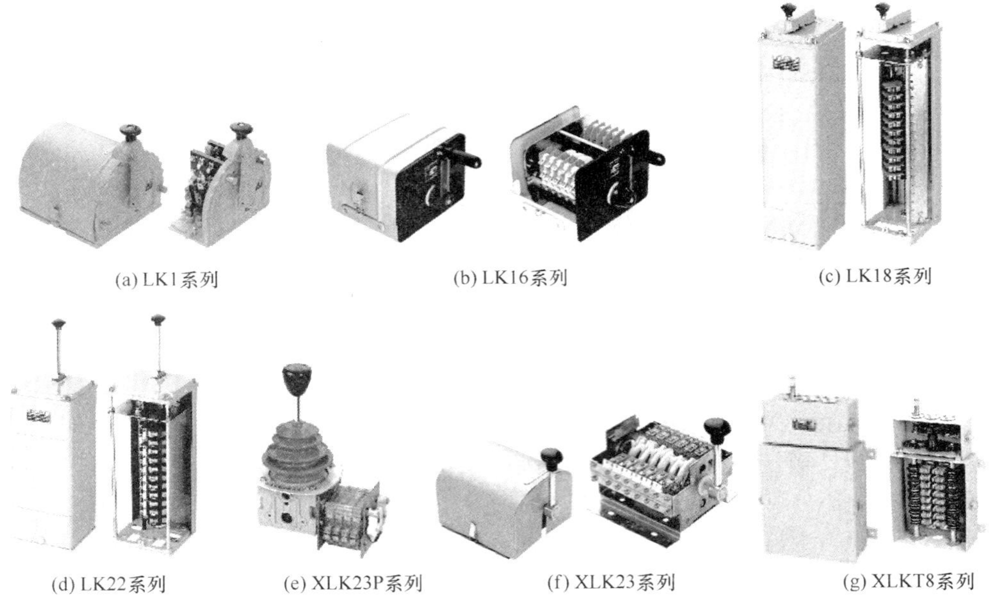

(a) LK1系列　(b) LK16系列　(c) LK18系列

(d) LK22系列　(e) XLK23P系列　(f) XLK23系列　(g) XLKT8系列

图 1.27　主令控制器

1. 主令控制器的结构原理

XLK23 系列主令控制器用钢板制作，又有独特的方轴，方孔固定件用于固定手柄。主要部件有触头盒，凸轮系统棘轮系统，灭弧室，由工程塑料制成，透明密封性能好，特点耐腐蚀，耐磨损寿命高。其外形及结构如图 1.28 所示。

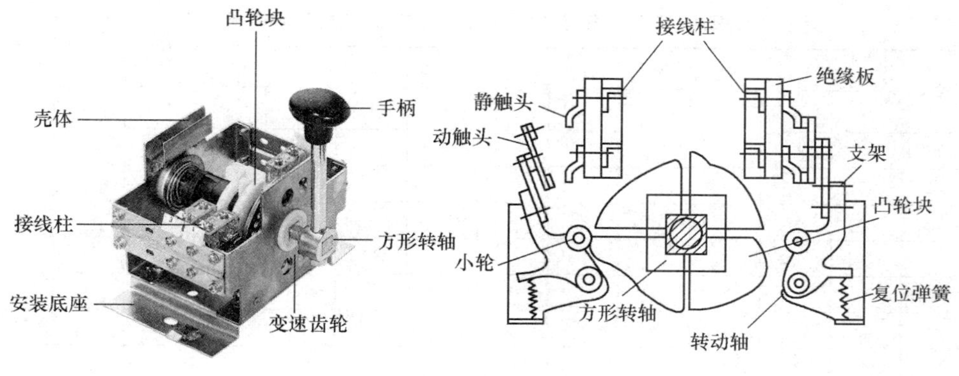

(a) 结构

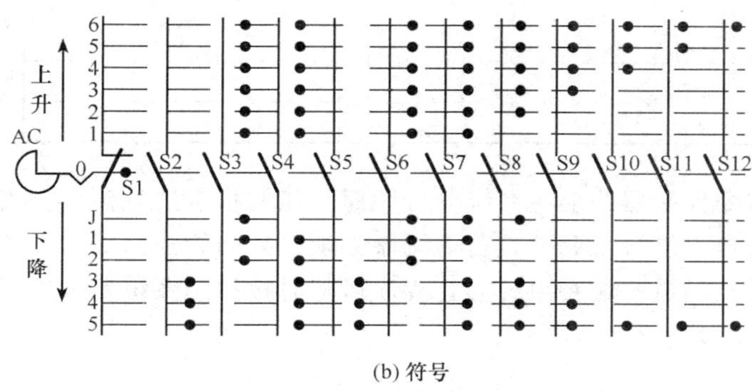

(b) 符号

图 1.28　XLK23（LK1）系列主令控制器

主令控制器所有的静触头都安装在绝缘板 5 上，动触头则固定在能绕轴 9 转动的支架 6 上；凸轮鼓由多个凸轮块嵌装而成，凸轮块根据触头系统的开闭顺序制成不同角度的凸出轮缘，每个凸轮块控制两副触头。当转动手柄时，方形转轴带动凸轮块转动，凸轮块的凸出部分压动小轮 8，使动触头 2 离开静触头 3，分断电路；当转动手柄使小轮 8 位于凸轮块 7 的凹处时，在复位弹簧的作用下使动触头闭合，接通电路。可见触头的闭合和分断顺序是由凸轮块的位置决定的。

2. 主令控制器的型号、含义及电气符号

主令控制器的型号及含义如下：

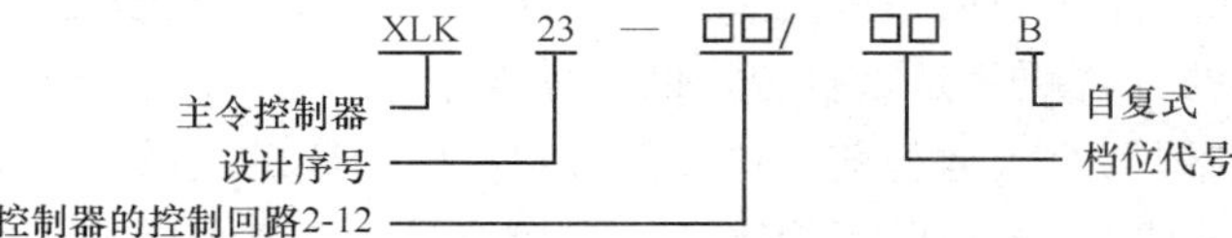

XLK23-12/90 型主令控制器触头通断表见表 1.37。

主令控制器按结构形式分为凸轮调整式和凸轮非调整式两种。LK1、LK5、LK16 系列属于非调整式主令控制器，LK4 系列属于调整式主令控制器。

表 1.37　XLK23-12/90 型主令控制器触头通断表

触头	下降						零位	上升					
	5	4	3	2	1	J	0	1	2	3	4	5	6
S1							×						
S2	×	×	×										
S3				×	×	×		×	×	×	×	×	×
S4	×	×	×	×	×			×	×	×	×	×	×
S5	×	×	×										
S6				×	×	×		×	×	×	×	×	×
S7	×	×	×		×	×		×	×	×	×	×	×
S8	×	×	×			×			×	×	×	×	×
S9	×	×								×	×	×	×
S 10	×										×	×	×
S 11	×											×	×
S 12	×												×

非调整式主令控制器的触头系统分合顺序只能按指定的触头分合表的要求进行，在使用中用户不能自行调整，若需调整必须更换凸轮片。

调整式主令控制器的触头系统分合程序可随时按控制系统要求进行编制及调整，不必更换凸轮片。

3. 主令控制器的选用

主令控制器主要根据使用环境、所需控制的回路数、触头闭合顺序等进行选择。常用的 LK14 和 XLK23 系列主令控制器的主要技术参数见表 1.38。

表 1.38　XLK23 系列主令控制器的主要技术数据

使用类别	额定工作电压/V	接通条件			分断条件			通断次数万次	操作频率/h
		I	U	$\cos\varphi$	I	U	$\cos\varphi$		
AC-15	380	2.6	380	0.7	2.6	380	0.4	100	1200
DC-13	220	0.8	220		0.8	220		40	1200

4. 主令控制器的安装与使用

1）安装前应操作手柄不少于 5 次，检查动、静触头接触是否良好，有无卡轧现象，触头的分合顺序是否符合通断表的要求。

2）主令控制器投入运行前，应使用 500～1000V 的兆欧表测量其绝缘电阻，一般应大于 0.5MΩ，同时根据接线图检查接线是否正确。

3）主令控制器外壳上的接地螺栓应与接地网可靠连接。

4）应注意定期清除控制器内的灰尘，所有活动部分应定期加润滑油。

5）主令控制器不使用时，手柄应停在零位。

5. 主令控制器常见故障及处理方法

主令控制器常见故障及处理方法见表1.39。

表1.39 主令控制器故障及处理方法

故障现象	可能的原因	处理方法
操作不灵活或有噪声	1）滚动轴承损坏或卡死 2）凸轮鼓或触头嵌入异物	1）修理或更换轴承 2）取出异物，修复或更换产品
触头不准或分合顺序不对	1）控制器容量过小 2）触头压力过小 3）触头表面烧毛或有油污	1）选用较大容量的主令控制器 2）调整或更换触头弹簧 3）修理或清洗触头
定位不准或分合顺序不对	凸轮片碎裂脱落或凸轮角度磨损变化	更换凸轮片

技能训练1.3 主令电器的识别与检修

一、目的要求

熟悉常用主令电器的外形和基本结构，并能进行正确拆、装及检修。

二、工量具及器材清单

工量具及器材清单见表1.40。

表1.40 常用工量具及仪表清单

序号	类别	名　称	型号规格	单位	数量	备注
1	工具	螺钉旋具、尖嘴钳、活络扳手		套	1	
2	仪表	兆欧表	5050型或自定 500V，0～200MΩ	只	1	
		万用表	MF30或自定	只	1	
3	器材	按钮	LA18-22（每种颜色各选一只）	台	5	
		行程开关	JLXK1-31 \ JLX1-311 \ JLXK1-211	只	1	各一只
		万能转换开关	LW12-16	只	1	
		主令控制器	XLK23	只	1	

三、训练内容

1. 主令电器的识别

1）在教师的指导下，仔细观察各种不同种类、不同结构形式的主令电器的外形和结构特点。

2）由指导教师从所给主令电器中任选五种，用胶布盖住型号并编号，由学生根据实物将其名称、型号及结构形式，写入表1.41中。

表 1.41 电器元件识别

序 号	名 称	型号规格	单 位	数 量
1				
2				
3				
4				
5				
6				

2. 主令控制器的基本结构与测量

1）用兆欧表测量主令控制器的各触头部分的对地电阻，其值应不小于 0.5MΩ。

2）用万用表依次测量手柄置于不同位置时各对触头的通断情况，根据测量结果作出主令控制器的触头分合表。

3）打开主令控制器的外壳，仔细观察其结构和动作过程，写出各主要零部件的名称并叙述主令控制器的动作原理，填入表 1.42 中。

表 1.42 主令控制器的结构及动作原理

主要零部件名称	动作原理

3. 主令控制器的装拆

（1）按钮的装拆

按图 1.29 所示顺序，拆开按钮，仔细观察触头动作的情况，理解常开触头、常闭触头和复合触头的动作情况，用万用表的电阻档测量各对触头之间的接触情况，分辨常开触头和常闭触头。

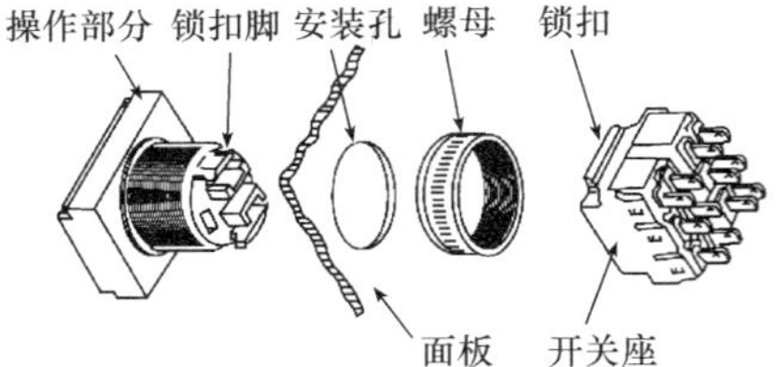

图 1.29 按钮的装拆顺序

安装顺序为：将操作部分穿过面板孔，拧紧螺母后固定，然后将开关座的锁扣与操作部分的锁扣脚位置，压入成一体。

拆卸开关座时，将开关座锁扣压向内侧就可拆卸。

注意：

1）具有焊接和插拔式两种接线方式，如采用插拔式接线，建议使用国际通用插头（2.8×0.5mm）连接，并套上护套。

2）如需焊接接线：A. 手工焊 25W，3s 以内。

B. 自动焊 240℃，3s 以内。

焊好后一分钟之内不施加外力，然后套上护套，请勿使用熔剂助焊，避免溶剂渗入开关内部，造成产品损害。

3）按钮应用手操作，严禁用其他器具替代操作。

(2) 行程开关的拆装

拆开行程开关的外壳观察其内部结构，比较按钮和行程开关的相似和不相同之处。

(3) 万能转换开关、主令电器的检测

1）认真观察、比较两种主令电器，熟悉它们的外形、型号和功能，用兆欧表测量各触头的对地电阻，其值应小于 0.5MΩ。

2）用万用表依次测量手柄置于不同位置时各对触头的通断情况，根据测量结果分别作出两种主令电器的触头分合表，并与给出的分合表对比，初步判断触头的工作情况是否良好。

3）打开外壳，仔细观察、比较它们的结构和动作过程，指出主要零部件的名称，理解工作原理。

4）检查各对触头的接触情况和各凸轮片的磨损情况，若触头接触不良应予以修整，若凸轮片磨损严重，则应予以更换。

5）合上外壳，转动手柄检查转动是否灵活、可靠，并再次用万用表依次测量手柄置于不同位置时各触头的通断情况，看是否与给定的触头分合表相符。

四、评分标准

评分标准见表 1.43。

表 1.43　评分标准

<table>
<tr><th>项目内容</th><th>配　分</th><th colspan="4">评分标准</th><th>扣　分</th></tr>
<tr><td>元件识别</td><td>40</td><td colspan="4">1）写错或漏写名称，每只　扣 4 分
2）写错或漏写型号，每只　扣 2 分
3）写错或漏写结构形式，每只　扣 3 分</td><td></td></tr>
<tr><td>主令控制器的测量</td><td>30</td><td colspan="4">1）仪表使用方法错误　扣 10 分
2）测量结果错误　扣 5 分
3）作不出触头分合表　扣 20 分
4）触头分合表错误，每处　扣 4 分</td><td></td></tr>
<tr><td>主令控制器的动作原理</td><td>30</td><td colspan="4">1）主要零部件的名称写错或漏写，每只　扣 2 分
2）写不出动作原理　扣 20 分
3）动作原理叙述不正确　扣 5～20 分</td><td></td></tr>
<tr><td>安全文明生产</td><td></td><td colspan="4">违反完全文明生产规程　扣 5～40 分</td><td></td></tr>
<tr><td>定额时间</td><td>90min</td><td colspan="4">每超时 5min 以内以扣 5 分计算</td><td></td></tr>
<tr><td>备注</td><td colspan="4">除定额时间外，各项内容的最高扣分不应超过配分数</td><td>成绩</td><td></td></tr>
<tr><td>开始时间</td><td colspan="2"></td><td>结束时间</td><td></td><td>实际时间</td><td></td></tr>
</table>

小　　结

本节内容的重点是主令控制器的用途、电气符号、选择方法和常见故障处理方法。难点是接近开关和主令控制器的掌握。

主令控制器是在自动控制系统中发出指令或作为程序控制的开关电器，主要用来接通或断开控制电路。即用它来控制接触器、继电器的线圈，再由接触器去控制主电路，起到“发号施令”的作用。

按钮是用手来进行操作的最简单也是最常用的主令开关。按钮的选用主要考虑使用功能及颜色，特别是颜色的选择应按表1.31所示的功能来进行，千万不能混淆，随意更改颜色作用。另外在安装时要注意按钮间距为50～100mm且应操作灵活、可靠、无卡阻。

位置开关是操动机构在机器的运动部件达到一个预定位置时，开关动作，达到接通/断开或发信号的控制目的，是一种小电流主令电器。位置开关包括行程开关、限位开关和接近开关。位置开关的结构原理与按钮有类同，都是在外来作用力（信号）介入下才能使开关动作。是线路实现自动控制的关键元件。特别是无触点接近开关日益广泛的应用，使得自动控制的范围、准确性和可靠性更上了一个新台阶。但接近开关使用时必须与继电器相配合，以继电器的触点作为输出来控制线路，这也增加了成本投入。

万能转换开关工作原理同组合开关，通过开关内部多对动静触头的不同分合来实现近/远程转换、遥控开关及控制伺服电机等。一般前者的触头对数较后者多故称为万能。主令控制器内部的多对触并头的接通和断开是靠不同凸轮转位来控制的。掌握万能转换开关及主令控制器的关键是读懂万能转换开关的触点分合表。只有掌握了触点分合表，才能正确合理地选用并应用此类开关满足控制线路的各种控制要求。

1.5 接触器

知识点

- 掌握接触器的用途型号规格、文字与图形符号
- 熟悉接触器的结构和工作原理

技能点

- 能正确识别常用接触器
- 掌握接触器的选用、安装、拆装、调试及维修方法

接触器是一种电磁式自动开关，它通过电磁机构的吸力与弹簧反作用力配合动作，可以远距离频繁地接通、分断电力拖动主回路及其他大容量用电回路。其优点是：控制容量大，操作方便，便于远距离控制，动作迅速，并且有低电压释放保护性能，所以广泛应用于机床、电动机、电热设备、电焊机和小型发电机等

设备的自动控制系统中；但其也存在噪声大，寿命短等缺点。由于接触器只能接通和分断负荷电流，不具备短路保护和过载保护功能，所以必须与熔断器、热继电器等保护电器配合使用。

根据接触器所控制线路的不同，可划分为交流接触器和直流接触器两种，见图 1.30（a，b）。其中直流接触器用于直流电路中，它与交流接触器相比具有噪声低、寿命长、冲击电流小等优点，其结构、工作原理与交流接触器大体相似。

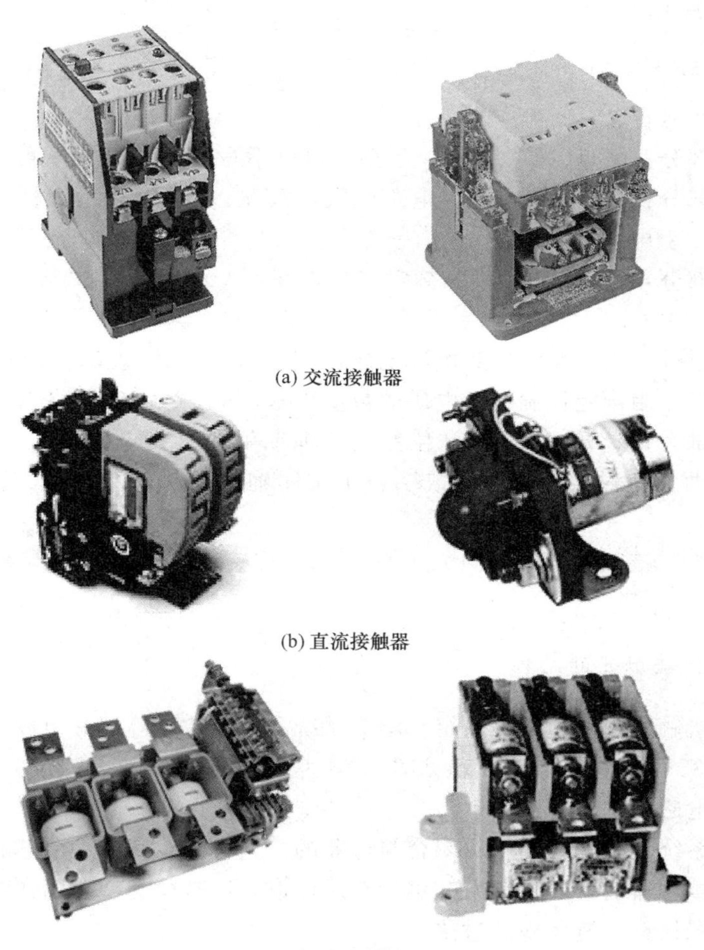

(a) 交流接触器

(b) 直流接触器

(c) 真空接触器

图 1.30　接触器

以真空为灭弧介质的低压真空接触器，见图 1.30（c）。具有接通，分断能力大，电气和机械寿命长，在恶劣条件下工作可靠性高等优点，特别适合于在基础工业，冶金，石油，化工，矿山和码头等部门使用。它适用于交流 50Hz/60Hz，额定工作电压至 1140V，额定工作电流至 630A 的电力系统中，供远/近距离接通和分断电路以及在重任务条件下的频繁启动和控制交流电动机，并可与

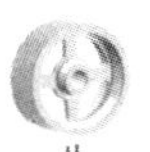

各种保护装置组成电磁起动器。

1. 交流接触器的型号及含义

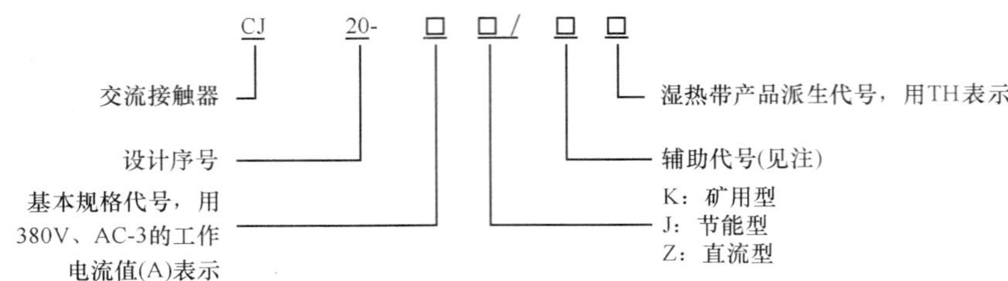

辅助代号含义：

第一部分：字母“Y"表示一般型，可以不写出。“N”表示可逆型；

第二部分：1位数字表示主电路极数：2、3、4分别表示2极、3极、4极，3极可以不写出。

第三部分：2位数表示最高额定工作电压：“06”表示660V，可以不写出。“11”表示1140V。

第四部分：表示额定控制电源电压，用字母“AC”表示交流；“DC”表示直流，字母后用额定控制电源电压的数值表示，但“AC380”可以不写出。

第五部分用字母“F”和2位数表示辅助触头种类及数量，前一位数字表示常开辅助触头对数，后一位数字表示常闭辅助触头对数，但“F42”可以不写出。

常用的交流接触器有CJ10、CJ20、CJ40、CJ12、B、3TB等系列其外形见图1.31。

2. 交流接触器的结构

交流接触器主要由电磁系统、触头系统和灭弧装置等部分组成，其外形、结构如图1.32所示，其工作原理见图1.33（a)、电气符号见图1.33（b）所示。

(1) 电磁系统

电磁系统是用来控制触头闭合与分断的。它包括线圈、动磁芯和静磁芯。

交流接触器的铁芯一般由硅钢片叠压而成，以减少交变磁场在铁芯中产生的涡流及磁滞损耗，避免铁芯过热。

交流接触器的铁芯上装有一个短路铜环，又称减振环，如图1.34所示。

短路环的作用是减少交流接触器吸合时产生的振动和噪声。当电磁线圈通有交流电时，在铁芯上产生的是交变的磁通，所以它的衔铁的吸力了是交变的，当磁通经过零值时，铁芯对衔铁的吸力也为零，衔铁在弹簧反作用力的作用下有释放的趋势。这样，衔铁不能被铁芯牢牢吸住，就在铁芯上振动，发出噪声。久而久之，铁芯与衔铁极易磨损，造成触头接触不良，并产生电弧火花灼伤触头。同时噪声还容易使人感到疲劳。为了消除这一现象，在铁芯柱端面上嵌装一个短路

(a) CJ20系列

(b) CJ40系列

(c) CJX1(3TB)系列

(d) CJX5系列

(e) CJ12系列

(f) CJ19(16)系列

(g) CJX8(B)系列

(h) MOELLER DIL系列

(i) ABB AF系列

图 1.31　交流接触器

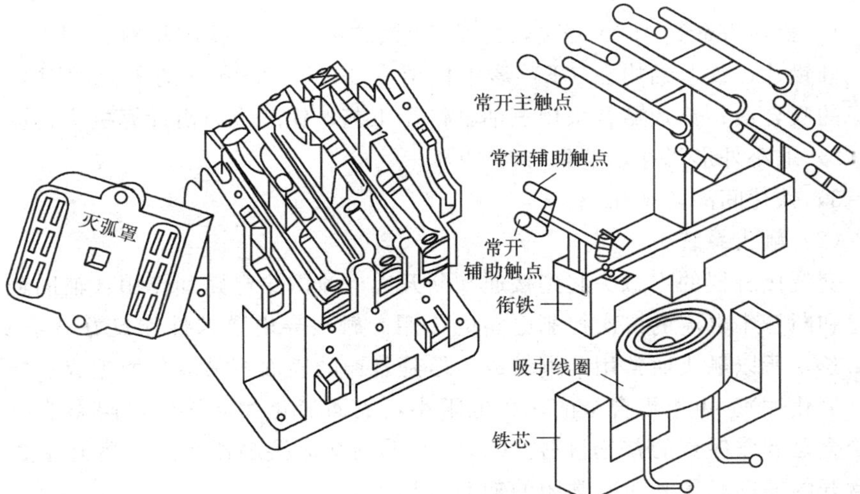

图 1.32　交流接触器结构

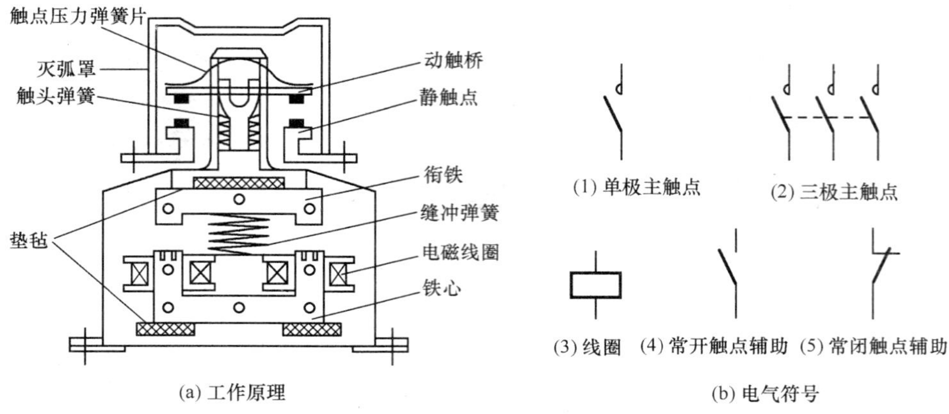

(a) 工作原理　　(b) 电气符号

图 1.33　交流接触器

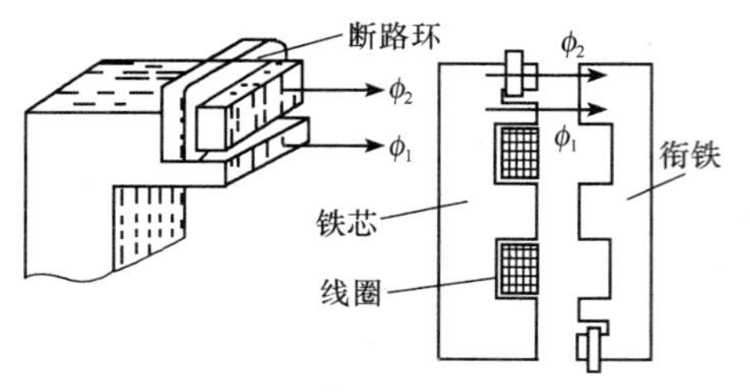

图 1.34　交流电磁铁的短路环

铜环。此短路铜环相当于变压器的次级绕组，当电磁线圈通入交流电后，线圈电流 I_1 产生磁通 Φ_1，短路环中的感应电流产生磁通 Φ_2。由于感应电流 I_2 比 I_1 相位落后，所以 Φ_2 的相位比 Φ_1 落后，这样，在磁通 Φ_1 经过零值时，Φ_2 不为零而产生吸力，吸住衔铁，使衔铁始终被铁芯紧紧吸住，振动和噪声会显著减少。气隙越小，短路环的作用越大，振动和噪声就越小。

为了增强铁芯的散热效果，交流接触器的线圈一般采用短而粗的圆筒形电压线圈，并与铁芯有一定的间隙。CJ20 交流接触器铁芯与 CJ10 铁芯相比，具有以下特点：

1）机械寿命达 1000 万次，为 CJ10 铁芯的 3 倍。铁芯材料选用 DW360-50 冷轧硅钢片；铁芯结构在“E”形中柱留有 0.15～0.2mm 的去磁间隙和增加两边极的吸合面；铁片贴合采用三油缸铆压工艺；铁芯吸力由计算机优化设计。

2）缩小外形尺寸，节省材料 40%。

3）铁片间涂防锈油。

（2）触头系统

交流接触器的主触头起到接通和断开大电流的主电路和作用，辅助触头用于接通和断开小电流的二次控制电路的作用。触头导电要求性能良好、不易氧化、寿命长，所以触头通常用紫铜做成。但是紫铜的表面容易氧化而生成一层不良导体（氧化铜）。由于银合金的接触电阻小，表面氧化物对接触电阻影响小，所以银合金是制作触头的首选材料。CJ10-20 系列交流接触器有三对常开主触头、两对常开的辅助触头和两对常闭的辅助触头。

按形状不同，电磁触头系统可分为双断点桥式触头和单断点指形触头，如

图 1.35（a～c）所示，其中，图 1.35（a，b）都属于双断点桥式触头。

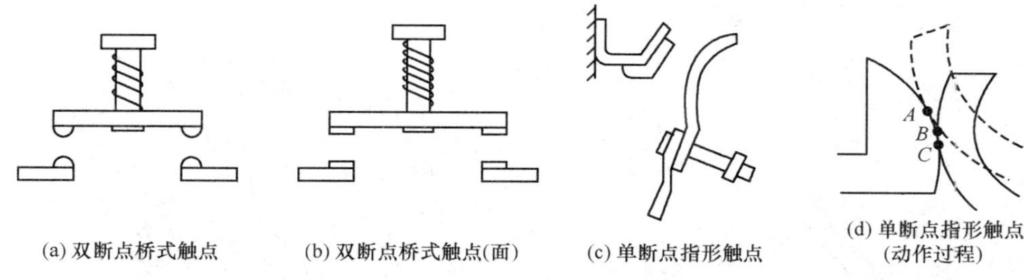

图 1.35　触头的结构形式

在图 1.35 中，(a) 图为点接触桥式触头，适用于工作电流不大、接触电压较小的场合，如辅助触头；(b) 图为面接触桥式触头，适用于大电流回路的通断，如接触器的主触头；(c) 图为线接触指形触头，它的接触区域为一直线，触头闭合时，产生滑动接触：见图 1.35（d）接触点由 A 点滑动至 C 点，这种滑动可自动净化触头表面，适用于动作频繁的大电流的场合，可作为主触头使用。

触头在使用时都必须安装压力弹簧，以加大闭合时触头之间的接触压力，减小接触电阻，消除振动。如图 1.36（a～c）所示触头的接触位置为一个完整且连续的接触过程，图 1.36（c）中动触头的过行程 Δ 的大小，决定触头点接触压力的大小。

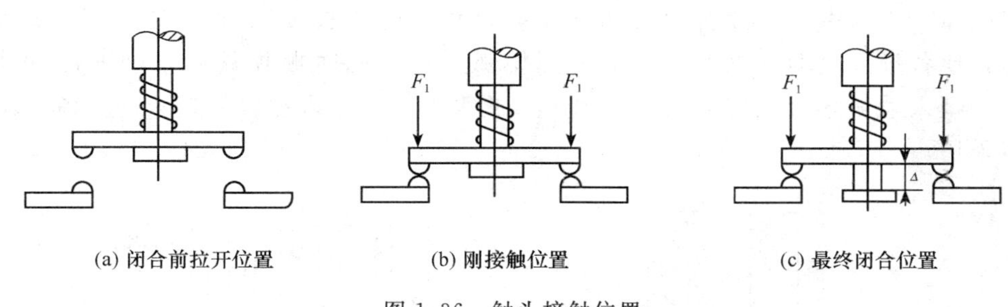

图 1.36　触头接触位置

(3) 灭弧装置

交流接触器在分断大电流或高电压电路时，在动静触头之间会产生电弧。电弧会发光发热，灼伤触头，同时使电路切换时间延长，甚至引起其他事故。因此，必须设法灭弧。在交流接触器中常采用下面 4 种灭弧方案。

1）双断口结构电动灭弧。如图 1.37 所示，利用触头本身的电动力拉长电弧，同时将电弧自然分成两段，以扩大电弧散热面积，使电弧热量在拉长的过程中散发而冷却熄灭。这种灭弧方式适合于容量较小的交流接触器，如 CJ10-10 型交流接触器 20A 以下的，常采用此方法灭弧。

2）磁吹灭弧。如图 1.38 所示，灭弧装置中安装有与触头相串联的磁吹线

圈，电弧在磁吹磁场的作用下受力拉长，吹离触头，加速冷却而熄灭。这种灭弧方式广泛应用于直流接触器中。

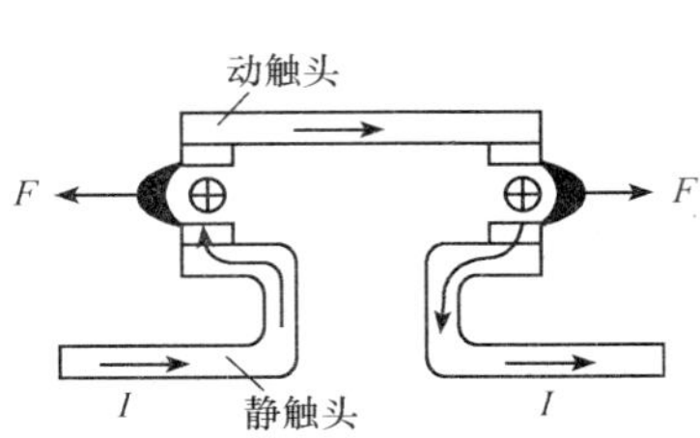

图 1.37　双断口电动力灭弧示意图

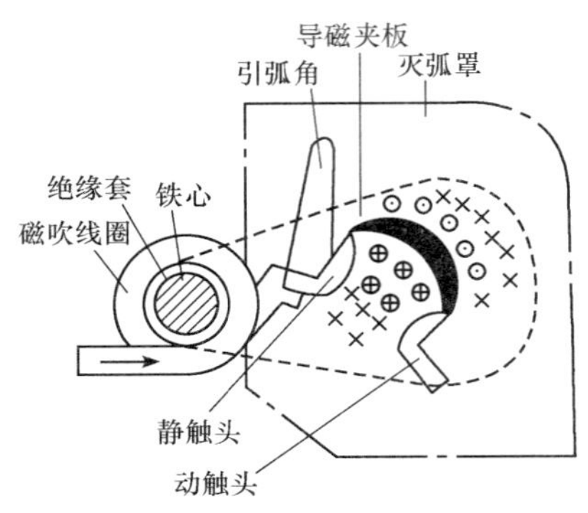

图 1.38　磁吹灭弧示意图

3）纵缝灭弧。如图 1.39 所示，利用灭弧罩来完成灭弧任务。灭弧罩由陶土或石棉水泥制成，内部为纵缝结构，且下宽上窄。触头伸入灭弧罩的下部宽缝中，当触头断开时产生的电弧随热气流上升，进入灭弧罩窄缝中，使电弧与室壁紧密接触而迅速冷却并熄灭，达到灭弧效果。CJ10-10 型交流接触器 20A 及以上的，常采用此方法灭弧。

4）栅片灭弧。如图 1.40 所示，栅片灭弧要借助灭弧罩完成，灭弧罩内装有多层金属薄片组成的灭弧栅，薄片灭弧栅之间互相绝缘。触头断开电路时产生电弧，进入多层薄片所组成的灭弧栅之中，电弧被栅片分割成若干段短电弧，使各栅片之间的电弧电压达不到燃弧电压，同时栅片具有强烈的冷却作用，吸入电弧热量，使电弧迅速熄灭。此灭弧方法大多被容量较大的交流接触器采用。

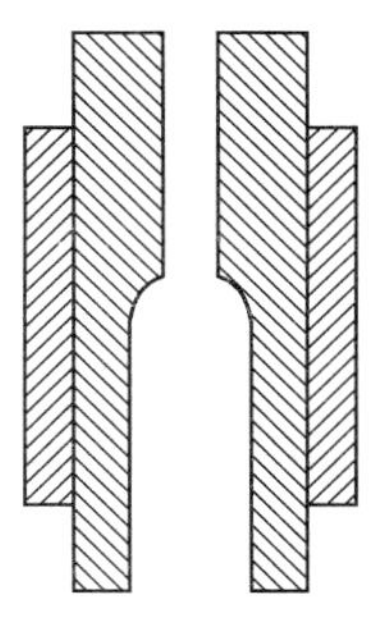

图 1.39　纵缝灭弧装置

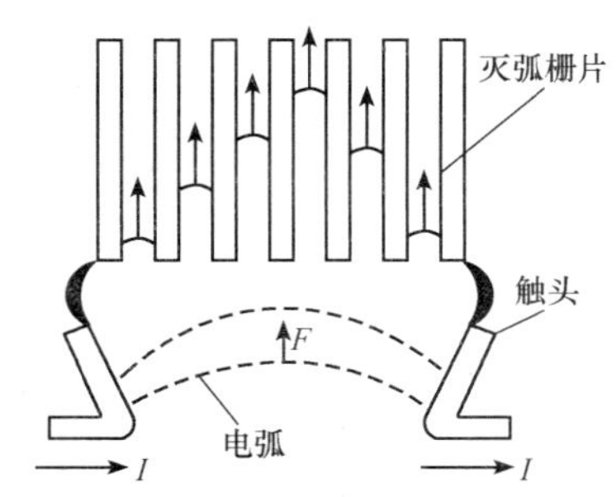

图 1.40　栅片灭弧示意图

（4）交流接触器的附件

交流接触器有外壳、传动机构、接线柱、反作用弹簧、复位弹簧、缓冲弹簧和触头压力弹簧等辅助附件。

3. 常用交流接触器的技术数据

常用交流接触器的技术数据如表 1.44 和表 1.45 所示。

表 1.44 CJ20 系列交流接触器的技术数据

<table>
<tr><th rowspan="2">项目
型号</th><th colspan="3">主触头</th><th colspan="3">辅助触头</th><th rowspan="2">380V 时控制电动机最大功率/kW</th><th colspan="3">通断能力</th><th rowspan="2">机械寿命次数/万次</th><th rowspan="2">操作频率/(次/h)</th><th colspan="2">动作时间/ms</th></tr>
<tr><th>额定工作电压/V</th><th>额定工作电流/A</th><th>数量/副</th><th>额定工作电压/V</th><th>额定发热电流/A</th><th>数量/副</th><th>电压/V</th><th>接通电流/A</th><th>分断电流/A</th><th>接通</th><th>断开</th></tr>
<tr><td rowspan="2">CJ20-63</td><td>380</td><td>63</td><td rowspan="10">3</td><td rowspan="10">交流至380直流至220</td><td rowspan="10">6</td><td rowspan="10">2常开、2常闭</td><td>30</td><td>380</td><td>756</td><td>603</td><td rowspan="5">1000</td><td rowspan="5">AC-3类 1200 AC-4类 300</td><td rowspan="2">20</td><td rowspan="2">24</td></tr>
<tr><td>660</td><td>40</td><td>35</td><td>660</td><td>480</td><td>400</td></tr>
<tr><td rowspan="2">CJ20-160</td><td>380</td><td>160</td><td>85</td><td>380</td><td>1600</td><td>1280</td><td rowspan="2">16</td><td rowspan="2">14</td></tr>
<tr><td>660</td><td>100</td><td>85</td><td>660</td><td>1200</td><td>1000</td></tr>
<tr><td>CJ20-160/11</td><td>1140</td><td>80</td><td>85</td><td>1140</td><td>960</td><td>800</td><td>20</td><td>8</td></tr>
<tr><td>CJ20-250</td><td>380</td><td>250</td><td>132</td><td>380</td><td>2500</td><td>2000</td><td rowspan="5">300</td><td rowspan="5">AC-3类 600 AC-4类 120</td><td rowspan="2">16</td><td rowspan="2">23</td></tr>
<tr><td>CJ20-250/06</td><td>660</td><td>200</td><td>190</td><td>660</td><td>2000</td><td>1600</td></tr>
<tr><td>CJ20-630</td><td>380</td><td>630</td><td>300</td><td>380</td><td>6300</td><td>5040</td><td rowspan="2">20</td><td rowspan="2">18-20</td></tr>
<tr><td rowspan="2">CJ20-630/11</td><td>660</td><td>400</td><td>350</td><td>660</td><td>4000</td><td>3200</td></tr>
<tr><td>1140</td><td>400</td><td>400</td><td>1140</td><td>4000</td><td>3200</td><td>39-41</td><td>19-21</td></tr>
</table>

表 1.45 CZ0 系列直流接触器基本技术数据

<table>
<tr><th rowspan="2">型 号</th><th rowspan="2">派生代号</th><th rowspan="2">额定电压/V</th><th rowspan="2">额定电流/A</th><th colspan="2">主触头数</th><th colspan="2">辅助触头数</th><th rowspan="2">主触头额定分断能力/A</th><th rowspan="2">操作频率/(次/h)</th><th rowspan="2">机械寿命/万次</th><th rowspan="2">电寿命/万次</th></tr>
<tr><th>常开</th><th>常闭</th><th>常开</th><th>常闭</th></tr>
<tr><td>CZ0-40/20</td><td rowspan="7"></td><td rowspan="4">440</td><td rowspan="2">40</td><td>2</td><td></td><td>2</td><td>2</td><td>160</td><td>1200</td><td>500</td><td>50</td></tr>
<tr><td>CZ0-40/02</td><td></td><td>2</td><td>2</td><td>2</td><td>100</td><td>600</td><td>300</td><td>30</td></tr>
<tr><td>CZ0-100/10</td><td rowspan="3">100</td><td>1</td><td></td><td>2</td><td>2</td><td>400</td><td>1200</td><td>500</td><td>50</td></tr>
<tr><td>CZ0-100/01</td><td></td><td>1</td><td>2</td><td>1</td><td>250</td><td>600</td><td>300</td><td>30</td></tr>
<tr><td>CZ0-100/20</td><td>440/660</td><td>2</td><td></td><td>2</td><td>2</td><td>400</td><td>1200</td><td>500</td><td>50</td></tr>
<tr><td>CZ0-150/10</td><td rowspan="2">440</td><td rowspan="2">150</td><td>1</td><td></td><td>2</td><td>2</td><td>600</td><td>1200</td><td>500</td><td>50</td></tr>
<tr><td>CZ0-150/10</td><td></td><td>1</td><td>2</td><td>1</td><td>375</td><td>600</td><td>300</td><td>30</td></tr>
</table>

4. 交流接触器的选用

交流接触器的选用，主要考虑主触头的额定电流、额定电压、吸引线圈的电压等级，其次考虑辅助触头的数量和种类、操作频率等。

(1) 选择类型

接触器的类型选择见表 1.46。交流接触器多用 CJ20 系列，直流接触器多用 CZ0 系列。

表 1.46　常见的接触器使用类别和典型用途

电流类型	使用类别代号	典型用途举例
AC（交流）	AC-1	无感或微感负载、电阻炉
	AC-2	绕线式电动机的起动、停止
	AC-3	鼠笼式异步电动机的起动、停止
	AC-4	鼠笼式异步电动机的起动、反接制动、反向、点动
DC（直流）	DC-1	无感或微感负载、电阻炉
	DC-3	并励电动机的起动、反接制动、反向、点动
	DC-5	串励电动机的起动、反接制动、反向、点动

注：对于感应式异步电动机的控制宜选用 AC-2～AC-4 类的接触器。

（2）选择触头的额定电压

直流：220V、440V、660V

交流：220V、380V、660V

（3）选择主触头的额定电流

主触头的额定电流应大于或等于负载的额定电流。如负载是电动机，其额定电流按下式推算：

$$I_N = \frac{P_N \times 10^3}{\sqrt{3}U_N \eta \cos\varphi}$$

额定电流一般有：

直流：25A、40A、60A、100A、150A、250A、400A、600A

交流：10A、20A、40A、60A、100A、150A、250A、400A、600A

（4）选择线圈额定电压

吸引线圈的电压等级应等于控制电路的电压。

通常吸引线圈的额定电压有：直流 24V、48V、110V、220V、440V

交流 36V、110V、220V、380V

（5）选择触头数量和类型

对于直流接触器特别要注意选择正确。

另外，选用接触器时还要注意起动功率与吸持功率、接通与分断能力、寿命等。

5. 交流接触器的安装

1）安装前应检查接触器的型号、规格、技术参数是否符合要求，各对触头接触是否可靠，动作是否到位，主触头的触头杆是否固定可靠，灭弧罩之间是否有空隙，各器件表面是否平整、清洁，可动部分是否灵活无障碍。

2）安装固定必须符合要求。接触器应垂直安装在底板上，倾斜角应小于5°，安装位置不得受到剧烈振动，安装必须固定可靠。连接电路的导线必须排列整齐、规范，灭弧罩必须满足灭弧距离的要求。

3）安装后必须检查连接处电路的接线是否正确。在主触头不通电的情况下，给电磁线圈通电，检查主触头的动作是否到位，铁芯吸合后有无噪音。

6. 常见故障处理

接触器的常见故障及处理方法见表 1.47。

表 1.47　接触器的常见故障及处理方法

故障现象	可能的原因	处理方法
不能合闸	1）欠压脱扣器无电压或线圈损坏 2）储能弹簧变形 3）反作用弹簧力过大 4）机构不能复位再扣	1）检查施加电压或更换线圈 2）更换储能弹簧 3）重新调整 4）调整再扣接触面至规定值
电流达到整定值，接触器不动作	1）热脱扣器双金属片损坏 2）电磁脱扣器的衔铁与铁心距离太大或电磁线圈损坏 3）主触头熔焊	1）更换双金属片 2）调整衔铁与铁心的距离或更换断路器 3）检查原因并更换主触头
启动电动机时接触器立即自行分断	1）电磁脱扣器瞬动整定值过小 2）电磁脱扣器某些零件损坏	1）调高整定值至规定值 2）更换脱扣器
断路器闭合后经一定时间自行分断	热脱扣器整定值过小	调高整定值至规定值
接触器温升过高	1）触头压力过小 2）触头表面过分磨损或接触不良 3）两个导电零件连接螺钉松动	1）调整触头压力或更多的弹簧 2）更换触有头或修整接触面 3）重新拧紧

技能训练 1.4　接触器的识别、拆装与检修

一、目的要求

熟悉常用接触器外形和基本结构，并能识别、正确拆、装及排除故障。

二、工量具及器材清单

工量具及器材清单见表 1.48。

表 1.48　常用工量具及仪表清单

序　号	类　别	名　称	型号规格	单　位	数　量	备　注
1	工具	螺钉旋具（一字和十字）、尖嘴钳、验电器		套	1	
2	仪表	万用表	MF30 或自定	只	1	
		兆欧表	ZC25-3 500V、0～500MΩ	只	1	
		钳型电流表	MG3-1	只	1	
		电流表	T10-A 5A	只	1	
		电压表	T10-V 600V	只	1	

续表

序　号	类　别	名　称	型号规格	单　位	数　量	备　注
3	器材	交流接触器	CJ10 或 CJ1	只	1	
			CJ20	只	1	
			CJ40	只	1	
			CJX1F-或 3TB、3TF	只	1	
			CJX2	只	1	
			CJX8 或 B 系列	只	1	
		调压变压器	TDGC2-10/0.5	只	1	
		开启式负荷开关	HK1-15/3	只	1	
		开启式负荷开关	HK1-15/2	只	1	
		指示灯	220V、25W	只	1	
		控制板	500mm×400mm×30mm	只	1	
		连接导线	BVR-1.0	米	若干	

三、训练内容

1. 交流接触器的识别

1）在教师指导下，仔细观察各种不同系列、规格的交流接触器，熟悉它们的外形、型号及主要技术参数的意义、结构、工作原理及主触头、辅助常开触头和常驻机构触头、线圈的接线柱等。

2）将所给的交流接触器的铭牌用胶布盖住并编号，由学生根据电器元件实物写出元件的名称与型号，填入表 1.49 中。

表 1.49　接触器的识别

序　　号	系列名称	型号规格	电气符号	主要结构	工作原理
1					
2					
3					
4					
5					
6					

2. CJX1F 型交流接触器的拆装与检修

CJX1F 型交流接触器的拆装与检修如图 1.41 所示。

3. 交流接触器的校验及触头压力调整

交流接触器的校验及触头压力调整如图 1.42 所示。

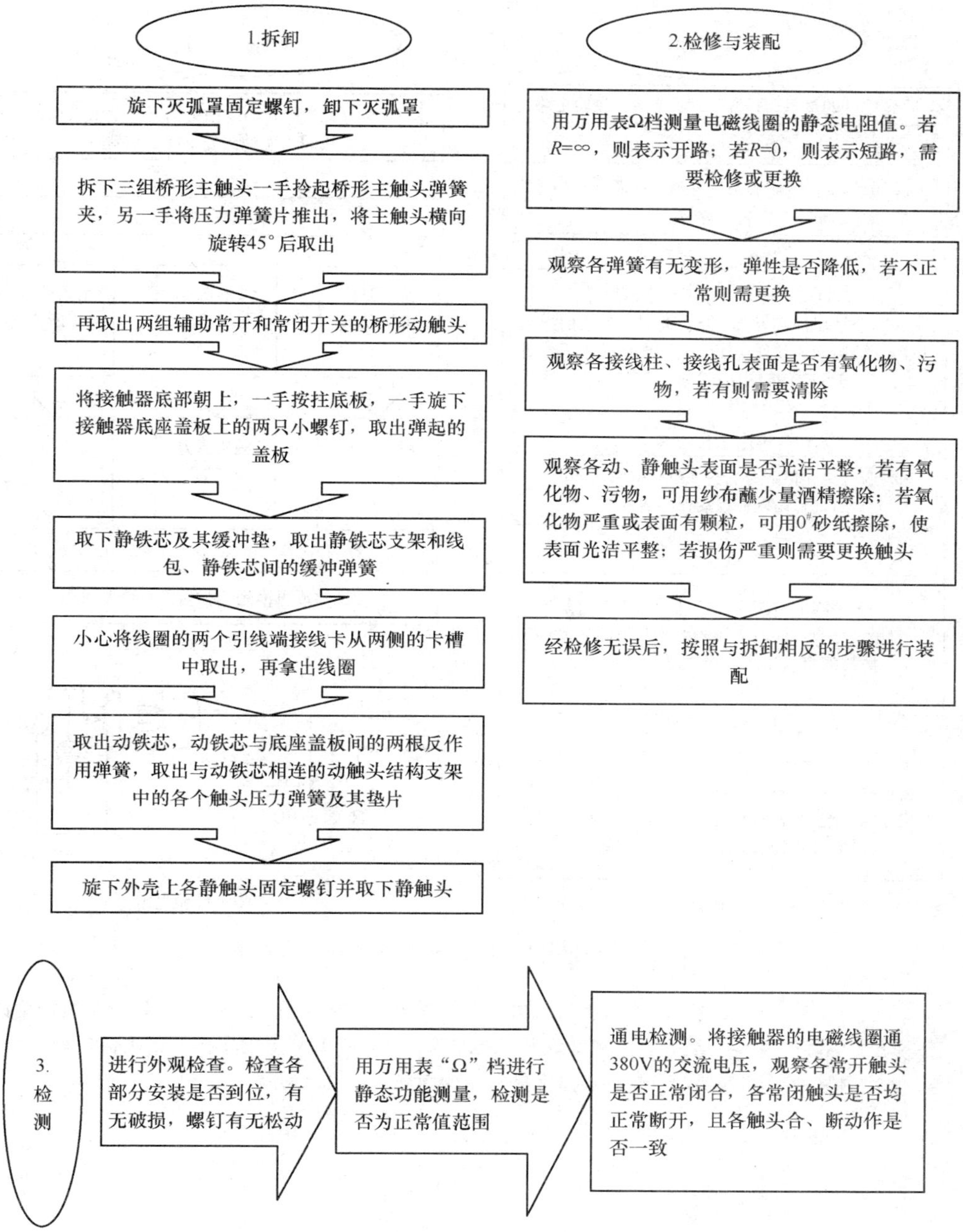

1.拆卸

旋下灭弧罩固定螺钉，卸下灭弧罩

拆下三组桥形主触头一手拎起桥形主触头弹簧夹，另一手将压力弹簧片推出，将主触头横向旋转45°后取出

再取出两组辅助常开和常闭开关的桥形动触头

将接触器底部朝上，一手按挂底板，一手旋下接触器底座盖板上的两只小螺钉，取出弹起的盖板

取下静铁芯及其缓冲垫，取出静铁芯支架和线包、静铁芯间的缓冲弹簧

小心将线圈的两个引线端接线卡从两侧的卡槽中取出，再拿出线圈

取出动铁芯，动铁芯与底座盖板间的两根反作用弹簧，取出与动铁芯相连的动触头结构支架中的各个触头压力弹簧及其垫片

旋下外壳上各静触头固定螺钉并取下静触头

2.检修与装配

用万用表Ω档测量电磁线圈的静态电阻值。若$R=\infty$，则表示开路；若$R=0$，则表示短路，需要检修或更换

观察各弹簧有无变形，弹性是否降低，若不正常则需更换

观察各接线柱、接线孔表面是否有氧化物、污物，若有则需要清除

观察各动、静触头表面是否光洁平整，若有氧化物、污物，可用纱布蘸少量酒精擦除；若氧化物严重或表面有颗粒，可用0#砂纸擦除，使表面光洁平整；若损伤严重则需要更换触头

经检修无误后，按照与拆卸相反的步骤进行装配

3.检测

进行外观检查。检查各部分安装是否到位，有无破损，螺钉有无松动

用万用表“Ω”档进行静态功能测量，检测是否为正常值范围

通电检测。将接触器的电磁线圈通380V的交流电压，观察各常开触头是否正常闭合，各常闭触头是否均正常断开，且各触头合、断动作是否一致

图 1.41　CJX1F 型交流接触器的拆装与检修

4．注意事项

1）拆卸接触器时，应备有盛放零件的容器，以免丢失零件。

2）拆装过程中不允许硬撬元件，以免损坏电器。装配辅助静触头时，要防止卡住动触头。

1. 校验

将装配好的接触器按图1.37所示接入校验电路

选好电流表、电压表量程并调零；将变压器输出置于零位

合上QS1和QS2，均匀调节调压变压器，使电压上升到接触器铁心吸合为止，此时电压表的指示值即为接触器的动作电压值。该电压应小于或等于85%的吸引线圈额定电压U_N

保持吸合电压值，分合开关QS2做两次冲击合闸试验，以校验动作的可靠性

均匀地降低调压变压器的输出电压直至衔铁分离，此时电压表的指示值即为接触器的释放电压，释放电压值应大于50%U_N

将调压变压器的输出电压调至接触器线圈的额定电压，观察铁心有无振动及噪声，从指示灯的明暗可判断主触头的接触情况

(a) 校验

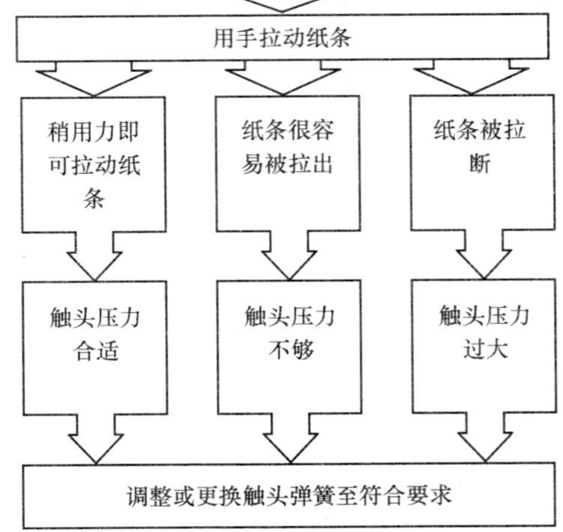

(c) 触头压力调整

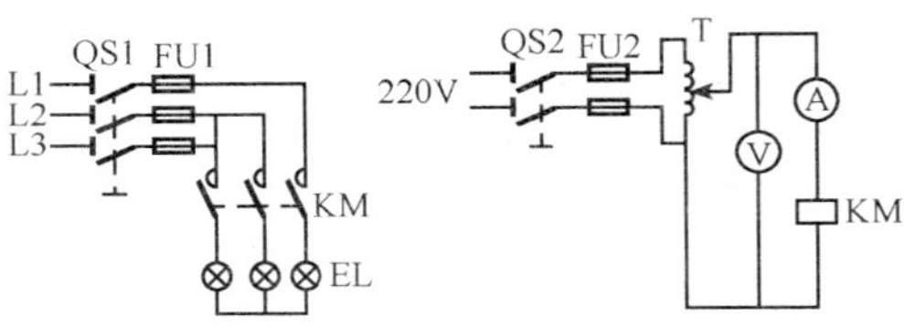

(b) 校验电路

图 1.42 交流接触器的校验及触头压力力调整

3）接触器通电校验时，应把接触器固定在控制板上，通电校验过程中，要均匀缓慢地改变调压变压器的输出电压，以使测量结果尽量准确，并应在教师监护下操作，确保安全。

4）调整触头压力时，注意不要损坏接触器的主触头。

四、评分标准

评分标准见表 1.50。

表 1.50 评分标准

项目内容	配分	评分标准	扣分
接触器识别	40	1）写错或漏写型号，每只 扣 5 分 2）电气符号错误，每只 扣 5 分 3）主要结构、工作原理错误，每只 扣 2 分	
交流接触器的拆装	20	1）拆装方法不正确或不会拆装 扣 20 分 2）损坏、丢失或漏装零件，每只 扣 10 分	

续表

项目内容	配分	评分标准			扣分
交流接触器的检修及校验	20	1）未进行检验或检验不准确　扣 10 分 2）不能进行通电校验　扣 10 分 3）通电时有振动或噪声　扣 10 分 4）校验方法或结果不正确　扣 10 分			
交流接触器调整触头压力	20	1）不能凭经验判断触头压力大小　扣 10 分 2）不会调整触头压力　扣 10 分			
安全文明生产		1）违反安全文明生产规程　扣 5～40 分 2）不正确使用仪表、量具　扣 5 分			
定额时间	3h	每超时 5min 以内以扣 5 分计算			
备注	除定额时间外，各项内容的最高扣分不应超过配分数			成绩	
开始时间		结束时间		实际时间	

小　　结

本节的重点是接触器的用途、常用接触器的型号、电气符号。难点是接触器的结构、拆装与维修。

当电动机功率较大或启动频繁时，使用手动开关控制既不安全，又不方便，更无法实现远距离操作和自动控制，故引入接触器控制实现以上控制要求。

接触器内部有三对常开主触头和几对常开（或常闭）辅助触头。主触头流经的是大电流，即主电路电流；辅助触头控制的是小电流，即控制电路电流（一般小于 5A）。所有触头的接通和断开是靠线圈通/断电时电磁铁与衔铁的吸合/释放来实现的，是典型电磁式元件。这就实现了以“小”电流控制“大”电流安全操控，也正是电力线路控制在安全性、方便快捷性上的一大要求。

值得关注的是接触器的常开常闭触头是联动的，且一定是按：在线圈得电后，常闭触头先断开，常开触头后闭合；线圈失电后，常开触头先恢复断开，常闭触头后恢复闭合的动作顺序。这个动作的先与后相隔的时间很短，但非常重要，这为学习和分析线路动作原理有着关键性指导意义。常开常闭辅助触头的动作，又作为一种信号输出去控制其他元件的动作。

接触器按电流性质分为直流接触器和交流接触器两大类。交流接触器线圈匝数少，电阻小，线圈发热少，一般做成粗短状，直流接触器线圈匝数多，电阻大，铜损大，线圈发热多而做成长而薄细状以利于散热。

由于接触器应用的广泛性，因此，不仅要熟悉接触器内部结构及工作原理，还要掌握其装拆技巧及常见故障检修。具体的操作步骤见图 1.41 和图 1.42 所示。这一技能训练正是中级技能鉴定的要求，故需在训练中勤加练习，达到熟练掌握的程度。

1.6 继电器

知识点

- 熟悉各种继电器的用途、分类、型号、规格
- 熟悉各种继电器的文字与图形符号、结构原理、特点

技能点

- 能正确识别继电器种类
- 掌握各种继电器的选用及故障处理方法

继电器是一种根据电量或非电量（如电压、电流、转速、时间、温度等）的变化，开闭控制电路（小电流电路），自动控制和保护电力拖动装置的电器。自动控制系统对继电器的基本要求是：反应灵敏准确、动作迅速、工作可靠、性能稳定、操作频率高、结构简单、经久耐用、消耗功率小。

为了适应各种不同的需要，继电器的种类和形式很多，详见图 1.43。

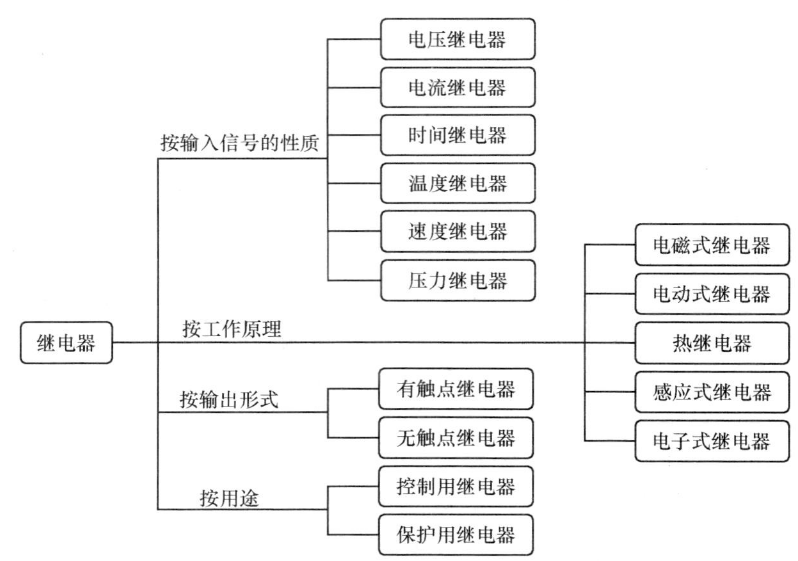

图 1.43　继电器的分类

继电器主要由感测机构、中间机构、执行机构三部分组成。感测机构把感测到的电量或非电量传递给中间机构，并将它与预定值（整定值）相比较，当达到预定值（过量或欠量）时，中间机构促使执行机构动作，从而接通或断开电路。

电力拖动系统中常用的继电器有：电磁式继电器（电压继电器、电流继电器、中间继电器）、热继电器、时间继电器、速度继电器及固态继电器等。

1.6.1 电磁式继电器

由于电磁式继电器具有结构简单、工作可靠、坚固耐用、价格便宜等优点，应用极其广泛，它是最为典型和常用的继电器。电流继电器、电压继电器和中间继电器均属于电磁式继电器。

1. 中间继电器

中间继电器是用来增加控制电路中的信号数量或将信号数量放大的继电器。其输入信号是线圈的通电和断电，输出信号是触头的动作，由于触头的数量较多，所以可用来控制多个元件或回路。

（1）中间继电器的型号及含义

中间继电器的型号及含义如下：

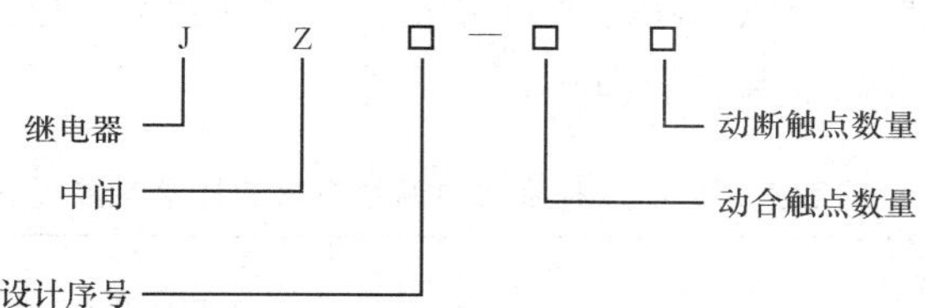

（2）中间继电器的结构及工作原理

由于中间继电器的结构及工作原理与接触器基本相同，因而中间继电器又称为接触器式继电器。其触点对数多，且没有主辅之分，各对触点允许通过的电流大相同，多数为5A。因此，对于工作电流小于5A的电气控制线路，可用中间继电器代替接触器实施控制。

常用的中间继电器有JZ7、JZ11、JZ12、JZ13、JZ14、JZ15等系列，JZ7系列为交流中间继电器，常用于机床电气控制线路中。JZ7型中间继电器的外形见图1.44（a）所示，电气符号如图1.44（b）所示。

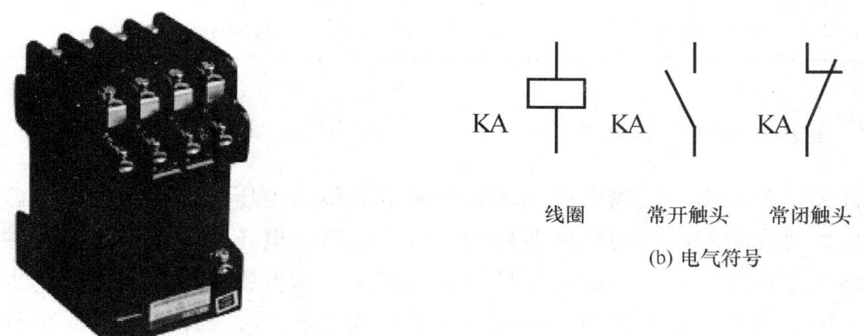

(a) 外形

(b) 电气符号

图1.44 JZ7系列中间继电器

JZ7 系列中间继电器适用于电压 500V 及以下、电流 5A 及以下的控制电路，以控制电磁线圈。结构与直动式交流接触器的相同，触点采用双断点格式结构，上下两层各有四对，下层触点只能是动合触点，因此触点系统可按 4 动合 4 动断、6 动合 2 动断、8 动合的方式组合。继电器的吸引线圈额定电压有 12V、24V、36V、48V、110V、127V、220V、380V、420V、440V 及 500V 共 11 种规格。

JZ14 系列中间继电器采用螺管式电磁系统及双断点桥式触点，其基本结构为交直流通用，只是交流铁芯为平顶形，直流铁心与衔铁为圆锥形接触面，以获得较为平坦的吸力特性。触点采用直列式分布，可有 8 对触头，按 6 动合 2 动断、4 动合 4 动断、2 动合 6 动断的方式组合。该系列继电器带有透明罩，可防止尘埃进入内部而影响工作的可靠性。

（3）中间继电器的选用

中间继电器主要依据被控制电路的电压等级、所需触点的数量、种类、容量等要求来选择。中间继电器的安装、使用、常见故障及处理方法与接触器类似。新产品有 JDZ1 系列、CA2-DN1 系列及仿西门子 3TH 的 JZC1 系列等。部分中间继电器的技术参数列入表 1.51。

表 1.51　三种系列中间继电器的技术参数

型　号	触点额定电压/V	触点额定电流/A	触点数量		吸引线圈额定电压/V	额定操作频率/(次/h)
			常　开	常　闭		
JZ7-44 JZ7-62 JZ7-80	500	5	4 6 8	4 2 0	交流 50Hz： 12、36、127、220、380 交流 60 Hz： 12、36、127、220、380	1200
CA2-DN122 CA2-DN131 CA2-DN140	660		2 3 4	2 1 0	交流 50Hz/60Hz： 48、110、120、220、 240、440、500	10800
JZC1-44 JZC1-53 JZC1-62	660	10	4 5 6	4 3 2	交流 50Hz： 24、36、48、110、220、380 交流 60Hz：24、110	1200

2. 电压（电流）继电器

触头是否动作与线圈中电压相关的继电器称为电压继电器。根据电路电流的大小来接通或断开电路的继电器称为电流继电器。电压（电流）继电器在电气控制线路中分别起电压（电流）保护和控制作用。常按吸合电压（电流）大小，分为过电压（电流）继电器与欠电压（电流）继电器。这四种继电器的特点已列于表 1.52。

表 1.52 电压/电流继电器特点

项目	过电压继电器	欠电压继电器	过电流继电器	欠电流继电器
线圈	电压型	电压型	电流型	电流型
接线	与负载并联	与负载并联	与负载串联	与负载串联
作用	过电压保护	欠电压或零压保护	过电流保护	
动作条件	线圈在 U_N 时不吸合，当 U 线圈 $> U_N$ 时，衔铁才产生吸合	线圈在 U_N 时吸合，当 $U_{线圈}$ 降至 U_F 或消失时，衔铁释放。	线圈在正常工作时不吸合，当 $I_{线圈} > I_N$ 时，衔铁才产生吸合	线圈在 I_N 时吸合，当 $I_{线圈}$ 降至 I_F 或消失时，衔铁释放。
动作整定值	$U_x=(1.05\sim1.2)U_N$ 一般按 1.1～1.2 倍整定	直流型：$U_x=(0.3\sim0.5)U_N$ $U_F=(0.07\sim0.2)U_N$ 交流型：$U_x=(0.6\sim0.85)U_N$ $U_F=(0.1\sim0.35)U_N$	$I_x=(1.1\sim3.5)I_N$ 一般按 1.1～1.3 倍整定①	$I_x=(0.3\sim0.65)I_N$ $I_F=(0.1\sim0.2)I_N$②
	式中，U_X：吸合电压；U_N：额定电压；U_F：释放电压；I_x：吸合电流；I_N：额定电流；I_F：释放电流			
线圈电气符号	U> KV	U< KV	I> KA	I< KA
触头电气符号	KV 常开　KV 常闭		KA 常开　KA 常闭	

注：1) 绕线转子感应电动机的起动电流按 2.5 倍额定电流考虑，笼形感应电动机的电流按额定电流的 5～8 倍考虑。

2) 在直流电路中，当负载电流降低或消失往往会导致严重后果（如直流电动机励磁回路断线等），但交流电路中一般不会出现欠电流故障，因此低压电器产品中有直流欠电流继电器而无交流欠电流继电器。

直流欠电流继电器的额定电流应不低于额定励磁电流，释放电流整定值应低于励磁电路正常工作范围内可能出现的最小励磁电流，一般取最小励磁电流的 0.85 倍。

JT4 系列为通用型电流继电器，加上不同的阻尼圈或线圈后便可作为电流继电器、电压继电器或中间继电器使用，是一种交直流通用电流继电器（用作交流时，铁芯上有槽，以减少涡流）。下面以 JT4 为例介绍电流继电器的结构及工作原理等。

(1) JT4 系列继电器的结构及工作原理

该继电器由线圈、静铁芯、衔铁、触头系统及反作用弹簧等组成，如图 1.45 所示。

当通过线圈的电流为额定值时，它所产生的电磁吸力不足以克服弹簧的反作用力，常闭触头保持闭合状态；当通过线圈的电流超过整定值以后，电磁吸力大于弹簧的反作用力，铁芯吸引衔铁，使常闭触头断开，切断控制回路，从而保护

(a) 外形

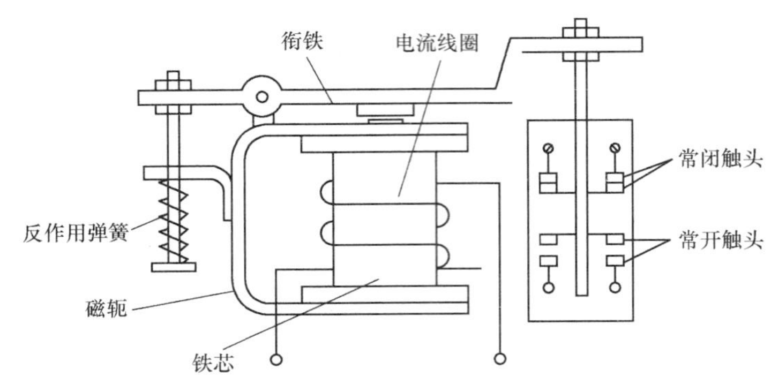

(b) 内部结构

图 1.45 JT4 系列继电器

了负载，使其不会因为过流而烧坏，调节弹簧的反作用力的大小可以整定继电器的动作电流值。这种过电流继电器是在瞬间动作的，所以为了避免在重负载电路中因电动机瞬间较大的启动电流而动作，一般把线圈的动作电流整定在超过启动电流值的 10%～30%的范围。

(2) JT4 系列继电器型号及含义

JT4 系列继电器型号及含义如下：

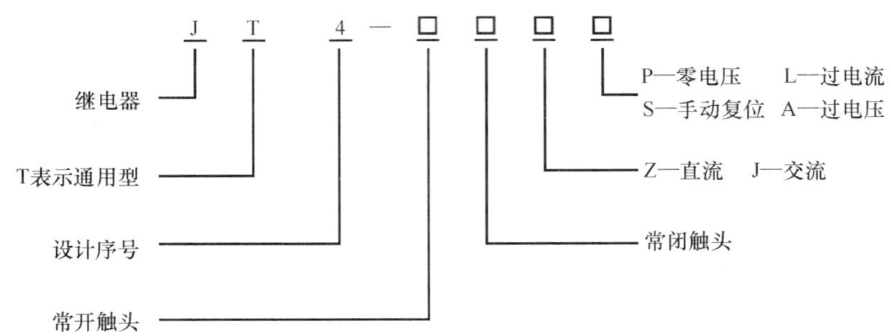

(3) JT4 系列继电器技术数据

JT4 系列技术参数如表 1.53 所示。

表 1.53 JT4 系列继电器技术数据

<table>
<tr><th rowspan="2">型 号</th><th colspan="2">吸引线圈规格</th><th rowspan="2">触点数量</th><th rowspan="2">复位方式</th><th rowspan="2">动作范围</th><th rowspan="2">标称误差</th><th rowspan="2">返回系数</th></tr>
<tr><th>额定电压（或电流）/V</th><th>消耗功率/W</th></tr>
<tr><td>JT4-□□A 过电压继电器</td><td>110、220、380</td><td rowspan="2">75</td><td rowspan="2">1 常开
1 常闭</td><td rowspan="3">自动</td><td>吸合电压
(1.0～1.2)U_N</td><td rowspan="4">±10%</td><td>0.1～0.3</td></tr>
<tr><td>JT4-□□P 零电压或中间继电器</td><td>110、127、220、380</td><td>吸合电压
(0.6～0.85)U_N
或释放电压
(0.1～0.35)U_N</td><td>0.2～0.4</td></tr>
<tr><td>JT4-□□L 过电流继电器</td><td rowspan="2">5、10、15、20、40、80、150、300、600</td><td rowspan="2">5</td><td rowspan="2">1 常开
1 常闭
/2 常开
/2 常闭</td><td rowspan="2">吸合电流
(1.1～3.5)I_N</td><td rowspan="2">0.1～0.3</td></tr>
<tr><td>JT4-□□S 手动过电流继电器</td><td>手动</td></tr>
</table>

（4）两种新型电流继电器

1）JSL 系列定（反）时限电流继电器如图 1.46 所示，用于城市和农村电力网供电线路、变压器、电动机等的过负荷和短路保护。该系列继电器集启动、延时、执行为一体的交流操作静态型多功能继电器，并具有精度高、功耗小、延时准确，返回系数高、整定直观方便、触点容量大、无需辅助电源等特点，是 GL 型过电流继电器的换代产品，且更能满足电力系统的时序配合。

2）WJJL1/X 如图 1.47 所示由互感器采集电流信号，由单片机处理信号，可对绕线电机，鼠笼电机及其电气系统常见的过电流，短路、缺相，相失衡及启动故障等提供有效的保护。各种电流、故障原因及参数可由数码管显示，内置 EEPROM 永久保存参数和故障原因，具备 4 种反时限曲线，可用于两相电流检测。固态灌封技术生产，抗污染，耐振动，适应恶劣的工作环境。

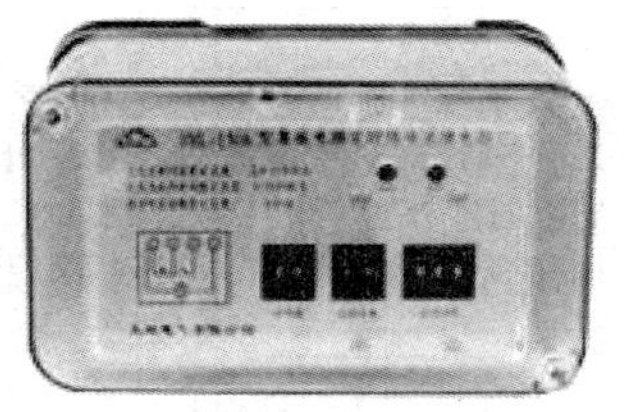

图 1.46 JSL 定时（反）限电流继电器

图 1.47 WJJL1/X 过电流继电器

1.6.2 热继电器

电动机在运行过程中，若遇长时间过载、频繁启动、欠压运行或者断相运行

等情况，都会使电动机的电流超过它的额定值。如果过流幅度不大，则熔断器不会熔断，但这样势必引起电动机过热，损坏绕组的绝缘性能，缩短电动机的使用寿命，严重时甚至会烧坏电动机。因此必须对电动机采取过载保护措施。最常用的是利用热继电器进行过载保护。

热继电器是利用流过继电器的电流所产生的热效应而反时限动作的继电器。所谓反时限动作，是指电器的延时动作时间随通过电路电流的增加而缩短。热继电器主要用于电动机的过载保护、断相保护、电流不平衡运行的保护及其他电气设备发热状态的控制。

热继电器的形式有多种，其中双金属片式应用最广泛。按极数划分热继电器可分为单极、双极和三极三种，其中三极的又包括带断相保护装置型和不带断相保护装置式。按复位方式分：有自动复位（触头动作后能自动返回到原来位置）和手动复位。

1. 常用热电器的型号及类型

常用热继电器的型号及类型比较见表1.54。

表1.54　常见热继电器型号类型

型　号	外　形	额定电流/A	电流规格/A	特性介绍	备　注
JR16、JR16D		20 60 150	0.2～160	带断相保护和温度补偿，可手动或自动复位，但没有动作灵活性检查装置及动作后指示装置	应用较多，目前面临淘汰
JR20		6.3 630	0.1～630	有断相保护、温度补偿、脱扣指示功能，能自动与手动复位，带有动作灵活性检查装置和动作指示装置	用于交流50Hz主电路额定电压至660V，电流至630A的电力系统中作为三相交流电动机的过载和断相保护，并与CJ20系列交流接触器配合使用，组成电磁起动器
JR28（LRD系列）		1～8 10、 12、 14、 16、 21、 22	0.1～24	具有差动机构、具有－15～＋55℃环境温度补偿功能、具有手动/自动复位按钮	引进法国施耐德技术，可与CJX2（LC1-D）新型交流接触器配装，也可独立安装
JR29（T系列）		16、25 45、75 105、170 250、370	0.11～500	具有电流调节、温度补偿、断相保护装置及复位按钮	德国ABB公司引进技术，可与B系列交流接触器配套成MSB系列电磁起动器，也可以单独使用

续表

型　　号	外　　形	额定电流/A	电流规格/A	特性介绍	备　　注
JRS2（3UA系列）		32	0.1～630	具有断相保护、电流连续可调装置、温度补偿、脱扣指示功能、并能自动与手动复位、具有测试按钮、SIGUT-西门子专利端接法，接线方便、牢固，接触可靠性高，抗振性强，安全防护性好	引进德国西门子技术，继电器可与接触器接插安装，也可单独安装。3UA59系列是63A以下产品，使用较为广泛
JR36		20 32 63	0.25～160	热继电器具有断相保护、温度补偿、自动与手动复位、动作可靠	该产品与CJT1接触器组成QC36型的电磁起动器 只有独立安装方式

2．热继电器的型号及含义

热继电器的型号及含义如下：

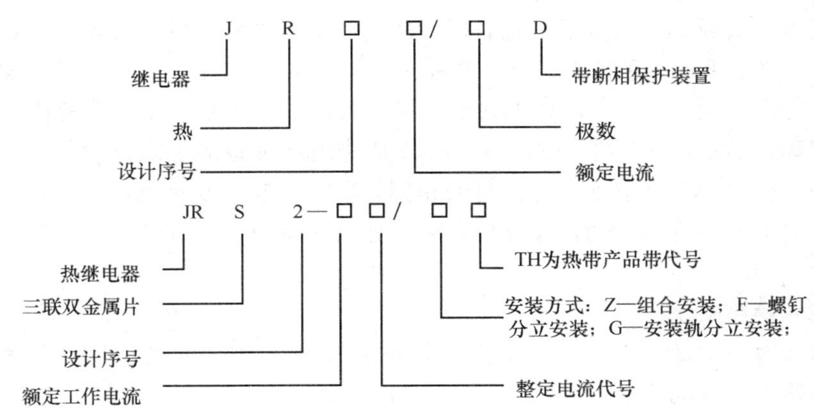

3．热继电器的结构及工作原理

常用的双金属片式热继电器的内部结构如图1.48（a）所示，其原理图如图1.48（b）所示，其电气符号如图1.48（c）所示。其主要部分由热效应元件、触头系统、动作机构、复位按钮、整定电流装置和温度补偿元件等组成。

（1）热效应元件

热元件是热继电器的主要组成部分、工作电流的感测元件。由双金属片1和2及围绕在外面的电阻丝组成。双金属片是用两种热膨胀系数差异很大的金属（多为铁镍铬合金和铁镍合金）薄片叠压在一起做成的，电阻丝一般用康铜或镍铬合金材料做成。

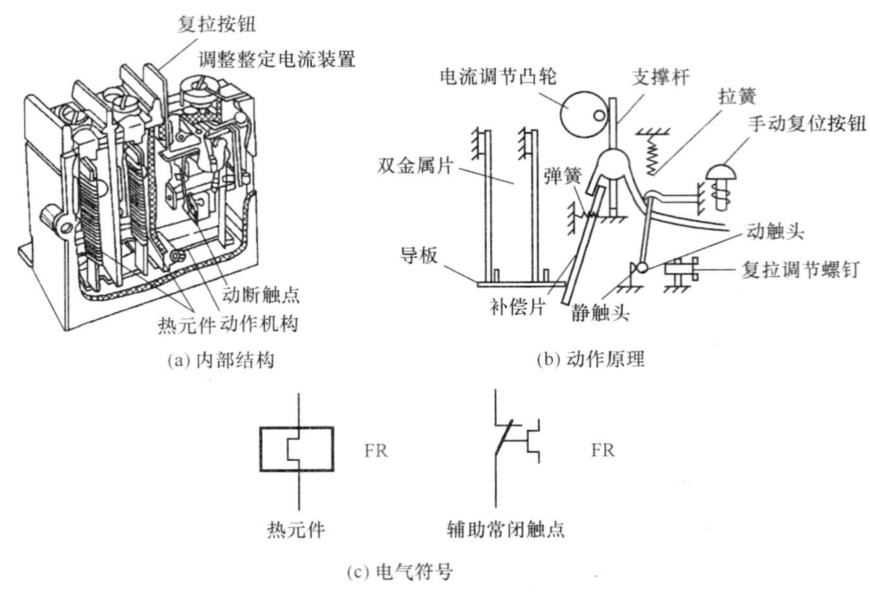

(a) 内部结构　(b) 动作原理

(c) 电气符号

图 1.48　双金属片式热继电器

使用时，将电阻丝串联在电动机或其他电设备的主电路中。

正常时，双金属片不会弯曲使电路动作。

当电动机或其他用电设备过载时，过载电流使电阻丝发热过量，导致双金属片受热弯曲，推动导板向右平移。导板又推动温度补偿片右移，进而使推杆绕轴逆时针方向转动。动触点连杆失去推杆提供的向右推力后，在弹簧的拉力作用下向上移动，与静触点分离，使得电动机或其他用电设备的主电路被切断。温度补偿片的制作材料与主双金属片的材料相同，当环境温度变化时，它与双金属中在相同方向上产生附加弯曲，因而基本补偿了环境温度对热继电器动作精度的影响。

(2) 触头系统

由一对公共动触点、一对常闭静触点和常开静触点组成。此触点属于单断点、弓簧跳跃式动作触点。

(3) 动作机构

利用杠杆传递机构及弓簧式瞬跳机械来保证触点动作迅速、可靠。由导板、温度补偿双金属片、推杆、动触点连杆和弹簧等组成。

(4) 复位机构

热继电器动作后复位方式有自动复位和手动复位两种。自动复位——调节螺钉使动触点连杆的复位弹簧始终位于连杆转轴的左侧，当热电阻丝冷却后，双金属片恢复原状，触点的连杆在弹簧的作用下自动复位，与静触点闭合；手动复位——将螺钉拧出一段距离，使复位弹簧位于连杆的左侧，双金属片冷却后，若由于弹簧的作用使动触点连杆不能自动复位，则必须按复位按钮，推动触点连杆绕轴逆时针方向旋转，使动触点下移，使之复位。

一般自动复位的时间（从机构动作到自动复位）不大于 5min，手动复位时间（从机构动作到手动复位）不大于 2min。

（5）电流整定装置

热继电器的整定电流是指热继电器长期运行而不变化的最大电流。通常只要负载电流超过整定电路的 20%，热继电器就必须动作。旋钮 12 外壳上方刻有整定电流标尺，下方是同轴偏心轮（调节凸轮）。整定电流调整时，旋转旋钮 12，偏心轮旋转以调节推杆间隙，改变推杆移动距离，从而调节整定电流值的大小。

（6）温度补偿元件

温度补偿元件也为双金属片，其受热弯曲的方向与主双金属片一致，它保证热继电器的动作特性（推杆与动触点连杆之间的动作间隙）在－30～＋40℃的环境温度范围内基本上不受周围环境温度的影响。

（7）带断相保护装置的热继电器

热继电器有带断相保护和不带断相保护装置两种类型三相异步电动机的电源或绕组断相是导致电动机过热烧毁的主要原因之一，普通结构的热继电器能否对电动机进行断相保护，取决于电动机绕组的联结方式：

1）定子绕组采用 Y 形联结的电动机，在运行中发生断相，另外两相的电流会增大，此时流过热继电器的电流为线电流大于线路路运行时的相电流，普通结构的热继电器可以对此做出反应而保护电动机。

2）定子绕组接成△形的电动机，在运行中发生断相，流过热继电器的电流（线电流）与流过电动机非故障绕组的电流（相电流）的增加比例不同，在这种情况下，电动机非故障电器的电流却未超过其整定值，热继电器不动作，而电动机的绕组此时可能会因过载而被烧毁。

为了对定子绕组采用△形接法的电动机实行断相保护，必须采用三相结构带断相保护装置的热继电器。其动作原理为差动式断相保护，见表 1.55。

表 1.55　三相结构差动式断相保护原理

机构动作图示	动作原理
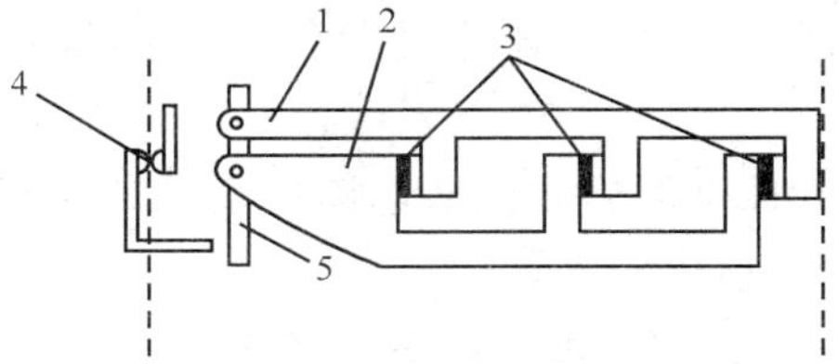 1 2 3 4 5 (a) 通电前	未通电时的位置 1—上导板；2—下导板；3—双金属片；4—动断触点；5—杠杆
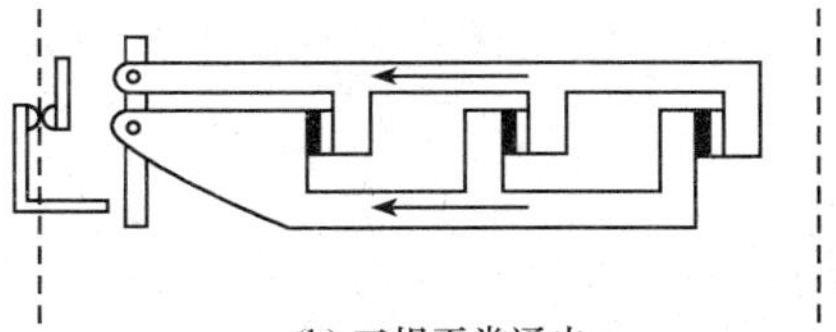 (b) 三相正常通电	三相均通有额定电流时的情况，此时相主双金属片均匀受热，同时向左弯曲，内、外导板一起平行左移一段距离但未能超过临界位置，触点不动作

续表

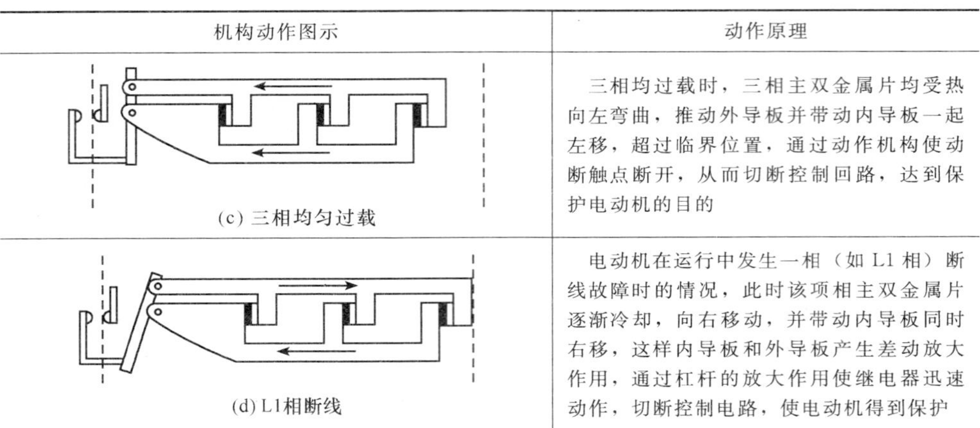

机构动作图示	动作原理
(c) 三相均匀过载	三相均过载时，三相主双金属片均受热向左弯曲，推动外导板并带动内导板一起左移，超过临界位置，通过动作机构使动断触点断开，从而切断控制回路，达到保护电动机的目的
(d) L1相断线	电动机在运行中发生一相（如 L1 相）断线故障时的情况，此时该项相主双金属片逐渐冷却，向右移动，并带动内导板同时右移，这样内导板和外导板产生差动放大作用，通过杠杆的放大作用使继电器迅速动作，切断控制电路，使电动机得到保护

4. 热继电器的选用

热继电器主要用于保护电动机的过载，因此在选用时，必须了解被保护对象的工作环境、启动情况、负载性质、工作制以及电动机允许的过载能力等，使所选热继电器与电动机配合，达到充分发挥电动机过载能力考核成绩、提高电动机的运行效率的目的。

（1）热元件额定电流的选择

1）热元件的额定电流一般略大于电动机（被保护用电设备）的额定电流。

2）热元件的整定电流为电动机额定电流的 0.95～1.05 倍。

当电动机启动时间不超过 5s 时，发热元件的整定电流可以与电动机的额定电流相等。

若在电动机频繁启动、正/反转、启动时间较长或带有冲击性负载等情况下，发热元件的整定电流值可取电动机或其他用电设备额定电流的 1.1～1.5 倍。需要注意的是，热继电器可以用作过载保护，但不能用作短路保护；对于点动、重载启动、频繁正/反转及带反接制动等运行的电动机，一般不宜用热断路器作过载保护，可选用电流继电器作过载保护或在电动机内部的温度保护器。

当电动机的起动时间大于 6s，启动时应将热元件从电路中切除或短接，待起动结束后再将热元件接入电路，以免误动作。

3）对于过载能力较差的电动机，热元件额定电流应适当降低。

（2）热继电器额定电流与额定电压的选择

热继电器的额定电流应大于等于热元件的额定电流；热继电器的额定电压应大于或等于线路和额定电压。

（3）相数及是否带断相保护等的选择

对于一般轻载启动、长期工作或间断长期工作的电动机，可选择两相保护式热继电器；当电源平衡性能差，工作环境恶劣或很少有人看守时，可选择三相保

护式热继电器；对于△联接的电动机，应选择带断相保护的热继电器，即型号后面带有D字母、T系列或3UA系列等。

(4) 安装方式的选择

安装方式可选择单独安装式、组合式或导轨安装式。

(5) 在保护重要电动机场合，应选用保护性能好的电子式热继电器

常用热继电器的主要技术规格见表1.56。

表1.56　常用热继电器的主要技术规格

型号	额定电压/V	额定电流/A	相数	热元件			断相保护	温度补偿	复位方式	动作灵活性检查装置	动作后的指示	触点数量
				最小规格/A	最大规格/A	档数						
JR16 JR0	380	20	3	0.25～0.35	14～22	12	有	有	手动或自动	无	无	1动断 1动合
		60		14～22	10～63	4						
		150		40～63	100～160	4						
JR15		10	2	0.25～0.35	6.8～11	10	无					
		40		6.8～11	30～45	5						
		100		32～50	60～100	3						
		150		68～110	100～150	2						
JR20	660	6.3	3	0.1～0.15	5～7.4	14	无	有	手动或自动	有	有	1动断 1动合
		16		3.5～5.3	14～18	6	有					
		32		8～12	28～36	6						
		63		16～24	55～71	6						
		160		33～47	144～170	9						
		250		83～125	167～250	4						
		400		130～195	267～400	4						
		630		200～300	420～620	4						

JR16系列热继电器热元件的详细等级见表1.57。

表1.57　JR16系列热继电器热元件的等级

型　号	额定电流/A	热元件等级	
		额定电流/A	电流调节范围/A
JR0-20/3 JR0-20/3D JR16-20/3 JR16-20/3D	20	0.35	0.25～0.3～0.35
		0.5	0.32～0.4～0.5
		0.72	0.45～0.6～0.72
		1.1	0.68～0.9～1.1
		1.6	1.0～1.3～1.6
		2.4	1.5～2.0～2.4
		3.5	2.2～2.8～3.5
		5.0	3.2～4.0～5.0
		7.2	4.5～6.0～7.2
		11	6.8～9.0～11.0
		16	10.0～13.0～16.0
		22	14.0～18.0～22.0

续表

型　　号	额定电流/A	热元件等级	
		额定电流/A	电流调节范围/A
JR0-40/3D JR0-40/3D JR16-40/3 JR16-40/3D	40	0.64 1.0 1.6 2.5 4.0 6.4 10 16 25 40	0.4～0.64 0.64～1.0 1～1.6 1.6～2.5 2.5～4.0 4.0～6.4 6.4～10 10～16 16～25 25～40

5. 热继电器的安装与使用

1）安装前应核对热继电器各项技术数据是否满足被保护电路的要求，检查热继电器是否完好，各动作部分是否灵活，并清除触头表面的污物。

2）热继电器必须按照说明书中规定的方式安装。当与其他电器安装在一起时，应注意将热继电器安装在其他电器的下方，以免其动作特性受到其他电器发热的影响。

3）热继电器周围介质的温度原则上应与被控电动机所处环境温度基本相同，差别不应超过15～25℃，否则热继电器可能误动或拒动。

4）连接热继电器的导线线径粗细要适当，过粗时导热性能好会使动作滞后，过细则导热性能差会使动作提前。连接导线应满足负载电流的要求并按表1.58的规定。选用导线与接线螺钉应牢固可靠。

表 1.58　热继电器连接导线选用表

热继电器额定电流/A	连接导线截面积/mm^2	连接导线种类
10	2.5	单股铜芯塑料线
20	4	单股铜芯塑料线
60	16	多股铜芯橡皮线
150	35	多股铜芯橡皮线

5）整定电流的位置要求安装在右边，以方便进行调整和复位操作。

6. 热继电器常见故障的分析及排除

热继电器的故障主要有热元件烧断、误动作和不动作三种情况。

热继电器常见故障处理方法见表1.59。

表 1.59　热继电器常见故障的分析及排除

故障现象	产生故障的可能原因	排除方法
热继电器动作不稳定，时快时慢	1）热继电器内部机构某些部件松动 2）在检修中弯折了双金属片 3）通电电流波动太大，或接线螺钉松动	1）将这些部件加以坚固 2）用两倍电流预试几次或将双金属片拆下来热处理（一般240℃）以去除内应力 3）检查电源电压或拧紧接线螺钉

续表

故障现象	产生故障的可能原因	排除方法
热继电器误操作	1）整定值偏小 2）电动机启动时间过长 3）反复短时工作，操作频率过高 4）强烈的冲击振动 5）连接导线太细	1）合理调整整定值，如额定电流不符合要求应予更换 2）从线路上采取措施，启动过程中使热继电器短接 3）调换合适的热继电器 4）选用带防冲击装置的专用热继电器 5）调换合适的连接导线
热继电器不动作	1）整定值偏大 2）触点接触不良 3）热元件烧断或脱落 4）运动部分卡住 5）导板脱出 6）连接导线太粗	1）合理调整整定值，如额定电流不符合要求应予更换 2）清理触点表面 3）更换热元件或补焊 4）排除卡住现象，但用户不得随意调整，以免造成动作特性变化 5）重新放入，推动几次看其动作是否灵活 6）调换合适的连接导线
热元件烧断	1）负载侧短路，电流过大 2）反复短时工作，操作频率过高 3）机械故障，在启动过程中热继电器不能动作	1）检查电路，排除短路故障及更换热元件 2）调换合适的热继电器 3）排除机械故障及更换热元件
主电路不通	1）热元件烧断 2）接线螺钉松动或脱落	1）更换热元件或热继电器 2）紧固接线螺钉
控制电路不通	1）触头烧坏或动触点片弹性消失 2）可调整式旋钮转到不合适的位置 3）热继电器动作后未复位	1）更换触点或簧片 2）调整旋钮或螺钉 3）按动复位按钮

【例 1.3】 某机床电动机的型号为 Y132M1-6，定子绕组为△形接法，额定功率 4kW，额定电流 9.4A，额定电压 380V，要对该电动机进行过载保护，请选择热继电器的型号及规格。

解 （1）根据电动机的额定电流值 9.4A，查表 1.57 可知，应选择额定电流为 20A 的热继电器，其整定电流要取电动机的额定电流，即 9.4A，则应选用电流等级为 11A 的热元件，其调节范围为 6.8～9～11A。

（2）由于电动机的定子绕组采用△接法，应选择带断相保护装置的热继电器。

据此，应选用型号为 JR16-20D 的热继电器，热元件电流等级选用 11A。

1.6.3 时间继电器

时间继电器是一种利用电磁原理或机械原理实现触头延时接通或断开的自动控制电器，其感测部分自得到动作信号至触点动作或输出电压产生跳跃式改变有一定的延时时间，该项延时的时间又符合准确度要求。它广泛用于需要按时间顺序进行控制的电气控制线路。

常用的时间继电器文字符号为“KT”其电气图形号如图 1.49 所示。

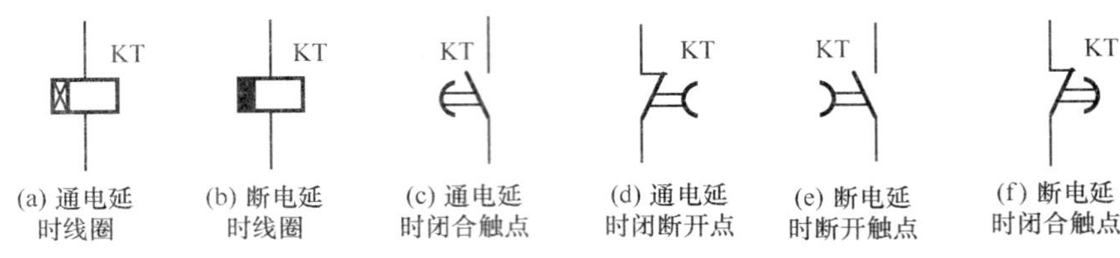

图 1.49　时间继电器的电气符号

时间继电器按其主要有电磁式、空气阻尼式、电动式、晶体管式。它们之间的性能比较列于表 1.60。

表 1.60　各种时间继电器性能比较

类　　型	延时范围	价格	结构复杂性	使用场合
电磁式	0.3～0.5s	低廉	结构简单	只能用于直流断电延时
电动式	数小时	昂贵	复杂、精确度高	有断电延时动作和通电延时动作
空气阻尼式	0.4～180s	低廉	结构简单	延时误差较大
电子式	数十分钟	适中	寿命长、精度高可靠性强	适用于任何场合、体积小

1. JS7-A 系列空气阻尼式时间继电器

空气阻尼式时间继电器又叫气囊式时间继电器，是利用气囊中的空气通过小孔节流的原理（如被压扁的空心气球，要恢复到原来的饱和状需要一定的时间才能完成）来获得延时动作的。根据触头延时的特点，可分为通电延时和断电延时两种。

（1）JS7-A 系列空气阻尼式时间继电器的型号及含义

JS7-A 系列空气阻尼式时间继电器的型号及含义如下：

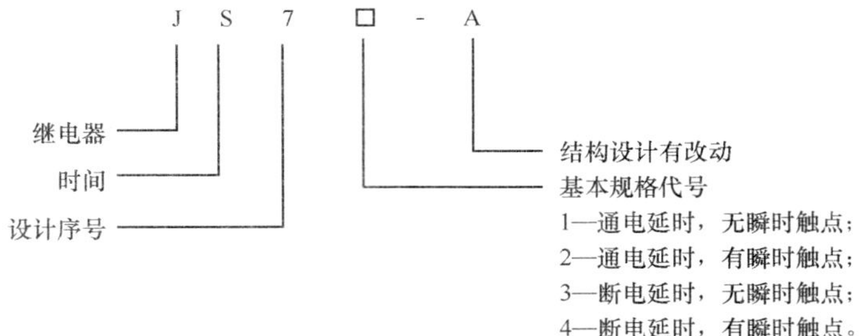

（2）结构及工作原理

外形及结构如图 1.50 所示，它主要由电磁系统、触点系统、气室、传动机构及基座五部分组成。

1）电磁系统：包括线圈、铁芯和衔铁、反作用弹簧等。

2）触点系统：包括两对瞬时触点（一动合、一动断）和两对延时触点（一动合、一动断），瞬时触点和延时触点分别是两个微动开关的触点。

3）气室：气室内有一块橡皮膜和活塞，可随空气的增减而移动，气室顶部的调节螺钉可以改变气量增减的速度，进而改变延时时间。

4）传动机构：由推杆、活塞杆、杠杆及宝塔形弹簧等组成。

5）基座：用金属制成，用一固定电磁机构和气室。

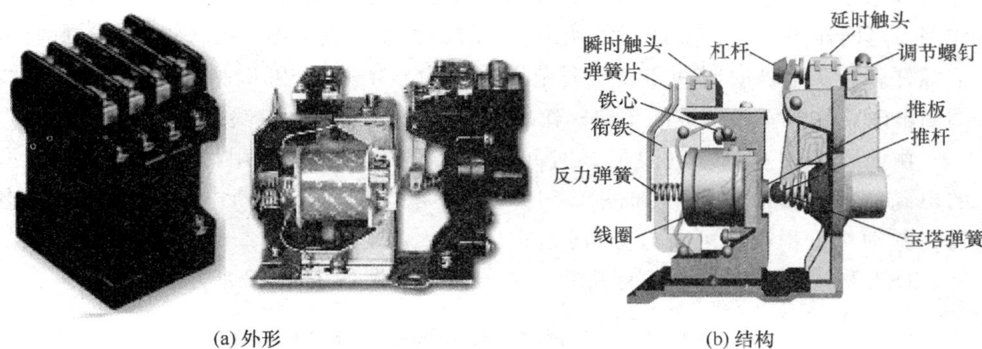

图 1.50　JS7-A 系列空气阻尼式时间继电器

（3）工作原理

JS7-A 系列空气阻尼式时间继电器的动作过程如图 1.51 所示。继电器的触点动作特点如表 1.61 所示。

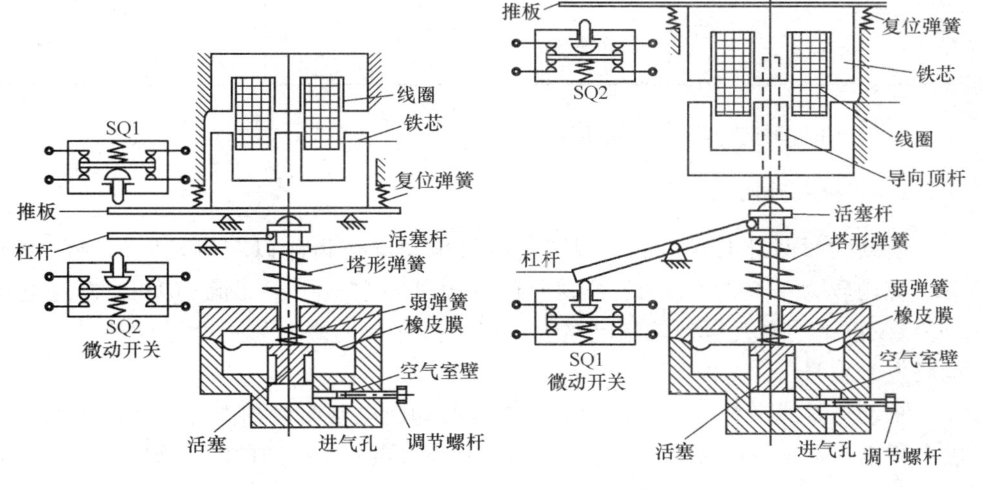

图 1.51　空气阻尼式时间继电器原理

表 1.61　时间继电器触点动作特点

触点类型	动作特点	
	线圈通电时	线圈断电时
通电延时型常开触点	延时闭合	立即断开
断电延时型常开触点	立即闭合	延时断开
瞬动型常开触点	立即闭合	立即断开

JS7-A 系列空气阻尼式时间继电器的动作过程如图 1.51 所示。继电器的触点动作特点见表 1.61。其中图 1.51（a）为通电延时继器，当电磁系统的线圈通电时，微动开关 SQ1 瞬时动作，活塞杆带动杠杆在弹簧力与气室内橡皮膜的阻尼作用下延时压下 SQ2，实现延时动作。延时的长短取决于进气的快慢，通过旋转调节螺杆就能调定延时时间，其延时范围分别为 0.4～60s 和 0.4～180s 两种。当线圈断电时，在气室内形成的单向阀作用下，微动开关 SQ1、SQ2 均瞬时复位。

由于 JS7-A 系列空气阻尼式时间继电器组成元件的通用性，将通电延时型的电磁铁翻转 180°安装，如图 1.51（b）所示，即可成为断电延时型时间继电器，其动作过程读者可自行分析。

JS7-A 系列空气阻尼式时间继电器的技术数据如表 1.62 所示。

表 1.62　JS7-A 系列空气阻尼式时间继电器技术数据

型号	瞬时动作触点数量		有延时的触点数量				触点额定电压/V	触点额定电流/A	线圈电压/V	延时范围/s	额定操作频率/(次/h)
			通电延时		断通延时						
	常开	常闭	常开	常闭	常开	常闭					
JS7-1A JS7-2A JS7-3A JS7-4A	— 1 — 1	— 1 — 1	1 1 — —	1 1 — —	— — 1 1	— — 1 1	380	5	24、36、110、127、220、380、420	0.4～60 及 0.4～180	600

空气式时间继电器新产品 JSKI。

2．电动式时间继电器

电动式时间继电器是由微型同步电机拖动减速齿轮以获得延时的时间继电器。应用较为普遍的有 JS17 系列时间继电器，它适用于交流 50Hz、额定电压 500V 及以下的电气自动控制电路中，用于由一个电路向另一个需要延时的被控电路发送信号。

从动作方式来看，JS17 系列有通电延时和断电延时两种类型。这里所说的通电和断电并不是指接通或分断电源，而是指离合电磁铁线圈的通电或断电。

（1）JS17 系列通电延时型时间继电器的型号及含义

JS17 系列通电延时型时间继电器的型号及含义如下：

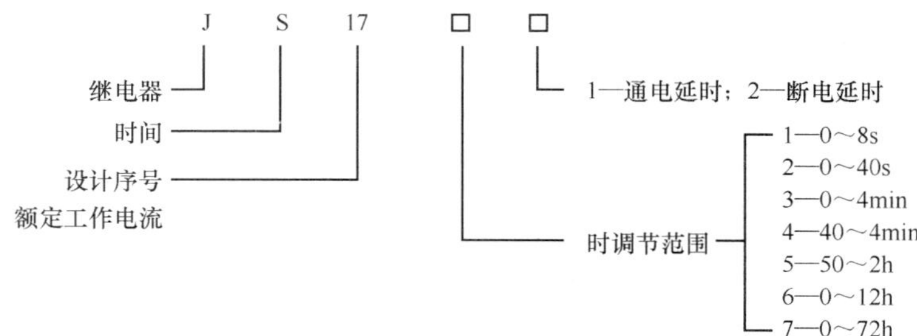

(2) JS17 系列通电延时型时间继电器的外形结构及工作原理

JS17 系列通电延时型时间继电器的外形结构及工作原理如图 1.52（a～c）所示。

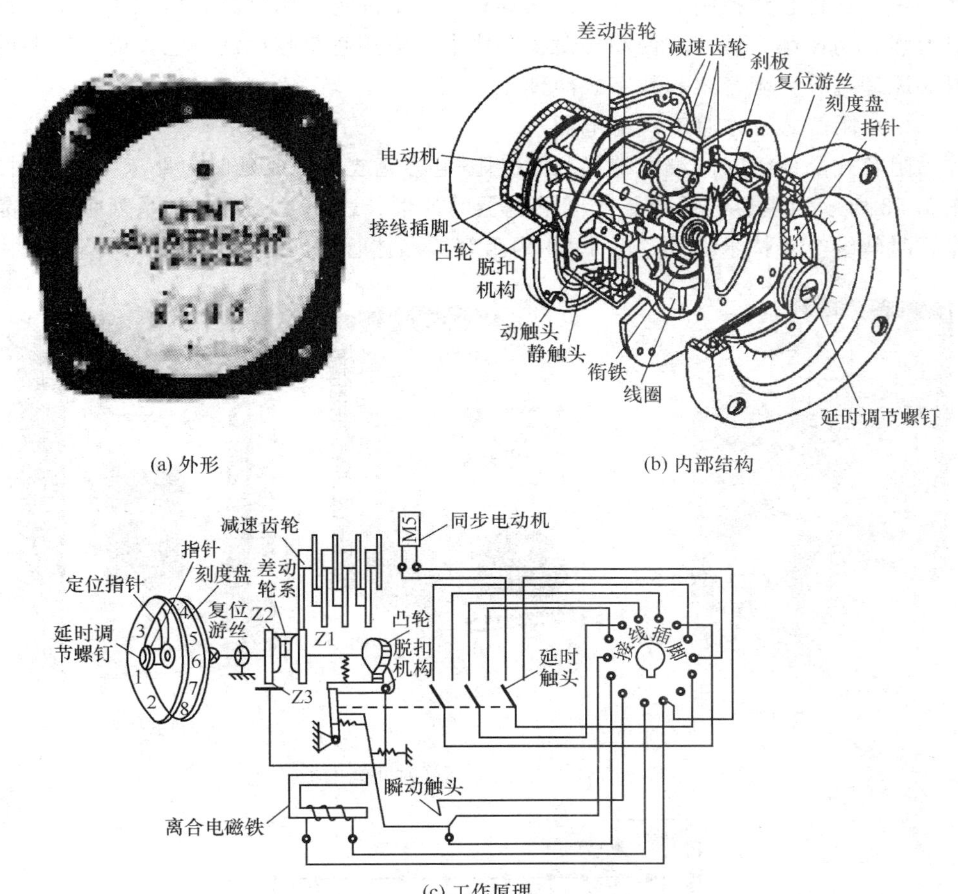

(a) 外形

(b) 内部结构

(c) 工作原理

图 1.52　JS117 通电延时型继电器结构原理图

当只接通同步电动机电源时，齿轮和只在轴上空转。若需要延时时，只要接通或断开离合电磁铁线圈电源，这时齿轮被制动，Z2 仍继续在轴上空转，同时以齿轮 Z3 为轨迹连同轴作圆周运动，因凸轮与轴固定，从而推动脱扣机构使延时触头发出信号，同时断开同步电动机电源。当需要去除信号时，只要断开或接通离合电磁铁电源，这时指针在复位游丝的作用下返回始点，并为下一次动作做好准备。延时时间的长短可通过改变指针在分度盘上的定位指针来实现。实质上就是改变凸轮的起始位置。

注意事项：当需要较精确地延时时，可先接通同步电动机电源，这样可减少由于起动所引起的误差；调整通电延时型号继电器的定位指针时，必须在断开离合电磁铁线圈电源时才能进行。

3. 电子线路式时间继电器

电子线路式时间继电器是利用电子线路来实现延时的功能，可用于电力传动、生产过程自动控制等系统中。它具有延时范围宽、精度高、体积小、抗干扰能力强、功耗小、调节方便和寿命长等优点，应用越来越广泛。它按电子线路的组成原理可分为阻容式和数字式两种。

(1) 阻容式晶体管时间继电器

阻容式晶体管时间继电器是利用电阻-电容充放电形成延时电路来实现延时，图 1.53 所示为阻容式晶体管时间继电器的外形；表 1.63 为 JS20 系列阻容式晶体管时间继电器技术参数；图 1.54 为阻容式晶体管时间继电器的电路原理图。

JSSI型

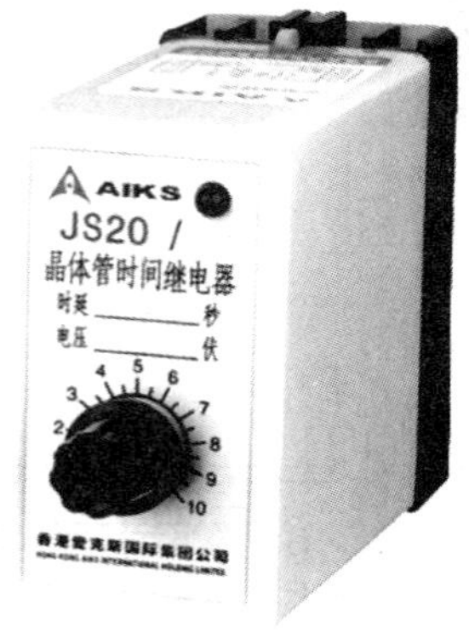

JS20系列

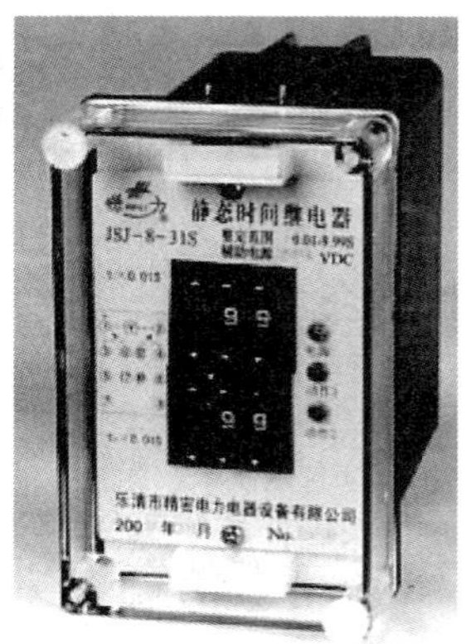

JSJ系列

图 1.53 阻容式晶体管时间继电器

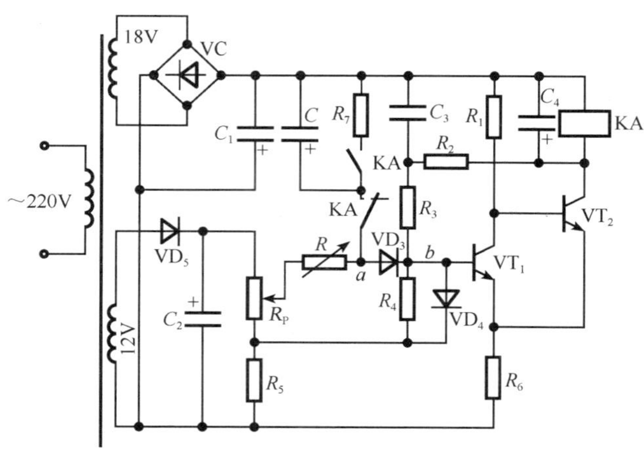

图 1.54 阻容式晶体管时间继电器原理图

当电源接通时，VT_1 管由 R_3、R_2、KA 线圈获得偏流而导通，VT_2 管截止，这时继电器因 KA 线圈流过的电流太小而不动作。同时电容 C 通过 KA 的常闭触点、R、电位器 R_P 和 R_5 回路而充电，a 点电位逐渐升高。经过一段时间后，a 点电位高于 b 点电位，使得二极管 VD_3 导通，辅助电源（+12V 半波整流后经 C_2 滤波）的正极加在 VT_1 管基极上，使 VT_1 管由导通变为截止。VT_2 管则由 R_1 获得偏流而导通，又通过 R_2、R_3 产生反馈，使 VT_1 管加速截止，VT_2 迅速导通，继电器 KA 动作，通过触点接通或分断控制电路。同时 C 通过 R_7 放电，为下次工作作准备。电位器 R_P 用来调整延时的范围（1～900s）。

表 1.63　JS20 系列阻容式晶体管时间继电器技术参数

代　号	延时范围	工作方式	代　号	延时范围	工作方式
1	0.1～1s	通电延时、断电延时	300	30～300s	通电延时
5	0.5～5s		600	60～600s	
10	1～10s		900	90～900s	
30	3～30s		1200	120～1200s	
60	6～60s		1800	180～1800s	
120	12～120s		3600	360～3600s	
180	18～180s				
设定方式	电位器、波段开关		触点容量	AC220V　5A　$\cos\phi=1$；DC28V　5A	
额定电压/V	AC 380、220、127、110、36、24DC 220、127、110、36、24		机械寿命/次	1×10^5	
重复误差	≤2.5%		电寿命/次	1×10^5	
触点数量	延时 2 组转换/延时 1 组转换 瞬动 1 组转换		安装方式	装置式　面板式　外接式	

（2）数字式时间继电器

数字式时间继电器主要是利用数字集成芯片对标准频率源的脉冲进行分频和计数来作为电路的延时环节，使延时性能大大增强，而且其内部可以运用先进的大、中规模集成芯片或微处理器技术，使其延时时间更长，精度更高，各种工作状态可直观显示。数字式时间继电器的外形如表 1.64 所示，原理如图 1.55 所示，其延时时间最大可达 9999h。继电器工作原理请读者自行分析。

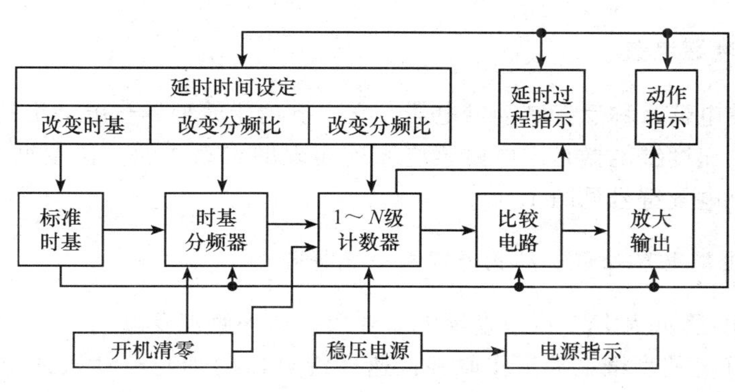

图 1.55　JS14A 数字式时间继电器原理

表 1.64　两种数字式时间继电器

外　　形	功能介绍
	JS14S、JS14C、DH14S 系列数显式时间继电器是 JS14、JS11 等的更新换代产品，采用了大规模的集成电路。LED 数字显示，数字按键开关预置时间，具有工作稳定可靠、精度高、延时范围宽、安装方便等特点，可预置时间接通或分断电路
	ZN48 型智能时间继电器 工作电源：AC220V/50Hz DC24V，功耗：<3W 显示方式：采用 4 位 LED 数码显示；设定方式：采用按键，在显示范围内任意设定延时值，设定调置不丢失； 输出触点容量：交流 220V 3A（阻性负载） 最大可设置 9999h，最小可设 0.1s

4. 时间继电器的选用

1）应根据被控制电路的实际要求来选择不同的延时方式、延时范围及复位时间的长短。

2）根据延时精度要求选用适当的时间继电器，同时要考虑电源参数变化及工作环境温度变化等以延时精度的影响。

3）考虑操作频率高是否影响其延时动作失调。

4）应根据被控制电路的电压等级来选择电磁线圈电压，使两者相符。

5）对延时精度不高的可选用空气阻尼式；对直流断电延时，宜选用价格较低的电磁式；当延时范围大，延时精度要求高时，可选用晶体管式或电动机式时间继电器。

1.6.4　速度继电器

速度继电器又称反接制动继电器。它主要用于笼型异步电动机的反接制动控制。感应式速度继电器是靠电磁感应原理实现触点动作的。速度继电器的外形、工作原理、电气符号见图 1.56。

1. 速度继电器外形、结构原理及电气符号

图 1.56 所示为 JY1 型速度继电器外形、结构原理及电气符号。

1）JYl 型速度继电器工作原理：速度继电器的轴与电动机的轴相连接。转子固定在轴上，定了与轴同心。当电动机旋转时，速度继电器的转子随之旋转，

绕组切割磁场产生感应电动势和电流，此电流和永久磁场作用产生转矩，使定子随永久磁铁转动的方向偏转，与定子相连的摆杆也随之偏转。当定子偏转到一定角度，摆杆推动簧片，使继电器的触点动作。

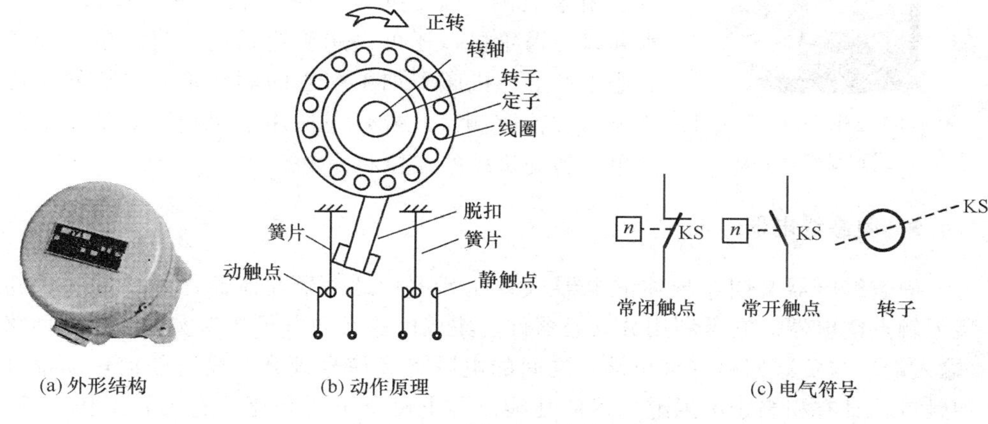

(a) 外形结构　(b) 动作原理　(c) 电气符号

图 1.56　JY1 型速度继电器

2）当转子转速减小到接近零时，由于定子的电磁转矩减小，摆杆恢复原状态，触点随即复位。

3）速度继电器有两对常开、常闭触点，分别对应于被控电动机的正、反转运行。一般情况下，速度继电器触点动作转速在 120r/min 时能动作，100r/min 左右时能复位。

4）常用的速度继电器有 JY1 型和 JFZ0 型。JY1 系列能在 3000r/min 以下可靠工作，JFZ0 型的两组触点改用两个微动开关，使其触点的动作速度不受定子偏转速度的影响，额定工作转速有 300～1000r/min（JFZ0-1 型）和 1000～3600r/min（JFZ0-2 型）两种。

2. 速度继电器的选用

速度继电器主要根据所需控制的转速大小、触点的数量、电压、电流的选用。

3. 速度继电器的安装与使用

1）速度继电器的转轴应与电动机同轴连接，使两轴的中心线重合，速度继电器的轴可用联轴器与电动机的轴连接，如图 1.56 所示。

2）速度继电器安装接线时，应注意正反向触点不能接错，否则不能实现反接制动控制。

3）速度继电器的金属外壳应可靠接地。

4. 新型速度继电器

SRE-PD3 型智能速度继电器（图 1.57）（转速继电器、转速开关）应用微处理芯片对来自转速或速度传感器（齿轮传感器）的脉冲信号进行处理，测量准

图 1.57　SRE-PD3 型电子式速度继电器

确，性能稳定，能根据用户的需要扩展功能。该产品具有：转速测量、转速显示、转速监控、三级报警、超速（失速）保护等功能。此速度继电器应用广泛，可以用来监测船舶、火车的内燃机引擎，以及气体、水和风力涡轮机，还可以用于造纸业、箔的生产和纺织业生产上。机床和加工中心的驱动单元也能使用此继电器进行监测。此外，还适用于电厂、石油、化工等单位转动机械的监控和保护。

1.6.5　固态继电器

固态继电器又叫半导体继电器（简称 SSR）是由半导体器件组成的一种新型无触点继电器。它是利用分立元器件、集成电路及微电子技术实现了控制回路（输入端）与负载回路（输出端）之间的电隔离及信号耦合，没有任何可动部件和触点，具有相当于电磁继电器的功能。与电磁继电器相比，它具有工作可靠、寿命长、抗干扰能力强、开关速度快、对外干扰小、使用方便等一系列优点，越来越广泛地应用于自动控制电路、计算机接口电路、数控装置和低压电动机保护电路等，有逐步取代电磁式继电器的趋势。

固态继电器通常由光电耦合器、集成触发器电路和功率器件组成。具体形式为两端输入、两端输出的四端器件，中间为光耦隔离器件，以实现输入弱电信号与输出强电信号间的隔离。它的输入控制信号可以是集成电路或晶体放大电路等输出的小电流或低电压，它的输出端被控量可以是上百安培的大电流或高电压，因为没有机械触点，不会产生电弧。图 1.58（a～c）分别为 SSR 的外形图、结构框图和电路原理图。

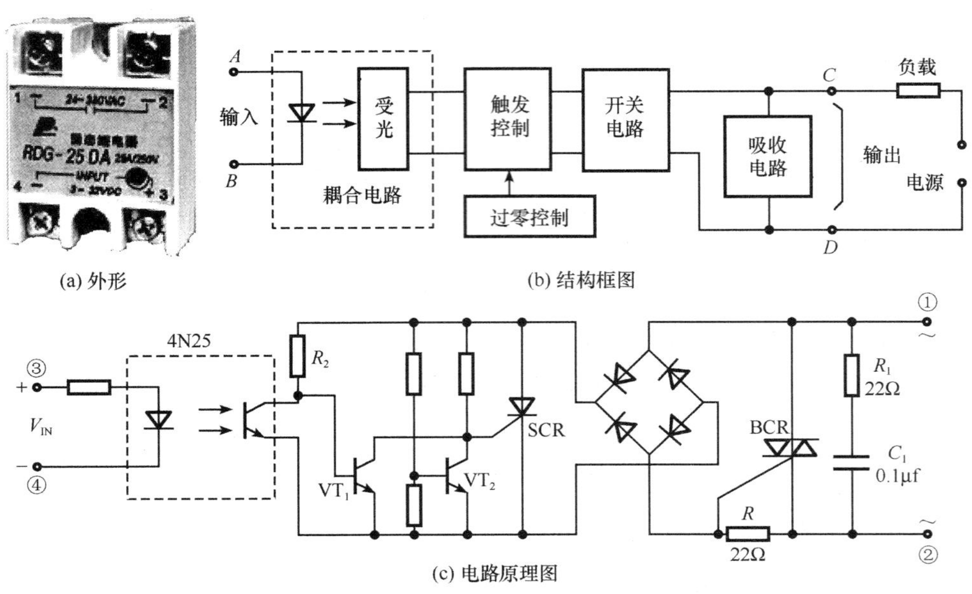

(a) 外形　(b) 结构框图

(c) 电路原理图

图 1.58　固态继电器

固态继电器的类型很多，以负载电源类型可分为：直流型固态继电器和交流型固态继电器；以输入输出之间的隔离方式可分为：光电耦合隔离和磁隔离；以控制触发信号可分为：过零型和非过零型，有源触发型和无源触发型。图 1.59 所示电路的 SSR 为目前普遍应用的光电耦合式零电压开关型固态继电器，它采用光电耦合方式来实现弱电控制强电的目的。

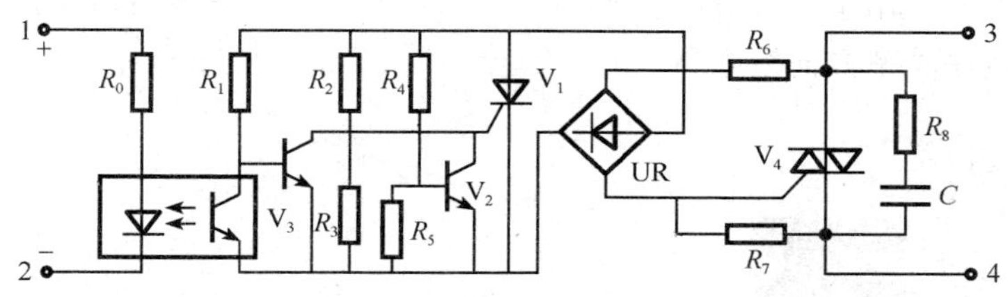

图 1.59 光电耦合式固态继电器工作原理

固态继电器（即 SSR）的特性参数如表 1.65 所示。

表 1.65 常用 SSR 特性参数

参数名称		单位	直流 SSR		交流 SSR	
			CCJ-1DD	C603 系列	CIJ-2.5AP	CG3C 系列
输入侧	控制电压	V	6～30	5～15	3～30	5～15
	控制电流	mA	3～30	3～32	< 30	3～32
	焊界接通电压	V		≤3		≤2.8
	焊界关断电压	V		≥1		≥1.8
内部	工作电压	V	24	30～180	30～220	140～400
	工作电流	A	1	1～10	2.5	1～20
	断态漏电流	mA	0.01	< 56	< 5	< 5
	通态压降	V	1.5	< 2	1.8	< 1.5
	过零电压	V			±15	
	涌浪/工作电流	倍		10/16ms		10/16ms
	导通时间	ms	200	50		10
	关断时间	ms	1	0.1		10
	单位功耗	W/A		1.5		1.25
输入/绝缘电阻		Ω	10^9	10^9	10^9	10^9
输入/绝缘电压		V		2500		2500
外形尺寸		mm×mm×mm	35×25×14	同左	同右	42×30×20

1.6.6 其他用途继电器介绍

1. 频率继电器（图 1.60）

按其功能大致可分为三类。欠（低）频率（周率）继电器用于电力系统自动按频率减负荷装置中，作为反应频率降低的灵敏元件，过（高）频率（周率）继电器

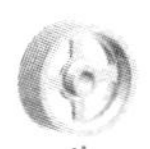

作为反应频率升高的灵敏元件，差频率（周率）继电器用于发电机的自同期线路中。

2. 功率方向继电器

功率方向继电器（图 1.61）用于电力系统方向保护线路中，作为方向判别元件。此类继电器包括用于相间短路的功率方向继电器，用于接地故障保护的功率方向继电器，用于平行线路保护的双方向功率方向继电器，以及用于反映不对称故障的负序功率方向继电器。

图 1.60　FQ-01 欠（过）频率继电器

图 1.61　LG-12 功率方向继电器

3. 差动继电器

在电力变压器、发电机、母线等电力系统重要设备的继电保护中，差动继电器（图 1.62）广泛用于它们的主保护。差动继电器的构成原理常为电磁式、整流式和静态式，已具有成熟的运行经验，在国内外广泛使用。

4. 接地继电器

接地继电器（图 1.63）包括小电流接地继电器、接地继电器和转子接地继电器。

图 1.62　HCB、DCD 差动式继电器

图 1.63　LD3-点接地继电器

5. 电动机保护继电器

在电动机保护方面，除了可用过流继电器或电流继电器之外，还经常配备专用的电动机保护继电器及装置，一类是电动机断相保护继电器，一类是电动机综合保护装置，见表 1.66。

表 1.66 电动机自动保护举例

型　　号	外　　形	功　　能
HHD3C-A/B/T 数字设定电动机保护器	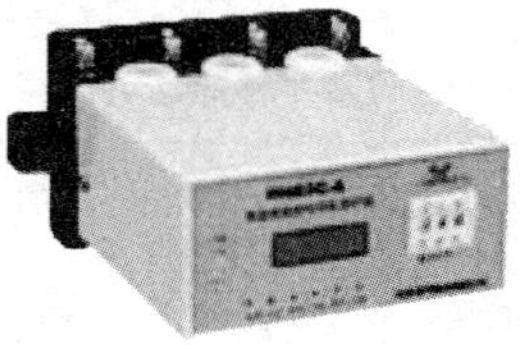	断相、过流、三相电流不平衡、短路、堵转等。LED 数码管显示最大相电流
BJB 微机监控电机保护器	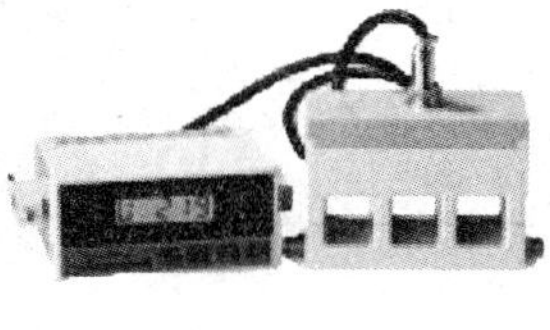	保护功能：过流、欠流、堵转、断相、三相电流不平衡、过压、欠压、短路、漏电（选配）等故障保护 测量功能：三相电流、控制回路电压、漏电电流的测量和显示 除了先进的电动机保护、监控功能，还提供了设备运行和跳闸的记录以及额定参数等重要信息，并且采用现场总线方式结构，为现代化的设备管理带来很大的便利
HHY13 三相水泵自动控制保护器	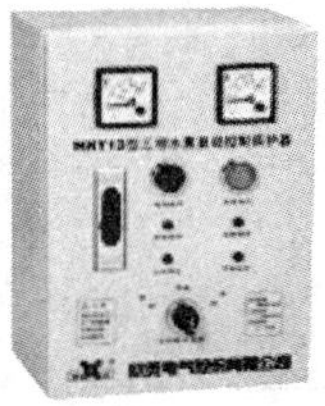	具有液位自动控制功能，断相保护功能，过流保护功能

技能训练 1.5 继电器的拆装与调试

一、目的要求

能正确识别常用继电器，熟悉其外形和基本结构，并能进行正确拆装及调试。

二、工量具及器材清单

工量具及器材清单见表 1.67。

表 1.67 常用工量具及仪表清单

序号	类别	名称	型号规格	单位	数量	备注
1	工具	螺钉旋具（一字和十字）、尖嘴钳、验电器		套	1	
2	仪表	万用表	MF30 或自定	只	1	
3	器材	JRS2-25/Z	热继电器	只	1	
		JS7-2A	时间继电器	只	1	

三、技能训练

1. JRS1-25/Z、JS7-2A 型热继电器的拆装、安装及调试

1）训练步骤及操作要求见表 1.68。

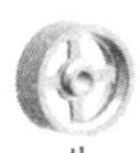

表 1.68　热继电器的训练步骤及操作要求

训练步骤	操作要求	注意事项
拆卸前	1）了解各种热继电器的特点和使用场合 2）拆卸前应保持操作台整洁无杂物，并准备好放零件的盒子	合理选用万能表电阻档量程
拆卸	3）旋下后盖板上的固定螺钉，取下盖板，就可以看到热继电器的内部结构 4）根据图样正确拆卸各零部件，不允许强行操作，指出图中各零部件的名称；并记住每一零件的位置及相互间的关系，作好记录	不能丢失零件、做到按序分开摆放
装配及检测	5）用万用表检查各触头的通断情况。如出现受损零部件，应立即修理或更换 6）检查热继电器元件的电阻丝缠绕在双金属片是否紧密，有无断开处 7）按图 1.48（b）动作原理： ① 推动绝缘牵引板，看动触头机构能否正确动作 ② 按复位按钮，看触头能否回到初始状态① ③ 旋动调整整定电流装置旋钮，看触头动作范围是否随之改变 8）检测常态下，常闭触头间电阻 $R_1=0$，常开触头间的电阻 $R_2=\infty$ 9）当热继电器动作后，测量结果是否是 $R_1=\infty$，$R_2=0$ 10）装配并恢复部件的完整性，要小心紧固螺钉，以免损坏继电器，在装配辅助触头时，应先按下触头支架，防止将辅助触头弹簧推向支架 11）按与拆卸相反的次序装上盖板，注意不要漏装、错装，将继电器恢复原状 12）按正常的情况盖好开关箱的壳盖	主触头上是否有氧化物和污物，动作机构是否灵活 安装线圈时，根据需要调整线圈的方向
安装	13）安装时除了导线的截面积要符合要求外，对于 150A 及以上的热继电器连接螺栓拧紧时应注意：既要拧紧，又不能拧动热继电器内部元件位置，否则，极易发生误动作	连接导线选择见表 1.58
调试	14）检查热继电器热元件的额定电流或调整旋钮的刻度值是否与电动机的额定电流值相当 15）热继电器的调整试验，不能简单地将调整旋钮刻度调至要求值处，而应通入适当的电流进行调整试验②	
检修与维护	16）检修周期与内容：每年至少 1 次。内容是清扫；检修零部件，消缺；测试绝缘应大于 1M；通电试验，应满足动作时间特性 17）维护：每周检查一次，看热继电器有无过热，有无异味及放电现象，各部件螺丝有无松动、脱落、接触是否良好，表面是否清洁、完整及有无破损	
其他	自检工作完毕后，经生产实习指导教师检查合格后，方可通电试运行	

① 动作机构：用手拨动 4～5 次，应正常可靠，再扣按钮应灵活，出厂时，触头一般是自动复位，若改为手动复位，对于 JR16 类热继电器，只要将复位螺钉逆时针转动，并稍为拧紧即可。对于 3UA 系列，出厂时触头一般是手动复位，若需自动复位，只需将旋钮转至“A”［即 Auto（自动）］位置即可。

② 试验方法：试验电路一般为自耦变压器后接一大电流变压器，将热继电器各相热元件串联连接，再串入电流表接入电流变压器二次侧。对具有断相保护的热元件可将热元件分相串联试验。有条件的应采用稳压电源，以保证试验电流的稳定。试验时周围温度在 20～25℃为宜。试验时，热继电器通 $1.05I_e$，待发热稳定后（一般为 5～10min），立即将电流提升到 $1.2I_e$，经 2～3min 后旋动电流调节凸轮使热继电器动作，该刻度值即为热继电器所要求的整定电流值。对于保护要求高的电动机，动作时间可调快些（如 2min），对于要求低一点的，可调慢些（如 3min），但不能过快或过慢。

对热继电器，一般都将进行复试，按规定的动作特性进行。通常做法是检查 $1.5I_e$，动作时间是否＜2min，以 90s 左右为宜。有时还查 $1.05I_e$，动作时间是否＞20min，再查 $6I_e$，是否＞5s。

2）热继电器拆装与调试考核要求及评分标准见表 1.69。

表 1.69　继电器拆装与调试考核与评分标准

<table>
<tr><td colspan="8">继电器名称</td></tr>
<tr><td>项目内容</td><td colspan="2">考核要求</td><td>配　分</td><td colspan="3">评分标准</td><td>扣　分</td></tr>
<tr><td>元件识别</td><td colspan="2">能熟练识别元器件</td><td>10</td><td colspan="3">1）写错或漏写名称，扣 5 分
2）写错或漏写型号，扣 5 分</td><td></td></tr>
<tr><td>继电器的拆装与调试</td><td colspan="2">1）零部件的作用
2）拆装方法及步骤</td><td>50</td><td colspan="3">1）不明白零部件作用扣 5～20 分
2）错、漏装一处 扣 10 分
3）拆装方法及步骤不正确，扣 5～20 分</td><td></td></tr>
<tr><td>校验元件</td><td colspan="2">装配恢复零部件的完整性</td><td>20</td><td colspan="3">装配方法及步骤不正确，扣 5～20 分</td><td></td></tr>
<tr><td>仪表使用</td><td colspan="2">仪表使用的注意事项</td><td>10</td><td colspan="3">量程选择、调零和读数有错误，扣 5～10 分</td><td></td></tr>
<tr><td>安全文明生产</td><td colspan="2">1）劳动保护用品穿戴整齐
2）电工工具佩带齐全
3）遵守操作规程
4）尊重教师，讲文明礼貌
5）考试结束要清理现场</td><td>10</td><td colspan="3">1）各项考试中，违反安全文明生产考核要求的任何一项扣 2 分，扣完为止
2）学生在不同的技能试题中，违犯安全文明生产考核要求同一项内容的，要累计扣分
3）当老师发现学生有重大事故隐患时，要立即予以制止，并每次扣学生安全文明生产总 5 分</td><td></td></tr>
<tr><td>定额时间</td><td colspan="3">3h</td><td colspan="3">每超时 5min 以内以扣 5 分计算</td><td></td></tr>
<tr><td>备注</td><td colspan="3"></td><td colspan="2">教师签字：
年　　月　　日</td><td>成绩</td><td></td></tr>
<tr><td>开始时间</td><td></td><td colspan="2"></td><td>结束时间</td><td></td><td>实际时间</td><td></td></tr>
</table>

注：表头横线上填写继电器名称。

2. 将 JS7-2A 型通电延时型时间继电器改装成 JS7-4A 断电延时继电器

时间继电器的拆装与热继电器类似，另外还需注意以下几点：

1）旋下电磁系统部分的固定螺钉，取下电磁系统组合。

2）检查气囊是否有漏气现象，进气孔有无堵塞，传动机构是否正常。将电磁系统组合沿水平旋转 180°，然后重新旋上固定螺钉。

3）结合手动检验，观测各延时和瞬时触头动作情况，并将其调整到合适位置，直到满足改装要求时为止。

4）时间继电器的考核要求及评分标准见表 1.69。

小　　结

本节的重点是热继电器、时间继电器、中间继电器和速度继电器的功能、电气符号及其选用和维修方法。难点是晶体管时间继电器、速度继电器。

继电器是一种根据某种输入信号（电量或非电量）的变化，接通或断开小电流电路，实现自动控制和保护电力拖动装置的电器。它与接触器有三方面的不同：

1）功能上的不同。接触器是一种用来接通或断开带有负载的交、直流电路或大容量控制电路，是一种通用性很强的自动化切换电器；继电器主要用来切换自动控制以及电力系统的保护、电讯、仪表、电子装置等小电流电路，继电器一般不用来直接控制较强电流的主电路。

2）结构上不同。接触器有灭弧装置而继电器一般没有此装置，继电器结构简单、体积小、重量轻。

3）动作信号不同。继电器可以对各种电量和非电量（如压力、温度、速度、时间、功率等）的变化作出反应，而绝大部分接触器只能在一定电压下动作。

另外，随着电子技术的不断应用，加速了继电器的电子化和集成化，这对学习者的弱电理论水平提出了更高的要求，不断地更新知识，才能跟上时代步伐，满足学习和掌握技能的要求。

通过本节学习，对热继电器、中间继电器、时间继电器和速度继电器的动作原理及应用场合要熟练掌握。其他类型继电器可根据日后的学习需要，再作进一步探究。

1.7 其他低压电器

知识点

- 熟悉凸轮控制器、电磁铁、频敏变阻器的结构、特点、用途及工作原理
- 熟悉凸轮控制器、电磁铁、频敏变阻器电气符号与选用

技能点

- 能正确识别选用凸轮控制器、电磁铁、频敏变阻器
- 掌握凸轮控制器的拆装与维修

1.7.1 电磁铁

电磁铁是利用电磁吸力来操纵牵引机械装置，以完成预期的动作，或用于钢铁零件的吸持固定、铁磁物体裁的起重搬运等，因此它是将电能转化为机械能的一种低压电器。

电磁铁主要由铁心、衔铁、线圈和工作机构四部分组成。

电磁铁的种类很多，按电流的类型可分为交流电磁铁、直流电磁铁；按电流相数可分为单相、二相和三相；按线圈额定电压可分为220V和380V；按电磁机构的

结构形式可分为螺管式、转动式和直动式（图 1.64）；按功能可分为牵引电磁铁、制动电磁铁和起重电磁铁。下面以制动电磁铁和牵引电磁铁为例作简单介绍。

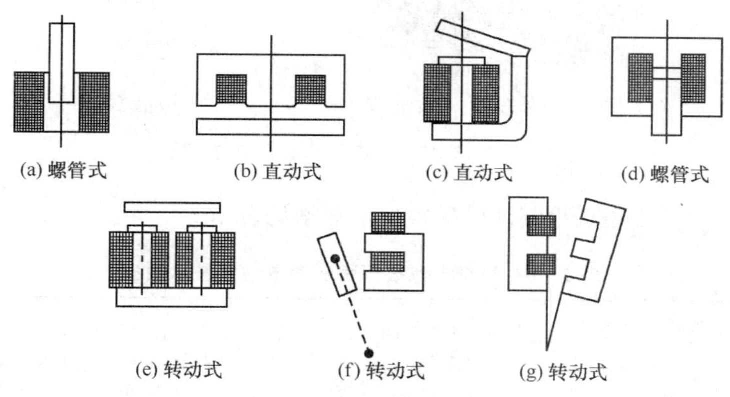

图 1.64　电磁机构的结构形式

1. 制动电磁铁

制动电磁铁通常与闸瓦制动器配合使用。在电气传动装置中用于电动机的制动，以达到准确和迅速停车的目的。电磁铁的线圈与电动机定子绕组并联于电源上，所以制动电磁铁与电动机是同步供电和同步工作的。制动电磁铁按衔铁行程又分为长行程（大于 10cm）和短行程（小于 5mm）两种。下面以交流短行程制动电磁铁为例进行简要分析。

（1）交流短行程制动电磁铁代号及含义

交流短行程制动电磁铁代号及含义如下：

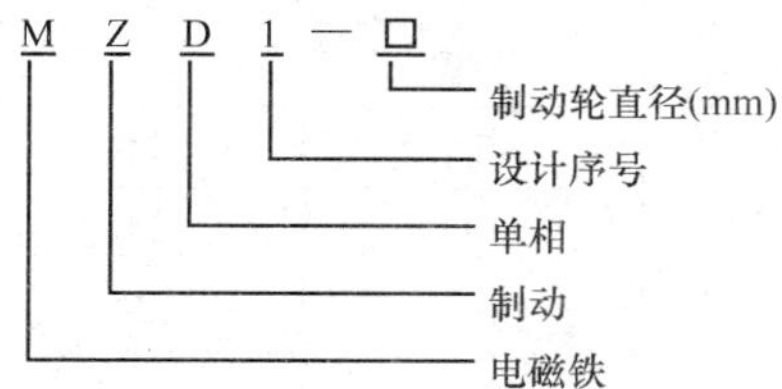

（2）交流短行程制动电磁铁工作原理

交流短行程制动电磁铁为转动式，制动力矩较小，多为单相或两相。外形如图 1.65 所示，其结构及电气符号详见第 2 章图 2.34。该图所示为 MZD1 型交流短行程电磁铁，常与 JT2、TZ2 系列闸瓦式制动器配合使用共同组成电磁机构制动装置。制动电磁铁包括铁心、衔铁和线圈三部分；闸瓦制动器包括闸轮、闸瓦、杠杆和弹簧等部分。闸轮安装在被制动轴上。当线圈通电后，U 形衔铁绕轴旋转而吸合，衔铁克服弹簧拉力，迫使制动杠杆向左或向右移动，使闸瓦与闸轮脱离松开，轴可以自由转动。当线圈断电后，衔铁释放，在弹簧拉力作用下，使制动杠杆同时向里移动，带动闸瓦和闸轮紧紧抱住完成刹车制动。

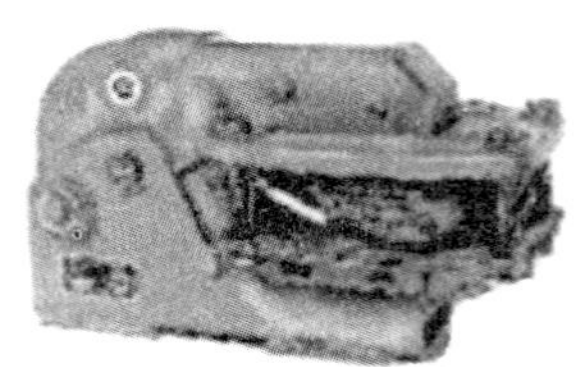

(a) 外形

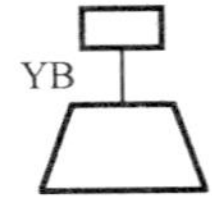

(b) 电气符号

图 1.65　MZD1 交流短行程制动电磁铁

MZD1 型交流短行程制动电磁铁技术数据见表 1.70。

表 1.70　MZD1 型短行程制动电磁铁技术数据

型　号	电磁铁转矩/N·cm 通电持续率 40%	电磁铁转矩/N·cm 通电持续率 100%	衔铁的重力转矩/N·cm	回 转 角	额定回转角度下制动杆的位移/N·mm	反复短时工作制时/次·h^{-1}
MZD1-100	550	300	50	7.5	3	300
MZD1-200	4000	2000	360	5.5	3.8	
MZD1-300	10000	4000	920	5.5	4.4	

MZD1 与制动器配合技术参数见表 1.71。

表 1.71　MZD1 与制动器配合技术数据

型　号	配用电磁铁型号	制动轮直径/mm	制动闸瓦宽/mm	外形尺寸/mm 长	外形尺寸/mm 宽	外形尺寸/mm 高
TJ2-100	MZD1-100	100	70	375	128	243
TJ2-200/100	MZD1-100	200	90	553	128	407
TJ2-200	MZD1-200	200	90	628	176	412
TJ2-300/200	MZD1-200	300	140	782	176	558
TJ2-300	MZD1-300	300	140	825	235	566
TZ2- 100	MZD1-100	100	70	380	118	259
TZ2-200/100	MZD1-100	200	90	541	118	404
TZ2-200	MZD1-200	200	90	571	168	429
TZ2-300/200	MZD1-200	300	140	725	168	564
TZ2-300	MZD1-300	300	140	775	220	590

(3) TJ2 系列制动器简介

TJ2 系列制动器是用 MZD1 系列制动电磁铁作操作元件，广泛用于起重、运输、卷扬机、碾压机、冶金、矿山、建筑等。驱动装置的机械制动。

制动器的外形见图 1.66 (a) 所示，图 1.66 (b) 为制动器结构示意图，其技术数据如表 1.72 所示。

(a) 制动器外形

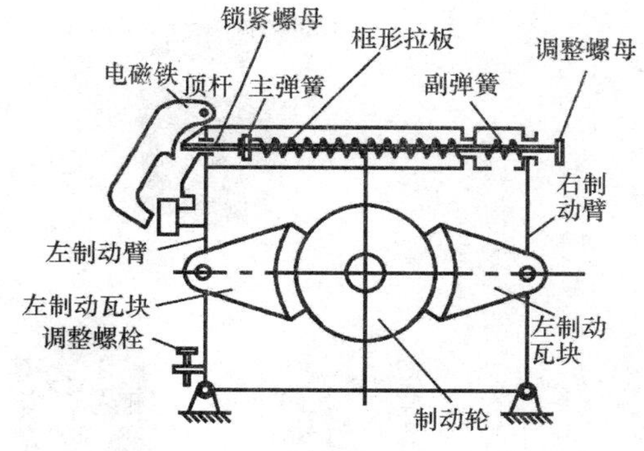

(b) 结构示意图

图 1.66　TJ2 系列制动器

表 1.72　TJ2 系列制动器技术数据

型　号	配用电磁铁型号	制动力矩/N·m		瓦块退距 E/mm 正常/最大	推杆行程 X/mm 起始/最大	电磁铁力矩/N·m	
		JC=25%/40%	JC=100%			JC=25%/40%	JC=100%
TJ2-100	MZD1-100	20	10	0.4/0.6	2/3	55	3
TJ2-200/100		40	20				
TJ2-200	MZD1-200	160	80	0.5/0.8	25/3.8	40	20
TJ2-300/200		240	120				
TJ2-300	MZD1-300	500	200	0.1/1.0	3/4.4	100	40

2. 牵引电磁铁

自动控制设备中常采用牵引电磁铁，牵引或排斥其他机械装置，以达到遥控或自动控制的目的。如各种形式机床的液压和气动的机构中开启或关闭水路、油路、气路等的阀门等。牵引电磁铁具有装甲螺管式结构，因为这种结构吸力性较平坦，能在长行程下获得较大吸力，可做成推动式和拉动式两种结构。

(1) 牵引电磁铁的代号及含义

牵引电磁铁的代号及含义如下：

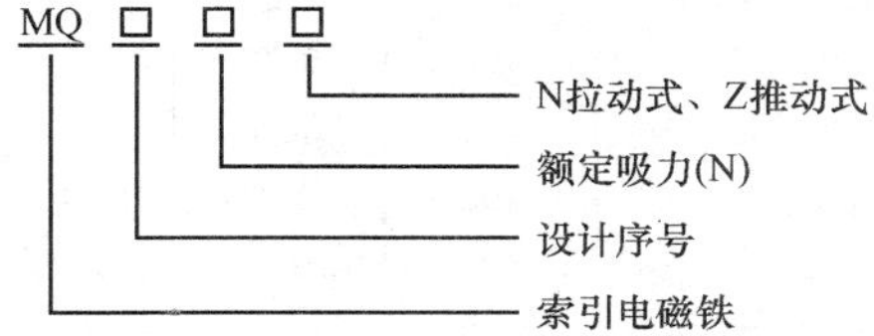

常用的牵引电磁铁有 MQ1、MQ2 系列，其结构示意图如图 1.67 (b) 所示。MQ1 系列单相交流牵引电磁铁的外形如图 1.67 (a) 所示。其工作原理如下：

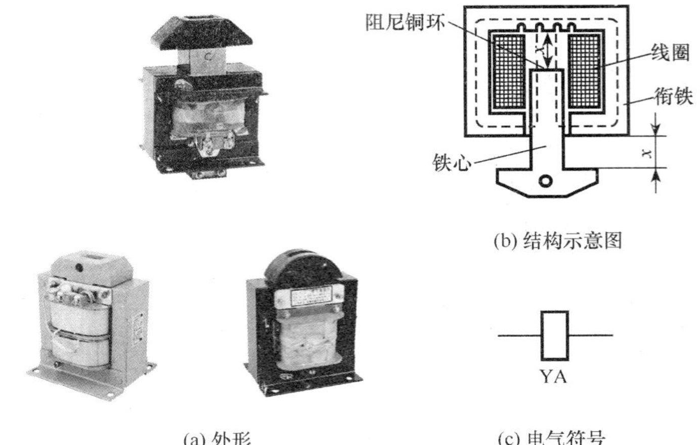

(a) 外形　(b) 结构示意图　(c) 电气符号

图 1.67　MQ1 单相交流牵引电磁铁

当线圈通电时，衔铁被吸引，同时经过连杆或推杆驱动被操作的机构，达到控制目的。衔铁无复位装置，靠自重或外来机械力在线圈断电后复位。

铁芯和衔铁是由硅钢片叠压而成的，使用时将铁芯板固定在支架上。对于拉动式电磁铁，应用销子将衔铁与牵引杆相连接；而推动式则需要停挡与被推的顶杆保持接触。MQ1 系列交流电磁铁的主要技术数据见表 1.73。电磁铁的电气符号如图 1.67（b）所示。

表 1.73　MQ1 系列交流电磁铁的主要技术数据

型　号	额定吸力/N	额定行程/mm	通电率/%	操作次数/次·h^{-1}	衔铁质量/kg	总质量/kg	消耗功率/W		备　注
							启动	吸持	
MQ1-5101	15	20	100	600	0.25	1.1	450	67	型号最后一位数字 5 代表拉动式，6 代表推动式
MQ1-5111	30	25	100	600	0.45	1.5	1000	94	
MQ1-5121	50	25	100	600	0.9	3	1700	120	
MQ1-5131	80	25	100	600	1.3	4	2200	170	
MQ1-5141	150	50	100	300	2.3	9	10 000	470	
MQ1-5151	250	30	100	600	4	15.6	10 000	810	
MQ1-6101	15	20	100	600	0.3	1.17	450	67	
MQ1-6111	30	25	100	600	0.55	1.7	1000	94	
MQ1-6121	50	25	100	600	1.23	3.7	1700	120	
MQ1-6131	80	25	100	600	1.65	4.7	2200	170	
MQ1-5102	30	20	10	400	0.25	1.1			
MQ1-5112	50	25	10	400	0.45	1.5			
MQ1-5122	80	25	10	400	0.9	3			
MQ1-5132	150	25	10	400	1.3	4			
MQ1-6102	30	20	10	400	0.3	1.17			
MQ1-6112	50	25	10	400	0.55	1.7			
MQ1-6122	80	25	10	400	1.23	3.7			
MQ1-6132	150	25	10	400	1.65	4.7			

电磁铁的选用主要是根据机械负载的具体要求而定，其主要技术数据有工作行程操作频率、工作方式、转矩和通电持续率等。

3. 阀用电磁铁

阀用电磁铁的型号和种类很多，下面以简表（表 1.74）形式介绍几种阀用电磁铁。

表 1.74 常用几种阀用电磁铁

序 号	名称及代号	外 形	适用场合
1	交流阀用电磁铁 MFJ1 M F J 1-□ □ □：派生代号 □：规格代号 1：设计序号 J：交流 F：阀用 M：电磁铁		适用于交流 50Hz 电压到 380V 的电路中，作为电磁阀的控制之用 电磁铁为装甲螺管型推动式，具有防护外壳，无复位装置
2	MFB1 系列 交流本整湿式电磁铁 B：本整湿式		适用于交流 50Hz，电压至 380V 的控制电路中，作为电磁铁换向阀控制用
3	MFZ1 系列 直流阀作电磁铁 Z：代表直流		适用于单相桥式全波整流不加滤波装置的直流电压至 110V 的控制电路中，作为液压控制系统开闭电磁阀用

1.7.2 凸轮控制器

1. 凸轮控制器的功能

凸轮控制器是利用凸轮来操纵触头动作的控制器，主要用于控制容量不大于 30kW 的中型绕线转子异步电动机的启动、调速和换向。在桥式起重机的等设备中有着广泛的应用。

常用的凸轮控制器有：KTJ1、KTJ15、KT10、KT14、KT15 等系列，下面以 KTJ1 系列为例介绍。

2. 凸轮控制器的结构原理、符号及型号含义

KTJ1 系列凸轮控制器的外形和结构如图 1.68 所示。它主要由手轮（或手

柄)、触头系统、转轴、凸轮和外壳等部分组成。其触头系统共有12对触头，9对常开，3对常闭。其中，4对常开触头接在主电路中，用于控制电动机的正反转，配有石棉水泥制成的灭弧罩。其余8对触头用于控制电路中，不带灭弧罩。

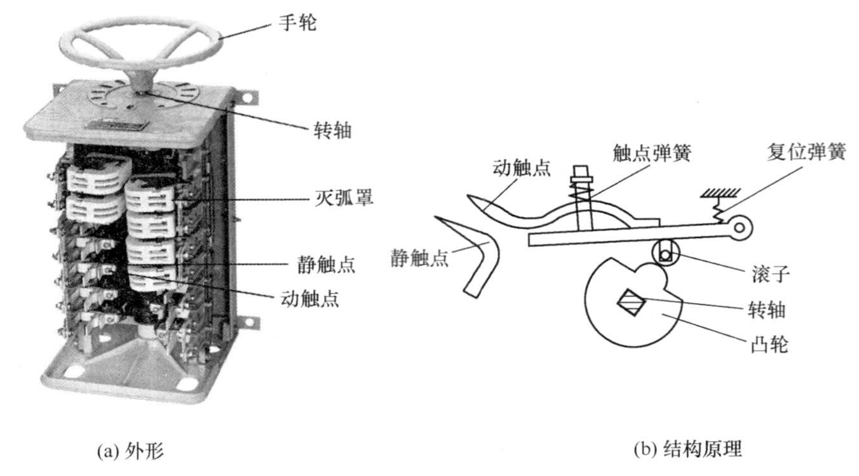

图 1.68　凸轮控制器

凸轮控制器的动触头与凸轮固定在转轴上，每个凸轮控制一个触头。转动手轮，凸轮随轴转动。当凸轮的凸起部分顶住滚轮时，动触头与静触头分开；当在方轴上叠装形状不同的凸轮片，可使各个触头按预定顺序闭合或断开，从而实现不同的控制目的。

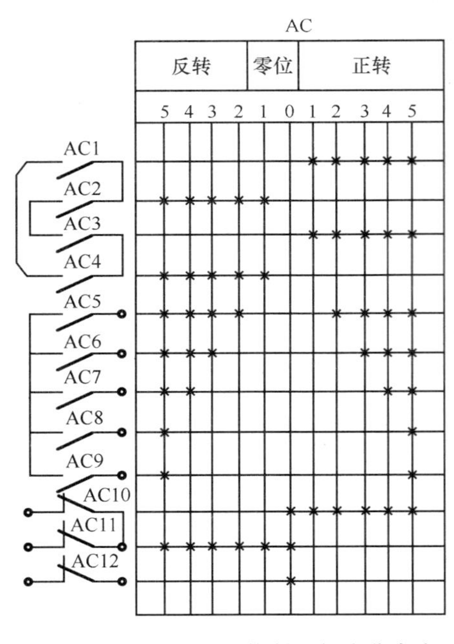

AC	反转					零位	正转				
	5	4	3	2	1	0	1	2	3	4	5
AC1							*	*	*	*	*
AC2	*	*	*	*	*						
AC3							*	*	*	*	*
AC4	*	*	*	*	*						
AC5	*	*	*	*				*	*	*	*
AC6	*	*	*						*	*	*
AC7	*	*								*	*
AC8											*
AC9	*										*
AC10						*	*	*	*	*	*
AC11	*	*	*	*	*	*					
AC12						*					

图 1.69　KTJ1-50/1 控制器触头分合表

凸轮控制器的触头分合情况，通常用触头通断表来表示。KTJ1-50/1型凸轮控制器的触头通断如图1.69所示。图中的从左到右的格表示手轮的11个位置，左侧触点表示凸轮控制器的12对触头。各触头在手轮处某一位置时的接通状态用符号“*”标记。无此符号表示触头是分断的。

控制器的额定电流分为50A和80A，又按线路的不同分作数种，大部分的控制器都具有逆对称的电路，可用于起重机平移机构，亦可用于起重机的升降机构。

KTJ1-50/1，KTJ1-80/1，KTJ1-80/3，KTJ1-50/4，KTJ1-50/6型控制器用作控制三相绕线式异步电动机。

KTJ1-50/2，KTJ1-50/5 型控制器

用作同时控制两台三相绕线式异步电动机。KTJ-50/3 型控制器用作控制三相鼠笼式异步电动机。

3. 凸轮控制器的选用

凸轮控制器主要根据所控制电动机的容量、额定电压、额定电流、工作制和控制位置数目等来选择。

KTJ1 系列凸轮控制器的技术数据见表 1.75。

表 1.75　KTJ1 系列凸轮控制器的技术数据

控制器型号	位置数		定子和转子电流（工作制）		在下列电压下的额定功率/kW			每小时关合次数<	重　量
	向前（上升）	向后（下降）	长期	通电持续率在 40%以下	220V	380V	300V		
KTJ1-50/1	5	5	50	75	16	16	16		28
KTJ1-50/2	5	5	50	75	※	※	※		26
KTJ1-50/3	1	1	50	75	11	11	11		28
KTJ1-50/4	5	5	50	75	11	11	11		28
KTJ1-50/5	5	5	50	75	2×11	2×11	2×11		32
KTJ1-50/6	5	5	50	75	11	11	11	600	28
KTJ1-80/1	6	6	80	75	22	22	22		38
KTJ1-80/3	6	6	80	75	22	22	22		38

※：由定子回路的接触器功率决定之控制器的额定功率即其控制的电动机在额定电压工作制及额定关合频率时的轴上的功率。在关合频率超过额定关合次数时须将控制器的额定功率低至 60%

4. 凸轮控制器的安装与使用

1）凸轮控制器在安装前应检查外壳及零件有无损坏，并清除内部灰尘。

2）安装前，需操作控制器手轮不少于 5 次，检查有无卡轧现象。检查触头的分合顺序是否符合规定的通断表的要求，每一对触头是否动作可靠。

3）凸轮控制器必须牢固可靠地用安装螺钉固定在墙壁上或支架上，其金属外壳上的接地螺钉必须与接地线可靠连接。

4）应按照触头分合表或电路图的要求接线，经复查确认无误后才能通电。

5）凸轮控制器安装结束后，应进行空载试验。启动时，若手轮转到 2 位置后电机仍未转动，则应停止启动，检查线路。

6）启动操作时，手轮不能转动太快，应逐级启动，防止电动机的启动电流过大。停止使用时，应将手轮准确地停在零位。

5. 凸轮控制器的常见故障及处理方法

凸轮控制器的常见故障及处理方法见表 1.76。

表 1.76　凸轮控制器的常见故障及处理方法

故障现象	可能的原因	处理方法
主电路中常开主触头间短路	1）灭弧罩破裂 2）触头间绝缘损坏 3）手轮转动过快	1）调换灭弧罩 2）调换凸轮控制器 3）降低的轮转动速度
触头过热使触头支持件烧焦	1）触头接触不良 2）触头上压力变小 3）触头上连接螺钉松动 4）触头容量过小	1）修整触头 2）调整或更换触头压力弹簧 3）旋紧螺钉 4）调换控制器
触头熔焊	1）触头弹簧脱落或断裂 2）触头脱落或磨光	1）调换触头弹簧 2）更换触头
操作时有卡轧现象及噪声	1）滚动轴承损坏 2）异物嵌入凸轮鼓或触头	1）调换轴承 2）清除异物

1.7.3　频敏变阻器

频敏变阻器是阻抗随频率明显变化，静止的无触头电磁元件。它实质上是一个铁心损耗的三相电抗器，它适用于异步集电环的绕线转子回路中供电动机启动用。在电动机启动瞬间转子的电流的频率最高，频敏变阻器的阻抗最大，从而限制了起动电流，保持了一定的起动转矩。随着电动机转速的上升，转子电流频率逐渐下降，变阻器阻抗也逐渐下降，最后使电动机平稳地达到稳定转速。

1. 频敏变阻器的分类

频敏变阻器的分类见表 1.77，部分外形见图 1.70。下面以 BP1 系列为例进行介绍。

表 1.77　频敏变阻器的分类

型　号	电动机容量	适用场合
BP1	22～240kW	适用于，50Hz，容量 22～2240kW 三相交流绕线型异步电动机的轻载及重轻载做偶尔起动用。例如：水泵、空压机、轧钢机、空气压缩机等
BP2	10～1120kW	用于轻载起动，电机容量 10～1120kW 如空压机、水泵等 结构与 BP1 系列不同之处是铁芯是用方钢制成。根据电机容量不同铁芯排数可为 1～4 排
BP3	2.2～125kW	适用电机容量 2.2～125kW 于 JZR 系列绕线型异步感应电动机频繁操作情况下的起动。频敏变阻器常接于电机转子回路中，一般不另装短接装置。BP3 系列型号含义与 BP1 系列相同
BP4	14～1000kW	适用于 14～1000kW 绕线型异步感应电动机作重载偶尔起动用。例如球磨机，破碎机等
BP6		适用于三相交流绕线型异步电动机的重满载起动用。四管式结构具有坚固耐用、使用方便、维护简单、占地面积小的特点

续表

型　号	电动机容量	适 用 场 合
BP8Y	1.5～200kW	适用于新型节能电机，50Hz，YZR系列起重冶金用三相异步电动机频繁操作情况下的起动及反接设备。该异步电动机的转子回路中接入频敏变阻器，一般均采用常接方式，不需另装接触器等短接设备。故其特点是能以精练的系统使电动机获得接近恒转矩的机械特性，是极为理想的启动原件
BPS		适用于带飞轮（转动惯量）的匀流绕线型电动机，组成转差率调节器之用

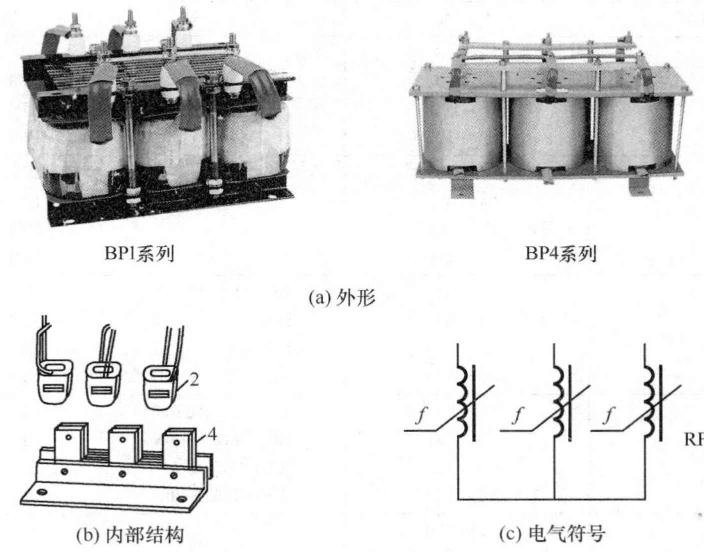

BP1系列　　BP4系列

(a) 外形

(b) 内部结构　　(c) 电气符号

图 1.70　频敏变阻器

BP1 系列按用途分可分为：BP1-200、BP1-300 和 BP1-400、BP1-500 两类，前者适用于偶尔启动的传动设备，如水泵、轧钢机、锯床等。后者适用于重复适时工作制的传动设备，如升降台、起重机等电动机的起动和反接。

2. 频敏变阻器的结构

频敏变阻器的外形结构［图 1.70（b）］为开启式，铁心由山字形钢板制成，上、下铁心由四个螺栓固定，拧开拉紧螺栓上的螺母，利用在上、下铁芯之间增减非磁性铁垫片来调整气隙的大小。出厂时上、下铁芯之间气隙为零。频敏变阻器上有四个抽头，一个抽头在绕组背面，标号为 N，另外三个抽头在绕组的正中，标号分别为 1、2、3。抽头 1～N 间有 100%匝数，2～N 间有 85%匝数，3～N 间有 71%匝数。出厂时三组线圈均接在 85%匝数抽头处，接线方式为 Y 形联结。

3. 频繁变阻器的安装及使用

频敏变阻器装配在电动机上，经适当调整后，应符合以下规定：

1）对轻载系列，起动转矩倍数 $k_e=0.7$；转子起动电流倍数 $\frac{I_{st}}{I_N}=1.25～1.6$。

2）对重轻载系列，起动转矩倍数 k_e＝1.0，转子起动电流倍数 $\frac{I_{st}}{I_N}$＝1.6～2.0。

3）变阻器允许连续起动多次，但对总起动时间的要求是：轻载系列不超过30s；重载系列不超过120s。

频敏变阻器系列型号与电动机组合使用如表1.78所示。

表1.78 单接法频敏变阻器系列表

电动机		轻载起动用	重轻载起动用
P_N/kW	I_{2N}/A	型　号	型　号
22～28	51～63		BP1-205/10005
	64～80		BP1-205/8006
	81～100		BP1-205/6308
	101～125		BP1-205/5010
29～35	51～63		BP1-206/10005
	64～80		BP1-206/8006
	81～100		BP1-206/6308
	101～125		BP1-206/5010
36～45	51～63	BP1-201/16003	BP1-208/10005
	64～80	BP1-204/12504	BP1-208/8006
	81～100	BP1-204/10005	BP1-208/6308
	101～125	BP1-204/8006	BP1-208/5010
46～55	64～80	BP1-205/12504	BP1-210/8006
	81～100	BP1-205/10005	BP1-210/6308
	101～125	BP1-205/8006	BP1-210/5010
	126～160	BP1-205/6308	BP1-210/4012
56～70	126～160	BP1-206/6308	BP1-212/4012
	161～200	BP1-206/5010	BP1-212/3216
	201～250	BP1-206/4012	BP1-212/2520
	251～315	BP1-206/3216	BP1-212/2025
71～90	161～200	BP1-208/5010	BP1-305/5016
	201～250	BP1-208/4012	BP1-305/4020
	251～315	BP1-208/3216	BP1-305/3225
	316～400	BP1-208/2520	BP1-305/2535
91～115	161～200	BP1-210/5010	BP1-306/5016
	201～250	BP1-210/4012	BP1-306/4020
	251～315	BP1-210/3216	BP1-306/3225
	316～400	BP1-210/2520	BP1-306/2535
120～140	201～250	BP1-212/4012	BP1-308/4020
	251～315	BP1-212/3216	BP1-308/3225
	316～400	BP1-212/2520	BP1-308/2535
	401～500	BP1-212/2025	BP1-308/2040
145～180	201～250	BP1-305/6312	BP1-310/4020
	251～315	BP1-305/5016	BP1-310/3225
	316～400	BP1-305/4020	BP1-310/2535
	401～500	BP1-305/3225	BP1-310/2040
185～225	201～250	BP1-306/6312	BP1-312/4020
	251～315	BP1-306/5016	BP1-312/3225
	316～400	BP1-306/4020	BP1-312/2535
	401～500	BP1-306/3225	BP1-312/2040

技能训练1.6　凸轮控制器的识别与检修

一、目的要求

熟悉常用凸轮控制器的外形和基本结构，并能进行正确拆、装及检修。

二、工量具及器材清单

工量具及器材清单见表1.79。

表1.79　常用工量具及仪表清单

序　号	类　别	名　称	型号规格	单　位	数　量	备　注
1	工具	螺钉旋具（十字或一字）、尖嘴钳、活络扳手		套	1	
2	仪表	兆欧表	5050型或自定500V，0～200MΩ	只	1	
		万用表	MF30或自定	只	1	
3	器材	凸轮控制器	KTJ1-50/1	台	1	

三、训练内容

1. 凸轮控制器的识别、拆装与维修

1）了解凸轮控制器的特点和使用场合。

2）根据图样正确拆装凸轮控制器，指出各零部件的名称。

3）拆装时按步骤正确拆装，并要做到零按序分开摆放。

4）装配屏恢复零部分的完整性，用万用表检查各接触点的通断情况。如出现受损零部件，应予以修复或更换。

5）凸轮控制器的触头要求触头导电性和接触必须良好。首先检测动断触头，用万用表电阻档的 $R\times10$ 或 $R\times100$ 档位进行检测，电阻值等于零。在检测动合触头时，用工具压下动铁心，在万用有电阻档的 $R\times10$ 或 $R\times100$ 档位进行检测时，电阻值也应等于零。

6）在检测触头时，查看触点的光洁度，这是减小弧光最有效的方法之一。触头出现氧化或有污物时，可使用工具清除。

7）检查灭弧罩的完整性，出现损坏应立即进行更换。

8）转轴旋转要灵活，手柄固定要牢固。

2. 注意事项

1）在检查零部件前，应按照万用表的电阻档量程要求进行合理选用。

2）拆装时，注意要将拆卸下来的零部件，按拆卸顺序记录，零部件不能丢失。

3）触头位置调整准确，安装合理。

4）自检工作完毕后，经实习指导教师检查合格后，方能通电试运行。

5）练习应在规定时间内完成，同时要做到安全操作和文明生产。

四、评分标准

评分标准见表1.80。

表 1.80　凸轮控制器识别、拆装评分标准

<table>
<tr><td>项目内容</td><td>配　　分</td><td colspan="4">评分标准</td><td>扣　　分</td></tr>
<tr><td>元件识别</td><td>40</td><td colspan="4">1）写错或漏写名称，每只　扣 4 分
2）写错或漏写型号，每只　扣 2 分
3）写错或漏写结构形式，每只　扣 3 分</td><td></td></tr>
<tr><td>凸轮控制器的测量</td><td>30</td><td colspan="4">1）仪表使用方法错误　扣 10 分
2）测量结果错误　扣 5 分
3）作不出触头分合表　扣 20 分
4）触头分合表错误，每处　扣 4 分</td><td></td></tr>
<tr><td>凸轮控制器的动作原理</td><td>30</td><td colspan="4">1）主要零部件的名称写错或漏写，每只　扣 2 分
2）写不出动作原理　扣 20 分
3）动作原理叙述不正确　扣 5～20 分</td><td></td></tr>
<tr><td>安全文明生产</td><td></td><td colspan="4">违反完全文明生产规程　扣 5～40 分</td><td></td></tr>
<tr><td>定额时间</td><td>90min</td><td colspan="4">每超时 5min 以内以扣 5 分计算</td><td></td></tr>
<tr><td>备注</td><td colspan="4">除定额时间外，各项内容的最高扣分不应超过配分数</td><td>成绩</td><td></td></tr>
<tr><td>开始时间</td><td colspan="2"></td><td>结束时间</td><td></td><td>实际时间</td><td></td></tr>
</table>

小　　结

本节的重点是电磁铁、凸轮控制器和频敏变阻器的用途和原理以及各自的选用、安装及维修。难点是凸轮控制器的安装及常见故障排除。

凸轮控制器的结构原理是每个凸轮控制一对触头的分合，其分合情况通常也用触头分断表来表示。在操作时还应注意：凸轮控制器一般应安装在便于操作和观察的位置上，操作手柄或手轮高度一般为 1～1.2m。

频敏变阻器是一种无触点电磁元件，实质上一个铁心损耗非常大的三相电抗器。其作用将变阻器串于转子绕组中，实现电动机的平稳无级启动。由于其功率因数较低一般不用于重载启动。

习　　题

1.1　如何选用开启式负荷开关？安装和使用时，应注意哪些问题？

1.2　封闭式负荷开关的操作机构有什么特点？

1.3　组合开关的用途有哪些？如何选用？

1.4　组合开关能否用来分断故障电流？

1.5　低压断路器具有哪些优点？

1.6　低压断路器由哪几部分组成？它可以实现哪几种保护功能？

1.7　试述低压断路器的选用原则。

1.8　什么是熔断器的额定电流？如何选择熔断器？

1.9　熔断器为什么一般不宜作过载保护？

1.10 RL1熔断器有什么特点？一般适用于哪些场合？

1.11 按钮的颜色选用原则是什么？

1.12 行程开关的动作方式有哪几种？各有什么特点？

1.13 什么是接近开关？它有什么特点？

1.14 交流接触器由哪几部分组成？其铁心结构有什么特点？

1.15 为什么交流接触器的铁心加装短路环后，其振动和噪声会显著减小？

1.16 交流接触器在动作时，常开常闭触点的动作顺序是怎样的？

1.17 什么是电弧？它有什么危害？交流接触器有哪几种灭弧方式？

1.18 为什么电压过高或过低都会使交流接触器线圈烧毁？

1.19 直流接触器与交流接触器相比，在结构上有哪些主要区别？

1.20 接触器触点的常见故障有哪几种？原因分别是什么？

1.21 中间继电器与交流接触器有什么区别？什么情况下可用中间继电器代替交流接触器？

1.22 如何选用中间继电器？

1.23 热继电器在电路中主要起到何种保护作用？其原理是什么？使用热继电器后是否可省去熔断器？

1.24 什么是电流继电器？其线圈有什么特点？

1.25 试述空气阻尼式时间继电器的结构，并分析其优缺点。

1.26 电子式时间继电器与传统的时间继电器相比有何异同？

1.27 固态继电器为什么会被日益广泛使用？控制主电路大电流通断时为什么无电弧？

1.28 电磁铁的分类有哪些？交、直流电磁铁的工作原理和应用场合是否相同？

1.29 什么是凸轮控制器？其主要作用是什么？如何选择？

1.30 频敏变阻器有什么优点？如何选用？

电动机基本控制线路及安装维修

【教学目标】

- **熟悉**

电动机基本控制电路的绘制方法

直流电动机、同步电动机的常见典型线路的工作原理及其安装、调试与维修

三相异步电动机控制线路的安装步骤

- **掌握**

电气图的绘制、识读方法

三相异步电动机的启动、正反转、制动和调速控制电路的工作原理及其安装、调试与维修

位置控制、自动循环控制、顺序控制、多地控制等各种典型控制线路的工作原理及其安装、调试与维修

绕线转子异步电动机控制线路的工作原理及其安装、调试与维修

- **了解**

电气控制线路的电路图、布置图和接线图的特点

绕线转子异步电动机、直流电动机的工作原理

2.1 电动机基本控制线路的绘制

知识点

- 了解原理图、布置图和接线图的特点
- 掌握原理图、布置图和接线图的绘制和识读原则

技能点

- 掌握电动机基本控制线路的安装步骤

用电动机拖动生产机械时，必须有相应的电气线路来控制电动机，以实现生产机械的各项功能。根据各种生产机械的工作性质和加工工艺不同，配备和组合适当的电器元件使得电动机按照生产机械的要求正常安全地运转，这就组成一定的电气控制线路。在生产实践中，一台生产机械的控制线路可能比较简单，也可能相当复杂，但任何复杂的控制线路总是由一些基本控制线路有机地组合起来的。电动机常见的基本控制线路有以下几种：点动控制线路、正转控制线路、正反转控制线路、位置控制线路、顺序控制线路、多地控制线路、降压启动控制线路、调速控制线路和制动控制线路等。生产机械电气控制线路常用原理图、接线图和布置图来表示。

2.1.1 电气原理图绘制、识读的原则

电气原理图是用来表明设备电气的工作原理及各电器元件的作用及相互之间的关系的一种表示方式。根据生产机械运动形式对电气控制系统的要求，采用国家统一规定的电气图形符号和文字符号，按照电气设备和电器的工作顺序，详细表示电路、设备或成套装置的全部基本组成和连接关系，但不能反映线路中各种控制和保护器件的电气结构实体、具体安装位置及器件间接线的实际走向的一种简图。

电气原理图能充分表达电气设备和电器的用途、作用和工作原理，反映电气线路的各项控制和保护功能，是安装、调试和分析机床电气故障的理论依据。

绘制和识读电气原理图应遵循以下一般原则：

1）按国标绘制的一般原则。

2）按照自左至右、自上而下的读图和设计原则。通常原理图由电源电路、主电路和辅助电路三大部分组成。一般电源电路与主电路分开，主电路与辅助电路分开。

① 电源电路画成水平线，三相交流电源相序采用 L1、L2、L3 标记。用粗实线，自上而下依次画出，中线 N 和保护地线 PE 依次画在相线之下。直流电源的“+”端画在上边，“−”端画在下边。电源开关要水平画出。

② 主电路画在左边或上部并垂直于电源电路，也是用粗实线表示。主电路是指电能的传输、分配、保护所流经的回路。主电路的工作电流是动力装置的额定电流。一般是由熔断器、接触器的主触头、热继电器的热元件以及电动机等组成。

③ 辅助电路画在主电路的右边或下部，用细实线表示。辅助电路包括控制电路、指示电路和照明电路。

控制电路：是控制主电路工作状态的控制电路。一般由主令电器的触头、接触器的线圈及辅助触头、继电器线圈及触头等组成。

指示电路：是显示主电路工作状态的电流回路。一般由仪表、显示器等组成。

照明电路：是提供机床设备局部照明的电流回路。一般由照明灯、指示灯等组成。

信号电路：是用来指示设备运行状态的电流回路。一般按用途分为位置信号、事故信号和预告信号。

④ 流经辅助电路的电流较小，一般不超过 5A。画辅助电路时，辅助电路要跨接在两相电源线之间，一般控制电路、指示电路、照明电路依次画在主电路的右侧，走线方向与主电路图平行。且电路中与下电源线相连接的能耗元件（如线圈、指示灯、照明灯等）要画在原理图的下方，电器的辅助触头要画在能耗元件的上方和上电源线的下方之间。如果辅助回路较多且能耗大，则要考虑取电源时三相平衡（如 A—B、A—C、B—C 均负载，而不是只接在 A—B 上）。

3）同一个文字符号标注原则。同一电气元器件的各个不同功能部分，应画在不同的电路中，但必须以同一个文字符号标注。如接触器由主触头、辅助触头和线圈三部分组成。其主触头应画在主电路中，用 KM_1 表示，其辅助常开、常闭触头和线圈应画在辅助回路中，也均用 KM_1 表示。

4）所有电器元件的图形符号，均按电器未接通电源和没有受外力作用时的原始状态绘制。

5）结点表示原则。对有直接电联系的交叉导线连接点，要用小黑点表示，如“+”；无直接电联系的交叉点则不画小黑点如“+”。当两条连接导线 T 型相交时，画或不画小黑点均表示有直接电联系。

6）电路顺序编号原则。

① 主电路按相序原则。电源开关之后的三相出线端按相序依次编号为 U11、V11、W11。然后按从上到下、从左至右顺序，每经过一个电器元件后，编号要递增，如 U12、V12、W12，U13、V13、W13、…。单台三相交流电动机（或设备）的三根引出线按相序依次编号为 U、V、W。对于多台电动机引出线的编号，为了不引起误解和混淆，要在字母前用不同的数字加以区别，如 1U、1V、1W；2U、2V、2W、…。

② 控制电路按“等电位”原则，从上至下，从左至右的顺序，采用不多于

三位的阿拉伯数字依次编号。凡被线圈、触头、电阻、电容、熔断器等元件所间隔的线段都应标以不同的编号。控制电路编号的起始数字必须是 1，其他辅助电路编号的起始数字依次递增 100，如照明电路编号从 101 开始；指示电路编号从 201 开始，以此类推。

③ 元器件代号及编号以字母和数字组合原则。图中的每一个电气设备和元器件都有唯一的编号，如有型号完全相同的多个电气设备和元器件则用电气设备和元器件代号加阿拉伯数字组成编号。如 QF1、QF2；KM1、KM2；KA1、KA2 等表示。

7）绘制原理图的其他注意事项。

① 循环运动的机械设备，在电气原理图上绘出工作循环图。

② 转换开关、行程开关等绘出动作程序及动作位置示意图表。

③ 由若干元件组成具有特定功能的环节，用虚线框括起来，并标注出环节的主要作用，如速度继电器、电流继电器等。

④ 电路和元件完全相同并重复出现的环节，可以只绘出其中一个环节的完整电路，其余的可用虚线框表示，并标明该环节的文字号或环节的名称。

⑤ 外购的成套电气装置，其详细电路与参数绘在电气原理图上。

⑥ 电气原理图的全部电机、电器元件的型号、文字符号、用途、数量、额定技术数据，均应填写在元件明细表内。

⑦ 将图分成若干图区，上方为该区电路的用途和作用，下方为图区号。在继电器、接触器线圈下方列有触点表以说明线圈和触点的从属关系。

2.1.2 布置图绘制、识读的原则

布置图是用来表明原理图中各元器件的实际安装位置及元器件实际安装尺寸的示意图，是采用简化的外形符号（如正方形、矩形、圆形等）而绘制的一种简图。它不表示元器件的具体结构、作用、接线情况及各元器件间的关系和动作要求，但图中的各电器的文字符号必须与电路图和接线图的标注相一致。

绘制和识读布置图应遵循以下原则：

1）安全原则。元器件的安装要符合最小电气安全距离的要求。如是手动操作要考虑操作中手的动作位置是否会破坏安全距离而导致安全事故的发生。

2）操作方便原则。充分考虑电器元器件的实际操作时的动作方向和动作半径，以防止操作时撞手、撞操作杆的现象发生。

3）安装及检修方便原则。安装检修时所用安装工具是否可以安全方便操作，保持有足够的操作空间。同一编号电器组（如三只熔断器），左右留出 10～15mm 的空间距离，以便于安装及检修更换。

4）美观原则。主电路从电源到电动机端子，一般要依次经过电源开关，控制板的电源进线接线板、熔断器、接触器动合主触头、热继电器及出线接线板。但由于电动机和电源开关属于板外电器，可不画出，其余电器应依次排列在控制板上。以不妨碍配线为原则，不同类型的电器，前后之间的距离也不宜太远或太

近。太近，不便于配线或维修；太远，则松散不美观。

2.1.3 接线图绘制原则

接线图是根据电气设备和电器元件的实际位置和安装情况绘制的，只用来表示电气设备和电器元件的位置、配线方式和接线方式，而不表示电气动作原理和实际安装尺寸。主要用于安装接线、线路的检查维修和故障处理。

线路配线常用的有明配线、暗配线和塑料穿线槽配线三种方法。

明配线法又称板前配线，所有导线均布置在配电板正面。导线的两端接在相连两元器件的接线端上，导线的走向就是具体接线走向。明配线优点是线路整齐美观，导线去向清晰，便于查找故障；缺点是接线时走线难度大，费时。

暗配线法又称板后配线法，在配电板的正面只有与接线端导线，其余导线在配电板背面。各电器元件在配电板上的位置确定后，在每一个电器元件的接线端处钻削出比连接导线外径略大的孔，并在孔中插进绝缘套管，即可穿线。其特点是配线速度较快，容易长时间保持板面整洁。其缺点是维修时如电线磨损脱落，查对线号困难。

塑料穿线槽配线法综合了以上两种接线的优点，弥补两者缺点，适合于在实际接线中由于线路复杂，接线数量较多，又需采用明配线方式进行的排线。为了提高制板效率，保持板前接线的美观及保证电气安全而采用的另一种接线方法。这种方法是除了接线端头一定长度外，其余导线均容纳在塑料走线槽内，降低了接线走向要求，缺点是要求配线板有足够空间布置走线槽，走线槽是用螺钉固定在配线板上。

根据以上三种配线方式应生出两种接线图：明配线接线图和走线槽接线图。暗配线接线图同走线槽接线图。

绘制接线图应遵循以下原则：

1）以电气原理为基础，确定各电器的安装位置。主电路从电源到电动机端子，一般要依次经过电源开关、控制板的电源进线接线板、熔断器、接触器动合触头、热继电器及出线接线端子。但由于电动机和电源开关属于板外电器，可不画出。

2）以简明繁暗的原则选择配电板接线方式。明接线图是将需要连接的两个接线端直接用线连出，不显示对方接线端号。暗接线图是在一个电器元件的接线端旁标上对方接线端的编号，无连线。

接线端号由元器件代号与接点号组成。如要接的是 1 号接触器线圈的 2 号接点，即接线端号表示为 $KM_{1\text{-}2}$。如一个接点接两根线的要分别标明两个接线端号。

同一电路中所有元器件（例如同一接触器的主、辅头和线圈）应根据线路走向按实体廓集中在一起。各元器件的图形符号应和电气原理图中符号相同。

3）板前明线式连接导线应画得横平竖直，转弯处应画成直角。按主、控电路分类，凡同类（主或控）电路同一配线路径的若干根连接线，应合并成一根汇

总（即所谓集束表达方式）画出。

4）各元件接线桩标号，应和电气原理图中的相应线端标号一致。通过导线直接短接的若干个接线桩接线标号应相同。

5）板内外元器件不直接相连。按钮、行程开关、速度继电器等均属于板外电器，板内电器与之有连接关系时，一律通过板上的接线端子相连接。

2.1.4 电动机基本控制线路的安装基本步骤

1）熟读电气原理图，明确线路所用电器元件及其作用，熟悉线路的工作原理。

2）画出电气接线图，以电气原理图为主线索，确定各电器的安装位置，然后对照电气原理图画出电气接线图。并列出所有元件明细表。

3）根据电器元件选配安装工具和控制板。

4）根据电路图绘制布置图，然后按要求在控制板上固定电器元件（电动机除外），并贴上醒目的、对应的文字符号。

5）根据电动机容量选配主、控电路导线的截面。主、控电路常用型号见表 2.1。

表 2.1 常用控制线路导线选择一览表

序　　号	载流量/A	导线截面/mm^2	线　　型
主回路	10	1.5	BVR 铜芯线
	16	2.5	BVR 铜芯线
	33	4	BVR 铜芯线
	43	6	BVR 铜芯线
	59	10	BVR 铜芯线
	83	16	BVR 铜芯线
	109	25	BVR 铜芯线
	134	35	BVR 铜芯线
	170	50	BVR 铜芯线
	209	70	BVR 铜芯线
控制电路	一般（5A）	1	BVR 铜芯线
	按钮<5A	0.75	BVR 铜芯线
	接地线	>1.5	BVR 铜芯线

6）根据接线图编写号码管，并布线。将与电路图相一致的号码管套在所接导线的两端，以方便接线的检查。

7）安装电动机。

8）连接电动机和所有电器元件金属外壳的保护接地线。

9）连接电源、电动机等控制外部的导线。

10）自检。

11）交验。

12）通电试车。

小　结

本节重点内容是原理图、布置图和接线图的绘制、识读原则和电动机基本控制线路的安装步骤。难点是电动机基本控制线路的安装步骤。

灵活掌握电气图的绘制和识读原则，并将原理图、布置图和接线图有机结合使用，是学好电气控制线路的必要条件。

要牢记电动机基本控制线路的安装步骤，并在今后的技能训练中注意复习巩固，是学好电气控制线路安装与维修的重要保障。

2.2　三相异步电动机的正转控制线路

知识点

- 掌握三相异步电动机的各种正转控制线路的组成及工作原理
- 能熟练画出三相异步电动机的各种正转控制线路的电路图
- 掌握欠压保护、失压保护和过载保护的原理及功能

技能点

- 掌握三相异步电动机的各种正转控制线路的安装与维修
- 掌握连续与点动混合控制线路的安装与维修
- 会用电阻、电压分阶测量法检测线路故障

在实际生产中，应用最为广泛的是电动机单方向运转，也就是电动机的（正转）单向控制。为实现三相异步电动机单向运行控制所设计的控制线路，称为电动机正转控制线路，也是最简单基本控制线路。常用的有五种三相异步电动机正转控制线路：即手动正转控制线路、点动正转控制线路、接触器自锁控制线路、具有过载保护的接触器自锁正转控制线路、连续与点动混合正转控制线路。

2.2.1　手动正转控制线路

手动正转控制线路是通过低压开关来控制电动机的启动和停止，如电风扇和砂轮机等的控制。手动正转典型控制线路图如图 2.1 所示，图中各元件功能见表 2.2。

表 2.2　各元件功能明细表

序　　号	元件符号	元器件名称	功　　能	备　　注
1	QS	开启式负荷开关	接通和开断电源	图 2.1（a）
2	FU	熔断器	短路保护	图 2.1（a）
3	QS-FU	封闭式负荷开关	接通开断及保护	图 2.1（b）

续表

序号	元件符号	元器件名称	功能	备注
4	QS	组合开关	接通和开断电源	图 2.1（c）
5	QF	低压断路器	开断及保护	图 2.1（d）
6	M	三相异步交流电动机	带动生产机械	图 2.1（a、b、c、d）

线路工作原理：

启动：合上低压开关 QS 或 QF，电动机 M 得电连续正转。

停止：拉开（分断）低压开关 QS 或 QF，电动机 M 失电停止运转。

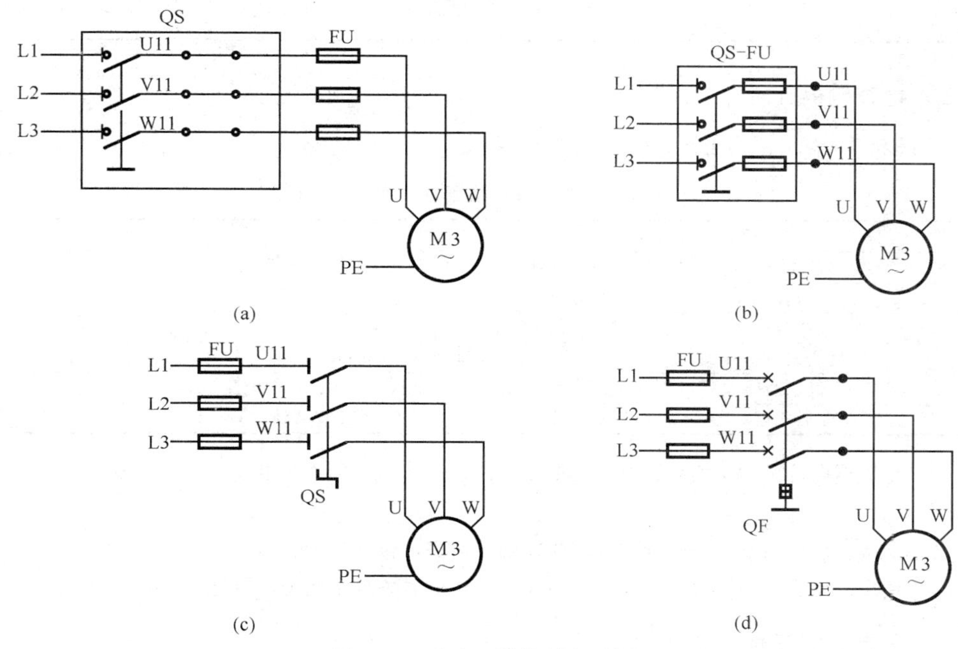

图 2.1 手动正转控制电路图

技能训练 2.1 手动正转控制线路安装

一、目的要求

掌握电动机手动正转控制线路的安装。

二、工具、仪表、器材、元器件

表 2.3 常用工量具及仪表清单

序号	类别	名称	型号规格	单位	数量	备注
1	工具	测电笔、螺钉旋具、尖嘴钳、斜口钳、剥线钳、电工刀等；线路安装工具、冲击钻、弯管器、套螺纹扳手、校验灯等。		套	1	
2	仪表	兆欧表	500V，0～200MΩ	只	1	
		钳形电流表	0～50A	只	1	
		万用表	自定	只	1	

续表

序号	类别	名　　称	型号规格	单位	数量	备注
3	器材	控制板	500mm×400mm×20mm	块	1	
		三相四线电源	～3＊380/220V，20A	只	1	
		端子	JD0-2520 380V、25A、20 节	条	1	
		塑铜线	BVR2.5 mm^2　颜色自定	m	20	
		塑铜线	BVR1.5 mm^2　颜色自定	m	20	
		塑软铜线	BVR0.75 mm^2　颜色自定	m	10	
		塑铜线	BVR1.5 mm^2（黄绿双色）	m	10	
		O 型端子	UT2.5 mm^2	只	若干	
		走线槽		m	2	
		劳保用品	绝缘鞋，工作服	套	1	
		其他	记录文具	套	1	

三、检查电器元件

按表 2.4 配齐所用电器元件，并进行质量校验。

表 2.4　元器件清单

序　号	名　　称	型号规格	单　位	数　量
1	三相电动机	Y112M-4，4kW、380V、5A、Δ 接法、或自定	台	1
2	组合开关	HZ10-25/3	只	1
3	开启式负荷开关	HK1-30/3，380V，30A，导线直连	只	1
4	封闭式负荷开关	HH4-30/3，380V，30A，20A 熔体	只	1
5	低压断路器	DZ5-20/330 复式脱扣、380V、20A、整定电流 10A	台	1
6	瓷插式熔断器	RC1A-30/20A，380V，30A，配 20A 熔体	只	3

1）根据电动机的规格检验选配的低压开关、熔断器、导线及电线管的型号及规格是否满足要求。

2）所选用的电器元件的外观应完整无损，附件、备件齐全。

3）用万用表、兆欧表检测电器元件及电动机的有关技术数据是否符合要求。

四、安装电器元件

在控制板上按图 2.1 安装电器元件。电器元件应安装牢固，并符合工艺要求。

1. 刀开关的安装

1）刀开关应做到垂直安装，使合闸操作时的手柄操作方向从下向上合；分闸操作时的手柄操作方向从上向下断开。不允许采用平装或倒装，以防止产生误合闸。

2）接线时，电源进线应接在开关上面的进线端，用电设备应接在熔断器的出线端子上。

3）刀开关用作电动机的启动开关时，应将开关的熔体部分用导线直连，并在出线端另外加装熔断器作短路保护。

4）安装后应检查动、静刀座的接触是否成直线或紧密。

5）更换熔体必须在闸刀分闸断开的情况下进行。

2. 铁壳开关的安装

1）铁壳开关必须垂直安装，安装高度一般离地不低于 1.3～1.5m 左右，并以操作方便和安全为原则。

2）接线时，应将电源进线接在铁壳开关静夹座的接线端子上，用电设备应接在熔断器的出线端子上。

3）开关外壳的接地螺钉必须可靠接地。

3．组合开关的安装

1）HZ10组合开关安装在控制箱（或壳体）内，其操作手柄最好伸出在控制箱的面板或侧面，应使手柄在水平旋转时为断开状态。HZ3组合开关外壳必须可靠接地。

2）若需在箱内操作，开关最好装在箱内右上方，上方不安装其他电器，否则，应采用隔离或绝缘措施。

4．熔断器的安装

1）熔断器应完整无损，接触紧密可靠，并有额定电压、电流值的标志。

2）瓷插式熔断器应垂直安装。螺旋式熔断器的电源进线应接在底座中心端的接线端子上，用电设备应接在螺旋壳的接线端子上。

3）熔断器应装合格的熔体，不能用多根小规格的熔体代替一个大规格的熔体。

4）安装熔断器时，各级熔体应相互配合，并做到下一级熔体比上一级小。

5）熔断器安装在各相线上，在三相四线或两相三线控制的中性线上严禁安装熔断器，而在单相二线制的中性线上应该安装熔断器。

6）熔断器兼作隔离开关使用时，应安装在控制开关电源的进线端，若仅作短路保护使用时，应安装在控制开关的出线端。

5．低压断路器的安装

1）低压断路器应垂直于配电板安装，电源引线接到上端，负载引线接到下端。直流低压断路器的接线端按实际“正”“负”极连接。

2）低压断路器用作电源总开关或电动机控制开关时，在电源进线侧必须加装刀开关或熔断器等，以形成一个明显的断开点。

五、布线

1）根据布置图准备好接线导线。

2）根据接线图编写好号码管（每一根线号要有两个相同的号码管）并套在需接线的两端。

3）根据电动机位置标划线路走向、电线管和控制板支撑点的位置，做好敷设和支撑准备。敷设电线管并穿线。

① 电线管的施工应按工艺要求进行，整个管路应连成一体并进行可靠接地。

② 管内导线不允许有接头，导线穿管时不要损伤绝缘层，导线穿好后管口应套上护圈。

六、安装电动机并接线

1）控制板必须安装在操作时能看到电动机的地方，以保证操作安全。

2）电动机在座墩或底座上必须牢固。在紧固地脚螺栓时，必须按对角线紧固原则使螺栓均匀受力，依次逐步拧紧。

3）连接控制开关至电动机的导线。

七、连接电源线和连好接地线

电动机和控制开关的金属外壳以及连成一体的线管，按规定要求必须接到保护接地专用

端子上。检查安装质量，并用兆欧表检查绝缘。

八、交验

九、经教师检查后通电试车

十、注意事项

1）当控制开关远离电动机而看不到电动机运转情况时，必须另设开车信号装置。

2）电动机使用的电源电压和绕组的接法必须与铭牌规定的一致。

3）接线时必须先接负载端，后接电源端；先接接地线，后接三相电源线。

4）通电试车时，必须先空载点动，然后再连续运行；当运行正常时，再接负载运行；若发现异常情况应立即断电检查。

5）安装开启式负荷开关时，应将开关的熔体部分用导线直连，并在出线端另外加装熔断器作短路保护；安装组合开关、低压断路器时，则在电源侧加装熔断器。

6）熔断器的额定电压不能小于线路的额定电压；熔断器的额定电流不能小于所装熔体的额定电流。

十一、评分标准

表 2.5　评分标准

项目内容	配分	评分标准		扣分
自编安装工艺	10	安装工艺不合理、不完善	扣 5～10 分	
装前检查	10	1）电动机质量检查，每漏一处 2）组合开关漏检或错检，每处	扣 5 分 扣 5 分	
安装布线	40	1）电器布置不合理 2）电器元件安装不牢固 3）电器元件安装不整齐、不匀称、不合理 4）损坏电器元件 5）不按电路图接线 6）布线不符合要求： 主电路，每根 控制电路，每根 7）接点松动、露铜过长、压绝缘层、反圈等，每个接点 8）损伤导线绝缘层或线芯 9）漏套或错套编码套管，每处 10）漏接接地线	扣 5 分 每只扣 4 分 每只扣 3 分 扣 15 分 扣 15 分 扣 4 分 扣 2 分 扣 1 分 每根扣 5 分 扣 2 分 扣 10 分	
通电试车	40	1）热继电器、时间继电器未整定或整定错，每只 2）熔体规格配错，主、控电路各 3）第一次试车不成功 第二次试车不成功 第三次试车不成功	扣 5 分 扣 5 分 扣 20 分 扣 30 分 扣 40 分	
安全文明生产		1）违反安全文明生产规程 2）乱线敷设，加扣不安全分	扣 5～40 分 扣 10 分	
定额时间	3h	每超时 5min 以内以扣 5 分计算		
备注	除定额时间外，各项内容的最高扣分不应超过配分数		成绩	
开始时间		结束时间		实际时间

十二、常见故障及维修

表 2.6 手动正转控制电路常见故障及维修方法

常见故障	故障原因	维修方法
电动机 不启动或缺相	1）熔断器熔体熔断 2）组合开关或断路器操作失灵 3）负荷开关或组合开关动静触头接触不良	1）查明原因后更换熔体 2）拆装组合开关或断路器并修复 3）对触头进行修复

2.2.2 点动正转控制线

点动正转控制线路是用按钮、按触器来控制电动机运行的最简单的正转控制线路。所谓点动控制是指按下按钮，电动机就得电运转；松开按钮，电动机就失电停转。这种控制方法常用于行车的起重电动机控制和车床拖板箱快速移动电动机控制，具体原理图如图 2.2（a）所示。

1. 点动正转控制线路的特点

由图 2.2（a）与图 2.1 比较后可以看出：电源电路与主电路分开，还增加了控制回路。根据原理图的识读原则还有如下特点：

1）电路结构基本完整，包括了电源电路、主电路和控制回路。但仍没有照明回路与指示回路。

2）电源电路中三相交流电源线 L1、L2、L3 和组合开关 QS 水平画在图的上方。

3）主电路与电源电路分开。主电路由熔断器、接触器 KM 的三对主触头和电动机 M 组成，各项元件均垂直画出，并垂直于电源电路。

4）控制回路画在主电路的右侧。由熔断器 FU2、按钮 SB 和接触器 KM 线圈组成。控制回路跨接在 L1 和 L2 两条电源线之间与主电路平行与电源电路垂直。

5）接触器线圈属于能耗元件与下电源线相连，并画在电路的下方，启动按钮画在上电源线和能耗元件之间。

6）接触器各部件采用分开表示法。其三对主触头画在主电路中，线圈画在控制回路中且均用同一符号 KM 表示，以示它们为同一电器。

2. 线路图中各元件功能

表 2.7 点动正转控制线路图各元件功能明细表

序　　号	元件符号	元器件名称	功　　能	所属电路
1	QS	电源隔离开关	接通和开断电源电路	电源电路
2	FU1	熔断器	主电路短路保护	主电路
3	FU2	熔断器	控制电路短路保护	控制电路
4	KM	接触器主触头	接通和开断主电路	主电路
5	KM	接触器线圈	控制触点动作	控制电路
6	SB	按钮	控制接触器线圈得电	控制电路
7	M	三相异步交流电动机	带动生产机械	主回路

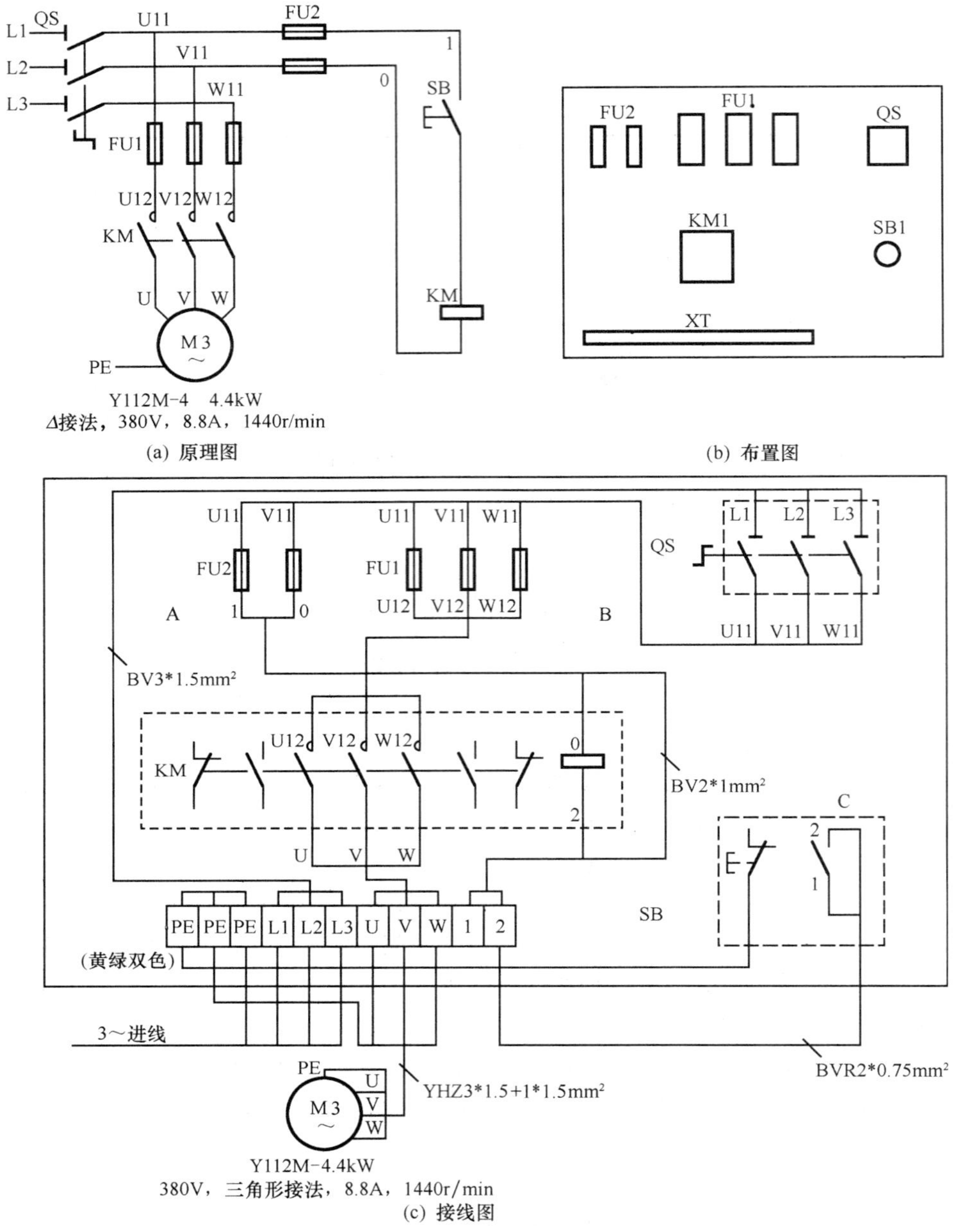

Y112M-4　4.4kW
Δ接法，380V，8.8A，1440r/min

(a) 原理图

(b) 布置图

Y112M-4.4kW
380V，三角形接法，8.8A，1440r/min

(c) 接线图

图 2.2　点动正转控制线路

3. 线路工作原理

当电动机 M 需要点动时，先合上组合开关 QS，此时电动机 M 尚未接通电源。按启动按钮 SB，按触器 KM 的线圈得电，使衔铁吸合，同时带动接触器 KM 的三对主触头闭合，使电动机 M 接通电源得电启动正向运转。当电动机需要停转时，只要松开启动按钮 SB，控制回路断开，接触器线圈 KM 失电，衔铁被释放，在复位弹簧的作用下复位，带动接触器 KM 的三对主触头断开复位，

主电路断开，电动机 M 失电停转。

在分析和叙述线路工作原理时，要简单明了，常用电器文字符号和箭头配以少量文字说明来表达。对以上的工作原理的叙述可以具体如下：

先合上电源开关 QS；

启动：按下 SB ⟶ KM 线圈得电 ⟶ KM 主触头闭合 ⟶ 电动机 M 得电启动正向运转；

停止：松开 SB ⟶ KM 线圈失电 ⟶ KM 主触头断开 ⟶ 电动机 M 失电停止运转。

技能训练 2.2　点动正转控制线路安装

一、目的要求

掌握电动机点动正转控制线路的安装。

二、工量具及器材清单

工量具及器材清单见表 2.3。

三、元器件清单

元器件清单见表 2.8

表 2.8　元器件清单

序　号	名　　称	型号规格	单　位	数　量	备　注
1	三相电动机	Y112M-4，4kW、380V、5A、Δ 接法	台	1	型号自定
2	组合开关	HZ10-25/3	只	1	
3	熔断器 FU_1	RL1-60/25 380V，60A，配 25A 熔体	套	3	
4	熔断器 FU_2	RL1-15/2 380V，15A，配 2A 熔体	套	2	
5	交流接触器 KM	CJ10-20 20A、线圈电压 380V	只	2	型号自定
6	按钮 SB	LA10-3H 保护式、380V、5A	只	1	型号自定

四、检查电器元件

按表 2.8 配齐所用电器元件，并进行质量校验。

1）电器元件的技术数据（如型号、规格、额定电压、额定电流、接线方式等）应完整符合要求，外观无损伤，备件、附件齐全完好。

2）电器元件的电磁机构、操作机构、触头等应动作灵活，无卡阻等不正常现象。用万用表检查电磁铁线圈的通断情况以及各触头的分合情况。

3）接触器线圈的额定电压应与电源电压一致。

4）电动机的常规检验。

五、安装电器元件及工艺要求

在控制板上按图 2.2（b）安装固定电器元件，并符合工艺要求。对所有安装的电器元件用文字符号统一编号，并贴好醒目标志。

安装电器元件工艺要求：

1）组合开关、熔断器的受电端子应安装在控制板的外侧，并使熔断器的受电端为底座的

中心端。

2）各元器件的安装位置应整齐，匀称，间距适当。在紧固熔断器、接触器等易碎元器件时，应用手按住元器件一边轻轻摇动，一边按对角线拧紧方式逐渐拧紧各个螺钉（到手摇不动后再适当旋紧些即可）。

六、布线

配线原则：先控制电路，后主电路，最后按钮。分别如图2.2（c）中的A、B、C所示。

板前明线布线的工艺要求：

1）布线通道尽可能少，同时并行导线按主、控电路分类集中，单层密排，紧贴安装面板布线。

2）同一平面的导线应高低一致或前后一致，不能交叉。非交叉不可时，该根导线应在接线端子引出时，就水平架空跨越，但必须走线合理。

3）布线应横平竖直，分布均匀。变换走向时应垂直。

4）布线时严禁损伤线芯和导线绝缘。

5）布线顺序一般以接触器为中心，由里向外，由低至高，先控制电路，后主电路进行，以不妨碍后续布线为原则。

6）在每根剥去绝缘层导线的两端套上号码管。所有从一个接线端子（或接线桩）至另一个接线端子（或接线桩）的导线必须是一根导线，且中间无接头。

7）导线与接线端子（或接线桩）连接时，不能压绝缘层、不反圈及不露铜过长（一般露2～3mm）。

8）同一元器件、同一回路的不同接点的导线间距离应保持一致。

9）一个电器元件的接线端子上的连接导线不得多于两根，每节接线端子板上的连接导线一般只允许连接一根导线。

10）板上电气元件接线完毕后，必须根据原理图和接线图检验布线的准确性。

七、安装电动机并外部接线

1）可靠连接电动机和各电器元件金属外壳的保护接地线。

2）连接电源、电动机等控制板外部的导线。

八、自检

安装及接线完毕的控制线路板，必须经过认真检查后，才允许通电试车，以防止错接、漏接造成线路不能正常运转和短路事故。

1）按电路图或接线图从电源端开始，逐段核对接线及接线端子处线号的准确性，及时发现有无错接和漏接之处。检查导线接点应接触良好且连接牢固，无松动现象，以免带负载运行时产生闪烁现象。

2）用万能表检查线路的通断情况。对控制电路的检查（可断开主回路），可将表笔分别搭在U11、V11上读数应为“∞”。按下SB时，读数应约为接触器线圈的直流电阻值。然后断开控制电路，再检查主电路有无开路或短路现象，这时可用手动来代替接触器通电进行检查。

3）用兆欧表检查线路的绝缘电阻应不得小于1MΩ。

九、交验后通电试车

1）检查无误后通电试车。

2）试车前应检查与通电试车有关的电气设备是否有不安全的因素存在，若检查出，应立即整改，整改合格后才能试车。

3）试车时，要认真执行安全操作的有关规定，一人监护，一人操作。

① 通电试车时，必须经过指导教师的许可，并由指导教师接通三相电源 L1、L2、L3，同时在现场监护。

a）学生合上电源开关 QS 后，用验电笔检查熔断器出线端，氖管亮说明电源接通。

b）按下 SB，观察接触器动作是否正常，是否符合线路功能要求。

c）观察电器元件动作是否灵活，有无卡阻及噪声过大等现象。

d）观察电动机运行是否正常等。

e）不允许带电检查线路接线的正确性。

f）观察过程中，若有异常现象应立即停车。

g）当电动机运转平稳后，用钳形电流表测量三相电流是否平衡。

② 试车成功率以通电第一次按下按钮时开始计算。

③ 出现故障后，学生应独立进行检修。若需带电进行检查时，教师必须在现场进行监护。检修完毕后，若需再次试车，也应有教师在现场进行监护，并做好时间记录。

④ 通电试车完毕，停转，切断电源。先拆除三相电源线，再拆除电动机线。

十、注意事项

1）电动机及按钮的金属外壳必须可靠接地。接至电动机的导线必须穿在导线通道内加以保护，或采用四芯橡皮线或塑料护套进行临时通电试验。

2）电源线应接在螺旋式熔断器的下接线座上，出线应接在上接线座上。

3）新增元器件的安装要点见表 2.9。

表 2.9　新增元器件的安装要点

序　号	名　称	安装要点
1	按钮	1）按钮安装在面板上时，应布置整齐，排列合理，如根据电动机启动的先后顺序，从上到下或从左到右排列 2）同一设备运动部件有几种不同的工作状态时，应对相反状态的按钮安装在一组 3）按钮的安装应牢固，安装按钮的金属板或金属按钮盒必须可靠接地
2	接触器	（1）安装前的检查 1）检查接触器铭牌与线圈的技术数据是否符合实际使用要求 2）检查接触器外观，应无机械损伤；用手推动接触器可动部分时，接触器应动作灵活，无卡阻现象；灭弧罩应完整无损，固定牢固 3）将铁心端面上的防锈油脂或粘在端面上的污垢用煤油擦净，以免多次使用后衔铁粘住，造成断电后不能释放 4）测量接触器的线圈电阻和绝缘电阻 （2）安装要点 1）交流接触器一般应安装在垂直面上，倾斜度不得超过 5°；若有散热孔，则应将有孔的面尽量垂直向上，以利散热，并按规定留有适当的电气安全间隙，以免飞弧烧坏相邻电器 2）安装和接线时，注意不要将零件失落或掉入接触器内部，以防卡阻或短路。安装孔的螺钉应装有弹簧垫圈和平垫圈并拧紧螺钉以防止振动使螺钉松脱 3）安装完毕检查接线正确无误后，在主触头不带电的情况下操作几次，然后测量接触器的动作值和释放值，所测数值应符合产品的规定要求

十一、评分标准

评分标准见表 2.5。

2.2.3 接触器自锁正转控制线路

在要求电动机启动后能连续运转时，采用点动正转控制线路显然是不行的。为实现电动机的连续运转，可采用如图 2.3 所示的接触器自锁控制线路。这种线路的主电路和点动控制线路的主电路相同，但在控制电路中串接了一个停止按钮 SB2 和在启动按钮 SB1 的两端并接了接触器 KM 的一对常开辅助触头。

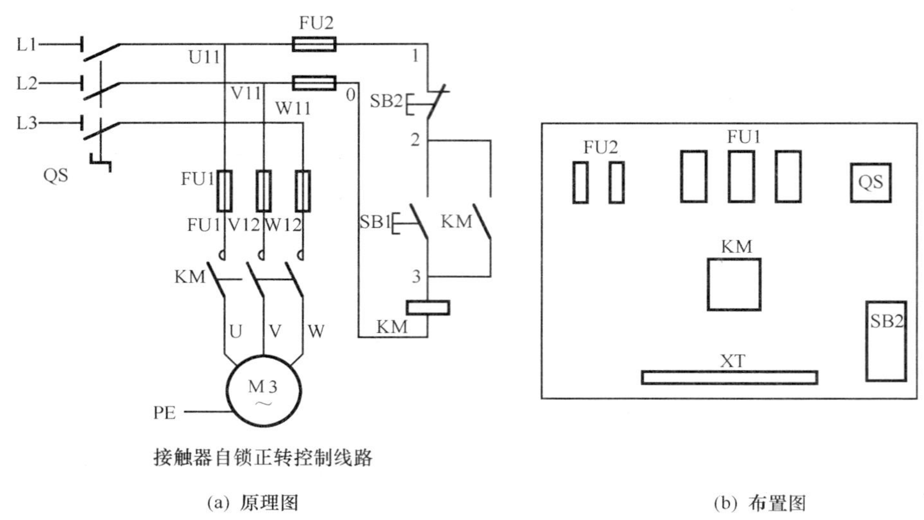

(a) 原理图 (b) 布置图

图 2.3 接触器自锁正转控制线路

线路的工作原理如下：先合上电源开关 QS。

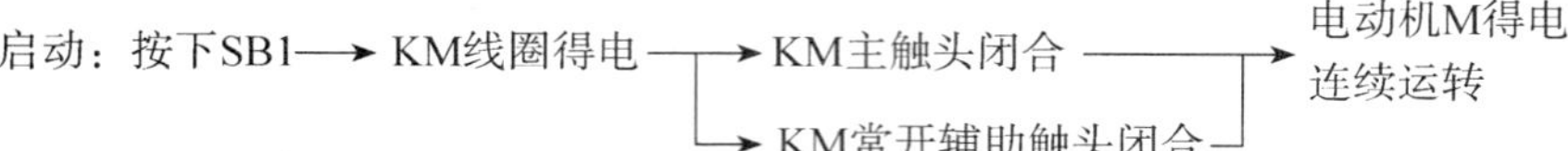

当松开 SB1 时，因为接触器 KM 常开辅助触头闭合时已将 SB_1 短接，控制电路仍保持接通，所以接触器 KM 继续得电，电动机 M 实现连续运转。像这种松开 SB1 后，接触器 KM 通过自身常开辅助触头使线圈保持得电的作用叫作自锁。与启动按钮 SB1 并联起自锁作用的常开辅助触头叫自锁触头。

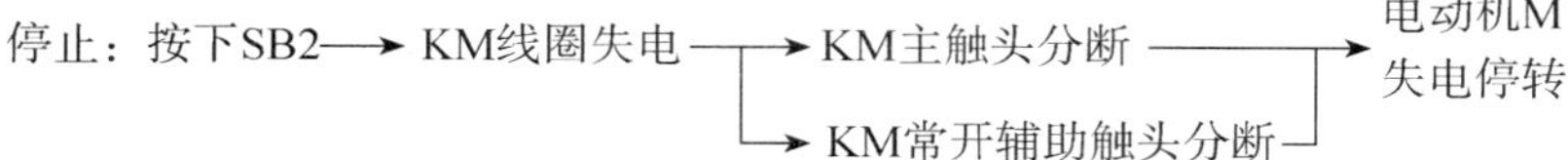

当松开 SB2，其常闭触头恢复闭合，因接触器 KM 的自锁触头在切断控制电路时已分断，解除了自锁，SB1 也是分断的，所以接触器 KM 不能得电，电动机 M 也不会转动。

接触器自锁控制线路不但能使电动机连续运转，而且还有一个重要的特点，

就是具有欠压和失压（或零压）保护作用。

1. 欠压保护

“欠压”是指线路电压低于电动机的额定电压。“欠压保护”是指当线路电压下降到某一数值时，电动机能自动脱离电源停转，避免电动机在欠压下运行的一种保护方式。

采用接触器自锁控制线路就可避免电动机欠压运行。因为当线路电压下降到一定值（一般指低于额定电压85%以下）时，接触器线圈两端的电压也同样下降到此值，从而使接触器线圈磁通减弱，产生的电磁吸力减小。当电磁吸力减小到小于弹簧的反作用拉力时，动铁心被迫释放，主触头、自锁触头同时分断，自动切断主电路和控制电路，电动机失电停转，达到了欠压保护的目的。

2. 失压（或零压）保护

失压保护是指电动机在正常运行中，由于外界某种原因引起的突然断电时，能自动切断电动机电源，当重新供电时，保证电动机不能自行启动的一种保护。接触器自锁控制线路也可实现失压保护。因为接触器自锁触头和主触头在电源断电时已经断开，使控制电路和主电路都不能接通，所以在电源恢复供电时，电动机就不会自行启动运转，保证了人身和设备的安全。

技能训练2.3　接触器自锁控制线路安装

一、目的要求

掌握电动机接触器自锁控制线路的安装。

二、工量具及器材清单

工量具及器材清单见表2.3。

三、元器件清单

本课题的元器件清单是在点动正转控制线路元器件清单的基础上加装按钮SB2（如图2.4中A所指）。

四、安装线路板

在点动控制线路板的基础上，加装SB2和KM的自锁触头，并按图改接好。

五、操作要点

1）接触器KM的自锁触头应并接在启动按钮SB1的两端，停止按钮SB2应串接在控制回路中。

2）号码管套装要正确。

六、安装、接线、自检、交验、评分标准

均参照技能训练点动控制线路。

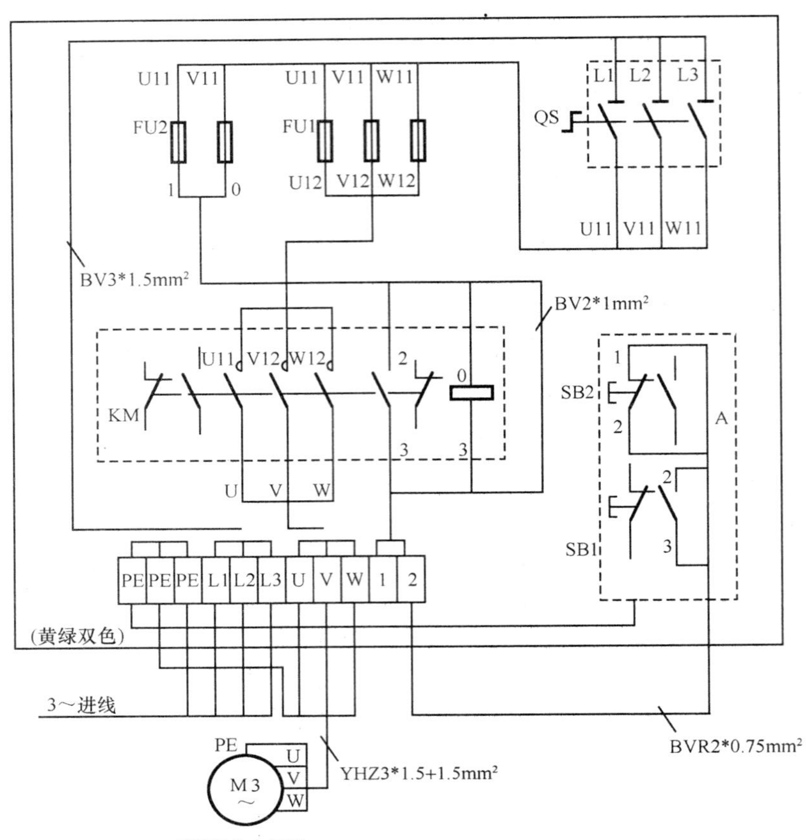

图 2.4　接触器自锁控制线路接线图

七、思考

如果将启动按钮 SB1 的两端与自锁触头串接，停止按钮 SB2 并接在控制回路中，会出现什么现象？

2.2.4　具有过载保护的接触器自锁正转控制线路

在接触器自锁正转线路中，由熔断器 FU 作短路保护，由接触器 KM 作欠压保护。电动机在实际运行过程中，如果长期负载过大，或启动操作频繁，或缺相运行等原因，都能使电动机定子绕组的电流增大，超过其额定值，但又小于熔断值。此时的熔断器不会熔断，定子绕组却长时间超载运行，超额电流产生的热量使定子绕组温度升高，若温度超过允许温升就会使绝缘损坏，缩短电动机的使用寿命，严重时甚至会使定子绕组烧毁。因此，必须采取保护措施来消除电动机由于这种运行状态而引起的不利。这种保护称为电动机的过载保护。

过载保护是指当电动出现过载时能自动切断电动机电源，使电动机停转的一种保护方式。最常用的过载保护是由热继电器来实现的。具有过载保护的自锁控制正转控制线路如图 2.5 所示。此种线路有如下特点：

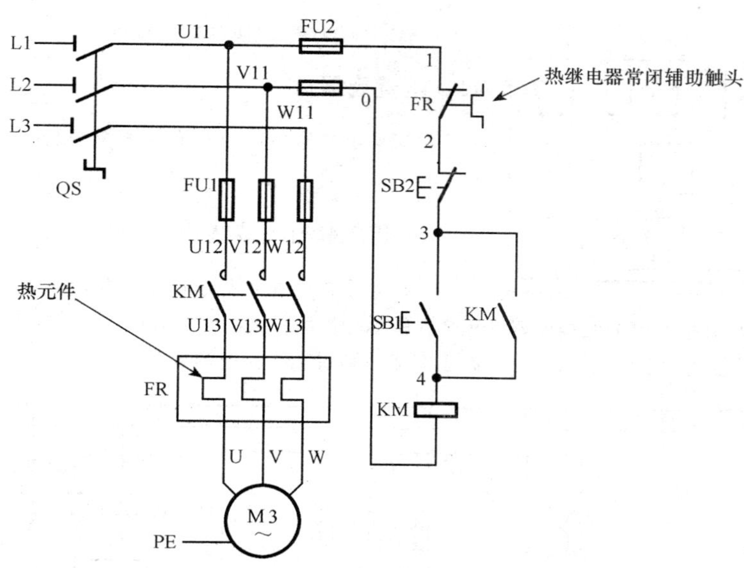

图 2.5 具有过载保护的接触器自锁正转控制线路

1）此线路与接触器自锁正转控制线路的区别是增加一个热继电器 FR，并把其热元件串接在三相主电路中，把常闭触头串接在控制电路中。

2）线路中的热继电器只能用作过载保护，不能作短路保护。由于热继电器的双金属片的材料特性所致，金属片受热膨胀弯曲需要一定的时间，而这一时间远远大于短路保护所要求的时间。当线路发生短路时，由于短路电流很大，会在瞬间损坏线路上的元件，热继电器在受电后，还没来得及动作，整个线路上的设备可能已经损坏。所以热继电器不能作短路保护用。

3）线路中的热继电器不会影响电动机的正常启动。当电动机启动时，虽然启动电流会超过额定电流几倍，但是由于启动时间很短，热继电器还未来得及动作，电动机已启动完毕。这样热继电器就不会在电动机启动时动作，而干扰正常启动。

线路工作原理：

此线路的工作原理与接触器自锁正转控制线路的原理相同。但在电路过载时，热继电器动作，起到了过载保护的作用。

技能训练 2.4 具有过载保护的接触器自锁控制线路安装

一、目的要求

掌握电动机具有过载保护的接触器自锁控制线路的安装。

二、工量具及器材清单

工量具及器材清单见表 2.3。

三、元器件清单

在接触器自锁控制线路的元器件清单的基础上增加热继电器 1 只（型号：JR16B-20/3，

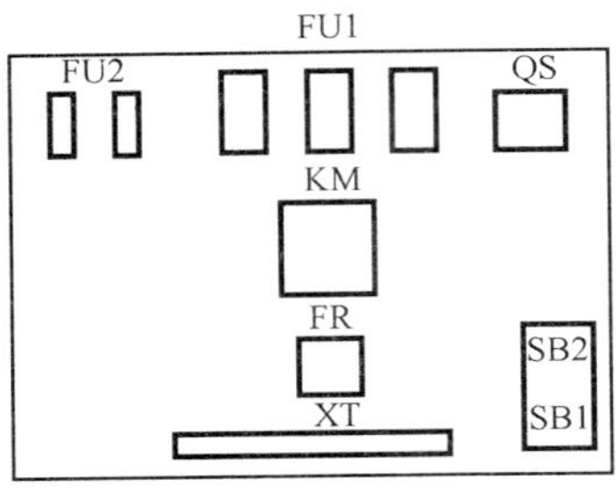

图 2.6　具有过载保护的接触器自锁正转布置图

20A，热元件 11A，整定为 8.8A)。

四、检查元器件

检查热继电器电压等级和各电流等级，应符合图纸和清单要求。

五、画出布置图及接线图

要求学生自己独立画出两图后再将自画图与布置图如图 2.6 所示、接线图如图 2.7 所示，并作对照，以考察学生的画图能力和对线路的理解能力。

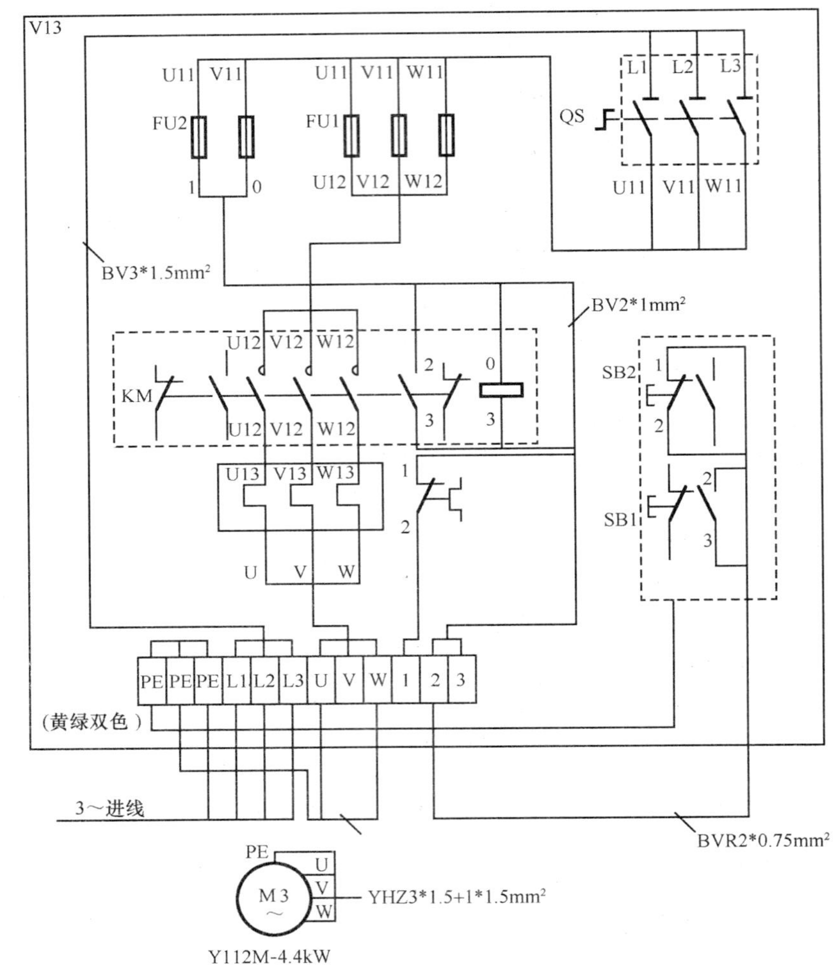

图 2.7　具有过载保护的接触器自锁正转布置图

六、安装线路板及接线

在已做好的接触器自锁控制线路板上，按布置图加装热继电器，并按接线图接线（交流

接触器出线端、热继电器主回路、常闭触头及热继电器与端子板联接处需重接线，其余按原图不动)。

七、自检后交验

同接触器自锁正转控制线路。

八、操作要点

1）热继电器的热元件应串接在主电路中，其常闭触头应串接在控制电路中。

2）热继电器的整定电流应按电动机额定电流进行调整。绝对不允许弯折双金属片。

3）在一般情况下，热继电器应置于手动复位的位置上。若需要自动复位时，可将复位调节螺钉沿顺时针方向向里旋转。

4）热继电器因电动机过载后，若需再次启动机，必须待热元件冷却后，才能使热继电器复位。一般自动复位时间不大于 5min，手动复位时间不大于 2min。

九、评分标准

评分标准见表 2.5。

2.2.5 连续与点动混合正转控制线路

机床设备在正常工作时，一般需要电动机处在连续运转状态。但在试车或调整刀具与工件的相对位置时，又需要电动机能点动控制，实现这种工艺要求的线路是连续与点动混合正转控制线路，电路如图 2.8 所示。图 2.8（a）所示线路必须在接触器自锁正转控制线路的基础上，把手动开关 SA 串接在自锁电路中。显然，当把 SA 闭合或打开时，就可实现电动机的连续或点控制。

如图 2.8（b）所示线路是在自锁正转控制线路的基础上，增加了一个复合按钮 SB3，来实现连续与点动混合正转控制的。SB3 的常闭触头就与 KM 自锁触头串接。

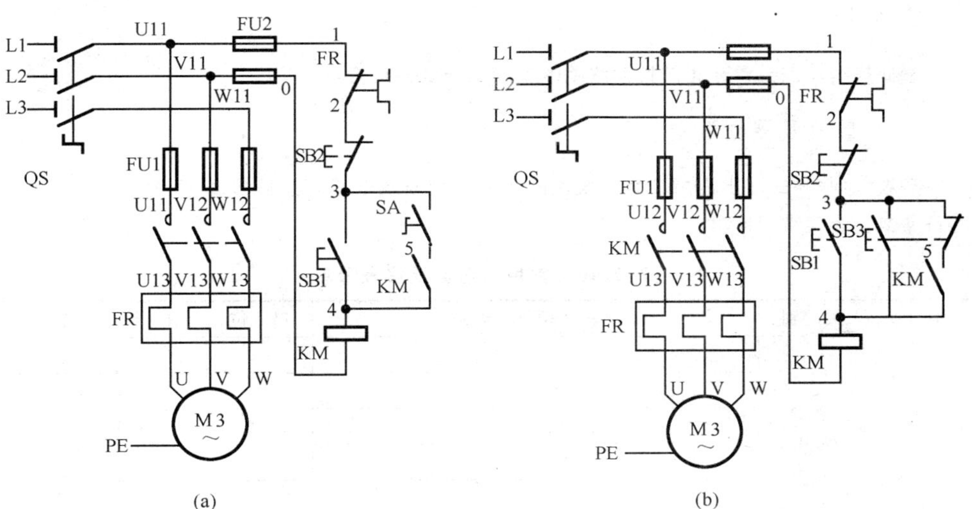

图 2.8 连续与点动正转控制电路图

线路的工作原理如下：先合上电源开关 QS。

1. 连续控制

2. 点动控制

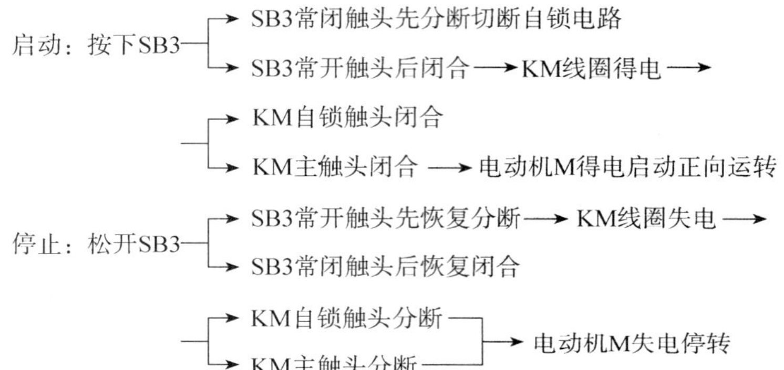

技能训练 2.5　点动与连续正转控制线路的安装与维修

一、线路的安装

1. 目的要求

掌握连续与点动混合正转控制线路的安装、调试与维修。

2. 工量具及器材清单

按表 2.10 格式写出常用工具、仪表的名称、型号及规格。并按表 2.11 中给出的电动机的各参数，选定常用器材。

表 2.10　常用工量具及仪表清单

序　号	类　别	名称、型号、规格	单　位	数　量	备　注
1	电工常用工具				

续表

序号	类别	名称、型号、规格	单位	数量	备注
2	线路安装工具				
3	仪表				
4	常用器材				

3. 元器件清单

表 2.11 元器件清单

序号	名称	型号规格	单位	数量
1	三相电动机	Y132M-7.5kW、380V、15.4A、1440r/min、Δ接法或自定	台	1
2	熔断器 FU1			
3	熔断器 FU2			
4	交流接触器			
5	热继电器			
6	按钮 SB1～SB3			

4. 安装电气元件及工艺要求

工艺要求参照技能训练课题点动正转控制线路安装，电器元件安装步骤如下：

1）识读电路图［图 2.8（b）］，熟悉线路所用电器元件及作用和线路的工作原理。

2）检验电器元件的质量是否合格。

3）绘制布置图，经教师检查合格后，在控制板上按布置图安装电器元件，并贴上统一的、醒目的文字符号标签。

4）绘制接线图，以教师检查合格后，在控制板上按接线图的走线方法进行板前明线布线

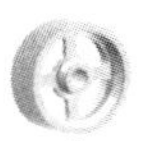

和套号码管。

5）根据电路图［图 2.8（b）］，检查控制板布线的正确性。

6）安装电动机。

7）连接电动机和按钮盒金属外壳的保护接地线。

8）连接电源、电动机等控制板外部的导线。

9）自检。安装完毕的控制线路板，必须经过认真检查以后，才允许通电试车，以防止错接、漏接造成不能正常运转或短路事故。

10）交验。

11）通电试车。

5. 注意事项

1）电动机及按钮盒的金属外壳必须可靠接地。

2）电源进线应接在螺旋式熔断器的下接线座上，出线则接在上接线座上。

3）热继电器的整定电流应按电动机规格进行调整。

4）如果点动采用复合按钮，其常闭触头必须与自锁触头串接。

5）填写所选用的电器元件及器材的型号、规格时，要做到字迹工整，书写正确、清楚、完整。

6. 评分标准

评分标准见表 2.12。

表 2.12　评分标准

序号	主要内容	配分	技术要求	评分标准	扣分
1	选用工具、仪表	5	正确选用工具、仪表	工具、仪表漏选或选错　每个扣 2 分	
2	选用元件、器材	15	正确选用元件和器材，并将型号、规格及数量填写完整。	1）选错型号和规格　每个扣 10 分 2）选错元件数量　每个扣 4 分 3）规格没有写全　每个扣 5 分 4）型号没有写全　每个扣 3 分	
3	装前检查	5	认真检查电器质量和低压开关质量	1）电动机质量漏检查　每处扣 1 分 2）低压开关质量漏检　每处扣 1 分	
4	元件安装及布线	35	1）按图纸要求，正确利用工具和仪表，熟练地安装电气元器件 2）元器件布置合理，安装准确紧固 3）严格按图接线 4）电动机安装符合要求 5）控制板或开关安装符合要求	1）元器件布置不整齐、不匀称、不合理　每只扣 1 分 2）元器件安装不牢固，安装元器件时漏装螺钉　每只扣 1 分 3）损坏元器件　每只扣 2 分 4）不按电路图接线　每处扣 5 分 5）接点不符合要求　每处扣 1 分 6）漏套或套错号码管　每个扣 1 分 7）损伤导线绝缘或线芯　每根扣 3 分 8）漏接接地线　每处扣 10 分 9）电动机安装不符合要求　扣 10 分 10）控制板或开关安装不符合要求　扣 20 分	

续表

序号	主要内容	配分	技术要求	评分标准	扣分
5	通电试验	40	在保证人身安全的前提下，通电试验要一次成功	1）主、控电路配错熔体 每个扣1分 2）热继电器未整定或整定错 每处扣10分 3）一次试车不成功 扣5分 4）二次试车不成功 扣10分 5）三次试车不成功 扣15分	
6	其　他		1）严格遵守安全文明生产规程 2）按时完成操作任务	1）视违反安全文明生产规程严重程度 扣5～40分 2）每超时5分钟以内 扣5分	
备注	除定额时间外，各项目的最高扣分，一般不超过配分数			合计： 总得分： 教师签字： 年 月 日	

二、电动机基本控制线路的故障分析和检修方法

1. 用试验法观察故障现象，结合原理图初步判定故障范围

试验法是在不扩大故障范围、不损坏电气设备和机械设备的前提下，对线路进行通电试验，通过观察电气设备和电器元件的动作，检查各控制环节的动作程序是否符合要求，找出故障发生回路及故障点。

2. 用逻辑分析法缩小故障范围

逻辑分析法是根据电气控制线路的工作原理、控制环节的动作程序以及它们之间的联系，结合故障现象作具体的分析，迅速地缩小故障范围，从而判断出故障位置。这种方法是以准为前提，以快为目的的检查方法，特别适用于复杂线路的故障检查。

3. 用测量法确定故障点

测量法是利用电工工具和仪表（如测电笔、万用表、钳形电流表、兆欧表等）对线路进行断电或带电测量，是查找故障点的有效方法。下面介绍最常用的电阻分阶测量法和电压分阶测量法。

(1) 电阻分阶测量法

如图2.9所示的线路，若故障现象为按下启动按钮SB1时，接触器KM不吸合，说明控制电路有故障。

电阻分价测量法是在看清故障现象后、断开电源的情况下，用万用表的欧姆档测量线路的直流电阻参数并最终找故障点的方法。由于此方法是在断电情况下操作，相对比较安全，是初学者最常用的检测方法。

测量检查时，在确保熔断器FU2良好后切断控制电路电源，把万用表的转换开关置于适当倍率的电

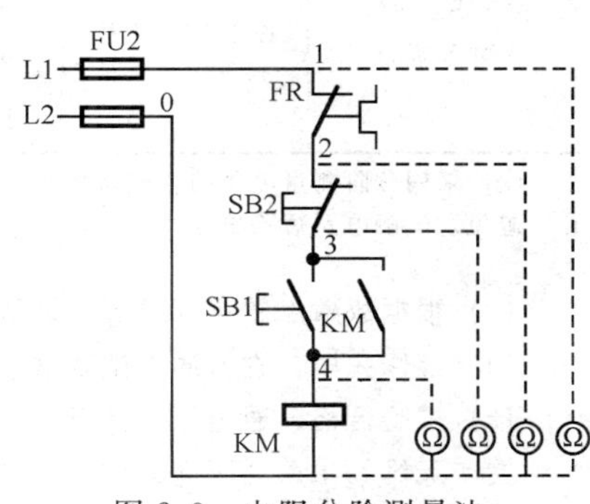

图2.9 电阻分阶测量法

阻档，然后按如图 2.9 所示方法进行测量。

一人按下 SB1 不放，另一人用万用表依次测量 0—1、0—2、0—3、0—4 各两点之间的电阻值，根据测量结果可找出故障点，见表 2.13。

表 2.13　电阻分阶测量法查找故障点

故障现象	测试状态	0—1	0—2	0—3	0—4	故 障 点
按下 SB1 时，KM 不吸合	按下 SB1 不放	∞	R	R	R	FR 动断触点接触不良
		∞	∞	R	R	SB2 接触不良
		∞	∞	∞	R	SB1 接触不良
		∞	∞	∞	∞	RM 线圈断路

注：R 为 KM 线圈直流电阻值。

这种测量像下、上台阶一样依次测量电阻的方法，叫电阻分阶测量法。

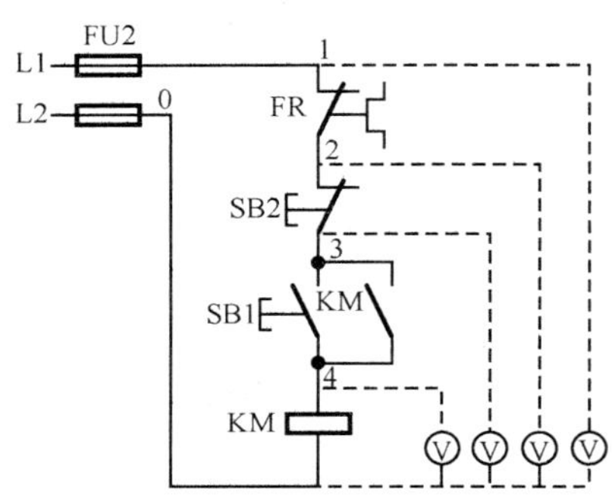

图 2.10　电压分阶测量法

(2) 电压分阶测量法

此方法是在控制回路不断电的情况下，采用分阶测量电压的方式检修。

若故障现象仍如电阻分阶测量法中一样。测量检查时，首先把万用表的转换开关置于交流电压 500V 的档位上，断开主电路，接通控制电路的电源（这点与电阻分阶测量法不同），然后按如图 2.10 所示的方法进行测量。

检测时，需要两人配合进行。一人先用万用表测量 0 和 1 两点之间的电压，若电压为 380V，则说明控制电路的电源电压正常。然后由另一人按下 SB1 不放，一人把黑表棒接到 0 点上，红表棒依次接到 2、3、4 各点上，分别测量出 0—2、0—3、0—4 两点间的电压。根据其测量结果即可找出故障点，见表 2.14。故障排除方法与电阻分阶测量法相同。

表 2.14　电压分阶测量法查找故障点

故障现象	测试状态	0—2	0—3	0—4	故 障 点
按下 SB1 时，KM 不吸合	按下 SB1 不放	0	0	0	FR 动断触点接触不良
		380V	0	0	SB2 动断触点接触不良
		380V	380V	0	SB1 接触不良
		380V	380V	380V	KM 线圈断路

注：采用分阶测量电压的方式检修设备时，由于是带电检修，必须要有人监护，且操作时要格外小心，避免发生触电及短路事故。

(3) 根据故障点的不同情况，采取正确的维修方法排除故障

(4) 检修完毕，进行通电空载试验或局部空载试验

(5) 试验合格，通电正常运行

在实际维修中，由于电动机控制线路种类非常多，故障也是千变万化，就是同一种故障现象，发生的故障部位也不一定相同。因此，采用以上方法检修故障时，不能生搬硬套，而

应按不同的故障情况灵活运用，力求快速、准确地找出故障点，查明原因，及时正确地排除故障。

4. 故障检修注意事项

1）排除故障的过程中，故障分析、排除故障的思路和方法要正确。

2）用测电笔检测故障时，必须检查测电笔是否符合使用要求。

3）仪表使用要正确，以防止引起错误判断。

4）不能随意更改线路和带电触摸电器元件。

5）带电检修故障时，必须有老师在现场监护，并要确保用电安全。

6）排除故障应尽可能在短时间内完成，以免给正常生产带来较大影响。

5. 评分标准

评分标准见表 2.15。

表 2.15　评分标准

项目内容	配　分	评分标准			扣　分
故障分析	30	1）故障分析、排除故障思路不正确，每个　扣 5～10 分 2）标错电路故障范围，每个　扣 15 分			
排除故障	70	1）停电不验电　扣 5 分 2）工具及仪表使用不当，每次　扣 10 分 3）排除故障的顺序不对　扣 5～10 分 4）不能查出故障，每个　扣 35 分 5）查出故障点，但不能排除，每个故障　扣 25 分 6）产生新的故障： 不能排除，每个　扣 35 分 已经排除，每个　扣 15 分 7）损坏电动机　扣 70 分 8）损坏电器元件，或排故方法不正确，每只（次） 扣 5～20 分			
安全文明生产	违反安全文明生产规程　扣 10～70 分				
定额时间 30min	不允许超时检查，若在修复故障过程中才允许超时，但以每超 1 分钟扣 5 分计算				
备注	除定额时间外，各项内容的最高扣分，不得超过配分数			成绩	
开始时间		结束时间		实际时间	

注：一般在线路中，人为设置 2～3 个电气故障（包括主回路和控制回路）。

小　　结

本节的重点是点动控制线路、接触器自锁正转控制线路和具有过载保护的自锁控制线路。难点是具有过载保护的自锁控制线路和连续与点动混合的正转控制线路。

注意：

1）点动控制线路与手动控制线路的不同之处在于是按钮发出“指令”即按下“接通”，松开“停止”。

2）接触器自锁的关键在于“自锁”，由接触器内部一对常开辅助触头来完成这一任务。

3）具有过载保护的自锁控制线路是由于线路中加入热继电器来实现过载保护。同时一定要明确热继电器不能实现短路保护。

4）连续与点动混合控制就是前面几个线路特点的综合应用。

手动正转控制线路是电动机控制线路中最简单的一种，多用于小型电动机的控制。该线路虽然很简单，但它是整个控制线路的启蒙阶段，是学生练习配板基本功的必修课，是整个控制线路安装与维修的基石。

2.3 三相异步电动机正、反转控制线路

知识点

- 掌握倒顺开关正反转控制线路的组成和工作原理，能正确地画出电路图
- 熟悉接触器联锁正反转控制线路工作原理
- 掌握按钮、接触器双重联锁正反转控制线路工作原理，能正确画出电路图

技能点

- 掌握倒顺开关正反转控制线路的安装
- 掌握按钮、接触器双重联锁正反转控制线路的安装与维修

在我们日常生活和机械生产中，电动机的单向运转远不能满足生活和生产的需求，更多的场合要求运动部件能向正、反两个方向运动，如电梯门的开与关、机床工作台的前进与后退、万能铣床主轴的正转与反转、行车的前进与后退和吊钩的上升与下降等。三相异步电动机的正、反转控制就是在电动机的正向运转控制的基础上，在同一台电动机上加入反向运转控制。

根据电磁场原理要改变电动机的运转方向，只需改变通入交流异步电动机定子绕组三相电源的相序（即把接入电动机的三相电源进线中的任意两相对调接线），就可以实现电动机反向运转。但我们不能每次需要电动机反转时，都靠人工对调电动机的接线，而要靠专用装置或控制线路实现电动机的正反转切换。最常用的正反转控制线路为：倒顺开关正反转控制；接触器联锁正反转控制；按钮联锁正反转控制；按钮、接触器联锁正反转控制。

2.3.1 倒顺开关正反转控制线路

图 2.11 为倒顺开关正反转控制电路图。万能铣床主轴电动机的正反转就是用倒顺开关来控制实现的。

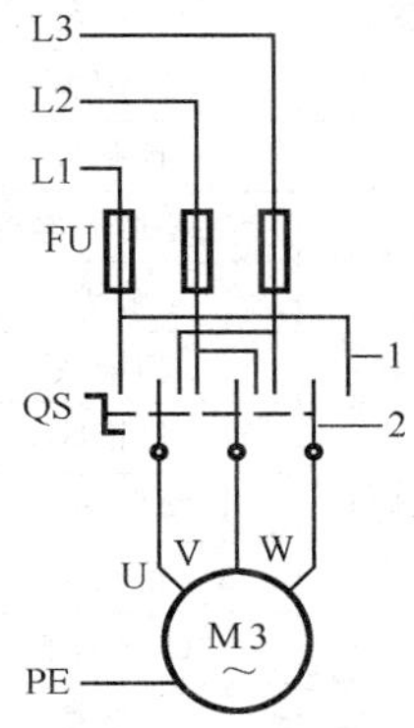

图 2.11 倒顺开关正反转控制电路图

FU—熔断器；QS—倒顺开关；M—电动机

线路工作原理：

操作倒顺开关 QS，当手柄处于“停”位置时，QS 的动、静触点不接触，电路不通，电动机不转；当手柄操作到“顺”位置时，QS 的动触点 2 和左边的静触点 1 相接触，电路按 L1—U、L2—V、L3—W 接通，输入电动机定子绕组的电源电压相序为 L1—L2—L3，电动机正转；当手柄操作至“倒”位置时，QS 的动触点 2 和右边的静触点 1 相接触，电路按 L1—W、L2—V、L3—U 接通，输入电动机定子绕组的电源电压相序为 L3—L2—L1，电动机反转。

必须注意的是，当电动机处于正转状态时，要使它反转，应先把手柄扳到“停”的位置，断开正转回路，使电动机停下来，然后再把手柄扳到“倒”的位置，接通反转回路，使电动机反转。若直接把手柄由“顺”扳至“倒”的位置，电动机的定子绕组会因为电源突然反接而产生很大的冲击电流，从而产生很大热量，易使电动机定子绕组因过热而损坏。

倒顺开关正反转控制线路简单，所用电器较少，可以说倒顺开关正反转控制线路是最简单的正反转控制线路，其中倒顺开关是唯一可操作的元件，也是此线路的核心元件。但它是一种手动控制线路而且是近距离接通或断开主回路大电流，当其控制的电动机功率较大时，操作危险，所以这种线路一般用于控制额定电流 10A，功率在 3kW 及以下的小容量电动机。

技能训练 2.6 倒顺开关正反转控制线路安装

一、目的要求

掌握电动机手动正反转控制线路的安装，并能检修一般故障。

二、工量具及器材清单

工量具及器材清单见表 2.16。

表 2.16 常用工量具及仪表清单

序 号	类 别	名 称	型号规格	单 位	数 量	备 注
1	工具	测电笔、螺钉旋具、尖嘴钳、斜口钳、剥线钳、电工刀等；线路安装工具、冲击钻、弯管器、套螺纹扳手、校验灯等。		套	1	

续表

序　号	类　别	名　称	型号规格	单　位	数　量	备　注
2	仪表	兆欧表	500V，0～200MΩ	只	1	
		钳形电流表	0～50A	只	1	
		万用表	自定	只	1	
3	器材	控制板	500mm×400mm×20mm	块	1	
		三相四线电源	～3×380/220V，20A	只	1	
		端子	JD0-2520 380V、25A、20 节	条	1	
		塑铜线	BVR2.5mm^2　颜色自定	m	20	
		塑铜线	BVR1.5mm^2　颜色自定	m	20	
		塑软铜线	BVR0.75mm^2　颜色自定	m	10	
		塑铜线	BVR1.5mm^2（黄绿双色）	m	10	
		O 型端子	UT2.5mm^2	只	若干	
		走线槽		m	2	
		劳保用品	绝缘鞋，工作服	套	1	
		其他	记录文具	套	1	

三、元器件清单

元器件清单见表 2.17。

表 2.17　元器件清单

序　号	名　称	型号规格	单　位	数　量
1	三相异步电动机	Y100L1-4，2.2kW、380V、5A、Y 接法、或自定	台	1
2	组合开关	HZ3-132　3 极、500V、10A	只	1
3	熔断器	RC1A-30/15 380V、30A 配熔体 15A	只	3

四、安装步骤及工艺要求

按表 2.17 配齐所用电器元件，并进行质量检验。

1）根据电动机的规格检验选配的倒顺开关、熔断器、导线及电线管的型号及规格是否满足要求。

2）所选用的电器元件的外观应完整无损，附件、备件齐全。

3）用万用表、兆欧表检测电器元件及电动机的有关技术数据是否符合要求。

4）安装电动机和控制板。

① 在控制板上按图 2.11 安装电器元件。电器安装应牢固，并符合工艺要求。

② 倒顺开关必须安装在操作时能看到电动机的地方，以保证操作安全。

③ 电动机安装必须牢固。

5）连接倒顺开关至电动机的导线。

6）连好接地线。电动机和倒顺开关的金属外壳以及连成一体的线管，按规定要求必须接到保护接地专用端子上。

7）检查安装质量，并进行绝缘电阻测量。

8）将三相电源接入控制开关。

9）经教师检查合格后进行通电试车。

以上安装为永久性装置，若为临时性装置，如将开关安装在墙上（属半移动形式）时，接到电动机的引线可采用 BVR1.5mm² （黑色）塑铜线或 YHZ4×1.5mm² 橡皮电缆线，并采用金属软管保护；若将开关与电动机一起安装在同一金属结构件或支架上（属移动形式）时，开关的电源进线必须采用四脚插头和插座连接，并在插座前装熔断器或再加装隔离开关。

五、注意事项

1）电动机及倒顺开关的金属外壳等必须可靠接地，且必须将接地线接到倒顺开关指定的接地螺钉上，切忌接在开关的罩壳上。

2）倒顺开关的进出线接线切忌接错。接线时，应看清开关接线端子标记，保证标记为 L1、L2、L3 接电源，标记为 U、V、W 接电动机。否则，会造成两相电源短路。

3）倒顺开关的操作顺序要正确。

4）作为临时性装置安装时，可移动的引线必须完整无损，不得有接头，引线的长度一般不超过 2m。

六、评分标准

评分标准见表 2.18。

表 2.18　评分标准

项目内容	配　分	评分标准		扣　分
自编安装工艺	10	安装工艺不合理、不完善	扣 5～10 分	
装前检查	10	1）电动机质量检查，每漏一处 2）倒顺开关漏检或错检，每处	扣 5 分 扣 5 分	
安装布线	40	1）电器布置不合理 2）电器元件安装不牢固 3）电器元件安装不整齐、不匀称、不合理 4）损坏电器元件 5）不按电路图接线 6）布线不符合要求： 主电路，每根 控制电路，每根 7）接点松动、露铜过长、压绝缘层、反圈等，每个接点 8）损伤导线绝缘层或线芯 9）漏套或错套编码套管，每处 10）漏接接地线	扣 5 分 每只扣 4 分 每只扣 3 分 扣 15 分 扣 15 分 扣 4 分 扣 2 分 扣 1 分 每根扣 5 分 扣 2 分 扣 10 分	
通电试车	40	1）熔体规格配错，主、控电路各 2）第一次试车不成功 第二次试车不成功 第三次试车不成功	扣 5 分 扣 20 分 扣 30 分 扣 40 分	
安全文明生产		1）违反安全文明生产规程 2）乱线敷设，加扣不安全分	扣 5～40 分 扣 10 分	
定额时间	3h	每超时 5 min 以内以扣 5 分计算		
备注	除定额时间外，各项内容的最高扣分不应超过配分数		成绩	
开始时间		结束时间		实际时间

七、常见故障及维修

常见故障及维修见表 2.19。

表 2.19 倒顺开关正反转控制线路常见故障及维修方法

常见故障	故障原因	维修方法
1）电动机不启动 2）电动机缺相	1）熔断器熔体熔断 2）倒顺开关操作失控 3）倒顺开关动、静触头接触不良	1）查明原因后更换熔体 2）修复或更换倒顺开关 3）对触头进行修整

2.3.2 接触器联锁正反转控制线路

在实际生产中常用接触器实现正反转控制，以便实现远距离自动控制。接触器联锁的正反转控制线路如图 2.12。图中采用两个接触器，即正转用 KM1 接触器，反转用 KM2 接触器。它们分别由正转按钮 SB1 和反转按钮 SB2 控制。从主电路图中可以看出，这两个接触器的主触头所接通的电源相序不同，KM1 按 L1—L2—L3 相序接线，KM2 则按 L3—L2—L1 相序接线。相应地控制电路有两条，一条是由按钮 SB1 和 KM1 线圈等组成的正转控制电路；另一条是由按钮 SB2 和 KM2 线圈等组成的反转控制电路。

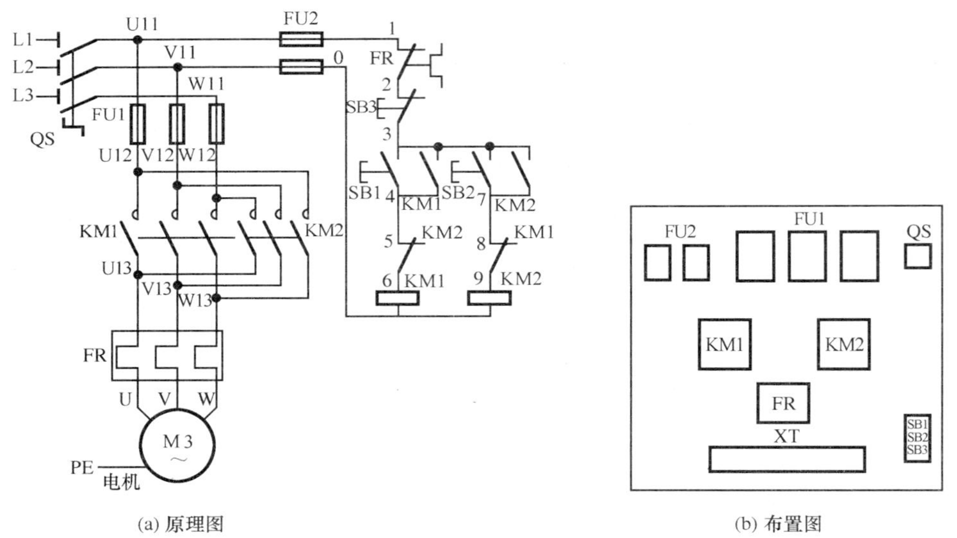

(a) 原理图　　(b) 布置图

图 2.12 接触联锁正反转控制线路

必须指出，接触器 KM1 和 KM2 的主触头不允许同时闭合，否则将造成两相电源（L1 和 L3）短路事故。为了避免两个接触器 KM1 和 KM2 同时得电动作，就在正、反转控制电路中分别串接了对方接触器的一对常闭辅助触头，这样，当一个接触器得电动作时，通过其常闭辅助触头使另一个接触器不能得电动作。接触器间这种相互制约的作用叫接触器联锁（或互锁）。实现联锁作用的常闭辅助触头称为联锁触头（或互锁触头），联锁符号用“▽”表示。

线路工作原理如下：（先合上电开关 QS）

1. 正转控制

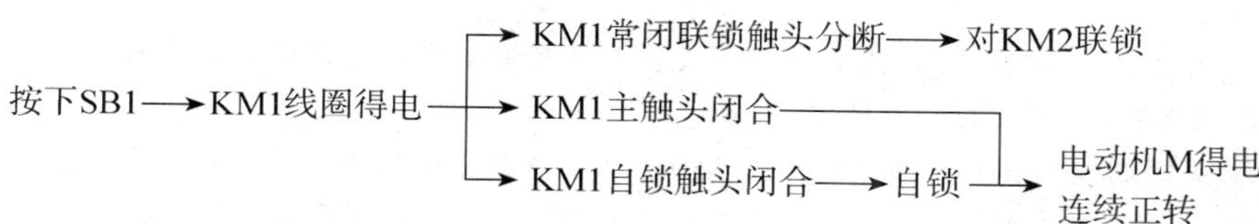

2. 反转控制

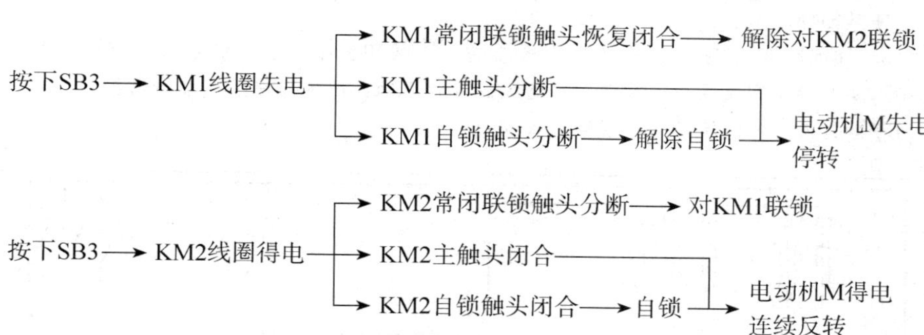

3. 停止控制

按下SB2→控制电路失电→KM1（或KM2）主触头分断→电动机M失电停转

从以上分析可见，接触器联锁正反转控制线路的优点是工作安全可靠，缺点是操作不便。因电动机从正转变为反转时，必须先按下停止按钮后，才能按反转启动按钮，否则由于接触器联锁作用，不能实现反转。

技能训练 2.7 接触器联锁正反转控制线路安装

一、目的要求

掌握电动机接触器联锁正反转控制线路的安装。

二、工量具及器材清单

工量具及器材清单见表 2.16。

三、元器件清单

元器件清单见表 2.20。

表 2.20 元器件清单

序 号	名 称	型号规格	单 位	数 量
1	三相异步电动机	Y100L1～4，2.2kW、380V、5A、Y 接法、或自定	台	1
2	组合开关	HZ3～132 3 极、500V、10A	只	1
3	熔断器	RL1-60/25 500V、60A 配熔体 25A	只	3
4	熔断器	RL1～15/2 500V、15A、配熔体 2A	只	2
5	交流接触器	CJ10～20 20A、线圈电压 380V	只	2
6	热继电器	JR16～20/3 三极、20A、整定电流 8.8A	只	1
7	按钮	LA10～3H 保护式、380V、5A	只	3

四、安装步骤及工艺要求

1）按表 2.20 配齐所用电器元件，并进行质量检验。电器元件应完好无损，各项技术指标符合规定要求，否则应予以更换。

2）在控制板上按图 2.12（b）安装电器元件，并贴上醒目的文字符号标签。安装时，组合开关、熔断器的受电端子应安装在控制板的外侧；元件排列要整齐、匀称、间隙合理，且便于元器件的更换；紧固电器元件时用力要均匀，紧固程度适当，做到既要使元件安装牢固，又不使其损坏。

3）按如图 2.13 所示接线图进行板前明线布线和套编码管。做到布线横平竖直、整齐、分布均匀、紧贴安装面、走线合理；套编码管要正确；严禁损伤线芯和导线绝缘；接点牢靠，不得松动，不得压绝缘层，不反圈及露铜过长等。

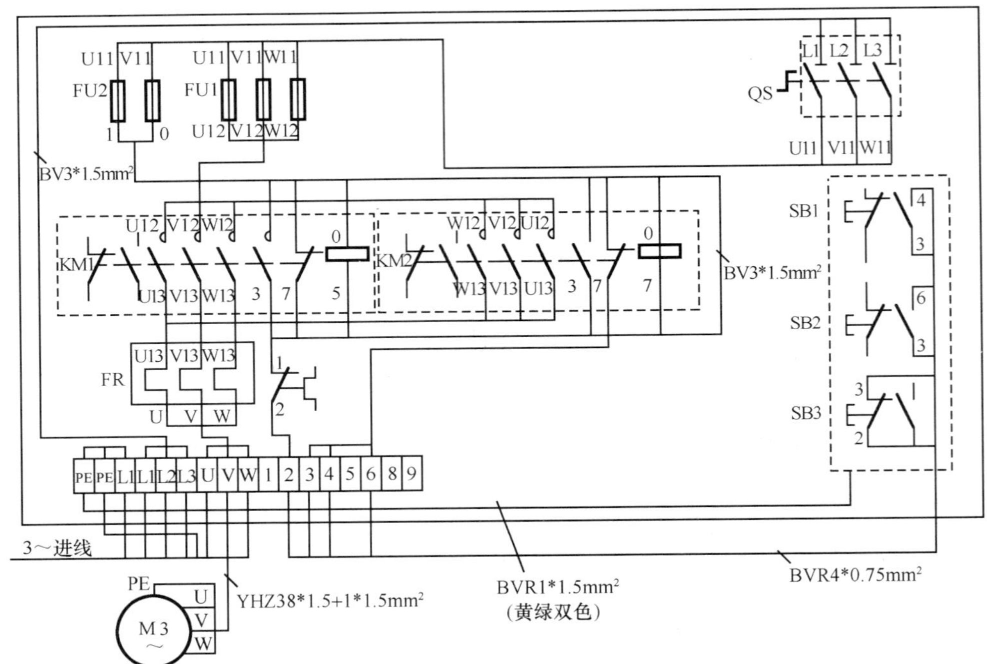

符　　号	名　　称	符　　号	名　　称
M	三相异步电动机	FU2	熔断器
QS	组合开关	KM1	交流接触器
FU_1	熔断器	FR	热继电器
SB1～SB3	按钮	XT	接线端子条

图 2.13　接触联锁正反转控制线路接线图

4）根据图 2.12（a）所示电路图检查控制板布线的正确性。

5）安装电动机。做到安装牢固平稳，以防止在换向时产生滚动而引起事故。

6）可靠连接电动机和按钮金属外壳的保护接地。

7）连接电源、电动机等控制板外的导线。导线要敷设在走线槽内，或采用绝缘良好的橡皮线。

8）自检。安装完毕的控制线路板，必须按要求进行认真检查，确保无误后才能允许通电试车。

9）交验合格后，通电试车。通电时，必须经指导教师同意后，由指导教师接通电源，并在现场进行监护。出现故障后，学生应独立进行检修。若需带电检查时，也必须有教师现场监护。

10）通电试车完毕，停转、切断电源。先拆除三相电源线，再拆除电动机负载线。

五、注意事项

1）螺旋式熔断器的接线要正确，以确保用电安全。

2）接触器联锁触头接线必须正确，否则将会造成主电路中两相电源短路事故。

3）通电试车时，应先合上 QS，再按下 SB1（或 SB2）及 SB3，看控制是否正常，并在按下 SB1 后再按下 SB2，观察有无联锁作用。

4）训练应在规定的额定时间内完成，同时要做到安全操作和文明生产。训练结束后，安装完毕的控制板留用。

六、评分标准

评分标准见表 2.21。

表 2.21　评分标准

项目内容	配　分	评分标准			扣　分
自编安装工艺	10	安装工艺不合理、不完善　扣 5～10 分			
装前检查	10	1）电动机质量检查，每漏一处　扣 5 分 2）组合开关漏检或错检，每处　扣 5 分			
安装布线	40	1）电器布置不合理　扣 5 分 2）电器元件安装不牢固　每只扣 4 分 3）电器元件安装不整齐、不匀称、不合理　每只扣 3 分 4）损坏电器元件　扣 15 分 5）不按电路图接线　扣 15 分 6）布线不符合要求： 主电路，每根　扣 4 分 控制电路，每根　扣 2 分 7）接点松动、露铜过长、压绝缘层、反圈等，每个接点　扣 1 分 8）损伤导线绝缘层或线芯　每根扣 5 分 9）漏套或错套编码套管，每处　扣 2 分 10）漏接接地线　扣 10 分			
通电试车	40	1）热继电器未整定或整定错，每只　扣 5 分 2）熔体规格配错，主、控电路各　扣 5 分 3）第一次试车不成功　扣 20 分 第二次试车不成功　扣 30 分 第三次试车不成功　扣 40 分			
安全文明生产		1）违反安全文明生产规程　扣 5～40 分 2）乱线敷设，加扣不安全分　扣 10 分			
定额时间	3h	每超时 5 min 以内以扣 5 分计算			
备注	除定额时间外，各项内容的最高扣分不应超过配分数			成绩	
开始时间		结束时间		实际时间	

2.3.3 按钮、接触器双重联锁正反转控制线路

为克服接触器联锁正反转控制线路操作不方便的缺点，把正、反转按钮 SB1 和 SB2 换成两个复合按钮，并使两个复合按钮的常闭触头代替接触器的联锁触头，就构成按钮联锁的正反转控制线路，如图 2.14 所示。

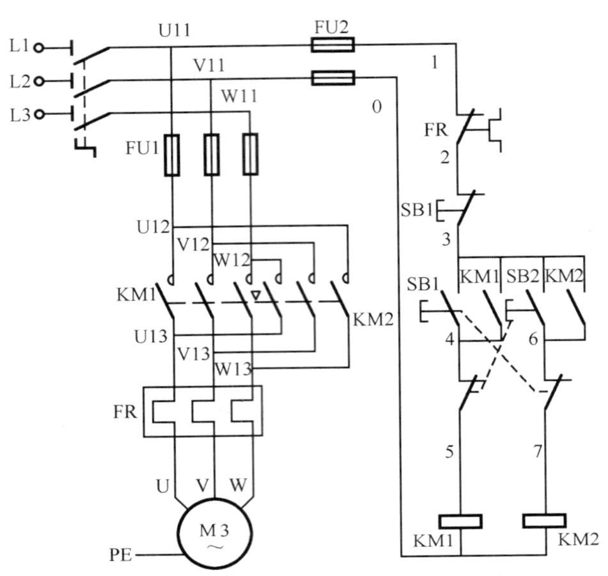

图 2.14 按钮联锁正反转控制

这种控制线路的工作原理与接触器联锁的正反转控制线路的工作原理基本相同，只是当电动机从正转变为反转时，可直接按下 SB2 即可实现，不必先按停止按钮 SB3。因为当按下反转按钮 SB2 时，串接在正转控制电路中的 SB2 的常闭触头先分断，使正转接触器 KM1 线圈失电，KM1 的主触头和自锁触头分断，电动机失电，惯性运转。SB2 的常闭触头分断后，其常开触头才随后闭合，接通反转控制电路，电动机 M 得电反向运转。这样既保证了 KM1 和 KM2 的线圈不会同时通电，又可不按停止按钮而直接按反转按钮实现反转。同样，若使电动机从反转运行变为正转运行时，也只要直接按下正转按钮 SB1 即可。

这种线路的优点是操作方便。缺点是容易产生电源两相短路故障。例如正转接触器 KM1 发生主触头熔焊或机械卡阻等故障，即使接触器线圈失电，主触头也分断不开，若直接按下反转按钮 SB2，KM2 得电动作主触头闭合，则会造成 L1、L3 两相短路故障。所以此线路还存在一定的安全隐患，还需要改进。

为克服接触器联锁正反转控制线路和按钮联锁正反转控制线路的不足，在按钮联锁的基础上，又增加了接触器联锁，构成了按钮、接触器联锁正反转控制线路，如图 2.15 所示。此线路兼有两种联锁控制线路的优点，操作方便，工作安全可靠。

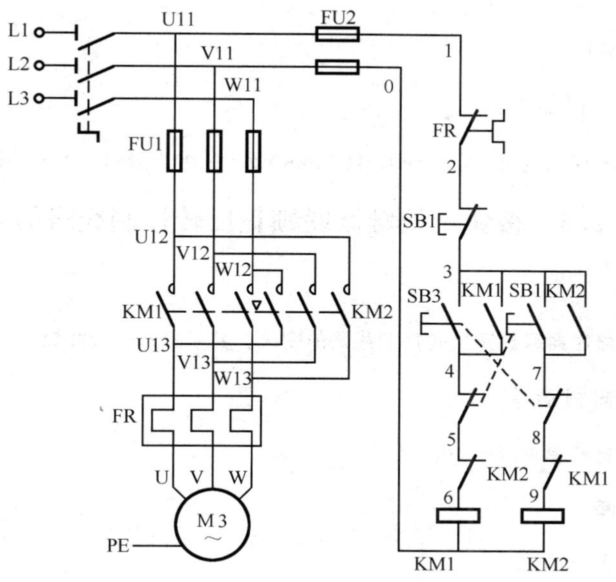

图 2.15　按钮、接触器联锁正反转控制

线路工作原理：（先合上电开关 QS）

1．正转控制

正转控制过程如下：

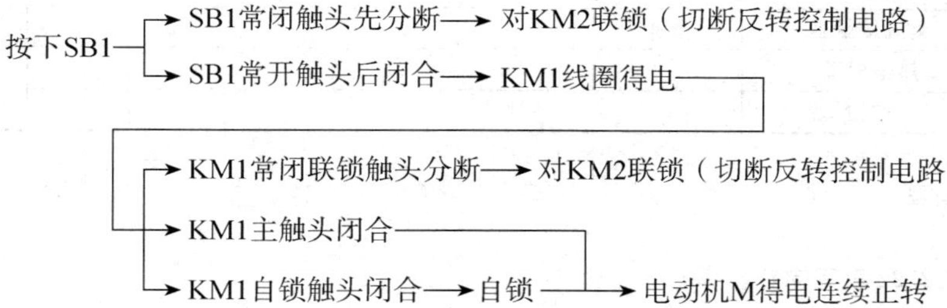

2．反转控制

反转控制过程如下：

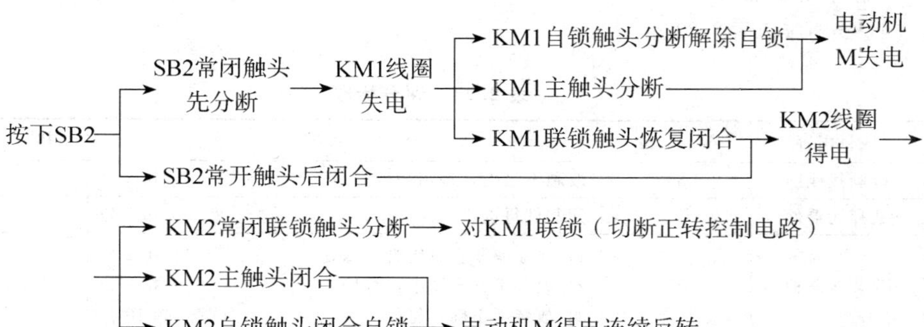

3. 停止控制

停止控制过程如下：

按下SB3⟶控制电路失电⟶KM1（或KM2）主触头分断⟶电动机M失电停转

技能训练 2.8　按钮、接触器联锁正反转控制线路的安装与检修

一、目的要求

掌握按钮、接触器联锁正反转控制线路的安装，并能检修一般故障。

二、工量具及器材清单

工量具及器材清单见表 2.16。

三、元器件清单

元器件清单见表 2.22。

表 2.22　元器件清单

序　号	名　　称	型号规格	单　位	数　量
1	三相异步电动机	Y100L1～4，2.2kW、380V、5A、Y 接法或自定	台	1
2	组合开关			
3	熔断器			
4	熔断器			
5	交流接触器			
6	热继电器			
7	按钮			

四、安装训练

1）将表 2.22 填写完整。

2）将图 2.13 改画成双重联锁正反转控制的接线图。

3）根据电路图和接线图，将之前装好留用的接触器联锁正、反转控制的线路板，改装成双重联锁的正反转控制线路。操作时，要分析和总结联锁控制线路的优缺点。

4）评分标准

评分标准见表 2.23。

表 2.23　评分标准

项目内容	配　　分	评分标准	扣　　分
改画接线图	30	改画不正确，每错一处　扣 5 分	
选择元器件	10	元器件每选错一次　扣 5 分	
改装线路板	20	1）错套或漏套编码管，每处　扣 2 分 2）改装不符合要求，每处　扣 4 分 3）改装不正确，每处　扣 10 分	

续表

项目内容	配　分	评分标准		扣　分
通电试车	40	1）热继电器未整定或整定错 2）熔体规格配错，主、控电路各 3）第一次试车不成功 　 第二次试车不成功 　 第三次试车不成功	扣 5 分 扣 5 分 扣 20 分 扣 30 分 扣 40 分	
安全与文明生产		1）违反完全文明生产规程 2）乱线敷设，加扣不安全分	扣 5～40 分 扣 10 分	
定额时间	3.5h	每超时 5min 以内以扣 5 分计算	扣 5 分	
备注	除定额时间外，各项内容的最高扣分不应超过配分数		成绩	
开始时间		结束时间		实际时间

五、检修训练

1. 故障设置

在控制电路或主电路中人为设置电气自然故障两处。

2. 教师示范检修

教师进行示范检修时，可按下述检修步骤及要求贯穿其中，直至故障排除。

1）用试验法来观察故障现象。主要注意观察电动机的运行情况、接触器的动作情况和线路的工作情况等，如发现有异常情况，应马上断电检查。

2）用逻辑分析法缩小故障范围，并在电路图上用虚线标出故障部位的最小范围。

3）用测量法正确、迅速地找出故障点。

4）根据故障点的不同情况，采取正确的修复方法，迅速排除故障。

5）排除故障后通电试车。

3. 学生检修

教师示范检修后，再由指导教师重新设置两个故障点，让学生进行检修。在学生检修的过程中，教师可同时进行启发性的示范指导。

4. 注意事项

检修训练时应注意以下几点：

1）要认真听取和仔细观察指导教师在示范过程中的讲解和检修操作。

2）要熟练掌握电路图中各个环节的作用。

3）在排除故障过程中，故障分析的思路和方法要正确。

4）工具和仪表要使用正确。

5）带电检修故障过程中，故障分析的思路和方法要正确。

6）检修必须在定额时间内完成。

5. 评分标准

评分标准见表 2.24。

表 2.24　评分标准

序号	项目内容	配分	评分标准	扣分
1	故障分析	30	1）故障分析、排除故障的思路不正确、每个　扣 5～10 分	
			2）标错电路故障范围，每个　扣 15 分	
2	排除故障	30	1）停电不验电　扣 5 分	
			2）工具及仪表使用不当，每次　扣 10 分	
			3）排除故障的顺序不对　扣 5～10 分	
			4）不能查出故障，每个　扣 35 分	
			5）查出故障点，但不能排除，每个　扣 25 分	
			6）产生新的故障： ① 不能排除，每个　扣 35 分 ② 已经排除，每个　扣 15 分	
			7）损坏电动机　扣 70 分	
			8）损坏电器元件或排故方法不正确，每只（次）　扣 5～20 分	
3	安全与文明生产		违反安全文明生产规程　扣 10～70 分	
4	定额时间	30min	不允许超时检查，若在修复故障过程中才允许超时，但以每超时 1min 扣 5 分计算　扣 5 分	
5	备注	除定额时间外，各项内容的最高扣分不应超过配分数	成绩	
6	开始时间		结束时间　　　　实际时间	

小　　结

本节中双重联锁的正反转控制线路既是重点又是难点。

电动机的正反转控制线路实际上就是正转控制线路和反转控制线路的组合。由于正向和反向两种运转状态不可能在同一台电动机上并存，故用“联锁”来保证电动机只能以一种运转状态运行，以防止电源短路。

要掌握①倒顺开关的“倒”与“顺”的转换既实现了电动机的换相又实现了双向之间的机械联锁。②按钮（接触器）联锁就是利用自身的常闭辅助触头串入对方的控制回路，当自身线圈得电时先断开对方的控制回路来实现电气联锁。③由于常闭辅助触头容易发生熔焊咬死现象而不能正常分断，为了线路的安全常用双重联锁来实现。

由于线路中元件增多，元件的布置和接线逐渐复杂，学生要能熟练地检验元件质量，逐步独立制定正确的安装步骤和布、接线工艺，提高制板质量。

2.4 位置控制与自动循环控制线路

知识点

- 掌握位置控制线路的组成及工作原理，会熟练地画出电气图
- 掌握自动循环控制线路的组成及工作原理，会熟练地画出电气图

技能点

- 掌握位置控制线路的安装、调试与维修
- 掌握自动循环控制线路的安装、调试与维修

在生产过程中，一些生产机械运动部件的行程或位置要受到限制，或者需要其运动部件在一定范围内自动往返循环等。如在摇臂钻床、万能铣床、桥式起重机及各种自动或半自动控制机床设备中就经常遇到这种控制要求。而实现这种控制要求所依靠的主要电器是位置开关。

2.4.1 位置控制线路

位置控制又称行程控制或限位控制，是依靠位置开关的触头状态变化来实现对线路的控制。位置开关是一种将机械信号转换为电气信号，以控制运动部件位置或行程的自动控制电器。而位置控制就是利用生产机械运动部件上的挡铁与位置开关碰撞，压下位置开关触头，使其触头状态发生变化，来接通或断开电路，以实现对生产机械运动部件的位置或行程的自动控制。

位置控制的线路图如 2.16 所示。工厂车间里的行车常采用这种线路，右下角是行车运动示意图，行车的两头终点处各安装一个位置开关 SQ1 和 SQ2，将这两个位置开关的常闭触头分别串接在正转控制电路和反转控制电路中。行车前后装有挡铁 1 和挡铁 2，行车的行程和位置可通过移动位置开关的安装位置来调节。

线路的工作原理：(先合上电源开关 QS)

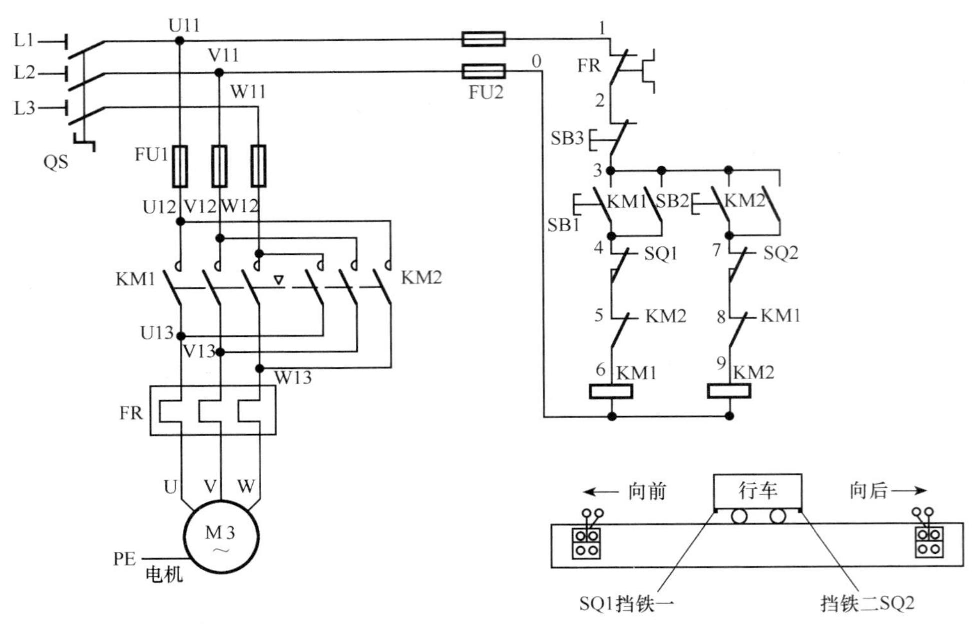

图 2.16　位置控制电路图

1. 行车向前运动

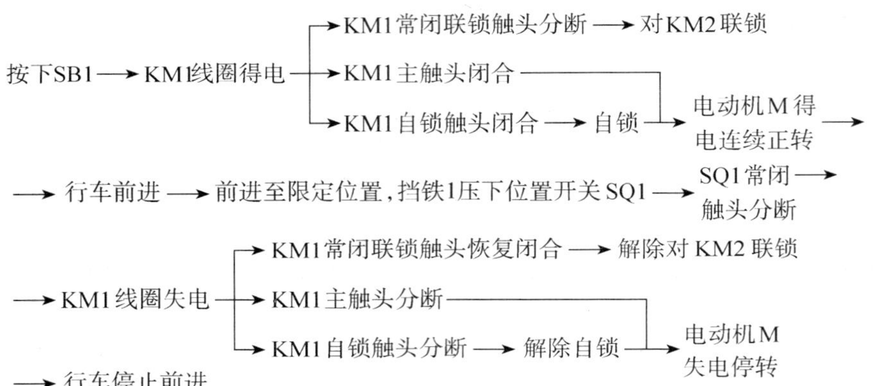

此时，即使再按下 SB1，由于 SQ1 常闭触头已分断，接触器 KM1 线圈也不会得电，保证了行车不会超过 SQ1 所在的位置。

2. 行车反向前进

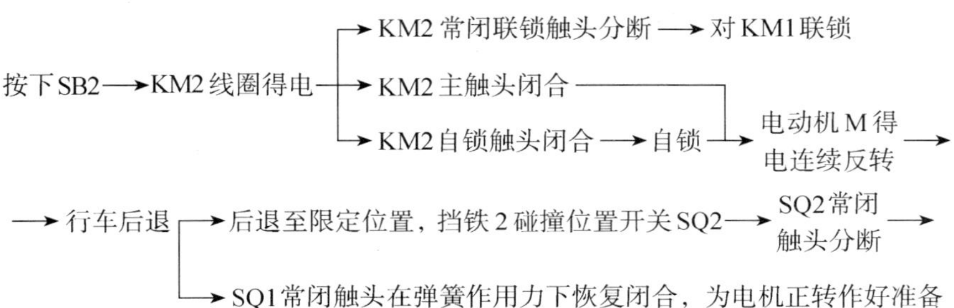

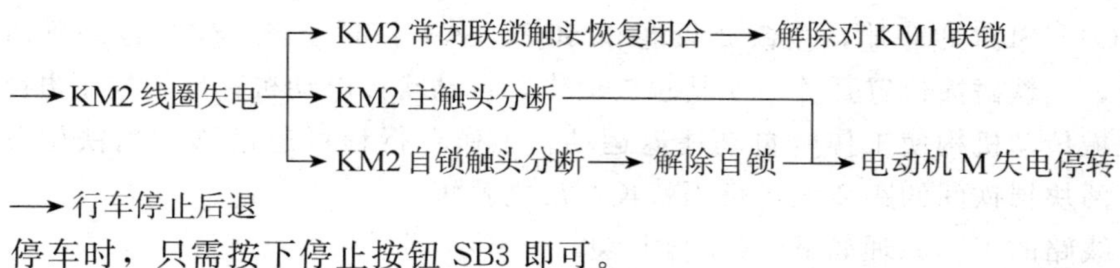

停车时，只需按下停止按钮 SB3 即可。

2.4.2 自动循环控制线路

有些生产机械，要求工作台在一定的行程内能自动往返运动，以便于工作台实现对工件的连续加工，提高生产效率。这就需要电气控制线路能对电动机实现自动转换正反转控制。由位置开关控制的工作台自动往返控制线路如图 2.17 所示。

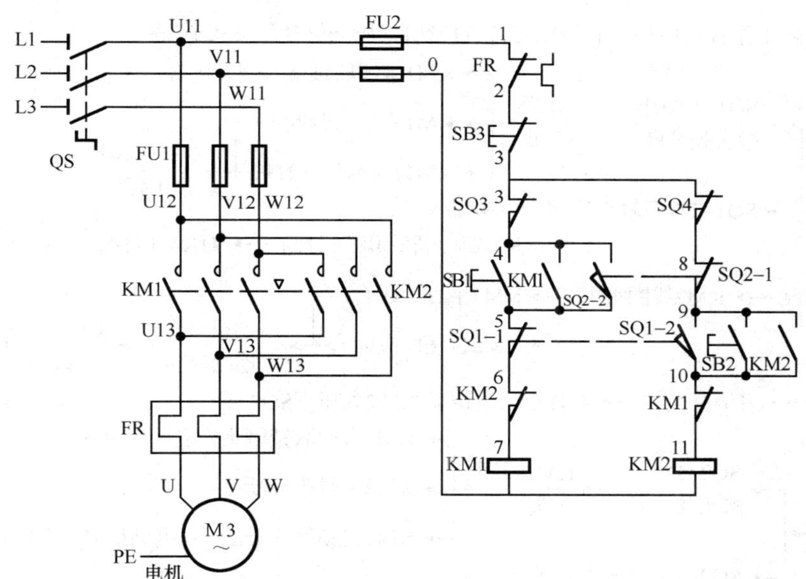

图 2.17　工作台自动往返控制线路

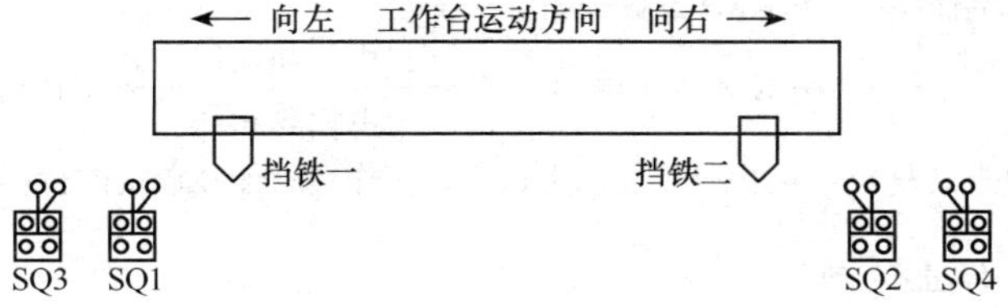

图 2.18　工作台自动往返示意图

为了使电动机的正反转控制与工作台的左右运动相配合，在控制线路中设置了四个位置开关 SQ1、SQ2、SQ3、SQ4，并把它们安装在工作台需限位的地方。

其中 SQ1、SQ2 被用来自动换接电动机正反转控制电路，实现工作台的自动往返行程控制；SQ3、SQ4 被用来作终端保护，以防止 SQ1、SQ2 失灵，工作台越过极限位置而造成事故。在工作台边的 T 型槽中有两块挡铁，挡铁 1 只能

和 SQ1、SQ3 相碰撞，挡铁 2 只能和 SQ2、SQ4 相碰，当工作台运动到所限位置时，挡铁碰撞位置开关，使其触头动作，自动换接电动机正反转控制电路，通过机械传动机构使工作台自动往返运动。工作台行程可通过移动挡铁位置来调节，两块挡铁间的距离大，行程就长，反之就短。

线路的工作原理如下：（先合上 QS）

1. 行车自动往返运动

按下SB1 → KM1线圈得电 →
- → KM1常闭联锁触头分断 → 对KM2联锁
- → KM1主触头闭合 ┐
- → KM1自锁触头闭合 → 自锁 ┘ → 电动机M得电连续正转 →

→ 工作台左移 → 移至限定位置挡铁1处压下位置开关SQ1 →

- → SQ1-1常闭触头先分断 → KM1线圈失电 →
  - → KM1常闭联锁触头恢复闭合 → ①
  - → KM1主触头分断 ┐
  - → KM1自锁触头分断 ┘ → 电动机M失电停转
- → SQ1-2常开触头后闭合 → ②

①② → KM2线圈得电 →
- → KM2常闭联锁触头分断 → 对KM1联锁
- → KM2主触头闭合 ┐
- → KM2自锁触头闭合 ┘ → 电动机M得电连续反转 → 工作台右移 →

→ SQ1触头复位 → 右移至限定位置挡铁2处压下SQ2 →

- → SQ2-1常闭触头先分断 → KM2线圈失电 →
  - → KM2常闭联锁触头恢复闭合 →
  - → KM2主触头分断 ┐
  - → KM2自锁触头分断 ┘ → 电动机M失电停转
- → SQ2-2常开触头后闭合 →

→ KM1线圈得电 →
- → KM1常闭联锁触头分断 → 对KM2联锁
- → KM1主触头闭合 ┐
- → KM1自锁触头闭合 ┘ → 电动机M得电连续正转 → 工作台左移

→ SQ1触头又复位 → ……重复以上过程，工作台就能在调定的行程内自动往返运动

2. 工作台停止运动

工作台往左运动超出SQ1位置压到SQ3 → KM1线圈失电 ┐
工作台往右运动超出SQ2位置压到SQ4 → KM2线圈失电 ┘

按下SB3 → 整个电路失电 → KM1（KM2）触头复位 → 电动机M失电停转 → 工作台停止运动

这里的 SB1、SB2 为正转启动按钮和反转启动按钮，如若起动时工作台在右端，则按下 SB1 启动，工作台往左移动；如若启动时工作台在左端，则按下 SB2 启动，工作台往右移动。

技能训练 2.9　工作台自动往返控制线路的安装与检修

一、目的要求

掌握工作台自动往返控制线路的安装，并能检修一般故障。

二、工量具及器材清单

工量具及器材清单见表 2.16。

三、元器件清单

元器件清单见表 2.25。

表 2.25　工作台自动往返控制线路元件明细表

代　号	名　称	型　号	规　格	数　量
M	三相异步电动机	Y112M-4	4kW、380V、8.8A、△接法、1440r/min	1
QS	组合开关	HZ10-25/3	三极、25A、380V	1
FU1	熔断器	RL1-60/25	60A、配熔体 25A	3
FU2	熔断器	RL1-15/2	15A、配熔体 2A	2
KM1、KM2	接触器	CJ10-20	20A、线圈电压 380V	2
FR	热继电器	JR16-20/3	三极、20A、整定电流 8.8A	1
SQ1～SQ4	位置开关	JLXK1-111	单轮旋转式	4
SB1～SB3	按钮	LA10-3H	保护式、按钮数 3	1

四、安装调试与检修

1. 板前线槽配线法

控制板的制作安装应遵循一定的方法和工艺要求，之前介绍的板前明配线法一般只适用于比较简单的电气线路接线，随着电气线路越来越复杂，一个控制板上所需配制的导线越来越多，用板前明配线方式来制作线路控制板显然已不能满足复杂大线路的装配与接线。所以，现在要引入另一种接线方式——板前线槽配线法。

所谓板前线槽配线就是将控制线路所需连接的控制板内的导线，通过固定在控制板四周及元件横排之间的线槽来配线，配线完成后线槽用线槽盖板盖住。这种配线方式具有配线工艺简单、配线速度快及成品控制柜外观整齐、美观等优点。所以，板前线槽配线法在成套电气柜、电气控制箱（柜）的生产中已得到广泛应用。

板前线槽配线的具体工艺要求：

1）所有导线的截面积在等于或大于 0.5mm² 时必须采用软线。考虑机械强度的原因，所用导线的最小截面积，在控制箱外为 1mm²，在控制箱内为 0.75mm²。对控制箱内电流很小的电路连线（如电子逻辑电路）可用 0.2mm²，并且可以采用硬线，但只能用于不移动又无振动的场合。

2）布线时，严禁损伤线芯和导线绝缘。

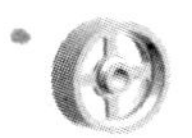

3）各电器元件接线端子引出导线的走向，以元件的水平中心线为界线，在中心线以上接线端子的引出导线，必须进入元件上面的线槽；在中心线以下接线端子的引出导线，必须进入元件下面的线槽。

4）各电器元件接线端子上的引出或引入导线，除间距很小和元件机械强度很差允许直接架空敷设外，其他导线必须经过线槽进行连接。

5）进入线槽内的导线要完全置于走线槽内，并应尽可能避免交叉，装线不要超过线槽容量的70%，以便于盖线槽盖板和以后的维修。

6）各电器元件与走线槽之间的外露导线，应走线合理，并尽可能做到横平竖直，变换走向（上、下）要垂直。同一个元件上位置一致的端子和同型号电器元件中位置一致的端子上的引出或引入的导线，要敷设在同一平面上，并应做到高低一致或前后一致，不得交叉。

7）所有与接线端子连接的导线线头上都应套上与电路图上各接点线号相一致的号码套管，并按线号进行连接，连接必须牢靠，不得松动。

8）在任何情况下，接线端子必须与导线截面积和材料性质相适应。当接线端子不适合连接软线或较小截面积的导线时，可以在导线端头压接合适形状（针式、O型、U型等）的线鼻子后再进行连接。

9）一般一个接线端子只能连接一根导线，如果采用专门设计的端子，可以连接两根或多根导线，但导线的连接方式，必须是符合工艺要求，如夹紧、压紧、焊接、绕接等，并应严格按照各种连接工艺要求进行连接。

2. 工作台自动往返控制线路的安装步骤及工艺要求

1）按表2.25配齐所用电器元件，并检验元件质量。

2）在控制板上按图2.19所示安装走线槽和所有电器元件，并贴上醒目的文字符号标签。安装走线槽时，应做到安装牢固、横平竖直、排列整齐匀称和便于走线等。

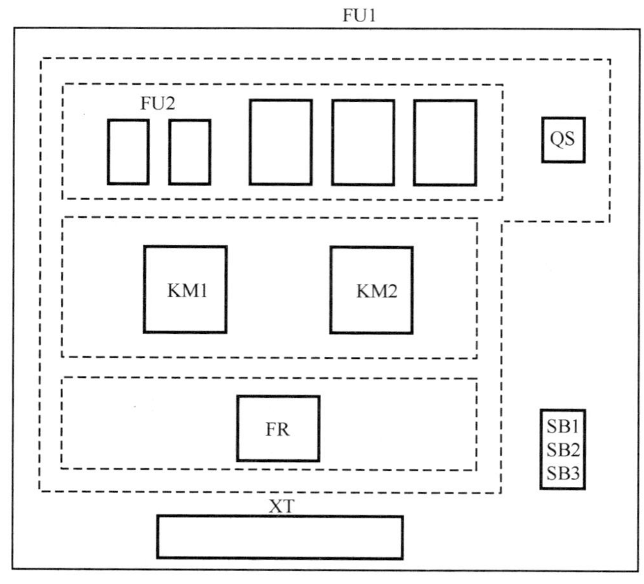

图2.19　板前配线槽式控制安装走线布置图

3）按如图2.17所示的电路图进行板前线槽配线，并在导线端部套号码管和冷压线鼻子。

4）根据电路图检验控制板内部布线的正确性。

5）安装电动机。

6）可靠连接电动机和各电器元件金属外壳的保护接地线。

7）连接电源、电动机等控制板外部的导线。

8）自检。

9）检查无误后通电试车。

3．注意事项

1）位置开关必须牢固安装在合适的位置上。安装后，必须先用手动方式对工作台或受控机械上的挡铁与行程开关进行碰撞配合试验，合格后才能使用。

2）通电校验时，必须先手动操作位置开关，试验各行程控制和终端保护动作是否正常可靠。若在电动机正转（工作台向左运动）时，扳动位置开关 SQ1，电动机不反转，且继续正转，可能是由于 KM2 的主触头接线不正确引起，需断电进行纠正后再试，以防止发生设备事故。

3）安装调试中，要随时注意做到安全操作；工作完成后，应清理现场，做到文明生产。

4．评分标准

评分标准见表 2.26。

表 2.26　评分标准

项目内容	配　分	评分标准		扣　分
自编安装工艺	10	安装工艺不合理、不完善	扣 5～10 分	
装前检查	10	1）电动机质量检查，每漏一处 2）组合开关漏检或错检，每处	扣 5 分 扣 5 分	
安装布线	40	1）电器布置不合理 2）电器元件安装不牢固 3）电器元件安装不整齐、不匀称、不合理 4）损坏电器元件 5）不按电路图接线 6）布线不符合要求： 主电路，每根 控制电路，每根 7）接点松动、露铜过长、压绝缘层、反圈等，每个接点 8）损伤导线绝缘层或线芯 9）漏套或错套编码套管，每处 10）漏接接地线	扣 5 分 每只扣 4 分 每只扣 3 分 扣 15 分 扣 15 分 扣 4 分 扣 2 分 扣 1 分 每根扣 5 分 扣 2 分 扣 10 分	
通电试车	40	1）热继电器未整定或整定错，每只 2）熔体规格配错，主、控电路各 3）第一次试车不成功 第二次试车不成功 第三次试车不成功	扣 5 分 扣 5 分 扣 20 分 扣 30 分 扣 40 分	
安全文明生产	10	1）违反安全文明生产规程 2）乱线敷设，加扣不安全分	扣 5～40 分 扣 10 分	
定额时间	3h	每超时 5min 以内以扣 5 分计算		
备注	除定额时间外，各项内容的最高扣分不应超过配分数		成绩	
开始时间		结束时间		实际时间

小　　结

本节的重点是位置控制线路和自动循环控制线路的原理、安装、调试与维修。难点是自动循环控制线路的安装、调试与维修。

位置控制和自动循环控制就是用位置开关来实现行车（工作台）运动的正反转控制，是电动机实现正反转控制又一提升。

行车的限位控制的接线是将位置开关的常闭触头串入相应的接触器线圈回路中。行车的挡铁压下位置开关后，常闭触头动作，断开对方的控制回路，使电动机停转。

自动循环控制就是在限位控制的基础上加入自身的常开触头，使电动机反向启动运行，工作台反向运行，如此循环。

在技能训练上新增走线槽接线方式，这是成套电器的常用接线方式，学生应该学会画接线图并掌握接线要点。

2.5　顺序控制与多地控制线路

知识点

- 掌握顺序控制线路的组成和工作原理，并能熟练地画出电路图
- 掌握多地控制线路的组成和工作原理，并能熟练地画出电路图

技能点

- 掌握顺序控制的安装控制线路安装、调试与维修
- 掌握多地控制线路的安装、调试与维修

在装有多台电动机的生产机械上，各电动机所起的作用是不同的，有时需按一定的顺序启动或停止，才能保证操作过程的合理和工作的安全可靠，这就是顺序控制。而有时为减轻劳动者的生产强度，实际生产中常常采用在两处以上同时控制一台电气设备，这就是多地控制。

2.5.1　顺序控制线路

要求几台电动机的启动或停止必须按一定的先后顺序来完成的控制方式，称为电动机的顺序控制。顺序控制可以通过控制电路实现，也可通过主电路实现，几种实现顺序控制的电路图及特点见表 2.27。

表 2.27 典型顺序控制要求及线路

控制要求	控制形式	顺序控制线路	控制特点
两台电动机顺序启动，同时停转	在主电路中实现顺序控制	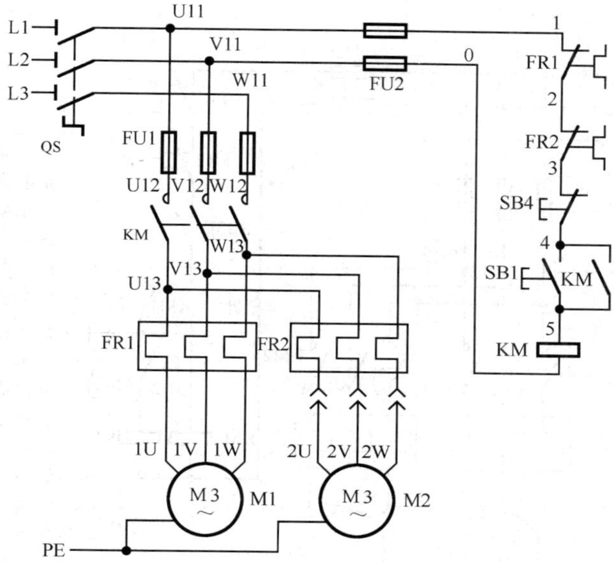 (a)	电动机 M2 是通过接插器 X 接在接触器 KM 主触头的下面，因此，只有当 KM 主触头闭合，电动机 M1 启动运转后，电动机 M2 才可能接通电源运行
		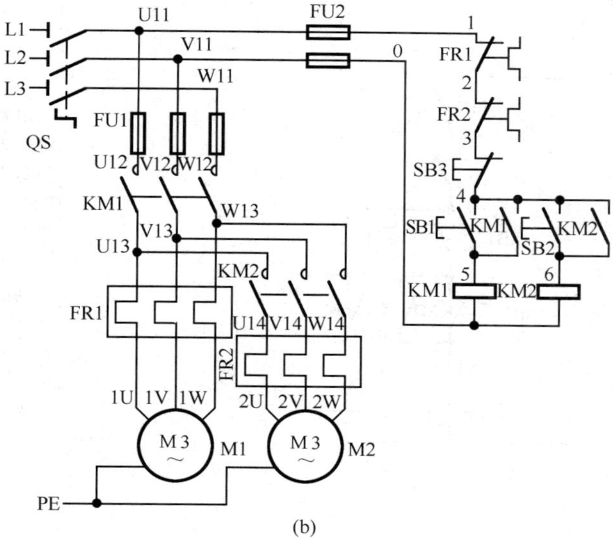 (b)	电动机 M1 和 M2 分别通过接触器 KM1 和 KM2 来控制，接触器 KM2 的主触头接在接触器 KM1 主触头下面，这样保证了当 KM1 三触头闭合、电动机 M1 启动运转后，M2 才可能接通电源运行

续表

控制要求	控制形式	顺序控制线路	控制特点
两台电动机顺序启动，同时停转	在控制电路中实现顺序控制	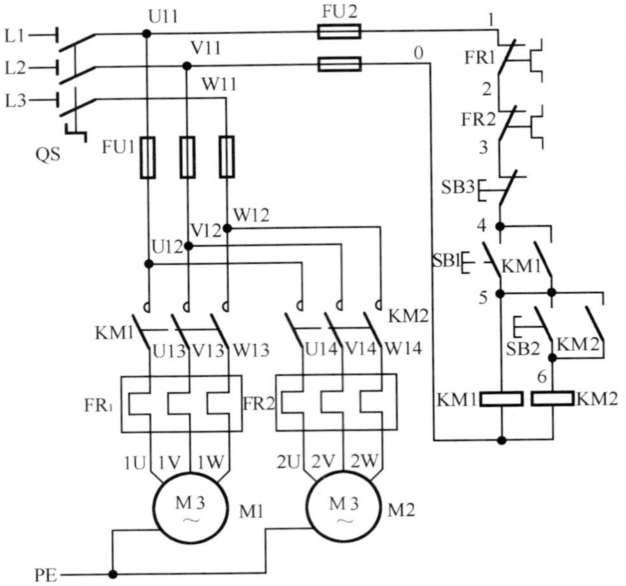 (c)	在电动机 M2 的控制电路中串接了接触器 KM1 的常开辅助触头。显然，只要 M1 不启动，即使按下 SB2，由于 KM1 的常开辅助触头未闭合，KM2 线圈也不能得电，从而保证了 M1 启动后，M2 才能启动的顺序控制要求。线路中停止按钮 SB3 控制两台电动机同时停止
顺序启动，同时停转		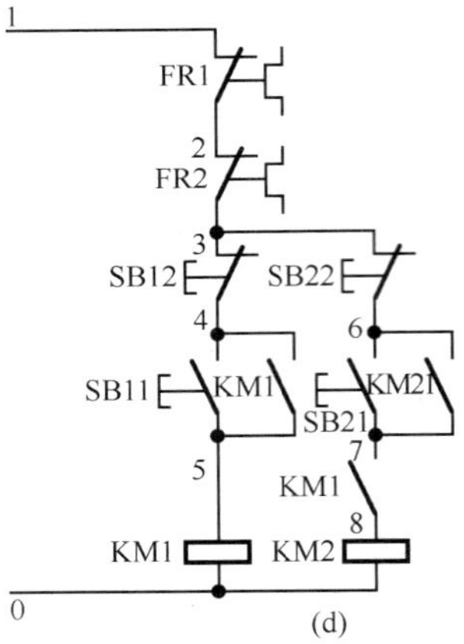 (d)	电动机 M2 的控制电路先与接触器 KM1 的线圈并接后再与 KM1 的常开辅助触头串接，这样保证了 M1 启动后，M2 才能启动的顺序控制要求。按下 SB12 使 M1 停车，M2 也同时停车。另外，按下 SB22 可实现 M2 单独停车

续表

控制要求	控制形式	顺序控制线路	控制特点
两台电动机顺序启动、逆序停转	在控制电路中实现顺序控制	(e)	该电路在电动机M2的控制电路中串接了接触器KM1的常开辅助触头。同理，只要M1不启动，即使按下SB21，由于KM1的常开辅助触头未闭合，KM2线圈也不能得电，从而保证了M1启动后，M2才能启动的控制要求。在SB12的两端并接了接触器KM2的常开辅助触头，从而实现了M2停止后，M1才能停止的控制要求，即M1、M2顺序启动，逆序停止

技能训练 2.10　顺序控制线路的安装与检修

一、目的要求

掌握两台电动机顺序起动，逆序停止控制线路的安装，并能检修一般故障。

二、工量具及器材清单

工量具及器材清单见表 2.16。

三、元器件清单

元器件清单见 2.28。

表 2.28　元器件清单

代　　号	名　　称	型　　号	规　　格	数　　量
M1	三相异步电动机	Y112M-4	4kW、380V、8.8A、△接法、1440r/min	1
M2	三相异步电动机	Y90S-2	1.5kW、380V、3.4A、Y 接法、2845r/min	1
QS	组合开关	HZ10-25/3	三极、25A、380V	1
FU1	熔断器	RL1-60/25	60A、配熔体 25A	3
FU2	熔断器	RL1-15/2	15A、配熔体 2A	2
KM1	接触器	CJ10-20	20A、线圈电压 380V	1
KM2	接触器	CJ10-10	10A、线圈电压 380V	1
FR1	热继电器	JR16-20/3	三极、20A、整定电流 8.8A	1
FR2	热继电器	JR16-20/3	三极、20A、整定电流 3.4A	1
SB11-SB12	按钮	LA10-3H	保护式、按钮数 3	1
SB21-SB22	按钮	LA10-3H	保护式、按钮数 3	1

四、安装及检验

1）按表 2.28 配齐所用元器件，并进行质量检验。

2）根据表 2.27 图（e）所示控制电路图绘制布置图，并安装电器元件和走线槽，电器元件安装应牢固，并贴上醒目的文字符号。

3）布线。在控制板上按表 2.27 中图（e）所示控制电路图进行板前走线槽布线，并在导线端部套上号码管和冷压接线头。

4）安装电动机，并可靠连接电动机和电器元件金属外壳的保护接地线。

5）连接控制板外部的导线。

6）自检并校验，经检查无误后通电试车。

五、操作要点

1）通电试车前，应熟悉线路的操作顺序，即先合上电源开关 QS，然后按下 SB11 后，再按 SB21 顺序启动；按下 SB22 后，再按下 SB12 逆序停止。

2）通电试车，注意观察电动机、各电器元件及线路各部分工作是否正常。若发现异常情况，必须立即切断电源开关 QS，因为此时停止按钮 SB12 已失去作用。

3）安装应在规定的定额时间内完成，同时要做到安全操作和文明生产。

4）根据电动机的位置标划线路走向、电线管和控制板支持点的位置，做好敷设和支持准备。

六、评分标准

评分标准表，参见表 2.26。

2.5.2 多地控制线路

能在两处或两处以上同时控制一台电气设备的控制方式叫多地控制。这是为了解决在实际生产中，两地或两地以上控制同一台电气设备的控制要求，为了减轻劳动者的来回奔波的劳动强度，而设计出的多地控制线路。

多地控制线路的主电路与正转电路相同，不同的是控制回路，以两地控制的过载保护接触器自锁正转控制电路（图 2.20）为例，有如下特点：

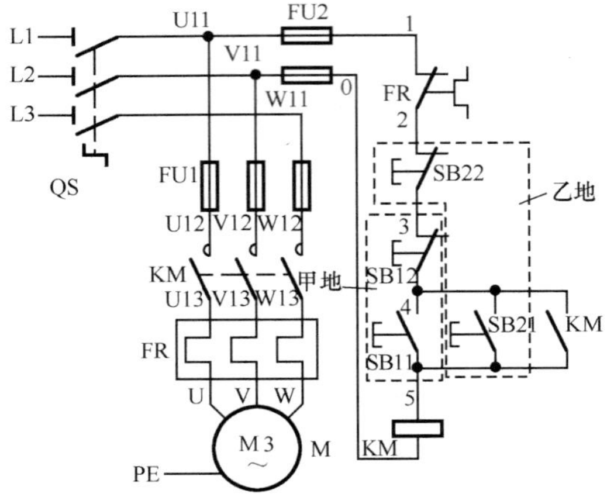

图 2.20 两地控制线路

1）图中 SB11、SB12 为安装在甲地的启动按钮和停止按钮。

2）图中 SB21、SB22 为安装在乙地的启动按钮和停止按钮。

3）两地的启动按钮要并联在一起；停止按钮要串联接在一起。

同理，要实现三地或多地控制，只要把各地的启动按钮并接，停止按钮串接就可以实现。

技能训练 2.11 两地控制的具有过载保护接触器自锁正转控制线路的安装与检修

一、目的要求

掌握两地控制的具有过载保护接触器自锁正转控制线路的安装与检修。

二、工量具及器材清单

工量具及器材清单见表 2.16。

三、元器件清单

同技能训练接触器自锁正转控制线路的元器件清单，并在此基础上增加同型号规格的按钮盒一只，并增加适量按钮线。

四、安装及检验

根据图 2.20 所示电路图，画出布置图，然后参照技能训练接触器自锁正转控制线�武的安装与检修步骤和工艺要求进行训练。

五、检修训练

根据下表列出的故障现象，学生们之间相互设置故障点、查找故障点，并正确排除故障，把结果填入表 2.29 中。

表 2.29 检修结果表

故障现象	故 障 点	排故方法
按下 SB11、SB21 电动机都不能启动		
电动机只能点动控制		
按下 SB11 电动机不能启动		
按下 SB21 电动机不能启动		

六、评分标准

评分标准见表 2.24。

小 结

本节重点是顺序控制与多地控制线路的安装、调试与维修。难点是顺序控制线路的安装、调试与维修。

顺序控制在主回路和控制回路均可实现。要实现顺序启动必须在自身回路中串联先启动的接触器的常开辅助触头。而要实现逆序停止必须在后停止的接触器停止按钮两端，并联先停止接触器的辅助常开触头。对于主电路实现顺序控制的

线路，控制后启动电动机的接触器主触头必须接到先启动的电动机的接触器主触头的负载侧。

多地控制按钮接线原则：启动按钮要并联、停止按钮要串联于控制回路中。

2.6　三相异步电动机降压启动线路

知识点

● 熟悉三相异步电动机直接启动的条件

● 掌握三相异步电动机定子绕组串接电阻降压启动、Y-△降压启动、自耦变压器降压启动及延边△降压启动的组成和工作原理

● 重点掌握时间继电器自动控制的降压启动控制线路的组成及工作原理

技能点

● 掌握时间继电器控制的三相异步电动机定子绕组串接电阻降压启动、Y-△降压启动、自耦变压器降压启动的安装、调试和维修

● 延边△降压启动控制线路的安装和调试是难点

电动机由静止到通电正常运转就是电动机的启动过程。通常加在电动机定子绕组上的电压为电动机的额定电压的启动方式属于全压启动，也称直接启动。电动机直接启动时消耗的功率较大，启动电流也较大，通常启动电流是额定电流的4～7倍。对于功率小于7kW的小型异步电动机来说，可采用直接启动的方式，若电动机功率较大，则启动电流就很大，就有可能影响电网的供电质量，使电网电压降低而影响其他电器的正常运行，因此，对于较大容量的电动机必须采用降压启动。

一台电动机是否要降压启动，可用下面的经验公式来判断：

$$\frac{I_{st}}{I_N} \leqslant \frac{3}{4} + \frac{S}{4P}$$

式中，I_{st}——电动机全压启动电流，A；

I_N——电动机额定电流，A；

S——电源变压器的容量，kVA；

P——电动机功率，kW。

计算结果满足上式要求时，可采用全压启动，不满足时应采用降压启动。

降压启动是将电源电压适当降低后加到电动机定子绕组上进行启动，当电动机启动运转后，再使电压恢复到的额定值正常运转。降压启动的目的在于减小启动电流，但由于电动机的转矩与电压的平方成正比，故而降压启动也将使启动转矩大为降低，因此，降压启动仅适用于空载或轻载下的启动。

常用的降压启动有：定子绕组串电阻降压启动、Y-△降压启动、自耦变压

器降压启动及延边三角形降压启动。

2.6.1 定子绕组串接电阻降压启动控制电路

串电阻（或电抗器）启动，就是在电动机启动时，将电阻（或电抗器）串联在定子绕组与电源之间的方法。由于电阻（或电抗器）起到了分压作用，所以，电动机定子绕组上所承受的电压只是额定电压的一部分，这样就限制了启动电流，当电动机转速上升到一定值时，再将电阻（或电抗器）短接，电动机便在额定电压下正常运行。

1．按钮、接触器控制线路

图 2.21（a）所示为按钮、接触器控制电路。其工作原理如下：（合上电源开关 QS）

降压启动：

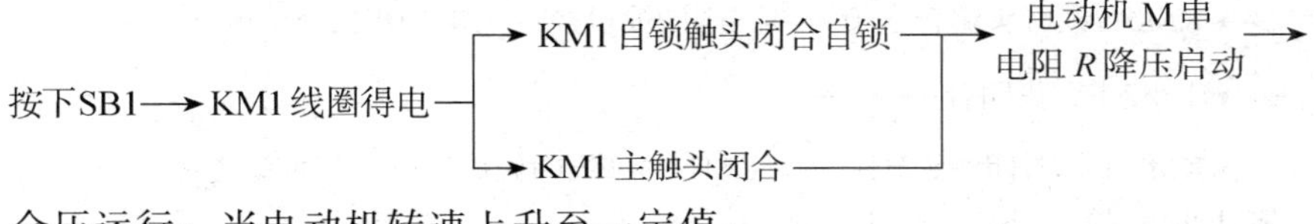

全压运行：当电动机转速上升至一定值，

按下SB2→KM2线圈得电→KM2自锁触头闭合自锁

按下SB2→KM2线圈得电→KM2主触头闭合→电阻R被短接→电动机M全压运行

停止时，按下 SB3 即可。

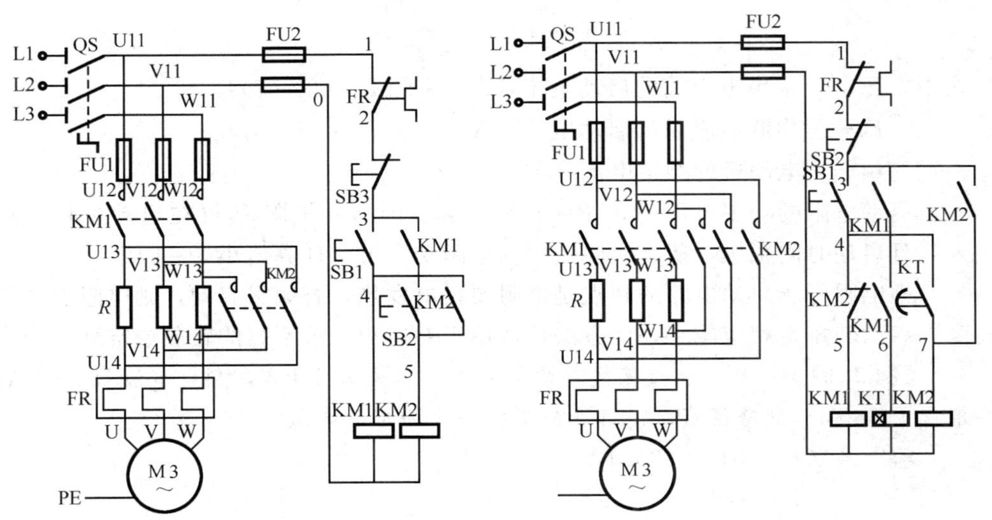

(a) 按钮、接触器控制线路　　(b) 时间继电器自动控制电路

图 2.21　定子绕组串接电阻降压启动控制电路

2. 时间继电器自动控制电路

在按钮、接触器控制电路中，电动机从降压启动到全压运行是通过操作按钮来实现的，工作既不方便也不可靠。因此在实际应用中，常采用时间继电器来自动完成短接电阻，达到自动控制的要求。

图 2.21（b）所示为时间继电器自动控制电路。这个电路用时间继电器 KT 代替按钮 SB2 来控制电动机从降压启动到全压运行的时间，从而实现了自动控制。线路工作原理如下：合上电源开关 QS。

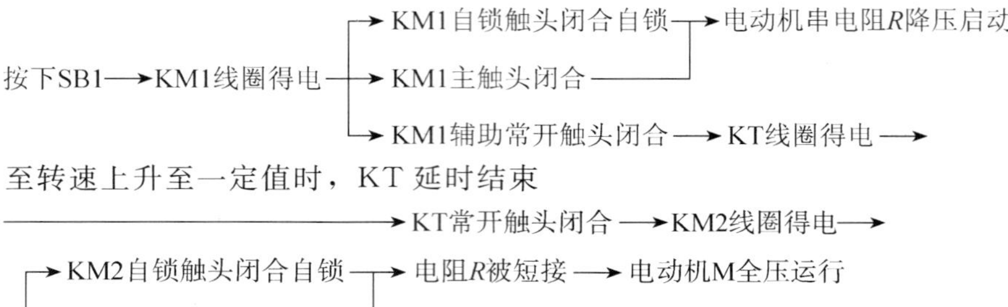

KM2辅助常闭触头分断 ⟶ KM1、KT线圈先后失电，其触头复位

停止时，按下 SB2 即可实现。

在主电路中，KM2 的主触头把启动电阻 R 和接触器 KM1 的主触头一起并接了，这样 KM1 和时间继电器 KT 只在降压启动时短时使用，电动机全压运行时已从线路中切除，从而可延长接触器 KM1 和时间继电器 KT 的使用寿命。

启动电阻一般采用 ZX1、ZX2 系列的铸铁电阻。铸铁电阻功率大，能够通过较大电流。启动电阻 R 可通过近似公式计算：

$$R = 190 \times \frac{I_{st} - I'_{st}}{I_{st} - I'_{st}}$$

式中，I_{st}——未串电阻前的启动电流，A，一般 $I_{st}=(4\sim7)I_N$；

I'_{st}——串联电阻后的启动电流，A，一般 $I'_{st}=(2\sim3)I_N$；

I_N——电动机的额定电流，A。

启动电阻的功率可用公式 $P=I_N^2R$ 计算。因启动电阻 R 仅在启动过程中接入，且启动时间很短，所以实际选用的电阻功率可比计算值小 3～4 倍。

串电阻降压启动电路的缺点是电阻要耗电发热，若频繁启动，则电阻温度很高，启动转矩也相应减小，此方法仅适用于对启动要求不高的轻载或空载场合。

【例 2.1】 一台三相鼠笼式异步电动机，功率为 20kW，额定电流为 38.4A，电压为 380V。问降压启动时各相应串接多大的启动电阻？

解 选取 $I_{st}=6I_N=230.4\text{A}$

$$I'_{st}=2I_N=76.8\text{A}$$

启动电阻值为

$$R = 190 \times \frac{I_{st} - I'_{st}}{I_{st}I'_{st}} = 190 \times \frac{230.4-76.8}{230.4\times76.8} \approx 1.65\Omega$$

启动电阻功率为

$$P=\frac{1}{3}I_{N}^{2}R=\frac{1}{3}\times 38.4^{2}\times 1.65=811\text{W}$$

表 2.30 元件明细功能表

序　号	符　　号	名　　称	型　　号	功　　能	备　注
1	M	三相异步电动机	Y132S-4	动力驱动设备	
2	QS	组合开关	HZ10-25/3	电源控制开关	
3	FU1	熔断器	RL1-60/25	主电路短路保护	
4	FU2	熔断器	RL1-15/2	控制电路短路保护	
5	KM1	交流接触器	CJT1-20	串电阻降压启动	
6	KM2	交流接触器	CJT1-20	短接电阻全压运行	
8	FR	热继电器	JR36B-20/3	过载保护	
9	KT	时间继电器	JS7-2A	控制降压启动的时间	
10	SB1　SB2	按钮	LA10-3H	启动按钮、停止按钮	

技能训练 2.12　定子绕组串接电阻降压启动控制电路的安装

一、目的和要求

掌握定子绕组串接电阻降压启动控制电路的安装。

二、工具、仪表、器材、元器件清单

工具、仪表、器材和元器件清单见表 2.31。

表 2.31　工具、仪表、器材及元器件

项目内容				
工具	测电笔、螺钉旋具、尖嘴钳、斜口钳、剥线钳、电工刀等			
仪表	ZC25-3 型兆欧表、MG-1 型钳形电流表、MF47 型万用表			
类别	名　称		型号规格	数　量
器材	控制板		500mm×400mm×20mm	1
	塑铜线		BVR1.5mm² （黑色）	若干
			BVR1.5mm² （黄绿双色）	若干
	塑铜线		BVR1mm² 和 0.75mm² （红色）	若干
	针型及叉型轧头、金属软管			若干
	木螺钉		$\phi 5\times 60$	若干
元器件	M	三相异步电动机	Y132S-4　5.5kW、380V、11.6A、△接法、1440r/min	1
	QS	组合开关	HZ10-25/3　三极、500V、10A	1
	FU1	熔断器	RL1-60/25　500V、60A、配熔体 25A	3
	FU2	熔断器	RL1-15/2　500V、15A、配熔体 2A	2
	KM1、KM2	交流接触器	CJT1-20　20A、线圈电压 380V	2
	KT	时间继电器	JS7-2A　线圈电压 380V	1
	FR	热继电器	JR36B-20/3　三极、20A、整定电流 8.8A	1
	R	电阻器	ZX2-2/0.7　22.3A、7Ω、每片电阻 0.7Ω	3
	SB1、SB2	按钮	LA10-3H　保护式、380V、5A	1
	XT	端子板	JD0-1020　380V、10A、20 节	1

三、训练内容

1）按元器件清单配备电器元件，并进行检验。

2）定子绕组串接电阻降压启动时间继电器自动控制线路如图 2.21（b），画出接线图。

3）自编安装步骤和安装工艺，并经指导教师审核合格后进行安装训练。

4）注意事项：

① 电阻器要安装在箱体内，并且要考虑其产生的热量对其他电器的影响。若将电阻器置于箱外时，必须采取遮护或隔离措施，以防止发生触电事故。

② 安装布线时，要注意短接电阻器的接触器 KM2 在主电路的接线不能接错，否则会由于相序接反而造成电动机反转。

③ 时间继电器的安装，必须使继电器在失电后，动铁心释放时的运动方向垂直向下。

④ 时间继电器和热继电器的整定值，应在通电试车前预先整定好，并在试车时校正。

四、评分标准

表 2.32　评分标准

<table>
<tr><th>项目内容</th><th>配分</th><th colspan="4">评分标准</th><th>扣分</th></tr>
<tr><td>自编安装工艺</td><td>10</td><td colspan="3">安装工艺不合理、不完善</td><td>扣 5～10 分</td><td></td></tr>
<tr><td>装前检查</td><td>10</td><td colspan="3">电动机质量检查，每漏一处</td><td>扣 5 分</td><td></td></tr>
<tr><td>安装布线</td><td>40</td><td colspan="3">1）电器元件安装不整齐、不匀称、不合理
2）电器元件安装不牢固
3）损坏电器元件
4）不按电路图接线
5）布线不符合要求：
主电路，每根
控制电路，每根
6）接点松动、露铜过长、压绝缘层、反圈等，每个接点
7）损伤导线绝缘层或线芯
8）漏套或错套编码套管，每处
9）漏接接地线</td><td>每只扣 3 分
每只扣 4 分
扣 15 分
扣 15 分

扣 4 分
扣 2 分
扣 1 分
每根扣 5 分
扣 2 分
扣 10 分</td><td></td></tr>
<tr><td>通电试车</td><td>40</td><td colspan="3">1）热继电器、时间继电器未整定或整定错，每只
2）熔体规格配错，主、控电路各
3）第一次试车不成功
第二次试车不成功
第三次试车不成功</td><td>扣 5 分
扣 5 分
扣 20 分
扣 30 分
扣 40 分</td><td></td></tr>
<tr><td>安全文明生产</td><td></td><td colspan="3">1）违反完全文明生产规程
2）乱线敷设，加扣不安全分</td><td>扣 5～40 分
扣 10 分</td><td></td></tr>
<tr><td>定额时间</td><td>3h</td><td colspan="4">每超时 5min 以内以扣 5 分计算</td><td></td></tr>
<tr><td>备注</td><td colspan="4">除定额时间外，各项内容的最高扣分不应超过配分数</td><td>成绩</td><td></td></tr>
<tr><td>开始时间</td><td colspan="2"></td><td>结束时间</td><td></td><td>实际时间</td><td></td></tr>
</table>

2.6.2　自耦变压器降压启动控制电路

自耦变压器降压启动是利用自耦变压器来降低加在定子绕组上的启动电压，达到限制启动电流的目的。启动时，电源电压加在自耦变压器的高压绕组上，而

电动机的定子则与自耦变压器低压绕组连接，待电动机转速上升到一定值时，再将自耦变压器切除，电动机直接与电源相接，在额定电压下正常运行。自耦变压器降压启动原理如图 2.22 所示，启动时先合上电源开关 QS1，再将开关 QS2 扳向“启动”位置，此时电动机定子绕组与变压器的二次侧相连，电动机降压启动，待电动机转速上升到一定值时，再将开关 QS2 迅速从“启动”位置扳到“运行”位置，切除自耦变压器，电动机则在额定电压下运行。

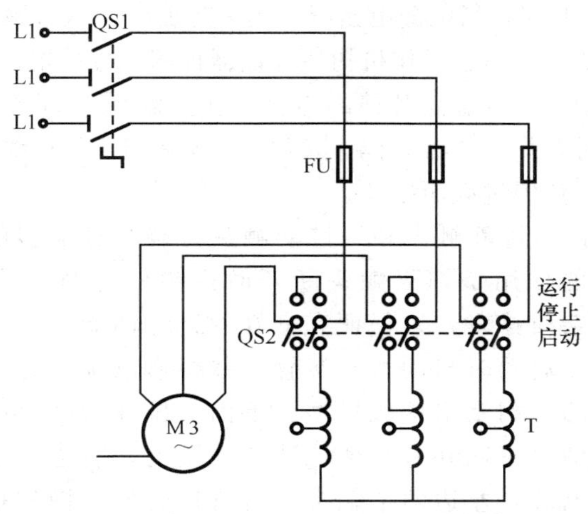

图 2.22　自耦变压器降压启动原理图

自耦变压器又称为补偿器，自耦变压器降压启动分为手动控制和自动控制两种。

1. 手动自耦减压启动器

一般常用的手动自耦减压启动器有 QJ3 系列油浸式和 QJ10 系列空气式两种。图 2.23 为 QJ3 型补偿器的结构图和控制线路图。QJ3 型补偿器主要由箱体、

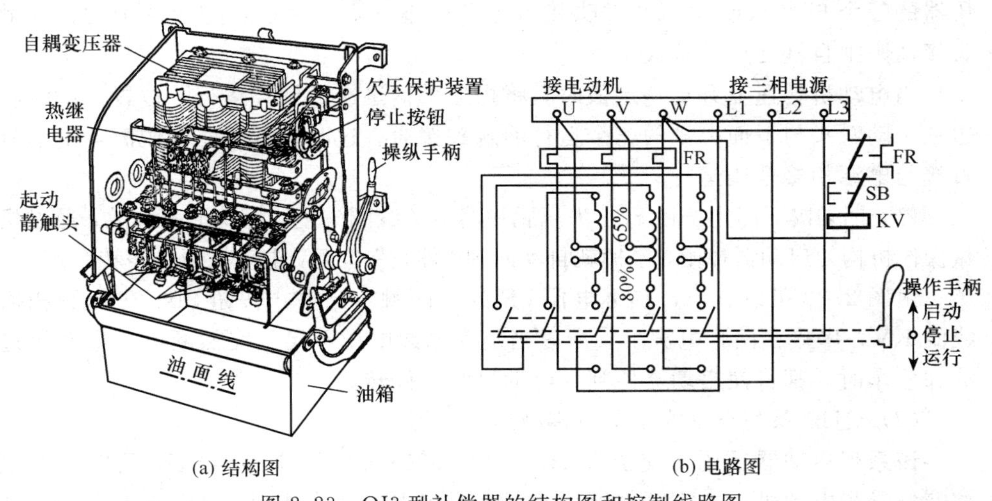

(a) 结构图　　(b) 电路图

图 2.23　QJ3 型补偿器的结构图和控制线路图

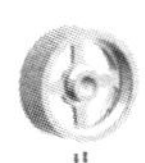

自耦变压器、触头系统、保护装置和操作机构等五部分组成。

自耦变压器和保护装置均装在箱架的上部。自耦变压器的抽头电压有两种，分别是电源电压的65%和80%（出厂时接在65%抽头上）可以根据电动机启动时负载的大小选择不同的启动电压。线圈是按短时通电设计的，只允许连续启动两次。补偿器的电寿命为5000次。

保护装置有过载保护和欠压保护。欠压保护是由欠压继电器完成的，其线圈KV跨接在两相电源间，当电源电压降低到一定值时，铁心吸力减小而不能吸住衔铁，使衔铁跌落，并通过操作机构使补偿器掉闸，保护电动机不会因电压过低而烧坏。过载保护采用双金属片热继电器。在室温35℃环境下，当电流增加到额定值的1.2倍时，热继电器动作，其常闭触头断开，KV线圈断电使补偿器跳闸，保护电动机以免因过载而损坏。

触头系统包括两排静触头和一排动触头，装在补偿器的下部，浸没在绝缘油内，绝缘油的作用是熄灭触头断开时产生的电弧。绝缘油必须保持清洁，防止水分和杂质掺入，以保证有良好的绝缘性能。上面一排共有五个静触头，其中三个在启动时与动触头接触，并接通电源，另外两个经两个动触头将自耦变压器的三相绕组接成星型。下面一排静触头只有三个叫运行静触头，中间一排是动触头，共有五个，装在主轴上，右边三个触头用软金属带连接接线板上的电源，左边两个触头是自行接通的。操作机构包括手柄、主轴和联锁装置等。

（1）QJ3系列油浸式手动自耦减压启动器

其电路图如图2.23（b）所示，动作原理如下：

当手柄在“停止”位置时，装在主轴上的动触头和两排静触头都不接触，电动机不通电，处于停止位置。

当手柄向前推到“启动”位置时，装在主轴上的动触头与上面一排启动静触头接通，三相电源L1、L2、L3通过右边的动触头接入自耦变压器，又经自耦变压器的三个65%（或80%）抽头接入电动机进行降压启动，左边两个动、静触头接通则把自耦变压器接成了Y形。

当电动机转速上升至一定值时，将操作手柄迅速扳到“运行”位置，此时右边三个动触头与下面一排的三个运行静触头接通，这时自耦变压器脱离，电动机直接与电源相接全压运行。

停止时，按下停止按钮SB，失压脱扣器KV线圈失电，衔铁下落释放，通过机械操作机构使启动器掉闸，手柄就自动回到“停止”位置，电动机断电停转。

由图2.23可以看出，热继电器FR的常闭触头、停止按钮SB、欠压脱扣器线圈KV，串接在两相电源上，所以当出现电源电压不足、突然断电、电动机过载和停车时，都将使启动器掉闸，电动机断电停转。

（2）QJ10系列空气式手动自耦减压启动器

该系列启动器适用于交流50Hz，电压380V以下、容量75kW及以下的三相笼型异步电动机，作不频繁降压启动和停止用。在结构上，QJ10系列和QJ3

系列基本相同，也是由箱体、自耦变压器、保护装置、触头系统和操作机构五部分组成。触头系统有一组启动触头、一组中性触头和一组运行触头，电路图如图 2.24 所示。其动作原理如下：

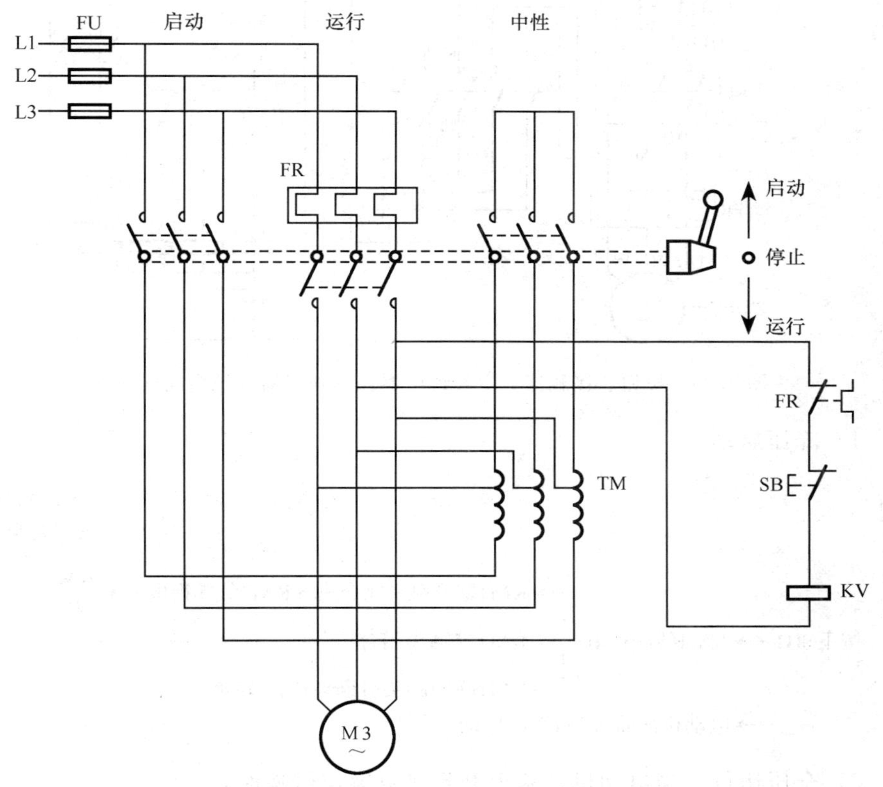

图 2.24　QJ_{10} 系列空气式手动自耦减压启动器电路图

当操作手柄扳到“停止”位置时，所有的动、静触头均断开，电动机处于断电停止状态；当操作手柄向前推到“启动”位置时，启动触头和中性触头同时闭合，三相电源经启动触头接入自耦变压器 TM，又经自耦变压器的三个触头接入电动机进行降压启动，中性触头则把自耦变压器接成了 Y 形；当电动机的转速上升到一定值后，将操作手柄迅速扳到“运行”位置，启动触头和中性触头先同时断开，运行触头随后闭合，这时自耦变压器脱离，电动机进入全压运行。停止时，按下 SB 即可。

2. 按钮、接触器、中间继电器控制补偿器降压启动控制线路

按钮、接触器、中间继电器控制补偿器降压启动控制电路如图 2.25 所示，其工作原理如下：(合上电源开关 QS)。

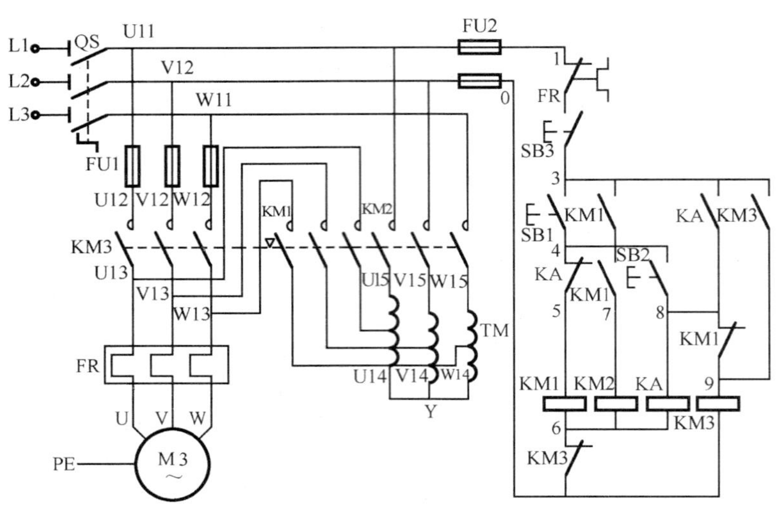

图 2.25　按钮、接触器、中间继电器控制补偿器降压启动电路图

1）降压启动。

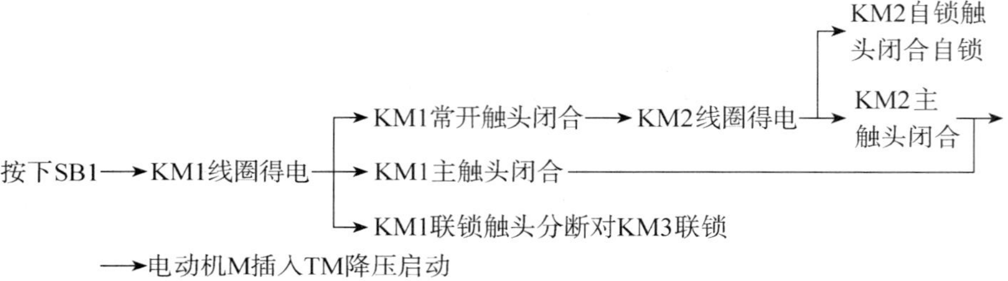

2）全压运行。当电动机转速上升到接近额定转速时，

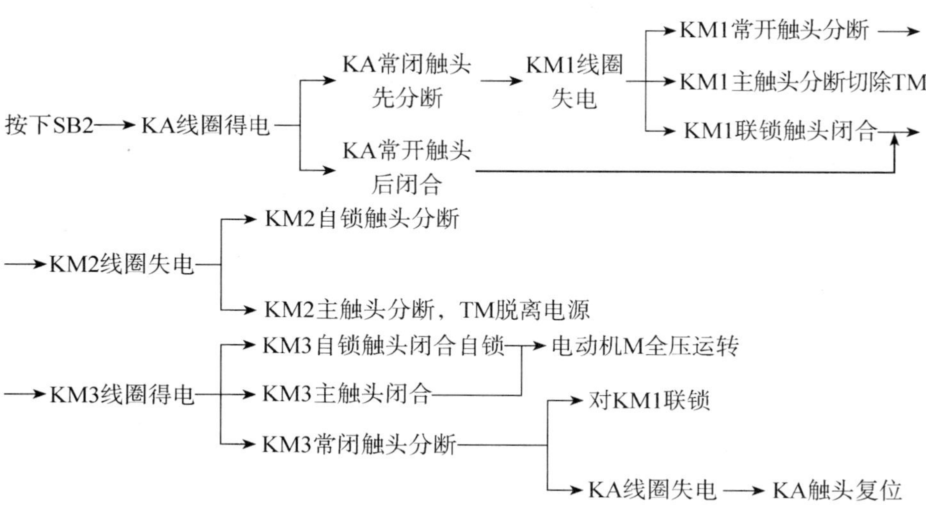

停车时按下 SB3 即可。

表 2.33　元件明细功能表

序　号	符　　号	名　　称	型　　号	功　　能	备　　注
1	M	三相异步电动机	Y132S-4	动力驱动设备	
2	QS	组合开关	HZ10-25/3	电源控制开关	
3	FU1	熔断器	RL1-60/25	主电路短路保护	
4	FU2	熔断器	RL1-15/2	控制电路短路保护	
5	KM1　KM2	交流接触器	CJT1-20	接入 TM 降压启动	
6	KM3	交流接触器	CJT1-20	全压运行	
7	KA	中间继电器	JZ7-44	切换	
8	FR	热继电器	JR36B-20/3	过载保护	
9	SB1～SB3	按钮	LA4-3H	降压启动按钮、全压运行按钮、停止按钮	
10	TM	自耦变压器	GTZ	降压启动	定制抽头电压 65%U_N

该电路的优点是：①启动时若操作者误按 SB2，接触器 KM3 线圈也不会得电，避免电动机全压启动；②由于接触器 KM1 的常开触头与 KM2 的线圈串联，所以当降压启动完毕后，接触器 KM1、KM2 均失电，即使接触器 KM3 出现故障使触头无法闭合时，也不会使电动机在低压下运行。此电路的缺点是从降压启动到全压运转，需两次按下按钮，操作不便，且间隔时间也不能准确掌握。

3. XJ01 系列自耦减压启动箱

XJ01 系列自动控制补偿器是企业广泛应用的自耦变压器降压启动自动控制设备，适用于交流 50Hz、电压 380V、功率为 14～300kW 三相笼型异步电动机的降压启动。

整个电路分成三部分：主电路、控制电路和指示电路。图 2.26 为自动控制补偿器控制电路。其工作原理如下：（合上电源开关）

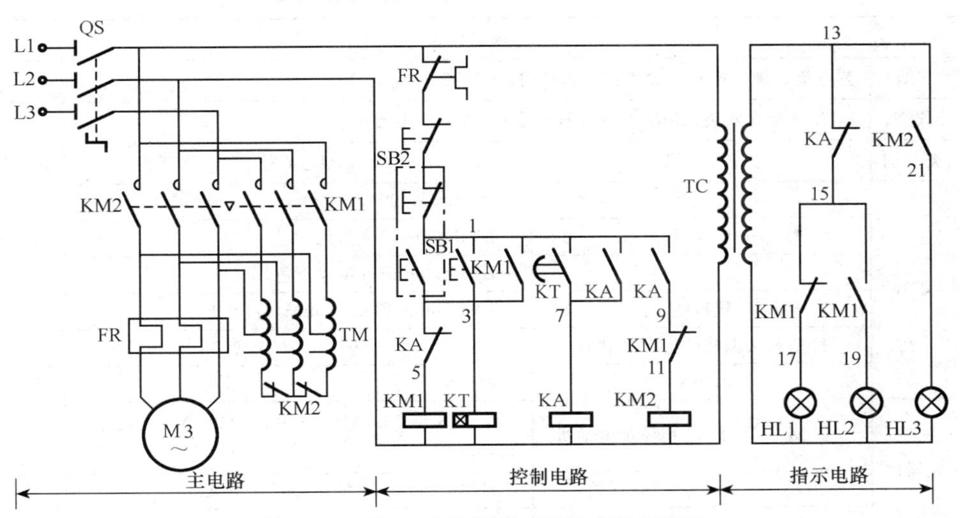

图 2.26　XJ01 系列自耦减压启动器电路图

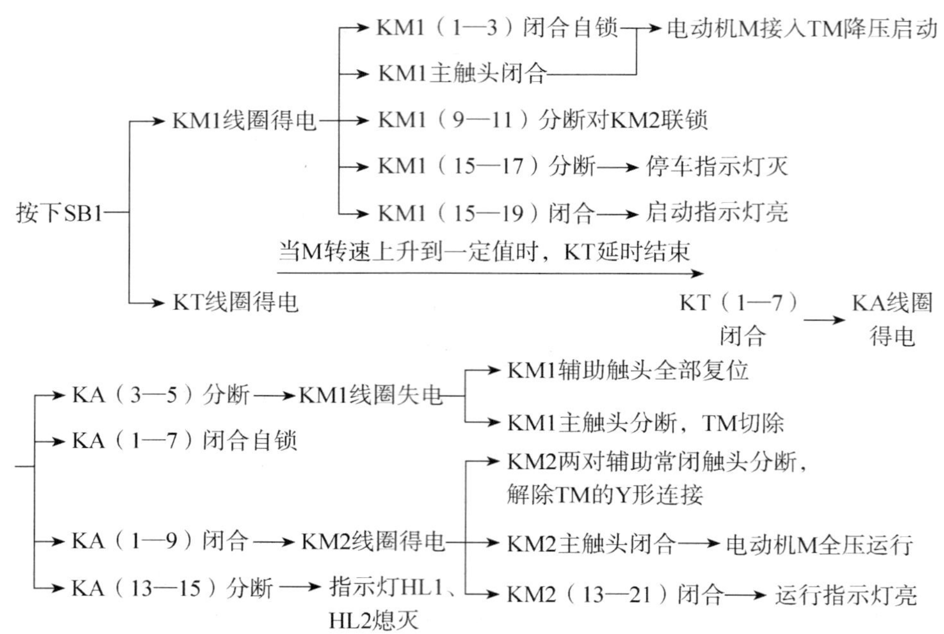

停止时，按下 SB2 即可。

技能训练 2.13 自耦变压器降压启动线路的安装

一、目的和要求

掌握按钮、接触器、中间继电器控制补偿器降压启动控制电路的安装。

二、工具、仪表、器材、元器件清单

工具、仪表、器材、元器件清单见表 2.34。

表 2.34 工具、仪表、器材及元器件

项目内容				
工具	测电笔、螺钉旋具、尖嘴钳、斜口钳、剥线钳、电工刀等			
仪表	ZC25-3 型兆欧表、MG-1 型钳形电流表、MF47 型万用表			
类别	名称		型号规格	数量
器材	控制板		500mm×400mm×20mm	1
	塑铜线		BVR1.5mm² (黑色)	若干
			BVR1.5mm² (黄绿双色)	若干
	塑铜线		BVR1mm² 和 0.75mm² (红色)	若干
	针型及叉型轧头、金属软管			若干
	木螺钉		ϕ5×60	若干
元器件	M	三相异步电动机	Y132S-4 5.5kW、380V、11.6A、△接法、1440r/min	1
	QS	组合开关	HZ10-25/3 三极、500V、10A	1
	FU_1	熔断器	RL1-60/25 500V、60A、配熔体 25A	3

续表

类　别	名　　称		型号规格	数　量
元器件	FU2	熔断器	RL1-15/2　500V、15A、配熔体 2A	2
	KM1～KM3	交流接触器	CJT1-20　20A、线圈电压 380V	3
	KA	中间继电器	JZ7-44　线圈电压 380V	1
	FR	热继电器	JR36B-20/3　三极、20A、整定电流 8.8A	1
	TM	自耦变压器	GTZ　定制抽头电压 $65\%U_N$	1
	SB1、SB2	按钮	LA10-3H　保护式、380V、5A	1
	XT	端子板	JX2-1015　380V、10A、15 节	1

三、训练内容

1）按元器件清单配备电器元件，并进行检验。

2）按钮、接触器、中间继电器控制补偿器降压启动控制线路（图 2.25），画出接线图。

3）自编安装步骤和安装工艺，并经指导教师审核合格后进行安装训练。

4）注意事项：

① 热继电器整定值应在不通电时事先调整好，并在通电试车时校正。

② 电动机和自耦变压器的金属外壳必须可靠接地，并应将接地线接到指定的接地螺钉上。

③ 自耦变压器要安装在箱体内，否则应采用遮护或隔离措施，并在进、出线的端子上进行绝缘处理，以防止发生触电事故。

④ 若无自耦变压器时，可采用两组灯箱分别代替电动机和自耦变压器进行模拟试验，但其规格必须相同。如图 2.27 所示。

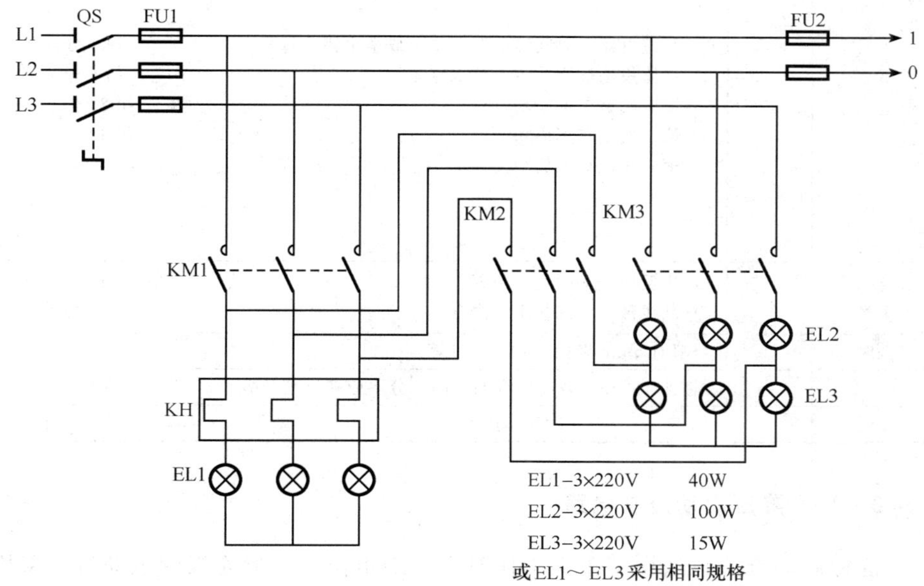

图 2.27　灯箱模拟试验电路图

⑤ 布线时要注意电路中的 KM2 和 KM3 的相序不能接错，否则，会使电动机工作时的转向和启动的转向相反。

⑥ 通电校验必须有指导教师在现场监护，以确保用电安全。

四、评分标准

表 2.35 评分标准

项目内容	配 分	评分标准		扣 分
自编安装工艺	10	安装工艺不合理、不完善	扣 5～10 分	
装前检查	10	1）电动机质量检查，每漏一处 2）电器元件漏检或错检，每处	扣 5 分 扣 5 分	
安装布线	40	1）电器元件安装不整齐、不匀称、不合理 2）电器元件安装不牢固 3）损坏电器元件 4）不按电路图接线 5）布线不符合要求： 主电路，每根 控制电路，每根 6）接点松动、露铜过长、压绝缘层、反圈等，每个接点 7）损伤导线绝缘层或线芯 8）漏套或错套编码套管，每处 9）漏接接地线	每只扣 3 分 每只扣 4 分 扣 15 分 扣 15 分 扣 4 分 扣 2 分 扣 1 分 每根扣 5 分 扣 2 分 扣 10 分	
通电试车	40	1）热继电器、时间继电器未整定或整定错，每只 2）熔体规格配错，主、控电路各 3）第一次试车不成功 第二次试车不成功 第三次试车不成功	扣 5 分 扣 5 分 扣 20 分 扣 30 分 扣 40 分	
安全文明生产		1）违反完全文明生产规程 2）乱线敷设，加扣不安全分	扣 5～40 分 扣 10 分	
定额时间	4h	每超时 5min 以内以扣 5 分计算		
备注	除定额时间外，各项内容的最高扣分不应超过配分数		成绩	
开始时间		结束时间		实际时间

2.6.3 Y-△降压启动控制电路

这种启动方法只适用于正常工作时定子绕组作三角形连接的电动机。采用星型启动时，定子绕组上的启动电压只有△接法的$\frac{1}{\sqrt{3}}$，启动电流也为△接法的$\frac{1}{3}$。启动转矩就只有△的$\frac{1}{3}$。故只适用于空载或轻载启动。

1. 接触器控制 Y-△降压启动线路

如图 2.28 为按钮和接触器控制 Y-△降压启动线路。元件明细功能见表 2.36。其工作原理如下：(先合上电源开关 QS)

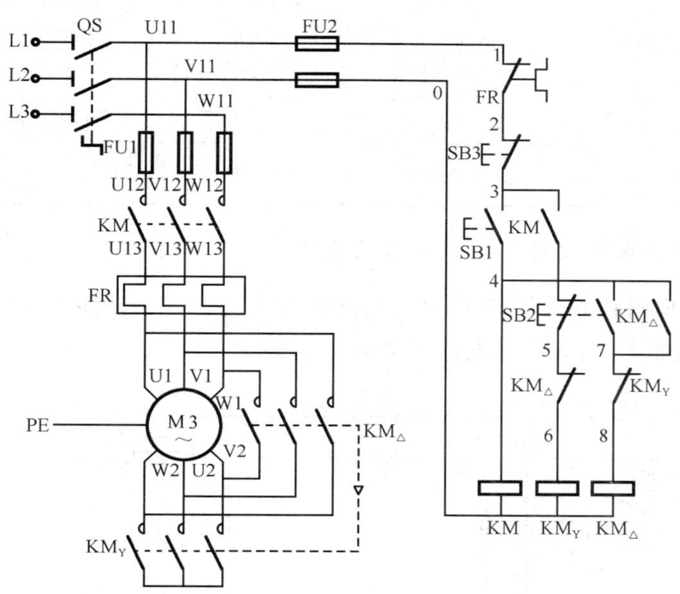

图 2.28　按钮、接触器控制 Y-△降压启动电路图

1）电动机 Y 形接法降压启动。

2）电动机△形全压运行。当电动机转速上升至额定值时，

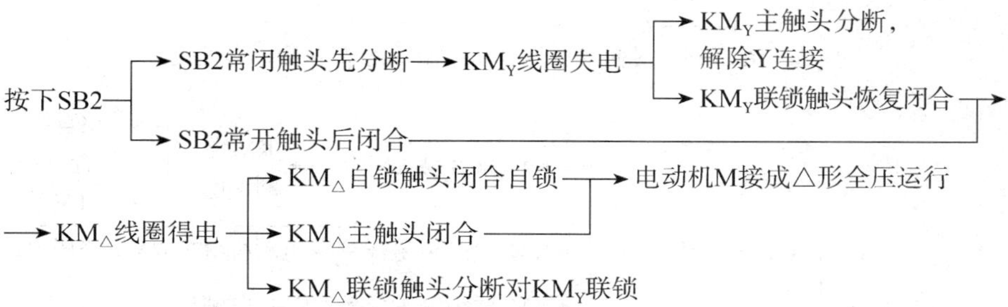

停止时，按下 SB3 即可。

表 2.36　元件明细功能表

序　号	符　　号	名　　称	型　　号	功　　能	备　注
1	M	三相异步电动机	Y132S-4	动力驱动设备	
2	QS	组合开关	HZ10-25/3	电源控制开关	
3	FU1	熔断器	RL1-60/35	主电路短路保护	
4	FU2	熔断器	RL1-15/2	控制电路短路保护	
5	KM	交流接触器	CJT1-20	电源引入	
6	KM_Y	交流接触器	CJT1-20	Y 形启动	
7	$KM_\triangle$	交流接触器	CJT1-20	△形运行	
8	FR	热继电器	JR36B-20/3	过载保护	
9	SB1　SB2　SB3	按钮	LA4-3H	启动按钮、Y-△转换按钮、停止按钮	

2. 时间继电器控制 Y-△降压启动线路

时间继电器控制 Y-△降压启动线路如图 2.29 所示。元件功能明细见表 2.37。其工作原理如下：(先合上电源开关 QS)

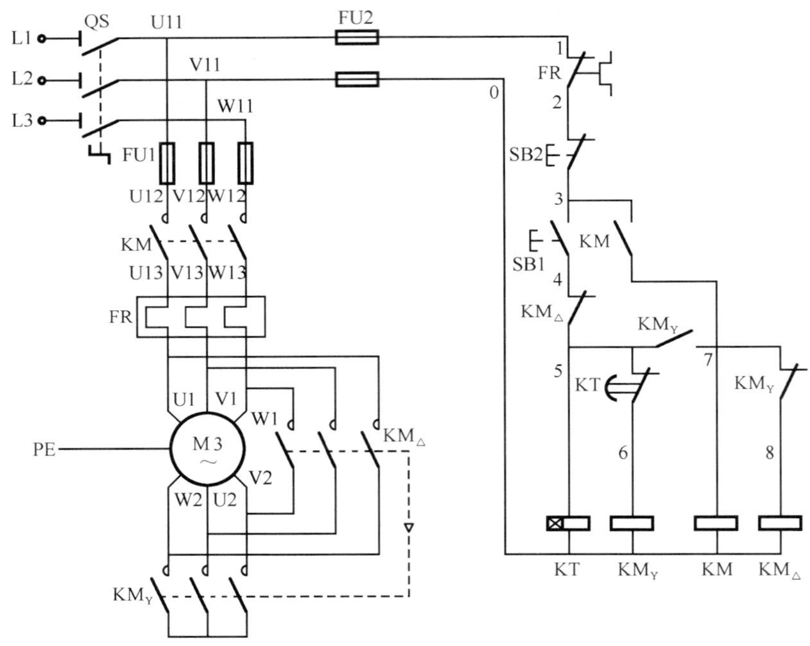

图 2.29　时间继电器自动控制 Y-△降压启动电路图

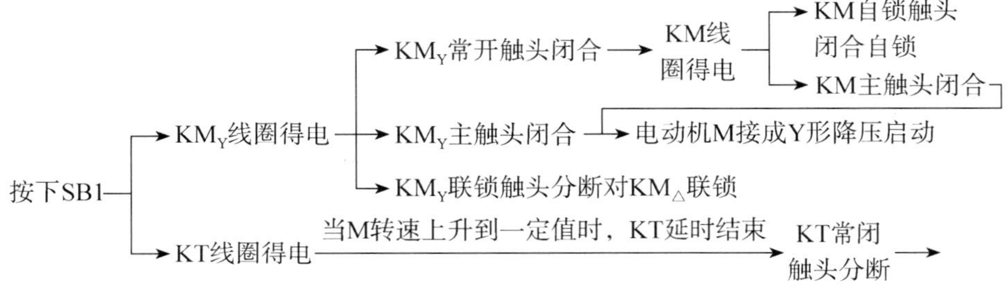

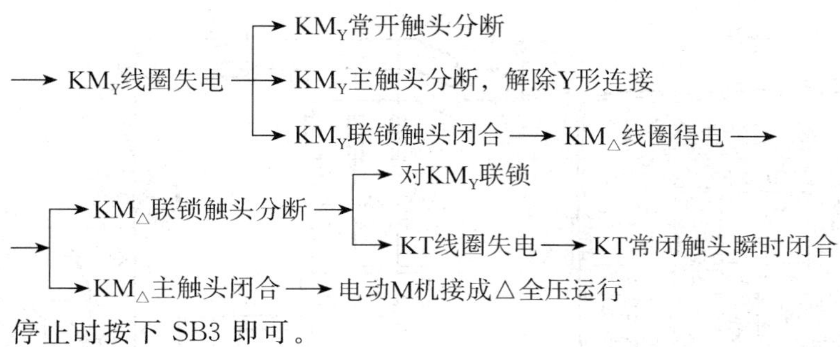

停止时按下 SB3 即可。

表 2.37　元件明细功能表

序　号	符　　号	名　　称	型　　号	功　　能	备　注
1	M	三相异步电动机	Y132S-4	动力驱动设备	
2	QS	组合开关	HZ10-25/3	电源控制开关	
3	FU1	熔断器	RL1-60/25	主电路短路保护	
4	FU2	熔断器	RL1-15/2	控制电路短路保护	
5	KM	交流接触器	CJT1-20	电源引入	
6	KM_Y	交流接触器	CJT1-20	Y 形启动	
7	$KM_△$	交流接触器	CJT1-20	△形运行	
8	FR	热继电器	JR36B-20/3	过载保护	
9	KT	时间继电器	JS7-2A	控制 Y-△自动转换	
9	SB1　SB2	按钮	LA4-3H	启动按钮、停止按钮	

与启动按钮 SB1 串联的接触器 $KM_△$ 常闭触头可防止两种意外事故，使电路工作更可靠，一种情况是在电动机启动并正常运行后，接触器 KM_Y 线圈已失电释放，$KM_△$ 线圈已得电吸合，若因操作工误按启动按钮 SB1，$KM_△$ 常闭触头能防止接触器 KM_Y 线圈得电动作，避免造成电源短路。另一种情况是电动机停车后，如果接触器 $KM_△$ 主触头由于焊住后机械故障没有释放，由于设置了接触器 $KM_△$ 的常闭触头，电动机就不可能第二次启动，因而也就避免了电源短路事故的发生。

这个电路是在接触器 KM_Y 先动作，然后才能使接触器 KM 得电动作，这样的 KM_Y 主触头是在无负载的条件下进行工作，可以延长接触器 KM_Y 主触头的使用寿命。

3. QX3-13 型 Y-△自动启动器

Y-△自动启动器有 QX3、QX4 两个系列。QX3 系列有 QX3-13、QX3-30、QX3-55、QX3-125 型等。QX3 后面的数字是指额定电压为 380V 时，启动器可控制电动机的最大功率值（单位 kW）。

QX3-13 型 Y-△自动启动器的控制电路如图 2.30。

合上电源开关后，按下启动按钮 SB1，接触器 KM 和 KM_Y 线圈同时得电吸合，KM 和 KM_Y 主触头闭合，电动机 Y 连接降压启动，与此同时，时间继电器 KT 的线圈也得电动作，KT 常闭触头延时断开，KM_Y 线圈失电，KT 常开触头延时闭合，$KM_△$ 线圈得电动作，电动机定子绕组由 Y 连接自动转换成△连接。

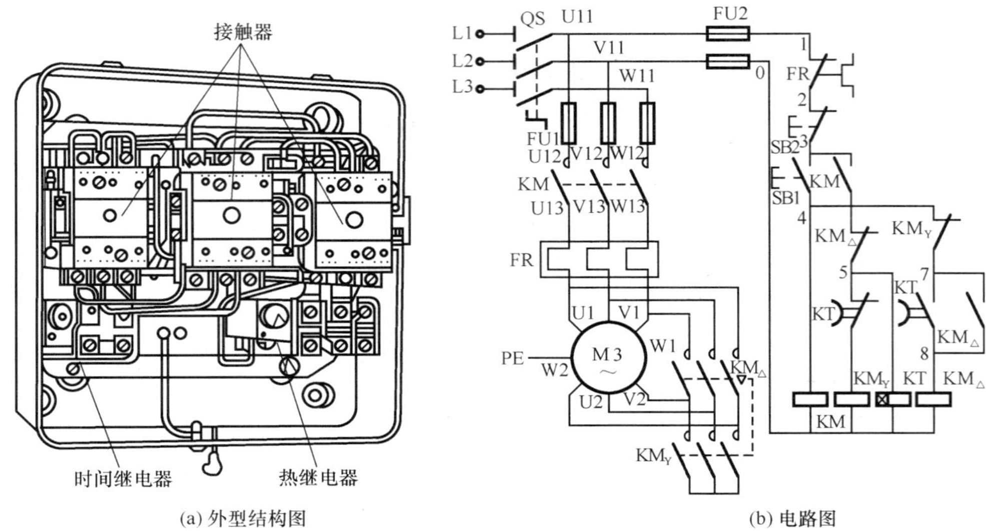

图 2.30 QX3-13 型 Y-△自动启动器

技能训练 2.14 Y/△降压启动控制电路的安装与维修

一、目的和要求

掌握时间继电器自动控制的 Y-△降压启动线路的安装和维修。掌握电气原理图中各个控制环节的作用和原理，并熟悉电动机的接线方法。

二、工具、仪表、器材、元器件清单

工具、仪表、器材、元器件见表 2.38。

表 2.38 工具、仪表、器材及元器件

<table>
<tr><td colspan="5">项目内容</td></tr>
<tr><td>工具</td><td colspan="4">测电笔、螺钉旋具、尖嘴钳、斜口钳、剥线钳、电工刀等</td></tr>
<tr><td>仪表</td><td colspan="4">兆欧表、钳形电流表、万用表</td></tr>
<tr><td>类　别</td><td colspan="2">名　　称</td><td>型号规格</td><td>数　量</td></tr>
<tr><td rowspan="6">器材</td><td colspan="2">控制板</td><td>500mm×400mm×20mm</td><td>1</td></tr>
<tr><td colspan="2">塑铜线</td><td>BVR1.5mm² （黑色）</td><td>若干</td></tr>
<tr><td colspan="2"></td><td>BVR1.5mm² （黄绿双色）</td><td>若干</td></tr>
<tr><td colspan="2">塑铜线</td><td>BVR1mm² 和 0.75mm² （红色）</td><td>若干</td></tr>
<tr><td colspan="2">针型及叉型轧头、金属软管</td><td></td><td>若干</td></tr>
<tr><td colspan="2">木螺钉</td><td>ϕ5×60</td><td>若干</td></tr>
<tr><td rowspan="4">元器件</td><td>M</td><td>三相异步电动机</td><td>Y132S-4　7.5kW、380V、15.4A、△接法、1440r/min</td><td>1</td></tr>
<tr><td>QS</td><td>组合开关</td><td>HZ10-25/3　三极、500V、10A</td><td>1</td></tr>
<tr><td>FU1</td><td>熔断器</td><td>RL1-60/25　500V、60A、配熔体 35A</td><td>3</td></tr>
<tr><td>FU2</td><td>熔断器</td><td>RL1-15/2　500V、15A、配熔体 2A</td><td>2</td></tr>
</table>

续表

类　别	名　　称		型号规格	数　量
元器件	KM　KM3$_{Y}$ KM$_{\triangle}$	交流接触器	CJT1-20　20A、线圈电压 380V	3
	KT	时间继电器	JS7-2A　线圈电压 380V	1
	FR	热继电器	JR36B-20/3　三极、20A、整定电流 8.8A	1
	SB1、SB2	按钮	LA10-3H　保护式、380V、5A	1
	XT	端子板	JX2-1015　380V、10A、15 节	1

三、训练内容

1）按元器件清单配备电器元件，并进行检验。

2）控制线路如图 2.29，分别画出接线图，在控制板上按图进行划线安装元器件。

3）自编安装步骤和安装工艺，并经指导教师审核合格后进行安装训练。

4）注意事项：

① 时间继电器的安装，应使继电器在断电时，动铁心释放时的运动方向垂直向下。

② Y-△降压启动控制的电动机，必须有 6 个出线端子，且定子绕组在△接法时的额定电压等于三相电源线电压。

③ 接线时要保证电动机△形接法的正确性，即接触器 KM$_{\triangle}$ 主触头闭合时，应保证定子绕组的 U1 与 W2，V1 与 U2，W1 与 V2 相连接。

④ 接触器 KM$_{Y}$ 的进线必须从三相定子绕组的末端引入，若误将其从首端引入，则在 KM$_{Y}$ 吸合时，会产生三相电源短路事故。

⑤ 控制板外部配线，必须按要求一律在导线通道内，使导线有适当的机械保护，以防止液体、铁屑和灰尘的侵入。在训练时可适当降低要求，但必须以能确保安全为前提，如采用多芯橡皮线或塑料护套软线。

⑥ 通电校验前应检查熔体规格和时间继电器、热继电器的各整定值是否符合要求。

⑦ 通电校验必须有指导教师在现场监护，学员应根据电路图的控制要求独立进行校验，若出现故障应自行排除。

⑧ 安装训练必须按规定的定额时间来完成，同时要做到安全操作和文明生产。

四、评分标准

评分标准见表 2.32。

五、检修训练

1. 故障设置

在主电路或控制电路中人为设置电气故障一处。

2. 故障检修

1）用通电试验法观察故障现象。观察电动机、各电器元件及线路的工作是否正常，若发现异常现象，应立即断电检查。

2）用逻辑分析法缩小故障范围，并在电路图上用虚线标出故障部位的最小范围。

3）用测量法正确、迅速地找出故障点。

4）根据故障点的不同情况，采取正确的方法迅速排除故障。

5）排除故障后通电试车。

3. 注意事项

1）检修前先要掌握电路图中各个控制环节的作用和原理，并熟悉电动机的接线方法。

2）在检修过程中严禁扩大和产生新的故障，否则，要立即停止修理。

3）检修思路和方法要正确。

4）带电检修故障时，必须有指导教师在现场监护，并要确保用电安全。

5）检修必须在定额时间内完成。

4. 评分标准

评分标准见表 2.39。

表 2.39　评分标准

项目内容	配　分	评分标准				扣　分
故障分析	30	1）故障分析、排除故障思路不正确　　扣 5～10 分 2）标错故障范围　　扣 5 分				
排除故障	70	1）断电不验电　　扣 10 分 2）工具及仪表使用不当　　每次扣 10 分 3）排除故障的顺序不对　　扣 10 分 4）不能查出故障点　　每个扣 20 分 5）查出故障点，但不能排除　　每个故障扣 20 分 6）产生新的故障： 不能排除　　扣 10 分 已经排除　　扣 5 分 7）损坏电动机　　扣 30 分 8）损坏电器元件，或排除故障方法不正确　　每只扣 10～20 分 9）违反安全、文明生产　　扣 10～70 分				
定额时间 30min	不允许超时检查，若在修复故障过程中才允许超时，但以每超时 1min 扣 5 分计算					
备注	除定额时间外，各项目最高扣分不超过配分数				成绩	
开始时间			结束时间		实际时间	

2.6.4　延边△降压启动控制电路

延边△降压启动法，是在电动机启动过程中，将电动机定子绕组接成延边三角形，以减小启动电流，待启动完毕后，将其绕组改成三角形连接正常运行。电动机定子绕组连接如图 2.31 所示。

采用 Y-△降压启动的方法虽然简单方便，但由于启动时每相绕组电压降低很多，启动转矩也相应下降很多，所以在实际应用上受到限制，而延边三角形降压启动，可以克服上述缺点。启动时，三相绕组一部分接成 Y 形，另一部分接成△形。此时，电源接到三相绕组的首端 U1、V2、W1，每相定子绕组上所承

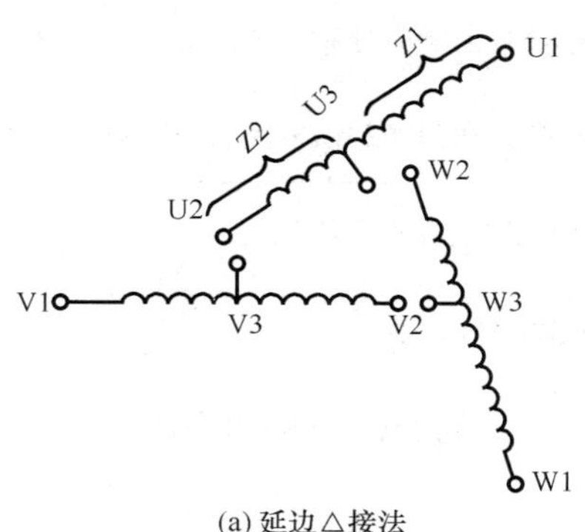

(a) 延边△接法

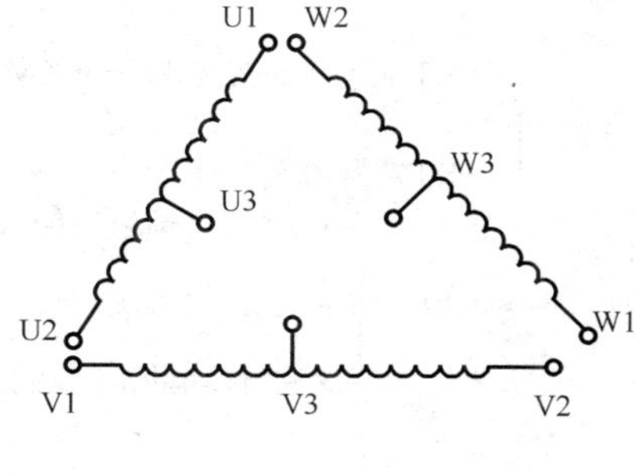

(b) △接法

图 2.31　延边△降压启动电动机定子绕组的连接方式

受的电压小于△接法时的相电压，而又大于 Y 形接法的相电压，其电压大小与每相绕组上的抽头比例有关，改变定子绕组的抽头比例，就能调节启动时定子绕组上的电压大小，从而改变了启动电流和启动转矩。

电动机接成延边△时，每相绕组各种抽头比的启动特性见表 2.40。

表 2.40　延边△电动机定子绕组抽头比的启动特性

定子绕组抽头比 $K=Z_1:Z_2$	相似于自耦变压器的抽头百分比/%	启动电流为额定电流的倍数 I_{St}/I_N	延边△启动时每相绕组电压/V	启动转矩为全压启动时的百分比/%
1∶1	71%	3～3.5	270	50%
1∶2	78%	3.6～4.2	296	60%
2∶1	66%	2.6～3.1	250	42%
当 Z_2 绕组为 0 时即为 Y 形连接	58%	2～2.3	220	33.3%

由图 2.31（a）和表 2.40 可以看出，采用延边△启动的电动机需要有 9 个出线端，这样不用自耦变压器，通过调节定子绕组的抽头比 K，即可得到不同数值的启动电流和启动转矩，从而满足了不同的使用要求。

1. 延边△降压启动控制线路

延边△降压启动控制线路如图 2.32 所示。其工作原理如下：（合上电源开关 QS）

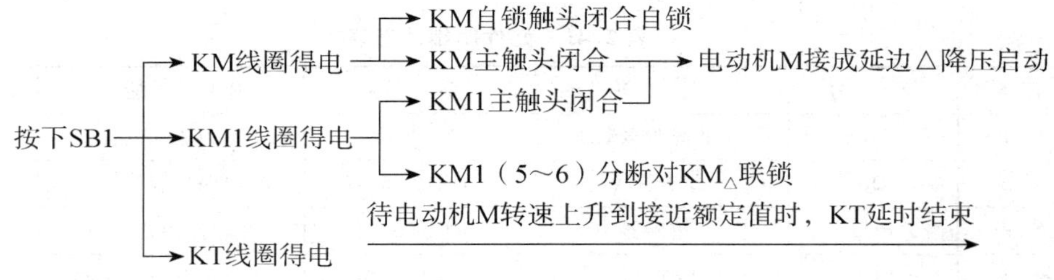

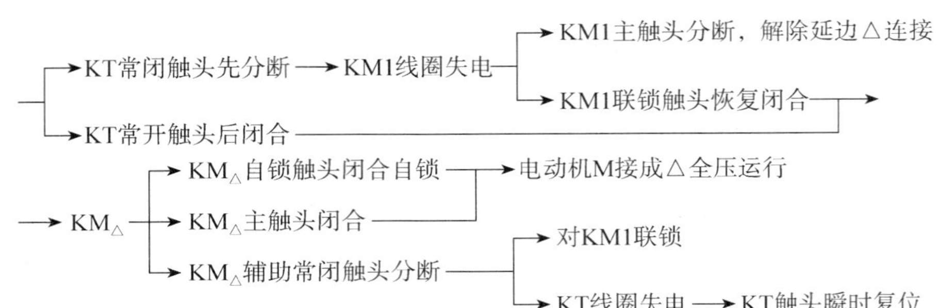

停止时，按下 SB2 即可。

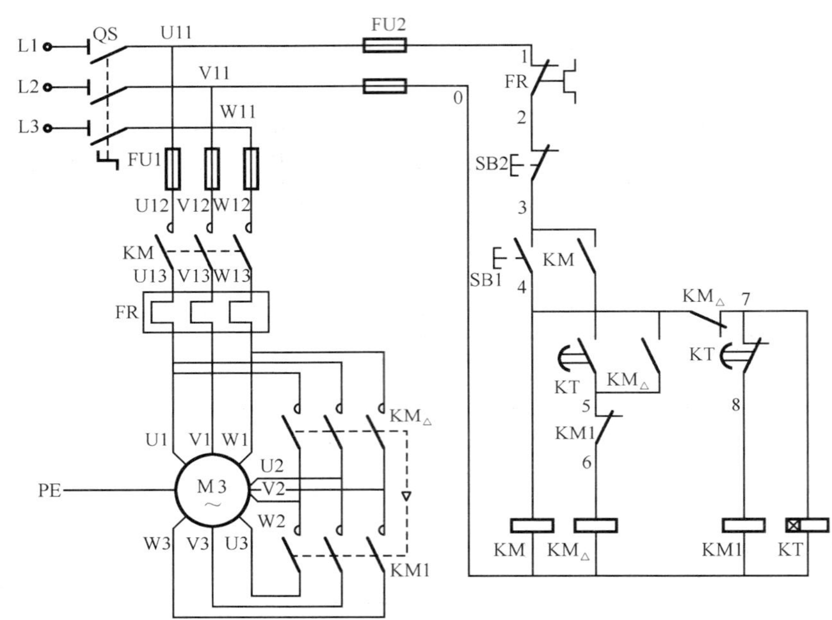

图 2.32　延边△降压启动控制线路

2. XJ1 系列减压启动控制箱的控制线路

XJ1 系列减压启动控制箱是应用延边△降压启动方法而制成的一种启动设备，箱内无自耦变压器，允许频繁操作，并可作 Y-△降压启动。

XJ1 系列减压启动控制箱的控制电路如图 2.33 所示。线路工作原理请自行分析。

表 2.41 适用于图 2.32 和图 2.33。

表 2.41　元件明细功能表

序　号	符　　号	名　　称	型　　号	功　　能	备　注
1	M	三相异步电动机	Y132S-4	动力驱动设备	
2	QS	组合开关	HZ10-25/3	电源控制开关	
3	FU1	熔断器	RL1-60/25	主电路短路保护	
4	FU2	熔断器	RL1-15/2	控制电路短路保护	

续表

序　号	符　　号	名　　称	型　　号	功　　能	备　注
5	KM	交流接触器	CJT1-20	电源引入	
6	KM1	交流接触器	CJT1-20	延边△启动	
7	$KM_{\triangle}$	交流接触器	CJT1-20	△形全压运行	
8	FR	热继电器	JR36B-20/3	过载保护	
9	KT	时间继电器	JS7-2A	控制延边△-全压运行的自动转换	
9	SB1　SB2	按钮	LA4-3H	启动按钮、停止按钮	
10	TC	控制变压器	BK-300	提供指示电路电压	
11	HL1、HL2、HL3	指示灯		停止指示灯、降压启动指示灯、全压运行指示灯	

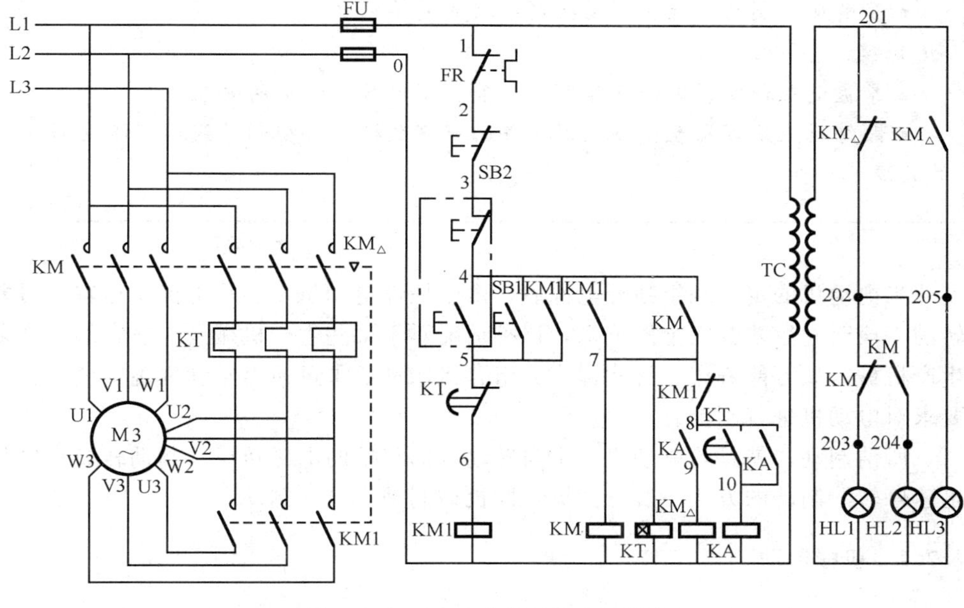

图 2.33　XJ1 系列减压启动控制箱

技能训练 2.15　延边△降压启动控制电路的安装与维修

根据图 2.32 所示电路，并参照 Y/△降压启动控制电路的技能训练项目进行安装训练。

小　　结

三相异步电动机的各种降压启动控制，虽然降压的方法各不相同，但其控制电路有着共同的规律，即时间控制、联锁控制等控制规律，在了解各种线路的异同的基础上，加深和巩固所学知识。

理论是实践的基础，实践是理论的延伸，通过本节相关控制线路的安装调试训练，对降压控制原理的规律应有新的认识，逐步掌握线路的维修步骤和方法，为常用机床电路的维修打下扎实的基础。

2.7 三相异步电动机制动控制线路

知识点

- 三相异步电动机的电磁抱闸制动线路的原理
- 三相异步电动机的反接制动控制线路的工作原理
- 三相异步电动机的能耗制动控制线路的原理分析
- 了解反接制动、能耗制动控制线路的简单计算

技能点

- 掌握电磁抱闸、单向反接制动、能耗制动控制线路的安装
- 熟练地应用万用表检测电器元件的好坏及检测典型制动线路不能制动的故障

当电动机的定子绕组断开电源后，由于惯性电动机不会马上停止运转，需要转动一段时间后才会完全停下来，这种情况对于某些生产机械是不适宜的。许多生产机械，如万能铣床、卧式镗床、组合机床都要求迅速停车和准确定位，这就要求对电动机进行制动。

所谓制动，就是给电动机一个与转动方向相反的电磁转矩（制动转矩）使其迅速停转。制动的方法一般分两类，即机械制动和电气制动。

2.7.1 机械制动

机械制动是利用机械装置，使电动机在切断电源后迅速停转的方法。应用较普遍的机械制动装置有电磁抱闸和电磁离合器两种，这两种制动原理基本相同，下面主要以电磁抱闸说明机械制动原理。

1. 电磁抱闸制动器

电磁抱闸制动器的结构主要包括两部分：制动电磁铁和闸瓦制动器。制动电磁铁由铁心、衔铁和线圈三部分组成。闸瓦制动器由闸轮、闸瓦、杠杆和弹簧等部分组成，闸轮与电动机装在同一根轴上。电磁抱闸制动器的结构和符号如图 2.34 所示。

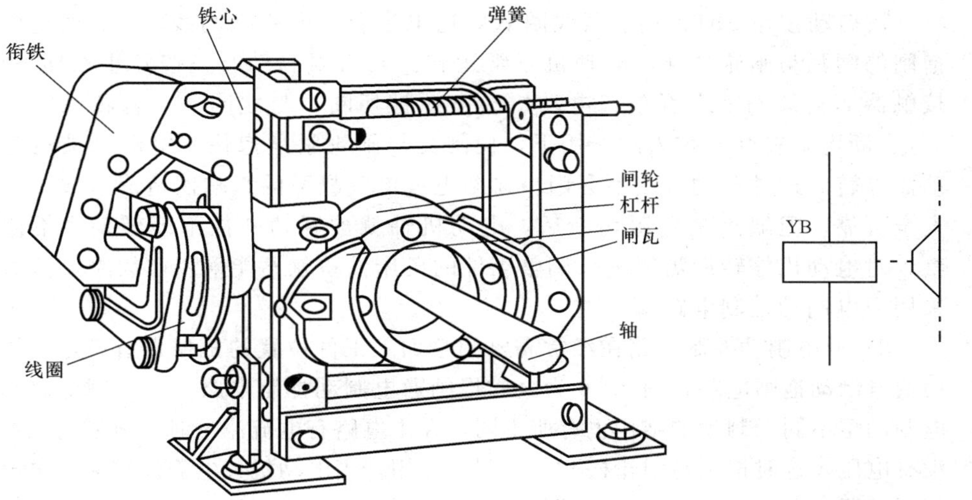

(a) 结构　　(b) 符号

图 2.34　电磁抱闸制动器

电磁抱闸制动器分为断电制动型和通电制动型两种。

1）断电制动控制电路在电梯、起重、卷扬机等一类升降机械上，采用的制动闸平时处于“抱住”的制动装置，其控制电路见图 2.35。其工作原理如下：合上电源开关 QS。

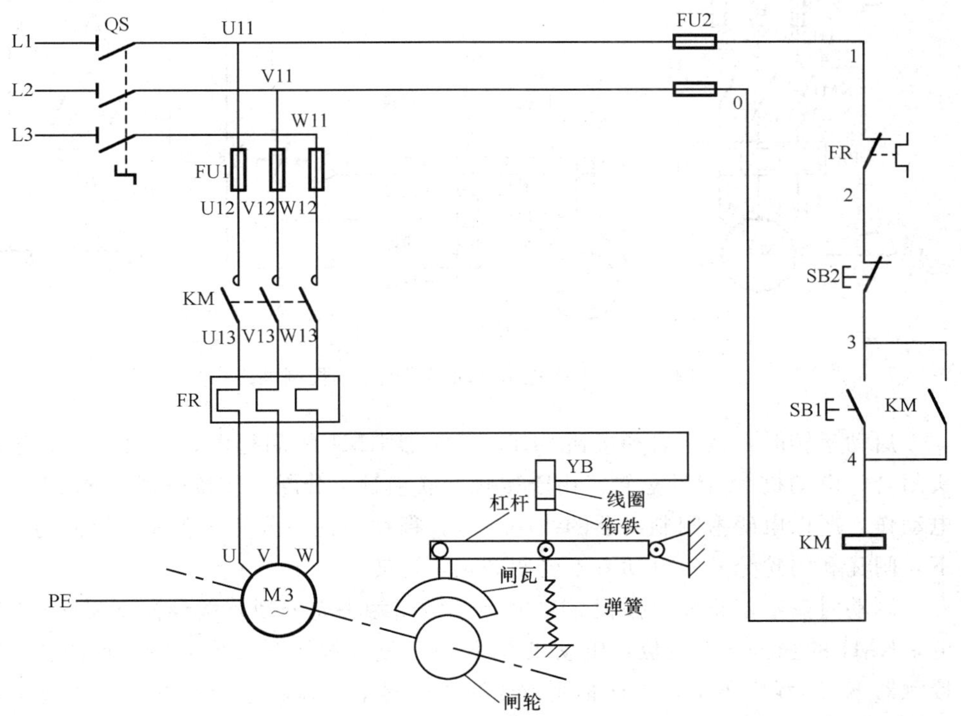

图 2.35　电磁抱闸制动器断电制动控制电路

按启动按钮 SB1，接触器线圈 KM 通电吸合，电磁抱闸线圈 YB 通电，使抱闸的闸瓦与闸轮分开，电动机正常运转。当需要制动时，按停止按钮 SB2，接触器 KM 线圈断电释放，电动机的电源被切断，与此同时，电磁抱闸线圈 YB 也断电，在弹簧拉力的作用下，使闸瓦与闸轮紧紧抱住，电动机被迅速制动而停转。这种制动方法不会因中途断电或电气故障的影响而造成事故，比较安全可靠。但缺点是电源切断后，电动机轴就被制动刹住不能转动，不便调整，对电动机停转后需要进行调整工件的机床设备就不能采用此线路，这时应采用通电制动控制电路。

2）通电制动控制电路在经常需要调整加工工件位置的机械设备中，通常采用通电制动抱闸电路，图 2.36 为电磁抱闸通电制动控制电路。该控制电路与断电制动型不同，制动的结构也有所不同，在主电路有电流流过时，电磁抱闸线圈没有电压，这时抱闸与闸轮松开，无制动作用。当电动机失电需停转时，电磁抱闸制动器的线圈得电，使闸瓦紧紧抱住闸轮制动，而电动机处于停转常态时，电磁抱闸制动器线圈也无电，闸瓦和闸轮分开，便于操作者用手扳动主轴调整工件、对刀。其工作原理如下，合上电源开关 QS。

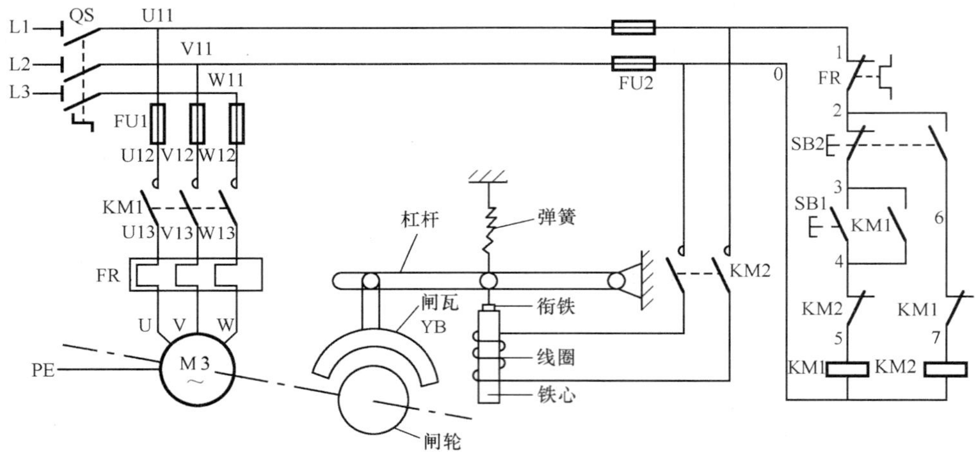

图 2.36　电磁抱闸制动器通电制动控制电路

启动运转时，按下启动按钮 SB1，接触器 KM1 线圈得电，主触头和自锁触头闭合，电动机 M 启动运转。由于接触器联锁触头分断，使接触器 KM2 不能得电动作，所以电磁抱闸制动器的线圈无电，衔铁与铁心分开，在弹簧拉力的作用下，闸瓦和闸轮分开，电动机不受制动正常运转。

制动时按下停止复合按钮 SB2 时，其常闭触头先分断，接触器 KM1 线圈断电，KM1 的触头全部复位，电动机 M 失电，复合按钮 SB2 常开触点后闭合，使接触器 KM2 线圈得电，电磁抱闸 YB 的线圈得电，铁心吸合衔铁，衔铁克服弹簧拉力，带动杠杆向下移动，使闸瓦与闸轮抱紧进行制动，当松开按钮 SB2 时，电磁抱闸 YB 线圈断电，抱闸又松开。

2. 电磁离合器制动

电磁离合器制动的原理和电磁抱闸制动器的制动原理类似。电动葫芦的绳轮常采用这种制动方法。断电制动型电磁离合器的结构示意图如图 2.37 所示。其结构及制动原理简述如下：

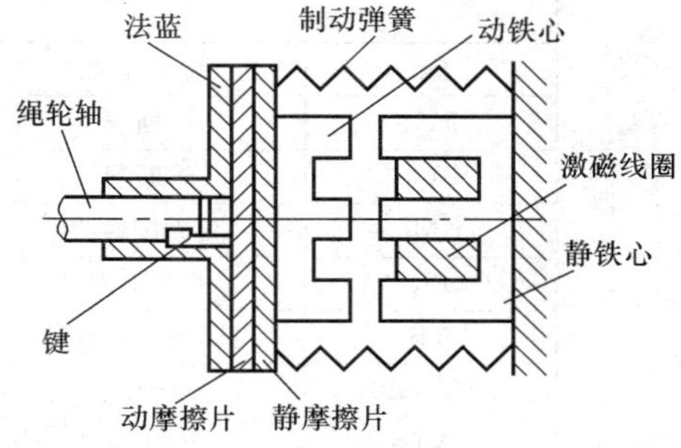

图 2.37 断电制动型离合器结构示意图

1）电磁离合器主要由制动电磁铁（包括动铁心、静铁心和激磁线圈）、静摩擦片、动摩擦片以及制动弹簧等组成。电磁铁的静铁心靠导向轴（图 2.37 中未画出）连接在电动葫芦本体上，动铁心与静摩擦片固定在一起，并只能作轴向移动而不能绕轴转动。动摩擦片通过连接法兰与绳轮轴（与电动机共轴）由键固定在一起，可随电动机一起转动。

2）电动机静止时，激磁线圈无电，制动弹簧将静摩擦片紧紧地压在动摩擦片上，此时电动机通过绳轮轴被制动。当电动机通电运转时，激磁线圈也同时得电，电磁铁的动铁心被静铁心吸合，使静摩擦片与动摩擦片分开，于是动摩擦片连同绳轮轴在电动机的带动下正常启动运转。当电动机切断电源时，激磁线圈也同时失电，制动弹簧立即将静摩擦片连同动铁心推向转动着的动摩擦片，强大的弹簧张力迫使动、静摩擦片之间产生足够大的摩擦力，使电动机断电后立即受制动停转。电磁离合器的制动控制线路与图 2.35 所示线路基本相同，读者可自行画出并进行分析。

技能训练 2.16 电磁抱闸制动器断电制动控制电路的安装

一、目的和要求

熟悉电磁抱闸制动器的结构和制动原理，掌握电磁抱闸制动器断电制动控制电路的安装和调试。

二、工具、仪表、器材、元器件清单

工具、仪表、器材和元器件清单见表 2.42。

表 2.42 工具、仪表、器材及元器件

项目内容			
工具	测电笔、螺钉旋具、尖嘴钳、斜口钳、剥线钳、电工刀等		
仪表	ZC25-3 型兆欧表、MG-1 型钳形电流表、MF47 型万用表		
类别	名　　称	型号规格	数量
器材	控制板	500mm×400×20mm	1
	塑铜线	BVR1.5mm^2（黑色）	若干
		BVR1.5mm^2（黄绿双色）	若干
	塑铜线	BVR1mm^2 和 0.75mm^2（红色）	若干
	针型及叉型轧头、金属软管		若干
	木螺钉	ϕ5×60	若干

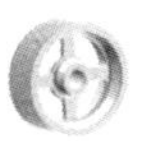

续表

类别	名称		型号规格	数量
元器件	M	三相异步电动机	Y112M-4 4kW、380V、8.8A、△接法、1440r/min	1
	QS	组合开关	HZ10-25/3 三极、500V、10A	1
	FU_1	熔断器	RL1-60/25 500V、60A、配熔体 25A	3
	FU_2	熔断器	RL1-15/2 500V、15A、配熔体 2A	2
	KM_1	交流接触器	CJT1-20 20A、线圈电压 380V	1
	FR	热继电器	JR36B-20/3 三极、20A、整定电流 8.8A	1
	YB	电磁抱闸制动器		1
	SB1、SB2	按钮	LA10-3H 保护式、380V、5A	1
	XT	端子板	JD0-1020 380V、10A、20 节	1

三、训练内容

1）按元器件清单配备电器元件，并进行检验。电磁抱闸制动器断电制动控制电路如图 2.35 所示。

2）在熟悉电磁抱闸制动原理的基础上自编安装步骤和安装工艺，并经指导教师审核合格后进行安装训练。

3）注意事项：

① 电磁抱闸制动器必须和电动机一起安装在固定的底座或座墩上，其地脚螺栓必须拧紧，并且要有防松措施。电动机轴伸出端上的制动闸轮，必须与闸瓦制动器的抱闸机构在同一平面上，而且轴心要一致。

② 电磁抱闸制动器安装后，必须在切断电源的情况下进行粗调，然后在通电试车时在进行微调。粗调时以在断电状态下用外力转不动电动机的转轴，而当用外力将制动电磁铁吸合后，电动机转轴能自由转动为合格；微调时以在通电带负载运行状态下，电动机转动自如，闸瓦与闸轮不摩擦、不过热，断电时又能立即制动为合格。

③ 通电试车时，必须有指导教师在现场监护，同时要做到安全文明生产。

四、评分标准

表 2.43 评分标准

项目内容	配分	评分标准	扣分
自编安装工艺	10	安装工艺不合理、不完善 扣 5～10 分	
装前检查	10	电动机质量检查，每漏一处 扣 5 分	
安装布线	40	1）电磁抱闸制动器安装不牢固、松动 扣 10 分 地脚螺丝未拧紧或无防松措施 每只扣 10 分 2）抱闸与闸瓦不在同一平面上，或不同心 扣 10 分 3）电器元件安装不整齐、不匀称、不合理 每只扣 3 分 4）损坏电器元件 扣 15 分 5）不按电路图接线 扣 15 分	

续表

项目内容	配　分	评分标准	扣　分
安装布线	40	6）布线不符合要求： 主电路，每根　扣 4 分 控制电路，每根　扣 2 分 7）接点松动、露铜过长、压绝缘层、反圈等，每个接点　扣 1 分 8）损伤导线绝缘层或线芯　每根扣 5 分 9）漏套或错套编码套管，每处　扣 2 分 10）漏接接地线　扣 10 分	
通电试车	40	1）电磁抱闸制动器不会调整　扣 30 分 2）电磁抱闸制动器调整不符合要求　扣 20 分 3）热继电器、时间继电器未整定或整定错，每只　扣 5 分 4）熔体规格配错，主、控电路各　扣 5 分 5）第一次试车不成功　扣 20 分 第二次试车不成功　扣 30 分 第三次试车不成功　扣 40 分	
安全文明生产		1）违反完全文明生产规程　扣 5～40 分 2）乱线敷设，加扣不安全分　扣 10 分	
定额时间	3h	每超时 5min 以内以扣 5 分计算	
备注	除定额时间外，各项内容的最高扣分不应超过配分数	成绩	
开始时间		结束时间		实际时间	

2.7.2　电力制动

电力制动就是使电动机产生一个与电动机实际旋转方向相反的电磁转矩即制动转矩，使电动机迅速停转的方法。常用的电力制动方法有反接制动、能耗制动、电容制动、再生发电制动等。

1. 反接制动

要使正在旋转的电动机停转，先拉下开关 QS，使电动机脱离电源，此时电动机转子由于惯性仍按原方向旋转，如图中 2.38（b）所标 n 的方向。而后将开关 QS 扳向反接制动位置，由于 L1、L2 两相相序已改变，电动机定子绕组电源电压相序变为 L2、L1、L3，定子绕组产生的旋转磁场已为图中所示逆时针方向，此时转子将以 n_1+n 的相对转速沿原转动方向切割旋转磁场，在转子绕组中产生感应电流，用右手定则判断其方向如图 2.38（b）所示。转子绕组中一旦产生感应电流，又会受到旋转磁场的作用，产生电磁转矩，方向用左手定则判断，如图中 F 所示方向，由此可见，此转矩方向与电动机的转动方向相反，使电动机迅速制动。

值得注意的是，当电动机转速接近零时，必须立即切断电动机电源，否则将引起电动机反向启动。为此，为防止出现反向启动，常利用速度继电器（又称反接制动继电器）来自动切断电源。

（1）单向启动反接制动控制电路

图 2.39 所示电路的主电路与正反转控制电路的主电路相同，只是在反接制

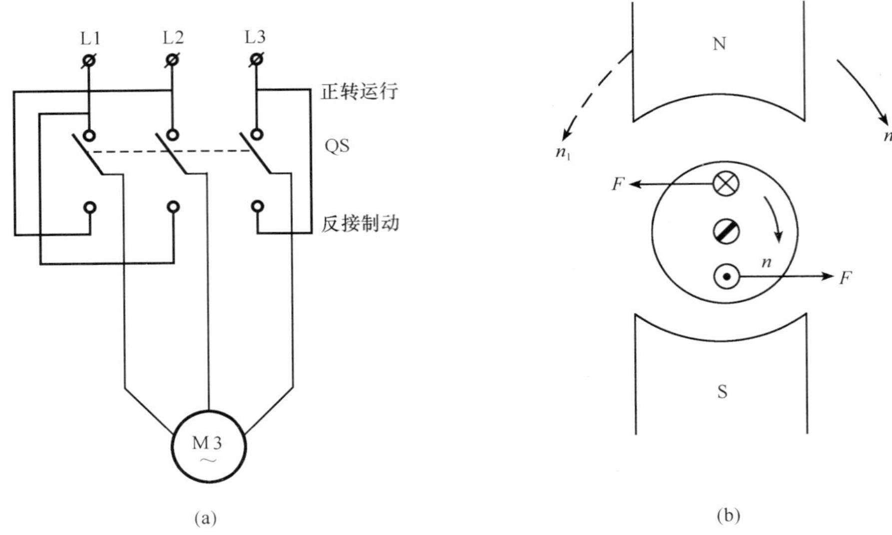

图 2.38　反接制动原理

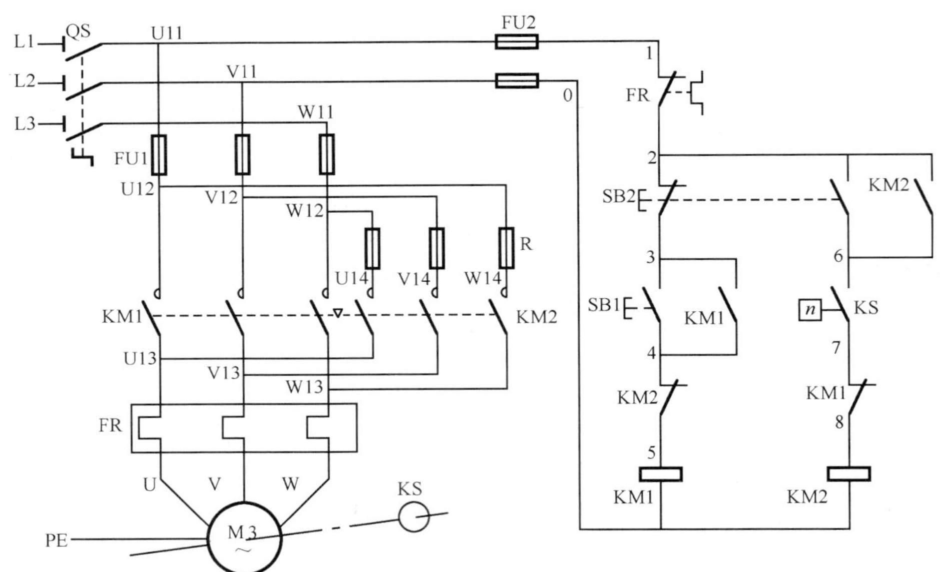

图 2.39　单向启动反接制动控制电路

动时增加了三个限流电阻 R。速度继电器 KS 与电动机同轴相连。其工作原理如下：（合上电源开关 QS）

1）单向启动。

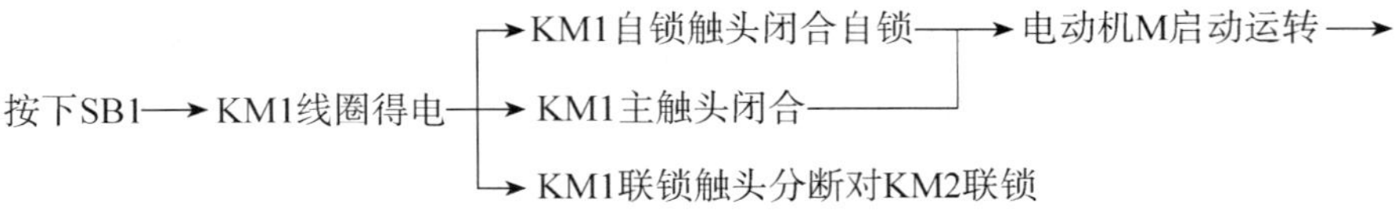

→至电动机转速上升到一定值（120r/min左右）时→KS常开触头闭合为制动作准备

2）反接制动。

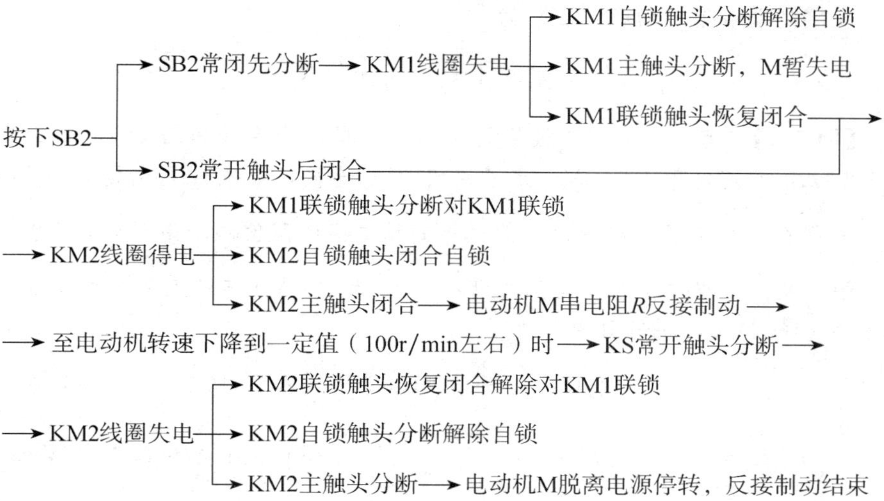

表 2.44　元件明细功能表

序　号	符　　号	名　　称	型　　号	功　　能	备　注
1	M	三相异步电动机	Y112M-4	动力驱动设备	
2	QS	组合开关	HZ10-25/3	电源控制开关	
3	FU1	熔断器	RL1-60/25	主电路短路保护	
4	FU2	熔断器	RL1-15/4	控制电路短路保护	
5	KM1	交流接触器	CJT1-20	单向启动	
6	KM2	交流接触器	CJT1-20	反接制动	
8	FR	热继电器	JR36B-20/3	过载保护	
9	KS	速度继电器	JY1	控制反接制动的时间	
10	SB1　SB2	按钮	LA4-3H	单向启动按钮、停止反接制动按钮	
11	*R*	制动电阻		限制反接制动电流	

由于反接制动时转子与定子旋转磁场的相对速度为 n_1+n，接近于两倍的同步转速，所以定子绕组中流过的反接制动电流相当于全压直接启动时电流的两倍。为此，一般在 10kW 以上的电动机采用反接制动时，应在主电路中串接一定的电阻，以限制反接制动电流。这个电阻称为反接制动电阻，用 R 表示。反接制动电阻有三相对称和二相不对称两种接法。

当电源电压为 380V，若要使反接制动电流等于电动机直接启动时的启动电流的$\frac{1}{2}$，则三相电路每相应串入的反接制动电阻 R 的阻值估算如下：

$$R \approx 1.5 \times \frac{220}{I_{st}}$$

若使反接制动电流等于启动电流 I_{st}，则每相串入的电阻 R' 值可取为

$$R' \approx 1.3 \times \frac{220}{I_{st}}$$

如果反接制动只在两相中串接电阻，该电阻值应略大些，分别取上述电阻值

的 1.5 倍。

反接制动电阻的功率（W）为

$$P=\left(\frac{1}{3}\sim\frac{1}{4}\right)I'^{2}_{st}R$$

【例 2.2】 有一台三相四极笼型异步电动机，额定功率为 20kW，额定电流为 38.4A，额定电压为 380V，定子绕组为 Y 连接，要求最大反接制动电流 $I\leqslant\frac{1}{2}I_{st}$，问在三相定子绕组中串接的反接制动电阻的阻值和功率各为多少？

解 从产品样本上查得全压启动电流 I_{st} 为 228A［若没产品样本可查，则可取 $I_{st}=(4\sim7)I_N$，一般取中间值］。

$$R=1.5\times\frac{220}{I_{st}}=1.5\times\frac{220}{228}\approx1.4\Omega$$

$$P=\frac{1}{3}I'^{2}_{st}R=\frac{1}{3}\times\left(\frac{1}{2}I_{st}\right)^{2}R=\frac{1}{3}\times\left(\frac{1}{2}\times228\right)^{2}\times1.4\approx6064.8\text{W}\approx6\text{kW}$$

（2）双向启动反接制动控制电路

双向启动反接制动控制电路如图 2.40 所示。

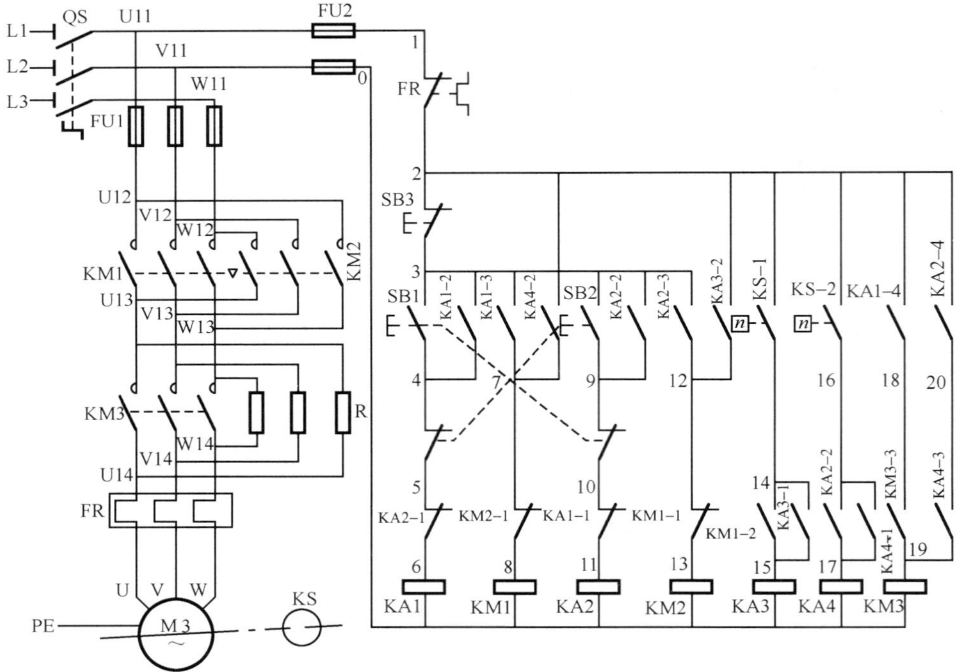

图 2.40 双向启动反接制动控制电路

表 2.45 元件明细功能表

序 号	符 号	名 称	型 号	功 能	备 注
1	M	三相异步电动机	Y112M-4	动力驱动设备	
2	QS	组合开关	HZ10-25/3	电源控制开关	

续表

序　号	符　　号	名　　称	型　　号	功　　能	备　注
3	FU1	熔断器	RL1-60/25	主电路短路保护	
4	FU2	熔断器	RL1-15/4	控制电路短路保护	
5	KM1	交流接触器	CJ10-10	正转运行、反转运行时反接制动	
6	KM2	交流接触器	CJ10-10	反转运行、正转运行时反接制动	
7	KM3	交流接触器	CJ10-10	短接限流电阻	
8	FR	热继电器	JR16-20/3	过载保护	
9	KS-1　KS-2	速度继电器	JY1	分别用于控制正转、反转时反接制动时间	
10	KA1、KA3	中间继电器		和 KM1、KM3 配合完成正向启动，反接制动控制	
11	KA2、KA4	中间继电器		和 KM_2、KM_3 配合完成反向启动、反接制动控制	
12	SB1、SB2、SB3	按钮	LA10-3H	正反转启动按钮及反接制动按钮、停止按钮	
13	*R*	制动电阻		反接制动限流电阻	

其电路工作原理如下：（先合上电源开关 QS）

1）正转启动运转。

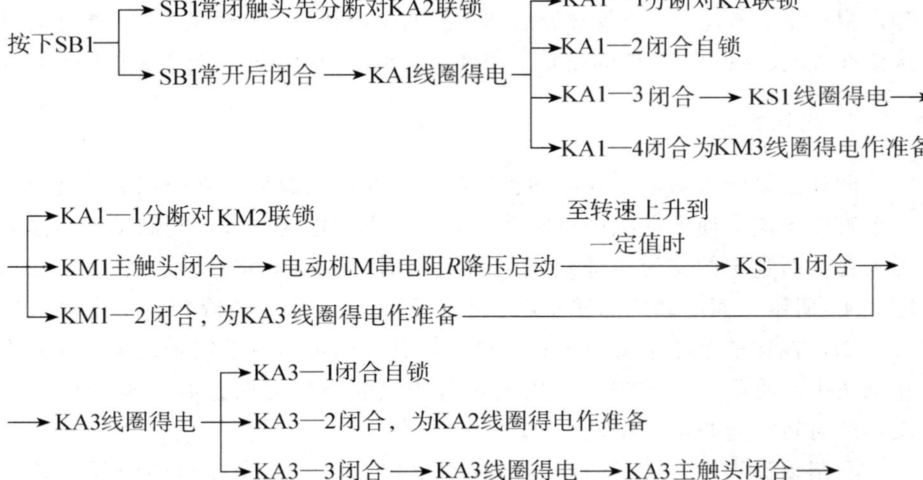

2）反接制动停转。

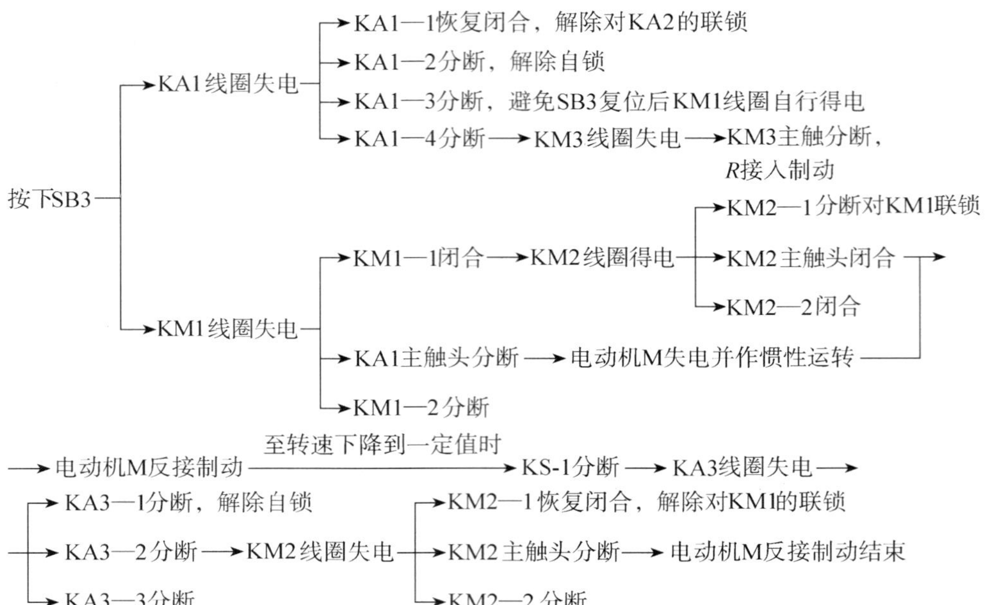

三相异步电动机的反向启动需按下复合按钮 SB，反接制动仍按下 SB3，其工作原理与正转电路相类似，请自行分析。

双向启动反接制动控制电路所用电器较多，线路也比较复杂，但操作方便，运行安全可靠，是一种比较完善的控制电路。线路中的电阻 R 既能限制反接制动电流，又能限制启动电流；中间继电器 KA3、KA4 可避免停车时由于速度继电器 KS-1 或 KS-2 触头的偶然闭合而接通电源。

反接制动的优点是制动力强，制动迅速。缺点是制动准确性差，制动冲击强烈，制动能量消耗大，不易频繁启动。故而反接制动一般适用于制动要求迅速、系统惯性较大、制动不频繁的场合。如铣床、镗床、中型车床等主轴的制动控制。

2. 能耗制动

能耗制动的方法就是在电动机脱离三相交流电源后，立即在定子绕组中通入一个直流电流，使电动机迅速制动。通入的直流电流越大，则制动越迅速，这是因为在切断定子的交流电源后通入直流电时，在空间将产生一个静止磁场，如图 2.41 所示。而电动机的转子由于惯性仍按原来的方向旋转，根据电磁感应原理可知，在转子电路中将产生感应电流，其方向可由右手定则确定，而通电导体在磁场中又将受到力的作用，该电磁力产生的转矩方向正好与电动机的转向相反，故对转子起制动作用。

在制动过程中，转子的动能转换成电能，而后又变成热能消耗在转子电路中。从能量的观点来讲，这种制动方法是在定子绕组中，通入直流电以消耗转子的动能来制动的，所以叫能耗制动，也称动能制动。

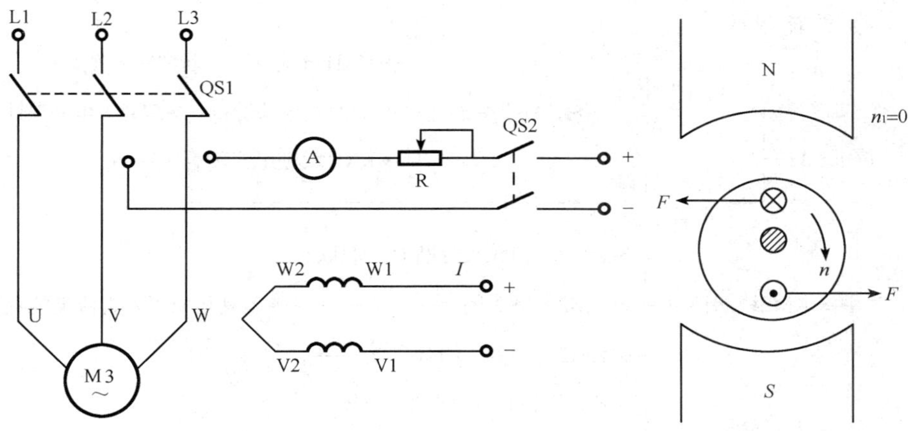

图 2.41　能耗制动原理图

（1）半波整流能耗制动控制电路

半波整流能耗制动控制电路如图 2.42 所示。该线路较简单，附加设备少，采用单相半波整流器得到直流电源，常用于 10kW 以下的小容量电动机，且对制动要求不高的场合。其工作原理如下：（合上电源开关 QS）

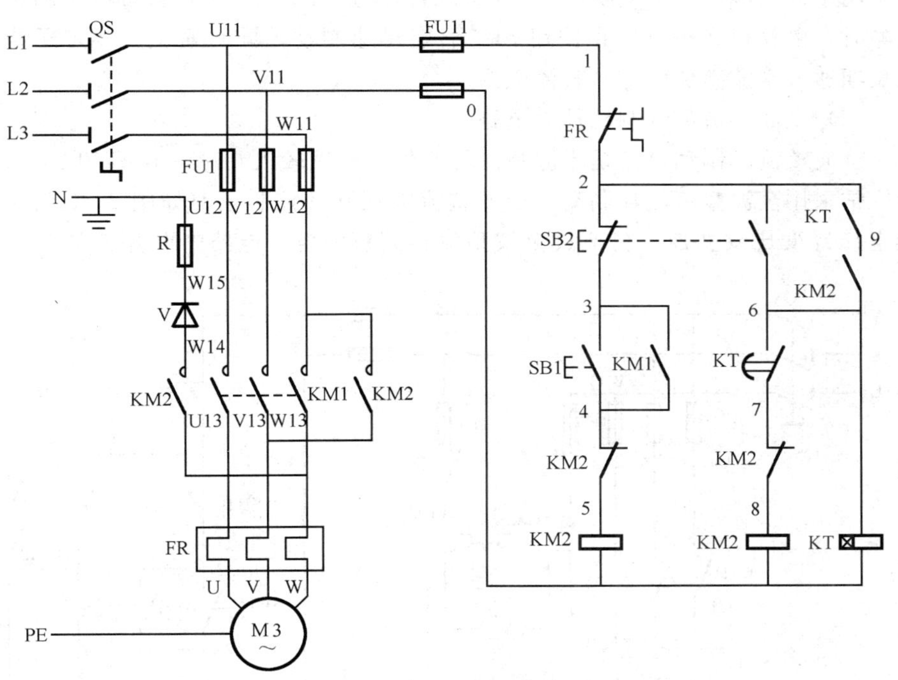

图 2.42　半波整流能耗制动控制电路

1）单向启动运转。

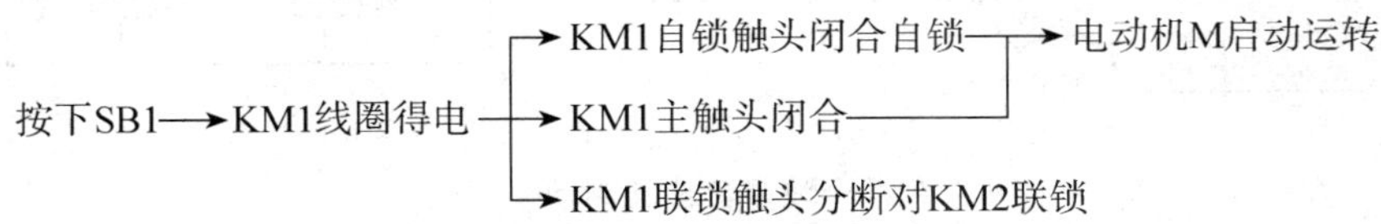

2）能耗制动。

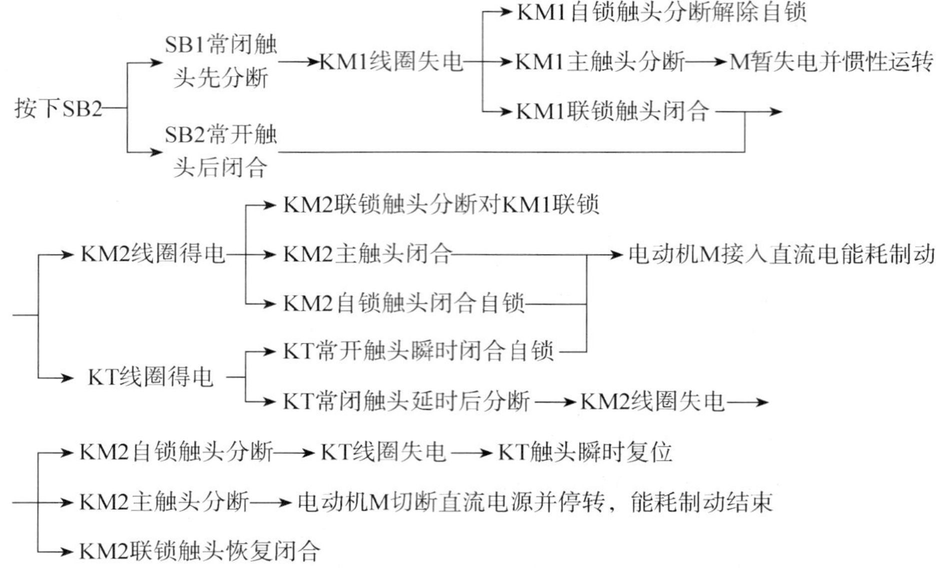

图中时间继电器 KT 瞬时闭合触头的作用是为了当 KT 线圈断线或机械卡阻故障时，电动机在按下停止按钮 SB2 后能迅速制动，同时避免三相定子绕组不致长期通入半波整流的脉动直流电源。

（2）全波整流能耗制动控制电路

全波整流的制动电流是半波整流的两倍，所以较大功率（10kW 以上）的电动机常采用全波整流能耗制动。全波整流能耗制动控制电路如图 2.43 所示。交流电压经变压器变压，再通过全波整流得到直流电。电路中 R 用来调节直流电

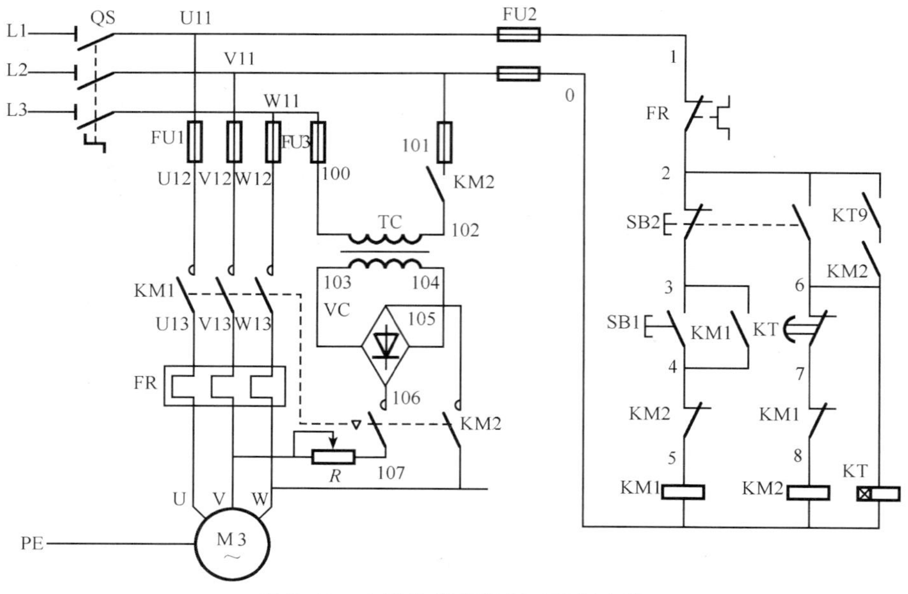

图 2.43　全波整流能耗制动控制电路

流的，从而起到调节制动强度的作用，整流变压器一次侧与整流器的直流侧同时进行切换，有利于提高触头的使用寿命。

电路其余工作原理同半波整流能耗制动电路，读者可自行分析。

表 2.46　元件明细功能表

序号	符号	名称	型号	功能	备注
1	M	三相异步电动机	Y132M-4	动力驱动设备	
2	QS	组合开关	HZ10-25/3	电源控制开关	
3	FU1	熔断器	RL1-60/25	主电路短路保护	
4	FU2	熔断器	RL1-15/4	控制电路短路保护	
5	KM1	交流接触器	CJ10-20	控制单向启动	
6	KM2	交流接触器	CJ10-20	控制能耗制动	
8	FR	热继电器	JR36B-20/3	过载保护	
9	KT	时间继电器	JS7-2A	控制能耗制动的时间	
10	V	整流二极管	2CZ30	提供直流电源	
11	R	制动电阻		调节直流电流	
12	TC	变压器		整流变压器	
13	SB1　SB2	按钮	LA4-3H	单向启动按钮、停止能耗制动按钮	

能耗制动的优点是制动准确、平稳、能量消耗较小，缺点是需附加直流电源装置，制动力较弱，在低速时，制动转矩较小。能耗制动一般用于制动要求平稳准确的场合，如磨床、立式铣床等的控制线路中。

能耗制动转矩的大小与所通入的直流电流大小、电动机的转速及转子中的电阻有关。电流越大，直流磁场越强，而转速越高，转子切割磁力线的速度也就越大，产生的制动转矩就越大。但对笼型异步电动机，增大制动转矩只能通过增大电动机的直流电流来实现，而通入的直流电流又不能过大，过大会烧坏定子绕组。

能耗制动所需要的直流电压和直流电流可分别用下列公式计算：

$$I_L = (3.5 \sim 4)I_0$$

$$U_L = I_L R$$

式中，I_L——直流电流，A；

U_L——直流电压，V；

R——直流电压所加定子绕组两端的冷态电阻，即温度为 15℃时的电阻；

I_0——电动机空载电流，A。

单相桥式全波整流时，能耗制动所需要的电源变压器次级绕组电压和电流有效值为

$$U_2 = \frac{U_L}{0.9}\text{V}$$

$$I_2 = \frac{I_L}{0.9}\text{A}$$

变压器的容量为

$$S = I_2 U_2 \quad \text{VA}$$

如果制动不频繁，可取变压器实际容量为

$$S' = \left(\frac{1}{3} \sim \frac{1}{4}\right)S \quad \text{VA}$$

可调电阻 $R \approx 2\Omega$，电阻功率 $P_R = I_L^2 R$（W），实际选用时，电阻功率可小些。

【例 2.3】 一台三相笼型电动机，$P_N = 1.3\text{W}$，$U_N = 380\text{V}$，$I_N = 25\text{A}$，$I_0 = 9.7\text{A}$，定子绕组为 Y 型连接，用电桥测得二相定子绕组的电阻为 0.64Ω，求这台电动机采用全波整流能耗制动时所需的直流电压、直流电流、变压器二次电压及容量各为多少？

解 $I_L = (3.5 \sim 4) I_0 = 4 \times 9.7 = 38.8\text{A}$

$U_L = I_L R = 38.8 \times 0.64 = 25\text{V}$

变压器二次电压为

$$U_2 = \frac{U_L}{0.9} = \frac{25}{0.9} = 28\text{V}$$

变压器二次电流为

$$I_2 = \frac{I_L}{0.9} = \frac{38.8}{0.9} = 43\text{A}$$

变压器容量为

$$S = I_2 U_2 = 43 \times 28 = 1204\text{VA}$$

3. 电容制动

当电动机切断交流电源后，立即在电动机定子绕组的出线端接入电容器来迫使电动机迅速停转的方法叫电容制动。其制动原理是，当旋转着的电动机断开交流电源时，转子内仍有剩磁。随着转子的惯性转动，形成一个随转子转动的旋转磁场。这个磁场切割定子绕组产生感应电动势，并通过电容器回路形成感应电流，该电流产生的磁场与转子绕组中感应电流相互作用，产生一个与旋转方向相反的制动转矩，使电动机受制动迅速停转。

电容制动控制电路如图 2.44 所示。元件明细功能见表 2.47。其线路的工作原理如下：（先合上电源开关 QS）

1）启动运转。

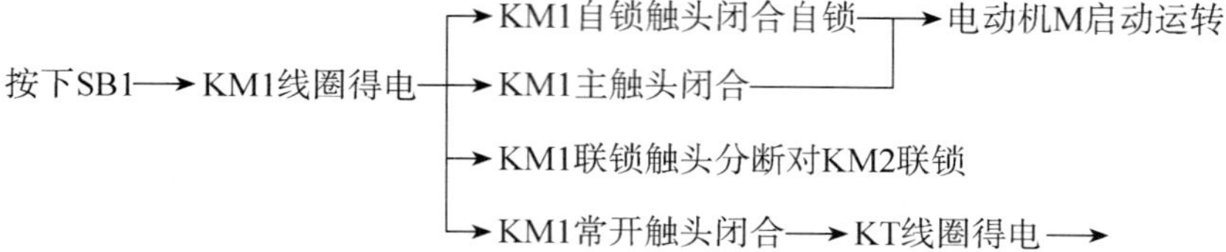

→KT延时分断的常开触头瞬时闭合，为KM2得电作准备

2）电容制动停转。

按下SB2→KM1线圈失电
- →KM1自锁触头分断解除自锁
- →KM1主触头分断→电动机M失电作惯性运转
- →KM11联锁触头闭合→KM2线圈得电→①
- →KM1常开触头分断→KT线圈失电→②

① ──→ KM2联锁触头分断对KM1联锁

└─→ KM2主触头闭合 ──→ 电动机M接入三相电容进行电容制动至停转

经KT整定时间

┌─→ KM2联锁触头恢复闭合

② ──→ KT常开触头分断 ──→ KM2线圈失电 ─┤

└─→ KM2主触头分断 ──→ 三相电容被切除

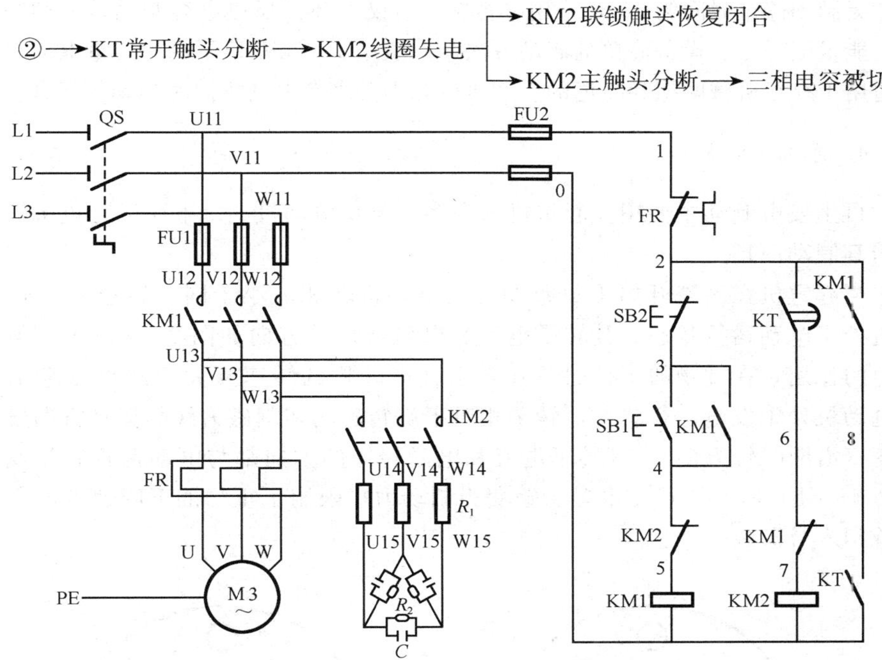

图 2.44　电容制动控制电路图

表 2.47　元件明细功能表

序　号	符　　号	名　　称	型　　号	功　　能	备　注
1	M	三相异步电动机	Y132M-4	动力驱动设备	
2	QS	组合开关	HZ10-25/3	电源控制开关	
3	FU1	熔断器	RL1-60/25	主电路短路保护	
4	FU2	熔断器	RL1-15/4	控制电路短路保护	
5	KM1	交流接触器	CJT1-20	控制单向启动	
6	KM2	交流接触器	CJT1-20	控制电容制动	
8	FR	热继电器	JR36B-20/3	过载保护	
9	KT	时间继电器	JS7-2A	控制电容制动的时间	
10	SB1　SB2	按钮	LA4-3H	单向启动按钮、停止电容制动按钮	
11	R_1、R_2	电阻		调节制动转矩、放电电阻	
12	C	电容		电容制动	

控制线路中，电阻 R_1 是调节电阻，用以调节制动力矩的大小，电阻 R_2 为放电电阻。经验证明：电容器的电容，对于 380V、50Hz 的笼型异步电动机，每

千瓦每相约需要 150μF 左右。电容器的耐压应不小于电动机的额定电压。

实验证明，对于 5.5kW、△形接法的三相异步电动机，无制动停车时间为 22s，采用电容制动后其停车时间仅需 1s。对于 5.5kW、Y 形接法的三相异步电动机，无制动停车时间为 36s，采用电容制动后仅为 2s。所以电容制动是一种制动迅速、能量损耗小、设备简单的制动方法，一般用于 10kW 以下的小容量电动机，特别适用于存在机械摩擦和阻尼的生产机械和需要多台电动机同时制动的场合。

4. 再生发电制动

再生发电制动主要用在起重机械和多速异步电动机上。下面以起重机械为例说明其制动原理。

当起重机在高处开始下放重物时，电动机转速 n 小于同步转速 n_1，这时电动机处于电动运行状态，其转子电流和电磁转矩的方向如图 2.45 所示。但由于重力的作用，在重物的下放过程中，会使电动机的转速 n 大于同步转速 n_1，这时电动机处于发电运行状态，转子相对于旋转磁场切割磁力线的运动方向发生了改变（沿顺时针方向），其转子电流和电磁转矩的方向都与电动运行时相反，如图 2.45（b）所示。可见电磁力矩变为制动力矩限制了重物的下降速度，保证了设备和人身安全。

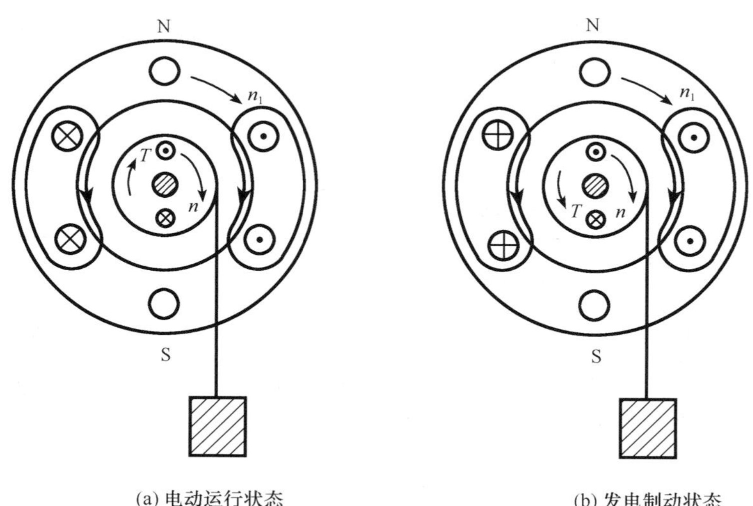

(a) 电动运行状态　　(b) 发电制动状态

图 2.45　发电制动原理图

对多速电动机变速时，如使电动机由 2 极变为 4 极，定子旋转磁场的同步转速 n_1 由 3000r/min 变为 1500r/min，而转子由于惯性仍以原来的转速 n（接近 3000r/min）旋转，此时 $n>n_1$，电动机处于发电制动状态。

再生发电制动是一种比较经济的制动方法，制动时不需要改变线路即可从电动运行状态自动地转入发电制动状态，把机械能转换成电能，再回馈到电网，节能效果显著。缺点是应用范围较窄，仅当电动机转速大于同步转速时才能实现发

电制动。所以常用于在位能负载作用下的起重机械和多速异步电动机由高速转为低速时的情况。

技能训练 2.17　电气制动控制电路的安装

一、目的和要求

掌握单向启动反接制动控制电路的安装，掌握半波整流单向启动能耗制动控制线路的安装

二、工具、仪表、器材、元器件

工具、仪表、器材和元器件见表 2.48 与表 2.49。

表 2.48　工具、仪表

工具	测电笔、螺钉旋具、尖嘴钳、斜口钳、剥线钳、电工刀等
仪表	ZC25-3 型兆欧表、MG-1 型钳形电流表、MF47 型万用表

表 2.49　元器件明细表

代　号	名　称	型　号	规　格	数　量
M	三相异步电动机	Y112M-4	4kW、380V、8.8A、△接法、1440r/min	1
QS	组合开关			
FU1	熔断器			
FU2	熔断器			
KM1　KM2	交流接触器			
FR	热继电器			
KS	速度继电器			
SB1、SB2	按钮			
XT	端子板			
	控制板			
	主电路导线			
	控制电路导线			
	按钮线			
	接地线			
	针型及叉型轧头、金属软管			
	木螺钉			

三、训练内容

1. 单向启动反接制动控制电路的安装与检修

1）根据三相异步电动机 Y112M-4 的技术数据（表 2.49）及单向反接制动控制电路（图 2.39）正确选用工具、仪表及元器件，并进行检验。

2）画出布置图和接线图，编写安装步骤和安装工艺，并经指导教师审核合格后进行安装训练。

3）注意事项：

① 速度继电器在安装前，必须弄清楚其结构，认清常开触头出线端。

② 速度继电器可事先安装好不计入定额时间。安装时，采用速度继电器的连接头与电动机转轴直接连接的方法，并使两轴中心线重合。

③ 通电试车时，若制动不正确，可检查速度继电器是否符合规定要求。若需调节速度继电器的调整螺钉时，必须切断电源，以防止出现相对地短路事故。

④ 速度继电器动作值和返回值的调整，应先由教师示范后，再由学生自己调整。

⑤ 制动操作不宜过于频繁。

⑥ 通电试车时，必须有指导教师在现场监护，同时做到安全文明生产。

4）检修训练。在主电路或控制电路中，人为设置电气故障各一处。按检修步骤正确地检修，必须注意检修时的安全注意事项。

2. 半波整流单向启动能耗制动控制线路的安装与检修

表 2.50 工具、仪表、器材及元器件

项目内容				
工具	测电笔、螺钉旋具、尖嘴钳、斜口钳、剥线钳、电工刀等			
仪表	ZC25-3 型兆欧表、MG-1 型钳形电流表、MF47 型万用表			
类别	名　称		型号规格	数量
器材	控制板		500mm×400mm×20mm	1
	塑铜线		BVR1.5mm^2（黑色）	若干
			BVR1.5mm^2（黄绿双色）	若干
	塑铜线		BVR1mm^2 和 0.75mm^2（红色）	若干
	针型及叉型轧头、金属软管			若干
	木螺钉		ϕ5×60	若干
元器件	M	三相异步电动机	Y112M-4　4kW、380V、8.8A、△接法、1440r/min	1
	QS	组合开关	HZ10-25/3　三极、500V、10A	1
	FU1	熔断器	RL1-60/25　500V、60A、配熔体 25A	3
	FU2	熔断器	RL1-15/2　500V、15A、配熔体 2A	2
	KM1　KM2	交流接触器	CJ10-20　20A、线圈电压 380V	2
	FR	热继电器	JR36-20/3　三极、20A、整定电流 8.8A	1
	KT	时间继电器	JS7-2A　线圈电压 380V	1
	SB1、SB2	按钮	LA10-3H　保护式、380V、5A	1
	V	整流二极管	2CZ30　30A　600V	1
	R	制动电阻	0.5Ω　50W	1
	XT	端子板	JD0-1020　380V、10A、20 节	1

根据表 2.50 及图 2.42 配备电器元件，并画出布置图和接线图，再进行线路安装。注意事项如下：

1）时间继电器的整定时间不能过长，以免制动时间过长引起定子绕组发热。

2）整流二极管要配装散热器和固定散热器支架。

3）制动电阻要安装在控制板外。

4）进行制动时，停止按钮 SB2 要一按到底。

5）通电试车时，必须有指导教师在现场监护，同时做到安全文明生产。

四、评分标准

评分标准见表 2.51。

表 2.51　评分标准

项目内容	配分	评分标准		扣分
自编安装工艺	10	安装工艺不合理、不完善	扣 5～10 分	
安装布线	30	1）电器元件安装不合理、不牢固 2）损坏电器元件 3）不按电路图接线 4）布线不符合要求： 主电路，每根 控制电路，每根 5）接点松动、露铜过长、压绝缘层、反圈等，每个接点 6）损伤导线绝缘层或线芯 7）漏套或错套编码套管，每处 8）漏接接地线	每处扣 10 分 扣 10 分 扣 10 分 扣 2 分 扣 2 分 扣 1 分 每根扣 5 分 扣 2 分 扣 10 分	
故障分析与排除	30	1）故障分析、排除故障思路不正确 2）标错电路故障范围 3）断电不验电 4）工具仪表使用不正确 5）不能查出故障点 6）查出故障点，不能排除 7）产生新的故障： 不能排除 已经排除 8）损坏电动机 9）损坏电器元件，或排故方法不正确	扣 10 分 每个扣 5 分 扣 5 分 每次扣 5 分 扣 10 分 每个故障扣 10 分 每个扣 15 分 每个扣 10 分 扣 30 分 每只（次）扣 5～10 分	
通电试车	30	1）热继电器、时间继电器未整定或整定错，每只 2）熔体规格配错，主、控电路各 3）第一次试车不成功 第二次试车不成功 第三次试车不成功	扣 5 分 扣 5 分 扣 20 分 扣 30 分 扣 40 分	
安全文明生产		1）违反安全文明生产规程 2）乱线敷设，加扣不安全分	扣 5～40 分 扣 10 分	
定额时间	4h	每超时 5min 以内以扣 5 分计算		
备注	除定额时间外，各项内容的最高扣分不应超过配分数		成绩	
开始时间		结束时间	实际时间	

小　　结

在学习过程中要灵活运用已学电路，达到温故知新的目的。

断电制动型电磁抱闸控制线路，是在正转自锁控制线路的电动机定子绕组的

接线端，接入电磁抱闸的电磁线圈而组成。

电动机单向反接制动的线路其主电路基本与正反转控制线路的主电路相同，不同的是在反接制动接触器的主触头串接了制动电阻，而控制线路是在正转自锁控制线路的基础上，利用停止按钮的常开触头，接通制动接触器进行制动，用速度继电器的常开触头断开制动接触器来结束制动过程。

半波整流能耗制动控制电路和全波整流能耗制动控制电路基本相同，只是在直流电源部分要加以区分和理解。

技能训练课题主要掌握电磁抱闸制动器的安装与调整，以及速度继电器的安装与调整。

2.8 绕线转子异步电动机的启动与调速控制线路

知识点

- 掌握绕线转子异步电动机转子绕组串接三相对称变阻器启动的特点及两种控制电路（时间继电器控制和电流继电器控制）的组成及工作原理
- 了解频敏变阻器的结构、工作原理、特性
- 掌握绕线转子异步电动机转子绕组串接频敏变阻器启动的特点及其控制线路的工作原理
- 掌握绕线转子异步电动机的凸轮控制器控制线路的控制、调节与保护原理

技能点

- 掌握绕线转子异步电动机的凸轮控制器控制线路的安装、调试及检修

绕线式转子三相异步电动机可以通过滑环在转子绕组回路中串接电阻来改变电动机的机械特性，从而达到减小启动电流、增大启动转矩以及调节转速的目的。在这样一些生产机械中（如起重机、卷扬机等），要求启动转矩较大且有一定调速，常采用三相绕线转子异步电动机拖动。

常用的绕线转子异步电动机控制电路有转子绕组串接电阻启动控制线路、转子绕组串接频敏变阻器启动控制线路和凸轮控制器控制线路。

2.8.1 转子绕组串接电阻启动控制线路

启动时，在转子回路串入作Y形连接、分级切换的三相启动电阻器，并把可变电阻放到最大阻值位置，以减小启动电流，获得较高的启动转矩。启动完毕后，切除全部可变电阻，转子绕组直接短接，电动机在额定状态下运行。

电动机转子绕组中串接的外接电阻在每段切除前和切除后，三相电阻始终是

对称的，称为三相对称电阻器，如图 2.46（a）所示。启动过程依次切除 R_1、R_2、R_3，最后全部电阻被切除。

若启动时电动机转子回路中串入的全部电阻是不对称的，且每段切除后三相也是不对称，则称为三相不对称电阻器，如图 2.46（b）所示。启动过程依次切除 R_1、R_2、R_3、R_4、R_5，直至全部电阻被完全切除。

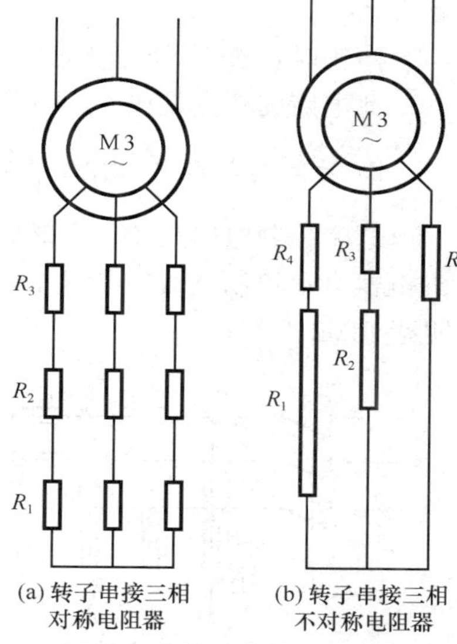

(a) 转子串接三相对称电阻器　(b) 转子串接三相不对称电阻器

图 2.46　转子串接三相电阻

1. 按钮操作控制电路

按钮操作转子绕组串接电阻控制电路如图 2.47 所示。

其电路的工作原理较简单，启动时，按下启动按钮 SB1，接触器 KM 线圈得电，电动机 M 转子绕组串全部电阻启动，经过一定时间依次先后按下 SB2、SB3、SB4，接触器 KM1、KM2、KM3 先后得电，转子绕组外接电阻 R_1、R_2、R_3 先后被短接，全部电阻被短接后启动过程就结束，电动机

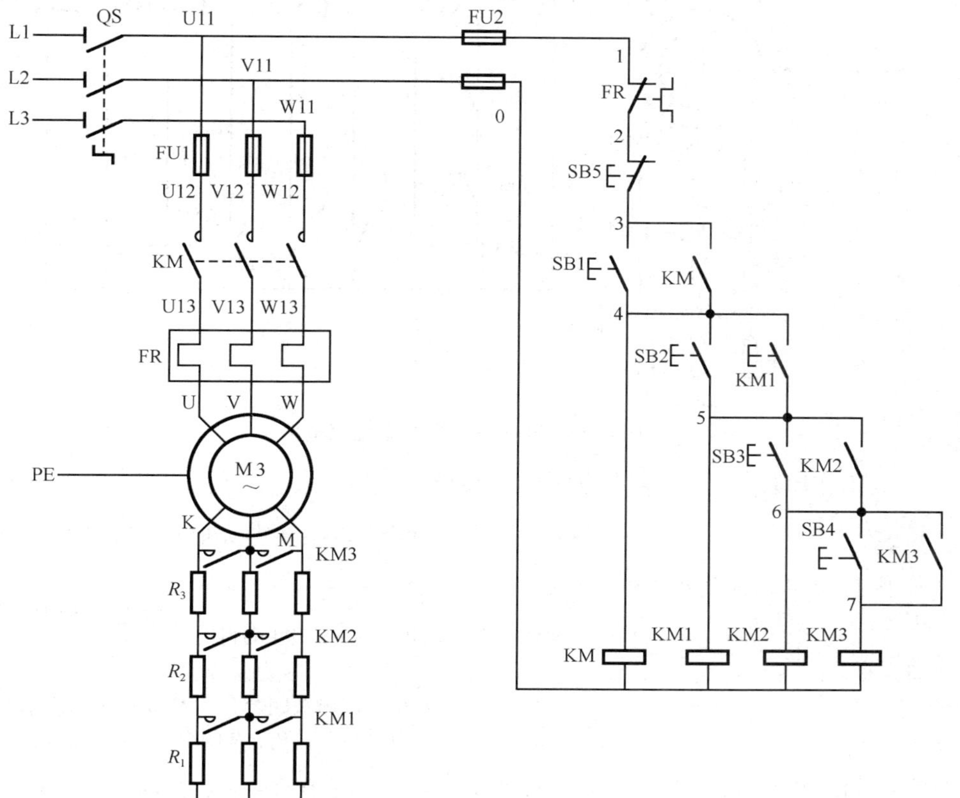

图 2.47　按钮操作串电阻启动控制电路

正常运行。

停止时，按下 SB5 即可。

此电路的缺点是操作不方便，工作的安全性和可靠性均较差。

2. 时间继电器自动控制线路

这个控制电路是用三个时间继电器依次将转子回路中的三级电阻切除。时间继电器自动控制绕线转子异步电动机的控制电路如图 2.48 所示。元件明细功能见表 2.52。

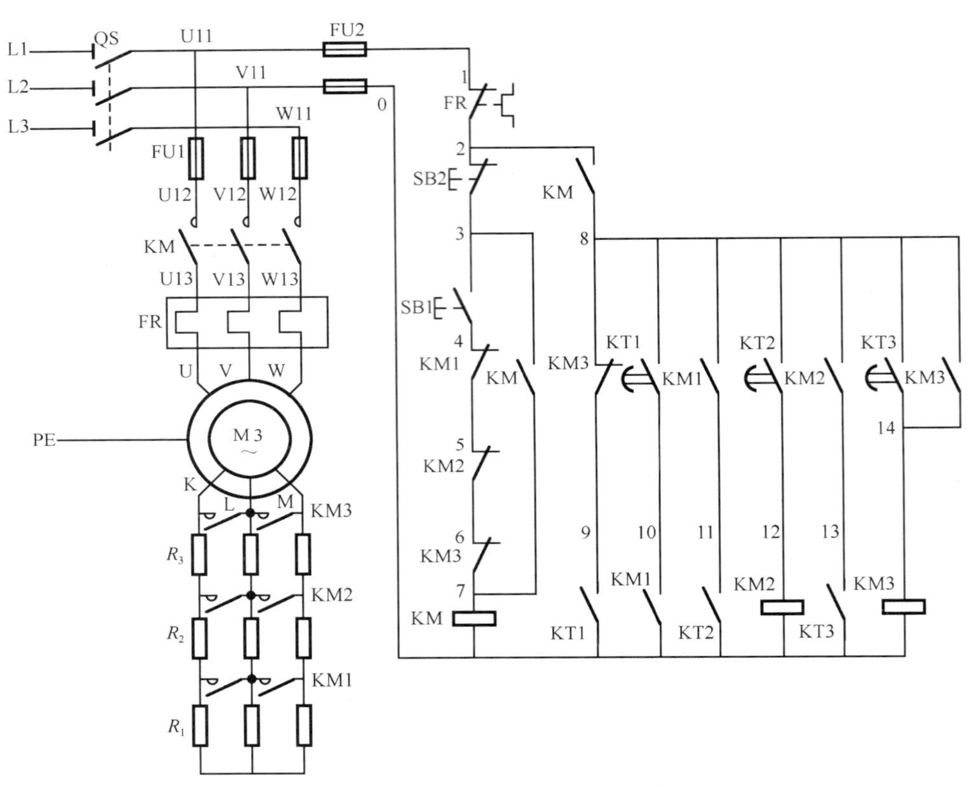

图 2.48 时间继电器自动控制电路

其工作原理如下：(合上电源开关 QS)

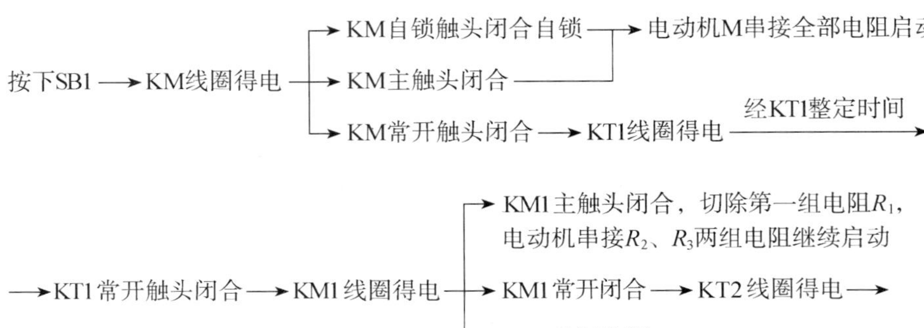

经KT2整定时间 ——→KT2常开触闭合——→KM2线圈得电——┬→KM2主触头闭合，切除第二组电阻R_2，电动机串接R_3继续启动
├→KM2常开触头闭合——→
└→KM2常闭触头分断

——→KM3线圈得电——经KT3整定时间——→KT3常开触头闭合——→KM3线圈得电——→

┬→KM3自锁触头闭合自锁
├→KM3主触头闭合，切除第三组电阻R_3，电动机M启动结束，正常运转
├→KM3常闭触头分断——→KT1、KM1、KT2、KM2、KT3依次断电释放，触头复位
└→KM3常闭触头分断

为保证电动机只有在转子绕组中串接了全部外接电阻的条件下才能启动，将接触器KM1、KM2、KM3的辅助常闭触头与启动按钮串联，这样如果接触器KM1、KM2、KM3中的任何一个因触头熔焊或机械故障而没有正常释放时，即使按下启动按钮SB1控制电路也不会得电工作，电动机也就不会接通电源直接启动。

停止时，按下SB2，KM线圈失电释放，KM3线圈也失电释放，电动机停转。

表2.52　元件明细功能表

序号	符号	名称	型号	功能	备注
1	M	三相异步电动机	YZR-132MA-6	动力驱动设备	
2	QS	组合开关	HZ10-25/3	电源控制开关	
3	FU1	熔断器	RL1-60/35	主电路短路保护	
4	FU2	熔断器	RL1-15/2	控制电路短路保护	
5	KM	交流接触器	CJT1-20	控制串全部电阻启动	
6	KM1～KM3	交流接触器	CJT1-20	分别用于短接R_1、R_2、R_3	
8	FR	热继电器	JR36B-20/3	过载保护	
9	KT1～KT3	时间继电器	JS7-2A	控制逐级切除电阻的时间	
10	SB1　SB2	按钮	LA4-3H	启动按钮、停止按钮	
11	R	三相对称电阻器		减小启动电流增大启动转矩	

3. 电流继电器自动控制线路

用电流继电器控制绕线转子异步电动机启动的控制电路如图2.49所示。

绕线转子异步电动机刚启动时转子电流较大，随着电动机转速的升高，转子电流逐渐减小，这个控制电路是根据电动机转子电流变化的这一特性，利用电流继电器来自动切除转子绕组中的外加电阻。

图中KA1、KA2、KA3是电流继电器，其线圈串接在转子回路中。三个电流继电器的吸合电流的大小相同，但释放电流不一样，KA1的释放电流最大，KA2次之，KA3最小，刚启动时，转子绕组中启动电流很大，三个电流继电器

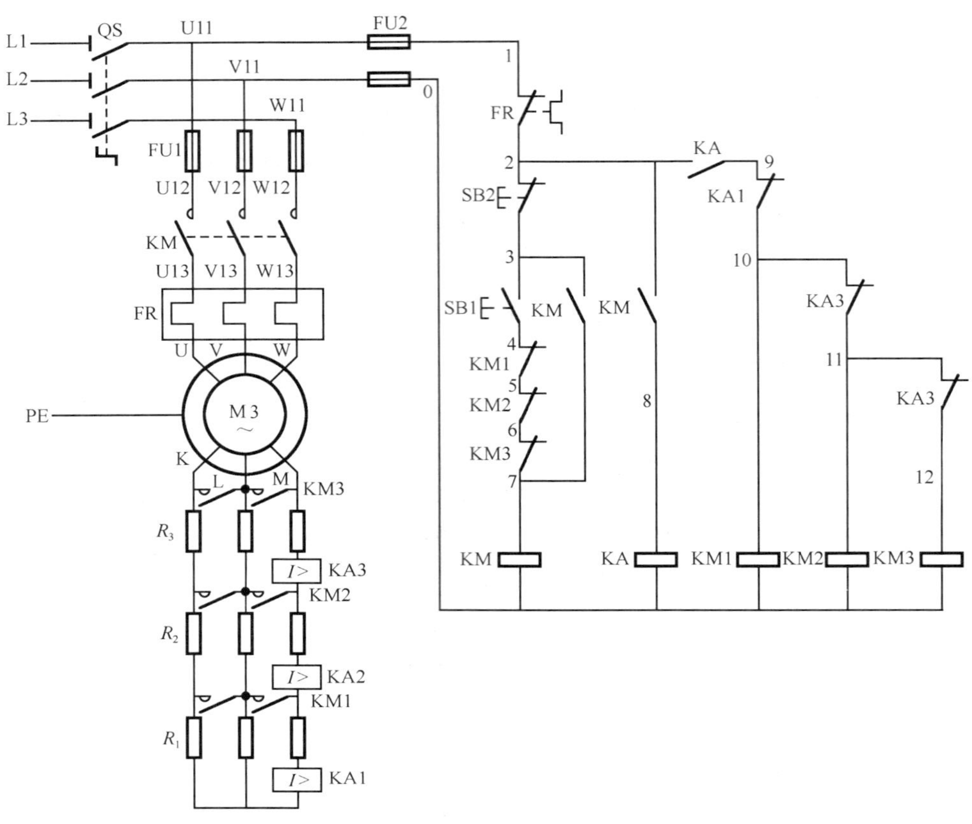

图 2.49　电流继电器自动控制电路图

全部吸合，它们接在控制电路中的常闭触头均分断，使接触器 KM1、KM2、KM3 的线圈都不能得电，接在转子电路中的触头都是分断状态，转子的外接电阻全部接入，随着电动机转速的升高，转子电流减小，当减小至 KA1 的释放电流时，电流继电器 KA1 先释放，KA1 的常闭触头恢复闭合，接触器 KM1 线圈得电，主触头闭合，切除第一组电阻 R_1。当 R_1 电阻被切除后，转子电流重新增大，但随着电动机转速的上升，转子电流又会减小，待减小至 KA2 的释放电流时，KA2 释放，使接触器 KM_2 线圈得电动作，切除第二组电阻 R_2，KA3 的动作原理也如此，直至全部电阻被切除，电动机启动完毕正常运行。

中间继电器 KA 的作用是保证启动时全部电阻接入，只有在中间继电器 KA 线圈得电，KA 的常开触头闭合，接触器 KM1、KM2 和 KM3 方能得电，然后才能逐级切除电阻，这样就保证了电动机在串入全部电阻下启动。

2.8.2　转子绕组串接频敏变阻器启动控制线路

绕线转子异步电动机采用转子绕组串电阻的方法启动，要想获得良好的启动特性，一般需要将启动电阻分为多级，这样所用的电器较多，控制线路复杂，设备投资大，维修不便，并且在逐级切除电阻的过程中，会产生一定的机械冲击。

因此，在工矿企业中对于不频繁启动的设备，广泛采用频敏变阻器代替启动电阻来控制绕线转子异步电动机的启动。

1. 频敏变阻器

频敏变阻器是一种阻抗值随频率明显变化、静止的无触点电磁元件。它实质上是一个铁心损耗非常大的三相电抗器。在电动机启动时，将频敏变阻器串接在转子绕组中，由于频敏变阻器的等效阻抗随转子电流频率的减小而减小，从而达到自动变阻的目的。因此，只需用一级频敏变阻器就可以平稳地把电动机启动起来。启动完毕短接切除频敏变阻器。

用频敏变阻器启动绕线转子异步电动机的优点是：启动性能好，无电流和机械冲击，结构简单，价格低廉，使用维护方便。但由于功率因数较低，启动转矩较小，一般不宜用于重载启动的场合。

常用的频敏变阻器有 BP1、BP2、BP3、BP4 和 BP6 等系列，频敏变阻器主要由铁心和绕组两部分组成。它的上、下铁心用四根拉紧螺栓固定，拧开螺栓上的螺母，可以在上下铁心之间增减非磁性垫片，以调整空气隙长度。出厂时上下铁心间的空气隙为零。

频敏变阻器的绕组备有四个抽头，一个抽头在绕组背面，标号为 N；另外三个抽头在绕组的正面，标号分别为 1、2、3。抽头 1～N 之间为 100％匝数，2～N之间为 85％匝数，3～N 之间为 71％匝数。出厂时三组线圈均接在 85％匝数抽头处，并接成 Y 形。

频敏变阻器系列应根据电动机所拖动生产机械的启动负载特性和操作频繁程度来选择，再按电动机功率选择其规格。

在安装和使用时，频敏变阻器应牢固地固定在基座上，当基座为铁磁物质时应在中间垫放 10mm 以上的非磁性垫片，以防影响频敏变阻器的特性。连接线应按电动机转子额定电流选用相应截面的电缆线。同时频敏变阻器还应可靠接地。

在使用前，应先测量频敏变阻器对地绝缘电阻，其值应不小于 1MΩ，否则须先进行烘干处理后方可使用。使用时，若发现启动转矩或启动电流过大或过小，应按下述方法调整频敏变阻器的匝数和气隙。

1）启动电流和启动转矩过大、启动过快时，应换接抽头，使匝数增加，以减小启动电流和启动转矩。

2）启动电流和启动转矩过小、启动太慢时，应换接抽头，使匝数减少，以增大启动电流和启动转矩。

3）如果刚启动时，启动转矩偏大，有机械冲击现象，而启动完毕后，稳定转速又偏低，这时可在上下铁心间增加气隙。可拧开变阻器两面上的四个拉紧螺栓的螺母，在上、下铁心之间增加非磁性垫片。增加气隙可使启动电流略微增加，启动转矩稍有减小，而启动完毕时的转矩稍有增大，从而使转速得以提高。

2. 转子绕组串接频敏变阻器启动控制线路

转子绕组串接频敏变阻器启动控制线路如图 2.50 所示，线路的工作原理如下：(合上电源开关 QS)

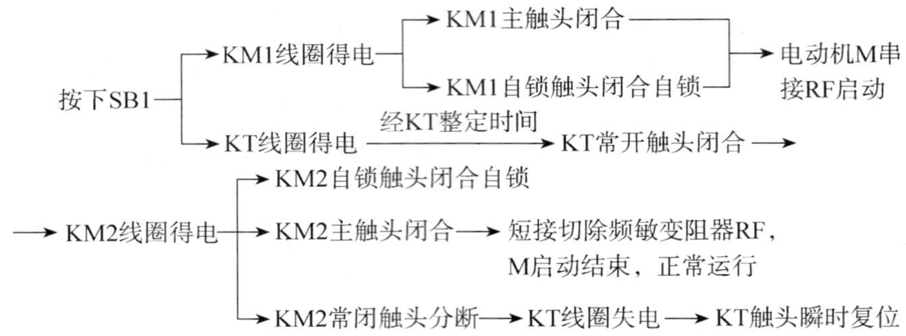

停止时，按下 SB2 即可。

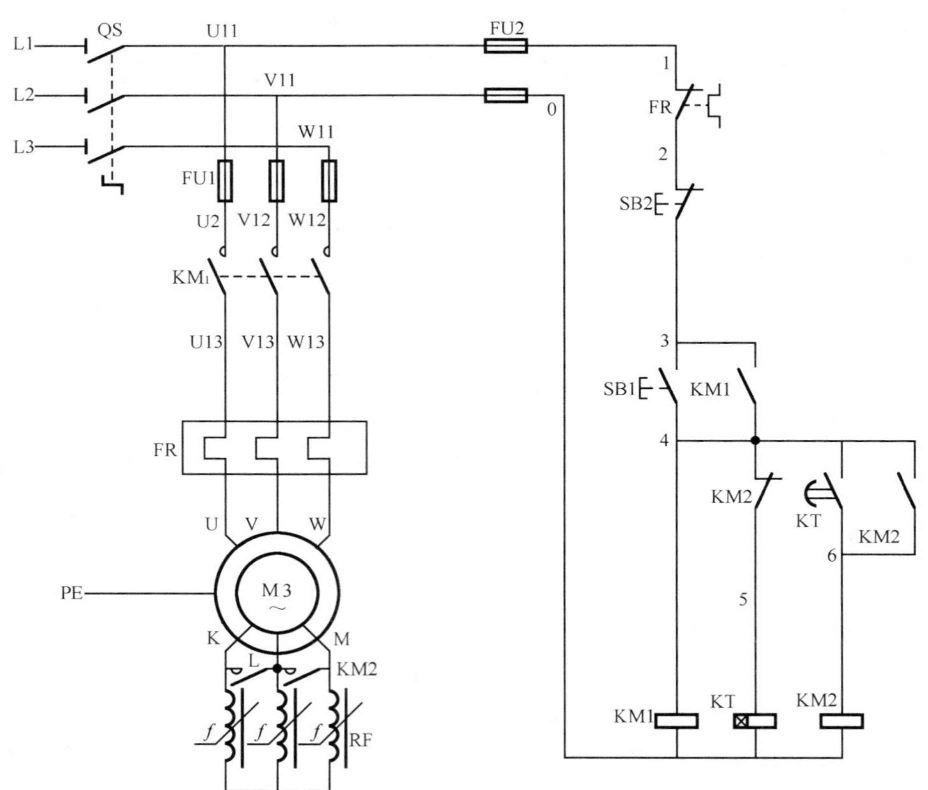

图 2.50　绕线转子串频敏变阻器启动电路图

2.8.3　凸轮控制器控制电路

凸轮控制器主要用于电力拖动控制设备中，用以变换主电路和控制电路的接法以及转子电路中的电阻值，以实现控制电动机的起动、停止、反向、制动、调速和安全保护。

由于凸轮控制器控制电路简单、维护方便，电路已标准化、系列化和规范化，因而广泛应用于中、小型起重机的平移机构和小型提升机构。

中、小容量绕线转子异步电动机的启动、调速及正反转控制，常常采用凸轮控制器来实现，以简化操作，如桥式起重机上大部分采用这种控制线路。

绕线转子异步电动机凸轮控制器控制线路如图 2.51（a）所示。图中组合开关 QS 作为电源引入开关；熔断器 FU1、FU2 分别作为主电路和控制电路的短路保护，接触器 KM 控制电动机电源的通断，同时起欠压和失压保护作用，行程开关 SQ1、SQ2 分别作电动机正反转时工作机构的限位保护，过电流继电器 KA1、KA2 作电动机的过载保护，R 是电阻器，凸轮控制器 AC 有 12 对触头，其分合状态如图 2.51（b）所示。其中最上面 4 对配有灭弧罩的常开触头 AC1～AC4 接在主电路中用于控制电动机正反转，中间 5 对常开触头 AC5～AC9 与转子电阻 R 相接，用来逐级切换电阻以控制电动机的启动和调速，最下面的 3 对常闭触头 AC10～AC12 用作零位保护。

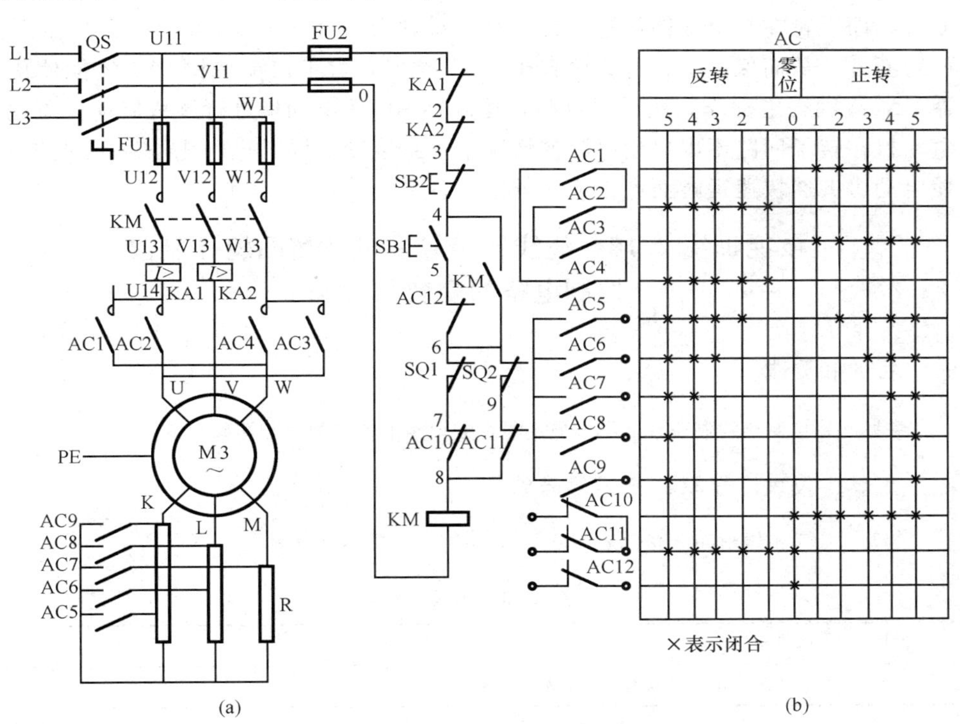

图 2.51　绕线转子异步电动机凸轮控制器控制电路

线路的工作原理如下：将凸轮控制器 AC 的手轮置于“0”位后，合上电源开关 QS，这时 AC 最下面的 3 对触头 AC10～AC12 闭合，为控制电路的接通作准备。按下 SB1，接触器 KM 得电自锁，为电动机的启动作准备。

正转控制：将凸轮控制器 AC 的手轮从“0”位转到正转“1”位置，这时触头 AC10 仍闭合，保持控制电路接通，触头 AC1、AC3 闭合，电动机 M 接通三

相电源正转启动，此时由于 AC 的触头 AC5～AC9 均断开，转子绕组串接全部电阻 R 启动，所以启动电流较小，启动转矩也较小。如果电动机此时负载较重，则不能启动，但可起到消除传动齿轮间隙和拉紧钢丝绳的作用。

当 AC 手轮从正转“1”位转到“2”位时，触头 AC10、AC1、AC3 仍闭合，AC5 闭合，把电阻器 R 上的一级电阻短接切除，电动机转矩增加，正转加速。同理，当 AC 手轮依次转到正转“3”和“4”位置时，触头 AC10、AC1、AC3、AC5 仍闭合，AC6、AC7 先后闭合，把电阻器 R 上的两级电阻相继短接，电动机 M 继续加速正转。当手轮转到“5”位置时，AC5～AC9 五对触头全部闭合，转子回路电阻被全部切除，电动机启动完毕进入正常运转。

停止时，将 AC 手轮扳回零位即可。

反转控制：当将 AC 手轮扳到反转“1”～“5”位置时，触头 AC2、AC4 闭合，接入电动机的三相电源相序改变，电动机将反转。反转的控制过程与正转相似，请自行分析。

凸轮控制器最下面的三对触头 AC10～AC12 只有当手轮置于零位时才全部闭合，而手轮在其余各档位置时都只有一对触头闭合（AC10 或 AC11），而其余两对断开。从而保证了只有手轮置于“0”位时，按下启动按钮 SB1 才能使接触器 KM 线圈得电动作，然后通过凸轮控制器 AC 使电动机进行逐级启动，避免了电动机在转子回路不串启动电阻的情况下直接启动，同时也防止了由于误按 SB1 使电动机突然快速运转而产生的意外事故。

技能训练 2.18　绕线转子异步电动机凸轮控制器控制电路的安装与维修

一、目的和要求

掌握凸轮控制器控制绕线式异步电动机控制电路的安装方法和检修方法。

二、工具、仪表、器材、元器件清单

工具、仪表、器材和元器件清单见表 2.53 与表 2.54。

表 2.53　工具、仪表

工具	电工常用工具
仪表	兆欧表、钳形电流表、万用表、转速表

表 2.54　元器件明细表

符　号	名　称	型　号	规　格	数　量
M	绕线转子异步电动机	YZR-132MA-6	2.2kW、380V、6A/11.2A、908r/min	1
QS	组合开关	HZ10-25/3	380V、25A 三极	1
FU1	熔断器	RL1-60/25	500V、60A、配熔体 25A	3

续表

符　　号	名　　称	型　　号	规　　格	数　量
FU2	熔断器	RL1-15/2	500V、15A、配熔体 2A	2
KM	接触器	CJ10-20	20A、线圈电压 380V	1
SB1、SB2	按钮	LA10-3H	保护式、按钮数 3（代用）	1
KA1、KA2	过电流继电器	JL14-11J	线圈额定电流 10A、电压 380V	2
AC	凸轮控制器	KTJ1-50/2	50A、380V	1
R	启动电阻器	2K1-12-6/1		1
SQ1、SQ2	位置开关	LX19-212	380V、5A，内侧双轮	2
XT	端子板		500mm×400mm	1
	导线、紧固件、编码管			若干

三、训练内容

1. 安装训练

1）按元器件清单配备电器元件，并进行检验。

2）按图 2.51 所示电路图，画出布置图。在控制面板上安装除电动机、凸轮控制器、启动电阻和行程开关以外的电器元件，元器件应表上醒目标记。

3）在控制板外安装电动机、凸轮控制器、启动电阻和行程开关等电器元件。

4）根据电路图进行线路安装。

5）可靠连接电动机、凸轮控制器等各电器元件的保护接地线。

6）连接电源、电动机等控制板外部的导线。

7）用万用表检测控制电路的正确性，用兆欧表测量转子回路的绝缘电阻。

8）完毕合格后通电试车。

9）安装注意事项：

① 在安装凸轮控制器前，应转动其手轮，检查运动系统是否灵活，触头分合顺序是否与触头分合表相符，有无缺件等。

② 凸轮控制器必须牢靠地安装在墙壁或支架上。

③ 在进行凸轮控制器接线时，要先熟悉其结构和各触头的作用，看清凸轮控制器内连接线的接线方法，然后按图 2.51（a）所示电路图进行正确接线。接线后，必须盖上灭弧罩。

④ 通电试车的操作顺序是，将 AC 的手轮置于“0”位，合上电源开关 QS，按下启动按钮 SB1 使 KM 吸合，将 AC 的手轮依次转到正转 1～5 挡的位置并分别测量电动机的转速，将 AC 的手轮从正转“5”挡逐渐恢复到“0”位；将 AC 的手轮依次转到反转 1～5 挡的位置并分别测量电动机的转速，将 AC 的手轮从反转“5”挡逐渐恢复到“0”位，按下停止按钮 SB_2，切断电源开关 QS。

⑤ 通电试车前电流继电器的整定值应调整合适。通电试车最好带负载进行，否则手轮在不同挡位时所测得的转速可能无明显差别。

⑥ 启动操作时，手轮转动不能太快，应逐级启动，且级与级之间应经过一定的时间间隔（约 1s），以防电动机的冲击电流超过过电流继电器的动作值。

⑦ 通电试车必须在指导教师的监护下进行，并做到安全文明生产。

2. 检修训练

(1) 故障检修

在控制电路或主电路中人为设置电气故障各一处。步骤及要求如下:

1) 用通电试验法观察故障现象。合上电源开关 QS 后,按凸轮控制器的操作规定进行顺序操作,注意观察电动机的运行情况,凸轮控制器的动作、各电器元件及线路的工作状态是否符合控制要求。若出现异常,应立即切断电源。

2) 根据故障现象结合电路图和触头分合表用逻辑分析的方法分析故障范围,并在电路图上标出故障最小范围。

3) 用测量法准确迅速地检测出故障点并排除故障。

4) 通电试车。

(2) 注意事项

1) 要在掌握凸轮控制器的结构、接线方式和控制原理的基础上进行排故训练。

2) 注意当接触器 KM 线圈通电吸合后,由于主电路中三相只用了凸轮控制器的两对触头,因此电动机定子绕组已处于带电状态但没有启动。

3) 检修时思路和方法要正确,检修过程中严禁扩大故障或产生新的故障,否则应立即停车检修。

4) 带电检修时必须有指导教师在现场监护,确保用电安全。

四、评分标准

凸轮控制器控制绕线式异步电动机控制电路安装与检修的评分标准见表 2.55。

表 2.55 评分标准

项目内容	配 分	评分标准		扣 分
自编安装工艺	10	安装工艺不合理、不完善	扣 5~10 分	
安装布线	30	1) 控制板内元件安装不符合要求:		
		不牢固	每只扣 5 分	
		布置不整齐、不合理	扣 5 分	
		2) 控制板外元件不符合要求:		
		安装不牢固	扣 5 分	
		紧固螺栓未拧紧	每只扣 5 分	
		3) 布线不符合要求:		
		主电路,每根	扣 2 分	
		控制电路,每根	扣 2 分	
		4) 凸轮控制器不会接线	扣 10 分	
		5) 接点松动、露铜过长、压绝缘层、反圈等,每个接点	扣 1 分	
		6) 损伤导线绝缘层或线芯	每根扣 5 分	
		7) 漏套或错套编码套管,每处	扣 2 分	
		8) 漏接接地线	扣 10 分	
通电试车	30	1) 过电流继电器不会调整	每只扣 5 分	
		2) 熔体规格配错,主、控电路各	扣 5 分	
		3) 第一次试车不成功	扣 20 分	
		第二次试车不成功	扣 30 分	
		第三次试车不成功	扣 40 分	

续表

项目内容	配　分	评分标准			扣　分
故障分析与排除	30	1）故障分析、排除故障思路不正确　扣 10 分 2）标错电路故障范围　每个扣 5 分 3）断电不验电　扣 5 分 4）工具仪表使用不正确　每次扣 5 分 5）不能查出故障点　扣 10 分 6）查出故障点，不能排除　每个故障扣 10 分 7）产生新的故障：不能排除　每个扣 15 分 已经排除　每个扣 10 分 8）损坏电动机　扣 30 分 9）损坏电器元件，或排故方法不正确　每只（次）扣 5～10 分			
安全文明生产		1）违反安全文明生产规程　扣 5～40 分 2）乱线敷设，加扣不安全分　扣 10 分			
定额时间	6h	每超时 5min 以内以扣 5 分计算			
备注	除定额时间外，各项内容的最高扣分不应超过配分数			成绩	
开始时间		结束时间		实际时间	

小　结

绕线转子异步电动机转子绕组串接三相电阻启动，利用时间继电器实现控制的电路是典型的时间顺序控制电路，而电流继电器控制的电路是根据电动机启动过程中转子电流变化的这一特性来实现控制的。

在了解频敏变阻器其特性和原理的基础上去理解绕线转子异步电动机转子绕组串接频敏变阻器的控制电路。

在凸轮控制器控制绕线转子异步电动机启动控制电路中，过电流继电器和凸轮控制器是该电路的主要电器，必须了解凸轮控制器的工作原理及控制方法，掌握触头分合状态。重点掌握凸轮控制器的安装接线方法。

2.9　多速异步电动机的控制线路

知识点

- 熟悉电动机变极调速的原理
- 掌握多速异步电动机绕组的连接方法及工作原理
- 掌握时间继电器控制多速异步电动机控制线路的工作原理

技能点

- 时间继电器控制多速异步电动机控制线路的安装
- 转速表、钳型电流表的正确使用

2.9.1 变极调速原理

由三相异步电动机的转速公式 $n=(1-s)\frac{60}{p}f_1$ 可知，改变转差率 s，改变电源频率 f_1，改变磁极对数 p 均可改变电动机的转速。

绕线式异步电动机可在转子电路中串接电阻启动，适当地选择转子电路串接的电阻，就可实现调速作用，这种调速就是改变转差率调速。

改变电源频率调速需要专门的变频设备，将在变频调速系统中讲解。

改变异步电动机的磁极对数的调速称为变极调速。变极调速是通过改变定子绕组的连接方式来实现的，属于有级调速，而极对数的改变，必须在定子和转子上同时进行，笼型转子电动机的转子极数是随定子极数的改变而自动改变的，故变极调速只适用于笼型异步电动机。

凡磁极对数可以改变的电动机称为多速电动机。常见的多速电动机有双速、三速、四速等几种类型。

图 2.52 是 4 极/2 极定子绕组接线示意图。其中图（a）表示了三相定子绕组接成△（U1、V1、W1 接电源，U2、V2、W2 接线端悬空）。此时每相绕组中 1、2 线圈相互串联，其电流方向见图中虚箭头。应用右手螺旋定则就可判断它的磁场方向，磁场具有 S、N、S、N 四个极（即两对磁极），见图 2.53（a）。同理，三相定子绕组接成 YY 形接线（U2、V2、W2 接电源，U1、V1、W1 短接），接线图见图 2.52（b）。此时每相绕组中 1 和 2 线圈并联，电流方向如图 2.52（b）实线箭头所示，磁场具有 S、N 两个极（即一对磁极）见图 2.53（b）。

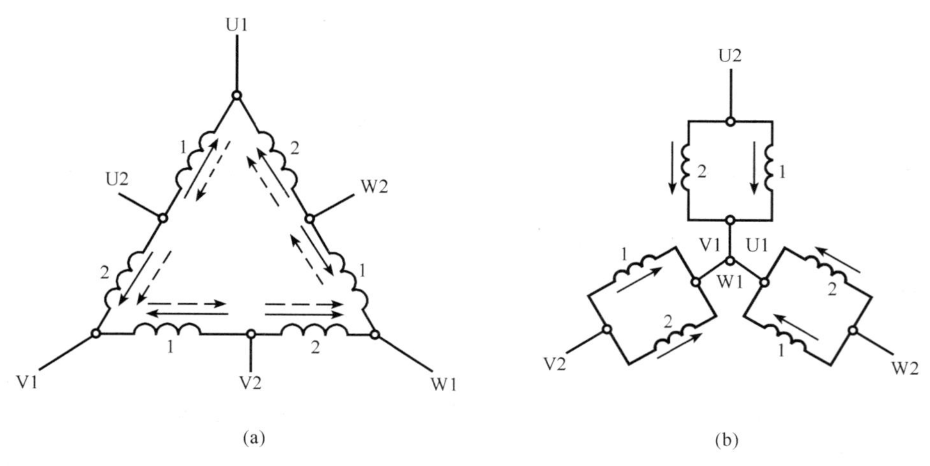

图 2.52 △/YY 变换

由上述可知，变更电动机定子绕组的接线，就改变了极数，也改变了速度等级，其中△接线对应低速，YY 接线对应高速。

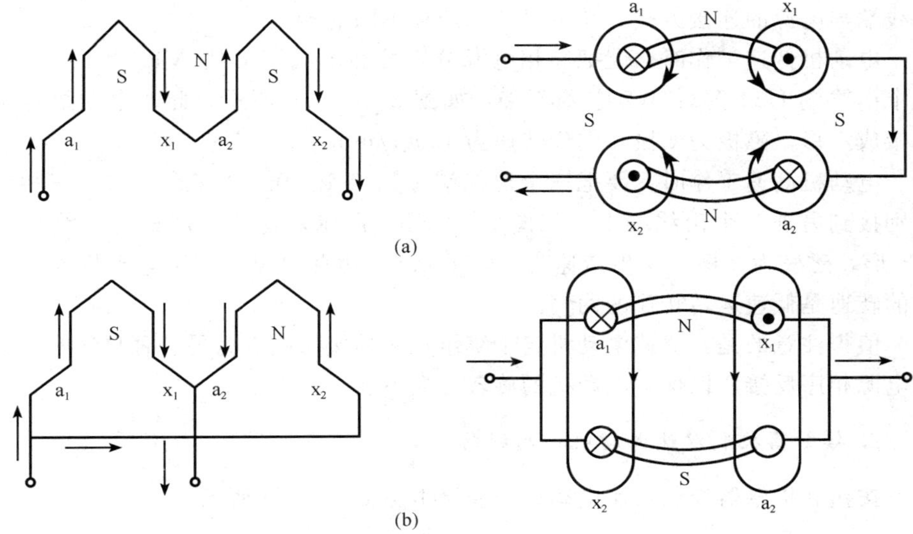

图 2.53　△/YY 的磁场

2.9.2　双速异步电动机的控制电路

1. 双速电动机定子绕组的连接

双速异步电动机定子绕组的△/YY 连接图如图 2.54 所示。图中三相定子绕组接成△形，由三个连接点接出三个出线端 U1、V1、W1，从每相绕组的中点各接一个出线端 U2、V2、W2，这样定子绕组共有 6 个出线端。通过改变这 6 个

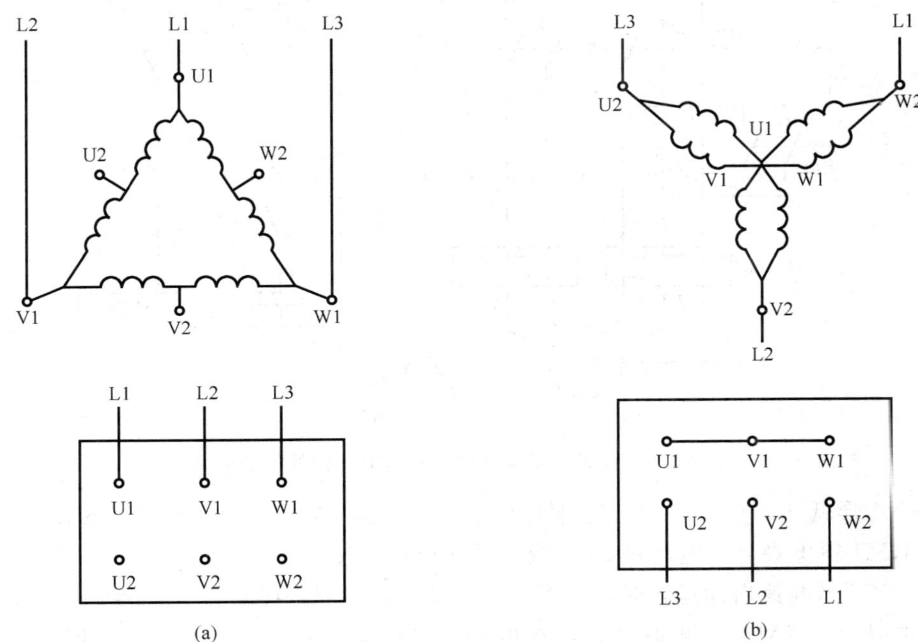

图 2.54　双速电动机三相定子绕组△/YY 接线图

出线端与电源的连接方式，就可以得到两种不同的转速。

电动机低速工作时，就把三相电源分别接在出线端 U1、V1、W1 上，另外三个出线端 U2、V2、W2 空着不接，如图 2.54（a）所示，此时电动机定子绕组接成△形，磁极为 4 极，同步转速为 1500r/min。

电动机高速工作时，要把三个出线端 U1、V1、W1 并接在一起，三相电源分别接到另外三个出线端上，如图 2.54（b）所示，这时电动机定子绕组接成 YY 形，磁极为 2 极，同步转速为 3000r/min。由此可见，双速电动机高速运转时的转速是低速运转转速的两倍。

值得注意的是，双速电动机定子绕组从一种接法改变为另一种接法时，必须把电源相序反接，以保证电动机的旋转方向不变。

2. 接触器控制双速电动机控制线路

按钮和接触器控制双速电动机的控制电路如图 2.55 所示。

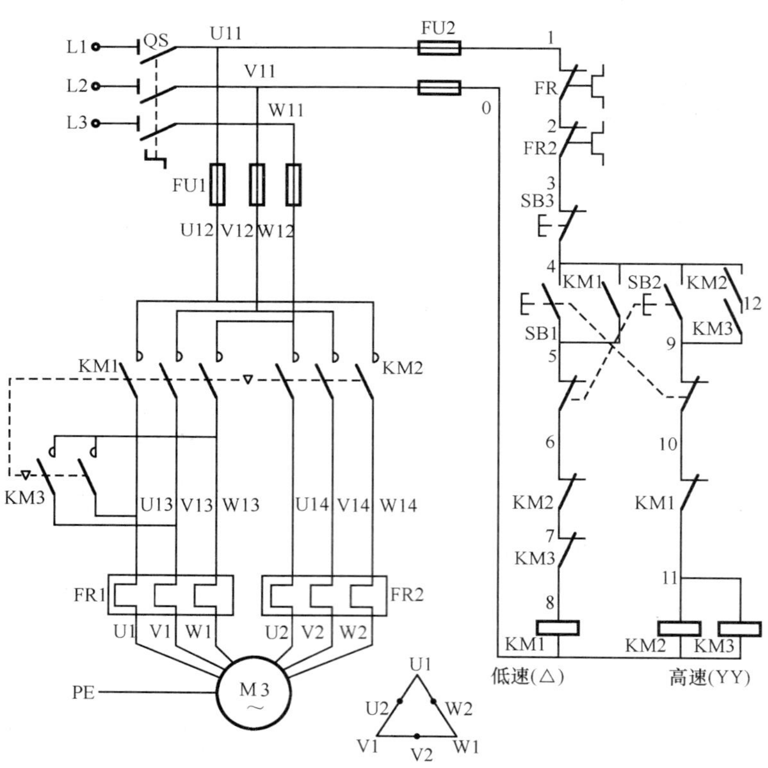

图 2.55　按钮和接触器控制双速电动机的控制电路

△形低速启动运转时，先合上电源开关 QS，然后按下启动按钮 SB1，接触器 KM1 得电吸合，电动机 M 接成△低速启动运转。

YY 形高速启动运转时，按下高速启动按钮 SB2，接触器 KM2 和 KM3 同时得电吸合，KM3 主触头闭合，将电动机 M 的定子绕组 U1、V1、W1 并头，KM2 主触头闭合，将三相电源通入电动机定子绕组的 U2、V2、W2 端，电动机接成 YY 形高速启动运转。

线路工作原理如下：（先合上电源开关 QS）

1）△形低速启动运转。

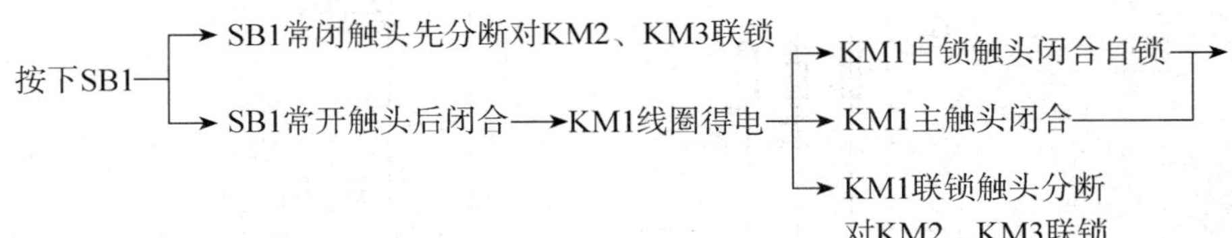

→电动机M接成△低速启动运转

2）YY 形高速启动运转。

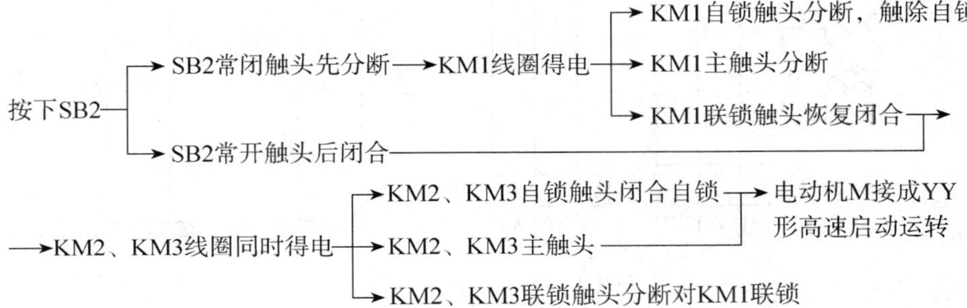

停车时，按下 SB3 即可实现。

3. 时间继电器控制双速电动机的控制电路

用按钮和时间继电器控制双速电动机控制电路如图 2.56 所示。

线路工作原理如下：（先合上电源开关 QS）

1）△形低速启动运转。

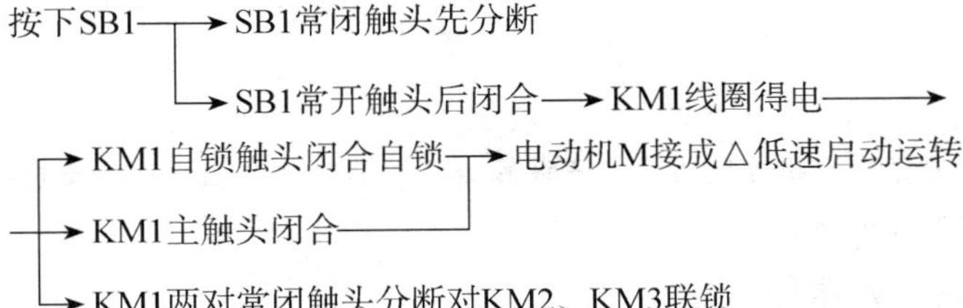

2）YY 形高速启动运转。

按下SB2→KT线圈得电→KT-1常开触头瞬时闭合自锁→

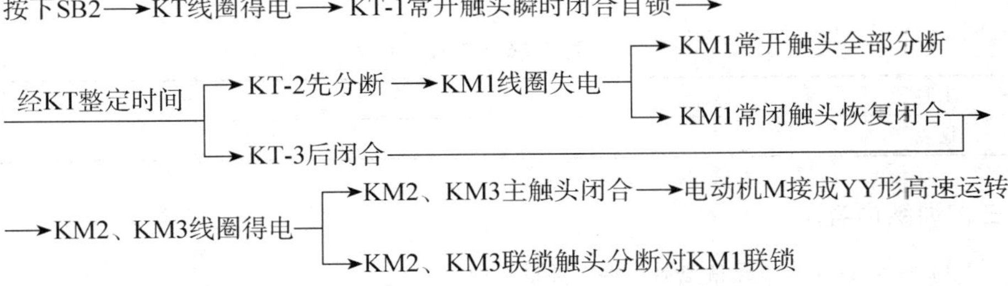

停止时，按下 SB3 即可实现。

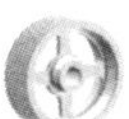

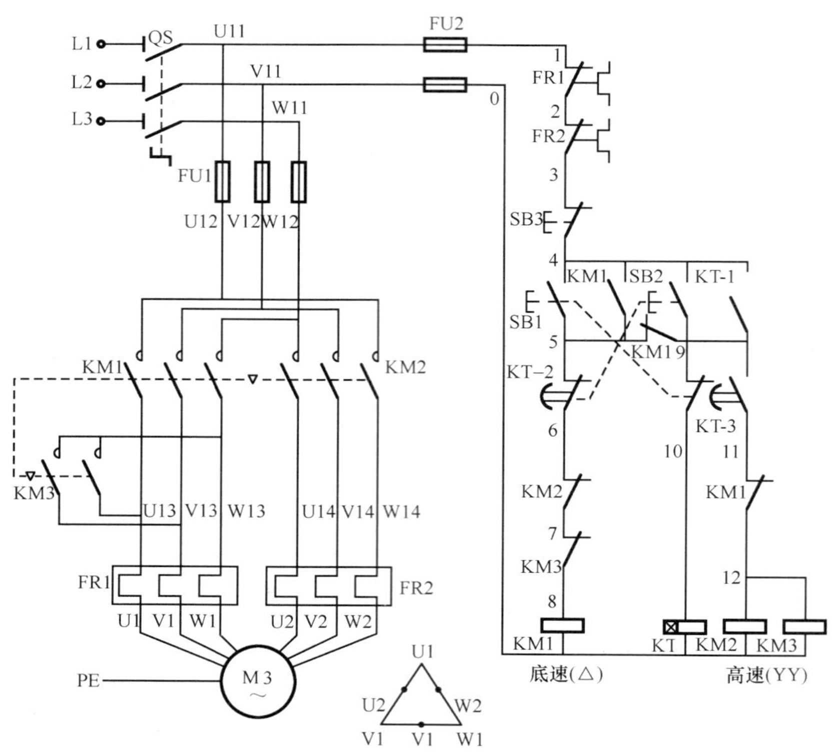

图 2.56　时间继电器控制双速电动机电路图

若电动机只需高速运转，直接按下 SB2，则电动机△形低速启动后，YY 形高速运转。

技能训练 2.19　时间继电器控制双速电动机控制电路的安装

一、目的和要求

掌握时间继电器控制双速电动机控制线路的安装和维修。熟练地画出双速电动机控制线路的安装图。熟练地检修常见故障。

二、工具、仪表、器材、元器件

根据三相异步电动机的技术数据及时间继电器控制双速电动机控制电路图，正确选用工具、仪表和元器件。并填入表 2.56 与表 2.57。

表 2.56　工具、仪表

工具	
仪表	

三、训练内容

1）按元器件清单配备电器元件，并进行检验。

2）时间继电器控制双速电动机控制线路如图 2.56，画出元件布置图和接线图。

表 2.57　元器件明细表

符　　号	名　　称	型　　号	规　　格	数　量
M	绕线转子异步电动机	YD112M-4/2	3.3kW/4kW、380V、7.4A/8.6A、△/YY、1440r/min 或 2890r/min	1
QS	电源开关			
FU1	熔断器			
FU2	熔断器			
KM1～KM3	交流接触器			
KT	时间继电器			
FR1、FR2	热继电器			
SB1、SB2、SB3	按钮			
XT	端子板			
	主电路导线			
	控制电路导线			
	按钮线			
	接地线			
	电动机引线			
	控制板			
	紧固件及编码套管			

3）自编安装步骤和安装工艺，并经指导教师审核合格后进行安装训练。

4）注意事项：

① 接线时，注意主电路中接触器 KM1、KM2 在两种转速下电源相序的改变，不能接错，否则，两种转速下电动机的旋转方向相反，换向时将产生很大的冲击电流。

② 控制双速电动机△形接法的接触器 KM1 和 YY 接法的 KM2 的主触头不能对换接线，否则不但无法实现双速控制要求，而且会在 YY 形运转时造成电源短路故障。

③ 热继电器 FR1、FR2 的整定电流及其在主电路中的接线不要接错。

④ 通电试车时，应先检查电动机的接线是否正确，方可通电。

⑤ 通电试车时，必须有指导教师在现场监护，同时做到安全文明生产。

四、检修训练

在控制电路和主电路中各人为设置一电气故障，由学生自行编制检修工艺，经教师审核后进行排故训练。检修过程中应注意：

1）检修前，应认真阅读图纸，掌握电路结构、工作原理和接线方式。

2）分析故障、排除故障思路应清晰，方法要正确。

3）工具、仪表使用要正确。

4）严禁带电检修，如有必要应在指导教师的现场监护下进行操作，确保用电安全。

5）在设置人为故障时必须合理，不能随意改变线路接线。

五、评分标准

评分标准见表 2.58。

表 2.58 评分标准

项目内容	配分	评分标准	扣分
自编安装工艺	10	安装工艺不合理、不完善 扣 5～10 分	
安装布线	30	1）电器元件安装不合理、不牢固 每处扣 10 分 2）损坏电器元件 扣 10 分 3）不按电路图接线 扣 10 分 4）布线不符合要求： 主电路，每根 扣 2 分 控制电路，每根 扣 2 分 5）接点松动、露铜过长、压绝缘层、反圈等，每个接点 扣 1 分 6）损伤导线绝缘层或线芯 每根扣 5 分 7）漏套或错套编码套管，每处 扣 2 分 8）漏接接地线 扣 10 分	
故障分析与排除	30	1）故障分析、排除故障思路不正确 扣 10 分 2）标错电路故障范围 每个扣 5 分 3）断电不验电 扣 5 分 4）工具仪表使用不正确 每次扣 5 分 5）不能查出故障点 扣 10 分 6）查出故障点，不能排除 每个故障扣 10 分 7）产生新的故障： 不能排除 每个扣 15 分 已经排除 扣 10 分 8）损坏电动机 扣 30 分 9）损坏电器元件，或排故方法不正确 每只（次）扣 5～10 分	
通电试车	30	1）热继电器、时间继电器未整定或整定错，每只 扣 5 分 2）熔体规格配错，主、控电路各 扣 5 分 3）第一次试车不成功 扣 20 分 第二次试车不成功 扣 30 分 第三次试车不成功 扣 40 分	
安全文明生产		1）违反安全文明生产规程 扣 5～40 分 2）乱线敷设，加扣不安全分 扣 10 分	
定额时间	4.5h	每超时 5min 以内以扣 5 分计算	
备注	除定额时间外，各项内容的最高扣分不应超过配分数	成绩	
开始时间		结束时间	实际时间

2.9.3 三速异步电动机的控制电路

1. 三速异步电动机定子绕组的连接

三速异步电动机定子绕组的接线见图 2.57。

图中三速电动机定子绕组有两套绕组 10 个出线端，改变这 10 个出线端与电源的连接方式就可得到三种不同的转速。

第一套绕组（双速）有七个出线端 U1、V1、W1、U3、U2、V2、W2，可作△或 YY 连接，要使电动机低速运行时，只需将三相电源接至 U1、V1、W1，

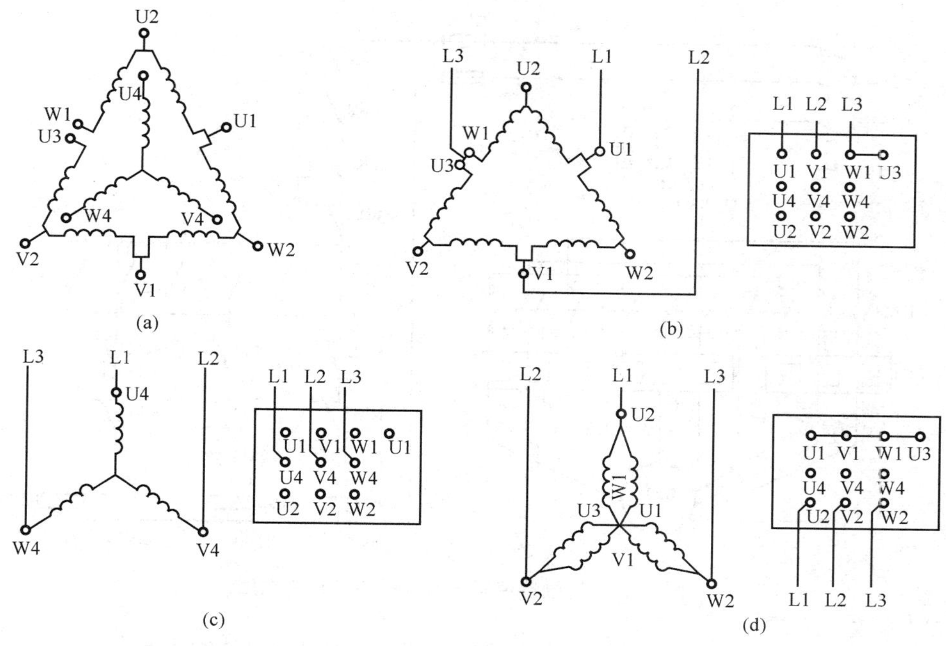

图 2.57　三速异步电动机定子绕组的接线图

并将 W1 和 U3 出线端接在一起，其余六个出线端空着不接，电动机定子绕组接成△低速运转。若将三相电源接至 U2、V2、W2 出线端，将 U1、V1、W1 和 U3 接在一起，其余三个出线端空着不接，则电动机定子绕组接成 YY 高速运转。

第二套绕组（单速）有三个出线端 U4、V4、W4，只作 Y 连接，若将三相电源接至 U4、V4、W4 的出线端，并将其余七个出线端空着不接，电动机定子绕组接成 Y 以中速运转。

图中 W1 和 U3 出线端分开的目的是防止电动机定子绕组接成 Y 中速运行时，在△连接的定子绕组中产生感应电流。

2. 三速异步电动机的控制电路

(1) 接触器控制三速电动机的控制电路

用接触器控制三速电动机的控制电路如图 2.58 所示。工作原理如下：合上电源开关 QS。

低速时，按下低速启动按钮 SB1，接触器 KM1 线圈得电，KM1 主触头闭合，三相电源与定子绕组 U1、V1、W1 三个出线端连接，且 W1 和 U3 连接，电动机接成△低速运转。

中速时，按下中速启动按钮 SB2，接触器 KM2 线圈得电，KM2 主触头闭合，三相电源与电动机定子绕组 U4、V4、W4 三个出线端接通，电动机定子绕组接成 Y 中速运转。

高速时，按下高速启动按钮 SB3，接触器 KM3、KM4 线圈得电，KM3、KM4 的主触头闭合，三相电源通入电动机定子绕组 U2、V2、W2 三个出线端，KM4 的

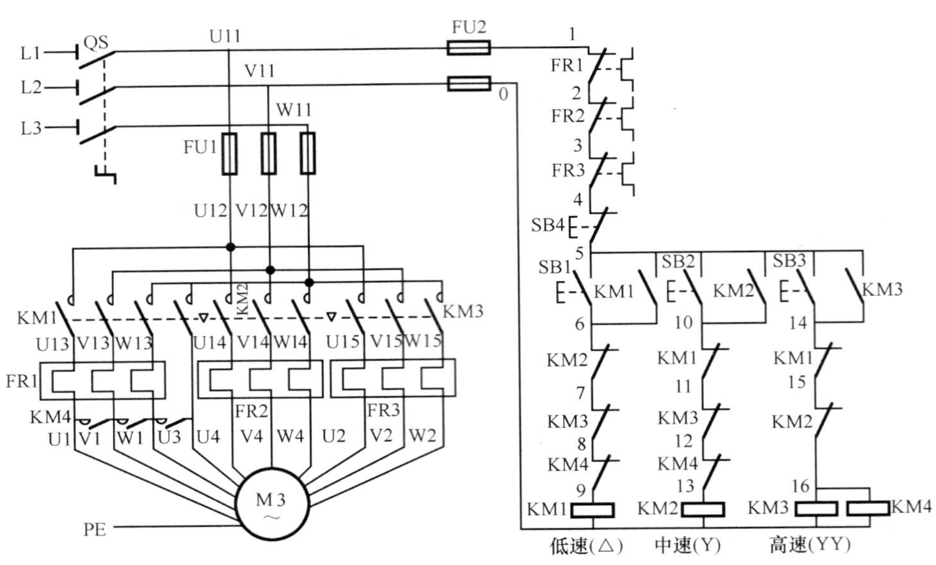

图 2.58　接触器控制三速电动机的控制电路

主触头将 U1、V1、W1 和 U3 四个出线端短接，电动机接成 YY 高速运转。

停止时，按下 SB4 即可。

(2) 时间继电器控制三速电动机的控制线路

时间继电器控制三速电动机的控制线路如图 2.59 所示。工作原理如下：(合上电源开关 QS)

1) △形低速启动运转。

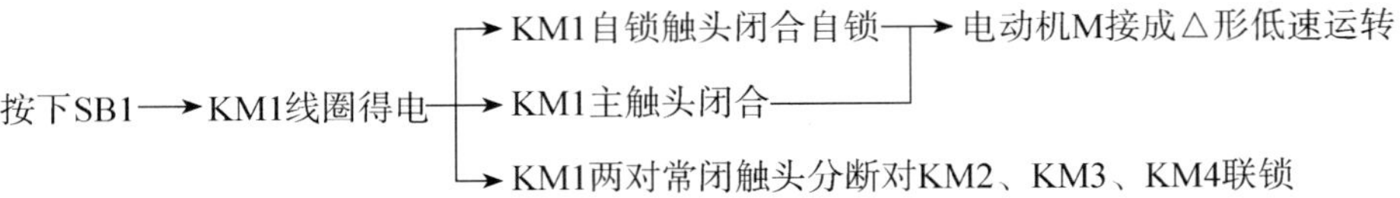

2) △形低速启动 Y 形中速运转。

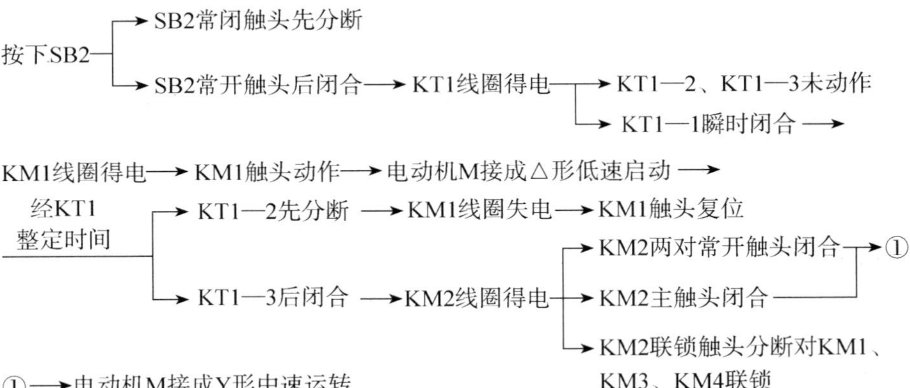

3) △形低速启动 Y 形中速运转过渡到 YY 形高速运转。

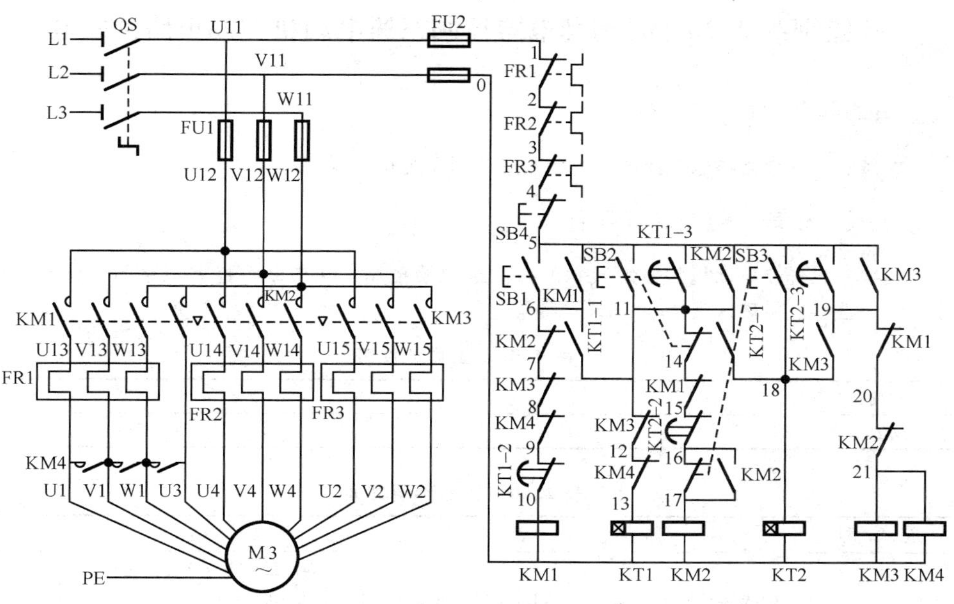

图 2.59 时间继电器控制三速电动机的控制线路

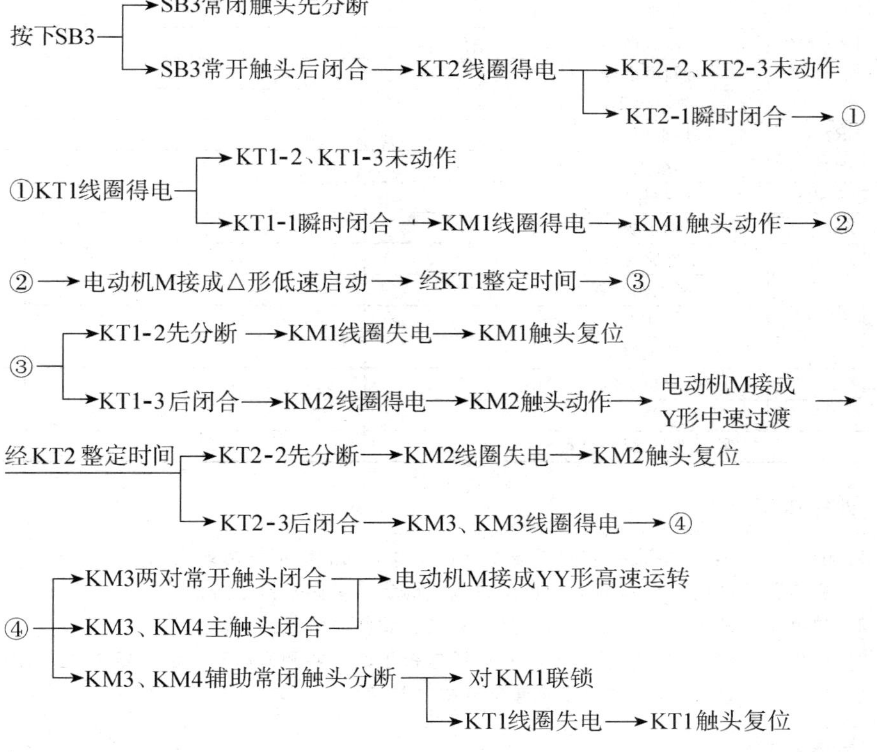

停止时，按下 SB4 即可。

技能训练 2.20　时间继电器控制三速电动机控制电路的安装

一、目的和要求

掌握时间继电器控制三速电动机控制线路的安装和维修。

二、工具、仪表、器材、元器件

根据三相异步电动机的技术数据及时间继电器控制三速电动机控制电路图，选用工具、仪表和元器件。并填入表 2.59 与表 2.60。

表 2.59　工具、仪表

工具	
仪表	

表 2.60　元器件明细表

符　号	名　称	型　号	规　格	数　量
M	绕线转子异步电动机	YD160M-8/6/4	3.3kW/4kW/5.5kW、380V、10.2A/9.9A/11.6A、△/Y/YY、720/960/1440r/min	1
QS	电源开关			
FU1	熔断器			
FU2	熔断器			
KM1～KM4	交流接触器			
KT1、KT2	时间继电器			
FR1	热继电器			
FR2	热继电器			
FR3	热继电器			
SB1～SB4	按钮			
XT	端子板			
	主电路导线			
	控制电路导线			
	按钮线			
	接地线			
	电动机引线			
	控制板			
	紧固件及编码套管			

三、训练内容

自编安装工艺，并经指导教师审核后进行安装。安装时应注意如下几点：

1）主电路接线时，要看清电动机出线端的标记，掌握其接线方法。

2）热继电器的整定在三个转速下是不同的，调整时必须正确。

3）通电试车时，需先复检电动机的接线是否正确，并测试电动机的绝缘电阻，在指导教师的监护下进行调试，并用转速表测量电动机的转速。

四、检修训练

在主电路或控制电路人为设置电气故障一处，自编检修工艺并经教师审核后进行训练。

注意事项同时间继电器控制双速电动机控制线路。

五、评分标准

评分标准参照表 2.58。

小 结

双速、三速异步电动机的定子绕组的连接方式是基础，掌握了正确的接线方法对理解双速、三速的控制电路的原理有帮助。

时间继电器控制双速电动机的控制电路，高速运转时必须由低速启动转换至高速运转。

三速电动机的时间继电器控制线路比较复杂，是典型的时间控制。

技能训练过程中要注意理论联系实际，在掌握双速、三速定子绕组接线方法的情况下进行正确连接，通电试车时注意观察其各个控制过程的转换。

2.10 直流电动机基本控制线路

知识点

- 掌握并励直流电动机的启动、正反转制动及调速控制线路的原理
- 掌握串励直流电动机的启动、正反转制动及调速控制线路的原理

技能点

- 掌握并励直流电动机的启动、制动控制线路的安装与调试

直流电动机具有启动转矩大、调速范围广、调速精度高、能够实现无级平滑调速以及频繁启动等一系列优点，对于需要能够在大范围内实现无级调速或需要大启动转矩的生产机械，常用直流电动机来拖动，如高精度金属切削机床、轧钢机、造纸机、龙门刨床、电气机车等。直流电动机的励磁方式有：他励、并励、串励、复励等四种，本节介绍并励和串励直流电动机的启动、正反转、制动和调速控制线路的安装、调试与维修。

2.10.1 并励直流电动机与串励直流电动机的特性比较

表 2.61 直流电动机的特性比较

	并励直流电动机	串励直流电动机
机械特性	1）具有硬的机械特性 2）恒转速特性 3）可以空载或轻载运行	1）具有较大的启动转矩，启动性能好 2）过载能力强 3）切忌空载或轻载启动及运行

续表

	并励直流电动机	串励直流电动机
原因	1）励磁绕组和电枢绕组并联，电动机转速与电压成正比，与磁通成反比，当电源电压与励磁电流不变时，转速为定值。即负载增大时转速下降的不多 2）空载或轻载运行时，如果主磁通很小时，可能造成飞车，主磁极绕组不允许开路	1）励磁绕组和电枢绕组串联，启动时，磁路未达饱和，电动机启动转矩与电枢电流的平方成正比，从而产生较大的启动转矩 2）串励电动机机械特性是双曲线，机械特性较软，当电动机转矩增大时，其转速显著下降，使串励电动机能自动保持恒定功率运行（$P=T\omega$），不会因转矩增大而过载 3）空载运行或轻载时，电动机转速很高，会使电枢因离心力过大而损坏，所以启动时至少要带20%～30%的额定负载。而且电动机要与生产机械直接耦合，禁止使用带传动，以防带滑脱而造成严重事故
应用场合	适用于在负载变化时要求转速比较稳定的场合，如金属切削机床、造纸机等	应用于要求有大的启动转矩、负载变化时转速允许变化的恒功率负载场合。如起重机、吊车、电力机车等

2.10.2 启动控制

为了减小启动电流及防止启动时对机械负载冲击过大，直流电动机常采用降压的方式来完成。降压启动方法有两种：一是电枢回路串联电阻启动；二是降低电源电压启动。这两种方法的原理实质都是降低电压。

用晶闸管整流装置作为电源时，电压调节很方便。近年来，随着晶闸管技术的发展，采用减小电枢电压来限制启动电流的做法越来越普及。但在没有可调节直流电源的场合，如：城市电车、工厂车间只有直流电源时，只能采用电枢回路串电阻多级启动的方法。本节主要介绍电枢回路串联电阻启动控制线路。

1. 手动启动控制线路

10kW 以下的小容量并励和串励直流电动机启动时均配有手动启动变阻器。常用 BQ3 型直流电动机启动变阻器，其外形如图 2.60 所示。并励直流电动机手动启动控制线路如图 2.61 所示；串励直流电动机手动启动控制线路如图 2.62 所示。并励直流电动机手动启动控制线路工作原理如下：

线路中的 BQ3 型启动变阻器有四个接线端 E1、L＋、A1 和 L－，分别与电源、电枢绕组和励磁绕组相连。手轮 8 附有衔铁 9 和恢复弹簧 10，弧形铜条 7 的一端直接与励磁电路接通，同时经过全部启动电阻与电枢绕组接通。在启动之前，启动变阻器的手轮置于 0 位，然后合上电源开关 QF，慢慢转动手轮 8，使手轮从 0 位转到静接头 1，接通励磁绕组电路，同时将变阻器 RS 的全部启动电阻接入电枢电路，电动机开始启动旋转。随着转速的升高，手轮依次转到静接头 2、3、4 等位置，使启动电阻逐级切除，当手轮转到最后一个静接头 5 时，电磁铁 6 吸住手轮衔

图 2.60　BQ3 型直流电动机启动变阻器外形图

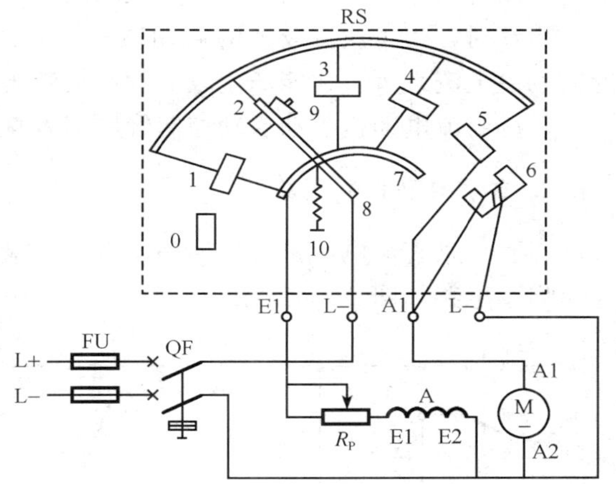

图 2.61　并励直流电动机手动启动控制线路

0～5—分断触头；6—电磁铁；7—弧形同条；8—手轮；9—衔铁；10—恢复弹簧

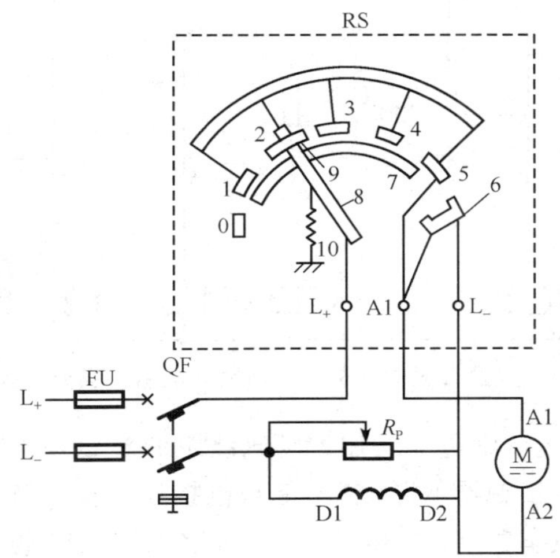

图 2.62　串励直流电动机手动启动控制线路

铁 9，此时启动电阻逐级切除，直流电动机启动完毕，进入正常运转。

当电动机停止工作切断电源时，电磁铁 6 由于线圈断电吸力消失，在恢复弹簧 10 的作用下，手轮自动返回 0 位，以备下次启动。电磁铁 6 还具有失压和欠压保护作用。

由于并励电动机的励磁绕组具有很大的电感，所以当手轮回复到 0 位时，励磁绕组会因突然断电而产生很大的自感电动势，可能会击穿绕组的绝缘，在手轮和铜条间还会产生火花，将动触头烧坏。因此，为了防止发生这些现象，应将弧形铜条 7 与静接头 1 相连，在手轮回到 0 位时励磁绕组、电枢绕组和启动电阻能

组成一闭合回路，作为励磁绕组断电时的放电回路。

启动时，为了获得较大的启动转矩，应使励磁电路中的外接电阻 R_P 短接，此时励磁电流最大，才能产生较大的启动转矩。

串励直流电动机手动启动控制线路读者自行分析。

2. 自动启动控制线路

（1）并励直流电动机电枢回路串电阻二级启动

启动电路如图 2.63 所示。

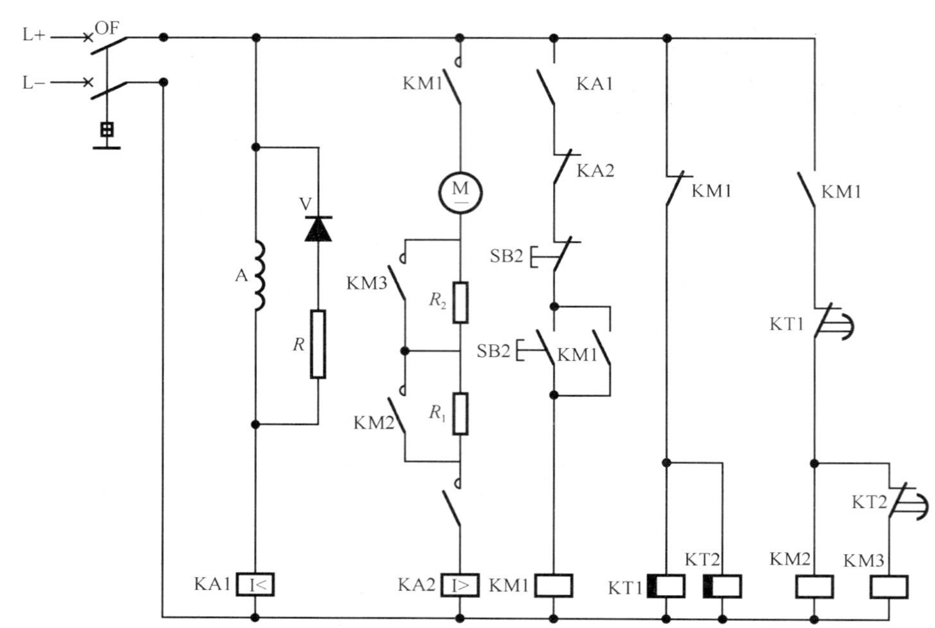

图 2.63 并励直流电动机电枢回路串电阻二级启动控制线路

图中 KA1 是欠电流继电器，作为励磁绕组的失磁保护，只要励磁电流达不到整定值，电枢回路接触器 KM1 就不能得电接通，从而避免励磁绕组因断线或接触不良引起的“飞车”事故，KA2 为过流继电器，对电动机进行过载和短路保护；电阻 R 是电动机停转时励磁绕组的放电电阻；V 是续流二极管，保证励磁绕组正常工作时电阻 R 回路处于阻断状态没有电流。

线路工作原理：合上低压断路器 QF，励磁绕组 A 得电，同时断电延时时间继电器 KT1、KT2 线圈得电并带动其动断触点瞬时断开接触器 KM2、KM3 的线圈回路，确保电阻 R_1、R_2 全部串入电枢回路，为电动机启动做好准备。

启动时：按下 SB1，接触器 KM1 吸合，电动机开始串电阻启动，同时 KT1、KT2 的线圈断电开始延时，KT1 延时时间结束其延时触点恢复闭合，接触器 KM2 吸合短接电阻 R_1，电动机 M 串接 $R2$ 继续启动，当 KT2 延时时间结束延时触点恢复闭合，接触器 KM3 吸合短接电阻 R_2，电动机启动结束进入正常运转。

停止时：按下 SB2 即可。

（2）串励直流电动机串电阻二级启动

启动电路图如图 2.64。线路工作原理：先合上低压断路器 QF，时间继电器 KT1 得电动作，断开 KM2、KM3 线圈，保证电动机启动时全部串入电阻 R_1、R_2。

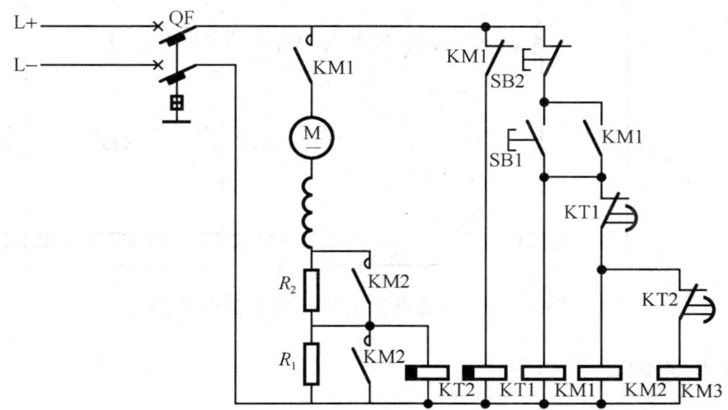

图 2.64　串励直流电动机串电阻二级启动控制线路

启动时，按下按钮 SB1，KM1 得电动作，电动机开始串二级电阻启动；同时分断 KT1 线圈，KT1 开始延时，而并联在电阻 R_1 两端的 KT2 也得电动作断开 KM3；KT1 延时时间到，接通 KM2 线圈，使其触点短接电阻 R_1 和 KT2 线圈，电动机继续串电阻 R_2 启动，KT2 线圈失电开始延时；KT2 延时时间到，接通 KM3 线圈，使其触点短接电阻 R_2，电动机进入正常运转状态。

停止时，按下 SB2 即可。

2.10.3　正反转控制

在生产实际中，常常要求直流电动机既能正转又能反转。例如：直流电动机拖动龙门刨床的工作台往复运动；矿井卷扬机的上下运动等。使直流电动机反转有两种方法，一是电枢反接法，即改变电枢电流方向，保持励磁电流方向不变；二是励磁绕组反接法，即改变励磁电流方向，保持电枢电流方向不变。

1. 并励直流电动机正反转控制

在实际应用中，并励直流电动机的反转常采用电枢反接法来实现。这是因为并励电动机励磁绕组的匝数多，电感大，当从电源上断开励磁绕组时，会产生较大的自感电动势，不但在开关的刀刃上或接触器的主触头上产生电弧烧坏触头，而且也容易把励磁绕组的绝缘击穿。同时励磁绕组在断开时，由于失磁造成很大的电枢电流，易引起“飞车”事故。并励直流电动机正反转控制的电路如图 2.65 所示。

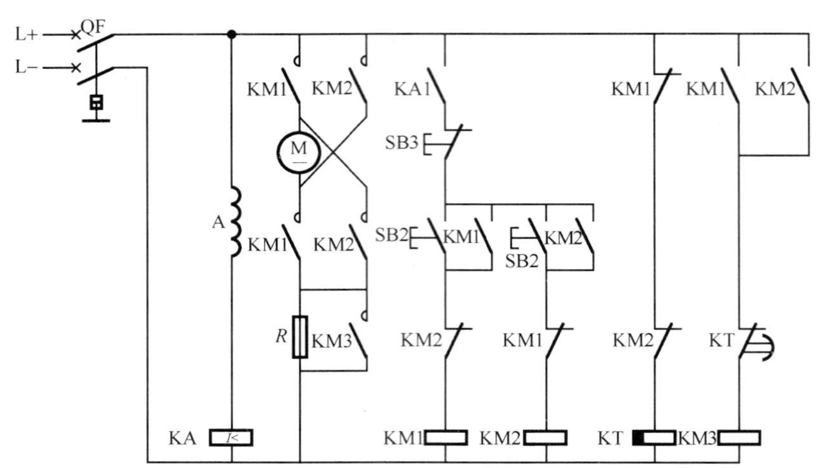

图 2.65　并励直流电动正反转控制线路

线路工作原理：

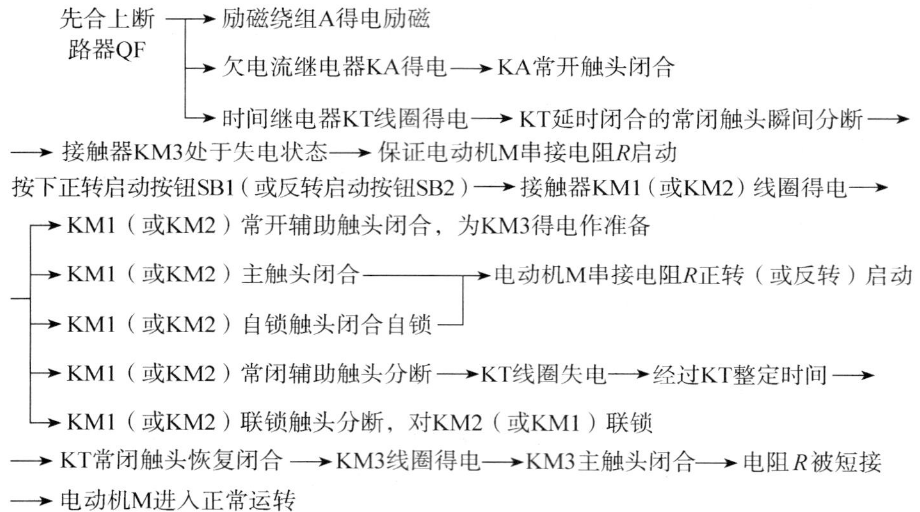

停止时，按下 SB3 即可。

值得注意的是，电动机从一种转向变成另一种转向时，必须先按下停止按钮SB3，使电动机停转后，再按相应的启动按钮。

2. 串励直流电动机正反转控制

串励直流电动机的正反转常采用励磁绕组反接法来实现。因为串励电动机电枢绕组两端的电压很高，而励磁绕组两端的电压较低，反接较容易。如内燃机车和电力机车的反转均用此法。

串励电动机正反转控制的电路如图 2.66 所示。此线路工作原理读者可自行分析。

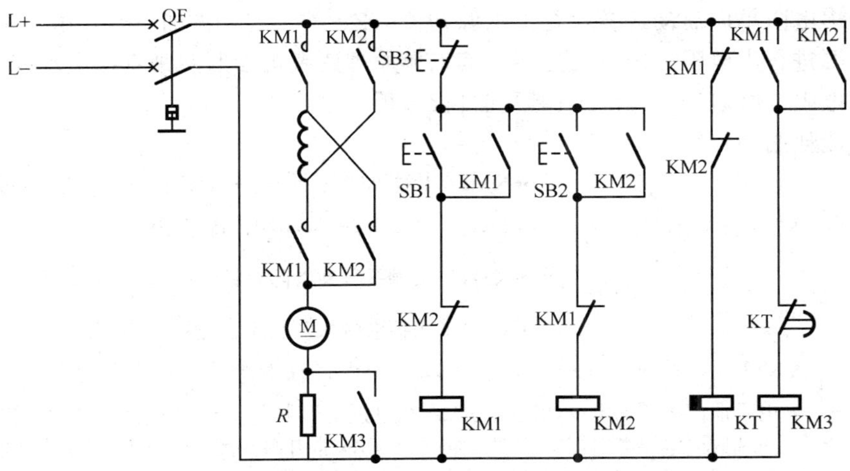

图 2.66　串励直流电动机正反转控制线路

2.10.4　制动控制

直流电动机的制动与三相异步电动机的制动相似，其制动方法有机械制动和电力制动两大类。机械制动常用的方法是电磁抱闸制动器制动；电力制动常用的方法是能耗制动、反接制动和再生发电制动三种。由于电力制动具有制动力矩大、操作方便、无噪声等优点，所以，在直流电力拖动中应用较广。

1. 能耗制动线路

能耗制动是指维持直流电动机的励磁电源不变，切断正在运转的电动机电枢的电源，再接入一个外加制动电阻，组成回路，将惯性运转的机械动能变为热能消耗在电枢和制动电阻上，迫使电动机迅速停转。

(1) 并励直流电动机单向启动能耗制动控制

电路图如图 2.67 所示，线路工作原理如下：

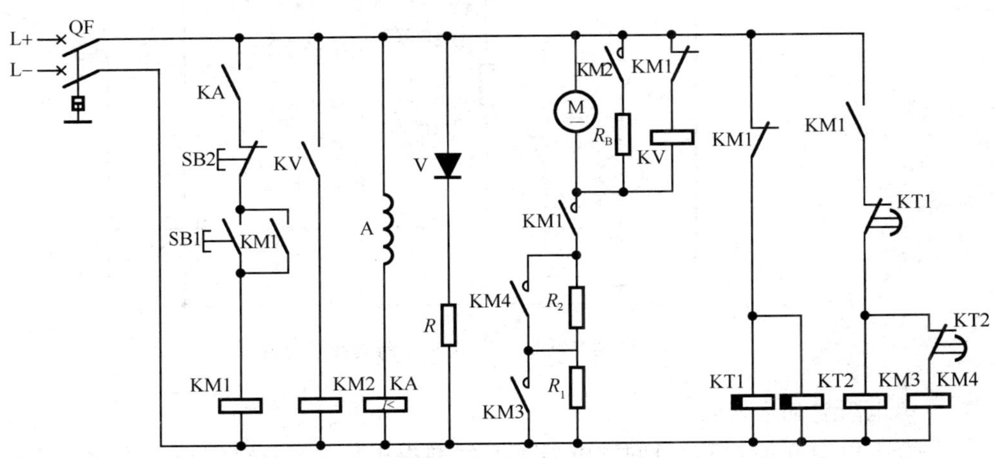

图 2.67　并励直流电动机单向启动能耗制动控制线路

串电阻单向启动运转：合上电源开关 QF，按下启动按钮 SB1，电动机 M 接通电源进行串电阻二级启动运转。其工作原理读者可参照并励直流电动机电枢回路串电阻二级启动线路的工作原理自行分析。

能耗制动停转：

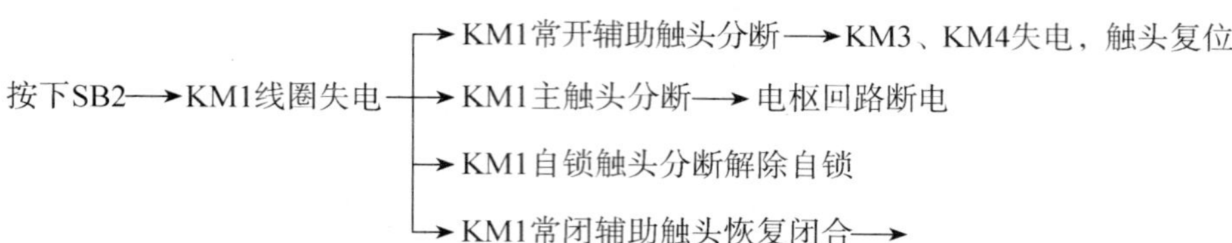

→KT1、KT2线圈得电→ KT1、KT2延时闭合的常闭触头瞬时分断

→由于惯性运转的电枢切割磁力线而在电枢绕组中产生感生电动势，使并接在电枢两端的欠电压继电器KV的线圈得电→KV常开触头闭合→KM2线圈得电→KM2常开触头闭合→制动电阻R_B接入电枢回路进行能耗制动→当电动机转速减小到一定值时，电枢绕组的感生电动势也随之减小到很小→使欠电压继电器KV释放→KV触头复位→KM2断电释放，断开制动回路，能耗制动完毕。

(2) 串励直流电动机能耗制动控制

串励直流电动机的能耗制动分为自励式和他励式两种。

1) 自励式能耗制动控制线路。自励式能耗制动是指当电动机断开电源后，将励磁绕组反接后与电枢绕组和制动电阻串联构成闭合回路，使电动机由于电枢的惯性运转处于自励发电状态，产生与原方向相反的电磁转矩，迫使电动机迅速停转。串励电动机自励式能耗制动控制电路如图 2.68 所示，线路工作原理如下。

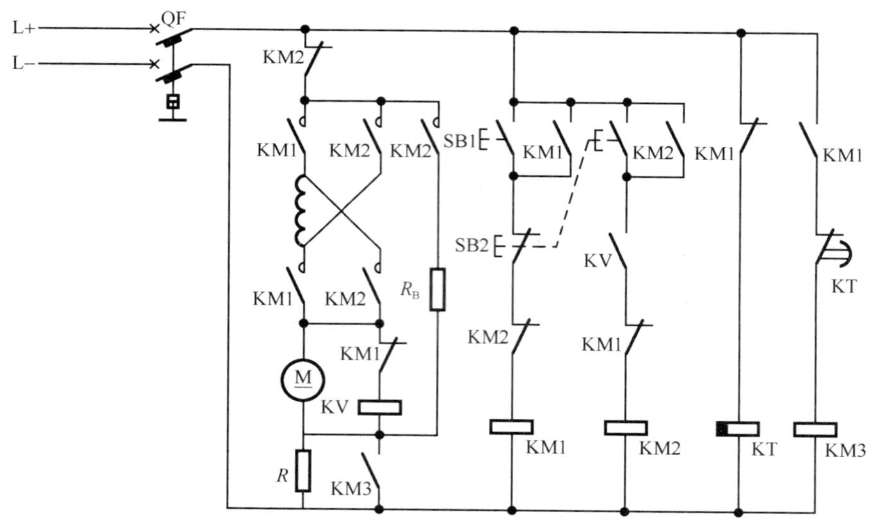

图 2.68　串励电动机自励式能耗制动控制电路图

串电阻启动运转：

合上电源开关 QF，时间继电器 KT 线圈得电，KT 延时闭合的常闭触头瞬时分断。按下启动按钮 SB1，接触器 KM1 线圈得电，KM1 触头动作，使电动机

M 串电阻 R 启动后并自动转入正常运转。

能耗制动停转：

按下停止按钮SB2 → SB2常闭触头先分断 → KM1线圈失电 → KM1触头复位
→ SB2常开触头后闭合 →

由于惯性运转的电枢切割磁力线产生感生电动势 → KV线圈得电 → KV常开触头闭合

→ KM2线圈得电 → KM2常闭辅助触头分断，切断电动机电源
→ KM2主触头闭合 → 这时励磁绕组反接后与电枢绕组和制动电阻构成闭合回路

→ 使电动机M受制动迅速停转 → KV断电释放 → KV常开触头分断 → KM2线圈失电

→ KM2触头复位，制动结束。

串励电动机自励式能耗制动设备简单，在高速时制动力矩大，制动效果好。但随着转速的降低制动力矩急剧减小，制动效果变差，实质上这时电动机已形成自由停车状态。因此，自励能耗制动适用于断电事故状态进行安全制动。

2）他励式能耗制动控制线路。他励式能耗制动原理图如图 2.69 所示。制动时，切断电动机电源，将电枢绕组与放电电阻 R_1 接通，将励磁绕组与电枢绕组断开后串入分压电阻 R_2，再接入外加直流电源励磁。若与电枢供电电源共用时，则需要在串励回路串入较大的降压电阻（因串励绕组电阻很小）。这种制动方法不仅需要专用直流电源设备，而且励磁电路消耗的功率较大，所以经济性较差。

小型串励直流电动机作为伺服电动机使用时，采用的他励式能耗制动控制电路如图 2.70 所示。其中 R_1 和 R_2 为电枢绕组的放电电阻，减小它们的阻值可使制动力矩增大；R_3 是限流电阻，防止电动机启动电流过大；R 是励磁绕组的分压电阻；SQ1 和 SQ2 是位置开关。该线路的工作原理可自行分析。

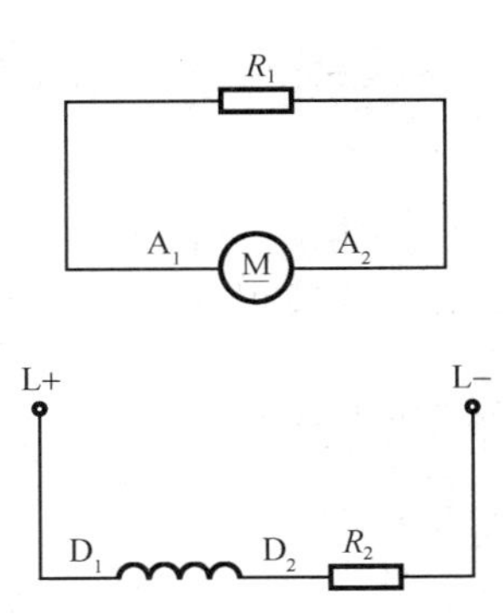

图 2.69　串励电动机他励式能耗制动原理图

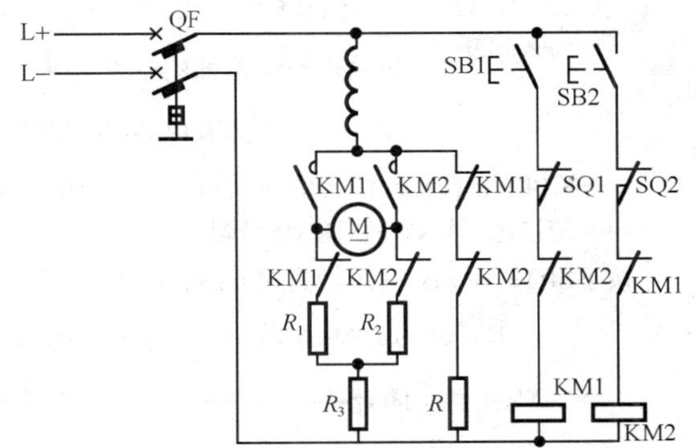

图 2.70　小型串励电、机他励式能耗制动控制线路

2. 反接制动控制线路

反接制动是利用改变电枢两端电压极性或改变励磁电流的方向，来改变电磁转矩方向，形成制动力矩，迫使电动机迅速停转。

（1）并励直流电动机的反接制动

并励直流电动机的反接制动是把正在运行的电动机的电枢绕组突然反接来实现的。采用反接制动时应注意以下两点：①是电枢绕组突然反接的瞬间，会在电枢绕组中产生很大的反向电流$\left(I_a=\dfrac{-U-E_a}{R_a}\right)$，易使换向器和电刷产生强烈火花而损伤。故必须在电枢回路中串入附加电阻以限制电枢电流，附加电阻的大小可取近似等于电枢的电阻值；②是当电动机转速等于零时，应及时准确可靠地断开电枢回路的电源，以防止电动机反转。并励直流电动机双向启动反接制动控制电路如图 2.71 所示。

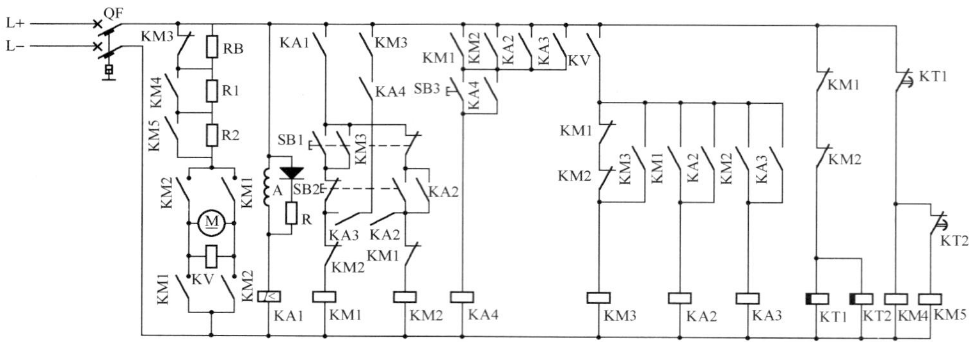

图 2.71　并励直流电动机双向启动反接制动控制线路

线路工作原理：

1）正向启动运转。

先合上断路器QF ⟶ 励磁绕组A得电励磁
⟶ 欠电流继电器KA1线圈得电 ⟶ KA1常开触头闭合，为启动作准备
⟶ 时间继电器KT1和KT2线圈得电 ⟶

⟶ KT1、KT2延时闭合的常闭触头瞬时分断（保证R_1、R_2）串入电枢回路 ⟶

⟶ 使接触器KM4和对KM5线圈处于失电状态，以保证电动机M串接电阻R_1和R_2启动

按下SB1 ⟶ SB1常闭触头先分断对KM2联锁
⟶ SB1常开触头后闭合 ⟶ KM1线圈得电 ⟶

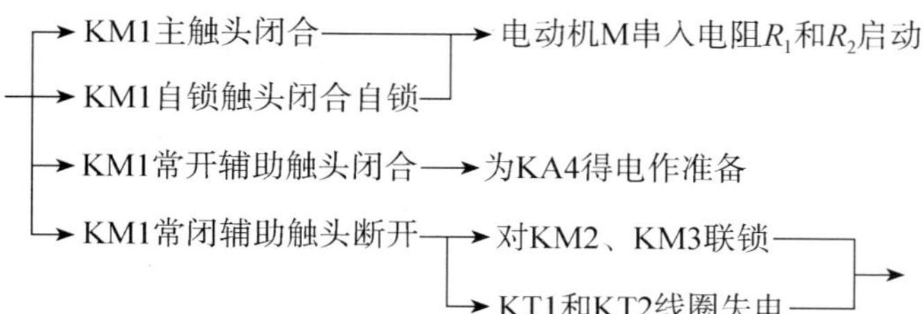

⟶ 经过KT1、KT2的整定时间 ⟶ KT1和KT2的常闭触头先后恢复闭合 ⟶ KM4和KM5线圈先后得电 ⟶ KM4和KM5主触头先后闭合 ⟶ 逐级切除电阻R_1和R_2 ⟶ 电动机M进入正常运转

2）反接制动准备过程。在电动机刚启动时，由于电枢中的反电动势 E_a 为零，电压继电器 KV 不动作，接触器 KM3 和中间继电器 KA2、KA3 均处于失电状态；随着电动机转速升高，反电动势 E_a 建立后，电压继电器 KV 得电动作，其常开触头闭合，KM3 得电，KM3 常开触头均闭合，为反接制动做好准备。

代　　号	名　　称
KV	电压继电器
KA1	欠电流继电器
KA2～4	中间继电器
R_1 R_2	二级启动电阻
R_B	制动电阻
R	励磁绕组的放电电阻

3）反接制动过程。

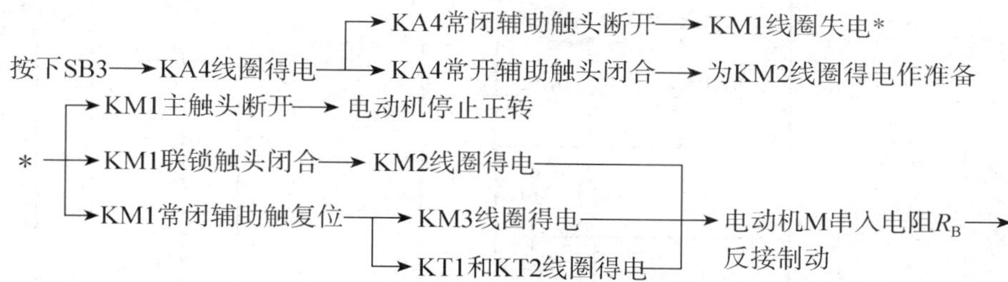

→待转速接近于零时，反电动势 E_a 也接近于零→电压继电器KV断电释放→接触器KM3、KA2也断电释放→KA2常开辅助触头断开→KM2线圈失电→KM2主触头断开→电动机反接制动完毕。

此线路的优点是：既能满足电动机刚刚启动时的停止要求，又能保证电动机高速运转后反向制动结束时不再反向启动。

（2）串励电动机反接制动控制线路

串励电动机的反接制动可通过以下两种方式来实现：位能负载时转速反向法和电枢直接反接法。

1）位能负载时转速反向法。就是电磁转矩小于位能转矩，位能转矩强迫电动机转速反向，而电动机的转速方向与电磁转矩的方向相反而实现的制动。如提升机下放重物时，电动机在重物（位能负载）的作用下，转速 n 与电磁转矩 T 反向，使电动机处于制动状态，制动原理如图 2.72 所示。

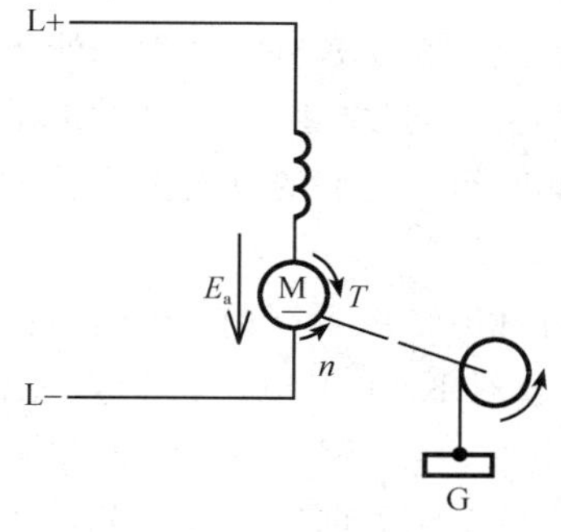

图 2.72　串励电动机转速反向制动原理图

代　　号	名　　称
AC	主令电器（控制电动机正反转）
KV	电压继电器
KA	欠电流继电器
KA2 KA3	中间继电器
R_1 R_2	二级启动电阻
R_B	制动电阻
R	励磁绕组的放电电阻

2）电枢直接反接法。就是切断电动机的电源后，将电枢绕组串入制动电阻后反接，并保持其励磁电流方向不变的制动方法。必须注意的是，采用电枢电流和励磁电流同时反向，起不到制动作用。串励电动机反接制动自动控制线路图如图 2.73 所示。

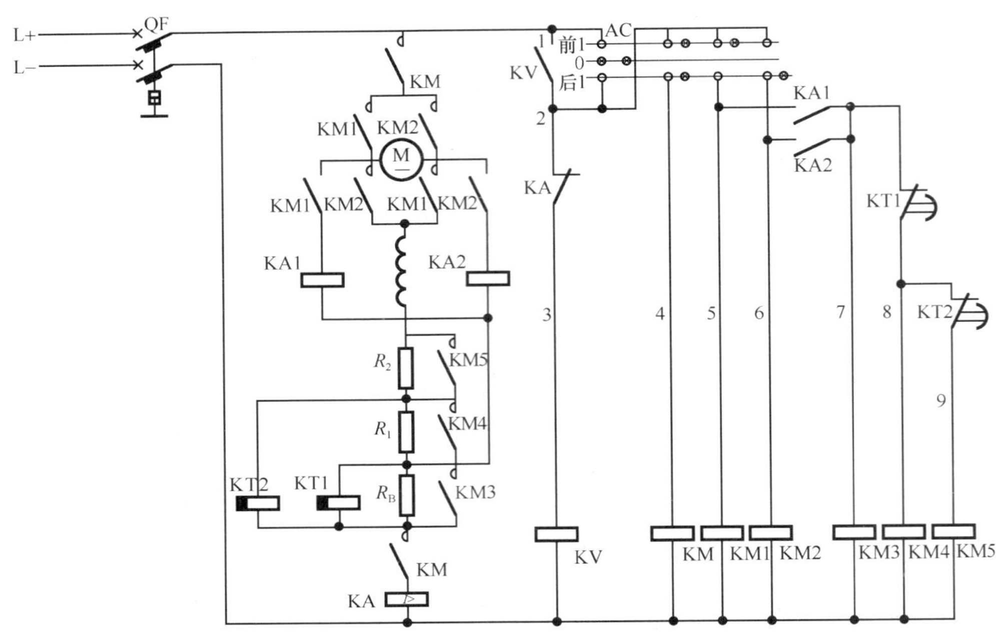

图 2.73　串励电动机反接制动自动控制线路

线路工作原理：

准备启动时，将主令控制器 AC 手柄放在“O”位，合上电源开关 QF，零压继电器 KV 得电，KV 动合触点闭合自锁。

电动机正转时，将控制器 AC 手柄放在“前 1”位置，AC 触点（2-4）、(2-5）闭合，线路接触器 KM 和正转接触器 KM1 线圈得电，它们的主触点闭合，电动机 M 串入二级启动电阻 R_1、R_2 和反接制动电阻 R_B 启动；同时，时间继电器 KT1、KT2 线圈得电，它们的动断触头瞬时分断，接触器 KM4、KM5 处于断开状态；KM1 的动断辅助触头闭合，使中间继电器 KA1 线圈得电，KA1 动合触点闭合，使接触器 KM3、KM4、KM5 依次得电动作，它们的动合触点依次闭合短接电阻 R_B、R_1、R_2，电动机启动完毕进入正常运转。

若需要电动机反转时，将主令控制器 AC 手柄由正转位置（前 1）向后扳向反转位置（后 1），这时，接触器 KM1 和中间继电器 KA1 失电，其触点复位，电动机在惯性作用下仍沿正转方向转动，但电枢电源由于 KM、KM2 的接通而反向，使电动机运行在反接制动状态，由于电枢仍沿正转方向转动，中间继电器 KA2 线圈上的电压变得很小并不能吸合，KA2 动合触点分断，接触器 KM3、KM4、KM5 线圈失电，KM3、KM4、KM5 动合触点分断，制动电阻 R_B 和启动

电阻 R_1、R_2 接入电枢电路，电动机进行反接制动，其转速迅速下降。当转速降到接近于零时，KA2 线圈上的电压升到吸合电压，此时，KA2 线圈得电，KA2 动合触点闭合，使 KM3、KM4、KM5 依次得电动作，R_B、R_1、R_2 依次被短接，电动机进入反转启动运转。其详细过程读者自行分析。若要电动机停转，把主令控制 AC 手柄扳向“O”位即可。

3. 再生发电制动

再生发电制动（又称回馈制动）只适用于当电动机的转速大于空载转速 n_0 的场合。这时电枢产生的反电动势 E_a 大于电源电压 U，电枢电流改变了方向，电动机处于发电制动状态，不仅将拖动系统中的机械能转化为电能反馈回电网，而且产生制动力矩以限制电动机的转速。

由于串励电动机不存在理想空载转速或者说理想空载转速趋于无穷大，所以不可能实现再生发电制动运转。但如果把串励改成他励，以保证电动机磁通不随 I_a 的变化而变化，这时的串励直流电动机可采用再生发电制动。

2.10.5 调速控制

电动机的调速是指在电动机的机械负载不变的条件下改变电动机的转速。调速有机械调速、电气调速以及机械电气配合调速几种方式。

机械调速是人类改变机械传动装置的传动比，从而改变生产机械的运行速度。机械调速是有极的，在变换齿轮时必须停车，否则易将齿轮打坏。小型机床一般采用机械调速方式进行调速。

电气调速是通过改变电动机的机械特性来改变电动机的转速。电气调速可使机械传动机构简化，提高传动效率，还可实现无级调速，调速时勿需停车，操作简便，便于实现调速的自动控制。因此，电气调速在生产机械的调速中获得了广泛应用，如各种大型机床、精密机床等都采用电气调速。

电气调速与机械调速相比较，虽有许多优点，但也有其不足之处，如控制设备线路比较复杂、一次性投资大、维修难度大等。因此，在某些生产机械上同时采用机械与电气配合的调速方式。

由于直流电动机的调速性比异步电动机好，调速范围广，能够实现无级调速，且便于自动控制。因此，在调速要求高的生产机械上，较多采用直流电动机作为拖动电动机。下面主要介绍直流电动机的电气调速方法。

由直流电动势的转速公式 $n=\dfrac{U-I_aR_a}{C_e\phi}$ 可知，直流电动机的调速可通过三种方法来实现：一是电枢回路串电阻（R_a）调速；二是改变主磁通（Φ）调速；三是改变电枢电压（U）调速。下面分别予以介绍。

1. 电枢回路串电阻（R_a）调速

电枢回路串电阻调速是在电枢电路中串接调速变阻器来实现的。并励电动机

电枢电路串接电阻调速原理如图 2.75 所示。当电枢电路串接电阻 R_p 后，电动机的转速为

$$n=\frac{U-I_a(R_a+R_p)}{C_e\phi}$$

可见，当电源的电压 U 及主磁通 ϕ 保持不变时，调速电阻 R_p 增大，则电阻压降 $I_a(R_a+R_p)$ 增加，电动机转速 n 下降；反之，转速上升。

这种调速方法只能使电动机的转速在额定转速以下范围内进行调节，故其调速范围不大，一般 1.5∶1。另外，由于调速电阻 R_p 长期通过较大的电枢电流，不但消耗大量的电能，而且使机械特性变软，转速受负载的影响较大，所以不经济，稳定性较差。但由于这种调速方法所需设备简单，操作方便，所以，对于短期工作、功率不太大且机械特性硬度要求不太高的场合，如蓄电池搬运车、无轨电车、电池铲车及吊车等生产机械上仍广泛采用这种调速方法。

2. 改变主磁通（Φ）调速

改变主磁通调速是通过改变励磁电流大小来实现的。为此，在励磁电路中串联一变阻器 W（其电阻为 R_p）。并励直流电动机改变主磁通调速原理如图 2.76 所示。可见，调节励磁电路的电阻 W（其电阻为 R_p）时，励磁电流也随着改变 $\left(I_f=\frac{U}{R_f+R_p}\right)$，主磁通也就随之改变。由于励磁电流不大（约为电枢电流的 3%～5%），故调速过程中的能量损耗较小，比较经济，因而在直流电力拖动中得到广泛应用。

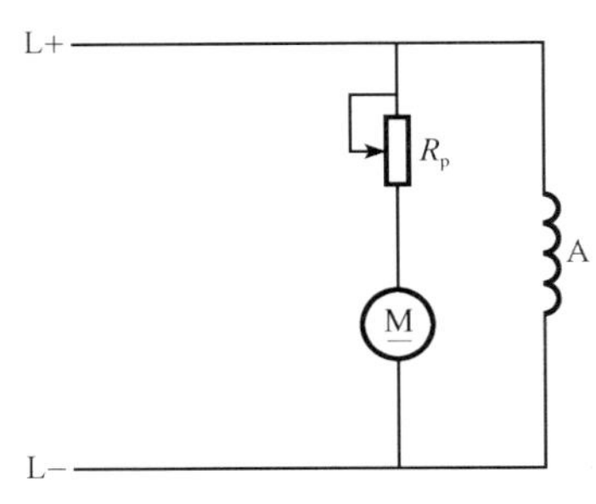

图 2.75 并励直流电动机电枢电路串接电阻调速原理图

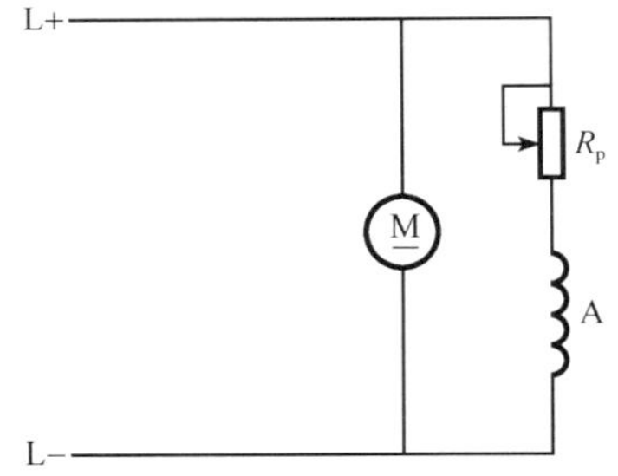

图 2.76 并励直流电动机改变主磁通调速原理图

由于并励直流电动机在额定运行时，磁路已稍有饱和，所以改变主磁通调速法，只能用减弱励磁的方式来实现调速（称弱磁调速），即电动机转速只能在额定转速以上范围内进行调节。但转速又不能调节得过高，以免电动机振动过大，换向条件恶化，甚至出现“飞车”事故。所以用这种方法调速时，其最高转速一般在 3000r/min 以下。常和额定转速以下的高速方法配合使用，以扩大高速范围。

在大型串励电动机上常采用在励磁绕组两端并联可调分流电阻的方法进

行调磁调速；在小型串励电动机上常采用改变励磁绕组的匝数或接线方式来实现调磁调速。

3. 改变电枢电压（U）调速

由于电网电压一般是不变的，所以这种调速方法适用于他励直流电动机的调速控制且必须配置专用的直流电源调压设备。在工业生产中，通常采用他励直流发电机作为他励直流电动机电枢的电源，组成直流发电机-电动机组拖动系统，简称 G-M 系统。G-M 调速系统的电路如图 2.77 所示。其中 M1 是他励直流电动机，用来拖动生产机械；G1 是他励直流发电机，为他励直流电动机 M1 提供电枢电压；G2 是并励直流发电机，为他励直流电动机 M1 和他励直流发电机 G1 提供励磁电压，同时为控制电路提供直流电源；M2 是三相笼型异步电动机，用来拖动同轴连接的他励直流发电机 G1 和并励直流发电机 G2；A1、A2 和 A 分别是 G1、G2 和 M1 的励磁绕组；R_1、R_2 和 R_p 是调节变阻器，分别用来调节 G1、G2 和 M1 的励磁电流；KA 是过电流继电器，用于电动机 M1 的过载和短路保护；SB1、KM1 组成正转控制电路；SB2、KM2 组成反转控制电路。

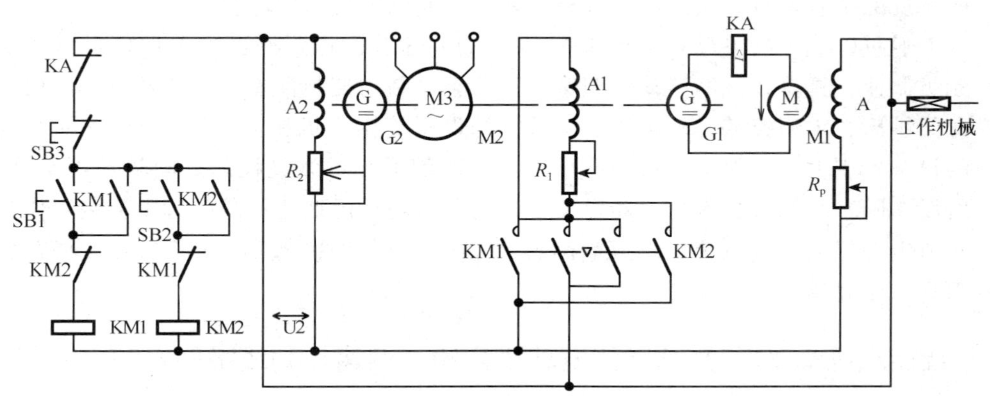

图 2.77　G-M 调速系统的电路

G-M 调速系统的控制原理如下：

1）励磁。首先启动三相笼型异步电动机 M2，拖动他励直流发电机 G1 和并励直流发电机 G2 同速旋转，励磁发电机 G2 切割剩磁力线产生感生电动势，输出直流电压 U_2，除提供本身励磁电压外还供给 G-M 机组励磁电压和控制电路电压。

2）启动。按下启动按钮 SB1（或 SB2），接触器 KM1（或 KM2）线圈得电，其常开触头闭合，发电机 G1 的励磁绕组 A1 接入电压 U_2 开始励磁。因发电机 G1 的励磁绕组 A1 的电感较大，所以励磁电流逐渐增大，使 G1 产生的感受生电动势和输出电压从零逐渐增大，这样就避免了直流电动机 M1 在启动时有较大的电流冲击。因此，在电动机启动时，不需要在电枢电路中串入启动电阻就可以很平滑地进行启动。

3）调速。启动前，应将调节变阻器 R_p 调到零，R_1 调到最大，目的是使直流电压 U 逐步上升，直流电动机 M1 则从最低速逐渐上升到额定转速。

当直流电动机 M1 运转后需调速时，可先将 R_1 的阻值调小，使直流发电机 G1 的励磁电流增大，于是 G1 的输出电压即直流电动机的输出电压 U 增大，电动机转速升高。可见，调节 R_1 的阻值能升降直流发电机的输出电压 U，即可达到调节直流电动机转速的目的。不过加在直流电动机电枢上的电压 U 不能超过其额定电压值。所以在一般情况下，调节电阻 R_1 只能使电动机在低于额定转速情况下进行平滑调速。

当需要电动机在额定转速以上进行调速时，则应先调节 R_1，使电动机电枢电压 U 保持在额定值不变，然后将电阻 R_p 的阻值调大，使直流电动机 M1 的励磁电流减小，其主磁通 Φ 也减小，电动机 M1 的转速升高。

4）制动。若要电动机停转时，可按下停止按钮 SB3，接触器 KM1（或 KM2）线圈失电，其触头复位，使直流发电机 G1 的励磁绕组 A1 失电，G1 的输出电压即直流电动机 M1 的电枢电压 U 下降为零。但此时电动机 M1 仍沿原方向惯性运转，由于切割磁力线（因 A 仍有励磁），在电枢绕组中产生与原电流方向相反的感生电流，从而产生制动力矩，迫使电动机迅速停转。

通过以上分析可以看出，G-M 系统的调速范围广，调速平滑性好，可实现无级调速，具有较好的启动、调速、正反转、制动控制性能，因此曾被广泛用于龙门刨床、重型镗床、轧钢机、矿井提升设备等生产机械上。但由于 G-M 系统的设备费用大，机组多，占地面积大，效率较低，过渡过程的时间较长等不足，所以，随着晶闸管技术的不断发展，目前正日趋广泛地使用晶闸管整流装置作为直流电动机的可调电源，组成晶闸管-直流电动机调速系统，其详细内容将在后面章节中介绍。

技能训练 2.21　并励直流电动机启动、调速控制线路的安装与检修

一、目的要求

掌握并励直流电动机启动、调速控制线路的安装与调试。

二、工量具及器材清单

表 2.62　常用工量具及仪表清单

序号	类别	名称	型号规格	单位	数量	备注
1	工具	测电笔、螺钉旋具、尖嘴钳、斜口钳、剥线钳、电工刀等；线路安装工具、冲击钻、弯管器、套螺纹扳手、校验灯等。		套	1	
2	仪表	兆欧表	500V，0～200MΩ	只	1	
		钳形电流表	0～50A	只	1	
		万用表	自定	只	1	

续表

序　号	类　别	名　　称	型号规格	单　位	数　量	备　注
3	器材	控制板	500mm×400mm×20mm	块	1	
		三相四线电源	～3＊380/220V，20A	只	1	
		端子	JD0-2520　380V、25A、20节	条	1	
		塑铜线	BVR2.5mm^2　颜色自定	米	若干	
		塑铜线	BVR1.5mm^2　颜色自定	米	若干	
		塑软铜线	BVR0.75mm^2　颜色自定	米	若干	
		塑铜线	BVR1.5mm^2（黄绿双色）	米	若干	
		O型端子	UT2.5mm^2	只	若干	
		走线槽		米	4	
		劳保用品	绝缘鞋，工作服	套	1	
		其他	记录文具	套	1	

三、元器件清单

表 2.63　元器件清单

序　　号	名　　称	型号规格	单　　位	数　　量
1	直流电动机	Z4-100-1 他励式、1.5kW、160V、13.4A、1000/2000r/min	只	1
2	断路器	DZ5-20/230　2极、220V、20A、整定电流 13.4A	台	1
3	熔断器	RC1A-60/30　60A 配熔体 30A	只	2
4	启动变阻器	BQ3　1.5kW、0～13.9Ω	只	1
5	调速变阻器	BC1-300　300W、0～20Ω	只	1

四、安装步骤及工艺要求

1）电气元器件检查。按表 2.63 配齐所用电器元件，并检验元件质量。

2）固定各元器件。根据如图 2.61 所示电路图，牢固安装各电器元件。

3）布线。按照电路图进行各线套编号码管及板前走线槽布线。

4）安装电动机并接线。安装直流电动机、启动变阻器，并进行正确接线。电源开关及启动变阻器的安装位置要接近电动机和被拖动的机械，以便在控制时能看到电动机和被拖动机械的运行情况。

5）连接电源。

6）自检后交验。

7）通电试车。经指导教师检查无误后通电试车。其操作顺序是：

① 合上电源开关 QF 前，先检查启动变阻器 R_s 手轮是否置于最左端的 0 位；调速变阻器 R_p 的阻值调到“零”。

② 合上电源开关 QF。

③ 慢慢转动启动变阻器手轮 8，使手轮从 0 位逐步转至 5 位，逐级切除启动电阻。在每切除一级电阻后要停留数秒钟，用转速表测量其转速，并填入表 2.64。用钳形电流表测量电枢电流以观察电流的变化情况。

表 2.64 测量结果

手轮位置	1	2	3	4	5
转速/(r/min)					

④ 调节调速变阻器 R_p，在逐渐增大其阻值时，要注意测量电动机转速，其转速不能超过电动机最高转速 2000r/min，测量结果填入表 2.65。

表 2.65 测量结果

测量次数	1	2	3	4	5
转速/(r/min)					

⑤ 停转时，切断电源开关 QF，将调速变阻器 R_p 的阻值调到零，并检查启动变阻器 R_s 是否自动返回起始位置。

五、通电操作要点提示

1）通电试车前，要认真检查励磁回路的接线，必须保证连接可靠，以防止电动机运行时出现因励磁回路断路失磁引起“飞车”事故。

2）启动时，应使调速变阻器 R_p 短接，使电动机在满磁情况下启动；启动变阻器 R_S 要逐级切换，不可越级切换或一扳到底。

3）直流电源若采用单相式整流器供电时，必须外接 13mH 的电抗器。

4）通电试车时，必须有指导教师在现场监护，同时做到安全文明生产。如遇异常情况，应立即断开电源开关 QF。

六、评分标准

评分标准见表 2.66。

表 2.66 评分标准

项目内容	配　分	评分标准	扣　分
自编安装工艺	10	安装工艺不合理、不完善　扣 5～10 分	
装前检查	10	1）电动机质量检查，每漏一处　扣 5 分 2）组合开关漏检或错检，每处　扣 5 分	
安装布线	40	1）电器布置不合理　扣 5 分 2）电器元件安装不牢固　每只扣 4 分 3）电器元件安装不整齐、不匀称、不合理　每只扣 3 分 4）损坏电器元件　扣 15 分 5）不按电路图接线　扣 15 分 6）布线不符合要求： 主电路，每根　扣 4 分 控制电路，每根　扣 2 分 7）接点松动、露铜过长、压绝缘层、反圈等，每个接点　扣 1 分 8）损伤导线绝缘层或线芯　每根扣 5 分 9）漏套或错套编码套管，每处　扣 2 分 10）漏接接地线　扣 10 分	

续表

项目内容	配　分	评分标准	扣　分
通电试车	40	1）热继电器、时间继电器未整定或整定错，每只　扣5分 2）熔体规格配错，主、控电路各　扣5分 3）第一次试车不成功　扣20分 第二次试车不成功　扣30分 第三次试车不成功　扣40分	
安全文明生产	10	1）违反安全文明生产规程　扣5～40分 2）乱线敷设，加扣不安全分　扣10分	
定额时间	3h	每超时5min以内以扣5分计算	
备注	除定额时间外，各项内容的最高扣分不应超过配分数	成绩	
开始时间		结束时间　　实际时间	

技能训练2.22　并励直流电动机正反转控制及能耗制动控制线路的安装与检修

一、目的要求

掌握并励直流电动机正反转控制及能耗制动控制线路的安装与调试。

二、工量具及器材清单

工量具及器材清单见表2.62。

三、元器件清单

元器件清单见表2.67。

表2.67　元器件清单

序　号	名　称	型号规格	单　位	数　量
1	直流电动机	Z4-100-1 他励式、1.5kW、160V、13.4A、1000/2000r/min	只	1
2	断路器	DZ5-20/230　2极、220V、20A、整定电流13.4A	台	1
3	熔断器	RC1A-60/30　60A 配熔体30A	只	2
4	启动变阻器	BQ3 1.5kW、0～13.9Ω	只	1
5	调速变阻器	BC1-300　300W、0～20Ω	只	1

四、安装步骤及工艺要求

1）电气元器件检查。按表2.67配齐所用电器元件，并检验元件质量。

2）固定元器件。根据如图2.66所示电路图，牢固安装各电器元件。

3）布线。按照电路图进行各线套编号码管及板前走线槽布线。

4）安装电动机并接线。安装直流电动机、启动变阻器，并进行正确接线。电源开关及启动变阻器的安装位置要接近电动机和被拖动的机械，以便在控制时能看到电动机和被拖动机械的运行情况。

5）连接电源。

6）自检后交验。

7）通电试车。经指导教师检查无误后通电试车。其操作顺序是：

① 将启动变阻器 R 的阻值调到最大位置，合上电源开关 QF，按下正转启动按钮 SB1，用钳形电流表测量电枢绕组和励磁绕组的电流，观察其大小的变化；同时观察并记下电动机的转向，待转速稳定后，用转速表测其转速。然后按下 SB3 停车，并记下无制动停车所用的时间 t_1。

② 按下反转启动按钮 SB2，用钳形电流表测量电枢绕组和励磁绕组的电流，观察其大小的变化；同时观察并记下电动机的转向，与①比较看是否两者方向相反。否则，应切断电源并检查接触器 KM1、KM2 主触头的接线正确与否，改正后重新通电试车。

8）增加一只欠压继电器 KV 和制动电阻 R_B，参照如图 2.68 所示电路图，把正反转控制线路板改装成能耗制动控制线路板，检查无误后通电试车。具体操作如下：

① 合上电源开关 QF，按下启动按钮 SB1，启动直流电动机，待电动机转速稳定后，用转速表测其转速。

② 按下 SB2，电动机进行能耗制动，记下能耗制动所用时间 t_2，并与无制动所用时间 t_1 进行比较，求出时间差 $\triangle t = t_1 - t_2$。

五、通电操作要点提示

1）通电试车前要认真检查接线是否正确、牢靠，特别是励磁绕组的接线，各电器动作是否正常，有无卡阻现象；欠电流继电器、时间继电器以及欠电压继电器的整定值是否满足要求。

2）对电动机无制动停车时间 t_1 和能耗制动停车时间 t_2 的比较，必须保证电动机的转速在两种情况下基本相同时开始记时。

3）制动电阻 R_B 的值，可按下式估算：

$$R_B = \frac{E_a}{I_n} - R_a \approx \frac{U_n}{I_n} - R_a$$

式中，U_n——电动机额定电压，V；

I_n——电动机额定电流，A；

R_a——电动机电枢回路电阻，Ω。

4）若遇异常情况，应立即断开电源停车检查。若带电检查，必须有指导教师在现场监护。

5）训练应在规定的时间内完成，同时要严格遵守安全操作和文明生产。

六、评分标准

评分标准见表 2.66。

小　　结

本节重点是直流电动机的启动、正反转、制动控制的工作原理和启动、调速线路的安装；难点是直流电动机的制动原理。

并励直流电动机的启动、调速以前学过，在这里要注意新旧知识的联系，做到温故而知新。同时要掌握①直流电动机的启动主要采用电枢回路串电阻方法，这些电阻的串入与切除是靠时间继电器的条件动作来实现的。②直流电动机的正反转是通过改变励磁和电枢绕组的电流方向实现的，这与三相异步电动机的正反转控制线路相同。③直流电动机的能耗制动控制关键是制动电阻的接入。④直流电动机反接制动控制线路中作制动控制、转速检验的元件不是速度继电器而是电压继电器 KV。

由于控制线路复杂，技能训练时必须认真、细心，按工艺按步骤进行。

习　题

2.1　什么是电气原理图？简述绘制、识读电气原理图时应遵循的原则。

2.2　什么是接线图？简述绘制、识读接线图时应遵循的原则。

2.3　什么是布置图？

2.4　简述电动机基本控制线路的安装步骤？

2.5　什么叫点动控制？试分析判断题图 2.1 所示各控制电路能否实现点动控制？若不能，试分析说明原因，并加以改正。

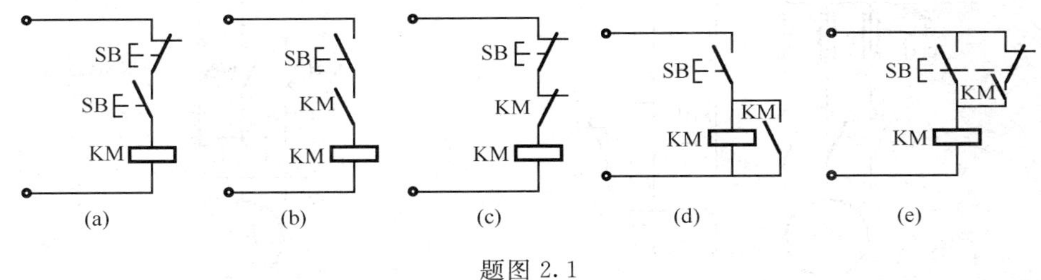

题图 2.1

2.6　电器元件安装前应如何进行质量检验？

2.7　板前明线布线的工艺要求是什么？

2.8　什么叫自锁控制？试分析判断题图 2.2 所示各控制电路能否实现自锁

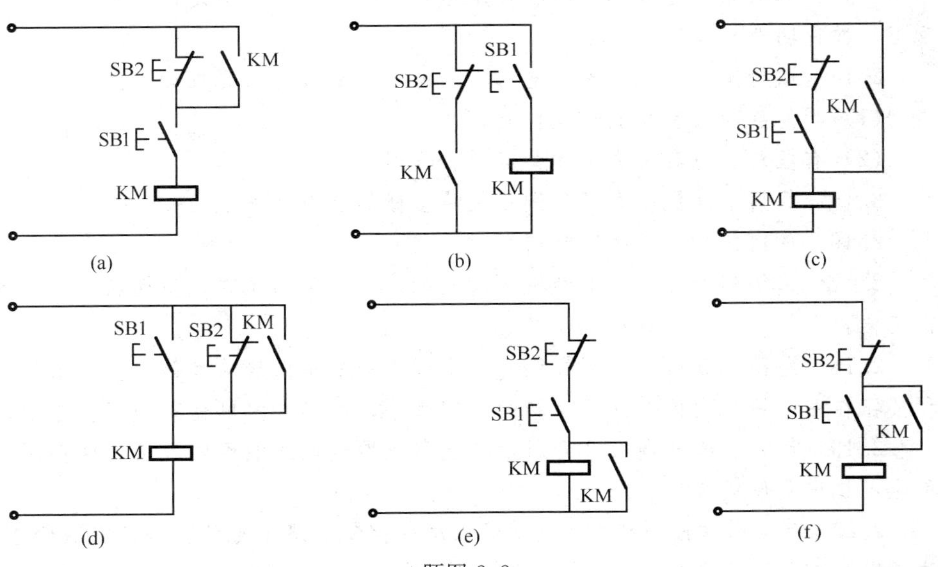

题图 2.2

控制？若不能，试分析说明原因，并加以改正。

2.9　什么是欠压保护？什么是失压保护？为什么说接触器自锁控制线路具有欠压和失压保护作用？

2.10　在题图 2.3 所示控制线路中，哪些地方画错了？试改正，并按改正后的线路叙述其工作原理。

2.11　什么是过载保护？为什么对电动机要采取过载保护？

2.12　在电动机的控制线路中，短路保护和过载保护各由什么电器来实现？它们能否相互代替使用？为什么？

2.13　试分析题图 2.4 所示控制线路能否满足以下控制要求和保护要求：

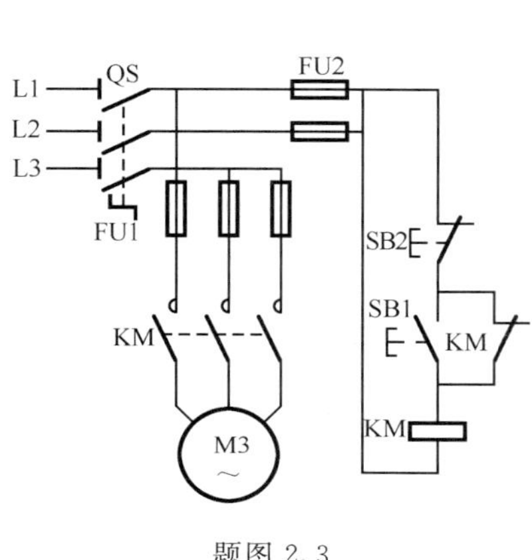

题图 2.3

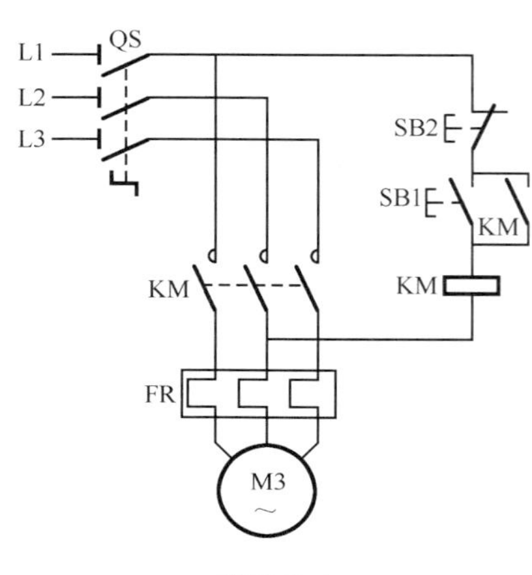

题图 2.4

(1) 能实现单向启动和停止；

(2) 具有短路、过载、欠压和失压保护。若线路不能满足以上要求，试加以改正，并说明改正原因。

2.14　试为某生产机械设计电动机的电气控制线路。要求如下：

(1) 既能点动控制又能连续控制；

(2) 有短路、过载、失压和欠压保护作用。

2.15　简述电动机基本控制线路故障检修的步骤和方法。

2.16　如何使电动机改变转向？

2.17　用倒顺开关控制电动机正反转时，为什么不允许把手柄从“顺”的位置直接扳到“倒”的位置？

2.18　题图 2.5 所示控制线路只能实现电动机单向启动和停止。试用接触器和按钮在图中填画出使电动机反转的控制线路，并具有接触器联锁保护作用。

2.19　试分析判断题图 2.6 所示主电路或控制电路能否实现正反转控制？若不能，试说明原因。

2.20　什么叫联锁控制？在电动机正反转控制线路中为什么必须有联锁控制？试指出题图 2.7 所示控制电路中哪些电器元件起联锁作用？各线路有什么优缺点？

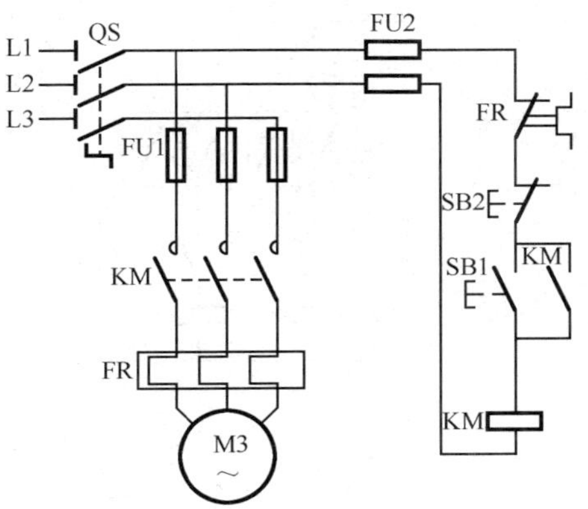

题图 2.5

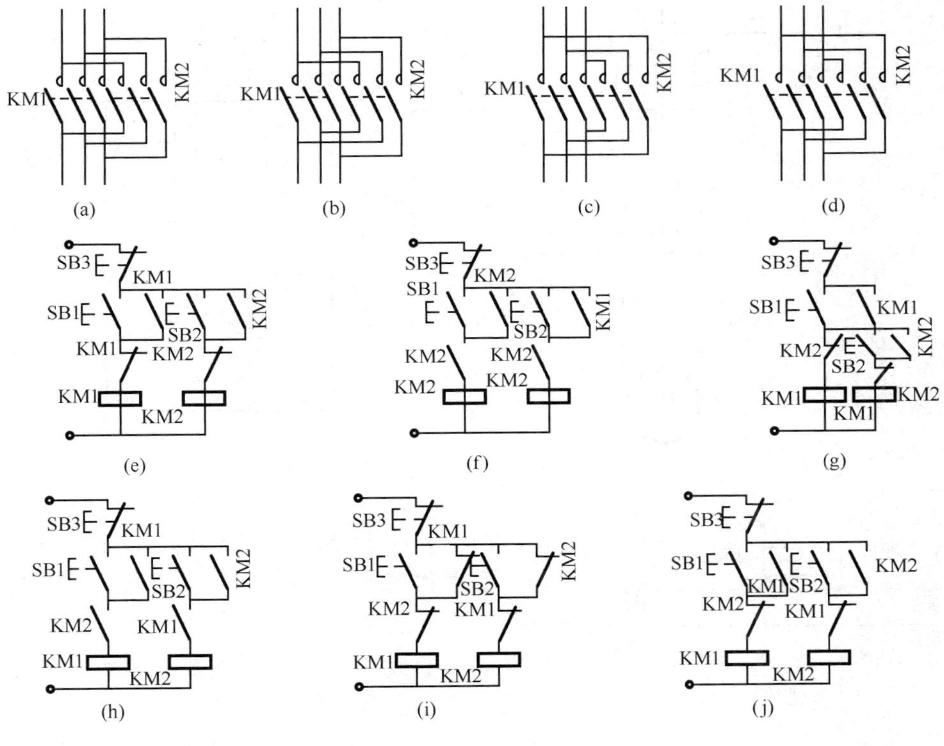

题图 2.6

2.21 试画出点动的双重联锁正反转控制线路的电路图。

2.22 题图 2.8 所示为电动机正反转控制电路图，请检查图中哪些地方画错了？试加以改正，并说明改正的原因。

2.23 某车床有两台电动机，一台是主轴电动机，要求能正反转控制；另一台是冷却液泵电动机，只要求正转控制；两台电动机都要求有短路、过载、欠压和失压保护，试设计出满足要求的电路图。

(a)

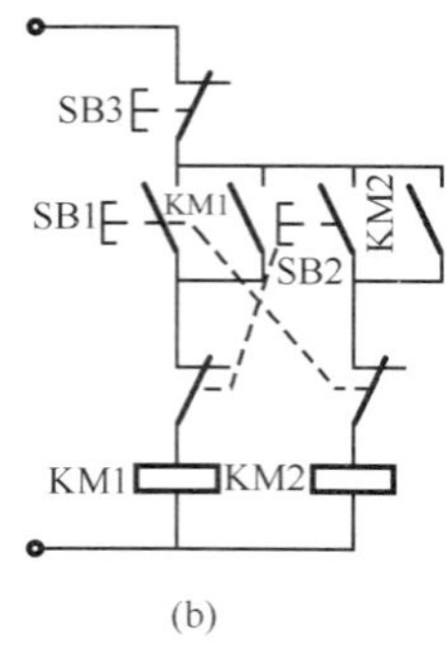

(b)

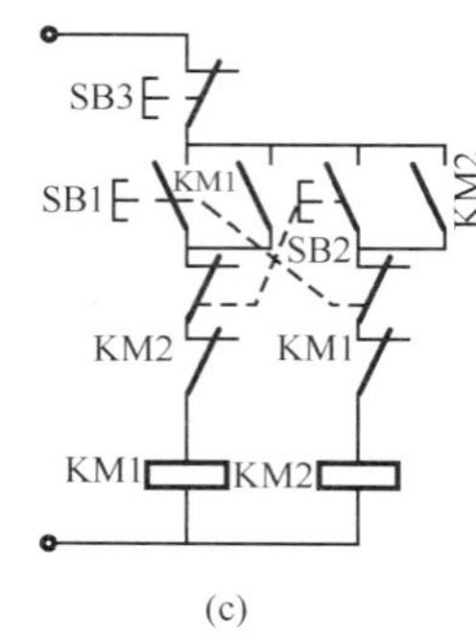

(c)

题图 2.7

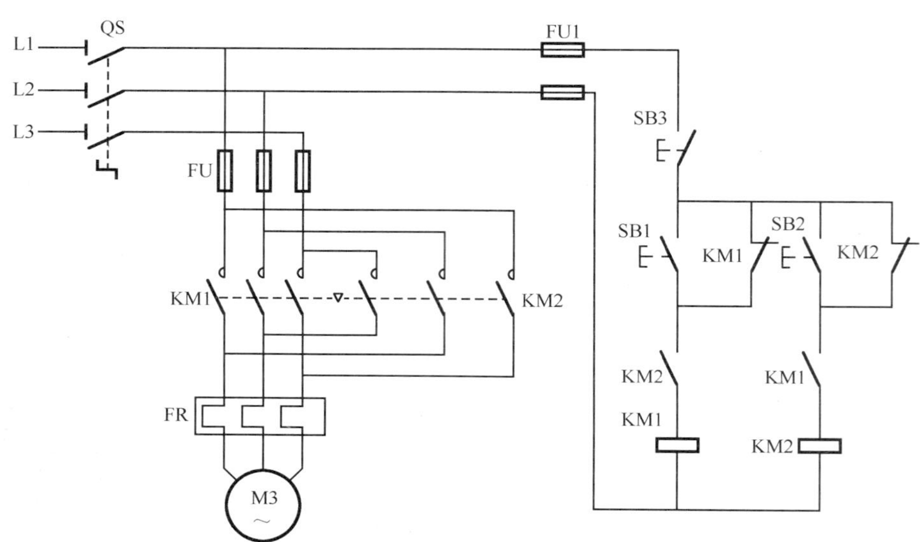

题图 2.8

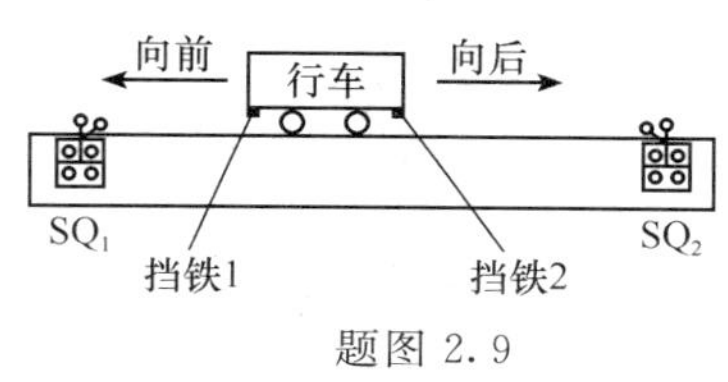

题图 2.9

2.24　什么是位置控制？某工厂车间需用一行车，要求按题图 2.9 所示示意图运动。试画出满足要求的控制电路图。

2.25　若使题图 2.9 示意图中的行车启动后自动往返，画出其控制电路图。

2.26　题图 2.10 所示为工作台自动往返行程控制线路的主电路，试补画出控制电路，并说明四个位置开关的作用。

2.27　简述板前线槽配线的工艺要求。

2.28　什么是顺序控制？常见的顺序控制有哪些？各举一例说明。

2.29　试分析题图 2.11 所示控制线路的工作原理，并说明该线路属于哪种顺序控制线路。

2.30　题图 2.12 所示是两种在控制电路实现电动机顺序控制的线路（主电路略），试分析说明各线路有什么特点，能满足什么控制要求。

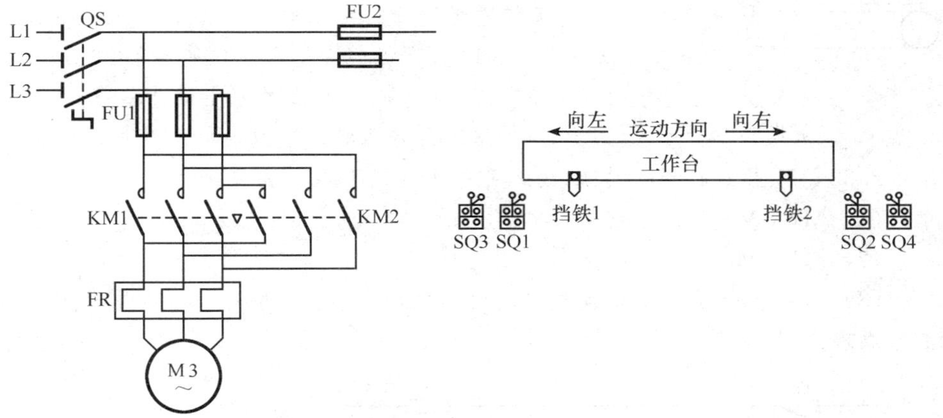

L1
L2
L3
QS
FU2
FU1
KM1
KM2
FR
M 3
~
向左
运动方向
向右
工作台
挡铁1
挡铁2
SQ3 SQ1
SQ2 SQ4

题图 2.10

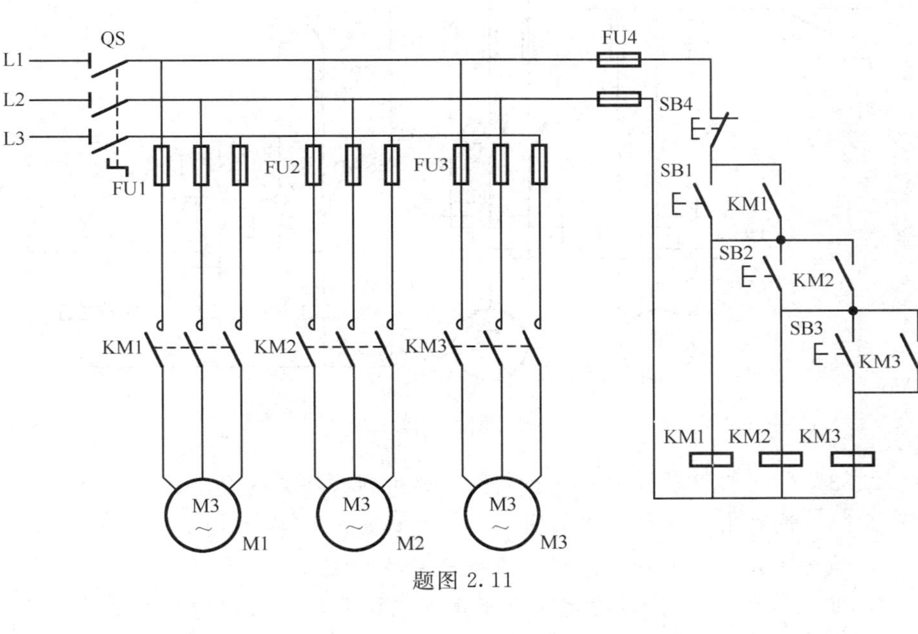

L1
L2
L3
QS
FU1
FU2
FU3
FU4
KM1
KM2
KM3
SB4
SB1
SB2
SB3
M3
~
M1
M2
M3

题图 2.11

SB3
SB1
KM1
SB2
KM2
KM1
KM2
SB12
SB22
SB11
SB21
KM1
KM2
KM1
KM1
KM2

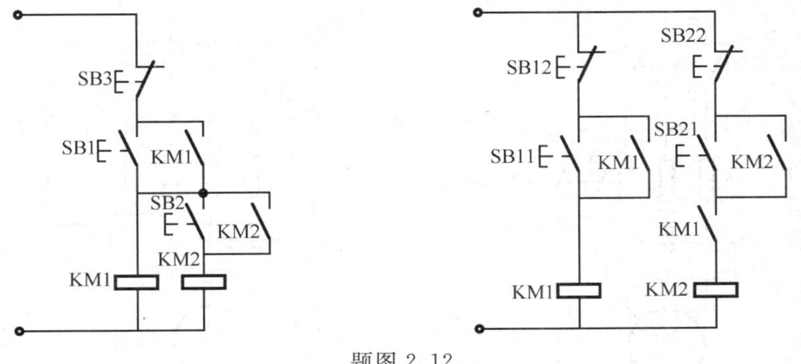

题图 2.12

2.31　题图 2.13 所示是两条传送带运输机的示意图。请按下述要求画出两

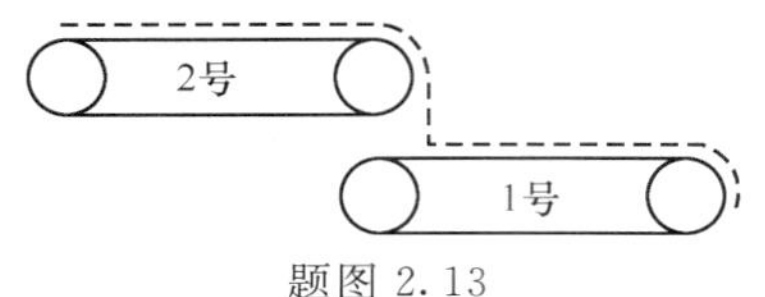

题图 2.13

条传送带运输机控制电路图。

(1) 1 号启动后，2 号才能启动；

(2) 1 号必须在 2 号停止后才能停止；

(3) 具有短路、过载、欠压及失压保护。

2.32　题图 2.14 所示控制线路可以实现以下控制要求：

(1) M1、M2 可以分别启动和停止；

(2) M1、M2 可以同时启动，同时停止；

(3) 当一台电动机发生过载时，两台电动机能同时停止。试分析叙述线路的工作原理。

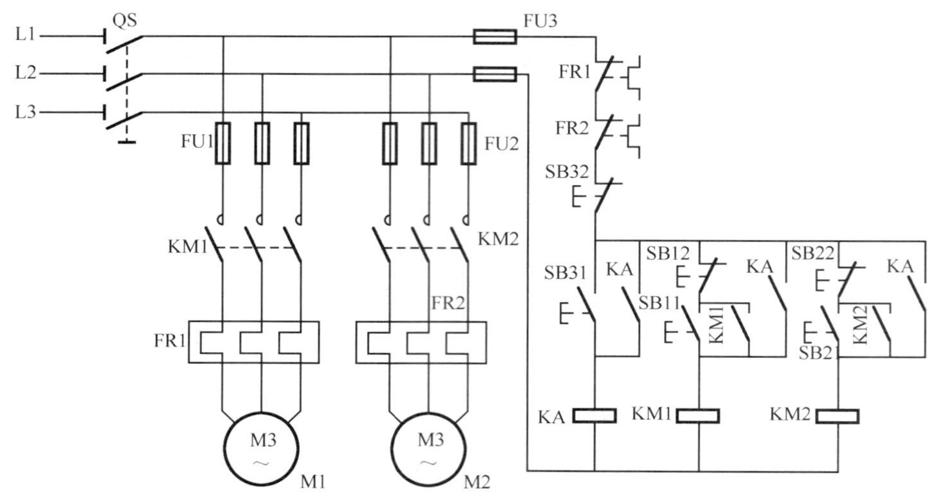

题图 2.14

2.33　什么叫电动机的多地控制？线路的接线特点是什么？

2.34　试画出能在两地控制同一台电动机正反转点动控制电路图。

2.35　什么叫降压启动？常见的降压启动方法有哪四种？

2.36　题图 2.15 所示为定子绕组串接电阻降压启动的两个主电路，试比较

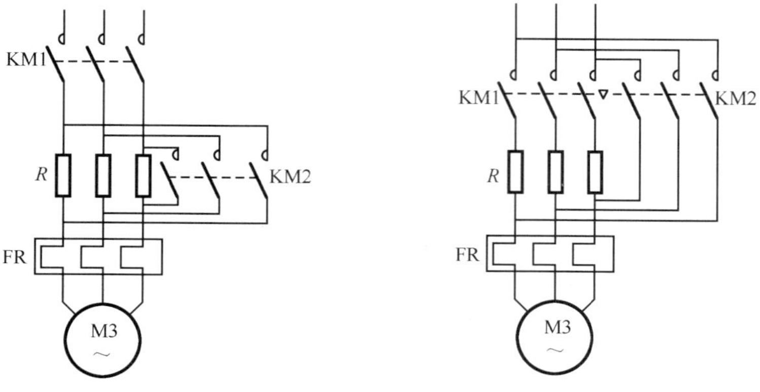

题图 2.15

分析两个主电路的接线有何不同？在启动和工作过程中有何区别？

2.37　题图 2.16 所示为正反转串电阻降压启动控制电路图，试分析叙述其工作原理。

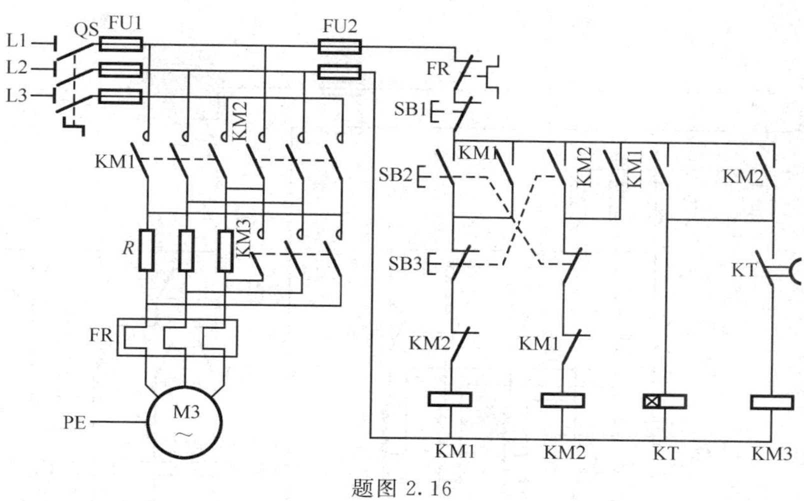

题图 2.16

2.38　试分析题图 2.17 能否正常实现串电阻降压启动？若不能，请说明原因并加以改进。

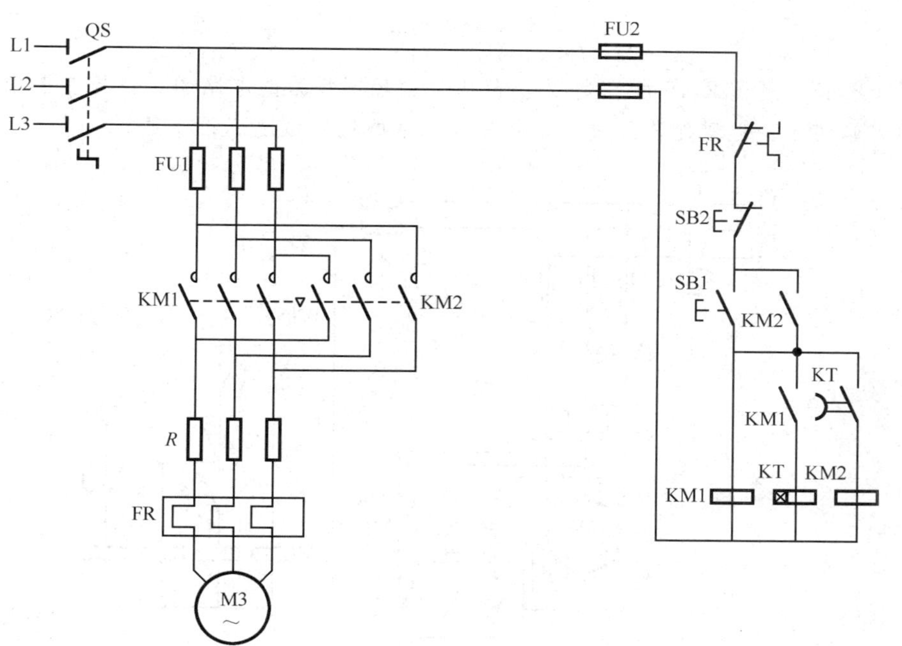

题图 2.17

2.39　某台三相笼型异步电动机，功率为 22kW，额定电流为 44.3A，电压为 380V。问各相应串联多大的启动电阻进行降压启动？

2.40　试述QJ3手动控制补偿器保护装置的欠压和过载保护原理。

2.41　QJ10系列空气式手动补偿器与QJ3系列补偿器的不同点是什么？

2.42　试分析叙述题图2.18所示控制线路的工作原理，并说明该线路有哪些优点？

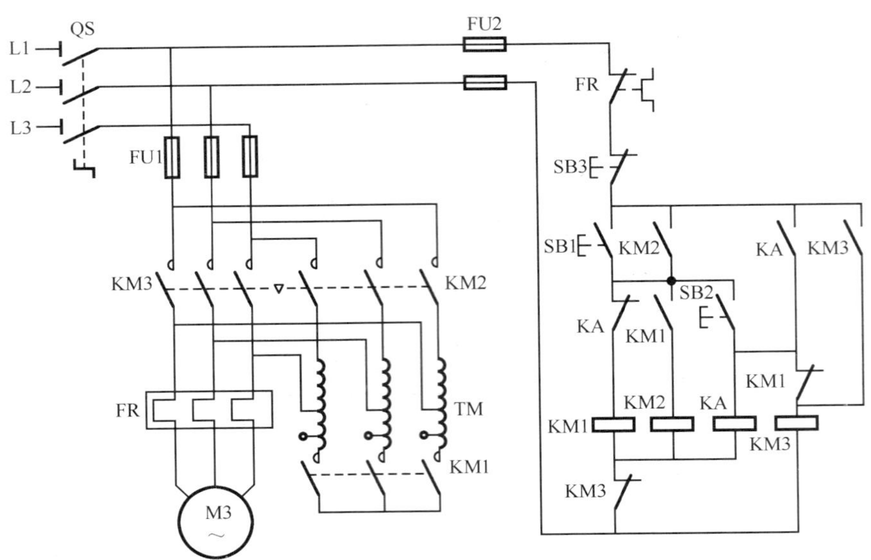

题图2.18

2.43　题图2.19所示是Y-△降压启动控制线路的电路图。请检查图中哪些地方画错了？把错处改正过来，并按改正后的线路叙述工作原理。

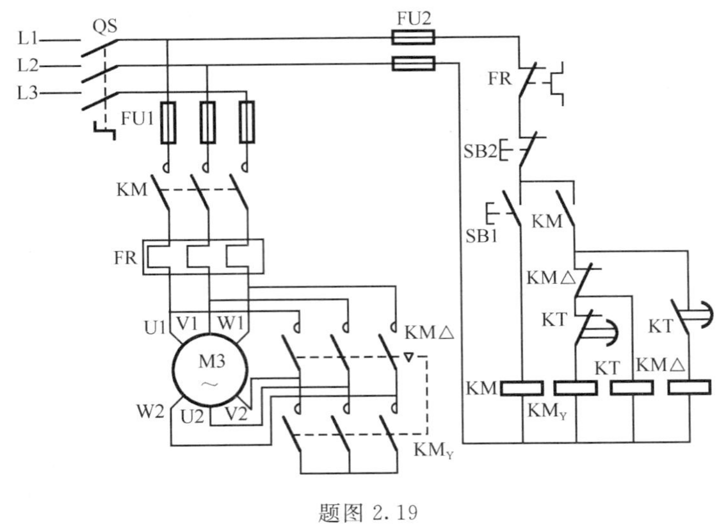

题图2.19

2.44　补画题图2.20所示延边△形降压启动控制线路的电路图，说明各电器的作用，分析叙述其工作原理。

2.45　题图 2.21 所示为绕线转子异步电动机串电阻启动控制线路的主电路。试分别补画出用按钮操作和时间继电器自动控制的控制电路，并分别叙述它们的工作原理。

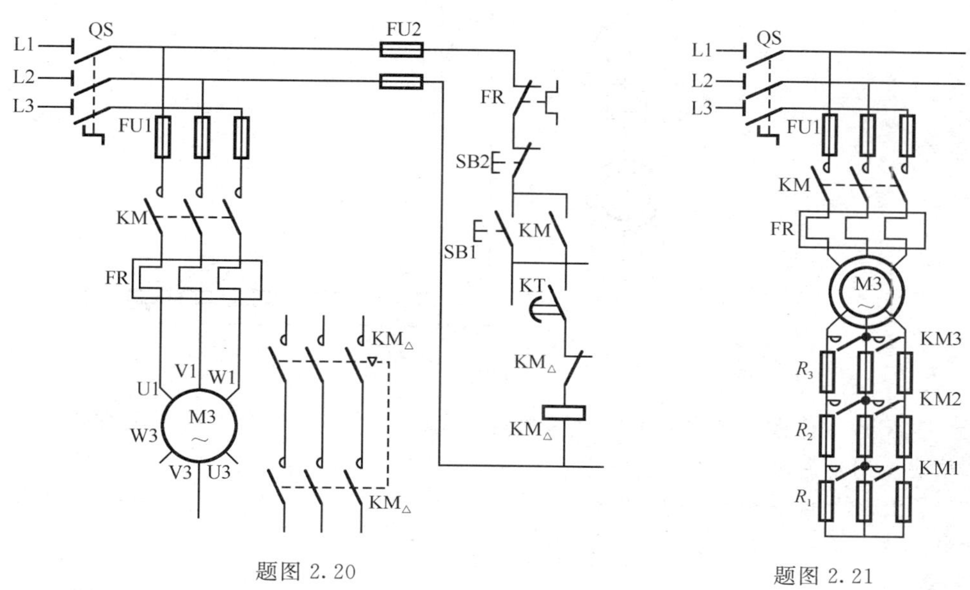

题图 2.20　　　　　　　　题图 2.21

2.46　请把题图 2.22 所示绕线转子异步电动机电流继电器自动控制线路补画完整，并根据完整线路填空：

（1）图中三个过流继电器 KA1、KA2、KA3 能根据电动机（　　　）电流的变化，控制接触器 KM1、KM2、KM3（　　　）得电动作，来（　　　）切除外加电阻。三个电流继电器 KA1、KA2、KA3 的线圈串接在（　　　）回路中，它们的（　　　）电流一样，但（　　　）电流不同，（　　　）的释放电流最大，（　　　）次之，（　　　）最小。

（2）在电动机启动过程中，随着电动机转速的升高，过电流继电器依次释放的顺序是（　　　）、（　　　）、（　　　）；接触器依次得电动作的顺序是（　　　）、（　　　）、（　　　）；电阻依次被短接的顺序是（　　　）、（　　　）、（　　　）。

（3）图中与启动按钮 SB1 串接的接触器 KM1、KM2、KM3 的常闭辅助触头的作用是（　　　　　　　　　　　　）；中间继电器 KA 的作用是（　　　　　　　　　）。

2.47　叙述转子绕组串接频敏变阻器启动控制线路手动控制时的工作原理（电路图如图 2.42 所示）。

2.48　什么是制动？制动的方法有哪两类？

2.49　什么是机械制动？常用的机械制动有哪两种？

2.50　电磁抱闸制动器为哪两种类型？其性能是什么？

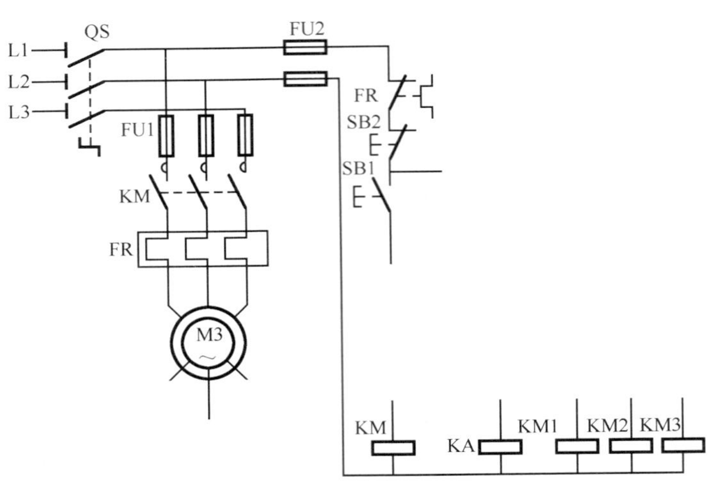

题图 2.22

2.51 什么是电力制动？常用的电力制动方法有哪两种？简要说明各种制动方法的制动原理。

2.52 试分析题图 2.23（a）与（b）所示单向启动反接制动控制线路在控制电路上有什么不同，并叙述图 2.23（b）的工作原理。

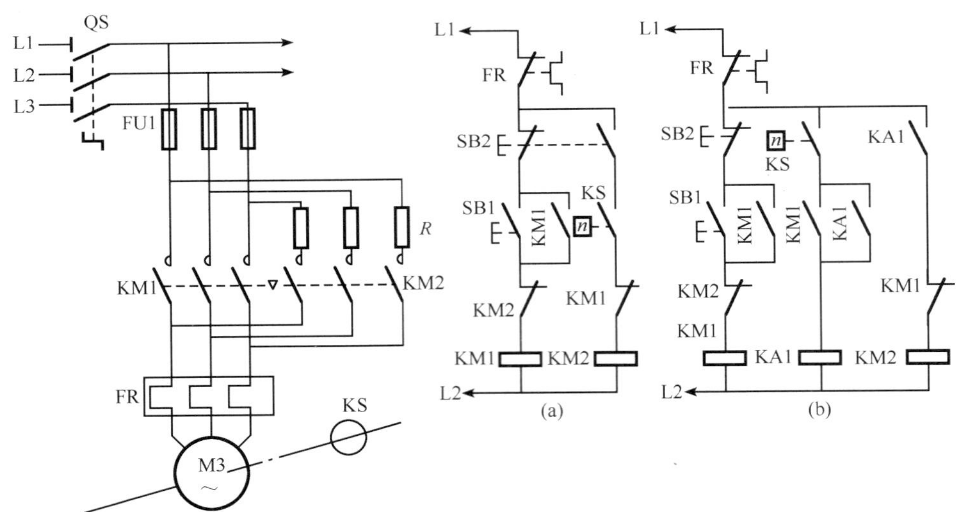

题图 2.23

2.53 叙述三相电动机双向启动反接制动控制线路（电路图如图 2.40 所示）反向启动、反接制动的工作原理。

2.54 题图 2.24 所示为有变压器桥式整流单向启动能耗制动控制线路的电路图，试分析线路中哪些地方画错了？请改正后叙述工作原理。

2.55 试设计出有变压器桥式整流双向启动能耗制动自动控制的电路图。

2.56 以常用单相桥式整流电路为例，说明估算能耗制动所需直流电源的步骤。

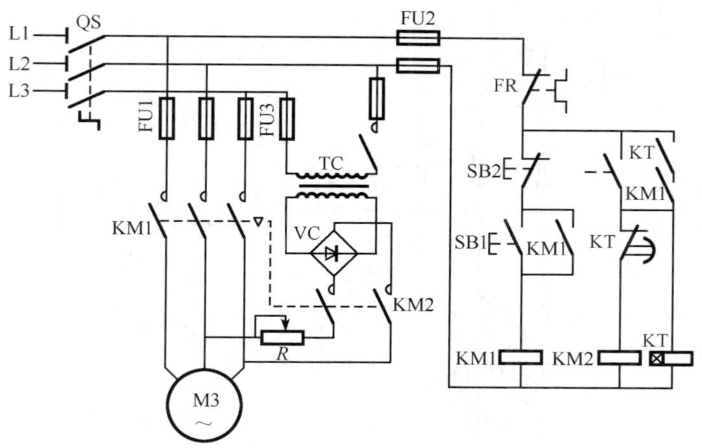

题图 2.24

2.57 补画题图 2.25 所示电容制动控制线路，并叙述其工作原理。

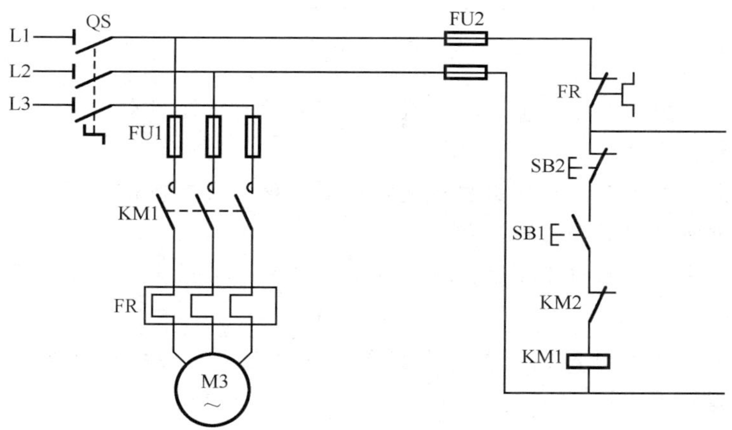

题图 2.25

2.58 分别简述反接制动、能耗制动、电容制动和再生发电制动的优点、缺点及适用场合。

2.59 三相异步电动机的调速方法有哪三种？笼型异步电动机的变极调速是如何实现的？

2.60 双速电动机的定子绕组共有几个出线端？分别画出双速电机在低、高速时定子绕组的接线图。

2.61 题图 2.26 是采用 CJ12B 系列接触器（有 5 个主触头）控制的双速电动机的电路图，试简述其工作原理。

2.62 三速异步电动机有几套定子绕组？定子绕组共有几个出线端？分别画出三速电动机在低、中、高速时定子绕组的接线图。

2.63 现有一双速电动机，试按下述要求设计控制线路：

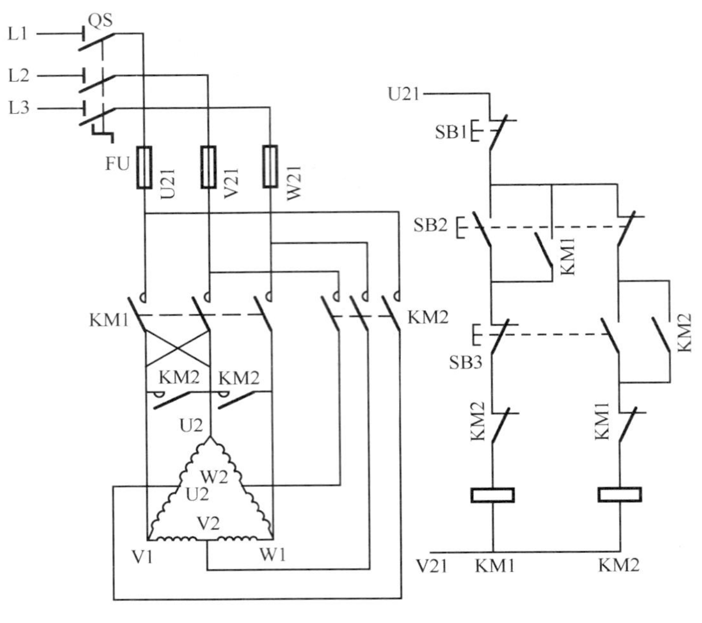

题图 2.26

(1) 分别用两个按钮操作电动机的高速启动与低速启动，用一个总停止按钮操作电动机停止。

(2) 启动高速时，应先接成低速，然后经延时后再换接到高速。

(3) 有短路保护和过载保护。

2.64　直流电动机常用的启动方法有哪两种？并励直流电动机常采用哪种方法启动？

2.65　简述如图 2.64（并励直流电动机串电阻启动控制电路图）所示电路的工作原理。

2.66　使直流电动机反转有哪两种方法？并励直流电动机反转常采用哪种方法？为什么？

2.67　直流电动机的电力制动常用哪三种方法？如何实现能耗制动和反接制动？

2.68　并励直流电动机采用反接制动时应注意哪些问题？

2.69　简述如图 2.68（并励直流电动机单向启动能耗制动控制电路图）所示电路的工作原理。

2.70　直流电动机有哪三种调速方法？

2.71　串励直流电动机与并励直流电动机比较，主要有哪些特点？

2.72　串励直流电动机使用时，应注意哪些问题？为什么？

2.73　为什么串励直流电动机的反转常采用励磁绕组反接法来实现？

2.74　串励直流电动机的能耗制动分为哪两种？各有什么特点？叙述如图 2.69 所示串励电动机自励式能耗制动控制电路图所示电路的工作原理。

2.75　简述电路图 2.77G-M 调速系统的控制原理。

2.76　串励电动机的反接制动有哪两种方法？是如何实现的？

2.77　改变外电源的电压极性是否能达到串励电动机采用电枢反接制动的目的？为什么？

2.78　串励直流电动机改变主磁通调速时，通常采用哪些方法？

2.79　在题图2.27中，要求按下启动按钮后能依次完成下列动作：

(1) 运动部件 A 从1到2。

(2) 接着运动部件 B 从3回到4。

(3) 接着运动部件 A 从2回到1。

(4) 接着 B 从4回到3。

试画出连线图。

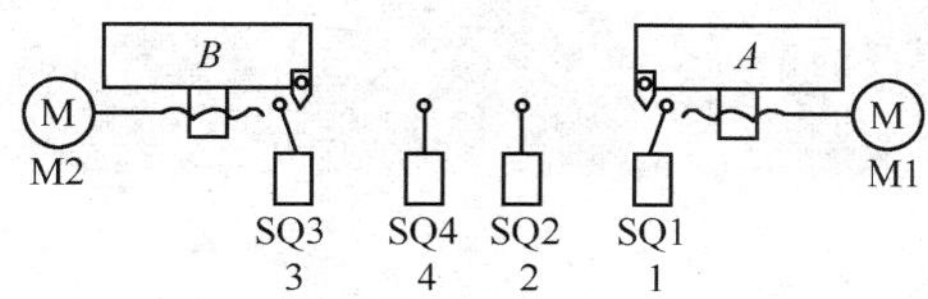

题图2.27

2.80　试按下述要求画出三相笼型异步电动机的控制电路图。

(1) 既能点动又能连续运转。

(2) 停止时采用反接制动。

(3) 能在两处启停。

2.81　有一台三级传送带运输机，分别由M1、M2、M3三台电动机拖动，其布局如题图2.28所示，动作顺序是：

(1) 启动时要求按M1-M2-M3顺序启动。

(2) 停车时要求按M3-M2-M1顺序停车。

(3) 上述动作按时间原则控制。

试画出满足要求的控制电路图。

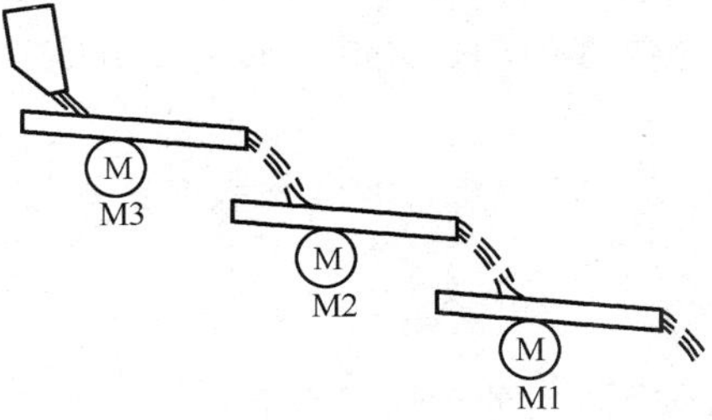

题图2.28

第3章 常用机床电气控制线路及维修

【教学目标】

- **熟悉**

常用生产机械的运动形式和电气控制线路的构成

常用机床机械与电器的配合动作关系

常用生产机械的控制特性和工作原理

- **掌握**

常用生产机械电气控制线路的分析方法

设备电气故障一般分析和检修方法以及检修步骤

CA6140 车床、M7130 磨床、Z3050 摇臂钻床控制线路及其安装、调试与维修

X62W 万能铣床、T68 镗床、20/5t 桥式起重机控制线路及其安装、调试与维修

- **了解**

工业机械电气设备维修的一般要求和方法

常用生产机械的主要结构和简单的操作方法

3.1 工业机械电气设备维修的一般要求和方法

知识点

- 熟悉工业机械电气设备维修的一般要求
- 掌握工业机械电气设备维修的一般方法及注意事项

技能点

- 掌握电气故障检修的一般步骤和方法

机床或机械设备在运行中要受到各种各样因素的影响，会产生许多不正常的现象也即故障，造成生产设备的不安全和人身不安全，影响生产效率。因此电气设备一旦发生故障后，维修人员应及时、熟练、正确、迅速、安全地查出故障并及时排除故障，尽快恢复设备的正常运转。

3.1.1 工业机械电气设备维修的一般要求

工业机械电气设备维修的一般要求是：

1）采取的维修步骤和方法必须正确，切实可行。

2）不可损坏完好的电器元件。

3）不可随意更换电器元件及连接导线的型号规格。

4）不可擅自改动线路。

5）损坏的电气装置应尽量修复使用，但不能降低其固有性能。

6）电气设备的各种保护性能必须满足使用要求。

7）绝缘电阻合格，通电试车能满足电路的各种功能，控制环节的动作程序符合要求。

8）修理后的电器装置必须满足其质量标准要求。电器装置的检修质量标准是：

① 外观整洁，无损坏和炭化现象。

② 所有的触头均应完整、光洁、接触良好。

③ 压力弹簧和反作用力弹簧应具有足够的弹力。

④ 操纵、复位机构都必须灵活可靠。

⑤ 各种衔铁运动灵活，无卡阻现象。

⑥ 灭弧罩完整、清洁，安装牢固。

⑦ 整定数值大小应符合电路使用要求。

⑧ 指示装置能正常发出信号。

3.1.2 工业机械电气设备维修的一般方法

电气设备的维修包括日常维护保养和故障检修两方面。电气设备的日常维护保养又包括电动机和控制设备的日常维护保养。本节主要介绍电气故障的检修步骤和方法。

1. 电气设备的检修步骤

（1）故障调查

1）问。设备发生故障后首先应向操作者了解发生故障前后的情况，需要了解的内容有：故障发生在运行前后，还是发生在运行中；是运行中自行停车，还是发现异常情况后由操作者停车的；发生故障时，机床工作在什么工作顺序，按了哪个按钮，扳了哪个开关；故障发生前后，设备有无异常现象（如异常响声、气味、冒烟、冒火等）；故障发生前有无切削力过大和频繁地启动、停止、制动等操作等等。

2）看。熔断器内熔体是否熔断，保护电器有无动作脱扣，其他电器元件有无烧坏、发热、断线，导线连接螺钉是否松动，电动机的转速是否正常。

3）听。在不扩大故障不损坏设备且机械还能运行的前提下，通电试车，听电动机、变压器、及其他一些电器元件的运行声音有无异常。

4）摸。在切断电源后，触摸电动机、变压器、电磁线圈等有无过热现象，因这类元器件在发生故障时，温度会显著上升。

（2）电路分析

根据调查结果，参考电气设备的电气原理图，运用逻辑分析的方法，对故障现象作具体分析，初步判断可疑范围，结合故障现象和线路工作原理，逐步缩小故障范围，直至找到故障点并加以排除。

当故障的可疑范围较大时，不必按部就班地逐级进行检查，可在故障范围内的中间环节进行检查，来判断故障究竟发生在哪一部分，从而缩小故障范围，提高检修效率。

（3）断电检查

检查前应先切断机床总电源，然后根据确定的故障可能发生的范围，逐步找出故障点。检查时可检查这样一些情况，如电源进线处有无损伤而引起的电源接地、短路等现象，螺旋式熔断器的熔断指示器是否脱落，热继电器是否动作，接触器和热继电器的触头有无熔焊或接触不良，线圈烧坏使表层绝缘纸烧焦变色等现象，连接导线有无断路、松动。

（4）通电检查

经断电检查仍未发现故障点时，可对电气设备作通电检查。

通电检查必须是在不扩大故障、不损坏设备的前提下，进行通电试车，同时在通电检查时要尽量不带负载，把电动机和其他传动的机械部分脱开，再进行通

电试验，这样可分清故障可能是电气部分还是其他机械部分。检查的顺序为：先检查控制电路，后检查主电路；先检查辅助系统，后检查主传动系统；先检查交流系统，后检查直流系统；先检查开关电路，后检查调整系统。

在通电检查过程中，必须注意人身安全和设备安全，要遵守安全操作规程，不得随意触碰带电部分，要尽量切断电动机主电路电源，只在控制电路带电的情况下进行检查；如确实需要电动机运转，可使电动机在空载下运行，以避免机床运动部分发生误动作和碰撞，要暂时隔断有故障的主电路，以免故障扩大，并要预先充分估计到局部线路动作后可能引起的不良后果。

2. 电气故障的检修方法

常用的检修方法有校验灯检修法、万用表检修法（电压测量法和电阻测量法）、短接法检修等。常用的测试工具和仪表有校验灯、测电笔、万用表、钳形电流表、兆欧表等，主要通过对电路进行带电或断电时的有关参数如电压、电流、电阻等的测量，来判断电器元件的好坏、设备的绝缘情况以及线路的通断情况。

（1）校验灯检修法

校验灯检修故障的方法如图 3.1 所示。检修时将校验灯的一端接 0 上，另一端依次 1、2、3、4、5、6 逐个测试，测试过程中需按下 SB2，如接至 2 号线上校验灯亮，而接至 3 号线上校验灯不亮，则说明 SB1（2—3）断路，以此类推。

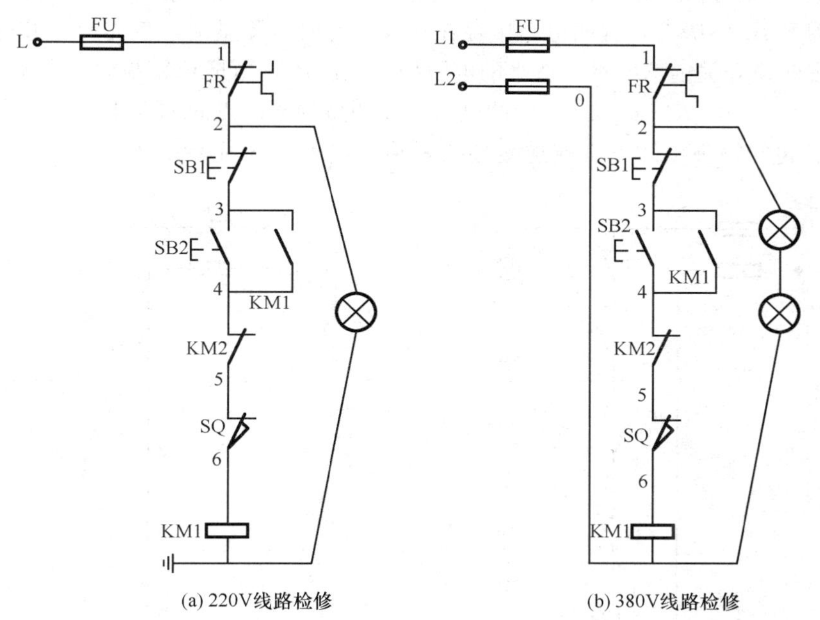

图 3.1　校验灯检修故障

（2）万用表检修法

在第 2 章中我们已经介绍过电压分阶测量法和电阻分阶测量法，下面再介绍一下电压分段测量法和电阻分段测量法。

1）电压分段测量法。电压分段测量法如图 3.2 所示。把万用表的转换开关置于交流电压 500V 的档位上，然后在检查时首先用万用表测量 0—1 两点，电压为 380V 说明线路电压正常。

电压分段测量法是将红、黑两根表棒逐段测量相邻两点 1—2、2—3、3—4、4—5、5—6、6—0 间的电压，如电路正常，在按下 SB2 后，除 6—0 间的电压为 380V 外，其他相邻两点间的电压均应为零。

如按下启动按钮 SB2，接触器 KM_1 线圈不得电，说明线路中有故障，此时可用万用表逐段测量各相邻两点间的电压，若测量到某相邻两点间的电压为 380V 时，说明这两点间有断路故障，表 3.1 为根据各段电压值检查故障的方法。

表 3.1　电压分段测量法判断故障原因

故障现象	测试状态	1—2	2—3	3—4	4—5	5—6	6—0	故障原因
按下 SB2 KM1 不吸合	按下 SB2 不放	380V	0	0	0	0	0	FR 常闭触头接触不良
		0	380V	0	0	0	0	SB1 常闭触头接触不良
		0	0	380V	0	0	0	SB2 常开触头接触不良
		0	0	0	380V	0	0	KM2 常闭触头接触不良
		0	0	0	0	380V	0	SQ 常闭触头接触不良
		0	0	0	0	0	380V	KM1 线圈断路

2）电阻分段测量法。电阻分段测量法如图 3.3 所示。按下启动按钮 SB2 后，接触器 KM1 不吸合，说明电路中存在故障。此时，测量前，首先应断开电源，将万用表转换开关的倍率置于适当的电阻档，依次逐段测量相邻两标号点 1—2、2—3、3—4、4—5、5—6、6—0 间的电阻。如测得的某两点间的电阻为无穷大，说明这两点间的触头接触不良或连接导线断路。如表 3.2 所示。

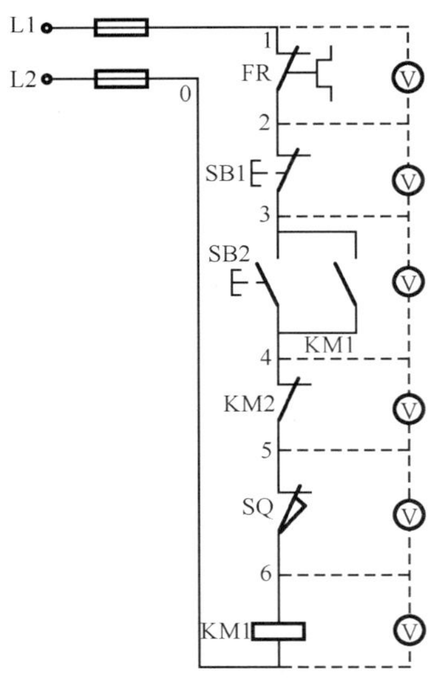

图 3.2　电压分段测量法

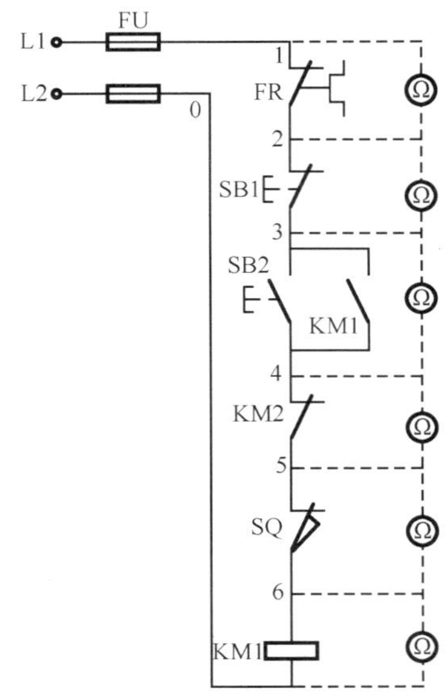

图 3.3　电阻分段测量法

表 3.2 电阻分段测量法判断故障原因

故障现象	测量点	电阻值	故障点
按下 SB2，KM1 不吸合	1—2	∞	FR 常闭触头接触不良或误动作
	2—3	∞	SB1 常闭触头接触不良
	3—4	∞	SB2 常开触头接触不良
	4—5	∞	KM2 常闭触头接触不良
	5—6	∞	SQ 常闭触头接触不良
	6—0	∞	KM1 线圈断路

电阻测量法的优点是安全，缺点是测得的电阻值不准确时，容易造成判断失误。为此应注意以下三点：

第一，用电阻测量法检查故障时一定要断开电源。

第二，如被测电路与其他电路并联时，必须将该电路与其他电路断开，否则所测得的电阻值是不准确的。

第三，测量高电阻值的电器元件时，把万用表的转换开关旋转至适当的电阻档。

(3) 短接法检修

电气设备的常见故障是断路故障，如导线断路、虚焊、触头接触不良、熔断器熔断等，对于这一类故障，除了前面所讲的电压法和电阻法外，还有一种简捷可靠的检修方法，就是短接法。短接法是用一根绝缘良好的导线，把所怀疑的断路部分短接，若短接过程中，电路被接通，就说明该处电路断路。

1) 局部短接法。局部短接法检查断路故障如图 3.4 所示。

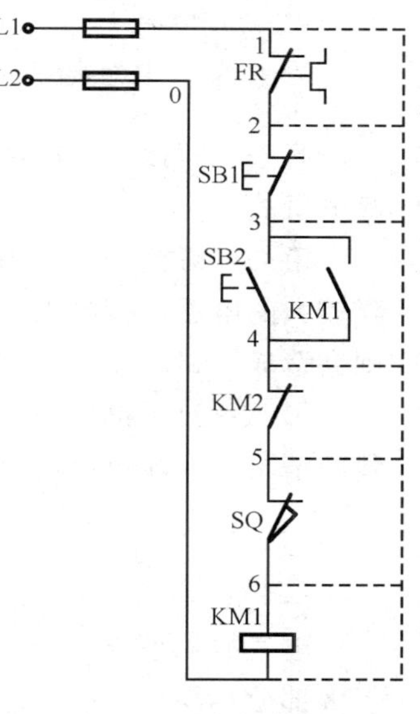

图 3.4 局部短接法

按下启动按钮 SB2 时，接触器 KM1 不吸合，说明该电路有故障。检查前，先用万用表测量 0—1 之间的电压，若电压正常，可按下启动按钮 SB2 不放，然后用一根绝缘良好的导线，分别短接 1—2、2—3、3—4、4—5、5—6（注意不可短接 6—0 两点，否则会造成短路），当短接到某两点时，接触器 KM1 吸合，说明故障就在该两点之间。表 3.3 所示为判断方法对照表。

表 3.3 局部短接法判断故障原因

故障现象	短接点标号	KM1 动作	故障点
按下 SB2，KM1 不吸合	1—2	KM1 吸合	FR 常闭触头接触不良或误动作
	2—3	KM1 吸合	SB1 常闭触头接触不良
	3—4	KM1 吸合	SB2 常开触头接触不良
	4—5	KM1 吸合	KM2 常闭触头接触不良
	5—6	KM1 吸合	SQ 常闭触头接触不良

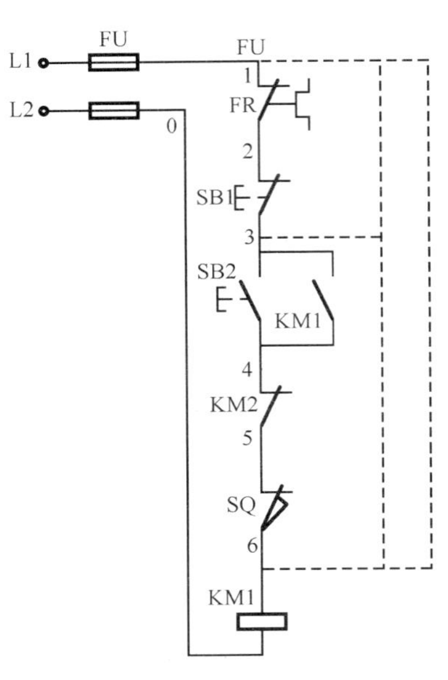

图 3.5　长短接法

2）长短接法。长短接法检查断路故障如图 3.5 所示。

长短接法是指一次短接两个或多个触头来检查故障的方法。

当 FR 的常闭触头和 SB1 的常闭触头同时接触不良时，如用局部短接法短接如图 3.4 所示的 1—2 两点，按下 SB2 启动按钮，KM1 仍不能吸合，则可能造成判断错误，而采用长短接法将 1—6 短接，如 KM1 吸合，则说明 1—6 段电路中有故障，然后再短接 1—3 和 3—6，若短接 1—3 时，按下 SB2 后 KM1 吸合，说明故障就在 1—3 段范围内，再用局部短接法短接 1—2 和 2—3，很快就能将断路故障排除。由此可见，若局部短接法和长短接法结合使用，可以提高排故效率。

用短接法检查故障时应注意以下几点：

第一，短接法是用手拿绝缘导线带电操作，所以一定要注意安全，避免发生触电事故。

第二，短接法只适用于检查压降极小的导线和触头之类的断路故障，对于压降较大的电器，如电阻、接触器和继电器线圈等断路故障，不能采用短接法，否则会造成短路故障。

第三，对于机床的某些要害部位，必须保障电气设备或机械部位不会出现故障的情况下，才可以使用短接法。

小　　结

电气故障检查的分析方法和检修方法是机床维修的基础，这部分内容较多，但大部分容易理解，重点要掌握电压测量法、电阻测量法和短接法。

电压测量法要先理解其检修原理。电路正常情况下，因各控制电器触头的接触电阻很小，其两端的电压近似为零，控制电路的电源电压全部降落在具有一定阻抗的负载上，此时测量触头两端的电压皆为零，测量负载两端的电压应为电源电压。若控制电路有一个开路点，则电路中没有电流，负载上也就没有电压，电源电压全部降落在开路点，此时测量开路点的电压应为电源电压，而其他正常的触头及元件两端电压均为零。

电阻测量法一定要在断开电源的情况下进行，短接检修法是带电操作，安全文明生产是第一要素，必须在指导教师的监护下进行训练。

3.2 CA6140型车床电气控制线路

知识点

- 认识CA6140型车床的主要结构
- 熟悉CA6140型车床运动形式、电力拖动特点及控制要求
- 掌握CA6140型车床电气控制线路分析方法

技能点

- 掌握车床的基本操作方法，熟练检修CA6140型车床常见电气故障

机床可分为普通机床和数控机床。普通机床以手工操作为主，数控机床主要通过计算机编程，对机床进行控制，其自动化程度、加工精度都远高于普通机床。数控机床控制电动机的正反转、和工作台的上下、左右移动，也是通过继电器来实现的，与普通机床相类似。从本节开始我们将主要分析和研究普通机床的控制线路。

在各种金属切削机床中，车床占的比重最大，应用也极为广泛。适用于机械制造业的单件、小批次的生产车间，各行业的工具制造部门，机械设备维修部门及试验室等。主要用来加工外圆、内孔、端面、钻孔、铰孔、切槽切断、螺纹及成型表面等。

3.2.1 CA6140型车床的型号含义及主要结构

1. 型号

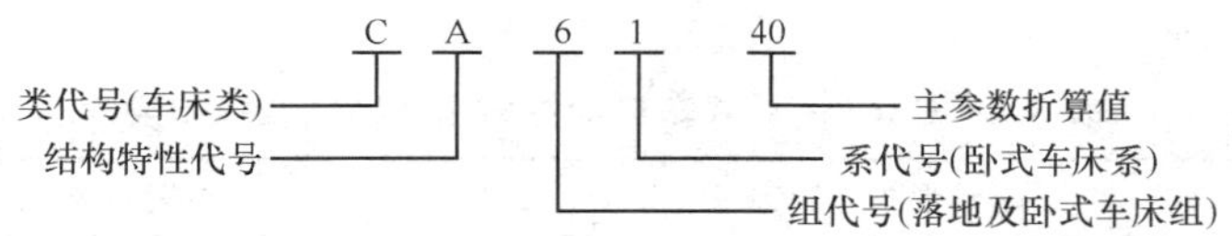

2. 主要结构

CA6140型车床主要由床身、主轴箱、进给箱、溜板箱、刀架、卡盘、尾架、光杠和丝杠等部件组成。

图3.6所示为CA6140型车床的外形及结构图。图3.7所示为CA6140型车床操作部件布置图。

3.2.2 CA6140型车床运动形式、电力拖动特点及控制要求

车床的切削运动主要包括工件旋转的主运动、刀具的直线进给运动和一些辅助运动。表3.4所列为CA6140型车床运动形式、电力拖动特点及控制要求。

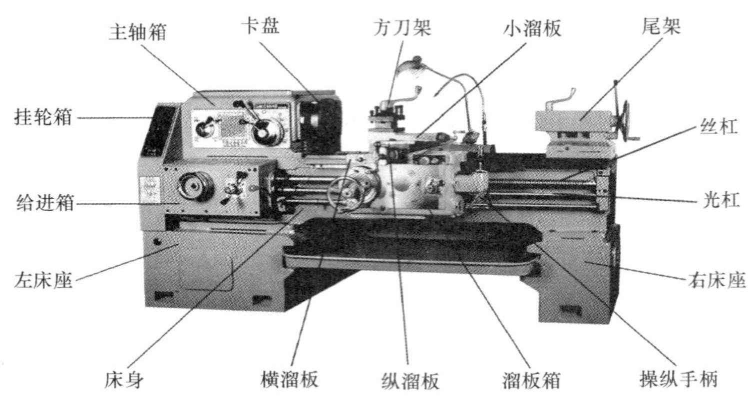

图 3.6　CA6140 型车床外形及结构图

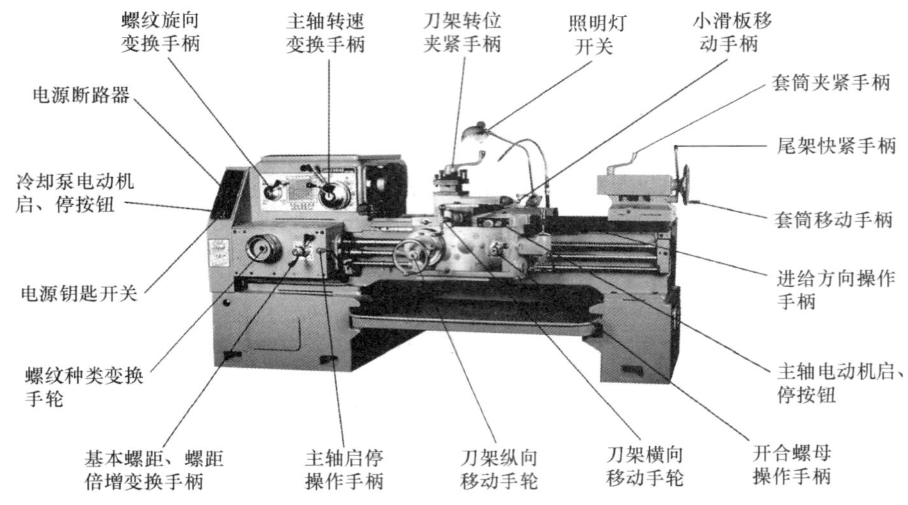

图 3.7　CA6140 型车床操纵部件布置图

表 3.4　CA6140 卧式车床的主要运动形式及控制要求

运动类型	运动形式	控制要求
主运动	主轴通过卡盘或顶尖带动工件的旋转运动	1）主轴电动机选用三相笼型异步电动机，不进行电气调速，主轴采用齿轮箱进行机械有级调速 2）车削螺纹时，要求主轴有正反转，一般由机械方式实现，主轴电动机只作单向运转 3）主轴电动机容量不大，在电网容量满足要求的情况下，可直接启动，启动和停止采用按钮操作
进给运动	刀架带动刀具的纵向和横向直线运动	由主轴电动机拖动，主轴电动机的动力通过挂轮箱传递给进给箱来实现刀具的纵向和横向进给。加工螺纹时，要求刀具的移动与主轴转动有固定的比例关系

续表

运动类型	运动形式	控制要求
辅助运动	刀架的快速移动	由刀架快速移动电动机拖动，可直接启动，不需正反转和调速
	尾架的纵向移动	由手动操作控制
	工件的夹紧与放松	由手动操作控制
	加工过程的冷却	冷却泵电动机和主轴电动机实现顺序控制，不需正反转和调速

3.2.3 CA6140 型车床电气控制线路分析

CA6140 型卧式车床电路图如图 3.8 所示。

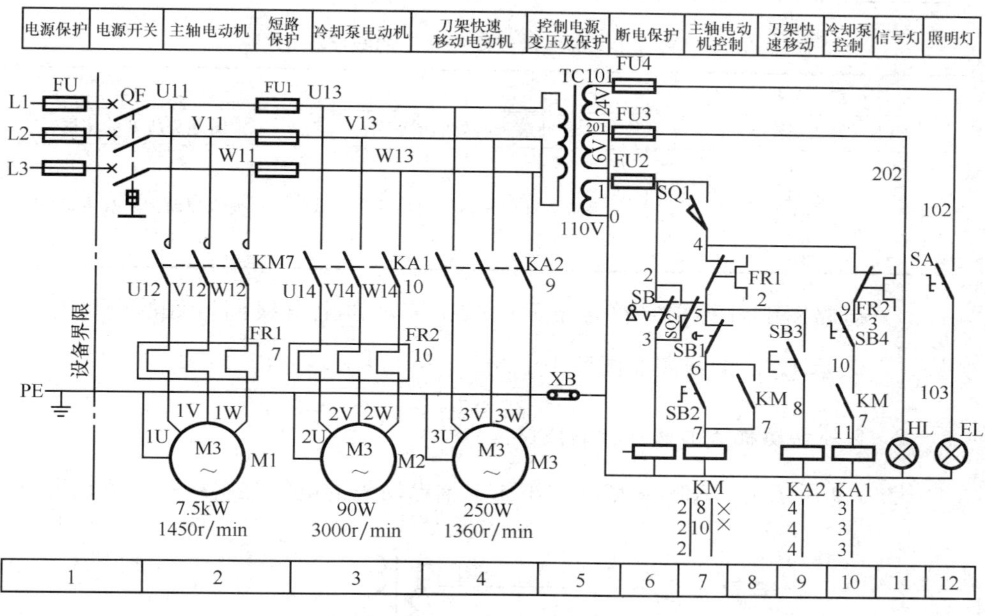

图 3.8 CA6140 型卧式车床电路图

1. 绘制和阅读机床电路的基本知识

在 3.2.2 已经介绍了一般原则，而一般机床电气控制线路所包含的电器元件和电气设备较多，电路图中的符号也就相应较多，为便于识读和分析机床电路图，还应了解以下几点：

1）电气原理图按功能划分成若干个图区从左至右依次用阿拉伯数字进行编号标注在下方的图区栏里。通常是一个回路或一个支路划为一个图区。如图 3.8 所示 CA6140 电气线路图划分了 12 个区。

2）电气原理图中每个电路在电气操作中的用途，用文字标明在电气原理图的用途栏里。

3）在电气原理图中，每个接触器下方画出两条竖直线，分左、中、右三栏，每个继电器的下方画出一条竖直线，分成左、右两栏。把受其线圈控制而动作的

触头所处的图区号按相应表 3.5 和表 3.6 的规定填入相应的栏内。对备而未用的触头，在相应的栏内用记号“×”标出或不标出任何符号。接触器、继电器线圈符号下的数字标记见表 3.5 和表 3.6 规定。

表 3.5　接触器线圈符号下的数字标记

栏　　目	左　　栏	中　　栏	右　　栏
触头类型	主触头所处的图区号	辅助常开触头所处的图区号	辅助常闭触头所处的图区号
举例 2 ｜ 8 ｜ × 2 ｜ 10 ｜ × 2 ｜	表示 3 对主触头均在图区 2	表示一对辅助常开触头在图区 8，另一对常开触头在图区 10	表示 2 对辅助常闭触头未用

表 3.6　继电器线圈符号下的数字标记

栏　　目	左　　栏	右　　栏
触头类型	常开触头所处的图区号	常闭触头所处的图区号
举例 KA1 3 ｜ 3 ｜ 3 ｜	表示 3 对常开触头均在图区 3	表示辅助常闭触头未用

4）电路图中触头文字符号下面的数字表示该电器线圈所处的图区号。如“$\underset{10}{\text{KA1}}$”表示 KA1 的线圈在图区 10。

2. 主轴电动机 M1 电气控制线路

图 3.9 所示为 CA6140 型卧式车床主轴电动机的电气控制线路。由热继电器

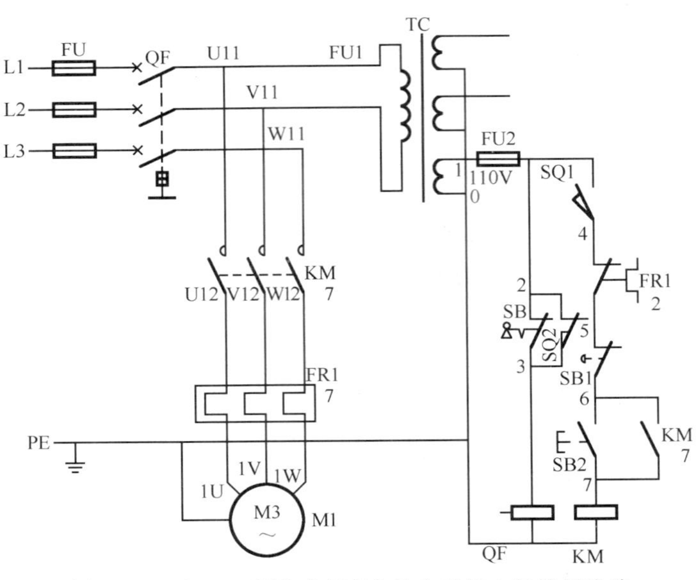

图 3.9　CA6140 型卧式车床主轴电动机电气控制线路

FR1 作主轴电动机 M1 的过载保护，由熔断器 FU 作短路保护，由接触器 KM 作失压和欠压保护。

控制电路的电源由控制变压器 TC 二次侧提供 110V 电压。

车床正常工作时，位置开关 SQ1 的常开触头闭合，打开床头皮带罩后，SQ1 断开，切断控制电路电源，以确保人身安全。钥匙开关 SB 和位置开关 SQ2 在正常工作状态是断开的，QF 线圈不得电，断路器 QF 能合闸，打开配电壁龛门时，SQ2 闭合，QF 线圈获电，断路器 QF 自动断开。

主轴电动机 M_1 启动：

按下SB2→KM线圈得电→
- KM自锁触头闭合(8区)
- KM主触头闭合(2区)
- → 主轴电动机M1启动运转（由前两项共同引起）
- KM常开辅助触头闭合(10区)，为KA1得电作准备

KM 线圈经 TC—1—2—4—5—6—7—KM 线圈—0 回路得电。

主轴电动机停止：

按下SB1→KM线圈失电→KM触头复位→M1失电停转

主轴的正反转是采用多片摩擦离合器实现的。

3. 冷却泵电动机 M2 和快速移动电动机 M3 电气控制线路

图 3.10 所示为 CA6140 型卧式车床冷却泵电动机和快速移动电动机电气控制线路。其中冷却泵电动机 M2 用于传送切削液，并带走车削下来的铁屑等杂物，而快速移动电动机通过操作手柄配合机械装置使刀架沿前、后、左、右方向快速移动。

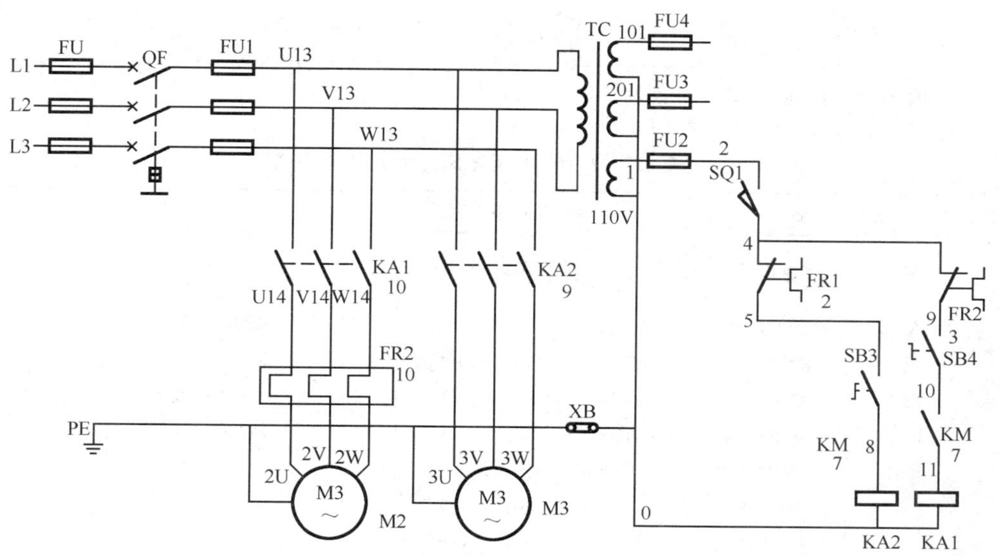

图 3.10　CA6140 型车床冷却泵电动机和快速移动电动机电气控制线路

(1) 冷却泵电动机 M2 电气控制线路

热继电器 FR2 作冷却泵电动机的过载保护，熔断器 FU1 作短路保护。冷却

泵电动机由中间继电器 KA1 控制，由于主轴电动机 M1 和冷却泵电动机 M2 在控制电路中采用顺序控制，所以，只有主轴电动机 M1 启动运转后，即接触器 KM 的常开触头（10 区）闭合，再合上旋钮开关 SB4 中间继电器 KA1 才可能得电，冷却泵电动机 M2 才会启动。当主轴电动机 M1 停止运转时，冷却泵电动机 M2 自行停止。KA1 线圈经 TC—1—2—4—9—10—11—KA1 线圈—0 回路得电。

（2）快速移动电动机 M3 电气控制线路

快速移动电动机 M3 的启动是由安装在操作手柄顶端的按钮 SB3 控制，与中间继电器 KA2 组成点动控制线路。

按住SB3→KA2线圈得电→KA2主电路中的常开触头闭合→快速移动电动机M3得电运转
松开SB3→KA2线圈失电→KA2常开触头复位→M3失电停转

4. 照明、信号电路

CA6140 型车床的照明电路（图 3.11）由控制变压器 TC 输出 24V 交流电压供电，控制照明灯开关 SA 闭合，照明灯 EL 亮，照明灯开关 SA 打开，照明灯 EL 灭。其通电回路为：TC—101—102—103—0。

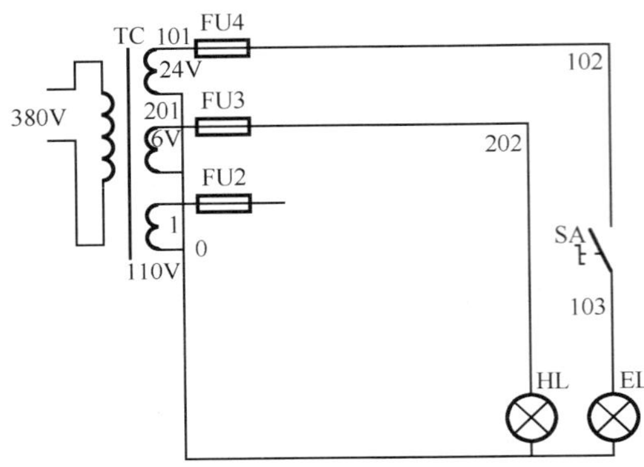

图 3.11　CA6140 型车床照明、信号电路

信号电路由控制变压器 TC 输出 6V 交流电压供电。其通电回路为：TC—201—202—0。

FU3、FU4 分别为信号、照明电路的短路保护。

CA6140 型卧式车床电气元件明细表见表 3.7。

表 3.7　CA6140 型车床电气元件明细表

代　号	名　称	型号及规格	数　量	用　途	备　注
M1	主轴电动机	Y132M-4-B3 7.5kW、1450r/min	1	主传动用	
M2	冷却泵电动机	AOB—25、90W、3000r/min	1	输送冷却液用	
M3	快速移动电动机	AOS5634、250V、1360r/min	1	溜板快速移动用	
FR1	热继电器	JR16—20/3D、15.4A	1	M1 的过载保护	
FR2	热继电器	JR16—20/3D、15.4A	1	M2 的过载保护	
KM	交流接触器	CJ0—20B、线圈电压 110V	1	控制 M1	
KA1	中间继电器	JZ7—44、线圈电压 110V	1	控制 M2	
KA2	中间继电器	JZ7—44、线圈电压 110V	1	控制 M3	
SB1	急停按钮	LAY3—01ZS/1	1	停止 M1	红色、蘑菇头
SB2	按钮	LAY3—10/3.11	1	启动 M1	
SB3	按钮	LA9	1	启动 M_3	黑色
SB4	旋钮开关	LAY3—10X/2	1	控制 M2	

续表

代　　号	名　　称	型号及规格	数　　量	用　　途	备　　注
SB	旋钮开关	LAY3—01Y/2	1	电源开关锁	带钥匙
SQ1、SQ2	位置开关	LXW6—11CL	2	断电保护	
QF	断路器	AM2—40、20A	1	电源引入	
TC	控制变压器	JBK2—100 380V/110VV/24VV/6V	1		
EL	机床照明灯	JC11	1	工作照明	
HL	信号灯	ZSD—0.6V	1	刻度照明	无灯罩
FU1	熔断器	BZ001　熔体 6A	3		
FU2	熔断器	BZ001　熔体 1A	1	110V 控制电路短路保护	
FU3	熔断器	BZ001 熔体 1A	1	信号灯电路短路保护	
FU4	熔断器	BZ001 熔体 1A	1	照明电路短路保护	

技能训练 3.1　CA6140 型车床电气控制线路的安装、调试与检修

一、目的和要求

掌握 CA6140 型车床电气线路的安装，掌握 CA6140 型车床主轴电动机常见电气故障的分析和检修方法，掌握冷却泵电动机与刀架快速移动电动机常见故障的分析和检修方法，掌握照明、信号电路常见故障的分析和检修方法。

二、工具、仪表、器材及元器件清单

1）工具：测电笔、电工刀、剥线钳、尖嘴钳、斜口钳、旋具等。

2）仪表：万用表、兆欧表、钳形电流表。

3）器材：控制板、走线槽、各种规格软线和紧固件、金属软管、编码管等。

三、训练内容

1. CA6140 型车床电气控制线路的安装

（1）安装步骤及工艺要求

1）按照表 3.7 配齐电气设备和元件，并逐个检验其规格和质量是否合格。

2）根据电动机容量、线路走向及要求和各元件的安装尺寸，正确选配导线的规格、导线通道类型和数量、接线端子板型号及节数、控制板、管夹、束节、紧固件等。

3）在控制板上安装电器元件，并在各电器元件附近作好与电路图上相同代号的标记。

4）按照控制板内布线的工艺要求进行布线和套编码套管。

5）选择合理的导线走向，做好导线通道的支持准备，并安装控制板外所有电器。

6）进行控制箱外部布线，并在导线线头上套装与电路图相同线号的编码套管。对于可移动的导线通道应放适当的余量，使金属软管在运动时不承受拉力，并按规定在通道内放好备用导线。

7）检查电路的接线是否正确和接地通道是否具有连续性。

8）检查热继电器的整定值是否符合要求。各级熔断器的熔体是否符合要求，如不符合要求应予更换。

9）检查电动机的安装是否牢固，与生产机械传动装置的连接是否可靠。

10）检查电动机及线路的绝缘电阻，清理安装场地。

11）接通电源开关，点动控制各电动机启动，以检查各电动机的转向是否符合要求。

12）通电空载试验时，应认真观察各电器元件、线路、电动机及传动装置的工作情况是否正常。如不正常，应立即切断电源进行检查，在调整或修复后方能再次通电试车。

(2）注意事项

1）不要漏接接地线，严禁采用金属软管作为接地通道。

2）在控制箱外部进行布线时，导线必须穿在导线通道内或敷设在机床底座内的导线通道里，所有导线不允许有接头。

3）在导线通道内敷设的导线进行接线时，必须集中思想，做到查出一根导线，立即套上编码套管，接上后再进行复验。

4）在进行快速进给时，要注意将运动部件处于行程中间位置，以防止运动部件与车头或尾架相撞产生设备事故。

5）通电操作时，要严格遵守安全操作规程。

(3）评分标准

CA6140型车床电气控制线路安装的评分标准见表3.8。

表3.8　评分标准

项目内容	配分	评分标准			扣分
装前检查	5	电器元件错检或漏检　　每只扣2分			
器材选用	10	1）导线选用不符合要求　　每处扣4分 2）穿线管选用不符合要求　　每处扣3分 3）编码套管等附件选用不当　　每项扣2分			
元件安装	20	1）控制箱内部元件安装不符合要求　　每处扣3分 2）控制箱外部电器元件安装不牢固　　每处扣3分 3）损坏电器元件　　每只扣10分 4）电动机安装不符合要求　　每台扣5分 5）导线通道敷设不符合要求　　每处扣4分			
布线	30	1）不按电路图接线　　扣20分 2）控制箱内导线敷设不符合要求　　每根扣3分 3）通道内导线敷设不符合要求　　每根扣3分 4）漏接接地线　　扣8分			
通电试车	35	1）热继电器未整定好　　每只扣5分 2）熔体规格配错　　每只扣5分 3）位置开关安装不合适　　每只扣5分 4）通电不成功　　扣30分			
安全文明生产	违反安全文明生产规程　　扣10～40分				
定额时间15h	每超时5min以内以扣5分计算				
备注	除定额时间外，各项内容的最高扣分不得超过配分数			成绩	
开始时间		结束时间		实际时间	

2. CA6140 型车床电气控制线路的故障检修

(1) 检修的一般步骤

故障检修一般按照图 3.12 所示步骤进行。

(2) 常见电气故障分析与检修

CA6140 型车床电器元件接线图如图 3.13 所示。

1) 主轴电动机常见电气故障分析。主轴电动机 M1 不能正常运转：

按照机床电气故障维修步骤，首先应观察故障现象，再运用逻辑分析法判断故障范围。逻辑分析法是根据电气控制线路的工作原理、控制环节的动作顺序以及它们间的联系，结合故障现象进行具体的分析，达到迅速缩小故障范围的方法。

用如图 3.14 所示的流程图来说明逻辑分析法判断故障范围，图中各元器件和导线编号以图 3.8 为准。

注意：KM 不吸合检查控制电路各点时，应结合 KA2 的动作情况，若 KA2 吸合，则 KM、KA2 公共控制电路部分正常，故障范围在 KM 的线圈支路。

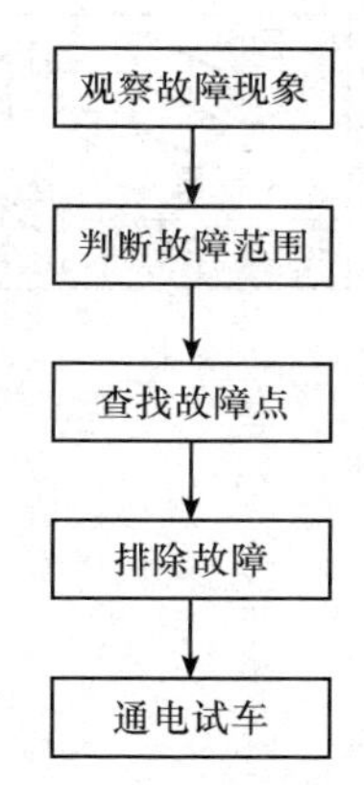

图 3.12　检修步骤

主轴电动机 M1 不能停车，发生这种故障的原因为接触器 KM 的主触头熔焊，或者是停止按钮 SB1 触头击穿等。

2) 冷却泵电动机 M2 和快速移动电动机 M3 常见电气故障的分析。冷却泵电动机 M2 常见电气故障的分析：

常见的电气故障为主轴电动机 M1 启动后，冷却泵电动机 M2 不能正常运转，此时可运用逻辑分析法来分析判断故障范围，如图 3.15 所示。

快速移动电动机 M3 常见故障的分析：

刀架快速移动电动机 M3 不能启动，首先检查 FU1 熔丝是否熔断，其次检查中间继电器 KA2 触头的接触是否良好，若无异常即按下 SB3，继电器 KA2 不吸合，则故障必定在控制电路中，此时，依次检查 FR1 的常闭触头、点动按钮 SB3 以及继电器 KA2 的线圈是否有断路现象。

3) 照明、指示电路常见电气故障的分析。选用电压测量法查找故障点时，使用万用表的交流电压 50V（或 10V）档。而采用电阻测量法时，要使用万用表的低欧姆档，需关闭电源并拆开变压器 TC（24V 或 6V）侧的接线，否则变压器的电阻会影响测量。

照明电路常见的电气故障为照明灯不亮，更换同规格的灯泡即可。

信号电路常见的电气故障为信号灯不亮，一般为熔断器 FU_3 的熔体熔断，这时应查明熔断的原因，再更换同规格的熔断器。

4) 检修步骤。

① 在操作师傅的指导下对车床进行操作，了解车床的各种工作状态及操作方法。

② 在指导教师的指导下，参照电器位置图和机床接线图，熟悉车床各电器元件的分布位置和走线情况。

③ 在 CA6140 车床上人为设置自然故障点。设置故障时应注意以下几点：

a) 人为设置的故障必须是模拟车床在使用中，由于受外界因素影响而造成的自然故障。

b) 切忌设置更改线路或更换电器元件等人为原因而造成的非自然故障。

c) 对于设置一个以上故障点的线路，故障现象尽可能不要相互掩盖。如果故障相互掩盖，按要求应有明显检查顺序。

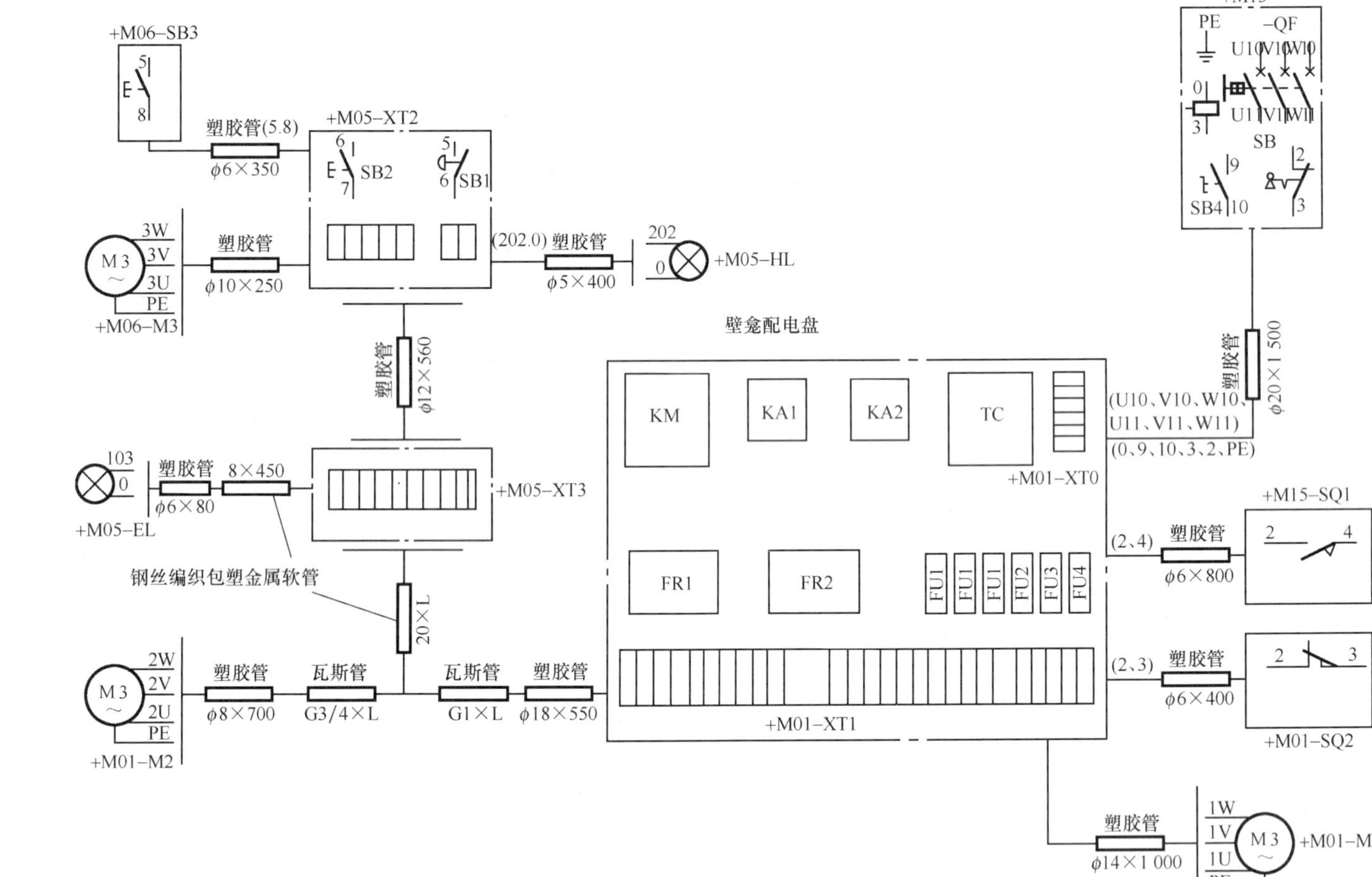

图 3.13 CA6140 车床接线图

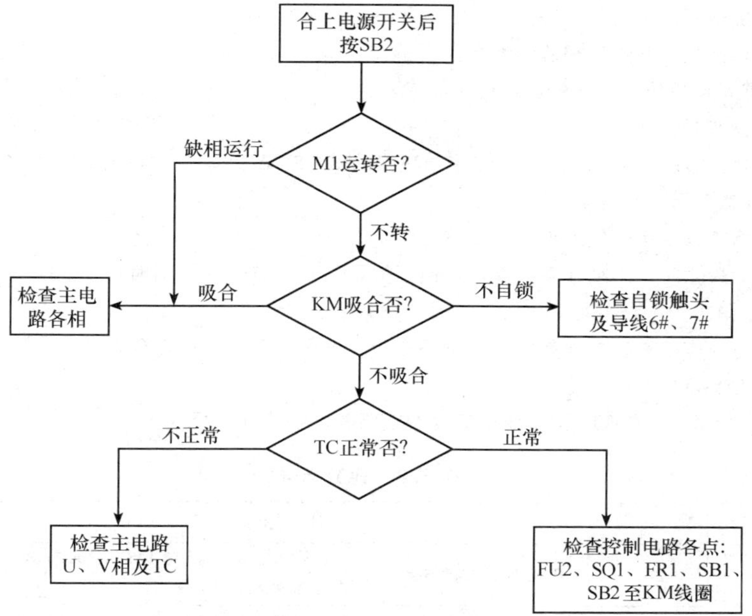

图 3.14　主轴电动机检修流程图

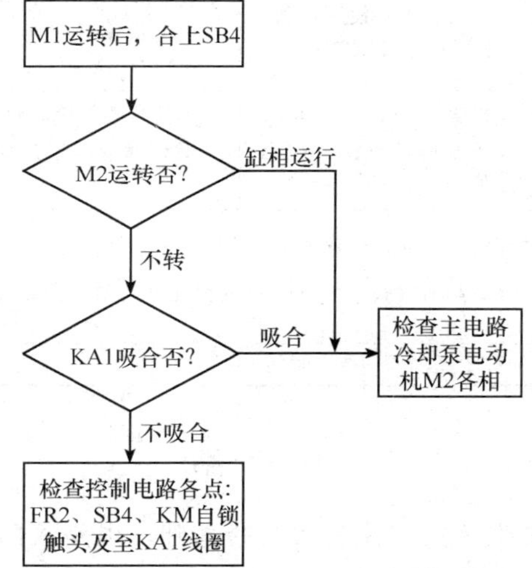

图 3.15　冷却泵电动机检修流程图

d）设置的故障必须与学生应该具有的修复能力相适应，随着学生修复水平的逐步提高，再相应提高故障的难度等级。

e）应尽量设置不容易造成人身或设备事故的故障点，如有必要时，教师必须在现场密切注意学生的检修动态，随时作好采取应急措施的准备。

④ 教师示范检修。教师在示范检修的过程中应把上述的检修的一般步骤贯穿其中。

a）用通电试验法引导学生观察故障现象。

b）根据故障现象，依据电路图应用逻辑分析法确定故障范围。

c）采取正确的检查方法查找故障点。

d）排除故障。

e）通电试验，并作好相应维修记录。

⑤教师设置故障点，学生进行检修训练。

5）注意事项。

① 必须在熟悉CA6140车床电气控制线路的基本环节及控制要求的前提下进行排故训练，并认真观摩教师示范检修。

② 检修所有工具、仪表等应符合使用要求。

③ 排除故障时，必须修复故障点，但不得采用元件替代法。同时应防止扩大故障范围或引发新的故障。

④ 带电操作必须在指导教师的监护下进行，确保人身、设备安全。

6）评分标准

表3.9所示为CA6140型车床电气控制线路故障检修评分标准。

表3.9　评分标准

项目	配分	评分标准		扣分
故障现象	20	正确观察故障现象	错看、漏看故障现象，每个错、漏故障现象扣10分	
故障范围	20	尽可能缩小故障范围	错判故障范围，每个故障扣10分 未缩小到最小故障范围扣5分	
检修方法	40	仪表和工具使用正确 检修方法步骤正确	仪表和工具使用不正确，每次扣5分 检修步骤不正确，每处扣5分 不能查出故障点，每个故障点扣20分	
排除故障	20	排除故障，且不扩大故障范围，不损坏电器元件	不能排除故障，每个故障扣10分 能排除故障但损坏元器件，扣5分	
安全文明生产	违反安全文明生产规程，视情节扣10～20分			
定额时间15min修复，不允许超时检查，修复故障过程允许超时，但以每超时3分扣3分计算				
开始时间		结束时间		成绩

小　结

CA6140型车床是生产机械控制线路的基础，也是入门的基础，在学习中首先应掌握车床的结构、运动形式、控制要求，并应熟悉车床的基本操作。

掌握车床的工作原理，掌握生产机械的控制线路是如何组成的，并在学习过程中善于总结和发现规律。

安装CA6140车床的控制线路应符合工艺要求及相关注意事项，认真完成布线训练课题。

CA6140型车床的故障排除是第一次检修机床电气故障，重点要掌握故障分析和维修方法，按故障排除的一般步骤正确操作、规范操作。

熟练掌握电压法和电阻法两种测量方法，操作中还应严格执行安全操作规程，确保人身和设备安全。

3.3 M7130型磨床电气控制线路

知识点

- 了解 M7130 型磨床的主要结构
- 熟练 M7130 型磨床的运动形式、电力拖动特点及控制要求
- 掌握 M7130 型磨床电气控制线路的原理和分析方法

技能点

- 了解磨床的基本操作方法，熟练地进行 M7130 型磨床的常见电气故障的检修

磨床是用砂轮的周边或端面对工件的表面进行机械加工的一种精密机床。磨床的种类很多，根据其用途的不同可分为：外圆磨床、内圆磨床、平面磨床、工具磨床、无心磨床、数控磨床及各种专用磨床，如螺纹磨床、齿轮磨床、导轨磨床等。其中以外圆磨床和平面磨床应用最广，本节以 M7130 型磨床为例进行分析。

3.3.1 M7130型磨床的型号含义及主要结构

M7130 型磨床是平面磨床中使用较为普遍的一种，它利用砂轮来磨削加工各种零件的表面，磨削精度和光洁度都比较高，操作方便，适于磨削精密零件和各种工具，并可作镜面磨削。

1. 型号

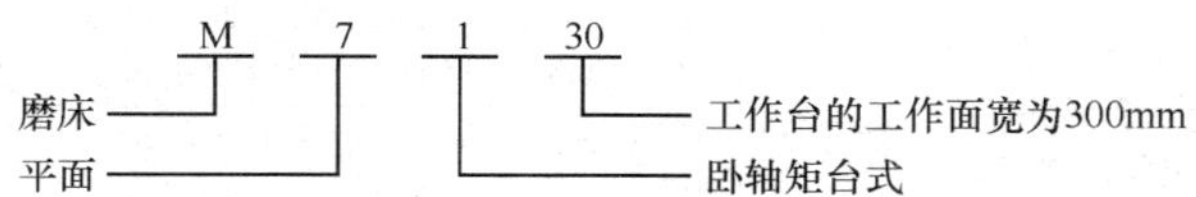

2. 主要结构

M7130 型磨床结构外形如图 3.16 所示，主要由床身、工作台、电磁吸盘、砂轮架、滑座、立柱等部分组成。

3.3.2 M7130型磨床运动形式、电力拖动特点及控制要求

平面磨床砂轮的旋转运动为主运动，工作台完成一次往复运动时，砂轮架作一次间断性横向进给，直至完成整个平面的磨削，然后砂轮架连同滑座沿垂直导轨作间断性的垂直进给，直至达到工件加工尺寸。

M7130 型平面磨床的主要运动形式及控制要求如表 3.10 所示。

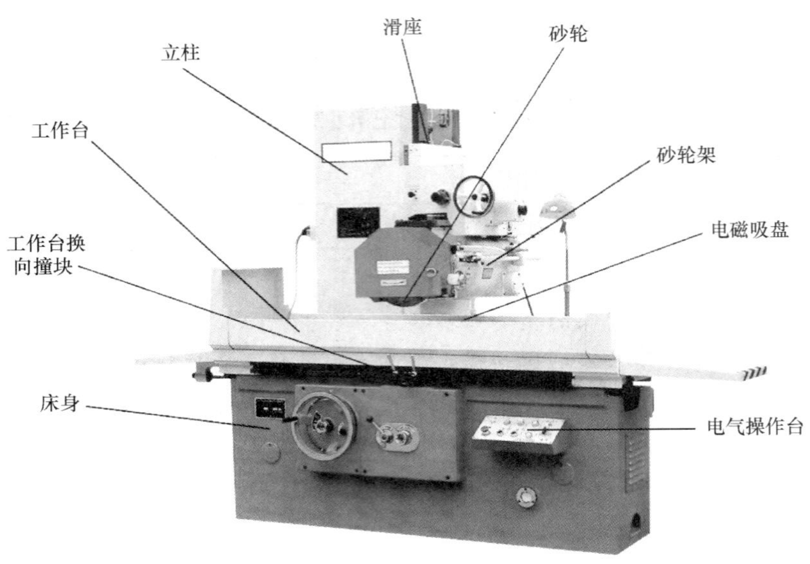

图 3.16　M7130 型平面磨床外形结构图

表 3.10　M7130 型平面磨床的主要运动形式及控制要求

运动类型	运动形式	控制要求
主运动	砂轮的旋转运动	1）为保证磨削加工质量，要求砂轮有较高的转速，通常采用笼型异步电动机拖动 2）为了提高高速旋转的砂轮主轴的刚性，采用装入式电动机拖动，电动机与砂轮主轴同轴，从而提高了磨床的加工精度 3）砂轮电动机只要求单向旋转，直接启动，无调速和制动要求
进给运动	工作台的往复运动（纵向进给）	1）工作台的往复运动采用液压传动。液压传动较平稳，能实现无级调速，换向惯性小，换向平稳。液压电动机 M3 拖动液压泵，经液压传动装置实现工作台的纵向运动 2）由装在工作台前侧的换向挡铁碰撞床身上的液压换向开关控制工作台进给方向
	砂轮的横向进给运动（前后进给）	1）在磨削过程中，工作台换向一次，砂轮架就横向进给一次 2）在修正砂轮或调整砂轮的前后位置时，可连续横向移动 3）砂轮的横向进给运动可由液压传动，也可用手轮来操作
	砂轮架的升降运动（垂直进给）	1）滑座沿立柱的导轨垂直上下移动，以调整砂轮架的上下位置，或使砂轮磨入工件，以控制磨削平面时工件的尺寸 2）垂直进给运动是通过操作手轮由机械传动装置实现的
辅助运动	工件的夹紧	1）工件可以用螺钉和压板直接固定在工作台上 2）在工作台上可以装电磁吸盘，将工件吸附在电磁吸盘上。此时应有正向励磁和反向退磁控制环节，为保证安全，电磁吸盘与三台电动机 M1、M2、M3 之间有电气联锁，即电磁吸盘吸合后，电动机才能启动。电磁吸盘不工作或发生故障时，三台电动机均不能启动
	工作台的快速移动	工作台能在纵向、横向和垂直三个方向快速移动，由液压传动机构实现
	工件的夹紧与放松	由人力操作
	工件冷却	冷却泵电动机 M2 拖动冷却泵旋转供给冷却液，要求砂轮电动机 M1 和冷却泵电动机 M2 要实现顺序控制

3.3.3 M7130型磨床电气控制线路分析

M7130型平面磨床的电路图如图3.17所示。

1. 电动机控制电路分析

由电源引入开关QS1控制整个机床电源的接通和断开。主电路中有三台电动机，M1为砂轮电动机，M2为冷却泵电动机，M3为液压泵电动机，三台电动机共用一组熔断器FU1作为短路保护。砂轮电动机M1用接触器KM1控制，热继电器FR1进行过载保护；由于冷却泵箱和床身是分装的，所以冷却泵电动机M2通过接插器X1和砂轮机电动机M1的电源线相连，并和M1在主电路实现顺序控制。冷却泵电动机的容量较小，没有单独设置过载保护；液压泵电动机M3由接触器KM2控制，由热继电器FR2作过载保护。

控制电路采用交流380V电压供电，由熔断器FU2作短路保护。当转换开关QS2的常开触头（6区）闭合，或电磁吸盘得电工作，欠电流继电器KA线圈得电，KA的常开触头（8区）闭合时，砂轮电动机和液压泵电动机的控制电路被接通，M1和M3才能启动，进行磨削加工。砂轮电动机M1和液压泵电动机M3都采用了接触器正转自锁控制电路，SB1、SB3分别是M1、M3的启动按钮，SB2、SB4分别是M1、M3的停止按钮。

2. 电磁吸盘控制电路分析

电磁吸盘是利用电磁吸力来固定加工工件的一种夹具，具有夹紧迅速，不损伤工件，一次可吸持多个工件，效率高，加工中工件发热可自由伸缩，不会变形等特点。但它的夹紧程度不可调整，不能用于加工非磁性材料的工件。

（1）电磁吸盘的构造和原理

平面磨床上使用的电磁吸盘有长方形和圆形两种。电磁吸盘YH的结构如图3.18所示，主要由盘体、线圈和面板三部分组成。盘体的材料一般采用铸钢，在它的中部凸起的心体上绕有线圈。面板被绝磁材料隔成许多小块，而绝磁层材料由铅、铜及巴氏合金等非磁性材料制成，它的作用是使绝大部分磁力线都通过工件再回到吸盘体，而不致通过面板直接回去，以便吸牢工件，当线圈通入直流电时，心体被磁化，磁力线由心体经过面板、工件、面板、盘体回到心体构成闭合回路（如图3.18中虚线所示），工件被吸住达到夹持工件的目的。

（2）电磁吸盘电路分析

电磁吸盘电路包括整流电路、控制电路和保护电路三部分。整流变压器T1将220V的交流电压降为145V，然后经桥式整流器VC输出110V直流电压。通过转换控制开关QS2实现电磁吸盘处于吸合、放松和退磁三种工作状态。当QS2扳至“吸合”位置时，触头（205—208）和（206—209）闭合，110V直流电压接入电磁吸盘YH，工件被牢牢吸住。此时，欠电流继电器KA线圈得电吸合，KA的常开触头闭合，接通砂轮和液压泵电动机的控制电路。待工件加工完毕，先把QS2扳到“放松”位置，切断电磁吸盘YH的直流电源。此时由于工

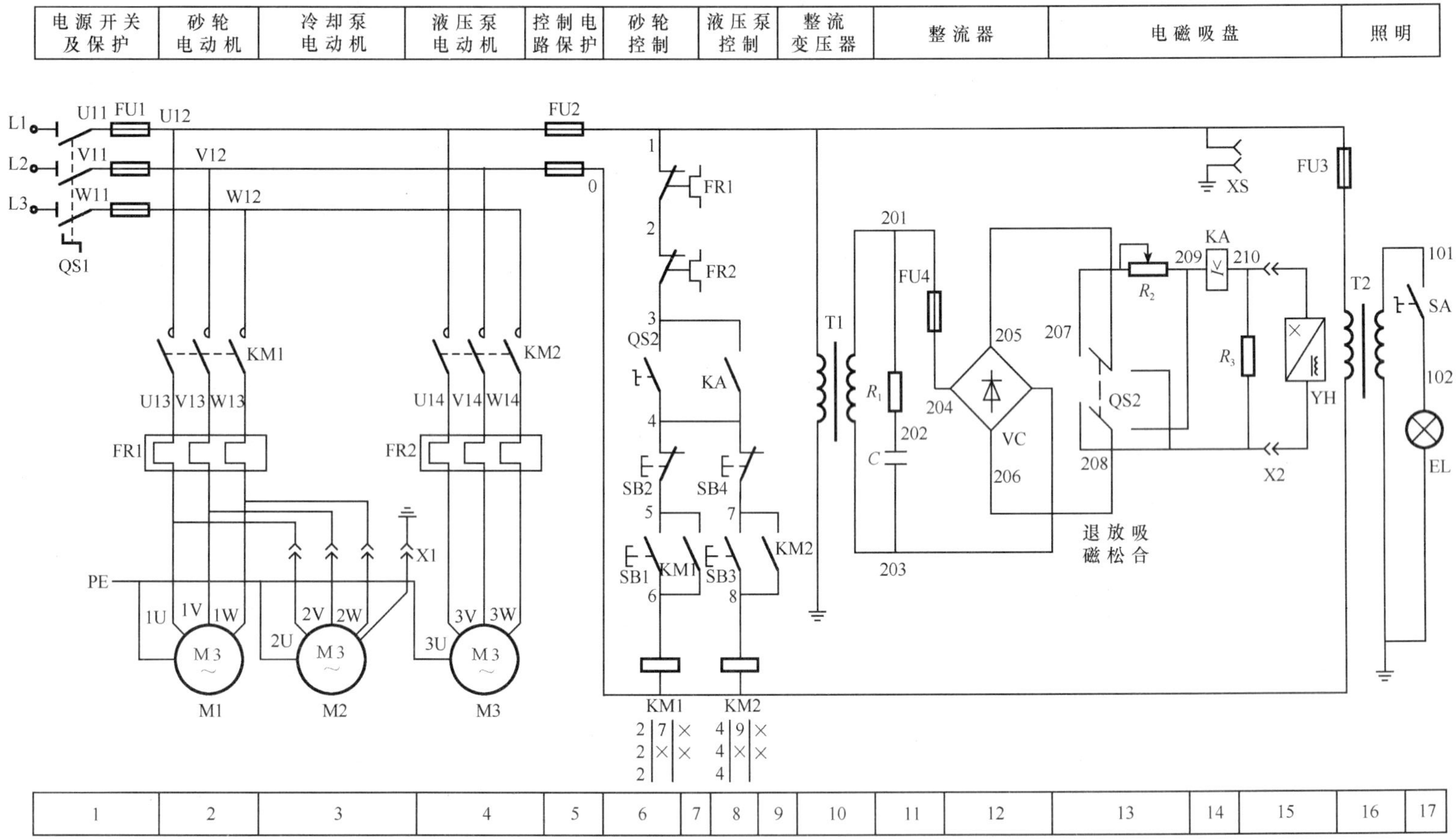

电源开关及保护	砂轮电动机	冷却泵电动机	液压泵电动机	控制电路保护	砂轮控制	液压泵控制	整流变压器	整流器	电磁吸盘	照明

1	2	3	4	5	6	7	8	9	10	11	12	13	14	15	16	17

图 3.17　M7130 型平面磨床电路图

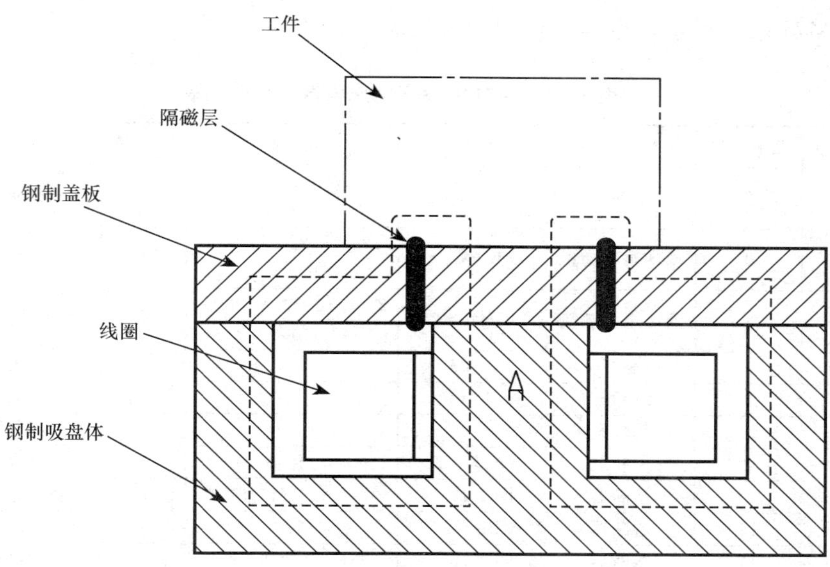

图 3.18　电磁吸盘结构、工作原理示意图

件具有剩磁而不能取下，因此，必须进行退磁。将 QS2 扳到“退磁”位置，这时，触头（205—207）和（206—208）闭合，电磁吸盘 YH 通入较小的（因串入了退磁电阻）反向电流进行退磁。退磁结束，将 QS2 扳回“放松”位置，即可将工件取下。

若有些工件不易退磁，可将附件退磁器的插头插入插座 XS，使工件在交变磁场的作用下进行退磁。

若将工件夹在工作台上，不需要电磁吸盘时，则应将电磁吸盘的 X2 插头从插座上拔下，同时将转换开关 QS2 扳到“退磁”位置，这时，接在控制电路中 QS2 的常开触头（3—4）闭合，接通电动机的控制电路。

电磁吸盘的保护电路是由放电电阻 R_3 和欠电流继电器 KA 组成。电阻 R_3 是电磁吸盘的放电电阻。因电磁吸盘的电感很大，当电磁吸盘从“吸合”状态转变为“放松”状态的瞬间，线圈两端将产生很大的自感电动势，易使线圈或其他电器由于过电压而损坏。电阻 R_3 的作用是在电磁吸盘断电瞬间给线圈提供一个放电回路，吸收线圈释放的磁场能量。欠电流继电器 KA 用以防止电磁吸盘断电时工件脱出发生事故。

电阻 R_1 和电容 C 的作用是防止电磁吸盘回路交流侧的过电压。熔断器 FU4 为电磁吸盘提供短路保护。

3. 照明电路分析

照明变压器 T2 将 380V 的交流电压降为 36V 的安全电压，供给照明电路。EL 为照明灯，一端接地，由开关 SA 控制。熔断器 FU3 作照明电路的短路保护。

M7130 平面磨床电器元件明细表见表 3.11 所示。

表 3.11　M7130 平面磨床电器元件明细表

代　号	图上区号	名　称	型　号	规　格	数　量	用　途
M1	2	砂轮电动机	W451-4	4.5kW　220V/380V 1440r/min	1	驱动砂轮
M2	3	冷却泵电动机	JCB-22	125W　220V/380V 2790r/min	1	驱动冷却泵
M3	4	液压泵电动机	JO42-4	2.8kW　220V/380V 1450r/min	1	驱动液压泵
QS1	1	电源开关	HZ1-25/3		1	引入电源
QS2	2	转换开关	HZ1-10P/3		1	控制电磁吸盘
SA	17	照明灯开关			1	控制照明灯
FU1	1	熔断器	RL1-60/30	60A　熔体 30A	3	电源保护
FU2	5	熔断器	RL1-15/3	15A　熔体 3A	2	控制电路短路保护
FU3	16	熔断器	BLX-1	1A	1	照明电路短路保护
FU4	11	熔断器	RL1-15/2	15A　熔体 2A	1	保护电磁吸盘
KM1	6	接触器	CJ10-10	线圈电压 380V	1	控制 M1
KM2	8	接触器	CJ10-10	线圈电压 380V	1	控制 M2
FR1	2	热继电器	JR10-10	整定电流 9.5A	1	M1 过载保护
FR2	4	热继电器	JR10-10	整定电流 6.1A	1	M3 过载保护
T1	10	整流变压器	BK-400	400VA　220/145V	1	降压
T2	16	照明变压器	BK-50	50VA　380/36V	1	降压
VC	12	硅整流器	GZH	1A　200V		输出直流电压
YH	15	电磁吸盘		1.2A　110V		工件夹具
KA	14	欠电流继电器	JT3-11L	1.5A		保护用
SB1	6	按钮	LA2	绿色		启动 M1
SB2	6	按钮	LA2	红色		停止 M1
SB3	8	按钮	LA2	绿色		启动 M3
SB4	8	按钮	LA2	红色		停止 M3
R_1	11	电阻器	GF	6W　125Ω		放电保护电阻
R_2	13	电阻器	GF	50W　1000Ω		去磁电阻
R_3	15	电阻器	GF	50W　500Ω		放电保护电阻
C	11	电容器		600V　5μF		保护用电容
EL	17	照明灯	JD3	24V　40W		工作照明
X1	3	接插器	CY0-36			控制 M2 用
X2	15	接插器	CY0-36			电磁吸盘用
XS	14	插座		250V　5A		退磁器用
附件		退磁器	TC1TH/H			工件退磁用

技能训练 3.2　M7130 型磨床电气控制线路的检修

一、目的和要求

熟悉 M7130 型平面磨床的主要结构、电器位置和操作方法。掌握 M7130 平面磨床常见电气故障分析方法和检修方法。

二、工具和仪表

1）工具：测电笔、电工刀、剥线钳、尖嘴钳、斜口钳、旋具等。

2）仪表：万用表、兆欧表、钳形电流表

三、训练内容

M7130 型平面磨床电器位置图如图 3.19 所示，电器元件接线图如图 3.20 所示。

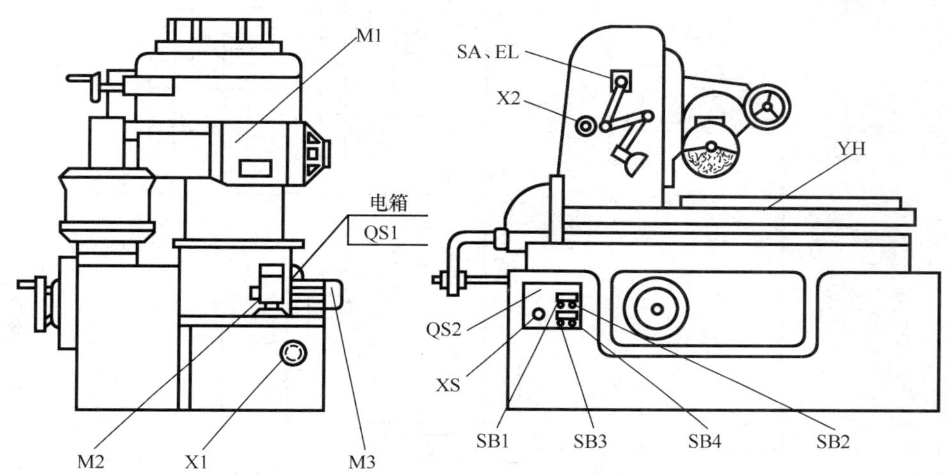

图 3.19　M7130 平面磨床电器位置图

M7130 平面磨床主电路、控制电路、照明电路的常见故障的检修方法与车床相类似。现将磨床常见的一些故障的分析与检修的方法介绍如下。

1. 电磁吸盘没有吸力

出现这种故障，首先应用万用表测三相电源电压是否正常，若电压正常再按右边框图步骤进行检修。

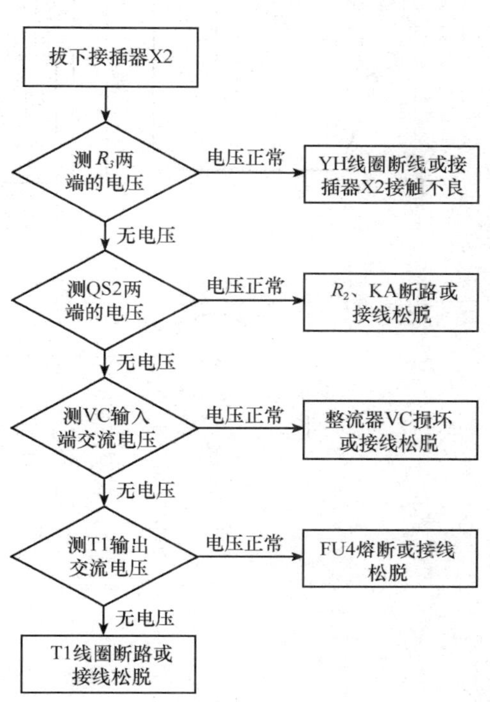

2. 电磁吸盘的吸力不足

引起此故障的原因之一是电磁吸盘损坏或整流器输出电压不正常。M7130 磨床电磁吸盘的电源电压是由整流器 VC 供给。整流器直流输出电压空载时应为 130～140V，负载时应不低于 110V。若整流器空载输出电压正常，带负载时电压远低于 110V，则表明电磁吸盘线圈已短路，需更换电磁吸盘线圈。

吸力不足的原因之二是整流电路的故障。电路中整流器 VC 是由 4 个桥臂组成，若整流

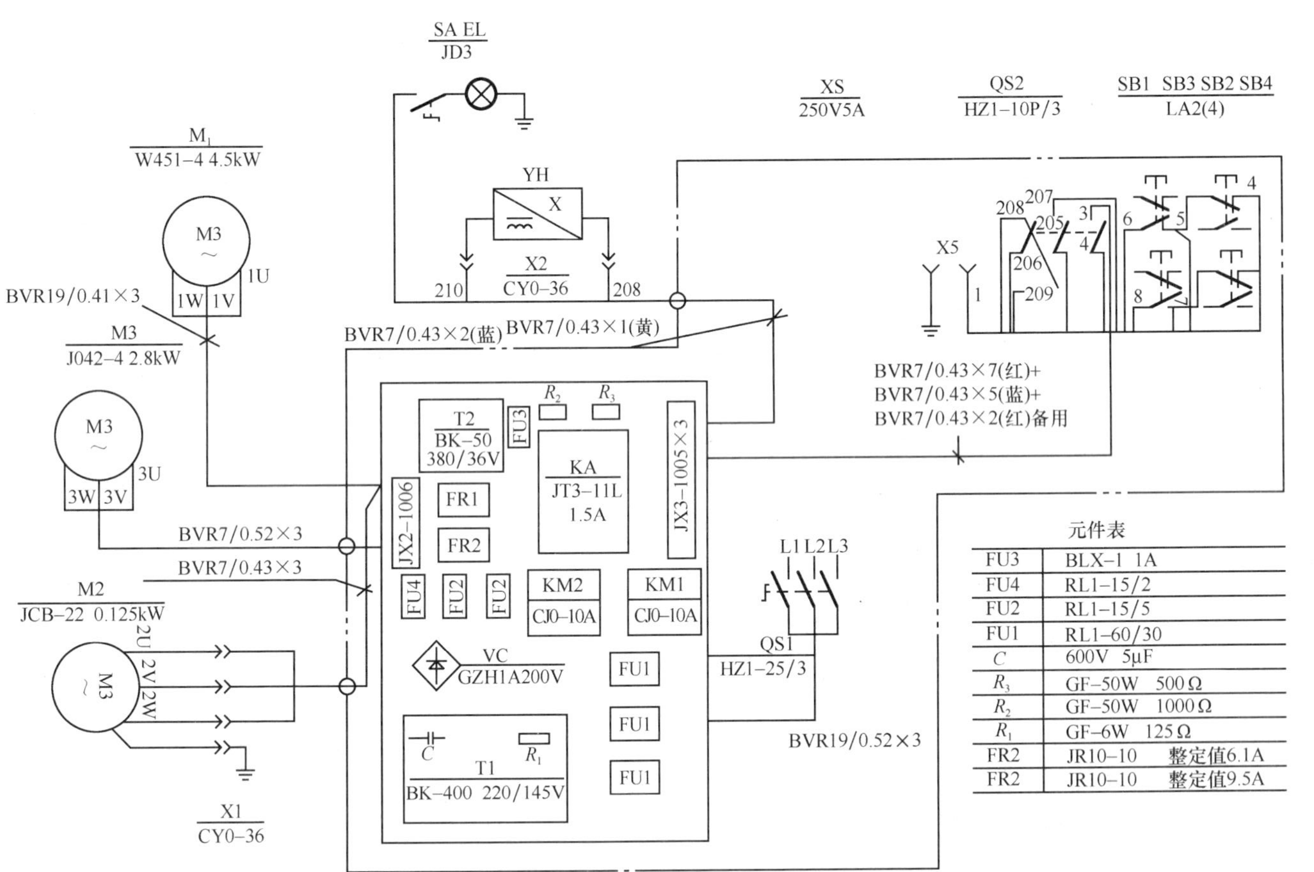

元件表

FU3	BLX-1 1A
FU4	RL1-15/2
FU2	RL1-15/5
FU1	RL1-60/30
C	600V 5μF
R_3	GF-50W 500Ω
R_2	GF-50W 1000Ω
R_1	GF-6W 125Ω
FR2	JR10-10 整定值6.1A
FR2	JR10-10 整定值9.5A

图 3.20 M7130 型平面磨床电器元件接线图

器是由硅二极管组成的，那么每臂就是一只硅二极管，如果有一个硅二极管连线导线断路，就会造成某一臂开路，这时直流输出电压就下降，从而流过电磁吸盘的电流相应减小，引起吸力降低。检修时可测量直流输出电压有效值是否有下降的现象。

另外当断开电磁吸盘 YH 回路的一瞬间，线圈将产生很大的自感电动势，线圈中会出现过电压，因此在直流输出回路中加装熔断器，可有效避免损坏整流二极管。

3. 其他常见故障

其他常见故障及故障原因和处理方法见表 3.12。

表 3.12　常见故障及处理方法

故障现象	故障原因	处理方法
三台电动机均不能启动	欠电流继电器 KA 的常开触头和转换开关 QS2 的触头（3.4）接触不良，接线松脱或有油垢，使电动机的控制电路处于断路状态	分别检查欠电流继电器 KA 的常开触头和转换开关 QS2 的触头（3.4）的接触情况，不通则修理或更换
砂轮电动机的热继电器 FR_1 经常动作	M1 的前轴承铜瓦磨损后发生堵转现象，使电流增大，导致热继电器动作	修理或更换轴瓦
	砂轮进刀量太大，电动机超负荷运行	选择合适的进刀量，防止电动机超载运行
	热继电器规格选得太小或整定电流过小	更换或重新整定热继电器
电磁吸盘退磁不好使工件取下困难	退磁电路断路，根本没有退磁	检查转换开关 QS2 接触是否良好。退磁电阻 R_2 是否损坏
	退磁电压过高	应调整电阻 R_2，使退磁电压调至 5～10V
	退磁时间太长或太短	根据不同材质掌握好退磁时间

4. 检修步骤

1）在指导教师的指导下对磨床进行操作，熟悉磨床的主要结构、运动形式。熟悉磨床的工作状态和操作方法。

2）参照图 3.19 平面磨床电器位置图和图 3.20 电器元件接线图熟悉各电器的位置和电路走线情况。

3）在 M7130 磨床上人为设置自然故障，按故障检修的一般步骤由教师示范操作，边分析边检查，直至故障排除。

4）教师设置人为自然故障，由学生进行检修训练。

5）注意事项：

① 检修前应认真阅读 M7130 平面磨床的电路图，熟练掌握各控制环节的原理和作用。并认真观察教师的示范检修。

② 停电要验电，带电检查必须有指导教师在现场监护，确保人身、设备安全。

③ 检修所使用工具、仪表应符合要求，并应正确使用。

5. 评分标准

表 3.13 为 M7130 平面磨床电气控制线路故障检修评分标准。

表 3.13 评分标准

项目	配分	评分标准		扣分
故障现象	20	正确观察故障现象	错看、漏看故障现象，每个错、漏故障现象扣 10 分	
故障范围	20	尽可能缩小故障范围	错判故障范围，每个故障扣 10 分 未缩小到最小故障范围扣 5 分	
检修方法	40	仪表和工具使用正确 检修方法步骤正确	仪表和工具使用不正确，每次扣 5 分 检修步骤不正确，每处扣 5 分 不能查出故障点，每个故障点扣 20 分	
排除故障	20	排除故障，且不扩大故障范围，不损坏电器元件	不能排除故障，每个故障扣 10 分 能排除故障但损坏元器件，扣 5 分	
安全文明生产	违反安全文明生产规程，视情节扣 10～20 分			
定额时间 15min 修复，不允许超时检查，修复故障过程允许超时，但以每超时 3 分扣 3 分计算				
开始时间		结束时间		成绩	

小　　结

M7130 平面磨床电动机的控制线路比较简单，电动机 M1 和 M3 均为单向正转控制电路，其特点是必须在转换开关 QS2 闭合或电磁吸盘工作的情况 M1 和 M3 才能启动。

M7130 平面磨床电气控制线路的重点和难点是电磁吸盘控制电路。电磁吸盘是一个特殊的电磁铁，是由线圈和特殊形状的铁心组成，其作用是吸持、固定工件。电磁吸盘的线圈所加为直流电压，原因是为防止工件震动。

熟悉并掌握电磁吸盘吸合、放松和退磁三种工作状态，及电路中各电器元件的作用。

技能训练中应结合理论和故障排除的一般步骤，逐步培养独立分析问题和解决问题的能力，熟悉并掌握 M7130 平面磨床所特有的一些故障现象，并能熟练排除。

3.4　Z3050 型摇臂钻床电气控制线路

知识点

- 熟悉 Z3050 摇臂钻床的结构特点及运动形式
- 掌握 Z3050 摇臂钻床对电气控制的要求及电气控制线路的工作原理
- 重点掌握摇臂钻床的摇臂的升降控制及立柱的加紧、放松控制

技能点

- 掌握 Z3050 摇臂钻床常见电气故障的检修

钻床是一种用途广泛的机床，主要用来钻孔、扩孔、铰孔、锪孔、攻丝及修刮平面等多种形式的加工。

钻床的种类很多，有台式钻床、立式钻床、摇臂钻床、多轴钻床、卧式钻床、深孔钻床和数控钻床等。在各种钻床中，摇臂钻床是一种立式钻床，操作方便、灵活、适用范围广，特别适用于单件或成批生产中带有多孔大型工件的孔加工。本节以 Z3050 型摇臂钻床为例分析其原理。

3.4.1 Z3050 型摇臂钻床的型号含义、主要结构及运动形式

1. 型号

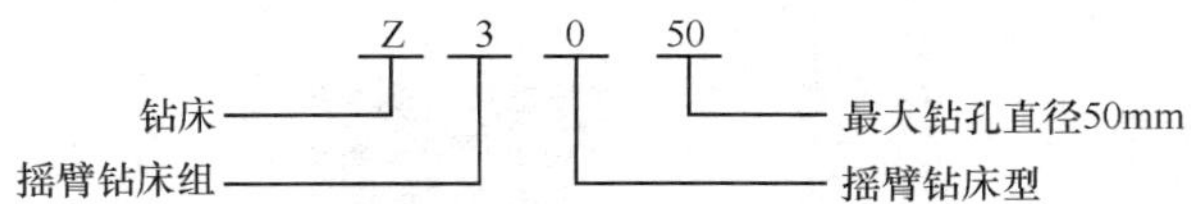

2. 主要结构

Z3050 摇臂钻床主要由底座、外立柱、内立柱、摇臂、主轴箱、工作台等部分组成。工作台用螺柱固定在底座上，工作台上面固定加工工件。内立柱固定在底座上，在它的外面套着空心的外立柱，外立柱可绕着不动的内立柱回转 360°。摇臂一端的套筒部分与外力柱滑动配合，摇臂可沿着外力柱上下移动，但两者不能作相对运动，只能与外力柱一起相对内立柱回转。

主轴箱是一个复合的部件，它包括主轴及主轴旋转和进给运动（轴向前进移动）的全部传动变速和操作机构。主轴箱安装在摇臂的水平导轨上，可通过手轮操作使它沿着摇臂上的水平导轨作径向移动。

当需要钻削加工时，可利用夹紧机构将主轴箱紧固在摇臂导轨上，摇臂紧固在外力柱上，外力柱紧固在内立柱上，以保证加工时主轴不会移动，刀具不会振动，确保工件加工精度。

工件不大时，可压紧在工作台上加工。若工件较大，则可以直接装在底座上加工，根据工件高度的不同，通过调整摇臂高度、回转及主轴箱位置，完成钻头的调整。但在升降前，摇臂应自动松开，当到达所需位置时，摇臂应自动夹紧在立柱上。摇臂连同外力柱绕内立柱的回转运动是依靠人力推动进行的，回转前同样应先将外立柱松开。主轴箱沿摇臂上导轨的水平移动是手动的，移动前也应先将主轴箱松开。

Z3050 摇臂的夹紧和放松是由电动机配合液压装置自动进行的

Z3050 型摇臂钻床的外形及结构如图 3.21 所示。

3. Z3050 摇臂钻床的运动形式

主运动：摇臂钻床主轴带动钻头的旋转运动。

进给运动：摇臂钻床主轴（钻头）的上下运动（手动或自动）

辅助运动：主轴箱沿摇臂水平移动、摇臂沿外立柱上下移动以及摇臂连同外

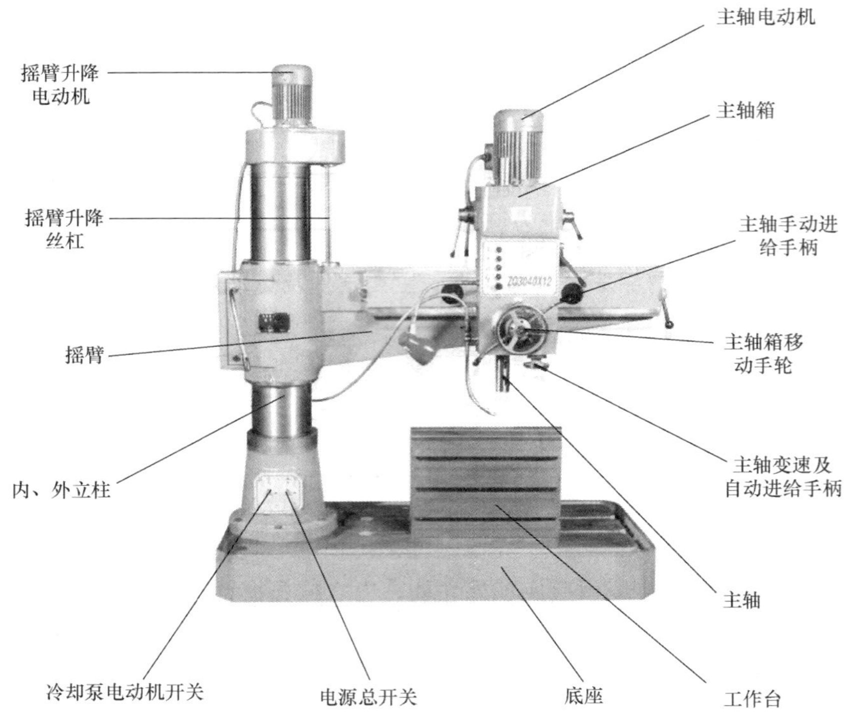

图 3.21　Z3050 型摇臂钻床的外形及结构

力柱一起相对于内立柱的回转运动。

3.4.2　Z3050 型摇臂钻床电力拖动特点及控制要求

1）由于摇臂钻床的相对运动部件较多，为简化传动装置，采用多台电动机拖动。各个电动机功能及控制要求见表 3.14。

表 3.14　电动机功能及控制要求

电动机名称及代号	作　　用	控制要求
主轴电动机 M1	拖动钻削及进给运动	单向运转，主轴正反转通过摩擦离合器实现
摇臂升降电动机 M2	拖动摇臂升降	正反转控制，通过液压装置和电气联合控制
液压泵电动机 M3	拖动液压泵电动机完成内、外立柱及主轴箱与摇臂夹紧与放松	正反转控制
冷却泵电动机 M4	供给冷却液	正转控制，拖动冷却泵输送冷却液

2）各种工作状态通过位置开关实现控制，并设有开门断电功能。

3）摇臂升降要求有限位保护。

4）摇臂的夹紧与放松、外立柱和主轴箱的夹紧与放松均由电动机配合液压装置自动完成，并设夹紧、放松指示。

5）钻削加工时，需要对刀具和工件进行冷却。

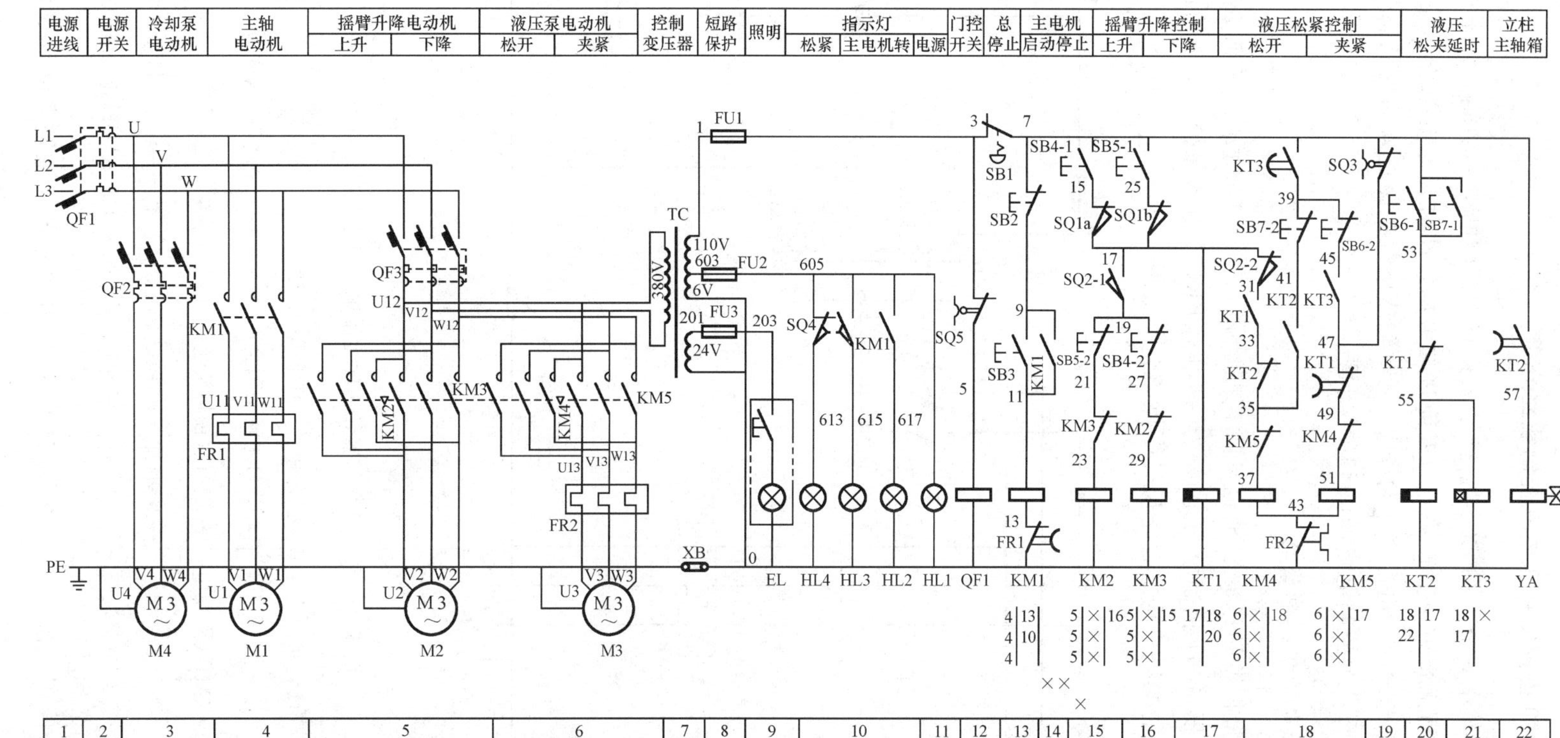

图 3.22　Z3050 型摇臂钻床电路图

3.4.3 Z3050 型摇臂钻床电气控制线路分析

为保证操作安全，Z3050 型摇臂钻床具有“开门断电”功能。开车前应将立柱下部及摇臂后部的电门盖关好，方能接通电源。此时合上电源总开关 QF1（2 区）和 QF3（5 区），电源指示灯 HL1 亮，钻床电气线路进入通电状态。同时经控制变压器 TC 为控制电路提供 110V 电源。

1. 主轴电动机控制线路

Z3050 型摇臂钻床的主轴电动机控制线路如图 3.23 所示。主轴电动机 M1 由交流接触器 KM1 控制单向运转，热继电器 FR1 作过载保护，主轴的正反转则由液压系统的操纵机构配合正反转摩擦离合器实现。

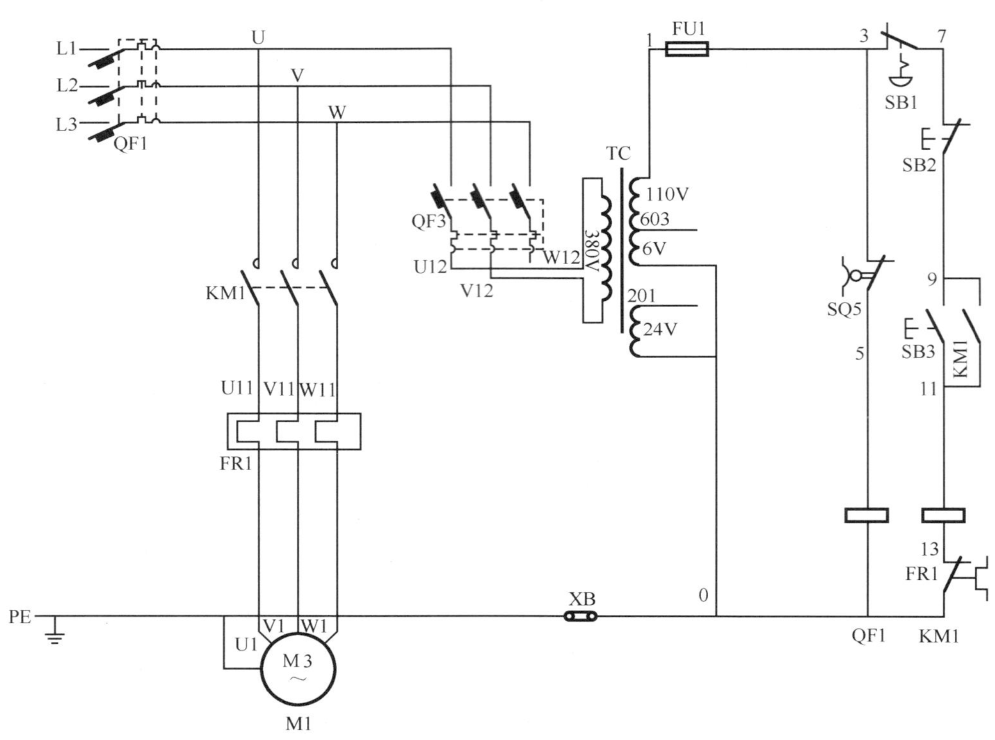

图 3.23 Z3050 型摇臂钻床的主轴电动机电气控制线路

1）M1 的启动。合上电源总开关 QF1 和 QF3。

2）M1 停车。按下 SB2，则接触器 KM1 断电释放，主轴电动机 M1 停止运

转，同时指示灯 HL2 熄灭。

2. 摇臂升降电动机控制线路

图 3.24 是 Z3050 型摇臂钻床摇臂升降控制线路的单独画出部分。M2 是摇臂升降电动机，KM2 和 KM3 控制其正反转，因为 M2 是短时工作，故没有加设过载保护。M3 是液压泵电动机，其正反转由接触器 KM4 和 KM5 控制，热继电器 FR2 对 M3 作过载保护。

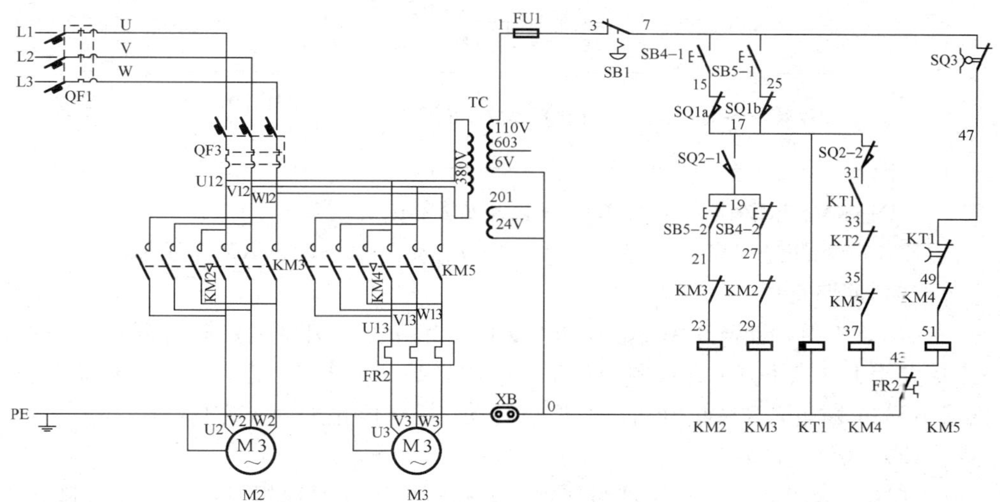

图 3.24　Z3050 型摇臂钻床的摇臂升降电气控制线路

摇臂升降电动机 M2 和液压泵电动机 M3 共用低压断路器 QF3 的电磁脱扣器作为短路保护电器。

通常摇臂处于夹紧状态，以免丝杠承担吊挂载荷，在控制摇臂升降时，是由升降电动机 M2、摇臂夹紧机构和液压系统协调配合，自动完成摇臂松开→摇臂上升（或下降）→摇臂夹紧的控制过程。其中 SQ2 压下是升降电动机 M2 启动运转的指令，SQ3 压下是摇臂夹紧的标志。

（1）摇臂的上升控制

1）摇臂放松。合上电源总开关 QF1 和 QF3，按住摇臂上升按钮 SB4，时间继电器 KT1 线圈得电动作。

KT1线圈得电─┬→KT1常开触头（31—33）闭合→KM4线圈得电→M3正转→摇臂松开
　　　　　　　└→KT1延时闭合常闭触头（47—49）分断

KM4 线圈经 TC（110V）—1—3—7—15—17—31—33—35—37—KM4 线圈—43—0—TC（0）回路得电。

2）摇臂上升。摇臂夹紧装置松开后，通过液压机构使微动开关 SQ3 释放，SQ2 压下。

摇臂松开—→SQ2常闭触头（17—31）先分断—→KM4线圈失电—→M3停转
摇臂松开—→SQ2常开触头（17—19）后闭合—→KM2线圈得电—→M2正转—→摇臂上升

KM2 线圈经 TC（110V）—1—3—7—15—17—19—21—23—KM2 线圈—0—TC（0）回路得电。

3）摇臂夹紧。摇臂上升至所需位置后，松开按钮 SB4。

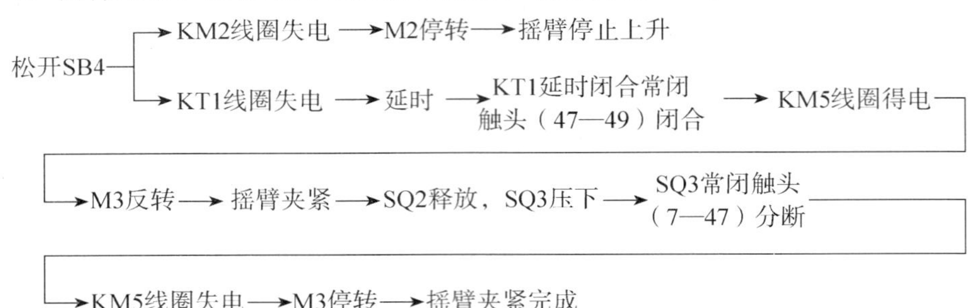

KM5 线圈经 TC（110V）—1—3—7—47—49—51—KM5 线圈—43—0—TV（0）回路得电。

图 3.24 中，组合开关 SQ 1a和 SQ 1b是用作摇臂升降的超行程限位控制的。当摇臂上升（或下降）到极限位置时 SQ a1（或 SQ 1b）动作，交流接触器 KM2（或 KM3）断电，升降电动机 M2 停止转动，摇臂停止上升（或下降）。

（2）摇臂下降控制

摇臂下降控制的工作原理与摇臂上升控制的工作原理相似，SB5 是控制下降按钮，具体工作过程请读者自行分析。

3. 立柱和主轴箱松开及夹紧控制线路

如图 3.25 所示为 Z3050 型摇臂钻床的立柱和主轴箱电气控制线路。立柱与主轴箱的松开和夹紧是同时进行的，且均采用液压夹紧和松开，控制液压泵电动机 M3 的正反转，驱动液压泵供给机床正反向液压油而达到松开及夹紧立柱和主轴箱的目的。

（1）立柱和主轴箱的松开

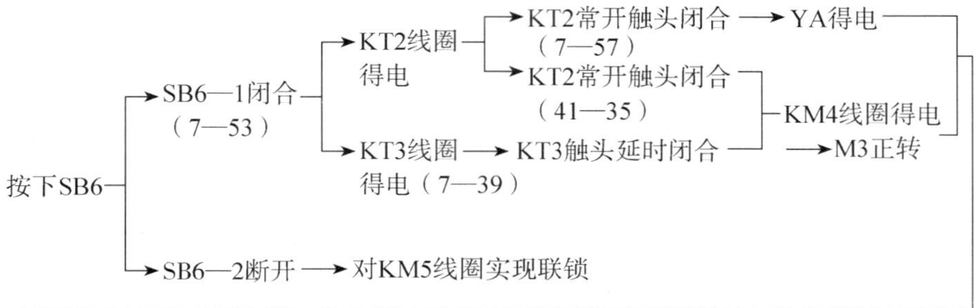

—→驱动液压泵供给机床正向液压油推动夹紧机构使立柱和主轴箱分别松开—→SQ4常闭触头恢复闭合—→HL4指示灯亮—→松开SB6—→放松完毕

KM4 线圈经 TC（110V）—1—3—7—39—41—35—37—KM4 线圈—43—0—TC（0）回路得电。

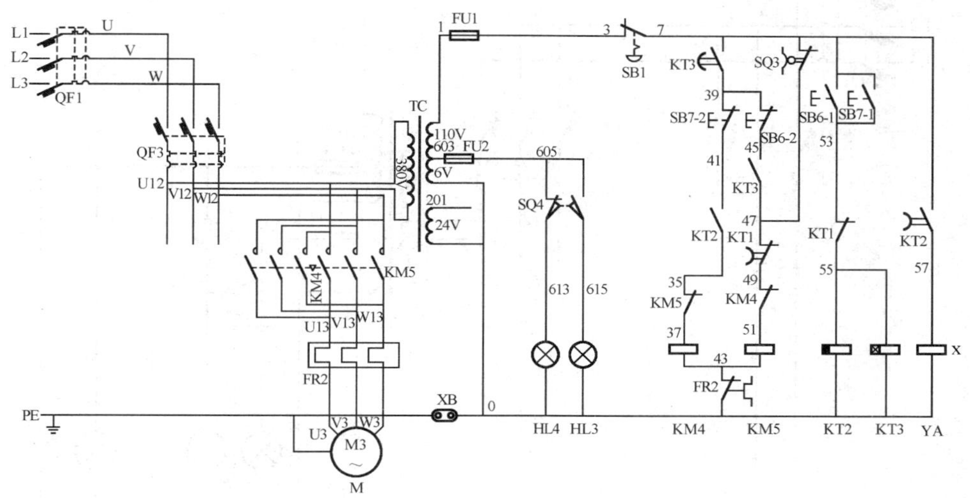

图 3.25　Z3050 型摇臂钻床的立柱和主轴箱电气控制线路

（2）立柱和主轴箱的夹紧

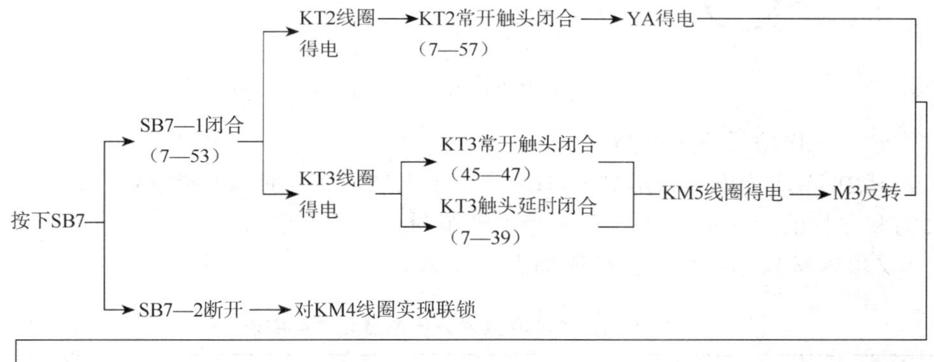

KM5 线圈经 TC（110V）—1—3—7—39—45—47—49—51—KM5 线圈—43—0—TC（0）回路得电。

4. 冷却泵电动机、照明及指示灯电路

图 3.26 为冷却泵电动机和照明电气控制线路示意图。

（1）冷却泵电动机的控制

冷却泵电动机 M4 由低压断路器 QF2 直接控制其启动和停止，并实现短路、过载及缺相保护。

（2）机床工作照明电路

Z3050 型摇臂钻床工作照明电路由控制变压器 TC 的二次侧提供 24V 交流电

压，作为摇臂钻床低压照明灯的电源，熔断器 FU3 对照明灯 EL 起短路保护作用。

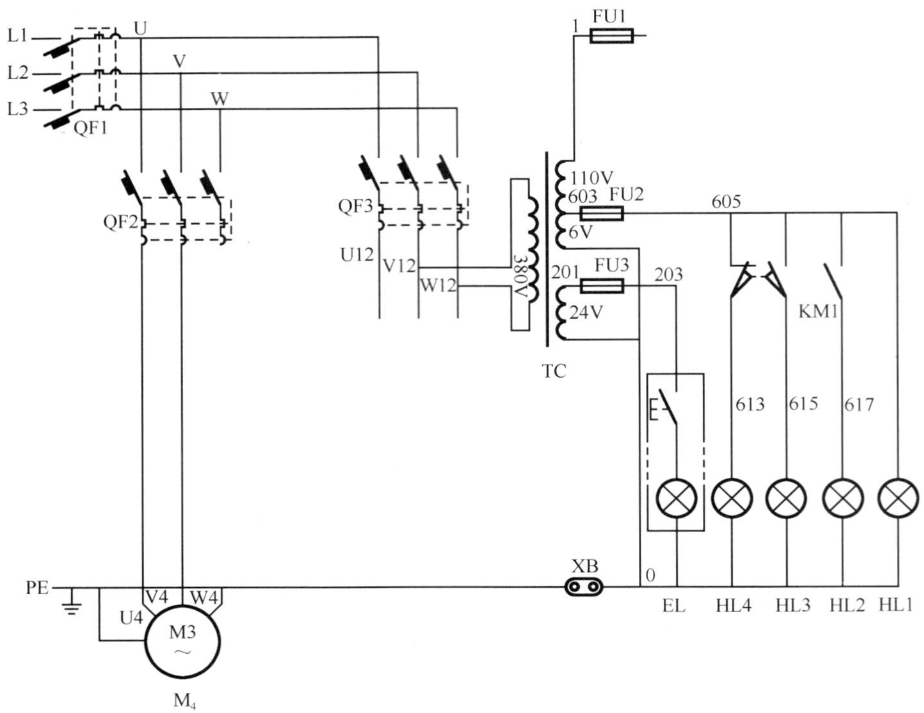

图 3.26　冷却泵电动机和照明电气控制线路

（3）工作信号指示电路

其中 HL1 为电源指示灯，HL2 为主轴电动机 M1 的运行指示灯，HL4 为主轴箱和立柱的放松指示灯，HL3 为主轴箱和立柱的夹紧指示灯。

Z3050 摇臂钻床电气元件明细表见表 3.15。

表 3.15　Z3050 摇臂钻床电器元件明细表

代　　号	图上区号	名　　称	型　　号	规　　格	数　量	用　　途
M1	4	主轴电动机	Y112M-4	4.5kW　1440r/min	1	驱动主轴及进给
M2	5	摇臂升降电动机	Y90L-4	1.5kW　1440r/min	1	驱动摇臂升降
M3	6	液压油泵电动机	Y802-4	0.75W　1390r/min	1	驱动液压系统
M4	3	冷却泵电动机	AOB-25	90W　2800r/min	1	驱动冷却泵
QF1	2	低压断路器	DZ25-20/330FSH	10A	1	电源总开关
QF2	3	低压断路器	DZ25-20/330H	0.3～0.45A	1	M_4 控制开关
QF3	5	低压断路器	DZ25-20/330H	6.5A	1	M_1、M_2、M_3 电源开关
FU1～FU3	8	熔断器	RL1-15/2	15A　熔体 2A	3	控制、照明、指示电路的短路保护

续表

代　　号	图上区号	名　　称	型　　号	规　　格	数　量	用　　途
KM1	13	交流接触器	CJ0-20B	线圈电压 110V	1	控制 M1
KM2～KM5	15～18	交流接触器	CJ10-10B	线圈电压 110V	4	控制 M2、M3 正反转
FR1	4	热继电器	JR0-20/30D	6.8～11A	1	M1 过载保护
FR2	6	热继电器	JR0-20/30D	1.5～2.4A	1	M3 过载保护
KT1、KT2	17、20	时间继电器	JJSK2-4	线圈电压 110V	2	
KT3	21	时间继电器	JJSK2-2	线圈电压 110V	1	
TC	7	整流变压器	BK-150	380V/110V-24V-6V	1	控制、照明、指示电路供电
YA	22	交流电磁铁	MFJ1-3	线圈电压 110V	1	液压分配
SB1	12	按钮	LAY3-11ZS/1	红色	1	总停止开关
SB2	13	按钮	LAY3-11	红色	1	M1 停止
SB3	13	按钮	LAY3-11D	绿色	1	M1 启动
SB4	15、16	按钮	LAY3-11	绿色	1	摇臂上升
SB5	15、16	按钮	LAY3-11	绿色	1	摇臂下降
SB6	19、20	按钮	LAY3-11	绿色	1	液压松开控制
SB7	18、21	按钮	LAY3-11	绿色	1	液压夹紧控制
SQ1	15、16	组合开关	HZ4-22		1	摇臂升降限位
SQ2、SQ3	15、17、19	位置开关	LX5-11		2	摇臂松紧限位
SQ4	10	位置开关	LX5-11		1	主轴箱和立柱松、紧指示控制
SQ5	12	门控开关	JWM6-11		1	防触电的门控开关
HL1	11	信号灯	XD1	6V 白色	1	电源指示
HL2、HL3、HL4	10	指示灯	XD1	6V	3	主轴、主轴箱和立柱松、紧指示
EL	9	照明灯	JC-25	24V 40W	1	工作照明

技能训练 3.3　Z3050 型摇臂钻床电气控制线路的检修

一、目的和要求

熟悉 Z3050 型摇臂钻床的主要结构、电器位置和操作方法。掌握 Z3050 摇臂钻床常见电气故障的分析和检修方法。

二、工具和仪表

1）工具：测电笔、电工刀、剥线钳、尖嘴钳、斜口钳、旋具等。

2）仪表：万用表、兆欧表、钳形电流表

三、训练内容

Z3050 型摇臂钻床的工作过程是由电气、机械和液压系统紧密结合实现的。因此，在检修过程中不仅要注意电气部分的工作状态，同时还应注意电气部分与机械部分的关联关系。Z3050 型摇臂钻床电器位置图如图 3.27 所示，电器元件接线图如图 3.28 所示，配电箱接线图

如图 3.29 所示。

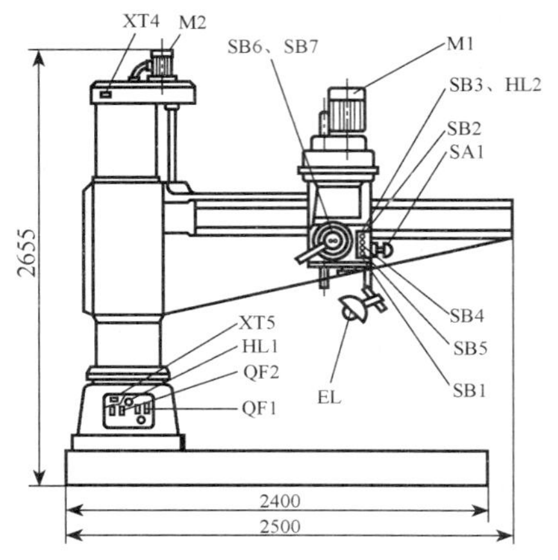

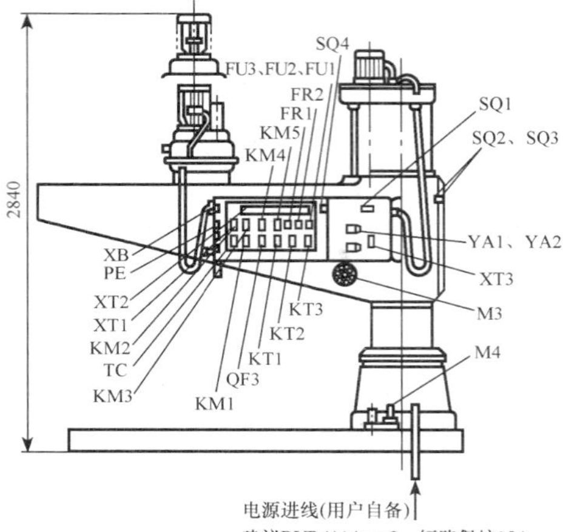

图 3.27　Z3050 型摇臂钻床电器位置图

下面介绍一些常见故障的分析检修方法。

1. 主轴电动机 M1 的常见故障检修

主轴电动机 M1 由交流接触器 KM1 控制单向运转，常见故障主要有不能启动、点动、缺相运行、不能停止等，其检修方法和步骤与车床的相类似，读者可自行分析。

2. 摇臂不能升降

由摇臂升降过程可知，升降电动机 M2 旋转，带动摇臂升降，其条件是使摇臂从立柱上完全松开后，活塞杆压合位置开关 SQ2。故发生故障时，应首先检查位置开关 SQ2 是否动作，如果 SQ2 不动作，应检查 SQ2 是否损坏或检查其安装位置是否正确。有时液压系统发生故障，使摇臂放松不够，也会压不上 SQ2，使摇臂不能运动。由此可见，SQ2 的位置非常重要，排除故障时，应结合机械、液压协调调整。

另外，在钻床大修或安装后，一定要检查电源相序，因为若电动机 M3 相序接反，当按上升按钮，电动机 M3 反转，使摇臂夹紧，压不到 SQ2，摇臂也就不能上升。

3. 摇臂升（或降）后不能夹紧

当摇臂上升（或下降）至预定位置后，松开按钮 SB4（或 SB5），接触器 KM2（或 KM3）和时间继电器 KT1 均断电释放，升降电动机 M2 也停转，电动机 M3 应反转，使摇臂夹紧。而夹紧动作的结束是由位置开关 SQ3 来完成的，若 SQ3 动作过早，使 M3 未充分夹紧就停转。常见故障原因是 SQ3 安装位置不合适，或固定螺丝松动造成 SQ3 位移，使 SQ3 在摇臂夹紧动作未完成时就压下，切断了 KM5 的回路，使 M3 停转。另外时间继电器 KT1 瞬时断开断电延时闭合的 KT1（47—49）接触不良，接触器 KM4 常闭触头（49—51）接触不良，也会使 M3 停转摇臂不能夹紧。

4. 摇臂升（或降）后夹紧过头

当摇臂上升（或下降）并夹紧后，活塞杆通过弹簧片压住限位开关 SQ3，SQ3 的动断触头

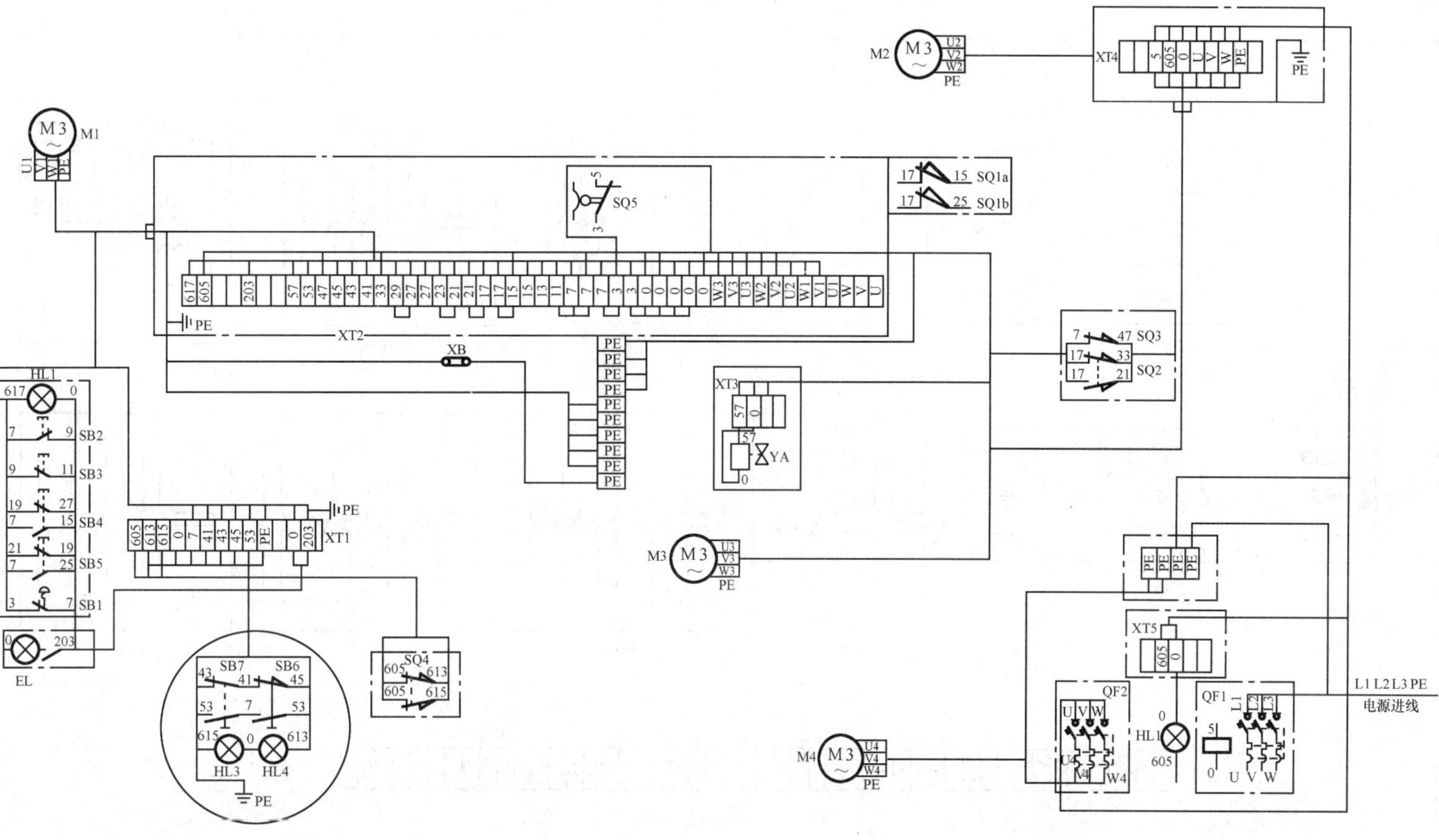

图 3.28　Z3050 型摇臂钻床电器元件接线图

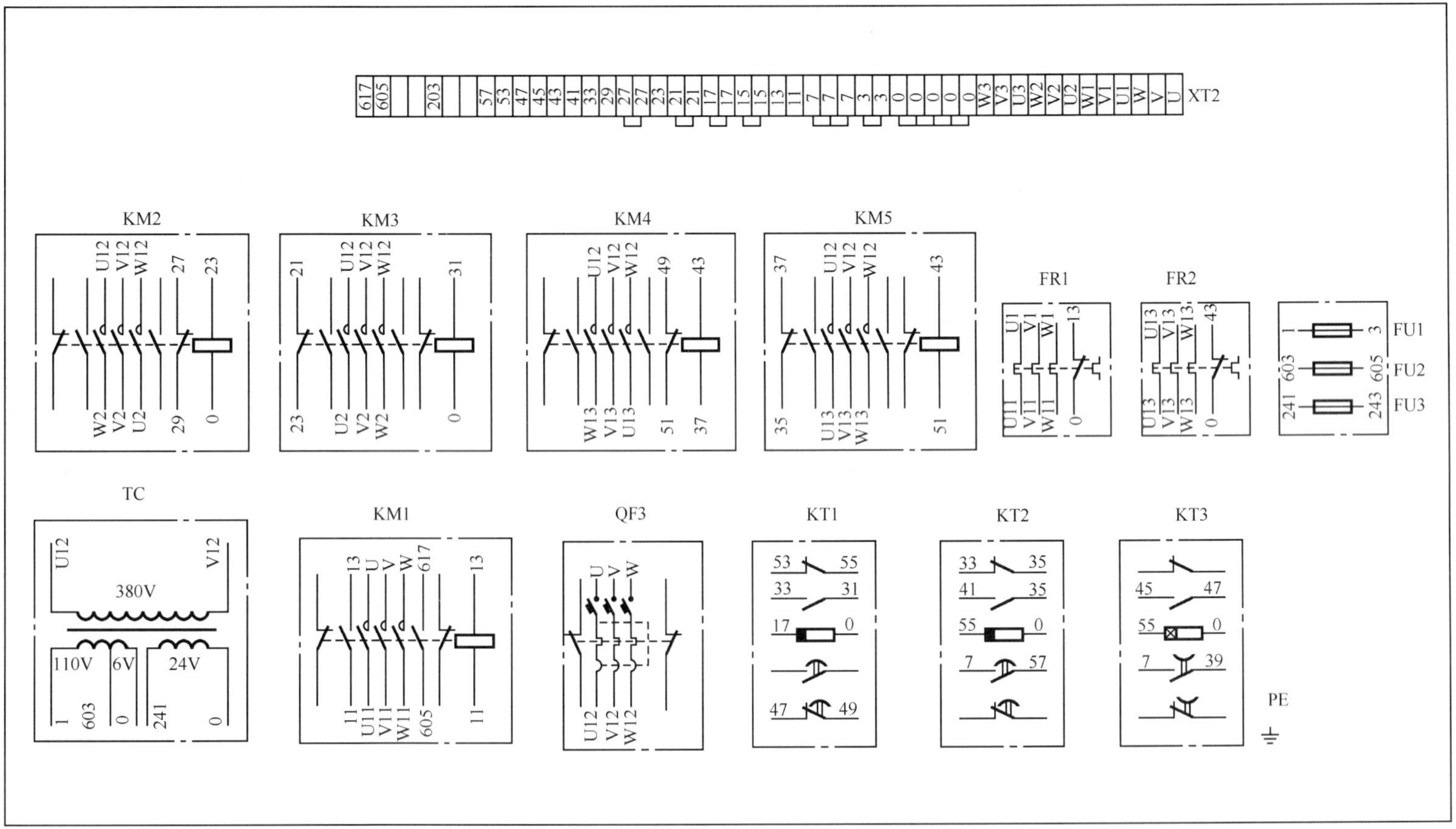

图 3.29　Z3050 型摇臂钻床配电箱接线图

断开，使接触器 KM5 和电磁铁 YA 均断电释放。若由于限位开关 SQ3 的位置调整不当，在摇臂夹紧后不能使 SQ3 的动断触头断开，会使液压泵电动机 M3 处于长时间过载运行而损坏。

5. 立柱和主轴箱不能松开或不能夹紧

在立柱和主轴箱松开及夹紧电路中，如果立柱和主轴箱不能放松或夹紧，主要原因是接触器 KM4 或 KM5 不能吸合、液压油路堵塞所致。重点应检查按钮 SB6（7—53）、SB7（7—53）的接线是否完好。如果接触器 KM4 或 KM5 吸合，M3 可以运转，此时可排除电气方面的故障，应请相关的液压、机械方面的维修人员进行维修。

6. 检修工艺要求和步骤

1）在操作师傅的指导下，对钻床进行操作，了解钻床的各种工作状态及操作方法。

2）在教师指导下，搞清钻床电器元件安装位置及走线情况，结合机械、电气、液压几方面的知识，搞清钻床电气控制的特殊环节。

3）在 Z3050 型摇臂钻床上人为设置自然故障，由教师示范检修，边分析边检修，至故障排除。

4）教师示范检修。步骤如下：

① 用通电试验法引导学生观察故障现象。

② 根据故障现象，依据电路图用逻辑分析法确定故障范围。

③ 采用正确的检查方法，查找故障点并排除故障。

④ 检修完毕，进行通电试车，并做好维修记录。

5）由教师设置故障，学生检修。

6）注意事项：

① 熟悉 Z3050 摇臂钻床电气线路的基本环节及控制要求，弄清电气与执行部件如何配合实现某种运动方式，认真观摩教师的示范操作。

② 检修所用工具、仪表应符合使用要求。

③ 不能随意改变升降电动机原来的电压相序。

④ 排除故障时，必须修复故障点，但不得采用元件代换法。

⑤ 检修时，严禁扩大故障范围或产生新的故障。

⑥ 带电检修，必须有指导教师现场监护，确保人身、设备安全。

7. 评分标准

Z3050 摇臂钻床电气控制线路故障检修评分标准见表 3.16。

表 3.16 评分标准

项目	配分	评分标准		扣分
故障现象	20	正确观察故障现象	错看、漏看故障现象，每个错、漏故障现象扣 10 分	
故障范围	20	尽可能缩小故障范围	错判故障范围，每个故障扣 10 分 未缩小到最小故障范围扣 5 分	

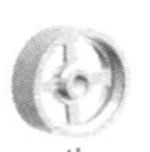

续表

<table>
<tr><th>项　目</th><th>配　分</th><th colspan="3">评分标准</th><th>扣　分</th></tr>
<tr><td>检修方法</td><td>40</td><td>仪表和工具使用正确
检修方法步骤正确</td><td colspan="2">仪表和工具使用不正确，每次扣5分
检修步骤不正确，每处扣5分
不能查出故障点，每个故障点扣20分</td><td></td></tr>
<tr><td>排除故障</td><td>20</td><td>排除故障，且不扩大故障范围，不损坏电器元件</td><td colspan="2">不能排除故障，每个故障扣10分
能排除故障但损坏元器件，扣5分</td><td></td></tr>
<tr><td>安全文明生产</td><td colspan="4">违反安全文明生产规程，视情节扣10～20分</td><td></td></tr>
<tr><td colspan="5">定额时间30min修复，不允许超时检查，修复故障过程允许超时，但以每超时3min扣3分计算</td><td></td></tr>
<tr><td>开始时间</td><td></td><td>结束时间</td><td></td><td>成绩</td><td></td></tr>
</table>

小　结

Z3050型摇臂钻床是电气-机械-液压紧密结合以实现机床工作过程的控制的。在学习过程中必须弄清楚几种松开与夹紧的关系，摇臂钻床有摇臂的松开与夹紧、立柱的松开与夹紧、主轴箱的松开与夹紧；摇臂的松开与夹紧是指摇臂与外立柱之间的松开和夹紧；立柱的松开与夹紧是指外立柱与内立柱之间的松开与夹紧；主轴箱的松开与夹紧是指主轴箱与摇臂的松开与夹紧。

摇臂的升降、摇臂的回转以及主轴箱的移动，均是为了调整及找正加工位置。

重点应掌握摇臂的升降控制和立柱与主轴箱的松开与夹紧控制。

Z3050型摇臂钻床的检修应在掌握了上述原理的基础上进行训练，并应注意电气部分与机械和液压的协调关系。

3.5　X62W万能铣床电气控制线路

知识点

- 了解铣床的结构及运动形式，掌握其“纵向操纵手柄”和“横向与垂直操纵手柄”的功能
- 掌握铣床的控制要求及其控制线路的工作原理

技能点

- 熟悉X62W型万能铣床的常见故障，掌握其分析方法和检修方法

铣削是一种高效率的加工方式，而铣床是一种通用的多用途机床，它可用来加工各种表面，如平面、阶台面、各种沟槽，装上分度头可以加工齿轮和螺旋面，装上圆工作台可以加工凸轮和弧形槽。铣床的种类很多，按结构形式和加工性能的不

同，可分为卧式铣床、立式铣床、仿形铣床、龙门铣床、专用铣床、万能铣床等。

常用的万能铣床有两种，一种是X62W卧式万能铣床，铣头水平放置；另一种是X52K型立式万能铣床，铣头垂直放置。这两种铣床在结构上大体相似，不同点在于铣头的放置方向，其工作台的进给方式、主轴变速的工作原理等都一样，电气控制线路经过系列化后也基本一样。

本节以X62W型万能铣床为例进行介绍。

3.5.1 X62W万能铣床的型号含义、主要结构及运动形式

1. 型号

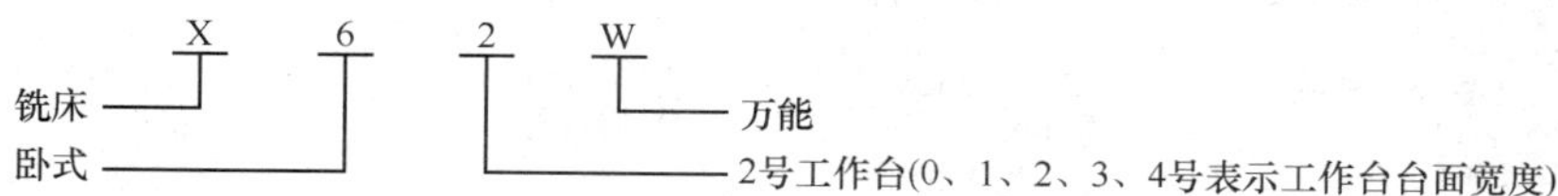

2. 主要结构

X62W型万能铣床的外形结构如图3.30所示。

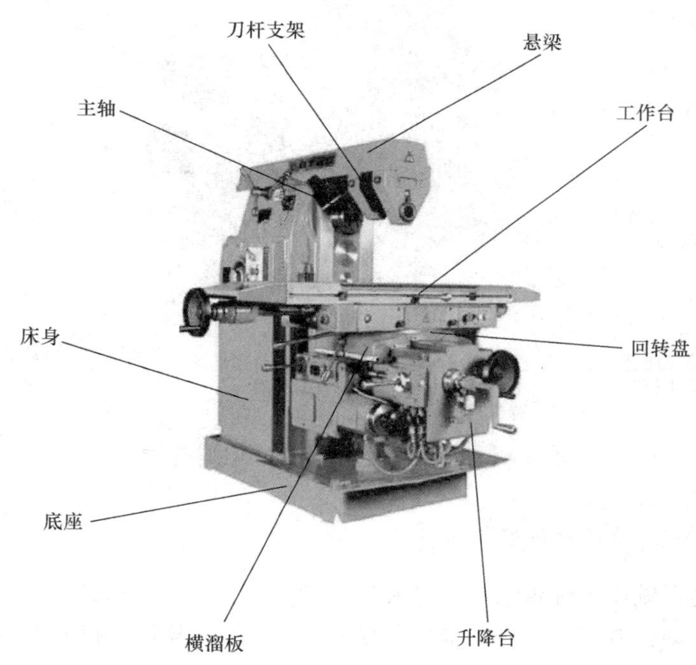

图3.30　X62W型万能铣床的外形结构

X62W型万能铣床主要由底座、床身、主轴、悬梁、工作台、回转盘、横溜板、升降台等组成。箱形的床身固定在底座上，床身内装有主轴的传动机构和变速操纵机构。在床身的顶部有水平导轨，上面装着带有一个或两个刀杆支架的悬梁。刀杆支架用来支撑铣刀心轴的一端，心轴的另一端则固定在主轴上，由主轴

带动铣刀铣削。刀杆支架在悬梁上以及悬梁在床身顶部的水平导轨上都可以作水平移动，以便安装不同的心轴。在床身的前面有垂直导轨，升降台可沿着它上下移动。在升降台上面的水平导轨上，装有可在平行主轴轴线方向移动（前后移动）的溜板。溜板上部有可转动的回转盘，工作台就在溜板上部回转盘上的导轨上作垂直于主轴轴线方向移动（左右移动）。工作台上有 T 型槽用来固定工件。这样，安装在工作台上的工件就可以在三个坐标上的六个方向调整位置或进给。

此外，由于回转盘相对于溜板可绕中心轴线左右转过一个角度（通常为 ±45°），因此，工作台在水平面上除了能在平行于或垂直于主轴轴线方向进给外，还能在倾斜方向进给，可以加工螺旋槽，故而称万能铣床。

图 3.31 为 X62W 型万能铣床操纵部件位置图。

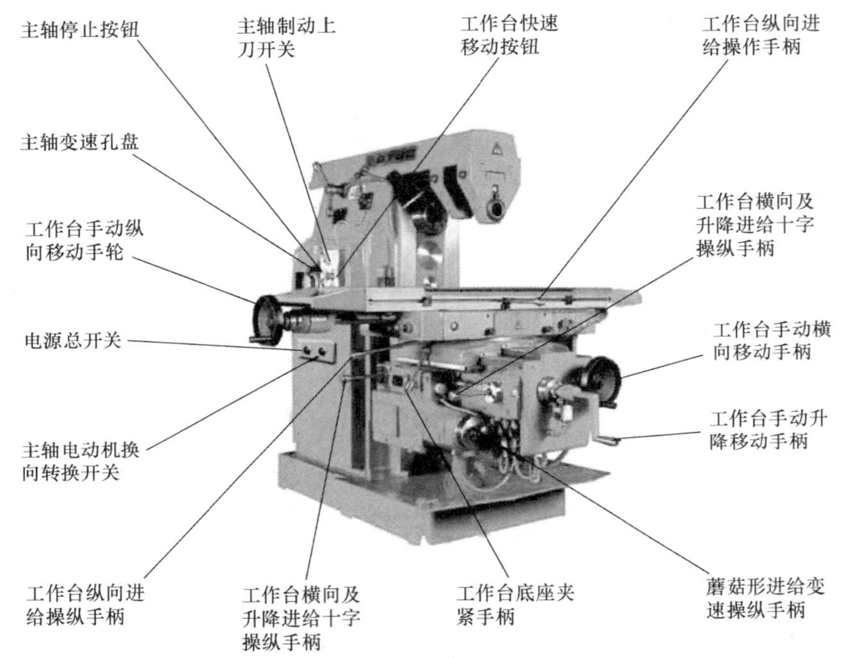

图 3.31 X62W 型万能铣床操纵部件位置图

3. X62W 型万能铣床的运动形式

主运动：铣床主轴带动铣刀的旋转运动。

进给运动：铣床工作台的前后（横向）、左右（纵向）和上下（垂直）六个方向上的直线运动和圆工作台的旋转运动。

辅助运动：铣床工作台在前后、左右及上下六个方向上的快速移动。

3.5.2 X62W 万能铣床电力拖动特点及控制要求

铣床共用 3 台异步电动机拖动，它们分别是主轴电动机 M1、进给电动机 M3 和冷却泵电动机 M2。

1. 电力拖动特点

1）铣削加工有顺铣和逆铣两种加工方式，所以要求主轴电动机能正反转，但考虑到正反转操作并不频繁（批量顺铣或逆铣），因此在铣床床身下侧电器箱上设置一个组合开关（也称倒顺开关），来改变电源相序实现主轴电动机的正反转。

铣刀是一种多刃刀具，其铣削过程是断续的，负载随时间波动，造成拖动不平衡，为了减小负载波动的影响，在主轴上采用飞轮增加惯量，这样又引起主轴在停车时的惯性大，停车时间较长，影响生产效率。为了实现能快速停车的目的，主轴都采用制动停车方式。

2）铣床的工作台要求有前后、左右、上下六个方向的进给运动和快速移动，所以也要求进给电动机能正反转，并通过操纵手柄和机械离合器相配合来实现。进给的快速移动是通过电磁铁和机械挂挡来完成的。为了扩大其加工能力，在工作台上可加装圆形工作台，圆形工作台的回转运动是由进给电动机经传动机构驱动的。

2. 控制要求

1）在铣削加工中，为了不使工件与铣刀碰撞而造成事故，要求只有主轴旋转后才允许有进给运动和进给方向的快速移动。

2）为了减小加工件表面的粗糙度，只有进给停止后主轴才能停止或同时停止。此铣床在电气上采用了主轴和进给同时停止的方式，但由于主轴运动的惯性很大，实际上就保证了进给运动先停止，主轴运动后停止的要求。

3）为了保证机床、刀具的安全，在铣削加工时六个方向的进给运动只允许一个方向的进给运动。该铣床采用了机械操纵手柄和位置开关相配合的方式来实现六个方式的联锁。

4）铣床主轴及进给运动采用变速盘来进行速度选择，为了使齿轮在变速时易于相互啮合，要求主轴电动机和进给拖动电动机都应具有变速后作瞬时点动。

5）当主轴电动机或冷却泵电动机过载时，进给运动必须立即停止，以免损坏刀具和铣床。

6）为了使操作者能在铣床的正面、侧面方便地操作，对主轴的起动、停止，工作台进给运动选向及快速移动等的控制，应设置多地点控制。

7）要求有冷却泵系统、照明系统及各种保护措施。

3.5.3 X62W 万能铣床电气控制线路分析

X62W 型万能铣床的线路分为主电路、控制线路和照明电路。图 3.32 为 X62W 型万能铣床的电气原理图。

1. 主轴电动机的控制线路

图 3.33 是主轴电动机 M1 的电气控制线路部分。

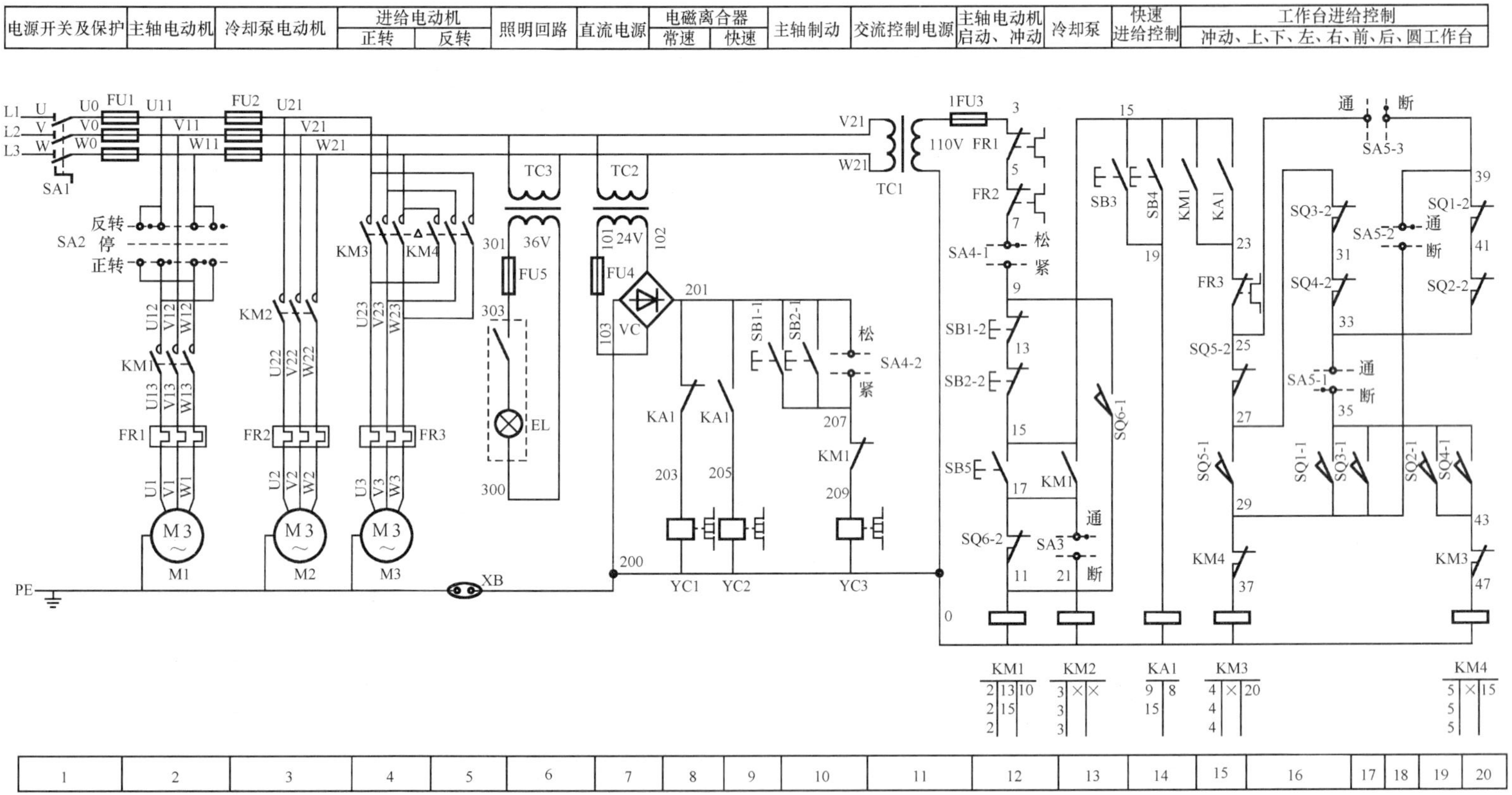

电源开关及保护	主轴电动机	冷却泵电动机	进给电动机		照明回路	直流电源	电磁离合器		主轴制动	交流控制电源	主轴电动机启动、冲动	冷却泵	快速进给控制	工作台进给控制
			正转	反转			常速	快速						冲动、上下、左、右、前、后、圆工作台

1	2	3	4	5	6	7	8	9	10	11	12	13	14	15	16	17	18	19	20

图 3.32　X62W 型万能铣床的电气原理图

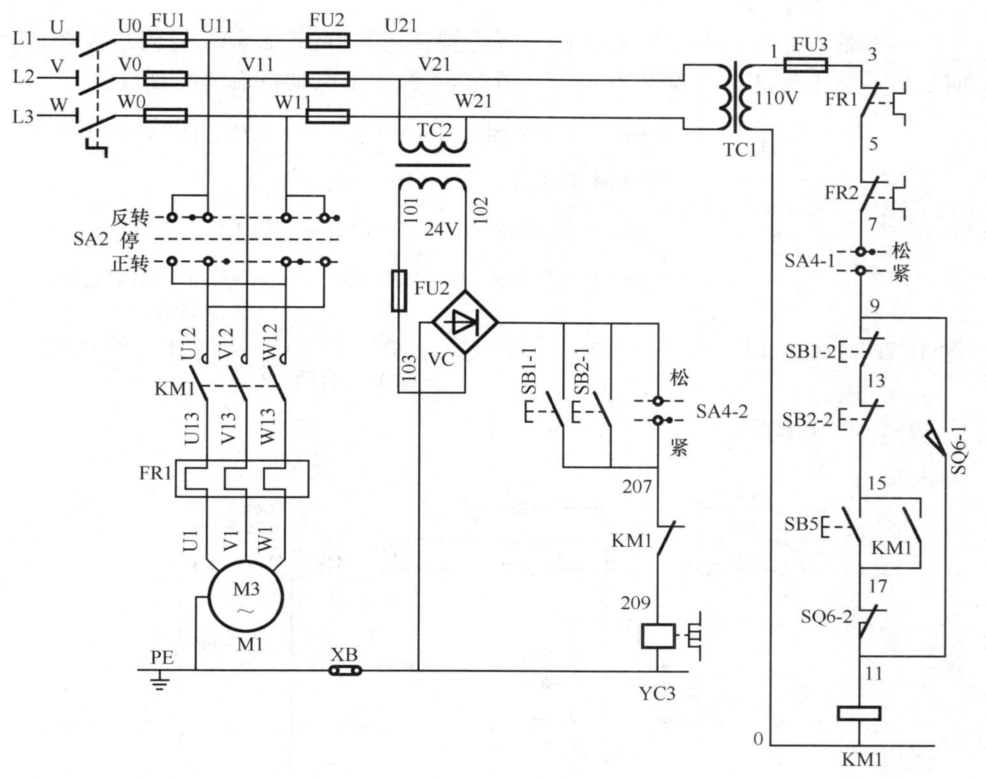

图 3.33　主轴电动机 M1 的电气控制线路图

为了方便操作，主轴电动机 M1 采用两地控制方式，一组安装在工作台上，另一组安装在床身上。KM1 是主轴电动机 M1 的启动接触器，并兼作失压和欠压保护；YA 是主轴制动用的电磁离合器，SQ1 是主轴变速时瞬时点动的位置开关，热继电器 FR1 作过载保护，熔断器 FU1 作短路保护。主轴电动机 M1 经过弹性联轴器和变速机构的齿轮传动链实现传动，可使主轴具有 18 种转速。

铣床的加工方式有顺铣和逆铣两种，在开始工作前选定，加工过程中是不改变的，故主轴电动机 M1 的正反转的转向由主轴换向开关 SA2 预先确定。主轴换向转换开关 SA2 的功能见表 3.17。

表 3.17　主轴换向转换开关 SA2 位置及动作说明

位　置	正　转	停　止	反　转
SA2—1	—	—	+
SA2—2	+	—	—
SA2—3	+	—	—
SA2—4	—	—	+

(1) 主轴电动机 M1 启动

启动前，先选择好主轴的转速，将主轴换向转换开关 SA2 扳到所需要的转向，然后合上铣床电源总开关 QS1。图 3.34 为主轴电动机启动控制线路。

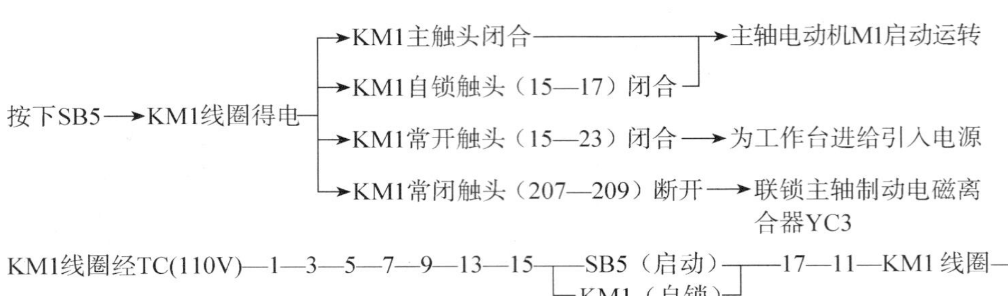

TC_1（0）回路得电

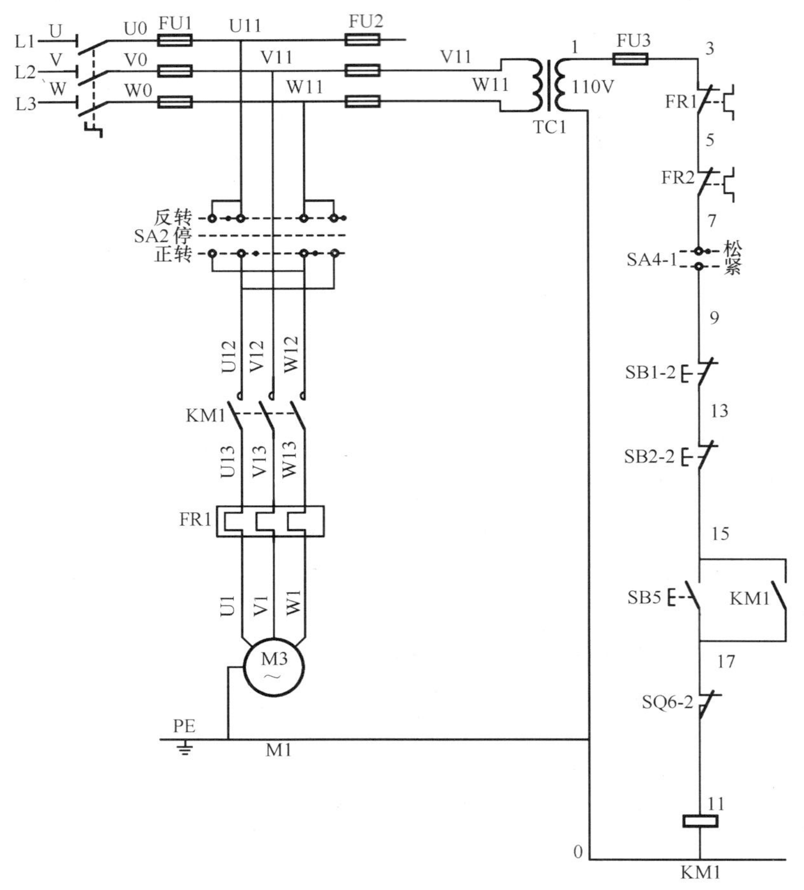

图 3.34　主轴电动机启动控制线路图

(2) 主轴电动机 M1 停车制动

当铣削完毕，需要主轴电动机 M1 停止时，为使主轴能迅速停车，电路采用电磁离合器 YC3 进行主轴停车制动。图 3.35 为主轴电动机停车制动控制线路部分。

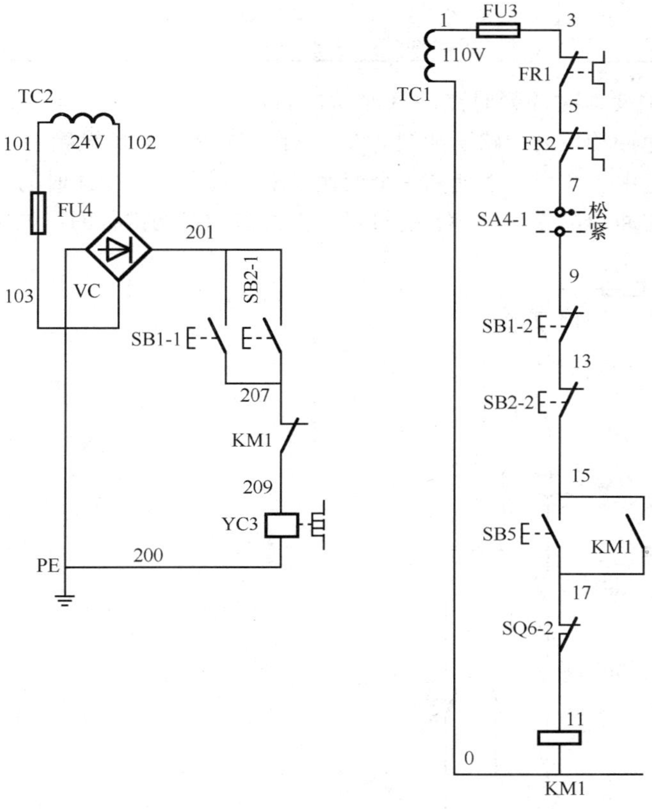

图 3.35　主轴电动机停车制动控制线路图

按下停止按钮 SB1（或 SB2），SB 1—2（或 SB 2—2）常闭触头先分断，接触器KM1 线圈失电，KM1 触头复位，主轴电动机 M1 作惯性运转，SB 1—1（或 SB 2—1）常开触头后闭合，接通电磁离合器 YC3，主轴电动机 M1 制动停转。

YC3 线圈经 TC2（101）—103—201—207—209—YC3 线圈—200—TC2（102）回路得电

值得注意的是，在停车操作过程中停止按钮 SB1（或 SB2）要一按到底，否则主轴制动电磁离合器 YC3 不能得电，主轴电动机 M1 会在惯性作用下自然停车。

（3）主轴换铣刀控制

主轴电动机停转后并不处于制动状态，主轴仍可自由转动。在主轴更换铣刀时，为更换方便需避免主轴转动，应将主轴制动。方法是将主轴制动上刀转换开关 SA4 置于换刀位置（即 SA4 置于“夹紧”位置），SA 4—2常开触头闭合，电磁离合器 YC3 得电，主轴电动机 M1 制动；同时 SA 4—1常闭触头分断，切断了控制线路，铣床无法运行，从而保证了人身安全。

表 3.18　主轴制动上刀转换开关 SA_4 的位置及动作说明

触　　头	接线编号	操作位置	
		主轴正常工作	主轴上刀制动
SA 4—1	7—9	+	−
SA 4—2	201—207	−	+

（4）主轴变速时的瞬时点动（冲动控制）

主轴变速冲动控制线路图如图 3.36 所示。主轴变速操纵箱装在床身左侧窗口上，主轴变速由一个变速手柄和一个变速盘来实现。主轴变速时的冲动控制，是利用变速手柄与冲动位置开关 SQ_6 通过机械上的联动机构进行的，如图 3.37 所示。

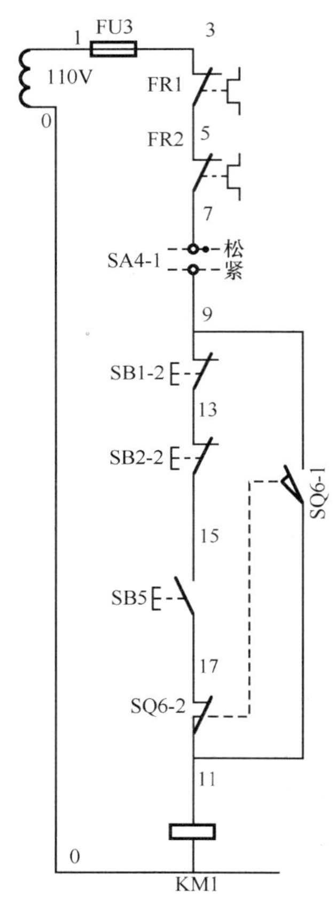

图 3.36　主轴变速冲动控制线路图

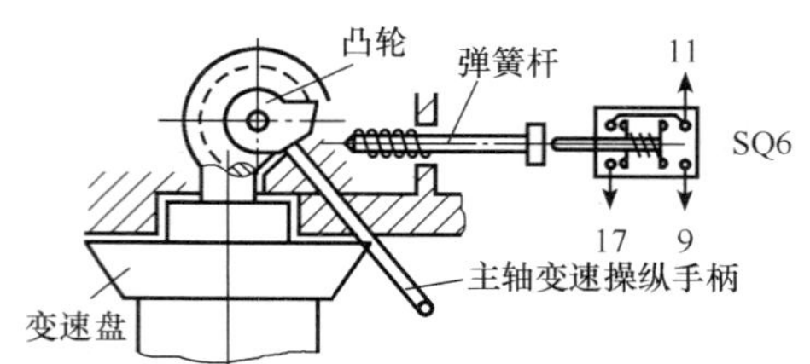

图 3.37　主轴变速时冲动控制示意图

变速时，先将主轴变速手柄下压，使手柄的榛块从定位槽中脱出，然后向外拉动手柄使榛块落入第二道槽内，使齿轮组脱离啮合。转动变速盘选定所需要的转速（即改变齿轮传动比）后，把变速操纵手柄向右推回原位，使榛块重新落入槽内，齿轮组重新啮合（此时已改变了传动比）。变速时为了使齿轮容易啮合，在主轴变速操纵手柄推进时，手柄上装的凸轮将弹簧杆推动一下又返回，这时弹簧杆推动一下位置开关 SQ6，使 SQ6 的常闭触头 SQ6—2（17—11）先分断，常开触头 SQ6—1（9—11）后闭合，接触器 KM1 瞬间得电动作，主轴电动机 M1 作瞬时点动，紧接着凸轮放开弹簧杆，位置开关 SQ6 触头复位，接触器 KM1 断电释放，M1 断电。此时主轴电动机 M1 因未制动而惯性旋转，使齿轮系统抖动，在抖动时刻，将变速操纵手柄先快后慢地推进去，齿轮便顺利地啮合。当瞬时点动过程中齿轮系统没有实现良好啮合时，可以重复上述过程直至啮合为止，必须注意的是变速时应先停车。

主轴变速时接触器 KM1 线圈电流回路如下；

KM1 线圈经 TC1（110V）—1—3—5—7—9—SQ6—1—11—KM1 线圈—TC1（0）回路得电。

2. 进给电动机 M3 的控制线路

X62W 型万能铣床工作台的进给运动在主轴电动机 M1 启动之后方可进行。工作台的进给可在 3 个坐标 6 个方向上作直线运动，即工作台在回转盘上的左右运动；工作台与回转盘在溜板上和溜板一起的前后运动；升降台在床身的垂直导轨上的上下运动。这些运动是通过两个操纵手柄、快速移动按钮、电磁离合器 YC1、YC2 和机械联动机构控制相应的位置开关使进给电动机 M3 正转或反转，以实现工作台的常速或快速移动。并且 6 个方向的运动是联锁的，不能同时进行。

常速时，电磁离合器 YC1 线圈得电；快速时，电磁离合器 YC2 线圈得电；热继电器 FR3 作过载保护。

进给电动机 M3 的电气控制线路部分如图 3.38 所示。

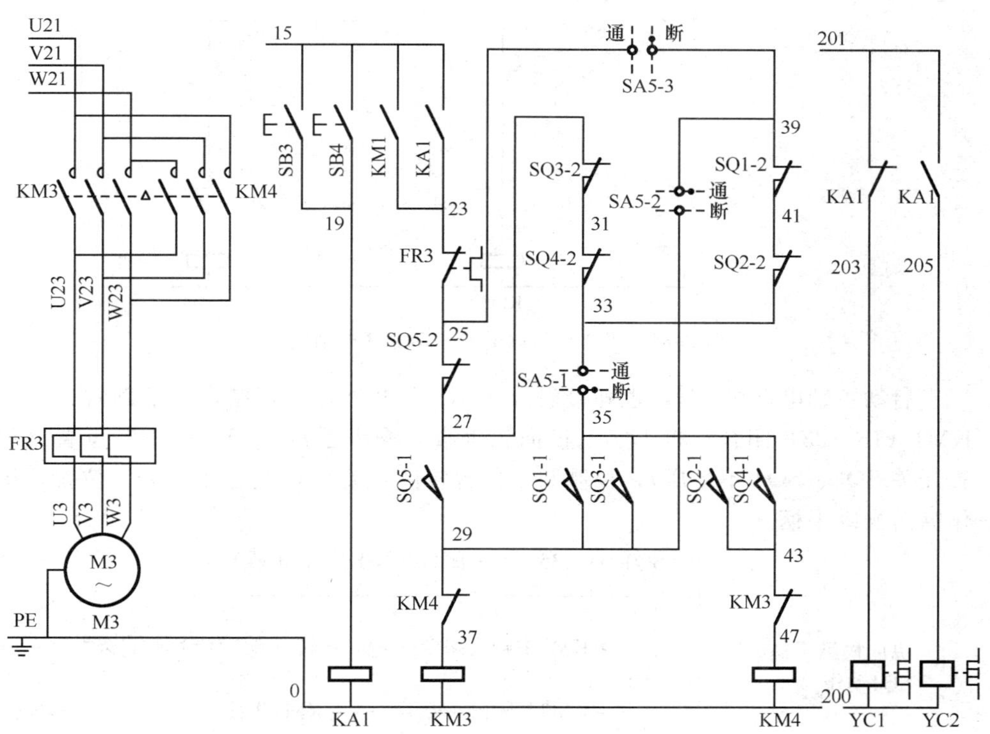

图 3.38　进给电动机 M3 电气控制线路图

（1）工作台的左右进给控制

表 3.19 为工作台左右（纵向）进给操纵手柄与位置开关的联动控制关系。图 3.39 为工作台左右进给运动电气控制电路。

表 3.19　工作台左右进给操纵手柄位置与运动方向的关系

手柄位置	位置开关动作	接触器动作	电动机 M_2 转向	传动链搭合丝杠	工作台运动方向
右	SQ1	KM3	正转	左右进给丝杠	向右
中	—	—	停止	—	停止
左	SQ2	KM4	反转	左右进给丝杠	向左

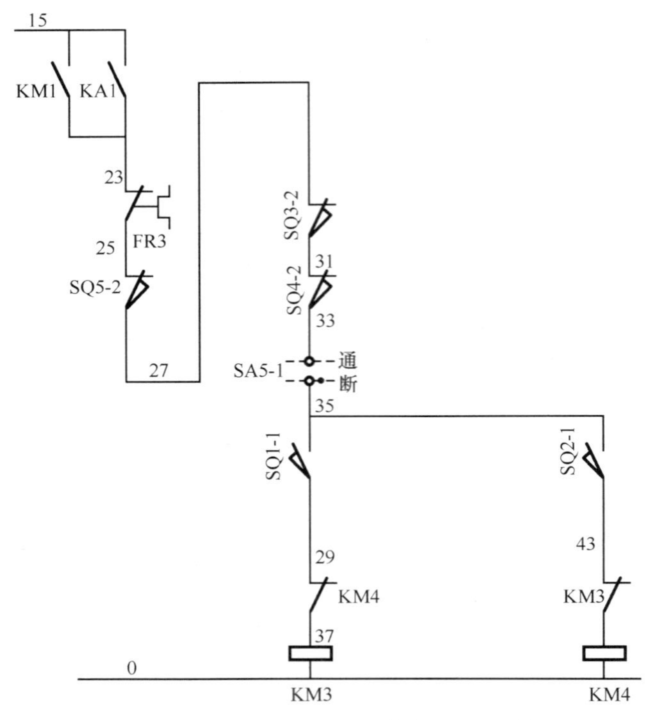

图 3.39　工作台纵向进给运动电气控制线路图

启动主轴电动机 M1，也即接触器 KM1 得电吸合并自锁，其辅助常开触头 KM1（15—23）闭合；将十字（横向、垂直）操纵手柄置于“居中”位置（位置开关 SQ3、SQ4 不受压）；控制圆工作台转换开关 SA5 置于“断开”位置；操作纵向操纵手柄。

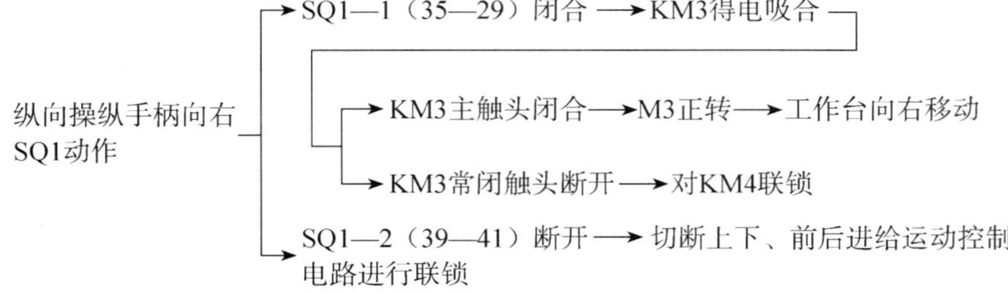

KM3 线圈经 TC1（110V）—1—3—5—7—9—13—15—23—25—27—31—33—35—SQ1—1—29—37—KM3 线圈—TC1（0）回路得电。

工作台向左进给运动与工作台向右进给运动相似，请自行分析。

在工作台左右两端各装有一块限位挡铁，当工作台向右或向左进给至极限位置时，挡铁碰撞手柄连杆使手柄自动复位到中间位置，位置开关 SQ1 或 SQ2 复位，电动机的传动链与左右丝杠脱离，电动机 M3 停转，工作台停止进给，实现了左右运动的终端保护。

（2）工作台上下和前后运动进给运动控制

表 3.20 为工作台上下（垂直）和前后（横向）进给操纵手柄与位置开关的联动控制关系。图 3.40 为工作台上下和前后进给运动电气控制电路。

表 3.20 工作台上下和前后进给十字操纵手柄位置与运动方向的关系

手柄位置	位置开关动作	接触器动作	电动机 M_3 转向	传动链搭合丝杠	工作台运动方向
向上	SQ4-1	KM4	反转	上下进给丝杠	向上
向下	SQ3-1	KM3	正转	上下进给丝杠	向下
居中	—	—	停止	—	停止
向前	SQ3-1	KM3	正转	前后进给丝杠	向前
向后	SQ4-1	KM4	反转	前后进给丝杠	向后

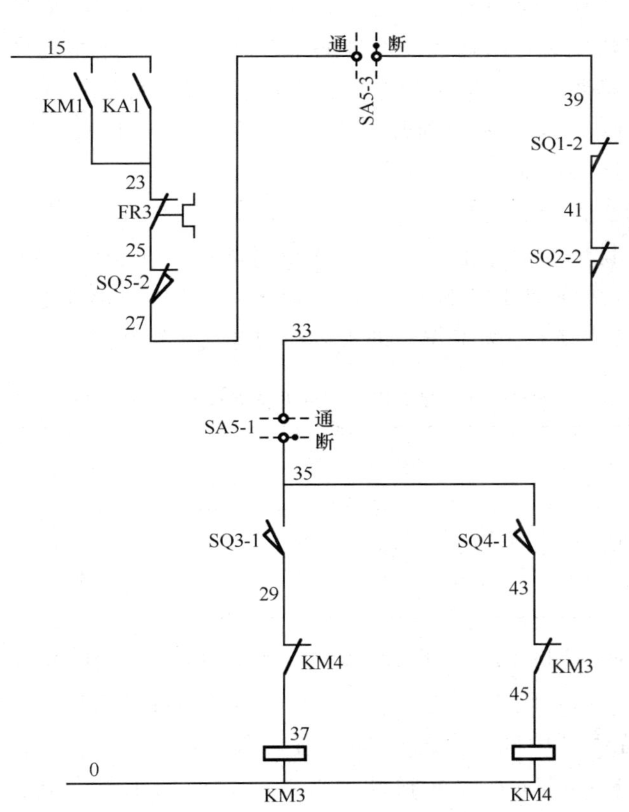

图 3.40 工作台上下和前后进给运动电气控制电路

启动主轴电动机 M1，也即接触器 KM1 得电吸合并自锁，其辅助常开触头 KM1（15—23）闭合；将左右（纵向）操纵手柄置于“居中”位置（位置开关 SQ1、SQ2 不受压）；控制圆工作台转换开关 SA5 置于“断开”位置；操作十字操纵手柄。

1）工作台向上和向后进给运动。

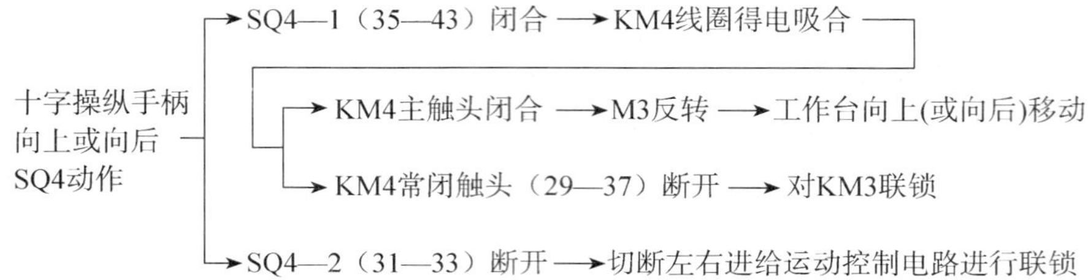

KM4 线圈经 TC1（110V）—1—3—5—7—9—13—15—23—25—27—39—41—33—35—SQ4—1—43—47—KM4 线圈—TC（0）回路得电。

2）工作台向下和向前进给运动。工作台向下和向前进给与工作台向上和向后进给运动相似，请读者自行分析。

（3）左右进给与上下前后进给的联锁关系

在控制左右与上下前后进给的两个手柄中，只能进行其中一个手柄的操作，即当一个操纵手柄被置于某一进给方向后，另一个操纵手柄必须置于“中间”位置，否则将无法实现进给运动。如当把左右进给操纵手柄扳向“左”时，同时又将十字操纵手柄置于“下”进给方向，则位置开关 SQ2 和 SQ3 均被压下，触头 SQ2—2 和 SQ3—2 均分断，断开了接触器 KM3 和 KM4 的线圈通路，进给电动机 M3 不能运转，保证了操作安全。

（4）圆形工作台的控制

为了扩大铣床的加工范围，可在铣床工作台上安装附件圆形工作台，进行圆弧或凸轮的铣削加工。转换开关 SA5 用来控制圆形工作台，其动作状态见表 3.21。图 3.40 是圆工作台进给运动的电气控制线路。

表 3.21　圆工作台转换开关 SA_5 触头工作状态

触　头	接线端标号	操作手柄位置	
		断开圆工作台	接通圆工作台
SA 5—1	33—35	+	−
SA 5—2	39—29	−	+
SA 5—3	27—39	+	−

启动主轴电动机 M1，也即接触器 KM1 得电吸合并自锁，其辅助常开触头 KM1（15—23）闭合；将左右（纵向）操纵手柄和十字（横向、垂直）操纵手柄均置于“中间”位置（即位置开关 SQ1～SQ4 均未受压，处于原始状态）；操作控制圆工作台转换开关 SA5，即将圆工作台转换开关 SA5 置于“接通”位置。

图 3.41 所示为圆工作台进给运动的电气控制线路部分。

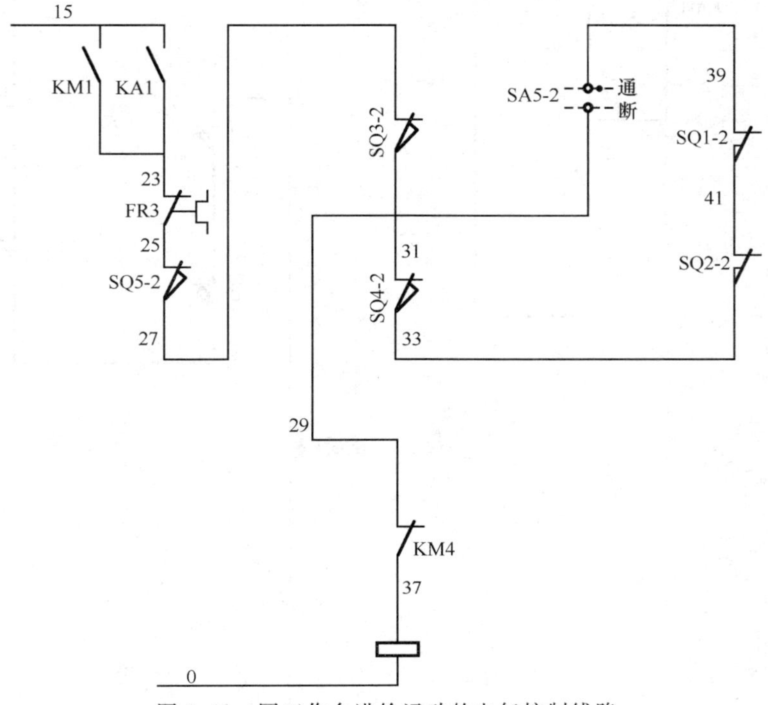

图 3.41　圆工作台进给运动的电气控制线路

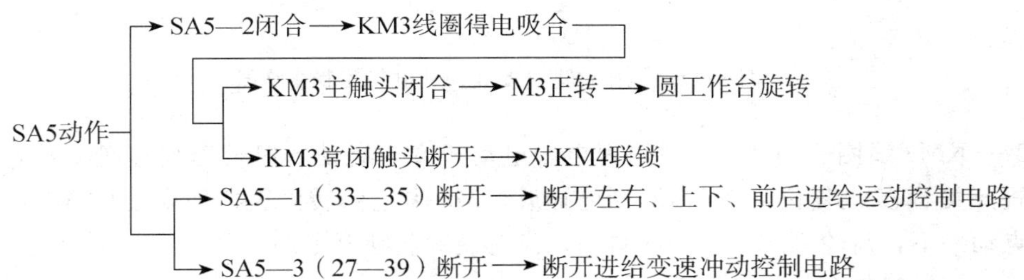

KM3 线圈经 TC1（110V）—1—3—5—7—9—13—15—23—25—27—31—33—41—39—SA 5—2—29—37—KM3 线圈—TC1（0）回路得电。

圆工作台停止工作，按下停止按钮 SB_1 或 SB_2 即可。

（5）进给变速时的瞬时冲动

图 3.42 为工作台进给变速冲动电气控制线路图。

进给变速冲动与主轴变速冲动一样，是为了使齿轮能良好啮合，在进行变速后需瞬时点动，由蘑菇型进给变速手柄配合位置开关 SQ5 来实现。进给变速时，必须先把进给操纵手柄放在中间位置，然后将进给变速盘向外拉出，使进给齿轮松开，转动变速盘选定进给速度后，再将变速盘向里推回原位。在推进过程中，挡块压下位置开关 SQ5，使触头 SQ5—2 分断，SQ5—1 闭合，接触器 KM3 经 TC1（110V）—1—3—5—7—13—15—23—25—39—41—33—31—27—SQ5—1—29—

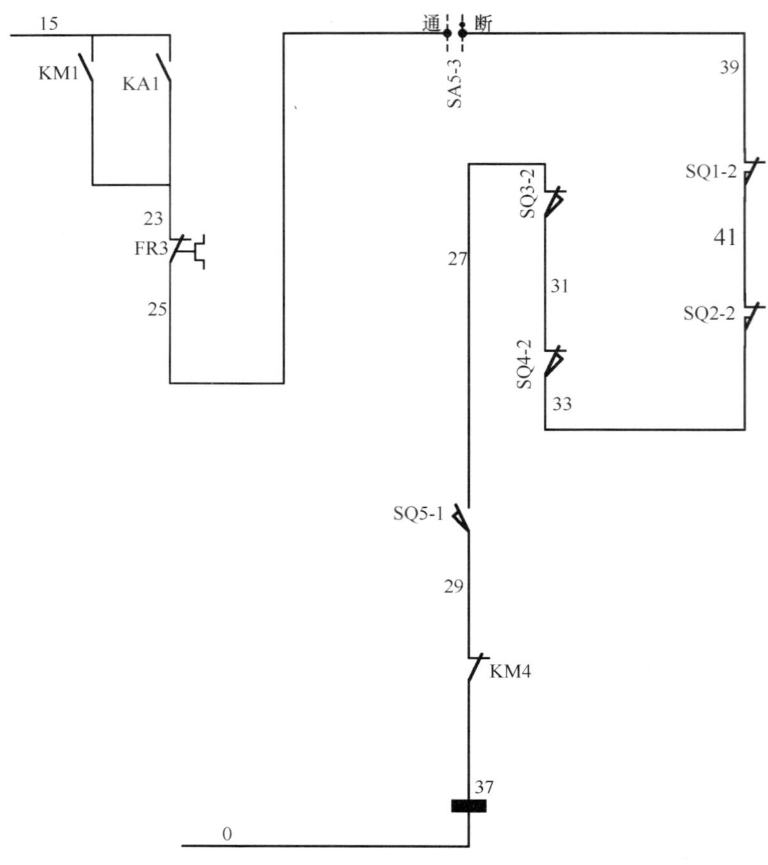

图 3.42 工作台进给变速冲动电气控制线路图

37—KM3 线圈—TC（0）回路得电，电动机 M3 启动，但随着变速盘复位，位置开关 SQ5 也复位，使 KM3 断电释放，M3 失电停转。这样使电动机 M3 瞬时点动一下，齿轮系统产生一次抖动，齿轮便顺利啮合了。

（6）工作台的快速移动

为了提高劳动生产率，减少生产辅助时间，X62W 万能铣床在加工过程中，若不做铣削加工时，要求工作台可以快速移动。工作台的快速移动是由各个方向的操纵手柄与快速移动按钮 SB3（或 SB4）配合实现控制的。如果需要工作台在某个方向快速移动，应把工作台操纵手柄扳向相应的方向。

按下 SB3（或 SB4），中间继电器 KA1 线圈得电，KA1 常闭触头（201—203）分断，切断常速电磁离合器 YC1，KA1 常开触头（201—205）闭合，接通快速电磁离合器 YC2，KA1 的另一对常开触头（15—19）闭合，使接触器 KM3（或 KM4）得电吸合，电动机 M3 正转（或反转），带动电动机沿选定的方向快速移动。

松开 SB3（或 SB4），快速移动就停止。

3. 冷却泵电动机和照明电路的控制

(1) 冷却泵电动机的控制

铣床在铣削加工中，其铣刀由冷却泵电动机传送冷却液进行降温，同时冲去铣削下来的铁屑等。

主轴电动机 M1 和冷却泵电动机 M2 在控制电路中采用了顺序控制。即只有主轴启动，接触器的自锁触头（15—17）闭合后冷却泵电动机 M2 方可启动。此时合上 SA3，接触器 KM2 线圈得电，其主触头闭合，M2 启动运转。

断开 SA3，冷却泵电动机 M2 即停转。

(2) 照明电路的控制

X62W 万能铣床由变压器 TC3 提供 36V 的交流电压，作为铣床低压照明灯的电源。并由开关 SA1 控制。

X62W 万能铣床电气元件明细表见表 3.22。

表 3.22　X62W 万能铣床电气元件明细表

元件代号	图上区号	名　称	型号规格	数　量	用　途
M1	2	电动机	JO2-51-4　7.5kW　1450r/min	1	驱动主轴
M2	3	电动机	JCB-22　0.125kW　2790r/min	1	驱动冷却泵
M3	4	电动机	JO2-22-4　1.5kW　1410r/min	1	驱动工作台进给
SA1	1	转换开关	HZ1-60/3J　60A　500V	1	电源总开关
SA2	2	组合开关	HZ3-133　60A　500V	1	M1 换相开关
SA3	13	组合开关	HZ1-10/3J　60A　500V	1	冷却泵开关
SA4	10、12	组合开关	HZ1-10/3J　60A　500V	1	换刀开关
SA5	16、18	组合开关	HZ1-10/3J　10A　500V	1	圆工作台开关
FU1	1	熔断器	RL1-60　60A　熔体 50A	3	电源总保护
FU2	3	熔断器	RL1-15　15A　熔体 4A	3	整流电路保护
FU3	11	熔断器	RL1-15　15A　熔体 10A	1	直流电路保护
FU4	7	熔断器	RL1-15　15A　熔体 2A	1	控制电路保护
FU5	6	熔断器	RL1-15　15A　熔体 1A	1	照明电路保护
FR1	2	热继电器	JR0-60/3　16A	1	M1 过载保护
FR2	3	热继电器	JR0-20/3　0.5A	1	M2 过载保护
FR3	4	热继电器	JR0-20/3　1.5A	1	M3 过载保护
TC1	11	变压器	BK-150　380V/110V	1	控制电路电源
TC2	7	变压器	BK-100　380V/24V	1	整流电源
TC3	6	变压器	BK-50　380V/36V	1	照明电源
VC	7	整流器	4×2ZC	1	整流器
KM1	12	接触器	CJ0-20　20A　110V	1	主轴启动
KM2	13	接触器	CJ0-10　10A　110V	1	控制 M2
KM3	15	接触器	CJ0-10　10A　110V	1	M3 正转
KM4	20	接触器	CJ0-10　10A　110V	1	M3 反转
SB1、SB2	10、12	按钮	LA2	2	M1 停止

续表

元件代号	图上区号	名　称	型号规格	数　量	用　途
SB3、SB4	13、14	按钮	LA2	2	快速进给启动
SB5	12	按钮	LA2	1	M1 启动
YC1	8	电磁离合器	B1DL-Ⅱ	1	正常进给
YC2	9	电磁离合器	B1DL-Ⅱ	1	快速进给
YC3	10	电磁离合器	B1DL-Ⅲ	1	主轴制动
SQ1	16、20	位置开关	LX1-11K	1	向右控制
SQ2	19、20	位置开关	LX3-11K	1	向左控制
SQ3	16、17	位置开关	LX2-131	1	向后、上控制
SQ4	16、20	位置开关	LX2-131	1	向前、下控制
SQ5	15	位置开关	LX2-131	1	进给冲动
SQ6	12、13	位置开关	LX2-131	1	主轴冲动
KA1	14	中间继电器	J27-44　110V	1	快速进给控制
EL	6	铣床工作灯	JC-25　40W　36V	1	铣床照明控制

技能训练 3.4　X62W 万能铣床电气控制线路的检修

一、目的和要求

熟悉 X62W 万能铣床的电气原理图；熟悉 X62W 万能铣床的电器元件及其作用与安装位置；掌握 X62W 万能铣床的电气控制线路常见故障的检修。

二、工具和仪表

1）工具：测电笔、电工刀、剥线钳、尖嘴钳、斜口钳、旋具等。

2）仪表：万用表、兆欧表、钳形电流表。

三、训练内容

铣床的控制是机械与电气一体化的控制，因此在检修过程时，应充分熟悉铣床的结构、各手柄的作用、电器位置和电器接线图。X62W 型铣床电器位置图如图 3.43 所示，电器元件接线图如图 3.44 所示，X62W 万能铣床电箱内电器布置图如图 3.45 所示。

1. 主轴电路、进给运动控制电路及冷却泵电动机控制电路常见电气故障的分析与检修方法（表 3.23、表 3.24）

冷却泵电动机 M2 及照明电路的常见电气故障的分析和处理方法与车床的相类似，请读者自行分析。

2. 检修工艺要求和步骤

1）在操作师傅指导下，对铣床进行操作，充分了解铣床的各种工作状态及操作手柄的作用。

2）在教师指导下，熟悉铣床电器元件安装位置及走线情况，以及操作手柄置于不同位置时，位置开关的工作状态及运动部件的工作情况。

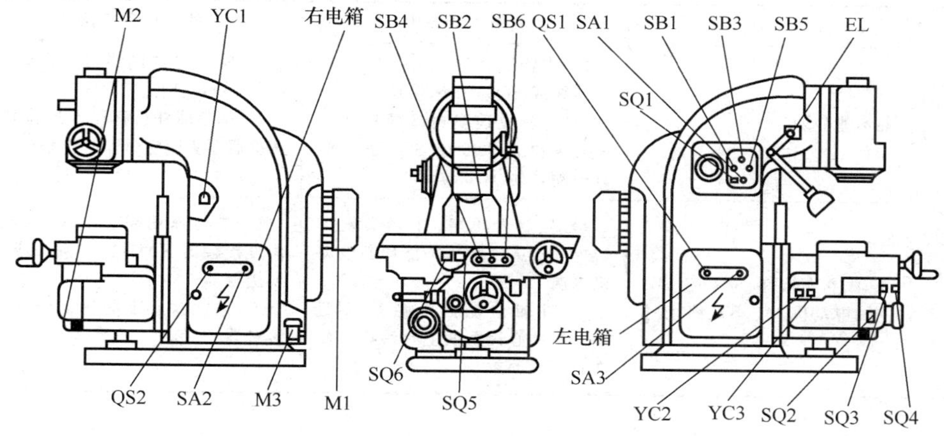

图 3.43 X62W 型万能铣床电器位置图

表 3.23 主轴电路常见电气故障的检修

故障现象	故障可能原因	故障处理方法
接通铣床电源总开关 SA1，铣床不能动作（主轴启动、进给、快速均无动作）	1）熔断器 FU1 松动或熔断，熔断器 FU2 熔断 2）控制变压器 TC1 损坏或二次接线端断线 3）主轴制动上刀转换开关 SA4 在夹紧位置 4）主轴变速操纵手柄未复位，SQ6—2 未接触 5）按钮 SB1、SB2、SB5 接触不良或损坏 6）热继电器 FR1 过载脱扣 7）热继电器 FR1 触头接触不良或损坏 8）接触器 KM1 线圈损坏，主触头接触不良或损坏	1）拧紧或更换熔体 2）检查变压器一次、二次接线，测量电压是否正确 3）将 SA_4 扳至放松位置 4）将变速手柄复位，使 SQ6—2 接通 5）检修或更换按钮 6）检查过载原因，将热继电器 FR_1 复位 7）检修或更换热继电器 FR_1 8）检修或更换接触器 KM_1
接触器 KM1 吸合，主轴电动机 M1 不能启动或电动机发出“嗡嗡”声	1）机床外电源缺一相或电源开关 SA1 一相接触不良 2）主轴电动机热继电器 FR1 热元件一相或压线端未拧紧 3）主轴电动机定子出线端脱焊、松动 4）主轴换向转换开关 SA2 在零位 5）接触器 KM1 主触头接触不良或损坏 6）主轴电动机 M1 本身故障	1）测量电源三相电压，查清缺相原因，修复电源开关 SA1 触头 2）更换热继电器或清除压线端氧化物，重新压紧 3）将断线头刮光，重新焊接引线 4）将 SA2 扳至顺转或逆转位置 5）检修或更换接触器 KM1 6）检修电动机 M1

续表

故障现象	故障可能原因	故障处理方法
主轴不能变速	1）主轴变速冲动开关的9号线断线或SQ6—1未接通 2）主轴变速箱机械撞杆在变速时未顶上SQ6或SQ6安装螺钉松动，使SQ6位移	1）将9号线断线接好压紧或修复SQ6—1触头 2）调整撞杆行程和SQ6位置，调整后要紧固螺母，防止松动
按主轴停止按钮SB1或SB2后，主轴电动机M1不能停止	1）接触器KM1主触头发生熔焊，造成主触头不能切断电动机电源 2）主轴电动机接触器KM1动、静铁心接触面上有污物，使铁心不能释放	1）应迅速切断总电源，然后修复接触器KM1的主触头或更换接触器 2）清除铁心上的污物或更换接触器

表 3.24　进给运动控制线路的常见电气故障的检修

故障现象	故障可能原因	故障处理方法
操纵工作台手柄，工作台只能作向右、向前、向下运动，不能向左、向后、向上动作	1）接触器KM4线圈损坏 2）接触器KM3的常闭触头（43—47）接触不良，使接触器KM4不吸合	1）修复接触器KM4线圈或更换接触器KM4 2）更换或修复接触器KM3的触头
操纵十字手柄，工作台均无动作	位置开关SQ 1—2或SQ 2—2触头未接好，造成接触器KM3和KM4不能吸合	检查位置开关SQ1和SQ2触头，进行调整或修复
进给变速无冲动	进给变速冲动位置开关SQ 5—1的27号线断线或开关固定螺钉松动，开关位移，变速盘撞压不到SQ5	将断线接好、压紧，重新调整SQ5拧紧螺钉
常速、快速进给及主轴制动均无	1）熔断器FU4熔断 2）整流器VC损坏 3）控制变压器TC2损坏	1）检查熔断原因，更换熔体 2）更换损坏元件 3）检修或更换变压器

3）在X62W型万能铣床上人为设置自然故障，由教师示范检修，边分析边检修，至故障排除。

4）教师设置让学生知道的故障点，指导学生如何从故障现象着手进行分析，逐步引导学生如何运用正确的检查步骤和检修方法进行故障的检修。

5）由教师设置人为的故障，由学生按照正确的检查步骤和检查方法进行检修。

6）要求和注意事项

① 学生必须熟悉X62W型万能铣床电气线路的基本环节及其原理，认真观摩教师的示范操作。

② 铣床的电气控制与机械机构的配合十分密切，因此，出现故障时，应首先判断是机械故障还是电气故障。

③ 检修所用工具、仪表应符合使用要求。

④ 排除故障时，必须修复故障点，但不得采用元件代换法。

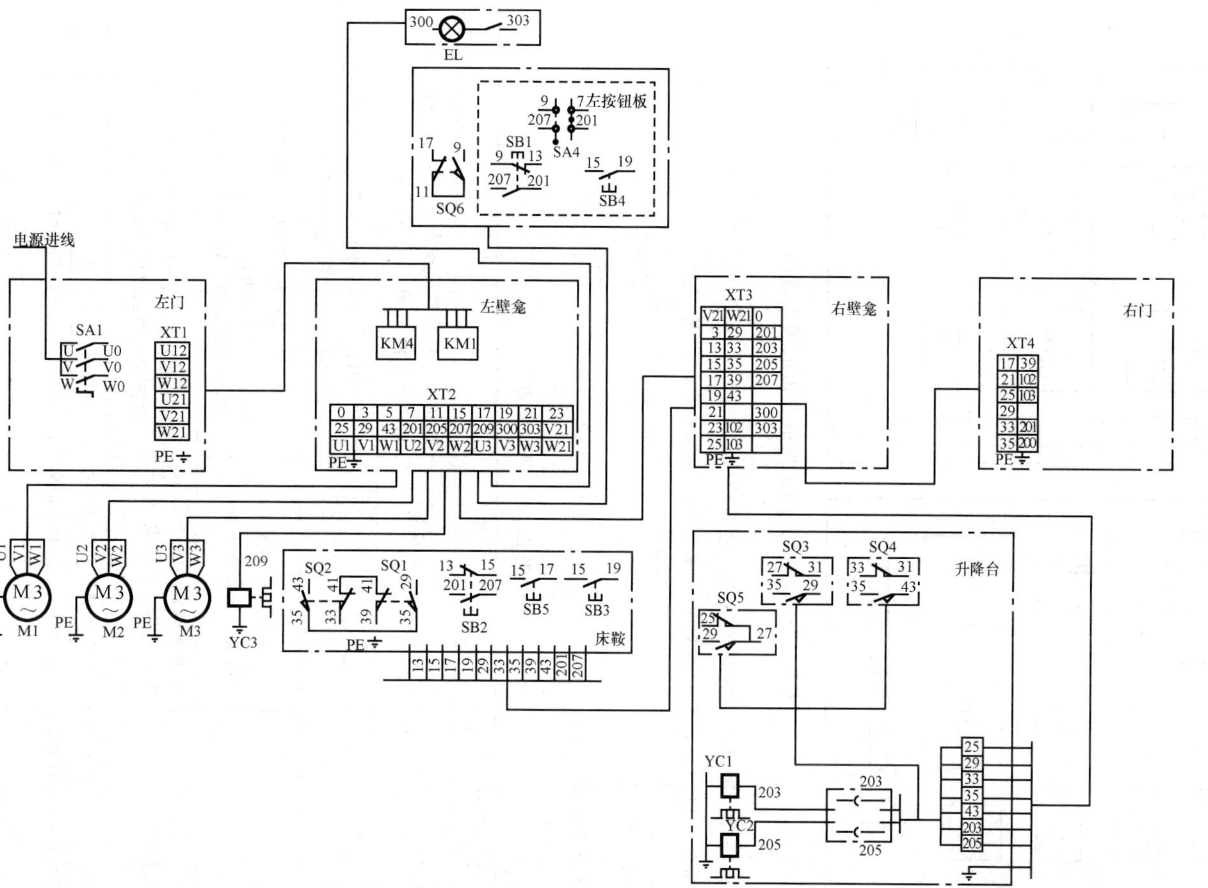

图 3.44　X62W 型万能铣床电气接线图

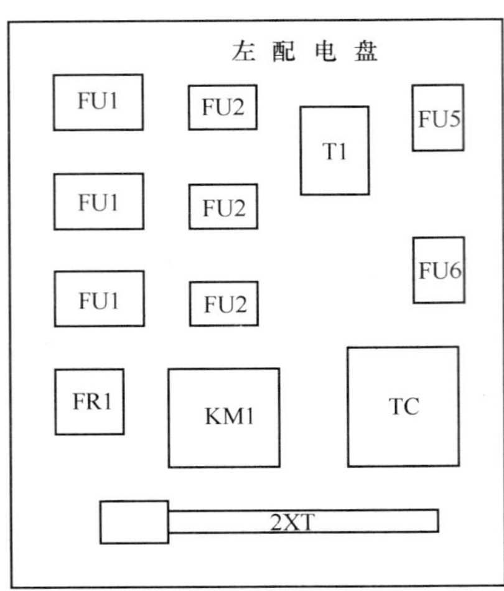

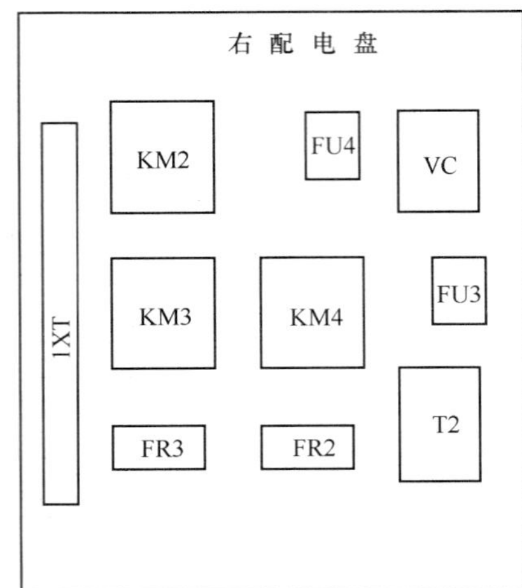

图 3.45　X62W 万能铣床电箱内电器布置图

⑤ 检修时，严禁扩大故障范围或产生新的故障。

⑥ 带电检修，必须有指导教师现场监护，确保人身、设备安全。

3. 评分标准

评分标准见表 3.25。

表 3.25　评分标准

<table>
<tr><td>项　目</td><td>配　分</td><td colspan="4"></td><td></td></tr>
<tr><td>故障现象</td><td>20</td><td colspan="2">正确观察故障现象</td><td colspan="2">错看、漏看故障现象，每个错、漏故障现象扣 10 分</td><td></td></tr>
<tr><td>故障范围</td><td>20</td><td colspan="2">尽可能缩小故障范围</td><td colspan="2">错判故障范围，每个故障扣 10 分
未缩小到最小故障范围扣 5 分</td><td></td></tr>
<tr><td>检修方法</td><td>40</td><td colspan="2">仪表和工具使用正确
检修方法步骤正确</td><td colspan="2">仪表和工具使用不正确，每次扣 5 分
检修步骤不正确，每处扣 5 分
不能查出故障点，每个故障点扣 20 分</td><td></td></tr>
<tr><td>排除故障</td><td>20</td><td colspan="2">排除故障，且不扩大故障范围，不损坏电器元件</td><td colspan="2">不能排除故障，每个故障扣 10 分
能排除故障但损坏元器件，扣 5 分</td><td></td></tr>
<tr><td>安全文明生产</td><td colspan="5">违反安全文明生产规程，视情节扣 10～20 分</td><td></td></tr>
<tr><td colspan="6">定额时间 30min 修复，不允许超时检查，修复故障过程允许超时，但以每超时 3min 扣 3 分计算</td><td></td></tr>
<tr><td colspan="2">开始时间</td><td></td><td>结束时间</td><td></td><td>成绩</td><td></td></tr>
</table>

小　　结

铣床的控制是机械与电气一体化的控制，因此在学习过程中应充分了解铣床的结构、各手柄的作用、电器位置、机械与电器的联合动作，有助于机床控制原

理的掌握。

工作台的控制是机电一体化的控制，纵向、横向、垂直三种运动形式用同一台电动机来拖动，采用手柄对机械、电器同时进行操纵，由机、电配合实现各种要求的动作。

铣床在工作中有各种机械和电气联锁。工作台与主轴之间的联锁、纵向操纵和横向与垂直操纵之间的联锁、圆工作台与工作台自动进给的联锁、变速冲动与工作台自动进给的联锁，熟悉这些联锁环节有助于对电路工作原理的分析和理解。

技能训练时必须严格遵守安全操作规程，熟悉铣床的常见电气故障，采用正确的检查排除故障方法，在规定时间内查出并排除故障。

3.6 T68 卧式镗床电气控制线路

知识点

- 了解 T68 型镗床的基本结构及运动形式
- 掌握 T68 型卧式镗床的控制要求、电气控制线路的组成及工作原理

技能点

- 熟悉 T68 型卧式镗床常见电气故障，掌握其分析与检查的方法

T68 型卧式镗床是一种精密加工机床，主要用于加工精度要求高的孔和孔间距要求精确的工件。镗床按不同的用途可分为立式镗床、卧式镗床、坐标镗床、专用镗床等。应用较广泛的是卧式镗床，是一种多用途的金属切削机床，能完成钻孔、镗孔等孔加工，使用附件后还能切削端面、内圆、外圆等，本节以 T68 型镗床为例进行分析。

3.6.1 T68 卧式镗床的型号含义、主要结构及运动形式

1. 型号意义

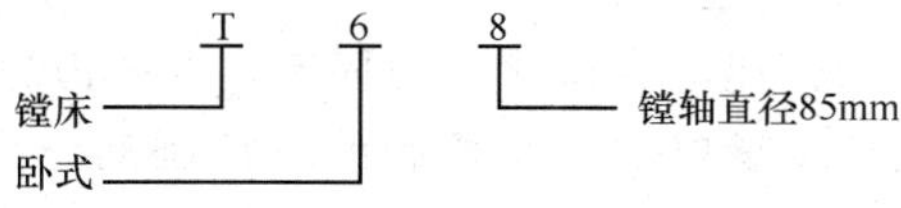

2. 主要结构

T68 型卧式镗床主要由床身、工作台、主轴箱、前立柱、带尾座的后立柱、下滑板、上滑板、主轴（花盘）等组成。

T68 型镗床外型结构如图 3.46 所示。

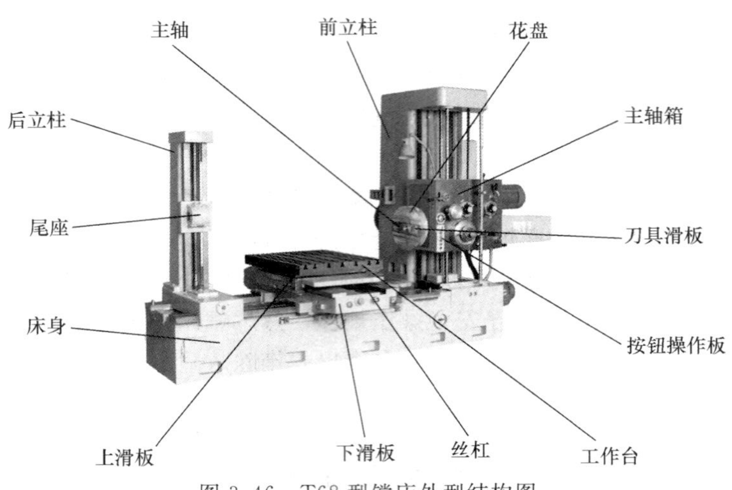

图 3.46 T68 型镗床外型结构图

3. T68 型镗床的运动形式

1）主运动：主轴的旋转运动和花盘的旋转运动。

2）进给运动：主轴的轴向进给、花盘刀具溜板的径向进给、主轴箱沿前立柱导轨的升降运动、工作台的横向和纵向进给。

3）辅助运动：工作台的回转运动、后立柱的轴向水平移动、尾架的垂直移动以及各部分的快速移动。

机床的主体运动及各种常速进给运动都是由主轴电动机来驱动，机床各部分的快速进给运动由快速进给电动机来驱动。

3.6.2 T68 型卧式镗床的电力拖动特点及控制要求

T68 型镗床有两台电动机，一台是主轴电动机 M1，通过变速箱等传动机构带动主轴和花盘旋转并作为常速进给的动力，同时还带动润滑油泵；另一台电动机 M2，是快速进给电动机，它带动主轴的轴向进给、主轴箱的垂直进给、工作台的横向和纵向进给的快速移动。

1）主拖动电动机采用双速笼型异步电动机，进给运动和主轴及花盘的旋转运动用同一台电动机 M1 拖动，可进行点动或连续正反转控制。

2）主轴电动机低速时定子绕组接成△直接启动，高速时先低速启动，延时后定子绕组接成 YY 转为高速运转。

3）主轴变速和进给变速应有低速冲动环节，保证齿轮能良好啮合。

4）停车制动采用速度继电器 KN 控制的反接制动，为限制制动电流和减小机械冲击，M1 在制动、点动及主轴和进给变速冲动控制时串入了电阻器 R。

5）快速电动机 M2 控制各个运动部件的快速移动，即主轴的轴向进给、主轴箱的垂直进给、工作台的横向和纵向进给的快速移动，因是短时工作，故不采用热继电器进行过载保护。

6）照明灯 HL 作为必要的工作照明。

3.6.3　T68 卧式镗床电气控制线路分析

1. 主轴启动及点动的控制

T68 型镗床电气原理图如图 3.47 所示。控制电路的电源由控制变压器 TC 提供 110V 电压。

（1）主轴电动机 M1 的正反转低速控制

图 3.48 所示是主轴电动机正反转低速运转控制电路单独从 T68 型镗床电气原理图中分列画出部分。

1）正转控制。

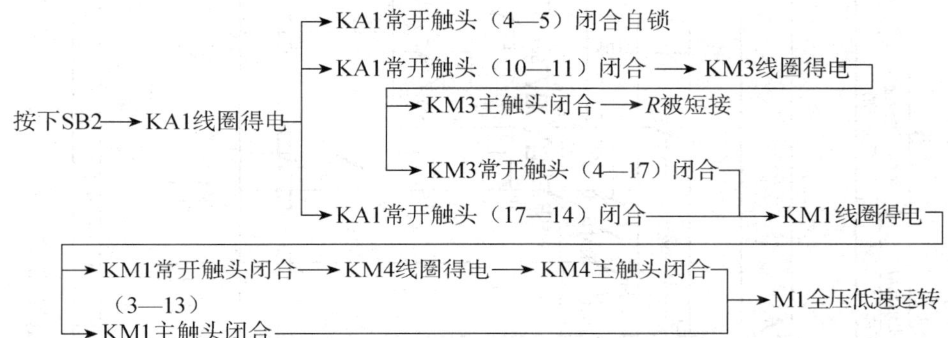

KA1 线圈经 TC（110V）—1—2—3—4—5—6—KA1 线圈—0—TC（0）回路得电。

KM3 线圈经 TC（110V）—1—2—3—4—9—10—11—KM3 线圈—0—TC（0）回路得电。

KM1 线圈经 TC（110V）—1—2—3—4—17—14—16—KM1 线圈—0—TC（0）回路得电。

KM4 线圈经 TC（110V）—1—2—3—13—20—21—KM4 线圈—0—TC（0）回路得电。

2）反转控制。按钮 SB3 控制反转，由中间继电器 KA2、接触器 KM2 配合接触器 KM3、KM4 实现反向运转。其工作原理与正向低速运转相似，请读者自行分析。

（2）主轴电动机 M1 的点动控制

图 3.49 所示是主轴电动机点动控制电路单独从 T68 型镗床电气原理图中分列画出部分。

按下 SB4（或 SB5），接触器 KM1（或 KM2）线圈得电吸合，KM1（或 KM2）的常开触头（3—13）闭合，接触器 KM4 线圈得电吸合，KM1（或 KM2）和 KM4 的主触头闭合，电动机 M1 接成三角形串限流电阻 R 低速点动。

（3）主轴电动机 M1 的正反转高速控制

低速运转时主轴电动机 M1 定子绕组为△接法，$n=1460$ 转/分，高速时 M1 定子绕组为 YY 接法，$n=2880$ 转/分。

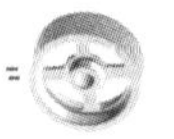

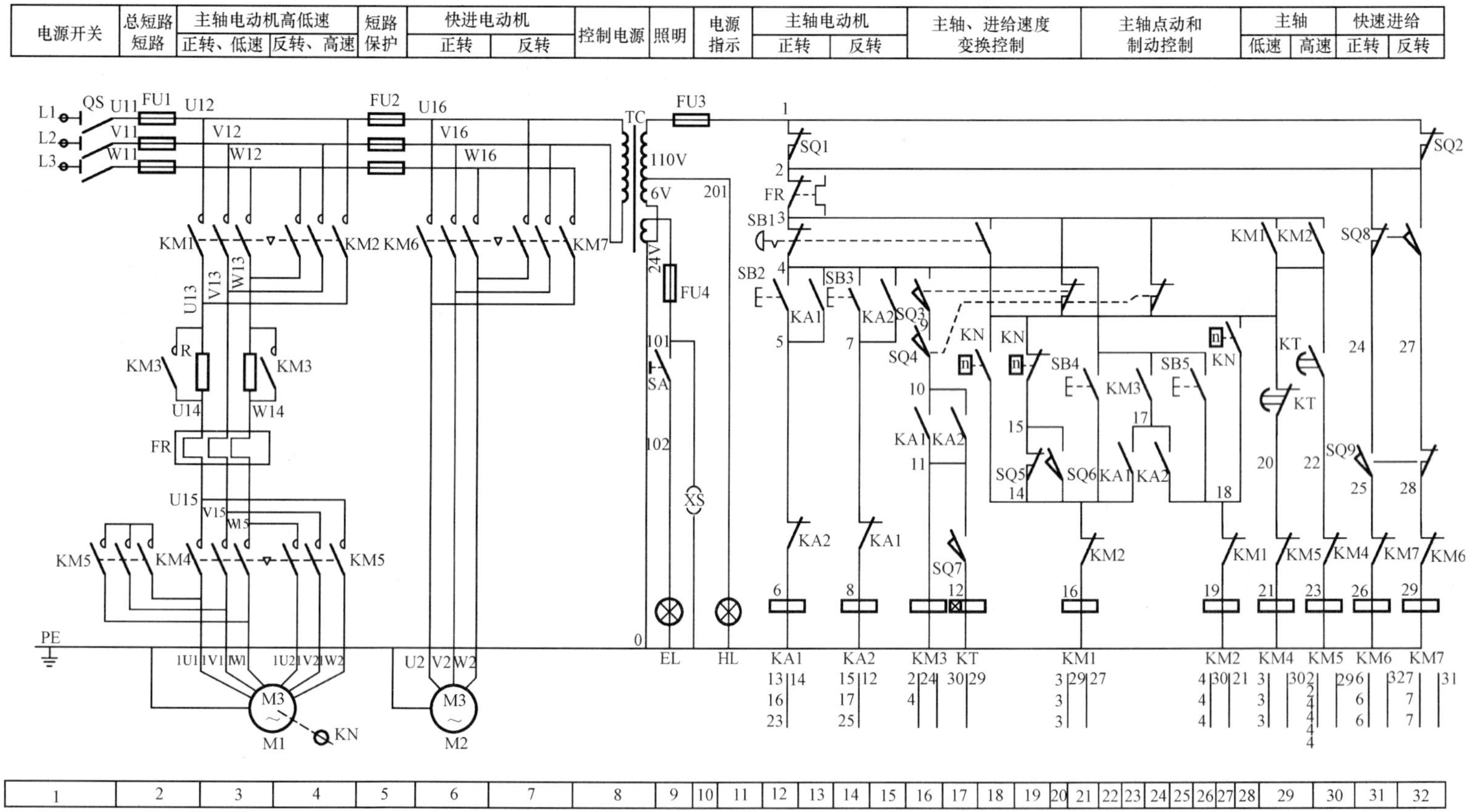
电源开关
总短路
短路
主轴电动机高低速
正转、低速
反转、高速
短路
保护
快进电动机
正转
反转
控制电源
照明
电源
指示
主轴电动机
正转
反转
主轴、进给速度
变换控制
主轴点动和
制动控制
主轴
低速
高速
快速进给
正转
反转
L1
L2
L3
QS
U11
V11
W11
FU1
U12
V12
W12
FU2
U16
V16
W16
KM1
KM2
KM6
KM7
U13
V13
W13
R
KM3
U14
W14
FR
U15
V15
W15
KM5
KM4
PE
1U1
1V1
1W1
1U2
1V2
1W2
M3
M1
KN
U2
V2
W2
M2
TC
110V
6V
24V
FU3
FU4
201
101
SA
102
XS
0
EL
HL
1
SQ1
2
FR
SB1
3
SB2
4
SB3
KA1
KA2
5
7
SQ3
9
SQ4
10
11
SQ7
12
SB4
SB5
KM3
15
17
SQ5
14
SQ6
18
KT
20
22
SQ8
SQ9
24
25
27
28
SQ2
6
8
16
19
21
23
26
29
KA1
KA2
KM3
KT
KM1
KM2
KM4
KM5
KM6
KM7
1
2
3
4
5
6
7
8
9
10
11
12
13
14
15
16
17
18
19
20
21
22
23
24
25
26
27
28
29
30
31
32

图 3.47 T68 型镗床电气原理图

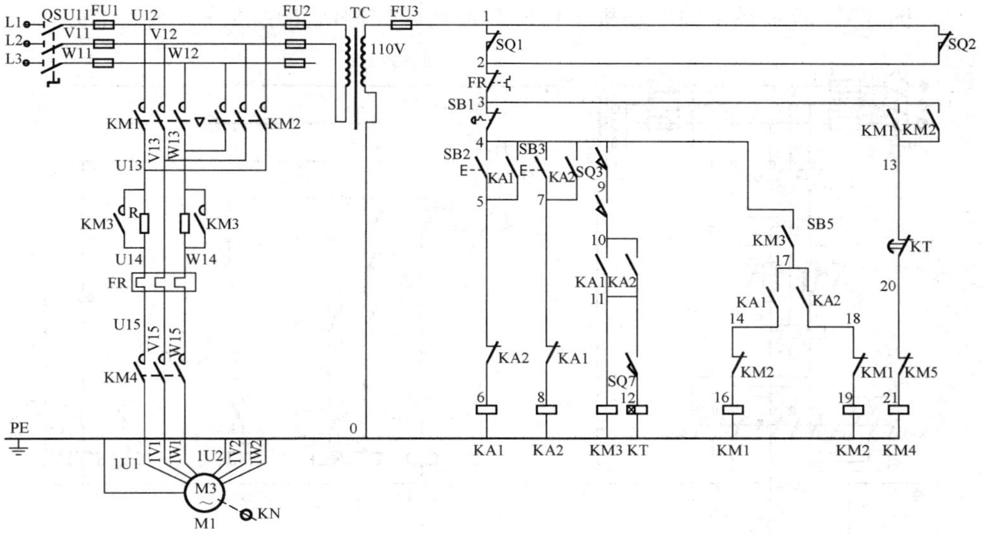

图 3.48 主轴电动机正反转低速运转控制电路

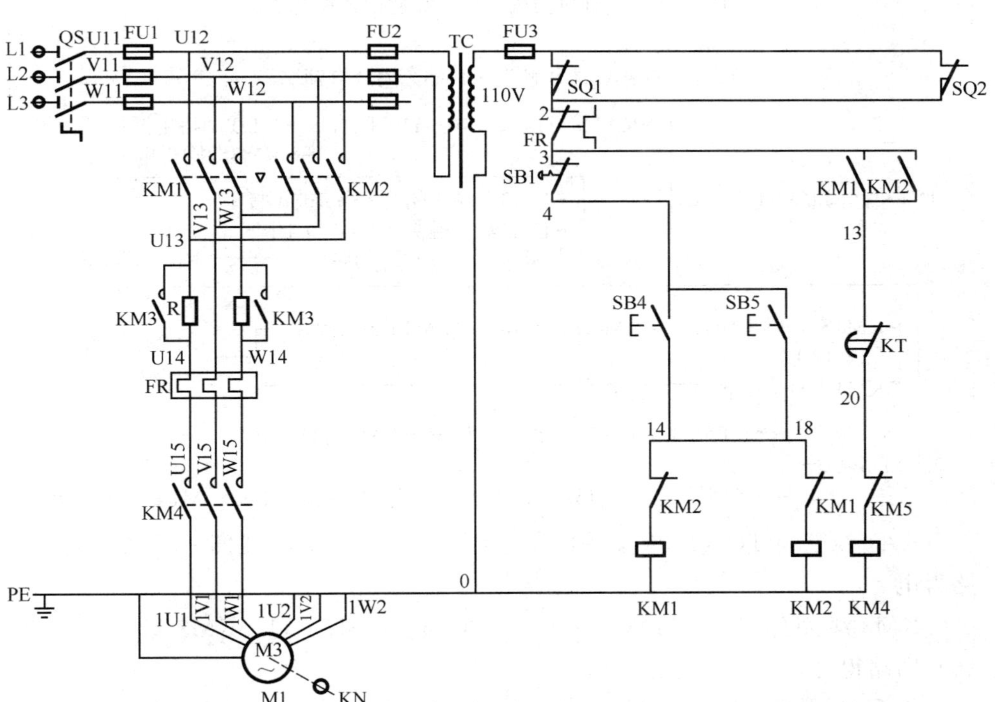

图 3.49 主轴电动机点动控制线路

主轴电动机 M1 作△接法低速运行时，变速手柄在“低速”位置，使位置开关 SQ7 分断，时间继电器 KT 不得电，接触器 KM5 就不能得电。

当需要高速运行时，主轴变速操纵手柄扳至“高速”，压下位置开关 SQ7，其常开触头 SQ7（11—12）闭合。以高速正转分析其工作原理如下：

图 3.50 所示是主轴电动机正反转高速运转控制电路单独分列画出部分。

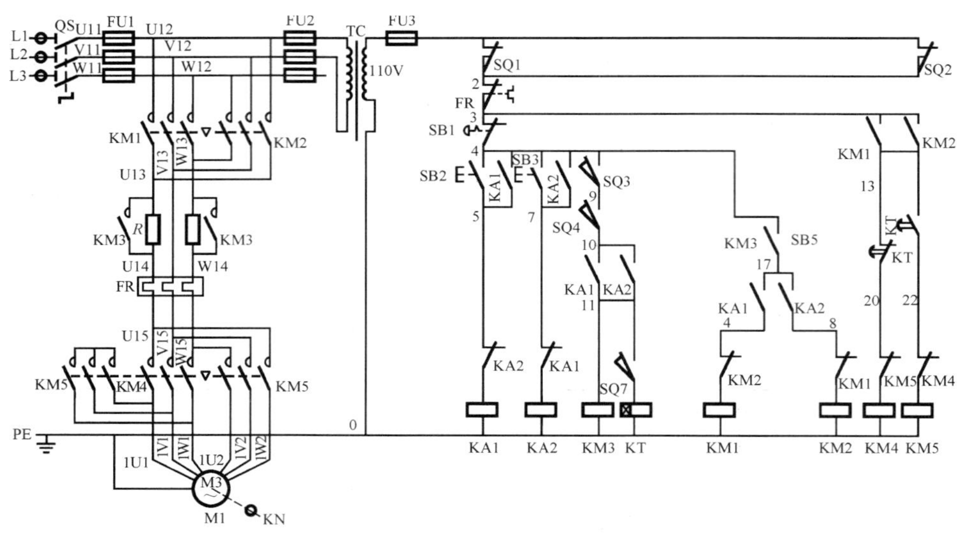

图 3.50　主轴电动机正反转高速运转控制电路

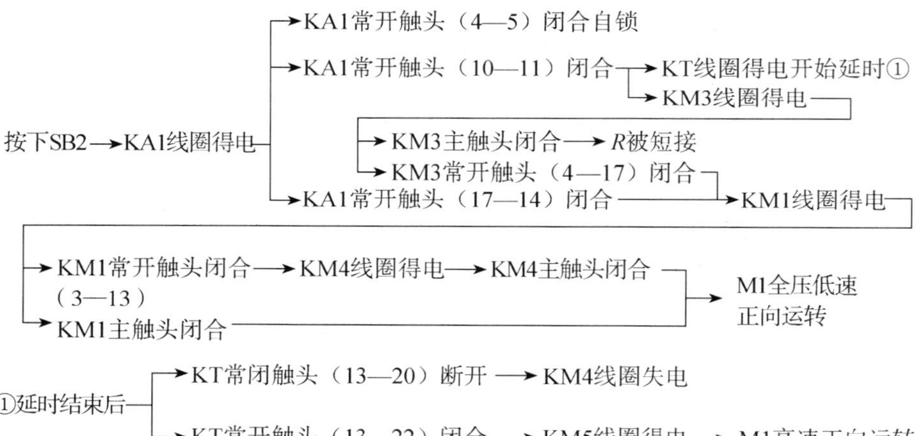

KA1 线圈经 TC（110V）—1—2—3—4—5—6—KA1 线圈—0—TC（0）回路得电。

KM3 线圈经 TC（110V）—1—2—3—4—9—10—11—KM3 线圈—0—TC（0）回路得电。

KM1 线圈经 TC（110V）—1—2—3—4—17—14—16—KM1 线圈—0—TC（0）回路得电。

KM4 线圈经 TC（110V）—1—2—3—13—20—21—KM4 线圈—0—TC（0）回路得电。

KM5 线圈经 TC（110V）—1—2—3—13—22—23—KM5 线圈—0—TC（0）回路得电。

KT 线圈经 TC（110V）—1—2—3—4—9—10—11—12—KT 线圈—0—TC（0）回路得电。

高速反转由反向启动按钮 SB3 控制，KA2、KM3、KM2、KM4 和 KT 线圈相继得电，M1 低速反转，经过延时后，KM4 线圈失电，KM5 线圈得电，M1 高速反向运行。工作原理与高速正向控制相似，请自行分析。

2. 主轴的制动控制

图 3.51 所示是主轴制动控制电路单独分列画出部分。T68 型镗床主轴电动机停车制动采用速度继电器 KN、串电阻 R 的双向低速反接制动。主轴电动机 M1 在高速正转运行时，速度继电器 KN 的常开触头（13—18）在转速为 120～150 转/分时已经闭合，为反接制动停车作好了准备。停车时，按下停止按钮 SB_1，工作原理分析如下：

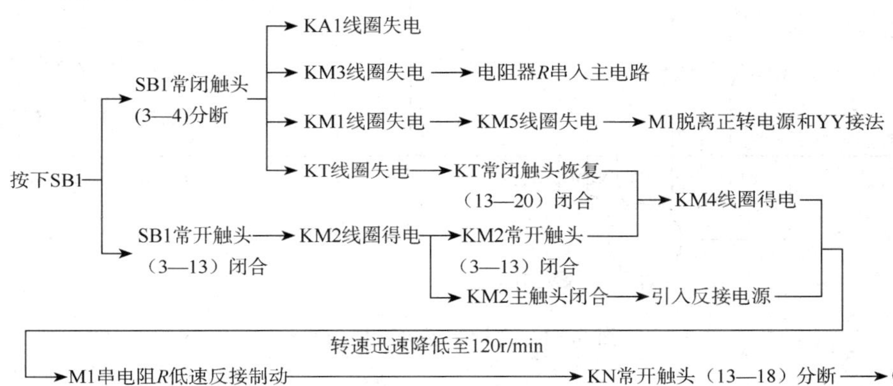

若主轴电动机 M1 反转时，由速度继电器另一组触头 KN（13—14）协同制动，工作原理与正转的反接制动相似。请自行分析。

3. 主轴变速及进给变速的冲动控制

镗床的主轴变速和进给变速是通过操作各自的变速操纵手柄改变传动链的传动比来实现的。镗床的调速既可以在主轴停车时进行，也可以在主轴运转时进行。图 3.52 所示是主轴变速和进给变速冲动控制电路单独分列画出部分。

（1）主轴变速的冲动控制

主轴的各种转速是用变速操纵盘来调节传动系统而取得。

1）M1 在停车时的主轴变速冲动控制。手柄在原位（变速前）时，速度继电器 KN 的常闭触头（13—15）闭合，位置开关 SQ3 和 SQ5 被压下，SQ3 的常闭触头（3—13）和 SQ5 的常闭触头（15—14）均处于分断状态。

当需要变速时，将主轴变速操纵手柄拉出，与变速操纵手柄有机械联系的位置开关 SQ3 和 SQ5 不再受压而复位，接触器 KM1 经 TC（110V）—1—2—3—13—15—14—16—KM1 线圈—0—TC（0）回路得电动作，主轴电动机 M1 串限流电阻 R 接成△低速正向旋转。当转速上升至一定值（120r/min）时，KN 常闭

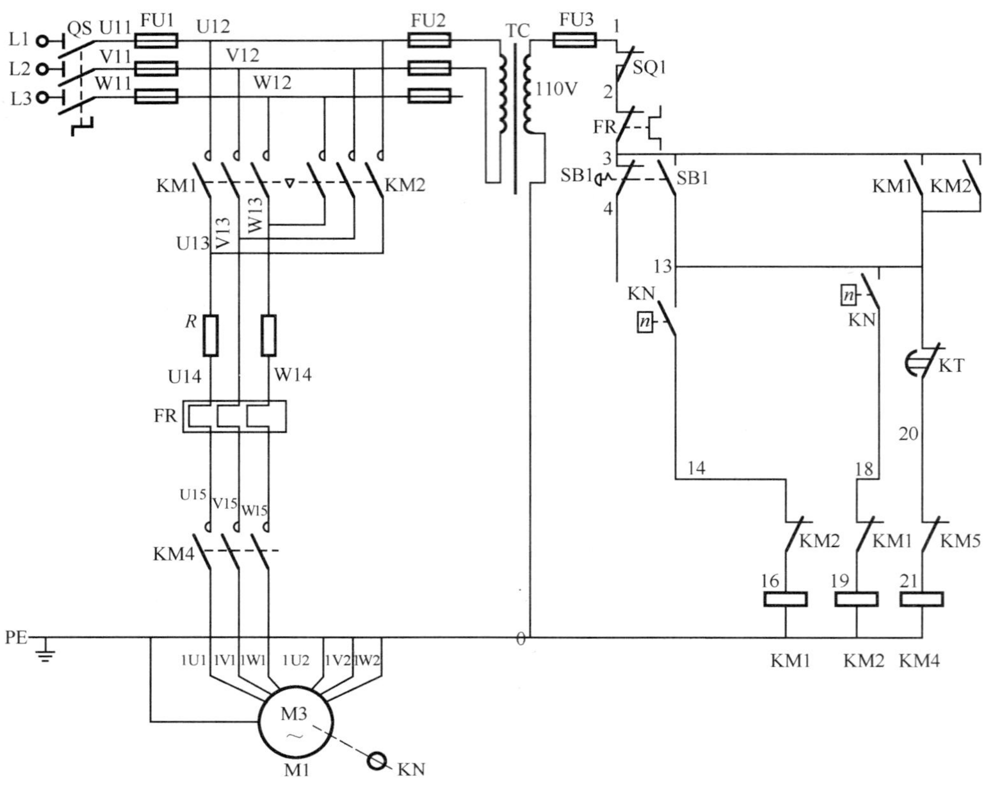

图 3.51　主轴制动电气控制线路

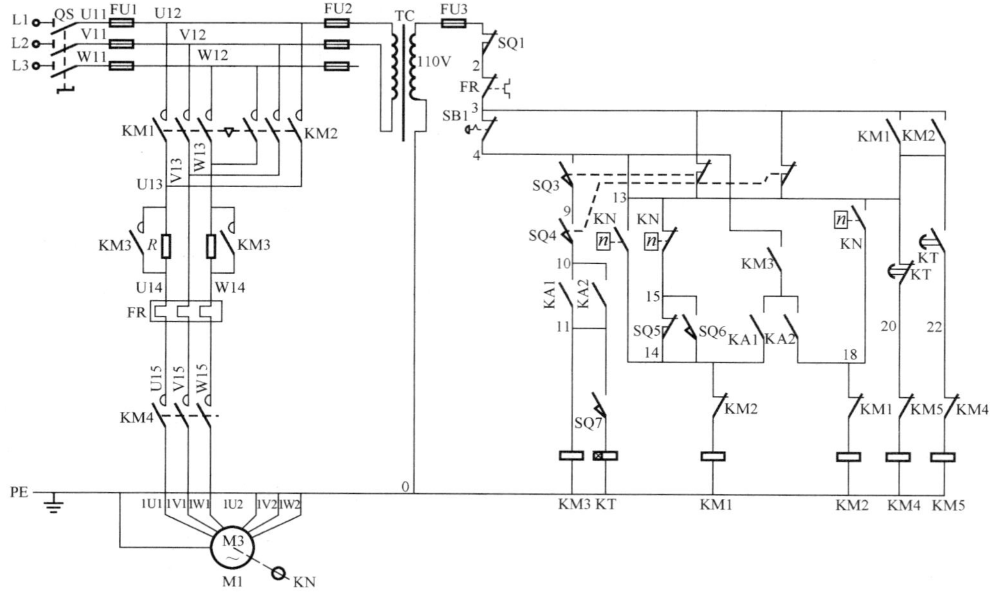

图 3.52　主轴变速和进给变速冲动电气控制线路

触头（13—15）分断，KM1 线圈失电释放，M1 正转电源被切断，而此时 KN 常开触头（13—18）闭合，KM2 线圈经 TC（110V）—1—2—3—13—18—19—KM2 线圈—0—TC（0）回路得电动作，M1 反接制动。当 M1 转速下降到一定值时，KN 常开触头（13—18）分断，KM2 线圈失电释放，KN 常闭触头又闭合，KM1 线圈又得电动作，M1 又正向启动。这样 M1 间歇性地启动和反接制动，处于冲动状态，使齿轮能顺利的啮合。

只有当齿轮捏合后，才能将主轴变速操纵手柄推回原位，这时位置开关 SQ3 和 SQ5 被压下，SQ3 常开触头（4—9）闭合，SQ3 常闭触头（3—13）和 SQ5 常闭触头（15—14）分断，M1 电源切断停转。

2）M1 在高速正转时的变速冲动控制。当主轴在高速正转时，若需要变速，不必按停止按钮 SB1，只要将主轴变速操纵手柄拉出，SQ3 和 SQ5 复位，SQ3 常开触头（4—9）分断，SQ3 和 SQ5 的常闭触头恢复闭合，使 KM3 和 KT 线圈失电，KM1 和 KM5 也相继失电释放，电动机 M1 断电，随即 KM2 和 KM4 线圈得电动作，电动机 M1 串电阻 R 反接制动，当制动结束，KN 常闭触头闭合，KM1 线圈得电控制 M1 正向低速冲动，齿轮啮合后，推回变速手柄，SQ3 和 SQ5 又重新被压下，KM3、KT、KM1、KM4 线圈相继得电动作，M1 低速启动经 KT 延时后转为高速运行。

（2）进给变速的冲动控制

进给变速控制和主轴变速控制过程基本相似，只是进给变速控制时拉出进给变速操纵手柄，使位置开关 SQ4 和 SQ6 复位，变速结束后再推回进给变速操纵手柄。

4. 快速移动电动机 M2 的控制及联锁保护装置

图 3.53 是 T68 型镗床快速移动电气控制线路部分。

（1）快速移动电动机 M2 的控制

主轴的轴向进给、主轴箱（包括尾架）的垂直进给、工作台的纵向和横向进给等的快速移动，均由电动机 M2 通过齿轮、齿条等来完成。

将快速移动操纵手柄向里推时，位置开关 SQ9 压下，SQ9 常开触头（24—25）闭合，接触器 KM6 线圈得电吸合，电动机 M2 正向启动，实现快速正向移动。

将快速移动操纵手柄向外拉时，位置开关 SQ8 压下，SQ8 常开触头（2—27）闭合，接触器 KM7 线圈得电吸合，电动机 M2 反向启动，实现快速反向移动。

（2）联锁保护装置

为了防止在工作台或主轴箱自动快速进给时又将主轴进给手柄扳到自动快速进给的误操作，就采用了与工作台和主轴箱进给手柄有机械联锁的位置开关 SQ1（在工作台后面），当上述手柄扳在工作台（或主轴箱）自动快速进给的位置时，SQ1 被压下分断。同样，在主轴上还装有另一个位置开关 SQ2，它与主轴进给手柄有机械连接，当该手柄动作时，SQ2 被压下分断。电动机 M1 和 M2 必须在位置开关 SQ1 和 SQ2 中有一个处于闭合状态时，才可以启动。如果两个

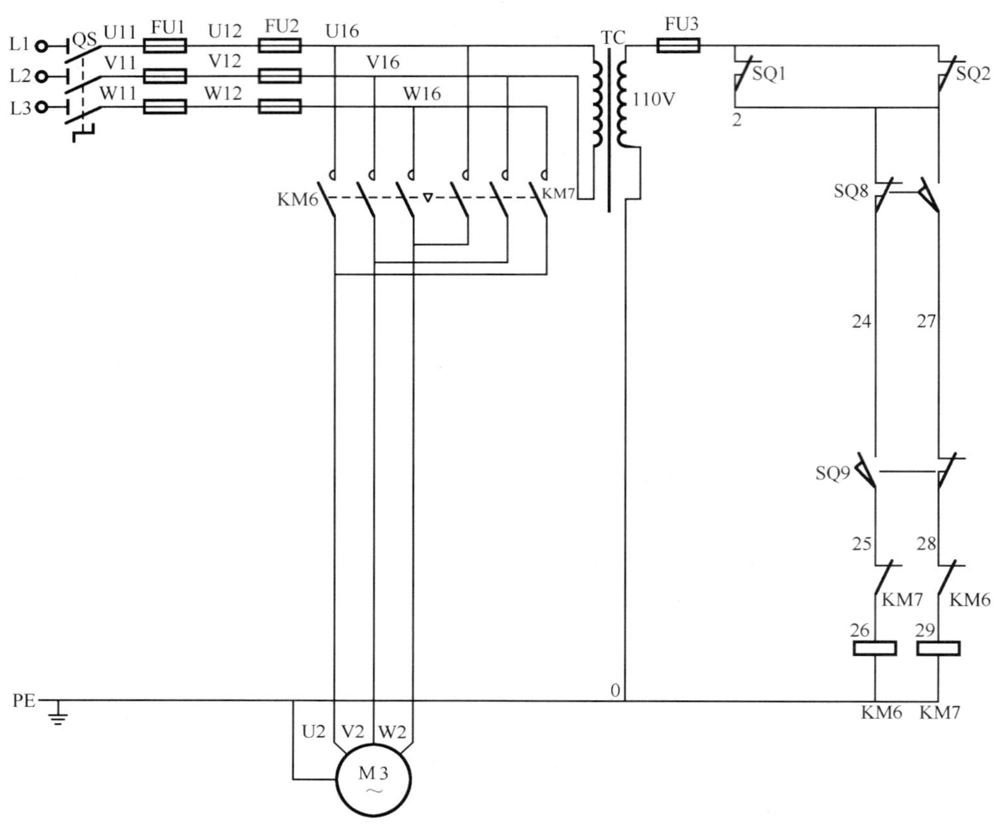

图 3.53　T68 型镗床快速移动电气控制线路

进给手柄都处在进给位置时，SQ1 和 SQ2 都断开，M1 和 M2 就不能进行工作或自动停转，从而达到联锁保护的目的。

5. 照明和指示辅助电路

控制变压器 TC 的二次侧分别输出 24V 和 6V 电压，（见 T68 型镗床电气原理图中 9 区、10 区和 11 区），作为机床照明灯和指示灯的电源。HL 为机床电源指示灯，机床接通电源后，指示灯 HL 亮。EL 为机床的低压照明灯，由开关 SA 控制，FU4 作短路保护。

T68 型镗床的电器元件明细表见表 3.26。

表 3.26　T68 型镗床电器元件明细表

元件代号	图上区号	名　　称	型号规格	数　　量	用　　途
M1	3	主轴电动机	JD02-51-4/25.5/7.5kW	1	主传动用
M2	6	快速进给电动机	J02-32-4，3kW、1430r/min	1	机床各部分的快速移动
QS	1	组合开关	HZ2-60/3　60A 三极	1	电源总开关

续表

元件代号	图上区号	名　称	型号规格	数　量	用　途
SA	9	组合开关	HZ2-10/3　10A 三极	1	照明开关
FU1	2	熔断器	RL1-60/40	3	总短路保护
FU2	5	熔断器	RL1-15/15.4	3	M2 短路保护
FU3	9	熔断器	RL1-15/15.4	1	110V 控制电路短路保护
FU4	9	熔断器	RL1-15/15.4	1	照明电路短路保护
KM1	21	交流接触器	CJ0-40 110V 50Hz	1	控制 M_1 正转
KM2	27	交流接触器	CJ0-40 110V 50Hz	1	控制 M_1 反转
KM3	16	交流接触器	CJ0-20 110V 50Hz	1	控制 M_1（短接制动电阻 R）
KM4	29	交流接触器	CJ0-40 110V 50Hz	1	控制 M_1 低速
KM5	30	交流接触器	CJ0-40 110V 50Hz	2	控制 M_1 高速
KM6	31	交流接触器	CJ0-20 110V 50Hz	1	控制 M_2 正转
KM7	32	交流接触器	CJ0-20 110V 50Hz	1	控制 M_2 反转
KT	17	时间继电器	JS7-2A 110V 50Hz	1	控制 M_1 高低速
KA1	12	中间继电器	JZ7-44 110V 50Hz	1	控制 M_1 正转
KA2	14	中间继电器	JZ7-44 110V 50Hz	1	控制 M_1 反转
TC	8	控制变压器	BK-300 380/110V、24V、6V	1	控制电源
FR	3	热继电器	JR0-10/3D 整定电流 16A	1	M_1 过载保护
KN	4	速度继电器	JY-1　500V 2A	1	主轴制动用
R	3	电阻器	ZB2-0.9　0.9Ω	2	限流电阻
SB1	12	按钮	LA2 380V 5A	1	主轴停止
SB2	12	按钮	LA2 380V 5A	1	主轴正向启动
SB3	14	按钮	LA2 380V 5A	1	主轴反向启动
SB4	22	按钮	LA2 380V 5A	1	主轴正向点动
SB5	26	按钮	LA2 380V 5A	1	主轴反向点动
SQ1	12	位置开关	LX1-11H	1	主轴联锁保护
SQ2	32	位置开关	LX3-11K	1	主轴联锁保护
SQ3	16	位置开关	LX1-11K	1	主轴变速控制
SQ4	16	位置开关	LX1-11K	1	进给变速控制
SQ5	19	位置开关	LX1-11K	1	主轴变速控制
SQ6	20	位置开关	LX1-11K	1	进给变速控制
SQ7	17	位置开关	LX5-11	1	高速控制
SQ8	31	位置开关	LX3-11K	1	反向快速进给
SQ9	31	位置开关	LX3-11K	1	正向快速进给
XS	10	插座	T 型	1	补充照明用
EL	9	机床工作灯	K-1 螺口	1	工作照明
HL	11	信号灯	DX1-0 白色	1	电源指示

技能训练 3.5　T68 型卧式镗床控制线路的检修

一、目的和要求

熟悉 T68 型卧式镗床电器元件及其作用与安装位置；掌握 T68 型卧式镗床控制线路的检修。

二、工具和仪表

1）工具：测电笔、电工刀、剥线钳、尖嘴钳、斜口钳、旋具等。

2）仪表：万用表、兆欧表、钳形电流表。

三、训练内容

图 3.54 所示为 T68 型镗床电器元件位置图，图 3.55 所示为 T68 镗床电器元件接线图。

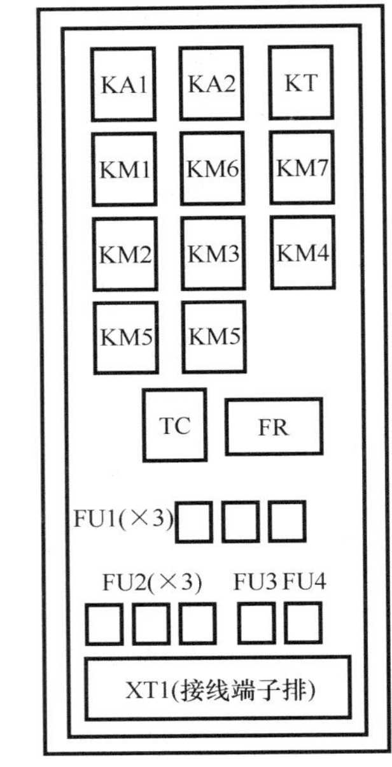

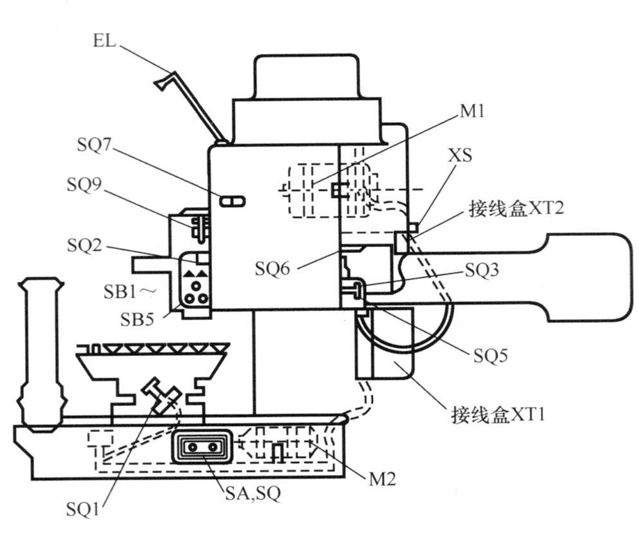

图 3.54　T68 型镗床电器元件位置图

T68 型镗床与 X62 型万能铣床一样都采用继电器—接触器控制，因此常见故障的判断和处理方法和车床、铣床大致相同。但由于镗床的电气与机械联锁较多，并采用了双速电动机，在机床工作时会产生一些特有的故障，现举例分析如下。

1. T68 型卧式镗床的常见电气故障的分析和检修方法（表 3.27）

2. 检修工艺要求和步骤

1）在操作师傅指导下，对镗床进行操作，充分了解镗床的各种工作状态及操作手柄的作用。

2）在教师指导下，熟悉镗床电器元件安装位置及走线情况。

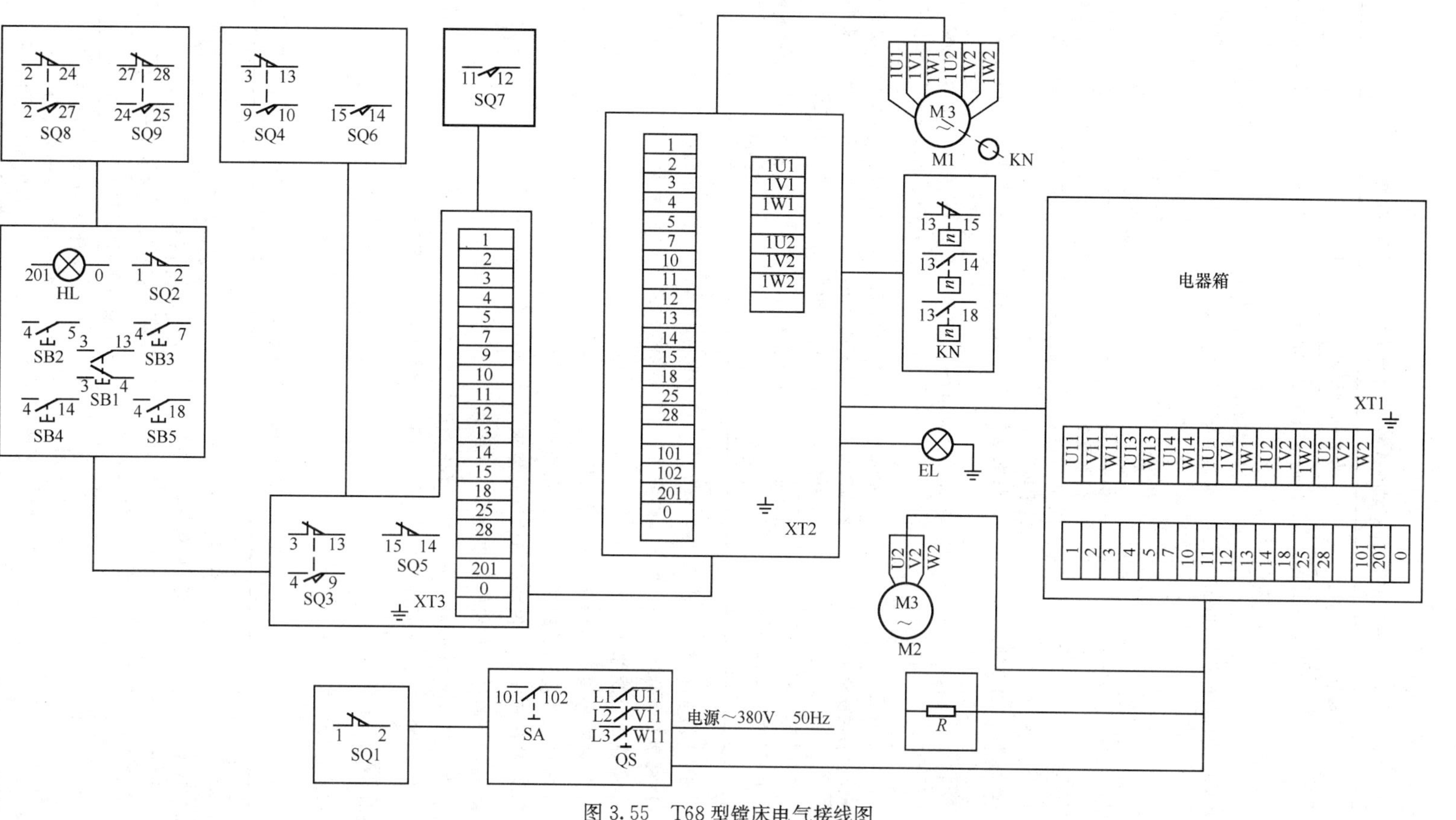

图 3.55 T68 型镗床电气接线图

表 3.27 T68 型卧式镗床的常见电气故障的检修

故障现象	故障可能原因	故障处理方法
主轴电动机有低速无高速	1）时间继电器 KT 的损坏 2）KT 延时闭合触头接触不良 3）位置开关 SQ7 常开触头接触不良、位置移动 4）KM4 常闭触头接触不良	1）检查 KT 线圈，修复或更换 KT 2）检修或更换 KT 3）检修 SQ7 触头，检查 SQ7 位置，进行调整或修复 4）检查 KM4 常闭触头，检修或更换元件
主轴电动机低速不能启动	1）熔断器 FU1 或 FU2 熔断 2）热继电器 FR 触头接触不良或损坏 3）热继电器 FR 过载脱扣 4）KM3 不能吸合	1）检查熔断原因，更换熔体 2）检修或更换热继电器 FR 3）检查过载原因，将热继电器 FR 复位 4）检查 KM3 支路各元件及 KM3 线圈是否断路并修复或更换
M1 正转或反转无制动	1）KN 常开触头(13—18)不闭合 2）KN 常开触头(13—14)不闭合 3）导线 13、18 或 13、14 断路	1）检查速度继电器，更换触头 2）检查速度继电器，更换触头 3）更换导线
正反转停车无制动	1）SB1 常开触头不闭合 2）导线 3 号断路	1）检查 SB1 按钮，更换触头 2）更换导线

3）在 T68 型镗床上人为设置自然故障，由教师示范检修，边分析边检修，至故障排除。

4）由教师设置人为的故障，由学生按照正确的检查步骤和检查方法进行检修。

5）要求和注意事项：

① 认真观摩教师的示范操作，熟悉机床的操作方法，掌握机床电气控制原理。

② 掌握双速电动机的接线方法并熟悉其变速原理。

③ 检修所用工具、仪表应符合使用要求。

④ 排除故障时，必须修复故障点，但不得采用元件代换法。

⑤ 检修时，严禁扩大故障范围或产生新的故障。

⑥ 带电检修，必须有指导教师现场监护，确保人身、设备安全。

3. 评分标准

评分标准见表 3.28。

表 3.28 评分标准

项　　目	配　　分	评分标准		扣分
故障现象	20	正确观察故障现象	错看、漏看故障现象，每个错、漏故障现象扣 10 分	
故障范围	20	尽可能缩小故障范围	错判故障范围，每个故障扣 10 分 未缩小到最小故障范围扣 5 分	
检修方法	40	仪表和工具使用正确 检修方法步骤正确	仪表和工具使用不正确，每次扣 5 分 检修步骤不正确，每处扣 5 分 不能查出故障点，每个故障点扣 20 分	

续表

<table>
<tr><td>项　　目</td><td>配　　分</td><td colspan="4">评分标准</td><td>扣分</td></tr>
<tr><td>排除故障</td><td>20</td><td colspan="2">排除故障，且不扩大故障范围，不损坏电器元件</td><td colspan="2">不能排除故障，每个故障扣 10 分
能排除故障但损坏元器件，扣 5 分</td><td></td></tr>
<tr><td>安全文明生产</td><td colspan="5">违反安全文明生产规程，视情节扣 10～20 分</td><td></td></tr>
<tr><td colspan="6">定额时间 30min 修复，不允许超时检查，修复故障过程允许超时，但以每超时 3min 扣 3 分计算</td><td></td></tr>
<tr><td colspan="2">开始时间</td><td></td><td>结束时间</td><td></td><td>成绩</td><td></td></tr>
</table>

小　　结

掌握镗床的结构和运动形式是学习镗床控制原理的基础。因此必须弄清主轴电动机 M_1、快速移动电动机 M_2、电气控制箱、速度继电器、按钮、变速及位置开关的位置；熟悉变速盘操纵手柄与位置开关的联动关系；熟悉机床的各种运动及其操纵。

主轴电动机的停车制动、主轴与进给变速控制是本节的重点和难点。主轴电动机反接制动控制过程的关键是掌握速度继电器 KN 动作情况，其两副触头不是同时动作的，KN（13—18）是在主轴电动机正转且转速大于 120r/min 时动作，KN（13—14）是在主轴电动机反转且转速大于 120r/min 时动作，这样，为主轴正转或反转的反接制动作好了准备。主轴与进给变速控制原理关键是掌握位置开关 SQ3、SQ5、SQ4、SQ6 的动作，位置开关 SQ3、SQ5 受主轴变速盘操纵手柄的机械联锁，位置开关 SQ4、SQ6 受进给变速盘操纵手柄的机械联锁。

熟悉镗床的常见电气故障，并能采用正确的方法熟练地排除故障，在技能训练中要善于总结规律及特点，做到独立思考，勤学多练，举一反三，融会贯通。

3.7　20/5t 桥式起重机电气控制线路

知识点

- 了解 20/5t 桥式起重机的结构、运动形式及控制要求
- 掌握桥式起重机控制线路的组成及工作原理
- 掌握主钩磁力屏控制线路的工作原理

技能点

- 熟悉 20/5t 桥式起重机的常见电气故障，掌握其分析和检修方法

起重机械设备广泛应用于企业、车站、港口、仓库及建筑工地等场所。它用

于提升重物，在短距离内将重物作水平移动，以及完成各种繁重运输任务。

起重机又称天车、行车、吊车等。根据使用场所不同，起重机的结构、形式也不同，有桥式起重机、塔式起重机、门式起重机、旋转起重机及绳索起重机等。其中以桥式起重机具有一定的典型性和广泛性，本节介绍 20/5t 桥式起重机。

3.7.1　20/5t 桥式起重机的主要结构及运动形式

桥式起重机结构示意图见图 3.56，20/5t 桥式起重机由主钩（20t）、副钩（5t）、大车和小车四部分组成。

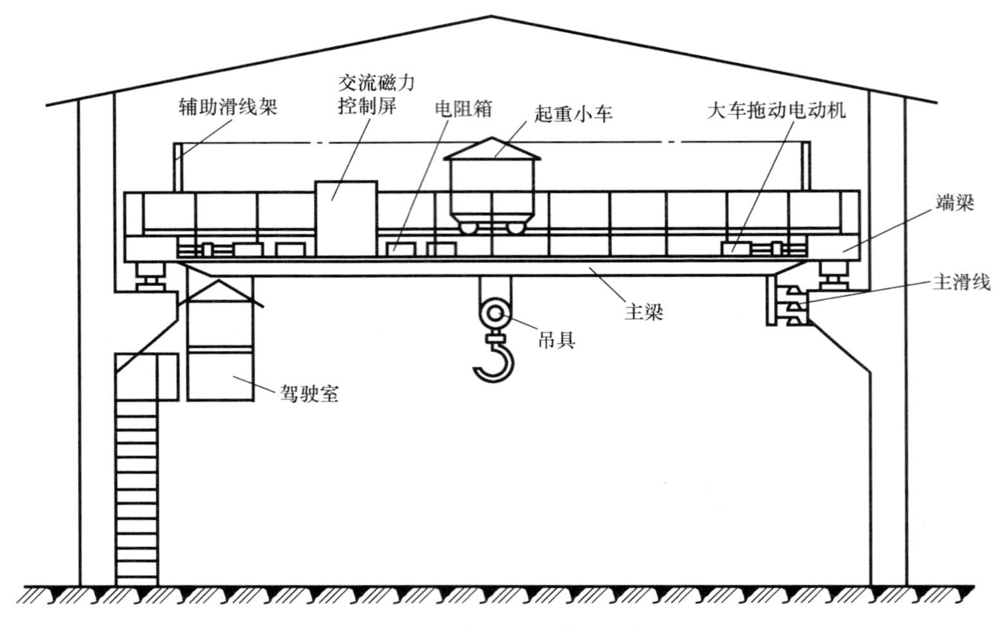

图 3.56　桥式起重机结构示意图

大车的轨道敷设在车间两侧的立柱上，大车可在轨道上沿车间纵向移动；大车上有小轨道，供小车横向移动；主钩和副钩都装在小车上，主钩用来提升重物，副钩除了可提升轻物外，还可以协助主钩完成工件的吊运，但不允许主、副钩同时提升两个物体。当主、副钩同时工作时，物件的重量不允许超过主钩的额定起重量。

20/5t 桥式起重机采用交流 380V 的电源。由于起重机工作时是经常移动的，因此要采用可移动的电源供电。一种是采用软电缆供电，软电缆可随大、小车的移动而伸缩，此种供电方式仅适用于小型起重机；常用的方法是采用滑触线和集电刷供电。三根主滑触线是沿着平行于大车轨道的方向敷设在车间厂房的一侧，电源由三根主滑触线通过电刷引入起重机驾驶室内的保护控制柜上，再从保护控制柜上引出两相电源至凸轮控制器，另一相称为电源公用相，直接从保护控制柜

接到电动机的定子接线端。滑触线通常用角钢、圆钢、V形钢或工字钢等刚性导体制成。

3.7.2 20/5t桥式起重机的电力拖动要求

1）起重机的工作条件十分恶劣，经常处于多粉尘、高温、高湿以及工作负载经常变化的短时重复工作制，而且经常在重载下进行频繁启动、制动、反转和变速等操作，要承受较大过载和机械冲击。因此，要求电动机具有较强的机械强度和较大的过载能力，同时还要求电动机的启动转矩大，启动电流小，故多选用绕线转子异步电动机拖动。

2）空载、轻载要能快速升降，重载速度要慢。

3）提升开始或重物下降至预定位置附近时，都要求低速，在30%额定速度内应分为几挡，以便灵活操作。

4）提升的第一档是为了消除传动间隙，使钢丝绳张紧，以避免过大的机械冲击，起动转矩不应太大，一般限制在小于1/2额定转矩之内。

5）物体下降时，拖动电动机能产生电动的或制动的转矩，且能自动地进行转换。

6）为确保设备和人身安全，采用电气和电磁机械双重制动，不但减少机械抱闸的磨损，还可防止因电源停电而使重物自由下落的事故发生。

7）具备完善的保护环节，短路、过载、终端及零位保护。

3.7.3 20/5t桥式起重机电气控制线路的分析

20/5t桥式起重机的电路图如图3.57所示。

1. 20/5t桥式起重机电气设备及控制、保护装置

桥式起重机的大车桥架跨度一般较大，两侧装置两个主动轮，分别由两台同规格电动机M3和M4拖动，沿大车轨道纵向两个方向同速运动。

小车移动机构由一台电动机M2拖动，沿固定在大车桥架上的小车轨道横向两个方向运动。

主钩升降由一台电动机M5拖动。

副钩升降由一台电动机M1拖动。

电源总开关为QS1；凸轮控制器AC1、AC2、AC3分别控制副钩电动机M1、小车电动机M2、大车电动机M3、M4；主令控制器AC4配合交流磁力控制屏（PQR）完成对主钩电动机M5的控制。

整个起重机的保护环节由交流保护控制柜（GQR）和交流磁力控制屏（PQR）来实现。各控制电路均用熔断器FU1、FU2作为短路保护；总电源及各台电动机分别采用过电流继电器KA0、KA1、KA2、KA3、KA4、KA5实现过载和过电流保护；为了保障维修人员的安全，在驾驶室舱门盖上装有安全开关SQ7；在

AC1

	向下						向上				
	5	4	3	2	1	0	1	2	3	4	5
V13-1W							×	×	×	×	×
V13-1U	×	×	×	×	×						
U13-1U							×	×	×	×	×
U13-1W	×	×	×	×	×						
1R5	×	×	×	×				×	×	×	×
1R4	×	×	×						×	×	×
1R3	×	×								×	×
1R2	×										×
1R1	×										×
AC1-5						×	×	×	×	×	×
AC1-6	×	×	×	×	×	×					
AC1-7						×					

(a) 副钩凸轮控制器触头分合表

AC2

	向左						向右				
	5	4	3	2	1	0	1	2	3	4	5
V14-2W							×	×	×	×	×
V14-2U	×	×	×	×	×						
U14-2U							×	×	×	×	×
U14-2W	×	×	×	×	×						
2R5	×	×	×	×				×	×	×	×
2R4	×	×	×						×	×	×
2R3	×	×								×	×
2R2	×	×									×
2R1	×										×
AC2-5						×	×	×	×	×	×
AC2-6	×	×	×	×	×	×					
AC2-7						×					

(b) 小车凸轮控制器触头分合表

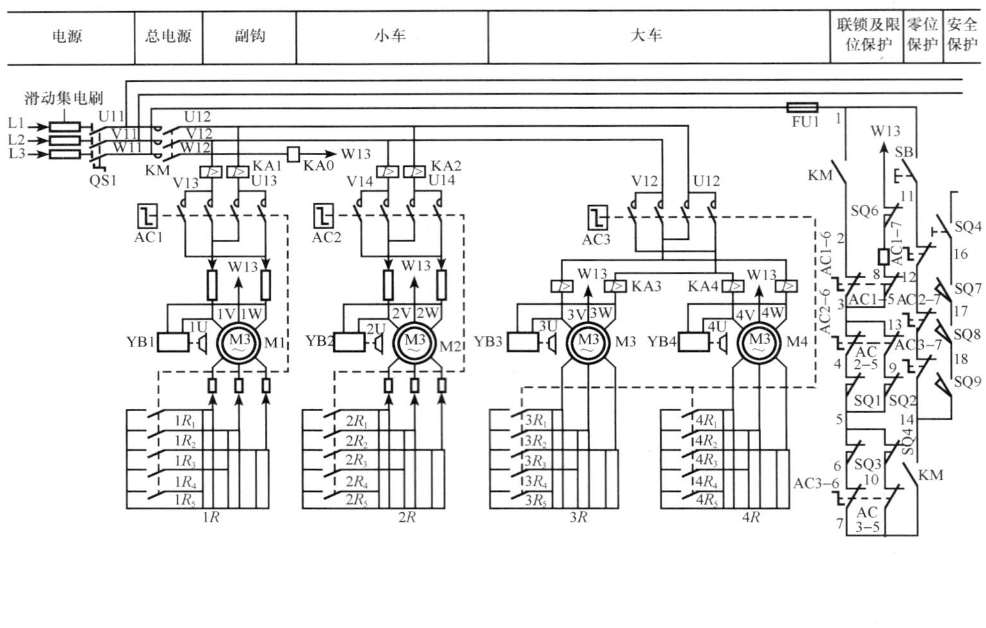

(e) 电

图 3.57 20/5t

AC₃ → see table

	向后						向前				
	5	4	3	2	1	0	1	2	3	4	5
V12–3W,4U							×	×	×	×	×
V12–3U,4W	×	×	×	×	×						
U12–3U,4W							×	×	×	×	×
U12–3W,4U	×	×	×	×	×						
3R5	×	×	×	×				×	×	×	×
3R4	×	×	×						×	×	×
3R3	×	×								×	×
3R2	×										×
3R1	×										×
4R5	×	×	×	×				×	×	×	×
4R4	×	×	×						×	×	×
4R3	×	×								×	×
4R2	×										×
4R1	×										×
AC3–5						×	×	×	×	×	×
AC3–6	×	×	×	×	×	×					
AC3–7						×					

(c) 大车凸轮控制器触头分合表

AC_4

		下降							上升					
		强力			制动									
		5	4	3	2	1	J	0	1	2	3	4	5	6
	S1							×						
	S2	×	×	×										
	S3				×	×	×		×	×	×	×	×	×
KM3	S4	×	×	×	×	×			×	×	×	×	×	×
KM1	S5	×	×	×										
KM2	S6				×	×	×		×	×	×	×	×	×
KM4	S7	×	×	×		×	×		×	×	×	×	×	×
KM5	S8	×	×	×			×			×	×	×	×	×
KM6	S9	×	×								×	×	×	×
KM7	S10	×										×	×	×
KM8	S11	×											×	×
KM9	S12	×	0	0										×

(d) 主令控制器触头分合表

×—表示触头闭合　0—表示触头转向0位时闭合

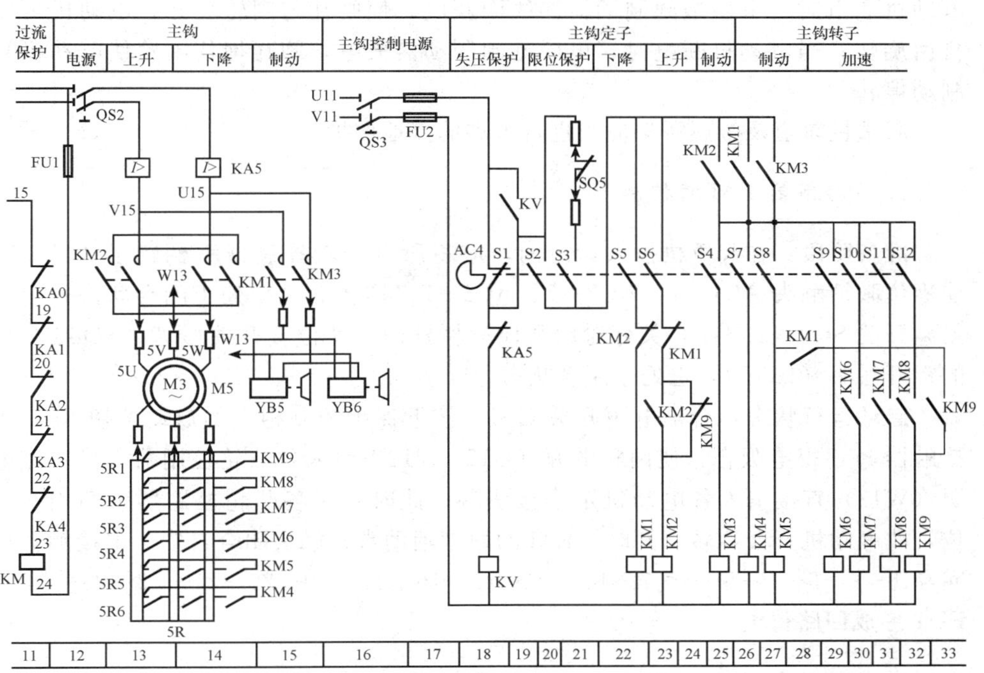

路图

桥式起重机

横梁两侧栏杆门上分别装有安全开关SQ8、SQ9；为了在发生紧急情况时操作人员能立即切断电源，防止事故扩大，在保护柜上还装有一只单刀单掷的紧急开关QS4。上述各开关在电路中均使用常开触头，与副钩、小车、大车的过电流继电器及总过电流继电器的常闭触头相串联，这样，当驾驶室舱门或横梁栏杆门开启时，主接触器KM线圈不能获电运行，或在运行中也会断电释放，使起重机的全部电动机都不能启动运转，保证了人身安全。

电源总开关QS1、熔断器FU1与FU2、主接触器KM、紧急开关QS4以及过电流继电器KA0～KA5都安装在保护柜上。保护柜、凸轮控制器及主令控制器均安装在驾驶室内以便于司机操作。

起重机各移动部分均采用位置开关作为行程限位保护。它们分别是：位置开关SQ1、SQ2是小车横向限位保护；位置开关SQ3、SQ4是大车纵向限位保护；位置开关SQ5、SQ6分别作为主钩和副钩提升的限位保护。当移动部件的行程超过极限位置时，利用移动部件上的挡铁压碰位置开关，使电动机断电并制动，保证了设备的安全运行。

起重机上的移动电动机和提升电动机均采用电磁抱闸制动器制动，它们分别是：副钩制动用YB1；小车制动用YB2；大车制动用YB3和YB4；主钩制动用YB5和YB6。其中YB1～YB4为两相电磁铁；YB5和YB6为三相电磁铁。当电动机通电时，电磁抱闸制动器的线圈获电，使闸瓦与闸轮分开，电动机可以自由旋转；当电动机断电时，电磁抱闸制动器失电，闸瓦抱住闸轮使电动机被制动停转。

起重机轨道及金属桥架应当进行可靠的接地保护。

2. 主接触器KM的控制

准备阶段：在起重机投入运行前，应将所有凸轮控制器手柄置于“0”位，使零位联锁触头AC1—7、AC2—7、AC3—7（均在9区）处于闭合状态；合上紧急开关SQ4（10区），关好舱门和横梁栏杆门，使位置开关SQ7、SQ8、SQ9的常开触头（10区），也处于闭合状态。

启动运行状态：合上电源开关QS1，按下保护控制柜上的启动按钮SB，主接触器KM得电吸合，使两相电源（U12、V12）引入各凸轮控制器，另一相电源（W13）直接引入各电动机定子接线端。此时由于各凸轮控制器手柄均在零位，故电动机不会运转。同时，KM的两副辅助常开触头闭合自锁。主接触器线圈经1—2—3—4—5—6—7—14—18—17—16—15—19—20—21—22—23—24至FU1形成回路得电。

3. 凸轮控制器的控制

起重机的大车、小车和副钩电动机容量都较小，一般采用凸轮控制器控制。

由于大车被两台电动机M3和M4同时拖动，所以大车凸轮控制器AC3比AC1和AC2多用了5对常开触头，以供切除电动机M4的转子电阻$4R_1$～

$4R_5$ 用。大车、小车和副钩的控制过程基本相同。下面以副钩为例，说明控制过程。

副钩凸轮控制器 AC1 共有 11 个位置，中间位置是零位，左、右两边各有 5 个位置，用来控制电动机 M1 在不同转速下的正反转，即用来控制副钩的升、降。AC1 共用了 12 副触头，其中 4 对常开主触头控制 M1 定子绕组的电源，并换接电源相序以实现 M1 的正反转；5 对常开辅助触头控制 M1 转子电阻 1R 的切换；三对常闭辅助触头作为联锁触头，其中 AC1—5 和 AC1—6 为 M1 正反转联锁触头，AC1—7 为零位联锁触头。

在主接触器 KM 线圈获电吸合，总电源接通的情况下，转动凸轮控制器 AC1 的手轮至向上“1”位置时，AC1 的主触头 V 13-1W 和 U 13-1U 闭合，电动机 M1 接通三相电源正转（此时电磁抱闸 YB1 获电，闸瓦与闸轮已分开），由于 5 对常开辅助触头（2 区）均断开，故 M1 转子回路中串接全部附加电阻 1R 启动，M1 以最低转速带动副钩上升。转动 AC1 手轮，依次到向上的“2～5”位时，5 对常开辅助触头依次闭合短接电阻 $1R_5$—$1R_1$，电动机 M1 的转速逐渐升高，直到预定转速。

若断电或将手轮转至“0”位时，电动机 M1 断电，同时电磁抱闸制动器 YB1 也断电，M1 被迅速制动停转，副钩带有重负载时，考虑到负载的重力作用，在下降负载时，应先把手轮逐级扳到“下降”的最后一挡，然后根据速度要求逐级退回升速，以免引起快速下降而造成事故。

4. 主令控制器的控制

主钩电动机是桥式起重机容量最大的一台电动机，一般采用主令控制器配合磁力控制屏进行控制，即用主令控制器控制接触器，再由接触器控制电动机。为提高主钩电动机运行的稳定性，在切除转子附加电阻时，采取三相平衡切除，使三相转子电流平衡。

主钩运行有升、降两个方向，主钩上升与凸轮控制器的工作过程基本相似它是通过接触器来控制的。

主钩下降时与凸轮控制器控制的动作过程有较明显的差异。主钩下降有 6 挡位置。“J”、“1”、“2”为制动下降位置，在重载下降时低速下降，电动机处于倒拉反接制动运行状态；“3”、“4”、“5”挡为强力下降位置，主要用于轻负载时快速下降。

合上电源开关 QS1（1 区）、QS2（12 区）、QS3（16 区），接通主电路和控制电路电源，将主令控制器 AC4 手柄置于零位，触头 S1（18 区）闭合，电压继电器 KV 线圈（18 区）得电吸合，其常开触头（19 区）闭合，为主钩电动机 M5 启动做好准备。主令控制器在下降位置时，6 个挡次的工作情况如下：

（1）制动下降位置“J”挡

这一挡是下降准备挡。由主令控制器 AC4 的触头分合表［图 3.57（d）］可知，常闭触头 S1（18 区）断开，常开触头 S3（21 区）、S6（23 区）、S7

(26 区)、S8(27 区)闭合。触头 S3 闭合，位置开关 SQ5(21 区)串入电路起上升限位保护；触头 S6 闭合，提升接触器 KM2 线圈(23 区)得电，KM2 联锁触头(22 区)分断对 KM1 联锁，KM2 主触头(13 区)和自锁触头(23 区)闭合，电动机 M5 定子绕组通入三相正序电压，KM2 常开辅助触头(25 区)闭合，为切除各级转子电阻 5R 的接触器 KM4—KM9 和制动接触器 KM3 接通电源作准备；触头 S7、S8 闭合，接触器 KM4(26 区)和 KM5(27 区)线圈得电吸合，KM4 和 KM5 常开触头(13 区、14 区)闭合，转子切除两级附加电阻 5R_6 和 5R_5。这时尽管电动机 M5 已接通电源，但由于主令控制器的常开触头 S4(25 区)未闭合，接触器 KM3(25 区)线圈不能获电，故电磁抱闸制动器 YB5、YB6线圈也不能获电，制动器未释放，电动机 M5 仍处于抱闸制动状态，因而电动机虽然加正序电压产生正向电磁转矩，电动机 M5 也不能启动旋转。

(2) 制动下降位置“1”挡

此时主令控制器 AC4 的触头 S3、S4、S6、S7 闭合。触头 S3 和 S6 仍闭合，保证串入提升限位开关 SQ5 和正向接触器 KM2 通电吸合，触头 S4 和 S7 闭合，使制动接触器 KM3 和接触器 KM4 得电吸合，电磁抱闸制动器 YB5 和 YB6 的抱闸松开，转子切除一级附加电阻 5R_6。这时电动机 M5 能自由旋转，可运转于正向电动状态(提升重物)或倒拉反接制动状态(低速下放重物)。当重物产生的负载倒拉力矩大于电动机产生的正向电磁转矩时，电动机 M5 运转在负载倒拉反接制动状态，低速下放重物；反之，则重物不但不能下降反而被提升，这时必须把 AC4 的手柄迅速扳到下一挡。

接触器 KM3 通电吸合时，与 KM2 和 KM1 常开触头(25 区、26 区)并联的 KM3 的自锁触头(27 区)闭合自锁，以保证主令控制器 AC4 进行制动下降“2”挡和强力下降“3”挡切换时，KM3 线圈仍通电吸合，YB5 和 YB6 处于非制动状态，防止换挡时出现高速制动而产生强烈的机械冲击。

(3) 制动下降位置“2”挡

此时主令控制器触头 S3、S4、S6 仍闭合，触头 S7 分断，接触器 KM4 线圈断电释放，附加电阻全部接入转子回路，使电动机产生的电磁转矩减小，重负载下降速度比“1”挡时加快。这样，操作者可根据重负载情况及下降速度要求，适当选择“1”挡或“2”挡下降。

(4) 强力下降位置“3”挡

主令控制器 AC4 的触头 S2、S4、S5、S7、S8 闭合。触头 S2 闭合，为下面通电作准备。因为“3”挡为强力下降，这时提升位置开关 SQ5(21 区)失去保护作用。控制电路的电源通路改由触头 S2 控制，触头 S5 和 S4 闭合，反向接触器 KM1 和制动接触器 KM3 得电吸合，电动机 M5 定子绕组接入三相负序电压，电磁抱闸 YB5 和 YB6 的抱闸松开，电动机 M5 产生反向电磁转矩，触头 S7 和 S8 闭合，接触器 KM4 和 KM5 获电吸合，转子中切除两级电阻 5R_6 和 5R_5。这时，电动机 M5 运转在反转电动状态(强力下降重物)，且下降速度与负载重量有关。若负载较轻（空钩或轻载），则电动机 M5 处于反转电动状态；若负载较重，下放重物的速度很高，使电动机转速超过同步转速，则电动机 M5 将进入再生发电制动状态。负载越重，下降速度越大，此时应注意操作安全。

（5）强力下降位置“4”挡

主令控制器 AC4 的触头除“3”挡闭合外，又增加了触头 S9 闭合，接触器 KM6（29 区）线圈得电吸合，转子附加电阻 $5R_4$ 被切除，电动机 M5 进一步加速运转，轻负载下降速度变快。另外 KM6 常开辅助触头（30 区）闭合，为接触器 KM7 线圈得电作准备。

（6）强力下降位置“5”挡

主令控制器 AC4 的触头除“4”挡闭合外，又增加了触头 S 10、S 11、S 12 闭合，接触器 KM7～KM9 线圈依次得电吸合（因在每个接触器的支路中，串接了前一个接触器的常开触头），转子附加电阻 $5R_3$、$5R_2$、$5R_1$ 依次逐级切除，以避免过大的冲击电流，同时电动机 M5 旋转速度逐渐增加，待转子电阻全部切除后，电动机以最高转速运行，负载下降速度最快。此挡若负载很重，使实际下降速度超过电动机的同步转速时，电动机进入再生发电制动状态，电磁转矩变成制动力矩，保证了负载的下降速度不致太快。

桥式起重机在实际运行中，操作人员要根据具体情况选择不同的挡位。例如主令控制器 AC4 的手柄在强力下降位置“5”挡时，仅适用于起重负载较小的场合。如果需要较低的下降速度或起重负载较大的情况下，就需要把主令控制器手柄扳回到制动下降位置“1”挡或“2”挡，进行反接制动下降。这时，必然要通过“4”挡和“3”挡。为了避免在转换过程中可能发生过高的下降速度，在接触器 KM9 电路中常用辅助常开触头 KM9（33 区）自锁。同时，为了不影响提升调速，故在该支路中再串联一个常开辅助触头 KM1（28 区）。这样可以保证主令控制器手柄由强力下降位置向制动下降位置转换时，接触器 KM9 线圈始终通电，只有手柄扳至制动下降位置后，接触器 KM9 线圈才断电。

在主令控制器 AC4 触头分合表［图 3.57（d）］中可以看到，强力下降位置“4”挡、“3”挡上有“0”的符号，便表示手柄由“5”挡向“0”位回转时，触头 S12接通。如果没有以上联锁装置，在手柄由强力下降位置向制动下降位置转换时，若操作人员不小心，误把手柄停在了“3”挡或“4”挡，那么正在高速下降的负载速度不但得不到控制，反而使下降速度增加，很可能造成事故。

另外，串接在接触器 KM2 支路中的 KM2 常开触头（23 区）与 KM9 常闭触头（24 区）并联，主要作用是当接触器 KM1 线圈断电释放后，只有在 KM9 线圈断电释放情况下，接触器 KM2 线圈才允许得电并自锁，这就保证了只有在转子电路中串接一定附加电阻的前提下，才能进行反接制动，以防止反接制动时造成直接启动而产生过大的冲击电流。

20/5t 桥式起重机电器元件明细表见表 3.29。

表 3.29　20/5t 交流桥式起重机电器元件明细表

元件代号	名　称	型　号	数　量	用　途
M5	主钩电动机	YZR-315M-10　75kW	1	
M1	副钩电动机	YZR-200L-8　15kW	1	
M2	小车电动机	YZR-132MB-6　3.7kW	1	
M3、M4	大车电动机	YZR-160MB-6　7.5kW	2	
AC1	副钩凸轮控制器	KTJ1-50/1	1	控制副钩电动机
AC2	小车凸轮控制器	KTJ1-50/1	1	控制小车电动机
AC3	大车凸轮控制器	KTJ1-50/5	1	控制大车电动机
AC4	主钩主令控制器	LK1-12/90	1	控制主钩电动机
YBl	副钩电磁制动器	MZD1-300	1	制动副钩
YB2	小车电磁制动器	MZD1-100	1	制动小车
YB3、YB4	大车电磁制动器	MZD1-200	2	制动大车
YB5、YB6	主钩电磁制动器	MZS1-45H	2	制动主钩
1*R*	副钩电阻器	2K1-41-8/2	1	副钩电动机启动调速
2*R*	小车电阻器	2K1-12-6/1	1	小车电动机启动调速
3*R*、4*R*	大车电阻器	4K1-22-6/1	2	大车电动机启动调速
5*R*	主钩电阻器	4P5-63-10/9	1	主钩电动机启动调速
QS1	总电源开关	HD-9-400/3	1	接通总电源
QS2	主钩电源开关	HD11-200/2	1	接通主钩电源
QS3	主钩控制电源开关	DZ5-50	1	接通主钩电动机控制电源
QS4	紧急开关	A-3161	1	发生紧急情况断开
SB	启动按钮	LA19-11	1	启动主接触器
KM	主接触器	CJ2-300/3	1	接通大车、小车、副钩电源
KA0	总过电流继电器	JL4-150/1	1	总过流保护
KA1～KA3	过电流继电器	JL4-15	3	过流保护
KA4	过电流继电器	JL4-40	1	过流保护
KA5	主钩过电流继电器	JL4-150	1	过流保护
FU1	控制保护电源熔断器	RL1-15	1	短路保护
KM1、KM2	主钩升降接触器	CJ2-250	2	控制主钩电动机旋转
KM3	主钩制动接触器	CJ2-75/2	1	控制主钩制动电磁铁
KM6～KM9	主钩加速级接触器	CJ2-75/3	4	控制主钩附加电阻
KV	欠电压继电器	JT4-10P	1	欠压保护
SQ5	主钩上升位置开关	LK4-31	1	限位保护
SQ6	副钩上升位置开关	LK4-31	1	限位保护
SQ1～SQ4	大、小车位置开关	LK4-11	4	限位保护
SQ7	舱门安全开关	LX2-11H	1	舱门安全保护
SQ8～SQ9	横梁安全开关	LX2-111	2	横梁栏杆门安全保护
KM4、KM5	主钩预备级接触器	CJ2-75/3	2	控制主钩附加电阻

技能训练 3.6　20/5t 桥式起重机电气控制线路的检修

一、目的和要求

熟悉 20/5t 桥式起重机的常见电气故障，掌握其分析和检修方法。

二、工具和仪表

1）工具：测电笔、电工刀、剥线钳、尖嘴钳、斜口钳、旋具等。

2）仪表：MF47 万用表、500V 兆欧表、钳形电流表。

三、训练内容

1. 电气线路常见故障分析

桥式起重机的结构复杂，工作环境比较恶劣，某些主要电气设备和元件密封条件较差，同时工作频繁，故障率较高。为保证人身与设备的安全，必须坚持经常性的维护保养和检修。桥式起重机常见电气故障现象及可能原因列于表 3.30。

表 3.30　桥式起重机常见电气故障现象及可能原因

故障现象	故障原因	排除方法
合上电源总开关 QS1 并按下启动按钮 SB 后，接触器 KM 不动作	1）线路无电压 2）控制电路 FU1 熔断 3）紧急开关未合上或未合紧 4）安全开关 SQ7、SQ8、SQ9 未合上 5）过电流继电器动作后未复位 6）各凸轮控制器手柄未在零位 7）主接触器 KM 线圈断路	1）检查线路 2）检查熔断器 2）～6）检查各电器元件 7）更换线圈或元器件
主接触器 KM 吸合后，过电流电器动作	控制器的电路接地	将从保护盘至控制器的导线断开，然后再将其逐步接上，每当接上一根导线后，要合一次接触器，根据过电流继电器动作情况确定接地导线，用兆欧表找出接地点
接通电源并转动凸轮控制器的手轮后，电动机不运转	1）凸轮控制器主触头接触不良 2）滑触线与集电刷接触不良 3）电动机定子绕组或转子绕组接触不良 4）电磁抱闸线圈断路或制动器未松开	1）检查控制器 2）检查集电器，并消除故障 3）检查电动机的转子绕组和定子绕组 4）检查并调整制动器
转动凸轮控制器后，电动机不能发出额定功率，旋转缓慢	1）制动器未完全松开 2）线路电压偏低 3）转子电路串接的附加电阻未完全切除 4）机构卡住	1）检查并调整制动器 2）消除引起电压下降的原因 3）检查控制器并调整其接触器 4）检查机构，并消除故障

续表

故障现象	故障原因	排除方法
制动电磁铁线圈过热	1）电磁铁的牵引力过载 2）电磁铁工作时，电磁铁动、静铁心间间隙过大 3）制动器的工作条件与线圈特性不符合 4）线圈电压与线路电压不符合	1）调整弹簧压力或重锤位置 2）调整制动器的机械部分，消除间隙 3）更换符合工作条件的线圈 4）更换线圈
制动电磁铁噪声过大	1）电磁铁过载 2）动、静铁心端面有油污 3）交流电磁铁短路环开路	1）调整弹簧压力或变更重锤位置 2）清除动、静铁心端面油污 3）更换元器件
凸轮控制器在工作过程中卡住或转不到位	1）凸轮控制器的动触头卡在静触头下面 2）定位机构松动	1）调整动、静触头 2）检查并修理固定销
凸轮控制在转动过程中火花过大	1）动、静触头接触不良 2）控制器的电动机容量过大	1）调整动、静触头 2）改变工作规范或更换控制器

2. 检修步骤及工艺要求

1）在操作师傅指导下，熟悉20/5t桥式起重机的结构和各种操作控制以及注意事项。

2）在教师指导下，参照20/5t交流桥式起重机电路图，搞清电器元件的安装位置及布线情况，弄清各电器元件的作用。

3）在20/5t交流桥式起重机上人为设置故障点。由教师示范检修。

4）由教师设置让学生事先知道的故障点，指导学生如何从故障现象着手进行分析，逐步引导学生采用正确的检修步骤和检修方法。

5）教师设置故障点，由学生检修。

6）注意事项：

① 由于在空中作业，检修时必须确保安全，防止发生坠落事故。

② 在进行检修时，必须思想集中，要备好需用的全部工具。使用时手要捏紧，防止由于工具坠落造成伤人事故。在起重机移动时不准走动，停车时走动也应手扶栏杆，防止发生意外。

③ 参观、检修必须在起重机停止工作而且在切断电源时进行，不准带电操作。

④ 不具备在起重机上进行训练条件时，可在模拟操作板上进行电气的检修练习，主要要培养学生检修故障的基本方法和正确的检修思路。

3. 评分标准

评分标准见表3.31。

表3.31　评分标准

项　　目	配　　分	评分标准		扣分
故障现象	20	正确观察故障现象	错看、漏看故障现象，每个错、漏故障现象扣10分	

续表

<table>
<tr><th>项　目</th><th>配　分</th><th colspan="3">评分标准</th><th>扣分</th></tr>
<tr><td>故障范围</td><td>20</td><td>尽可能缩小故障范围</td><td colspan="2">错判故障范围，每个故障扣 10 分
未缩小到最小故障范围扣 5 分</td><td></td></tr>
<tr><td>检修方法</td><td>40</td><td>仪表和工具使用正确
检修方法步骤正确</td><td colspan="2">仪表和工具使用不正确，每次扣 5 分
检修步骤不正确，每处扣 5 分
不能查出故障点，每个故障点扣 20 分</td><td></td></tr>
<tr><td>排除故障</td><td>20</td><td>排除故障，且不扩大故障范围，不损坏电器元件</td><td colspan="2">不能排除故障，每个故障扣 10 分
能排除故障但损坏元器件，扣 5 分</td><td></td></tr>
<tr><td>安全文明生产</td><td colspan="4">违反安全文明生产规程，视情节扣 10～20 分</td><td></td></tr>
<tr><td colspan="5">定额时间 30min 修复，不允许超时检查，修复故障过程允许超时，但以每超时 3min 扣 3 分计算
分计算</td><td></td></tr>
<tr><td>开始时间</td><td></td><td>结束时间</td><td></td><td>成绩</td><td></td></tr>
</table>

小　结

桥式起重机是工矿企业常用的生产设备，而 20/5t 桥式起重机属于中型，使用较为普遍，应熟练掌握其控制原理和检修方法。

20/5t 桥式起重机的大车、小车及副钩的控制都是由凸轮控制器及保护柜来完成。大车采用双电机独立驱动，并使用了控制双电机的凸轮控制器。就其控制原理来说，大车、小车及副钩三者完全相同，所以副钩的控制原理很重要，而看懂凸轮控制器的触头分合表又是理解起重机控制线路的关键。

在主接触器 KM 的控制线路中，着重要掌握零位保护、限位保护、过电流保护的作用原理。

主钩的控制与副钩等的控制有明显的不同，主钩有电动、反接制动、回馈制动等工作状态，理解电动机的转速与转子回路电阻大小的关系是掌握主钩各工作状态原理的前提；当电动机工作于电动状态时，其电磁转矩为拖动转矩，转子回路所串联电阻越大，在一定负载下的转速就越低；当电动机工作于制动（负载倒拉反接制动及回馈制动）状态时，其电磁转矩为制动转矩，其转子回路所串联的电阻越高。

技能训练可结合实际情况和条件，在组织参观教学的基础上，在模拟板上进行电气故障的检修练习，掌握检修故障的基本思路和方法是重点。

习　题

3.1　工业机械电气设备维修的一般要求有哪些？

3.2　简述工业机械电气故障检修的一般步骤。

3.3　用短接法检修故障时应注意哪些问题？

3.4　在修复故障时应注意什么问题？

3.5　CA6140 车床电气控制线路中有几台电动机？它们的作用分别是什么？

3.6　CA6140 车床的主轴是如何实现正反转控制的？

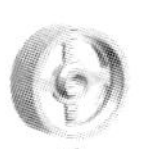

3.7 在CA6140车床中，若主轴电动机M1点动，则可能的故障原因是什么？此时，冷却泵电动机能否正常工作？

3.8 CA6140车床的主轴因过载而自动停车后，操作者立即按启动按钮，但电动机不能启动，试分析故障原因。

3.9 M7130平面磨床为何使用电磁吸盘来安装工件？电磁吸盘线圈是否可用交流电？为什么？

3.10 M7130平面磨床的电气控制线路中，欠电流继电器KA和电阻R_3的作用分别是什么？

3.11 M7130平面磨床电磁吸盘吸力不足会造成什么后果？吸力不足的原因有哪些？

3.12 M7130平面磨床电磁吸盘退磁不好的原因有哪些？

3.13 Z3050摇臂钻床大修后，若摇臂升降电动机M2的三相电源接反会发生什么故障？

3.14 Z3050摇臂钻床电路中，通过哪些电器实现哪些联锁和保护？

3.15 Z3050摇臂钻床升降后，摇臂不能完成夹紧，可能的原因是哪些？

3.16 X62W万能铣床的工作台可以在哪些方向上进给？

3.17 X62W万能铣床为了防止刀具和机床的损坏，对主轴旋转和工作台进给在顺序上有何要求？

3.18 试分析X62W万能铣床的主轴停车时只能惯性停止，不能制动的原因。

3.19 X62W万能铣床电气控制线路中为什么要设置变速冲动？

3.20 说明X62W万能铣床控制线路中工作台六个方向进给联锁保护的工作原理。

3.21 如果X62W万能铣床的工作台能左右进给，但不能前后、上下进给，试分析故障原因？

3.22 简述T68镗床主轴低速控制的原理及低速启动转为高速运转的控制过程。

3.23 分析T68镗床主轴变速和进给变速的控制过程。

3.24 试分析T68镗床只有低速而无高速的故障原因。

3.25 T68镗床为防止两个方向同时进给而出现故障，采取了什么措施？

3.26 桥式起重机为什么多采用绕线转子电动机拖动？

3.27 桥式起重机在启动前各控制手柄为什么都要置于“0”位？

3.28 桥式起重机的电气控制线路中设置了哪些安全保护措施来保护人身安全？

3.29 参考图3.57所示的20/5t桥式起重机的电路图，分析主令控制器手柄置于下降位置“J”挡时，起重机的工作过程。

3.30 参考图3.57所示的20/5t桥式起重机电路图，简述接触器KM2支路中，接触器KM2的常开触头和KM9辅助常闭触头并联的作用。

第4章 自动调速系统及调试与维修

【教学目标】

- **熟悉**

  晶闸管－直流电动机调速系统的指标、工作原理和调试与维修

  交磁电机扩大机的结构、工作原理和调试与维修

  变频器的基本结构、工作原理、安装及调试

  PLC 的组成、特点

- **掌握**

  晶闸管－直流电动机调速系统的典型调速线路及特点

  熔断器的保护方式、电气符号选用原则及故障维修方法

  PLC 的基本指令、步进指令、编程及调试

- **了解**

  开环控制与闭环控制的原理

  交磁电机扩大机的调速系统分析

  变频器的维修方法与初步功能预置

  PLC 的历史及发展趋向

4.1 直流调速系统

知识点

- 掌握开环、闭环调速原理及闭环调速系统的质量指标
- 掌握直流电动机调速方法在晶闸管-直流电动机典型线路中的应用

技能点

- 熟练掌握晶闸管-直流电动机调速的调速方法

电动机分为直流电动机和交流电动机两大类，调速系统也分为直流调速系统和交流调速系统两大类。由于直流拖动控制系统在理论上和实践上都比较成熟，在轧钢机、矿井、挖掘机、海洋钻机、金属切削机床、造纸机、高层电梯等需要高性能可控电力拖动的领域中得到了广泛的应用。前面我们已学习和分析了直流电动机的 G-M 调速系统，本章节将主要分析晶闸管-直流调速系统。

晶闸管-直流调速系统从信号传递的路径来看，可归纳为两种，即开环调速系统和闭环调速系统。闭环调速系统按调节参数不同又可分为：转速负反馈自动调速；带电流截止负反馈的自动调速；电压（电流）微分负反馈；电压负反馈及电流正反馈自动调速；速度、电流双闭环自动调速五种。在后面的学习介绍中，将用实例来分析这些调速方法及调速特点。

4.1.1 开环调速系统

开环控制的最大特点是作用信号是单方向传递。我们把这种控制量决定被控量，而被控量对控制量不能反施任何影响的调速系统称为开环调速系统。

开环系统通常用方框图（图 4.1）来清楚地表明系统中各环节间的关系。其中，方框表示环节，箭头表示信号的传递方向，进入方框的箭头表示输入信号（又称输入量），离开方框的箭头表示输出信号（又称输出量）。把各个方框按信号的流向依次连接起来，就是整个系统的方框图。

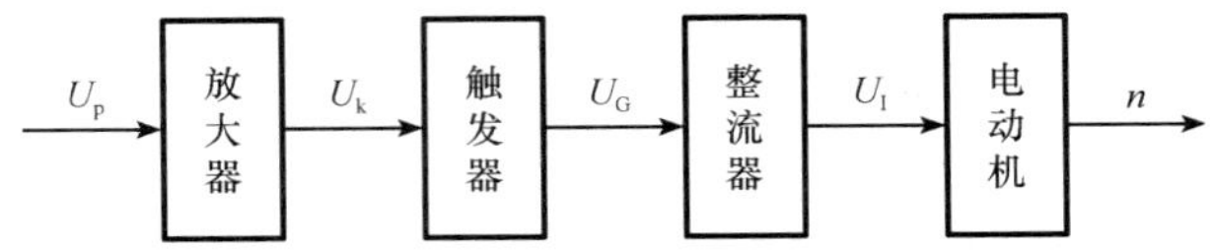

图 4.1 晶闸管-电动机开环调速系统方框图

晶闸管-电动机开环调速系统的电路如图 4.2 所示。

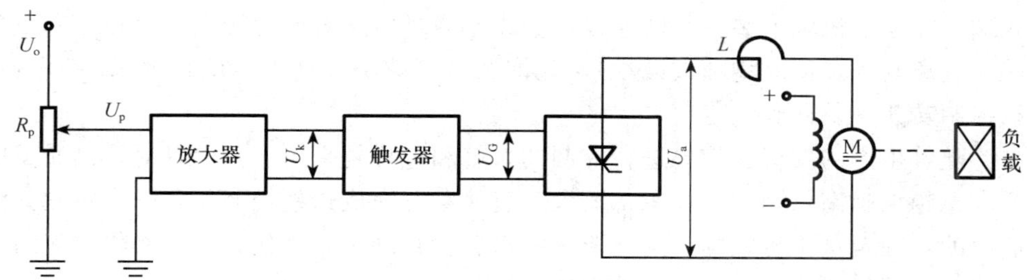

图 4.2　晶闸管-电动机开环调系统图

其工作原理是：若要改变电动机的转速 n，只要改变电位器 R_p 的滑动触头，使放大器的给定电压 U_p 相应变化，从而改变晶闸管触发电路的控制角和整流器的输出电压 U_a，使直流电动机有不同的转速 n_0。这种调速系统有如下特点：

1）电动机的转速 n（被控制量，简称被控量）受从电位器 R_p 上取得电压 U_p（控制量）的控制。

2）转速 n 对控制量 U_p 的控制作用没有影响，即没有反馈作用，是单向控制。

开环系统在实际运行中有许多因素在影响转速，使电动机的输出转速偏离希望的给定值。例如，电源电压波动将会使晶闸管整流电压发生相应变化，因而影响电动机转速；此外负载增大，电动机电枢电流就增加，电枢回路内电压降增加，也将使转速下降。对于这些干扰开环调速系统只能听之任之，无法采取补救措施去修正由于扰动所产生的输出量的偏差。所以，开环调速系统不具备抗干扰能力，不能根据实际的输出量来随时修正输入量，控制准确度不高。

4.1.2　闭环调速系统

1. 闭环调速原理及系统方框图

为了克服开环系统的缺点，将开环系统中的被控量及时反馈到控制量中这就形成闭环控制。闭环控制有两种方法可以实现：一种是人工保持法；另一种是自动控制。

人工保持法见图 4.3 所示，从中可以看出：为了能将电动机的转速反馈至输

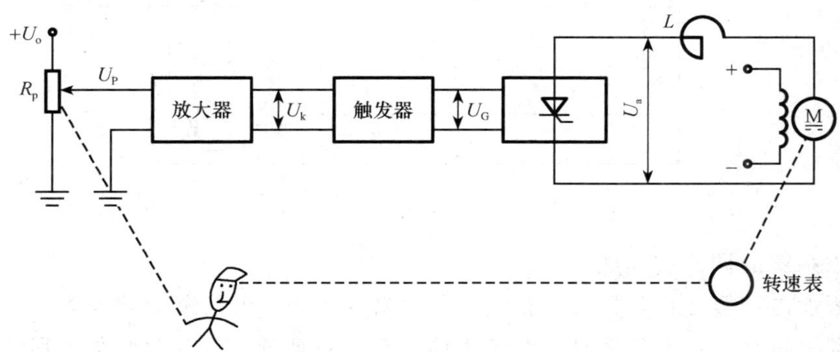

图 4.3　直流电动机人工闭环调速系统

入端，在电动机轴上装一个转速表，操作工通过转速表监视转速的变化，若发现转速偏离其预定值（增加或减小），立即调节（减小或增大）电位器 R_p 的电压，以控制转速重新回到预定值。

随着生产的发展，需要进行控制的系统和过程越来越多，而且对控制质量的要求也越来越高。因此，如果都要人工直接参与完成这些控制任务，那将是无法适应的，甚至是不可能的。这就要求制造各种自动装置去代替人工操作，以组成自动的闭环调速系统，简称自动调速系统。

闭环调速系统的方框图如图 4.4 所示。图中，“⊗”是比较环节，将输入信号与反馈信号在该处相叠加。“－”表示负反馈，此时 $\Delta U=U_p-U_f$。作用信号形成闭环传递，系统的输出又被用于系统的控制。这是闭环调速系统的显著标志。

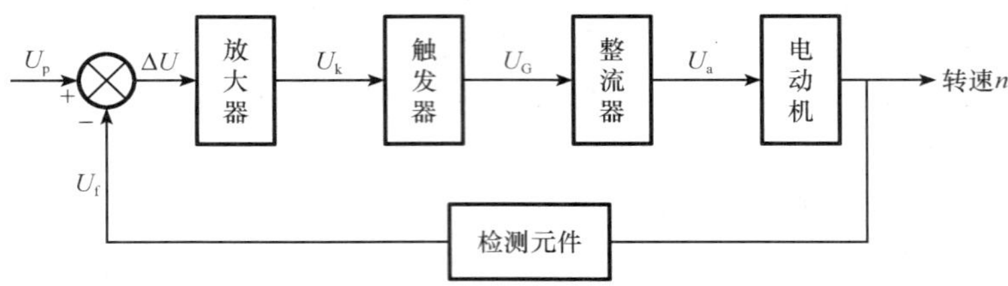

图 4.4　闭环调速系统方框图

如图 4.5 所示的例子中，用直流测速发电机 TG 代替转速表作为检测元件，TG 的电枢电压正比于电动机转速 n，然后将测速发电机电枢电压的一部分 U_f 反馈到系统的输入端，与电位器给定电压 U_p 进行比较，以其差值 $\Delta U=U_p-U_f$ 来控制放大器。由于反馈信号 U_f 与被控对象的转速 n 成正比，所以把此系统称为转速负反馈闭环调速系统。

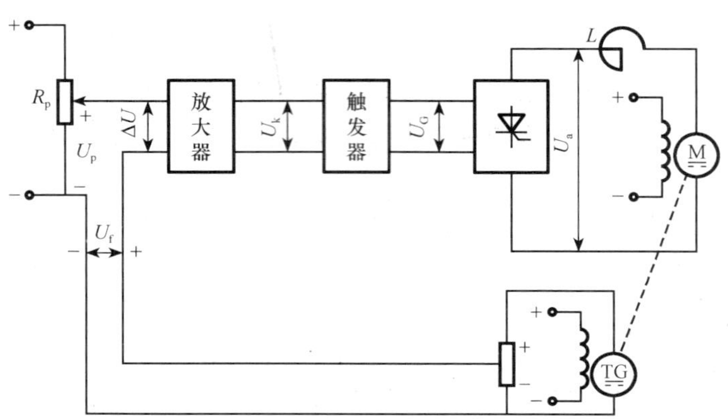

图 4.5　闭环调速系统电路图

该系统的调速过程如下：

假设电动机在正常情况下稳定运行，转速为 n，当系统受到外界干扰时，例如电动机负载转矩发生变化，系统就能自动进行调速，调速过程如下所述。为分析问题方便起见，用“↑”表示升高或增大，用“↓”表示降低或减小。下面以负载增大为例加以说明：

$$负载\uparrow \longrightarrow n\downarrow \longrightarrow U_f\downarrow \longrightarrow \xrightarrow{\Delta U=U_p-U_f} \Delta U\uparrow \longrightarrow a\downarrow \longrightarrow U_a\uparrow \longrightarrow n\uparrow$$

假设，转速 n 已回升到 n_1，则 U_1、ΔU、U_a 也必定恢复到原来的值。在负载转矩增加和电枢电流 I_a 增加的前提下，电动机转速不可能保持在 n_1 上，而必然重新下降，电动机的转速肯定偏离其预定值（$n<n_1$），偏差信号 ΔU 也始终存在并有所变化。系统对电动机转速的自动调节正是基于这个偏差基础上，所以又称它为有静差调速系统。由此可见，闭环调速系统能将转速的变化（转速偏差）限制在很小范围内，但不能使负载增加后的转速 n 达到原来的转速 n_1。

抗干扰能力强是反馈闭环调速系统最突出的特征，凡是被反馈环包围的加在控制系统前向通道上的扰动作用对被调量的影响都会受到反馈控制的抑制。所以可以将输出量受扰动影响的变化限制在很小的范围内。但闭环调速系统可能会出现工作不稳定现象，在系统进行调节时，可能会出现超调现象，使系统发生振荡，无法正常工作。

由于闭环调速系统必须具有反馈环节，因而线路结构比较复杂，制造成本较高。主要用于控制性能要求较高的场合。

2. 闭环调速系统的质量指标

自动调速系统的质量指标是指系统设计和实际运行中要求满足的指标，是衡量系统性能好坏的标准。

质量指标包括静态指标、动态指标和经济指标。经济指标主要有设备投资费、使用中电能损耗费与维护费三项。下面主要介绍静态指标和动态指标。

（1）静态指标

调速系统的静态指标也叫做稳态指标，是反映系统稳定运行时性能的指标，包括调速范围、静差率等，是确定调速方案的重要指标。调速范围与静差率指标与关系见表 4.1。

表 4.1　闭环调速系统的静态指标

项　目	调速范围	静差率
定义	是指生产机械要求电动机提供的最高转速 n_{max} 和最低转速 n_{min} 之比，以字母 D 来表示	是当系统在某一转速下运行时，电动机由理想空载增加到额定负载时所产生的转速降落 Δn_N 与理想空载 n_0 之比的百分数，用字母 S 表示
计算公式	$D=\frac{n_{max}}{n_{min}}$	$S=\frac{\Delta n_N}{n_0}\times 100\%=\frac{n_0-n_N}{n_0}\times 100\%$
不同应用场合下的指标量	$D_{车床}=20\sim120$ $D_{龙门刨床主拖动系统}=20\sim40$ $D_{轧钢机}=3\sim15$ $D_{造纸机}=10\sim20$ 等。	$S_{普通车床}=20\%\sim30\%$ $S_{龙门刨床}=5\%\sim10\%$，冷连轧机 $S=2\%$ $S_{热连轧机}=0.2\%\sim0.5\%$等

续表

<table>
<tr><th>项　　目</th><th>调速范围</th><th>静差率</th></tr>
<tr><td>说明</td><td>n_{max}和n_{min}一般都指电动机额定负载时的转速对于少数负载很轻的机械（例如精密磨床），也可用实际负载时的转速。</td><td>S是用来衡量调速系统在负载转矩变化时转速的稳定度的。若S过大，将影响工件的加工精度和表面光洁度。它和机械特性的硬度有关，特性越硬，静差率越小，转速的稳定度就越高。对一个系统的静差率要求，就是对最低转速时的静差率的要求。</td></tr>
<tr><td>关系</td><td colspan="2">$$D=\frac{n_N}{n_{min}}=\frac{n_N}{\Delta n_N(\frac{1-S}{S})}=\frac{n_N S}{\Delta n_N(1-S)}$$
式中，n_{0min}——电动机最低转速n_{min}对应的理想空载转速。在调压调速系统中，n_{max}就是电动机的额定转速n_N，而$n_{min}=n_{0min}-\Delta n_N$，所以$n_{min}=\frac{\Delta n_N}{S}-\Delta n_N=\Delta n_N\frac{1-S}{S}$
对同一调速系统，系统的机械特性的硬度是一定的，对静差率的要求越严（S越小），系统能够允许的调速范围D就越小。反过来讲，如果系统静差率S一定，则扩大调速范围D的唯一途径便是减小转速降Δn_N。因此，如何减小电动机的转速降Δn_N，使转速近似保持不变，从而在要求的静差率条件下扩大电动机的调速范围，就是调速系统所要解决的问题</td></tr>
</table>

【例 4.1】 某调速系统，其高、低速机械特性如图 4.6（b）所示，$n_{01}=1450\text{r/min}$，$n_{02}=145\text{r/min}$，$\Delta n_N=10\text{r/min}$。试问该系统能达到的调速范围有多大？系统允许的静差率是多少？

解 该系统电动机的最高运行速度是

$$n_{max}=n_N=n_{01}-\Delta n_N=1450-10=1440(\text{r/min})$$

电动机的最低运行速度是

$$n_{min}=n_{02}-\Delta n_N=145-10=135(\text{r/min})$$

该系统电动机的调速范围是

$$D=n_{max}/n_{min}=1440/135\approx 10.7$$

系统允许的静差率是

$$S=\frac{\Delta n_N}{n_{0min}}\times 100\%=\frac{\Delta n_N}{n_{02}}\times 100\%=\frac{10}{145}\times 100\%\approx 6.9\%$$

【例 4.2】 某电动机的额定转速为 $n_N=1000\text{r/min}$，额定转速降 $\Delta n_N=50\text{r/min}$，当要求静差率分别小于 0.3 和 0.2 时，试求电动机的调速范围 D 和允许的最低转速。

解 当 $S<0.3$ 时，允许的调速范围是

$$D=\frac{n_N S}{\Delta n_N(1-S)}<\frac{1000\times 0.3}{50\times(1-0.3)}=8.57$$

电动机允许的最低转速是

$$n_{min}=\frac{n_{max}}{D}=\frac{1000}{8.57}=116.7(\text{r/min})$$

当 $S'<0.2$ 时，允许的调速范围是

$$D'=\frac{n_N S'}{\Delta n_N(1-S)}<\frac{1000\times 0.2}{50\times(1-0.2)}=5$$

电动机允许的最低转速是

$$n'_{min} = \frac{n_{max}}{D'} = \frac{1000}{5} = 200(\text{r/min})$$

由此可见，静差率要求越高，允许的调速范围就越小。一般来说，当系统提出一定的静差率要求时，其调速范围是不大的。

（2）动态指标

动态指标是指调速系统在过渡过程时的指标，即系统还没有稳定下来时的指标。主要包括稳定性和快速性两方面的指标。

1）稳定性。所谓稳定性就是指调速系统在外界扰动消失后系统能由初始偏差状态返回原来平衡状态的性能。自动调速系统在外界扰动的作用下，转速将会产生一定的偏差，若外界扰动消失后，经过一定时间，转速的偏差能够减小到某一规定值，这个系统就是稳定系统，而不能满足上面要求的系统就是不稳定系统。不稳定系统不仅无法正常工作，而且会损坏设备，所以不稳定系统是不能被应用到实际生产中的。

闭环调速系统不稳定的主要原因是系统的动态放大倍数太大。假如系统中放大器的动态放大倍数较大，系统是否稳定可用如图 4.6 所示的系统对阶跃信号的响应特性（时间-转速关系）来表示。

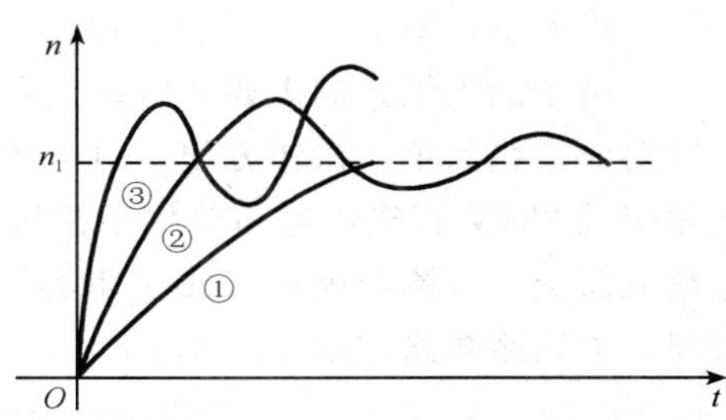

图 4.6　系统稳定性分析

图中横轴 t 是时间，纵轴 n 是转速，系统中电动机由静止状态开始启动。即在 $t=0$ 时刻，系统输入端送入 U_p，和 U_p 相对应的转速是 n_1，电动机经过启动过程应该在 n_1 运转。但从转速 $n=0$ 上升到转速 $n=n_1$ 是需要一定时间的。系统在这一段时间内的过程就是过渡过程。从图中可以看出曲线①：过渡很稳定，没有振荡。但所用时间较长，系统反应不灵敏。曲线②：虽然有振荡，但振荡的幅值越来越小，最后达到稳定值 n_1。若对其幅值及振荡次数作出限制，是可以使用的。其优点是转速上升较快且最后趋于稳定。曲线③：速度上升最快，但其振荡幅度不能收敛或越来越大，这种系统是不稳定的，在自动调速系统中应避免使用。

2）快速性。动态指标的快速性主要包括超调量、调整时间和振荡次数。最大超调量 δ% 反映系统的相对稳定性。δ% 越小，说明系统的相对稳定性越好。机械加工中，一般 δ% 限制在 10%～15% 左右。系统已进入稳定状态，所需要的时间 t_s 就是调整时间。t_s 越小，说明系统的快速性越好。振荡次数，就是在调整时间内，转速曲线经过稳态值 n_1 的次数的一半。生产中，龙门刨床、轧钢机允许有一次振荡，造纸机则不允许有振荡。

需要说明的是，不同的生产机械，对上述指标（超调量、调整时间、振荡次数）的要求不尽相同，而各指标之间又往往相互制约，因此需要统筹考虑。

4.1.3 晶闸管-直流电动机调速系统实例分析

目前，晶闸管可控整流装置在可调直流电源中占主导地位。小功率的直流调速系统，以单相桥式晶闸管整流桥装置作电源进行调压调速，组成晶闸管-直流电动机调速系统，并采用了多种反馈，来保证调速范围 D 和静差率 S。下面以实例进行分析。

SA7512 螺纹磨床头架直流拖动系统是晶闸管一直流电动机无级有差调速系统。系统的方框图如图 4.7 所示，电路图见图 4.8 所示。其主要技术数据如下：

电源电压：单相 220V

输出电压：直流 180V

电动机功率：0.8kW

电动机转速：60～1200r/min

调速范围：$D=20$，最大可达 30

静差率：$S<10\%$（满载时）

由于加工工艺的需要，电动机需要正反转，该系统采用接触器来改变电动机转向，接线简单，操作方便。由于调速系统拖动电动机功率较小，主回路采用单相交流 220V 直接供电的单相半控桥式整流电路，为了防止过电压击穿晶闸管，整流器交、直流两侧均并接了阻容吸收装置，弱磁保护由欠电流继电器 KA 实现，主回路线路详细见图 4.9。

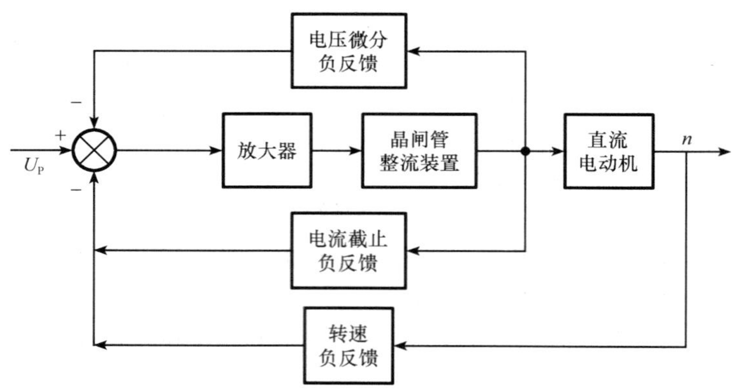

图 4.7　S7512 螺纹磨床头架直流拖动系统方框

为了满足系统对静差率和调速范围的要求，电路中采用了转速负反馈。为了提高系统的动、静态性能，采用了电压微分负反馈。为了限制系统在启动和突然改变电动机转向时的过大电流，采用了电流截止负反馈；触发电路由前置放大电路和单结晶体管振荡电路组成。这样既限制了系统的起动和换向时的最大电流，又提高了系统的静态和动态特性，并能使系统可靠稳定地工作。

1. 转速负反馈自动调速

要想稳定某被控量，就引入该被控量的负反馈，这是闭环系统的最大特性。

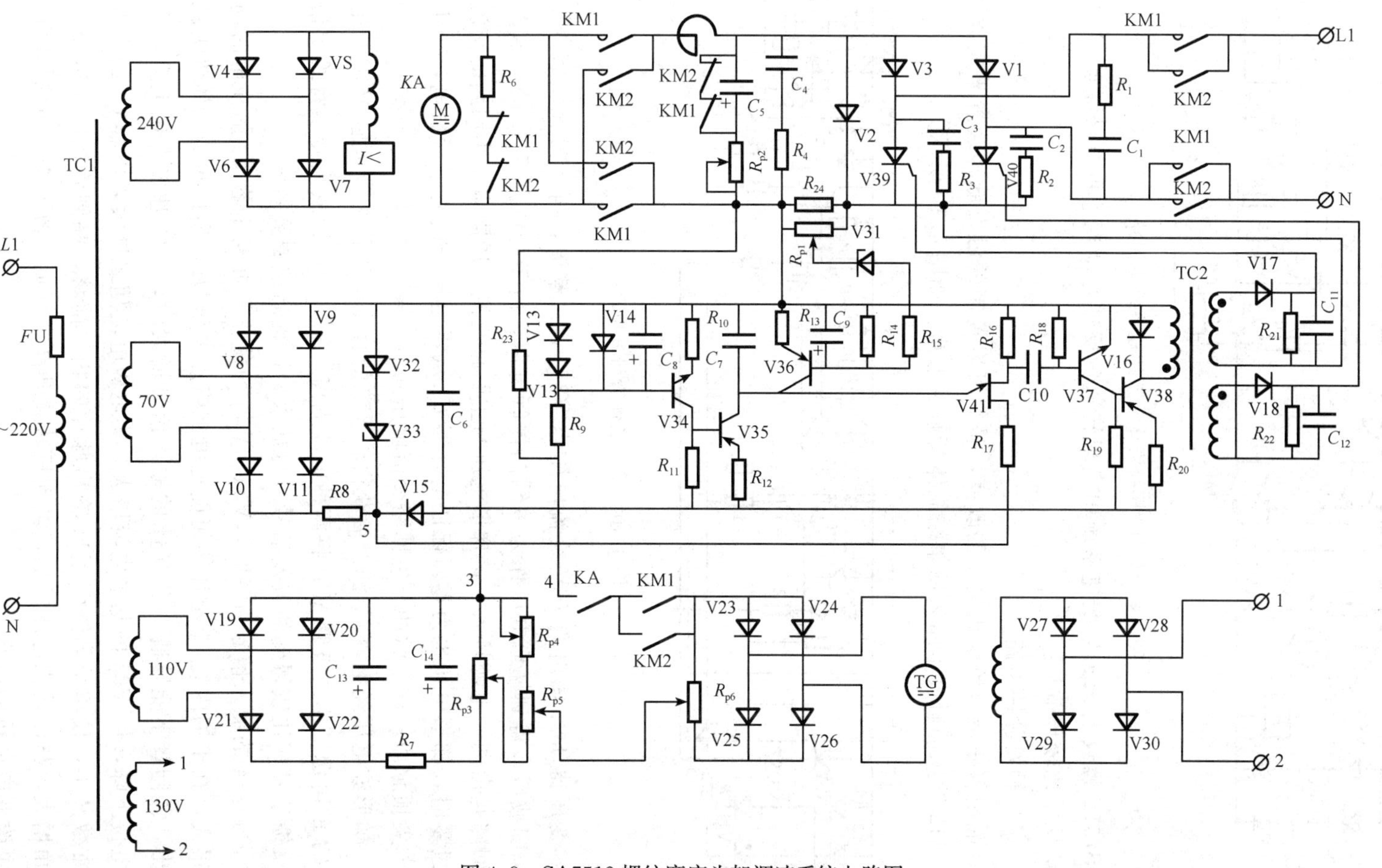

图 4.8 SA7512 螺纹磨床头架调速系统电路图

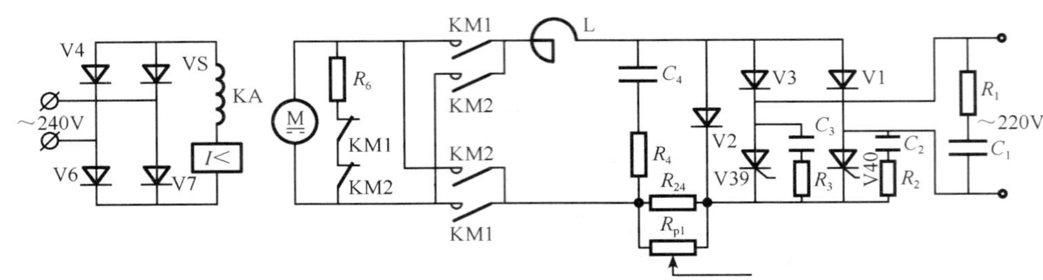

图 4.9　S7512 螺纹磨床头架调速系统主回路

在 S7512 螺纹磨床头架调速系统中实现转速负反馈自动调速的环节是给定与转速负反馈比较环节。

(1) 触发脉冲电路

晶闸管整流装置输出电压的改变，是靠可以控制的触发脉冲装置来完成的。SA7512 磨床的触发电路采用单结晶体管触发电路，如图 4.10 所示。

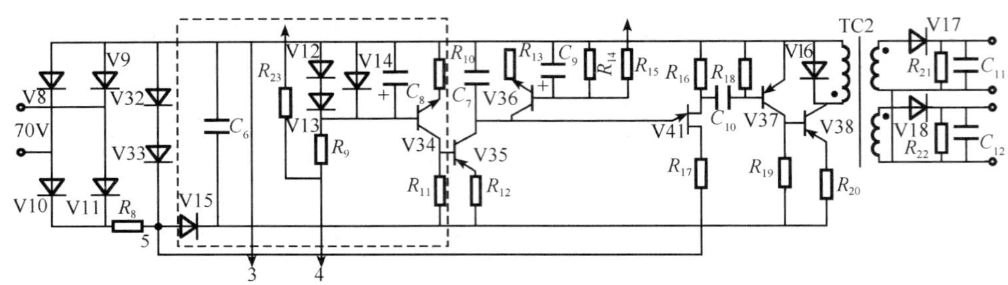

图 4.10　单结晶体管触发电路

变压器 TC1 输出的 70V 交流电压经 V8～V 11整流，再经过稳压管 V 32、V33削波后，得到梯形电压作为单结晶体管电源。由于变压器 TC1 的一次侧与主回路是由同一电源接入，该梯形电压与主回路交流电压同步，主回路的交流电压过零时，梯形电压也为零，保证电容器 C_7 从零电压开始充电后放电，产生第一个尖顶脉冲，这个脉冲与主回路交流电压同步。

梯形波电压经电容 C_6 滤波后获得较平稳的直流电源作为放大管 V 34及电容器 C_7 的电源，用二极管 V 15将两种电源隔离。V 34为前置放大器，将给定信号与反馈信号相比较得到的偏差信号进行放大，以提高控制灵敏度。

当 V34 的输入信号为零时，V34、V35 均截止，此时电容 C_7 的充电时间常数很大，在半周内 C_7 上电压不可能充电到峰点电压 Up，所以单结晶体管无脉冲输出，晶闸管不能导通。当 V34 的输入信号增大时，V34 基极电位上升，集电极电位下降，使 V35 的基极电流增大，集电极电流随之增大，电容 C_7 的充电时间常数减小，使单结晶体管 V41 输出脉冲的相位前移，晶闸管控制角减小，导通角增大，整流输出电压增加，电动机转速升高。可见，改变 V34 的输入电压，即可改变电动机的转速。

为了使晶闸管能可靠触发，本系统加有脉冲放大环节。脉冲放大环节由晶体管 V37、V38 组成。单结晶体管 V41 输出的正脉冲经电容 C_{10} 耦合到 V37 的基极，经过两级放大，再由脉冲变压器 TC2 耦合输出。正脉冲经 V17、V18 同时加到两只晶闸管上。但由于在一个周期的某个时刻，只能有一只晶闸管承受正向电压，故只能使这只承受正向电压的晶闸管导通。

在晶体管 V 38由导通变为截止时，脉冲变压器 TC2 的一次侧会产生较大的感应电动势，为防止过电压损坏 V 38，在 TC_2 的一次侧并联二极管 V 16给 TC2 一次侧提供放电回路。二极管 V 17、V 18的作用是保证只有正脉冲才能加到晶闸管控制极上。为了防止干扰信号引起晶闸管误触发，在 TC2 的输出端并联电容 C_{11} 和 C_{12}。

（2）给定回路和转速负反馈回路

给定回路和转速负反馈比较环节如图 4.11 所示。

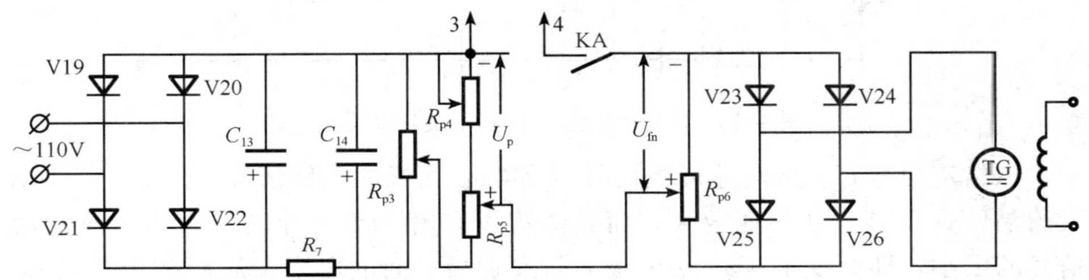

图 4.11　S7512 给定与转速负反馈比较环节

在本环节中，由变压器 TCl 输出的 110V 交流电压为给定的交流电源，经 4 个二极管 V19～V22 桥式整流，再经 C_{13}、R_7、C_{14} 滤波后作为给定电源。R_{p3} 为高速上限整定用电位器，R_{p4} 为低速下限整定用电位器，R_{p5} 为调速电位器，调整 R_{p5} 可得到不同的给定电压 U_p。

为了提高系统的调速精度，采用由电磁式直流测速发电机 TG 和二极管 V23～V26及 R_{p6} 组成的速度负反馈环节。TG 与电动机同轴相连，其输出电压与转速成正比。但电压的极性与电动机转向有关，为使系统正反转时反馈信号的极性不变，测速发电机的极性经整流后输出。用 R_{p6} 调节转速负反馈的强弱。

给定电压 U_p 与转速负反馈电压 U_{fn} 反极性串联后加在 V34 的输入端，忽略给定及反馈回路内阻的影响，偏差电压 $\Delta U = U_p - U_{fn}$。该电压即是 V34 的基极电压。改变该电压的大小，即可改变输出脉冲控制角的大小，从而改变输出电压，达到改变电动机转速的目的。

2. 电压（电流）微分负反馈自动调速

在 S7512 螺纹磨床头架调速系统中实现电压微分负反馈自动调速的环节是放大电路和电压微分负反馈电路。其电路图见图 4.12。

（1）放大电路

由变压器 TCl 取出的 70V 交流电压，经 V8～V11 组成的桥式全波整流，经限流电阻 R_8 和稳压管 V32、V33 稳压，再经 C_6 滤波后，作为放大器、触发器的直流电源。

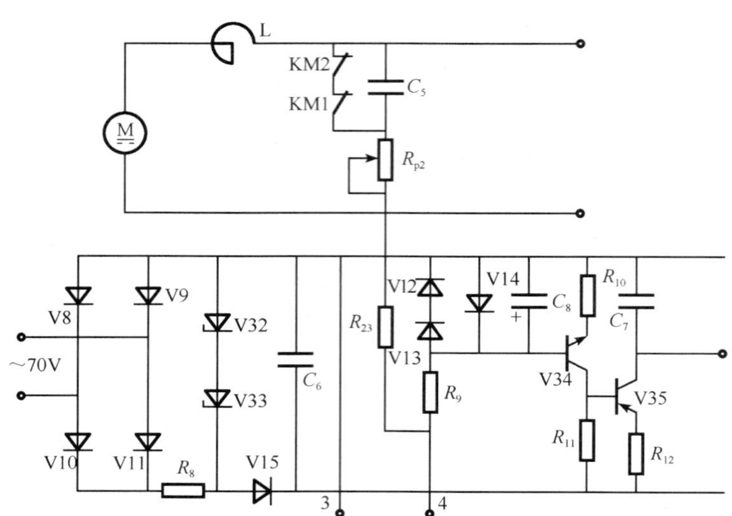

图 4.12　S7512 放大器和电压微分负反馈电路

由给定信号 U。和转速反馈信号 U 如综合而成的差值信号，有 3 和 4 两端输入给晶体管 V34 作为电压放大，而晶体管 V35 相当于一个可变电阻，改变输入信号的大小，即改变了 V35 集电极 c 与发射极 e 间的电阻，从而改变对电容 C_7 的充电时间，使触发脉冲出现的时间改变。

（2）电压微分负反馈。

该系统由于引入转速负反馈，可使调速范围很宽，但由于系统放大倍数很大，再加上电动机的惯性，很可能产生移相而变成为正反馈，容易造成系统振荡。为了抵制或消除调速系统振荡，加入了由 C_5、R_{p2} 组成的电压微分负反馈环节。

因为在数学中，“微分”是反映曲线变化率的，是求变化的意思。电压微分就是电压的变化率，也就是电压变化的快慢。电压微分大，电压变化快；电压不变，电压微分就为零。电压微分负反馈就是用电压的变化率作为反馈信号，这种电路叫做微分电路。在调速系统中，主电路接近地反映了电动机的转速，所以电压微分也就近似地反映了电动机转速变化快慢。

在本调速系统中，由于电容 C_5 的隔直流作用，稳态时，电动机端电压恒定不变时，微分负反馈输出为零，即该环节不起作用，对系统的静态性能无影响。在动态过程中，电动机的端电压发生变化，电压微分负反馈电路输出一个反映转速变化的电压，通过电容 C_5 加到 V34 的基极上，从而改变晶闸管整流输出电压的大小，以减小电动机转速的变化。由于电压微分负反馈的作减少了系统的等值动态放大倍数，提高了系统的相对稳定性，这就解决了既要求系统静态放大倍数大，又要求系统能稳定工作的矛盾。

微分负反馈作用的强弱可通过改变 R_{p2} 阻值的大小来调节。电容器 C_5 两端并联 KM1、KM2 的动断辅助触点，是为了使电动机停转时 C_5 能通过 KM1、KM2 的动断触点及时放电，以便电动机能频繁地启动、制动。

线路中 V12、V13 串联作正向限幅，V14 作为反向限幅，其作用是保护 V34

不致因输入电压过高而损坏。线路中 V34 的输入端并联的电容 C_8 可大大减小高频信号的影响。

应强调指出，在晶闸管—电动机直流调速系统中采用电压微分负反馈时存在以下问题：由于晶闸管整流电压中含有交流成分（回路电流中的交流成分相对小些），所以电压微分负反馈在正常工作情况下也起作用，导致系统无法工作。为保证 A 点电位突变时微分负反馈起作用，而 A 点电位缓慢变化时不起作用，在放大器入口端设置了 R_1 和 C_1 组成的滤波器。

电流微分负反馈的原理与电压微分负反馈一样，只是所取的信号是电流，只有当电流有变化时，该信号才起作用。

3. 带电流截止负反馈的自动调速

在 S7512 螺纹磨床头架调速系统中的带电流截止负反馈的自动调速包括电流截止负反馈和电动机弱磁保护两部分。

1）电流截止负反馈环节。电流截止负反馈环节的作用是防止电动机在高速起动、正反转切换情况下电流放大。其原理见图 4.13 所示。

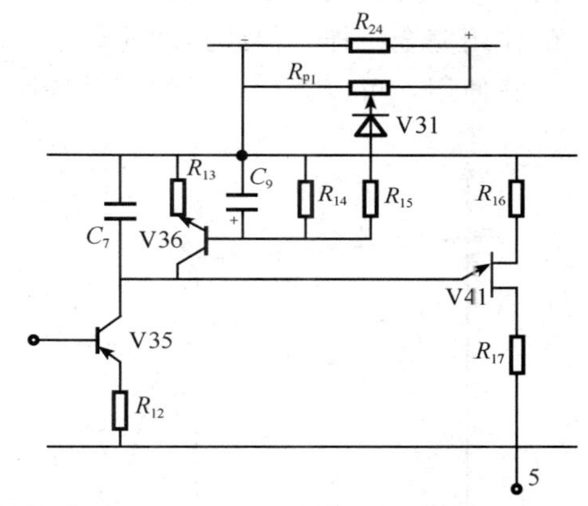

图 4.13　电流截止负反馈环节

电流截止负反馈环节由 R_{24}、R_{15}、R_{p1}、V31 和 V36 等元件组成，其中电阻 R_{24} 串在主电路中，起取样作用。系统正常工作时，主回路电流小于截止电流，R_{p1} 上的分压小于稳压管 V31 的稳压值，该环节不起作用。当主回路电流超过规定值时，R_{p1} 上的分压增大，稳压管 V31 被击穿，使 V36 导通，对 C_7 的充电电流起分流作用，使电容 C_7 的充电速度变慢，触发脉冲后移，晶闸管导通角减小，晶闸管整流输出电压降低，将主回路电流限制在规定值之内。调节电位器 R_{p1}，可以改变电流截止负反馈的强弱，即可以调节主回路截止电流值。C_9 为滤波电容。当电流截止负反馈环节起主导作用时的自动调速过程如下：

$$I_a\uparrow \longrightarrow U_6\uparrow \longrightarrow \Delta U\downarrow \longrightarrow U_a\downarrow \begin{cases} \xrightarrow{I_a=\frac{U_a\downarrow - E}{\sum R}} \text{限制电流过大} \\ \xrightarrow[n=\frac{U_a\downarrow - I_a\uparrow\sum R}{C_e\Phi}]{} \text{转速急剧下降} \end{cases}$$

电流截止负反馈的转速特性见图 4.14 所示的 BD 段。在 n_0B 段中只有转速负反馈起作用，特性较硬；在 BD 段主要是电流截止负反馈起作用，使特性下垂（很软），这样的特性也称为“挖掘机特性”。机械特性下垂得很陡，还意味着堵转时（或启动时），电流不会很大。这是因为在堵转时，虽然转速 $n=0$，反电势

$E=0$，但由于电流截止负反馈的作用，使 U_a 大大下降，因而 I_a 不致过大。此时的电流称为堵转电流 I_D，对应晶闸管整流输出电压 $U_a=I_D\sum R$。

通常，电动机的堵转电流整定值应小于晶闸管允许的最大电流，大约为电动机额定电流的 2～2.5 倍，即 $I_D=(2\sim2.5)I_N$。

应用电流截止负反馈后，虽然限制了最大电流，但在主回路中还必须接入快速熔断器，以防止短路；在要求较高的场合，还要增设过电流继电器，以免在电流截止环节出故障时把晶闸管烧坏。整定时，要使熔丝额定电流＞过电流继电器动作电流＞堵转电流。

对电流负反馈的截止方法也可以不用比较电压，而用在反馈回路中对接一个稳压管来实现，如图 4.15 所示。当反馈信号 I_aR_3 低于稳压管的稳压值 U_z 时，只能通过极小的漏电流，电流截止负反馈不起作用；当 $I_aR_3>U_z$ 时，稳压管反向击穿，允许负反馈电流通过，得到下垂特性。在这里，稳压值 U_z 和比较电压的作用完全一样，但线路却简单了。选择不同稳压值的稳压管，或者几个稳压管串联使用，可以获得不同的下垂特性。

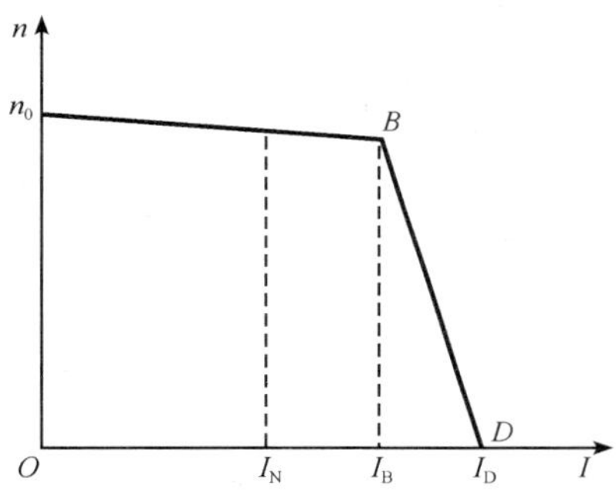

图 4.14　具有电流截止负反馈的自动调速系统机械特性（挖掘机特性曲线）

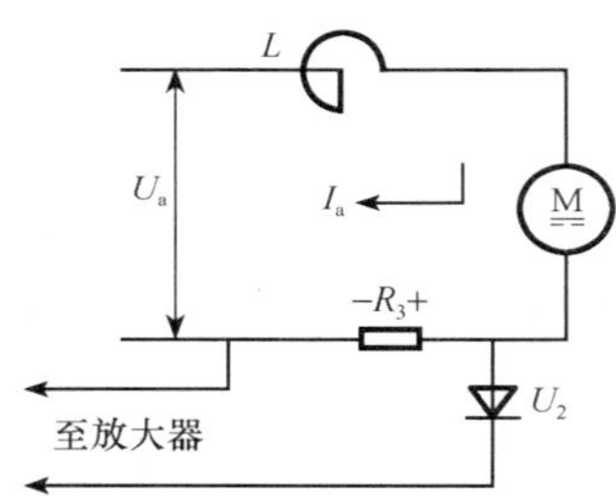

图 4.15　利用稳压管来获得电流截止反馈

2）电动机的弱磁保护。该磨床头架拖动系统中设有弱磁保护装置，在电动机励磁回路中串联欠电流继电器 A 的线圈，KA 的动合触点串于 V34 的输入回路中。只有当励磁电流达到一定值，即电动机的磁场达到一定强度时，KA 才吸合，接通触发回路，晶闸管整流电路才有输出电压，直流电动机才开始启动。当励磁电流突然减小时，KA 释放，切断触发回路，使晶闸管整流电路输出电压为零，从而防止了“飞车”事故的发生。这个作用就是弱磁保护作用，KA 是弱磁保护继电器。

4. 电压负反馈及电流正反馈自动调速

具有转速负反馈环节的自动调速系统，其调速指标在各个方面是不错的，但反馈环节需要一台测速发电机，测速发电机要求精度很高，而且必须和电动机同轴相连。这不仅增加了设备成本，增添了维护上的困难，还会因为附带产生交流干扰问题给调试和运行带来麻烦。因此，对于某些要求不太高的调速系统，需要考虑省掉测速发电机而采用其他比较简单的电量反馈。

在调速系统中，调节电动机的转速实际上是通过调节电动机电枢电压来实现的。因此，将电枢电压作为被调节量，而电动机的转速作为间接被调节量，同样可以自动调节转速，只是电动机电枢绕组上的电压降在反馈环以外不能被抑制，调速精确度要差一些。

具有电压负反馈的自动调速系统的电路如图 4.16 所示。

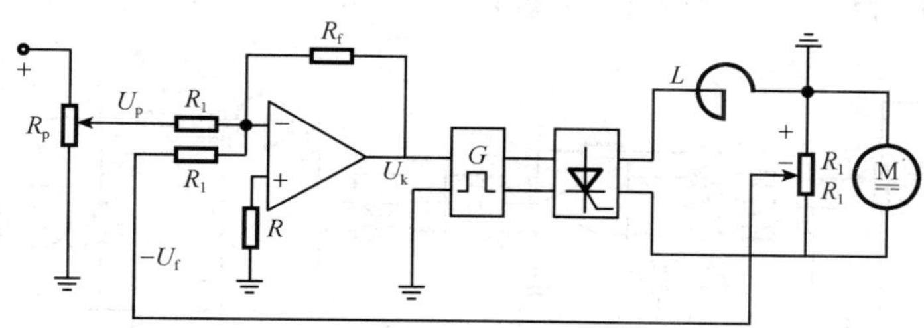

图 4.16 具有电压负反馈自动调速

现将电枢回路的电阻 R 分成以下两部分：电源的内阻 R_0 和电枢电阻 R_a。假设整流输出电压为 U_{a0}，电枢电压为 U_a，平波电抗器 L 的电阻算在 R_0 中，这时电枢回路电阻引起的转速降 Δn 将分成 Δn_1 和 Δn_2 两部分，Δn_1 是由 R_0 引起的，Δn_1 是由 R_a 引起的。电压负反馈主要克服 R_0 引起的转速降 Δn_1，而 R_a 所引起的转速降 Δn_2 将通过电流正反馈来补偿。

（1）电压负反馈自动调速线路

在图 4.16 中使用了比例调节器。在电枢两端接人分压电阻 R_1、R_2，它们必须位于平波电抗器之后。以该电阻为分界线，前面是平波电抗器和电源，后面是电枢。由分压关系知：$U_1=U_aR_1/(R_1+R_2)$，但从电路图所标极性看，引到比例调节器输入端的 U_f 是负值，因而是电压负反馈。比例调节器的输入信号是 $\triangle U=U_p-U_f$，输出信号是 U_k。U_k 的值决定脉冲触发器产生的控制角 α 的大小，以控制晶闸管的输出电压，从而控制电动机转速。调速过程如下：

$$T\uparrow\longrightarrow n\downarrow$$

$$\longrightarrow I_a\uparrow\longrightarrow I_aR_0\uparrow\longrightarrow\uparrow\longrightarrow\Delta U\uparrow\longrightarrow\alpha\uparrow\longrightarrow U_{a0}\uparrow\longrightarrow n\uparrow$$

很显然，转速负反馈系统中的被控量是转速，因而系统维持转速基本不变；但电压负反馈系统的被控量是电动机的端电压 U_a，因而它只能维持电枢电压基本不变。而当负载增加时，负载电流 I_a 在电动机电枢电阻上产生的压降 I_aR_a 所引起的转速降 Δn_2 没有得到补偿，这就意味着电压负反馈的效果不如转速负反馈好。

虽然存在以上不足，但由于省略了测速发电机，使系统的结构简单，维修方便，所以仍然得到了广泛的应用。一般在调速范围 $D<10$、静差率 $S>15\%$时，

可使用这种系统。

(2) 电压负反馈及电流正反馈自动调速线路

为了补偿因电动机电枢电阻上的电压降所引起的转速降 Δn_2。在电压负反馈的基础上再增加一个电流正反馈补偿环节，如图 4.17 所示，目的就是要把一个反映电动机电枢电流大小的量 $I_a R_3$ 取出，也加到比例调节器的输入端去。由于是正反馈，调节器的输入信号反映了负载电流的增减，即当负载电流 I_a 增加时，调节器的输入信号也增加，使晶闸管整流器输出电压 U_{a0} 也增加，以补偿电枢电阻所产生的压降（其原理请自行分析）。

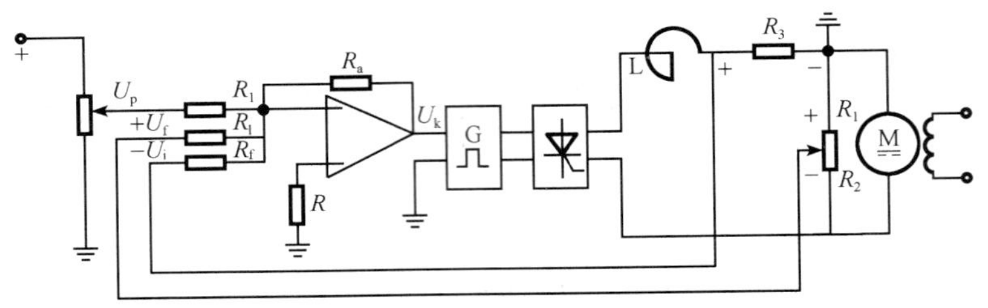

图 4.17 具有电压负反馈及电流正反馈的自动调速线路

很明显，在负载增加时，电流正反馈引起的转速补偿是转速升高。如果参数配合得使电流正反馈引起的转速升不仅补偿 Δn_2，也补偿 Δn_1，那么就可使转速降 $\Delta n=0$。这种补偿称为全补偿，在此情况下，电动机的转速与负载大小无关。

但实际上靠参数配合而达到的全补偿是不可靠的，因为在系统运行过程中，各元件参数不是绝对稳定的。例如，电流正反馈电阻 R_3 随着电流的增加及长期工作而升高温度，阻值便增大。电流正反馈的作用会比原先预计的大，从而产生过补偿，引起系统的不稳定。所以一般总是将电流正反馈调整得弱一些（具有和转速负反馈系统相似的静特性），以使系统可靠地工作。

这里需要指出的是：电流正反馈反映的物理量是电动机负载的大小，而不是被调整量电压或转速的大小。因此，电流正反馈的实质是根据负载变化的大小，适当调整控制电压，以抵消负载变化而引起的转速降。从这个意义上讲，电流正反馈环节是一种补偿环节，而不是反馈环节，但习惯上称它为电流正反馈环节。

根据以上分析过的几种调速系统比较，具有转速负反馈系统的静特性，效果最好。

5. 速度、电流双闭环自动调速系统

在单闭环调速系统中，只有电流截止负反馈环节是专门用来控制电流的，但是当电动机启动或有较大负载变化时，电流可以在较短时间内处于最大值，其余时间被电流截止负反馈较大幅度地抑制。由于电流一旦超过临界电流值，电流截止负反馈就起作用，限制电流上升，因而造成波形变坏。当电流从最大值降低下来以后，电机转矩也随之减小，因而加速过程必然拖长。而我们希望电动机在启动过程中，最好能充分发挥电动机的过载能力，使电流一直保持电动机所允许的最大值（当然晶闸管也应能安全承受），使电力拖动系统尽可能用最大的加速度启动，减少过渡过程时间。当系统达到稳态转速后，又让电流立即降低下来，使转矩马上与负载平衡，从而进入稳态运行。

为了实现在允许的条件下最快启动，关键是要获得一段使电流保持为最大值的恒流过程。按照反馈控制规律，采用某个物理量的负反馈就可以保持该物理量基本不变，那么采用电流负反馈就应该能得到近似的恒流过程。问题是希望在启动过程中只有电流负反馈，而不能让它和转速负反馈同时加到一个调节器的输入端；达到稳态转速后，又希望只要转速负反馈，不再靠电流负反馈发挥主要作用。引入双闭环调速系统正是用来解决这个问题的。

双闭环自动调速系统电路图如图 4.18 所示，方框图如图 4.19 所示。

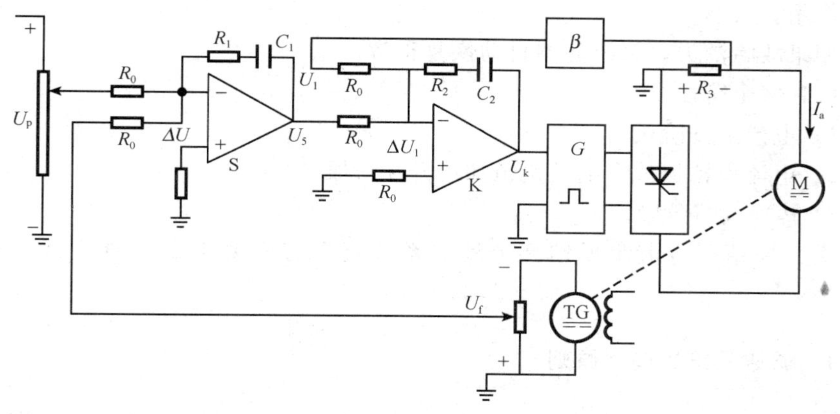

图 4.18　双闭环自动调速系统电路图

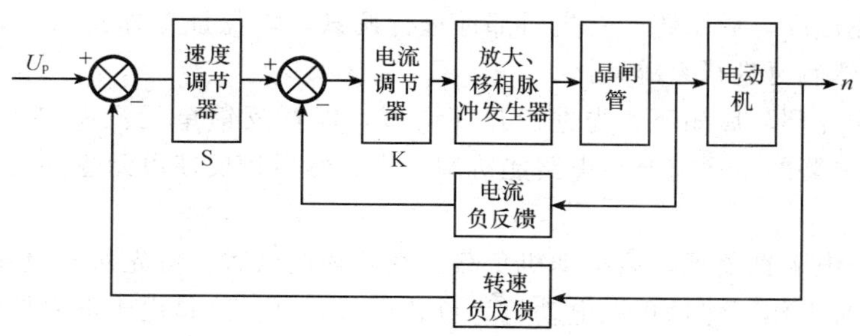

图 4.19　双闭环自动调速系统方框图

由图 4.19 可以看出：双闭环调速系统有两个调节器、三个阶段。

（1）两个调节器

一个调节转速，另一个调节电流，二者之间实行串级联接，为了获得良好的

静、动态性能，两个环的调节器一般都采用比例积分调节器作输入和放大环节。转速负反馈比例积分调节器的输出，就是电流负反馈比例积分调节器的输入，最后用电流负反馈比例积分调节器的输出控制触发脉冲。从闭环结构上看，电流调节环在里面，叫做内环；转换调节环在外边，叫做外环。这样就形成了转速、电流双闭环调试系统。

1）转速调节器的作用。

① 使转速跟随给定电压 U_0 变化，稳态无静差。

② 对负载变化起抑制作用。

③ 其输出限幅决定允许的最大电流。

2）电流调节器的作用。

① 对电网电压波动起及时抑制作用。

② 启动时保证获得允许的最大电流。

③ 在转速调节过程中，使电流跟随给定电压以变化。

④ 当电机过载甚至堵转时，限值电枢电流的最大值，从而起到快速的安全保护作用。

如果故障消失，系统能够自动恢复正常。

（2）三个阶段

1）电流上升阶段。

2）电流保持恒值，电动机恒加速升速阶段。

3）转速调节阶段。

注：采用了电流负反馈环节后，系统就没有必要再设置电流截止负反馈环节了。

4.1.4 调速系统的调试原则

调试工作应对照电气说明书和电路图进行，先简后繁，从易到难，按照各控制环节的相互关系顺序进行。通常是：

1）先部件，后系统。首先对部件进行调试，以保证工作正常，性能符合设计要求，然后再进行系统调试。

2）先开环，后闭环。先进行开环调试，即在反馈单元没有接人的条件下，保证控制电路的主通道至主电路能协调工作。然后将反馈单元逐一接人，进行闭环调试。

3）先电阻性负载，后电动机负载。在开环调试时，可先从电阻性负载人手，使系统正常工作，然后再以电动机为负载进行调试。这是由于电阻性负载没有惯性，主电路比较简单，一旦出现故障，容易找出故障点。

4.1.5 晶闸管-直流电动机调速系统常见故障

晶闸管-直流电动机调速系统常见故障的分析与维修方法见表 4.2。

表 4.2　晶闸管-直流电动机调速系统故障分析与维修

序号	故障现象	可能原因	处理方法
1	启动时过电流	1）直流侧短路、晶闸管正向重复峰值电压下降或击穿 2）熔断器熔断、过流继电器整定太小 3）电动或测速机失磁 4）给定积分器损坏，未清零或输出尚未回到零 5）电流环最佳参数整定不当或电流调节器损坏或是流反馈未输入 6）速度或电流调节器比例积分回路开路或太大 7）速度环或电流环参数调试不当	1）对主电路作直观检查或用万用表作精测 2）检查、换熔断器，调整电流继电器 3）检查励校并修复 4）检测积分电路给定器并修复、调零 5）重样整定参数或检查电流反馈信号 6）为便于启动将速度和电流调节器的分压系数电位都置于调节器输出端，并记录下原来的位置 7）对速度环和电流环的参数作进一步调试
2	启动时某一阶段突然停转	1）差动式直流放大器输入端干扰 2）联锁接点松动	1）采用组件运算放大器 2）检查联锁触点
3	整流电压满输出而电动机不转	直流侧开路，如电机电枢线未接好或断开；电刷与换向器未接触上或接触严重不良	用万用表寻找直流侧开路的原因
4	电动机转速调不上去	1）电动机失磁 2）电流环最大电流整定值太小 3）速度或电流调节器输出饱和值下降 4）速度反馈量静态整定不当 5）输出上限幅调节不当 6）整流输出电压波形缺相 7）整流电源电压太低 8）偏移电压太高	1）检查电动机励磁 2）提高电流环最大电流整定值 3）更换放大器或备件 4）按静态速写要求整定速度反馈量 5）重新调整上限限幅电位器 6）检查三相电源 7）提高整流电源电压使晶闸管导通角适中 8）降低偏移电压
5	加负载后电动机转速下降	1）电动机励磁电压太低 2）电流环最大电流整定值太小 3）速度调节器输出限幅值下降 4）电动机接线盒内或接线板上螺钉未拧紧或过热 5）空气开关、接触器等的主接点接触不良 6）空载时整流输出电压波形正常，带负载波形失真 7）机械故障 8）电流截止环节加入负反馈信号（单闭环系统）	1）检查电动机励磁 2）提高电流环最大电流整定值 3）更换放大器或备件 4）检查主电路导线的连接情况 5）检查空气开关、接触器的主触点 6）电流互感器规格不符、接线错误；三相整流电源不对称或缺相 7）检查机械原因 8）提高电流截止值
6	电动机转速突然降低	1）某一块触发器突然无脉冲输出 2）速度给定电压突然降低 3）速度调节器有问题 4）电动机励磁电压突然下降 5）测速发电机励磁突然增加	1）更换触发器备件 2）检查速度给定电压 3）更换速度调节器备件 4）检查电动机励磁 5）检查测速发电机励磁

续表

序号	故障现象	可能原因	处理方法
7	电动机转速突然增加	1）速度给定电压突然增加 2）测速发电机励磁突然降低或测速发电机励磁绕组部分短路 3）三相交流测速发电机电枢线或整流桥损坏 4）速度调节器有问题 5）晶闸管正向重复峰值电压下降	1）检查速度给定电压 2）检查测速发电机励磁及测量励磁绕组直流电阻 3）检查测速发电机电枢线或更换整流桥元件（或二极管） 4）更换放大器或备件 5）更换晶闸管
8	电动机突然满速	速度反馈回路： 1）测速发电机失磁 2）测速发电机电枢或速度反馈回路断线 3）速度反馈滤波电容短路	逐条检查或更换电容
		调节器回路： 1）速度调节器损坏 2）电流调节器坏 3）输出器输出接近于零（双闭环系统）	更换速度、电流调节器或输出器备件
9	电动机“飞车”	1）电动机或测速发电机失磁 2）测速发电机电枢或速度反馈回路断线 3）电流反馈突然中断或电流调节器损坏（双闭环系统）	1）逐条检查 2）检查电流反馈或更换电流调节器备件 3）同本表序号 7
10	电动机突然自停	1）空气开关掉闸 2）风机停止 3）过流继电器或热继电器动作 4）熔断器熔断 5）电动机或测速发电机失磁，联锁动作 6）联锁触点松动 7）调节器电路故障，使 UK 较低 8）无脉冲输出	1）对主电路和交流操作回路作直观检查或测量 2）测量主接触器吸合时调节器电路的各点电压值并作出判断 3）测量中间继电器释放时调节器电路各点电压值并作出判断 4）检查熔断器
11	停机时电动机不停	1）主接触器或中间继电器释放 2）给定积分器损坏	1）检查自锁触点；用汽油擦干净触点油污；活动部分加少量机油或更换主触点 2）更换给定积分器备件
12	停机时电动机爬行	1）主电路没有接触器 2）下限幅电位器调节不当 3）速度或电流调节器未整零或反向信号未输入放大器零漂 4）整流输出电压波形不齐 5）晶闸管误导通	1）主电路加装接触器 2）提高下限幅值，一般为＋V，或取消这一环节 3）参考本表序号 10 4）同步变压器熔断器熔断、三相整流电源不对称、触发电路锯齿波斜率不一致 5）排除晶闸管误导通

续表

序号	故障现象	可能原因	处理方法
13	调速不平滑	1）速度给定电位器，滑动头接触不良 2）给定滤波或速度反馈滤波电解电容器极性相反 3）整流输出电压波形严重不齐 4）整流输出电压波形忽明忽暗 5）相位配合不正确 6）三相整流电源缺相	逐点检查
14	调速线性度差	整流电路生疏同步方法配合不当	采用三相全控桥、单相全控桥或三相半波整流，并用正弦波同步
15	速度微调不起作用	1）速度微调电位器严重受潮或操作台内接线端子被水浇湿 2）整流输出电压达到装置的额定电压 3）负载电流接近最大电流整定值	1）擦干或烘干 2）检查整流输出电压或适当降低 3）适当提高最大电流整定值或检查负载状况
16	系统振荡	1）测速发电机连接有间隙 2）速度或电流调节器分压系数 a 太大 3）控制信号脉动分量太大 4）速度反馈回路某一相二极管开路或三相交流测速发电机电枢断线	逐条检查并加以排除
17	爬行时转速振荡	1）电枢电流不连续 2）电抗器电感量的非线性	增加平波电抗器的气隙或取消电抗器
18	零速起动振荡	放大器零点漂移或外界干扰	采用低速爬行速度启动
19	整机统调困难	1）减速箱速比选择不当 2）速度链中放大器的损坏 3）微调电位器布线存在干扰 4）电动机励磁电源有问题	1）更换减速箱 2）更换放大器 3）采用双绞线或同轴屏蔽电缆、等电位屏蔽法 4）检查电动机励磁电源
20	整机车速突然下降	1）速度给定标准稳压管的稳压值下降或总给定稳压电源电压下降 2）测速发电机励磁稳流电源输出增加 3）采用速度链时第一个分部的操作台进水	逐条检查

技能训练 4.1　晶闸管-直流电动机调速

一、目的要求

熟练掌握电动机拖动系统的线路组成及工作原理，掌握晶闸管-直流电动机调速的调速方法。

二、工量具及器材清单

工量具及器材清单见表 4.3。

表 4.3　常用工量具及仪表清单

序　号	类　别	名　称	型号规格	单　位	数　量	备　注
	工具	电工通用工具、螺钉旋具（一字和十字）、尖嘴钳、验电器、活络扳手、剥线钳等		套	1	
1	仪表	万用表	MF30 或自定	只	1	
2		直流电流表	0～50A	只	1	
3		直流电压表	0～300V	只	1	
4		转速表		只	1	
5		示波器		只	1	
6	器材	晶体管	3DG68	个	2	
7		晶体管	3AX31B	个	2	
8		晶体管	3DG12B	个	1	
9		单结晶体管	BT33F	个	1	
10		可控硅	KP20A、600V	个	2	
11		二极管	2CZ11C　50A　600V	个	5	
12		二极管	2CZ　1A　300V	个	5	
13		二极管	2CW21K	个	3	
14		二极管	2CZ11C　1A　300V	个	5	
15		二极管	2CZ　5A　600V	个	12	
16		继电器	JJDZ3-33　220V	个	1	
17		熔断器	RL1-15　250V	个	2	
18		交流接触	CJ10-50A　300V	个	2	
19		电解电容	CDZ100uF015	个	6	
20		电容	100uF　630V	个	8	
21		电阻	250Ω　1W	个	4	
22		电位器	1．5kΩ　2W	个	6	
23		变压器	220/240/130/110/70V	个	1	
24		脉冲变压器	2∶1	个	1	
25		直流发电机	800W　220V	个	1	
26		电动机	D2-12	个	1	
27		导线	BV1．5mm^2	米	4	
28		模拟控制板	500mm×450mm	个	1	
29		电路板	300mm×400mm	个	1	
30		松香焊锡丝	Φ1．5mm	克	10	
31		砂纸	$0^{\#}$	张	1	

三、技能训练

1）装前要先检查元器件的好坏，核对元器件的数量。

2）按图 4.10 所示的要求进行正确熟练地安装。

3）正确使用工具和仪表，装接质量要可靠，装接技术要符合工艺要求。

4）观察触发电路波形。先不接入反馈，将给定电压置于最大值，只接通同步变压器 TS，暂不接通主电路。用示波器观察触发电路各点波形。先观察全波整流电压及稳压管 V7 两端梯形波，应符合图 4.16 所示。再观察电容器 C_1 两端的锯齿波和脉冲变压器 TP 输出端的脉冲波形，应符合图 4.16 中（5 点处波形和 C 上波形）。缓慢调节电位器 R_{p7}，即调整给定电压，观察脉冲波形的移相和移相范围。

5）观察主电路电压波形。主电路不接电动机，而用 220 功率较大的（一般 100W 以上）的灯泡代替。为保证负载的纯阻性，负载端的阻容保护电路应断开。接通主电路电源，增大给定电压，用示波器观察负载端电压波形。

6）停车并切断主电源，拆掉负载灯泡，接上电动机。

7）整定额定转速。首先将负反馈电压信号 U_2 调到最大。然后将手动调速电位器 R_{p4} 调至低速处。这时起动电动机，再调 R_{p4}，将转速逐步提高到额定转速。如一开始就达到很高转速时，则可能反馈电压过小，或电压反馈极性接反。

8）最低速调整。将 R_{p4} 调至最低速位置时，调节 R_{p5}，使电动机达到所需的最低速。

9）最高速调整。将 R_{p4} 调至最高速位置时，调节 R_{p3}，使电动机达到所需的最高速。

10）电流截止调试。主电路中串入电流表，起动电动机，调节 R_{p2}，使可控整流输出电压约为 50V，增加电动机的负载（也可以对电动机轴上的皮带轮进行制动），调节 R_{p2}，使临界电流 $I_J=(1.25\sim1.5)I_N$，运转情况下，$I_M=(2.25\sim2.5)I_N$。

11）特性调整。在电动机的低速、中速、高速三种转速下，负载分别从空载调节器到满载，调节 R_{p6}，测量转速，使静差率的绝对值小于 0.05。通常低速能满足静差率的要求，中速和高速都能满足而不必另外测试。

四、评分标准

评分标准见表 4.4。

表 4.4　晶闸管-直流电动机调速考核标准

项目内容	考核要求	配分	评分标准	扣分
按图焊接元器件	正确使用工具和仪表，装接质量可靠，装接技术符合工艺要求	40	（1）布局不合理，扣 3 分 （2）焊点粗糙、拉尖、有焊接残渣，每处扣 2 分 （3）元件虚焊、气孔、漏焊、松动、损坏元器件，每处扣 2 分 （4）引线过长，焊剂不擦干净，每处扣 2 分 （5）元器件的标称值不直观、安装高度不合要求，扣 2 分 （6）工具、仪表使用不正确，每次扣 3 分 （7）焊接损坏元器件，每个扣 3 分	
调试后通电试车	在规定时间内用仪器、仪表调试后进行通电试验	50	（1）通电试验一次不成功　扣 5 分 二次不通过　扣 10 分 三次不通过　扣 15 分 （2）调试过程中损坏元器件，每个扣 2 分	

续表

<table>
<tr><th>项目内容</th><th colspan="2">考核要求</th><th>配分</th><th colspan="3">评分标准</th><th>扣分</th></tr>
<tr><td>安全文明生产</td><td colspan="2">(1) 劳动保护用品穿戴整齐
(2) 电工工具佩带齐全
(3) 遵守操作规程
(4) 尊重教师，讲文明礼貌
(5) 考试结束要清理现场</td><td>10</td><td colspan="3">(1) 各项考试中，违反安全文明生产考核要求的任何一项扣 2 分，扣完为止
(2) 学生在不同的技能试题中，违犯安全文明生产考核要求同一项内容的，要累计扣分
(3) 当老师发现学生有重大事故隐患时，要立即予以制止，并每次扣学生安全文明生产 总扣 5 分</td><td></td></tr>
<tr><td>定额时间</td><td colspan="3">3h</td><td colspan="3">每超时 5min 以内以扣 5 分计算</td><td></td></tr>
<tr><td>备注</td><td colspan="3"></td><td colspan="2">教师签字：
年 月 日</td><td>成绩</td><td></td></tr>
<tr><td>开始时间</td><td></td><td colspan="2"></td><td>结束时间</td><td></td><td>实际时间</td><td></td></tr>
</table>

小　　结

本节的重点是：

① 闭环调速系统的指标。

② 各典型调速控制线路的原理及特点，难点是晶闸管-直流电动机调速系统的调试与维修。

电动机调速系统按控制电动机的交、直流性质不同，分为交流调速系统和直流调速系统两大类。要能区分开环及闭环调速，要掌握闭环调速的调速范围和静差率指标。

转速负反馈自动调速线路能获得较高的调速指标，但不经济。只适用于调速要求高的场合。

电压负反馈及电流正反馈自动调速线路虽不能达到转速负反馈时的高指标，但能使系统的静特性明显改善，能替代转速负反馈在调速要求不高的场合下应用。

带电流截止负反馈的自动调速线路解决了系统过硬的静特性问题，使系统在起动电流过大或有堵转电流时，使特性急剧下垂获得“挖掘机特性”，可用比较电压环节和稳压管两种办法来实现。

电压微分和电流微分自动调速线路就是利用输出量和输入量之差来实现调速。其动作时并不影响表态放大倍数，所以能保持系统应有的表态指标。

速度、电流双闭环自动调速线路是综合应用调速线路。其系统特点有：系统调速性能好、启动时间短、过渡过程快、抗干扰能力强。

调速应严格遵循“先部件，后系统；先开环，后闭环；先电阻性负载，后电动机负载；先内环，后外环（双闭环系统）；先不可逆，后可逆”的调试原则进行。

4.2 交磁电机扩大机自动调速系统

知识点

- 熟悉交磁电机扩大机的结构及工作原理
- 熟悉交磁电机扩大机的自动调速方法

技能点

- 了解交磁电机扩大机的故障与维修方法

交磁电机扩大机是一种具有很高放大倍数、较小惯性的高性能的一种特殊构造的直流发电机，它又是一种旋转式的功率放大器。由于交磁电机扩大机自动调速系统具有过载能力强和波形好等优点，因此在许多场合仍在使用。

4.2.1 交磁电机扩大机的基本结构

交磁电机扩大机的作用是将功率微弱的输入（控制）信号高倍放大成为功率较大的输出信号，也称为功率扩大机（以下简称扩大机）。

1. 扩大机的结构特点

扩大机结构与普通的直流发电机一样，也是由定子和电枢两大部分组成。它由一台交流电动机拖动而旋转，如图 4.20 所示。其电枢绕组和普通直流发电机相同，定子铁心由硅钢片叠压而成，铁心片上冲有大、中、小三种槽形，大槽中嵌放 2～4 个控制绕组、交流去磁绕组和部分补偿绕组，中槽里嵌放有换向绕组和交轴助磁绕组，小槽里装有补偿绕组；在换向器上放有两对互成 90°的电刷，一对位于定子磁极的轴线上，称为直轴电刷；另一对位于定子磁极中性线上，即与磁极轴线正交，称为交轴（或横轴）电刷（如图 4.21 所示）。

2. 各绕组的作用

（1）控制绕组 WC

控制绕组上一般加控制电压，称为控制信号，控制信号在控制绕组中产生磁通 Φ，方向如图 4.21 所示。控制绕组一般有 2～4 个，以满足同时有几个控制信号输入的情况。

（2）补偿绕组 WCP

当扩大机接上负载以后，直轴电枢电流 I_A 流过电枢绕组产生磁通，方向如

图 4.21 所示。

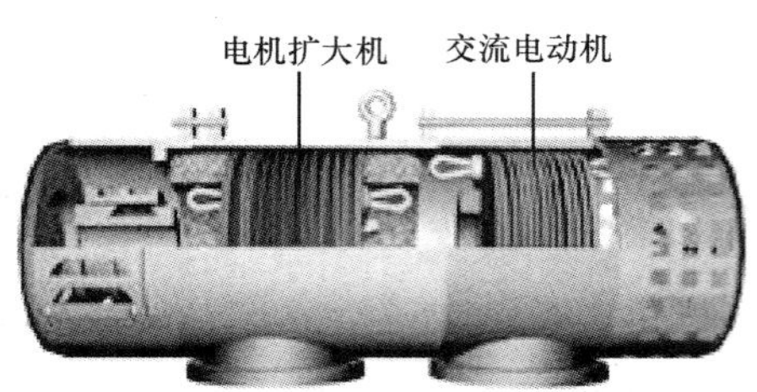

图 4.20　交磁电机扩大机外形及结构

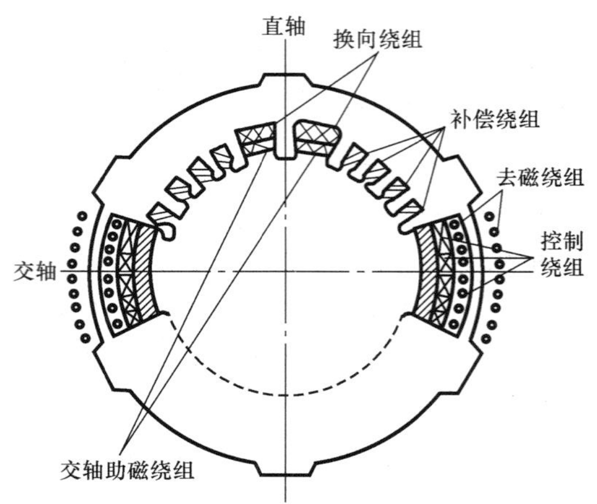

图 4.21　交磁电机扩大机定子各绕组分布示意图

由图可见，Φ_d 与 Φ_C 方向相反，有很强的去磁作用，使扩大机无法工作。为了抵消磁通 Φ_d，将补偿绕组与电枢绕组串联，使补偿绕组中电流产生的磁通相同或同方向，抵消了 Φ_d 的去磁作用，补偿了 Φ_d 对 Φ_C 的影响。

（3）换向绕组 WCM

扩大机的输出电流较大，为了改善直轴换向，在扩大机直轴方向上装有换向绕组，换向绕组也与电枢绕组串联。

（4）交轴助磁绕组 WQ

交轴助磁绕组接在交轴两个电刷之间。助磁绕组产生的磁通与交轴电流在电枢中产生的磁通 Φ。同方向，因而对于一定的直轴输出，产生所需 Φ_Q。的交轴电流 I_q 可以相应减小，从而改善了交轴的换向。

（5）去磁绕组

为了减小交磁电机扩大机的剩磁，铁心中还装有交流去磁绕组，交流去磁绕组的工作电压为 1～3V，电流为 3～5A。

3．交磁电机扩大机的特性

交磁电机扩大机的特性主要有空载特性和外特性。

（1）空载特性

当扩大机不接负载时，由交流电动机拖动到额定转速，其空载电压 U_0 和控制绕组磁势 F_C 的关系称为交磁电机扩大机的空载特性。扩大机的空载特性，与普通直流发电机的空载特性相似，由于扩大机的两级放大，回线更宽些。

（2）外特性

当扩大机的转速及其控制绕组上的电流保持不变时，其端电压 U_A 和输出电流 I_A 的关系称为扩大机的外特性（又称负载特性）。扩大机的外特性可由实验测

定。外特性除与扩大机中的一些绕组（包括电枢绕组、补偿绕组和换向绕组）上的电压降有关以外，还与补偿绕组对电枢反应的补偿程度有关，且有很大的影响，这是扩大机的又一特点。根据补偿绕组对电枢反应的补偿程度，通常把扩大机的外特性分为三类。

1）全补偿。补偿绕组的磁动势正好抵消电枢反应的磁动势，称为全补偿。这时扩大机的端电压随输出电流的变化只与扩大机内部一些绕组上的电压降有关。

2）欠补偿。补偿绕组的磁动势小于电枢反应的磁动势，称为欠补偿。这时，随着输出电流的增大，扩大机的输出电压有较大的降低。

3）过补偿。补偿绕组的磁动势大于电枢反应的磁动势，称为过补偿。在这种情况下，扩大机的外特性在全补偿特性之上，易使扩大机工作不稳定，甚至引起自激，使它失去控制作用。

为了保证扩大机的正常工作，一般补偿绕组的补偿程度都调到低于全补偿的欠补偿状态。这种调整在扩大机出厂前已经完成。

4.2.2 交磁电机扩大机的工作原理

交磁电机扩大机在工作原理上相当于两级直流发电机，如图 4.22（a）所示。扩大机巧妙地利用了第一级放大产生的磁通或作为第二级放大的工作磁通，这两级共用一个电枢，实现了两级放大，从而得到了相当大的功率放大倍数。如图 4.22（a）所示，当控制绕组中通过电流 I_C 时，将产生磁通 Φ_C，扩大机的电枢由交流异步电动机（图中未画出）拖动顺时针旋转，则电枢绕组中的导体切割磁通 Φ_C，产生感应电动势 E_q，其方向由右手定则确定［如图 4.22（b）中外圈所示］。

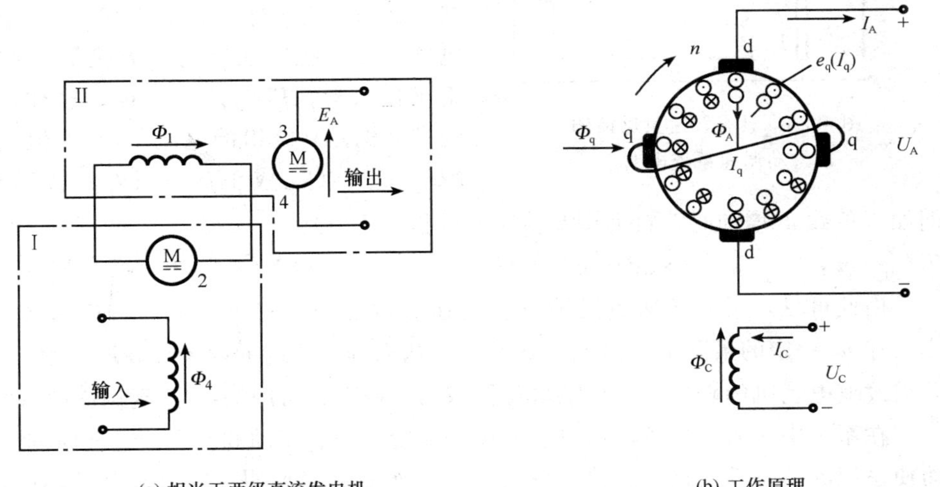

(a) 相当于两级直流发电机

(b) 工作原理

图 4.22　交磁电机扩大机的工作原理图

由于交轴电刷 q-q 是短接起来的，所以电枢绕组中就会产生一个较大电流

I_q。为了限制 I_q 不致过大，E_q 必须很小（约几伏），因此，扩大机控制绕组安匝数很小（通常 I_c 只有几十毫安），这是交磁电机扩大机的特点之一。

电流 I_q 流过电枢导体，其方向与 E_q 口相同，将产生磁通 Φ_q，Φ_q 的方向由安培定则确定。因 Φ_q 与 Φ_c 相垂直，故称为交轴磁通。交轴磁通的存在，使旋转电枢绕组中又产生了一个新的感应电动势 E_A，其方向由右手定则确定［如图 4.23（b）中内圈所示］。有一对电刷 d-d 装在磁极轴线上，该轴线称为直轴，感应电动势及经直轴电刷 d-d 向负载输出。

由于交磁电机扩大机相当于两级直流发电机，并且转速高、气隙小、材料好，因此，其功率放大倍数很大，可达 1000～10 000。例如 B2012A 龙门刨床上使用的交磁电机扩大机 ZKK12J 的输出功率为 1.2kW，输入功率仅需 1W，功率放大倍数为 1200。

4.2.3 交磁电机扩大机的调速系统分析

1. 具有转速负反馈的交磁电机扩大机-发电机-电动机自动调速系统

具有转速负反馈的交磁电机扩大机自动调速系统的电路如图 4.30 所示。在调速系统中加入转速负反馈以后，系统就能够自动调节转速，从而提高系统的静特性硬度，减小静差率，扩大调速范围。测速发电机 TG 与电动机 M 同轴相连，它的输出电压‰与电动机的转速 n 成正比，U_{TG} 反馈到输入端参与控制，因 U_{TG} 反映转速 n 的大小，所以是转速反馈。又因 U_{TG} 与输入控制电压 U_C（给定电压）反极性串联后向扩大机的控制绕组 WC 供电，所以是负反馈。这样，流经扩大机控制绕组的电流 I_C 与差值电压 $\Delta U=U_C-U_{TG}$ 成正比，当外界扰动时，例如当负载 T 增加时，自动调节转速的过程如下所述：

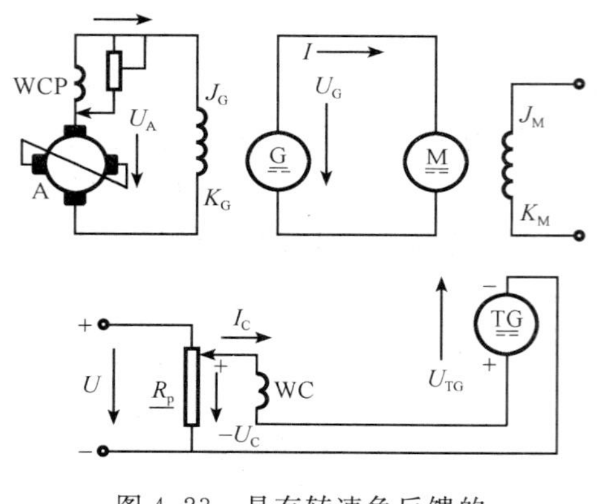

图 4.23 具有转速负反馈的自动调速系统电路

$$T\uparrow \rightarrow n\downarrow \rightarrow U_{TG}\downarrow \rightarrow \Delta U(\Delta U=U_C-U_{TG})\uparrow \rightarrow I_C\uparrow \rightarrow U_A\uparrow \rightarrow U_G\uparrow \rightarrow n\uparrow$$

由此可见，引入转速负反馈可使转速尽可能地维持恒定，即转速降 Δn 减小。在 n_0 一定的情况下，静差率 S 减小，从而提高系统的静特性硬度。运行中，若需改变电动机的转速，可调节电位器 R_p 来改变 U_C 的大小，达到调速的目的。

在系统中加入转速负反馈以后，还可缩短启动、制动和反向的过渡时间，从而使系统的动特性也得到改善。现以启动为例来加以说明。在启动开始的瞬间，加入控制电压 U_C 后，因惯性的关系，电动机的转速 n 在此瞬间仍为零，显然 $U_{TG}=0$，所以，这一瞬间扩大机控制绕组的输入电压 $\Delta U=U_C$，要比正常运行时的信号电压高得多，扩大机处于强励磁状态，输出电压迅速上升；直流发电机也将产生很高的电压加在电动机电枢绕组上。电动机在此高压下迅速启动，电动机的转速很快升高，加快了启动过程。随着转速的升高，U_{TG}也随之增大，扩大机控制绕组的输入电压 $\Delta U=U_C-U_{TG}$逐渐减小，最后电动机在此控制电压所对应的转速上稳定运行。

2. 具有电压负反馈和电流正反馈的自动调速系统

同晶闸管一直流电动机调速系统一样，在要求不太高的调速系统中，为了减少投资、简化设备，交磁电机扩大机自动调速系统中，也可采用电压负反馈、电流正反馈等较方便的电量反馈形式代替转速负反馈来稳定电动机的转速和加快过渡过程。在开环电机扩大机—发电机—电动机调速系统中，负载增大时，直流电动机的转速下降，其原因主要是电动机电流增大时发电机电枢绕组上的电压降、发电机换向绕组上的电压降、电动机电枢绕组上的电压降和电动机换向绕组上的电压降增大的缘故。如果用电压负反馈来补偿发电机电枢绕组压降变化，用电流正反馈来补偿发电机换向绕组上压降、电动机换向绕组上压降和电动机电枢绕组上压降的变化，也可基本维持电动机的转速不变。

(1) 具有电压负反馈的自动调速系统

具有电压负反馈的自动调速系统电路图如图 4.24 所示。

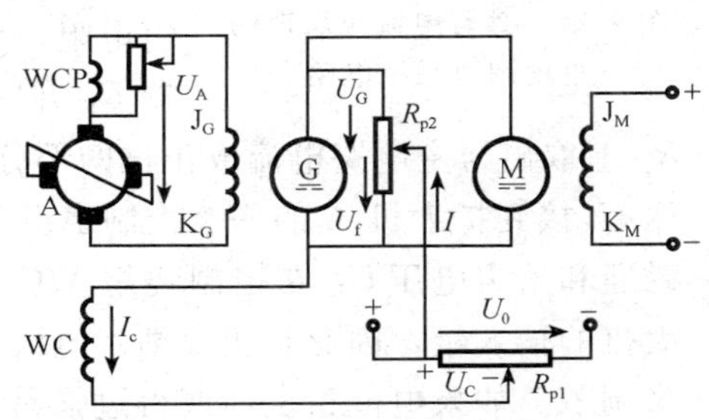

图 4.24 具有电压负反馈的自动调速系统

U_C 为系统的输入控制电压（给定电压），电动机的转速由它决定，调节电位器 R_{p1}，可使变化，U_C 越大，电动机的转速就越高。扩大机 A 作为发电机 G 的励磁机，反馈电压 U_f 是从发电机电枢两端的并联电位器 R_{p2} 中取得的，$U_f=KU_G$，其中 K 称电压反馈系数。将 U_f 与 U_C 反极性串联，再加到扩大机 A 的控制绕组 WC 上，这样就构成了电压负反馈自动调速系统。

电压负反馈的主要作用是：

1) 改善系统的静特性，可自动稳速，同时扩大调速范围。在某一输入控制电压 U_C 下，加在扩大机控制绕组两端的电压 $\Delta U=U_C-U_f$，负载增大时，自动调速过程如下所述：

$$\text{负载 } T\uparrow \rightarrow n\downarrow \rightarrow U_G\downarrow U_f\downarrow \rightarrow \Delta U(\Delta U=U_C-U_f)\uparrow \rightarrow I_C\uparrow \rightarrow U_A\uparrow U_G\uparrow \rightarrow n\uparrow$$

可见，电压负反馈使发电机端电压接近不变，因而也减小了转速降 Δn，使转速接近不变。

2) 改善动特性，可缩短启动、制动和反向的过渡时间，从而使系统的动特性得到改善。其理由同转速负反馈时相似，其差别仅在于反馈信号从发电机的端电压端取得，而不是从测速发电机获得。

3) 能降低剩磁的影响。当给定电压 U_C 为零时，如果扩大机和发电机有剩

磁，发电机将会产生一定的电压，假如此剩磁电压较大，电动机也将会缓缓地转动，称之为“爬行”。引入电压负反馈后，剩磁电压 U_G 通过反馈环节加到扩大机的控制绕组上，产生电流 I'_C，其极性和原来正常工作电流 I_C 相反，起抵消剩磁电压的作用，最终在电压负反馈的作用下，剩磁电压将会降到很小程度，有效地消除“爬行”现象。

（2）具有电流正反馈的自动调速系统

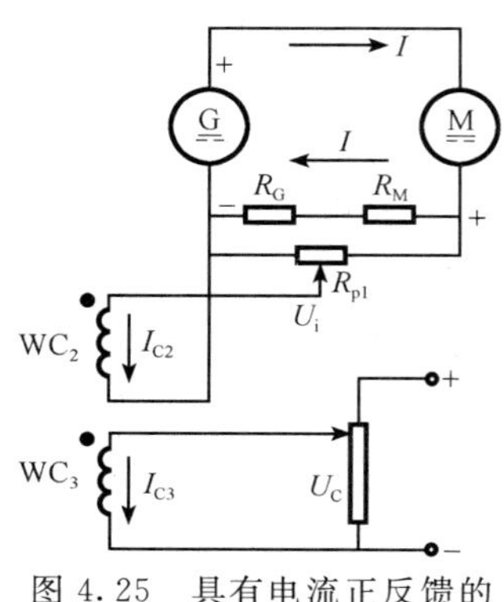

图 4.25　具有电流正反馈的自动调速系统电路

在电动机的负载变化时，电压负反馈只能补偿发电机电枢绕组上的电压降变化来维持发电机端电压大致不变，使电动机的转速基本稳定，但是电压负反馈不能补偿由于电动机电枢绕组等电压降变化而引起的转速变化。为了进一步地提高系统静特性的硬度，稳定电动机的转速，还要引入与电动机电枢电流成正比的电流正反馈。具有电流正反馈的自动调速系统电路如图 4.25 所示。

图 4.25 中 R_G 和 R_M 是发电机和电动机的换向绕组电阻，R_{p1} 为电流正反馈深度的调节电位器。电位器 R_{p1} 并联在两换向绕组的两个端点上，并从电位器 R_{p1} 上取出与主电路电流成正比的部分电压 U_i 作为反馈信号电压。将反馈信号电压 U_i 接到扩大机 A 的一个控制绕组 WC_2 上，连接时要满足 WC_2 中电流产生的磁通和给定电压 U_C 在控制绕组 WC_3 中电流产生的磁通方向相同，从而加强扩大机的输入量，因此是正反馈。电流正反馈的反馈深度可通过 R_{p1} 上的抽头位置来调节。如果电流正反馈调得过强易产生振荡，而过弱又不起作用，所以一定要使反馈深度适当。

电流正反馈的主要作用有以下几点：

1）改善系统的静特性。假设 U_C 一定，电动机以某一稳定的转速 n 运行。当负载增大时：

$$T\uparrow \to I\uparrow \to U_i\uparrow \to I_{C2}\uparrow \to \Phi_{WC2}\uparrow \to U_A\uparrow \to U_G\uparrow \to n\uparrow$$
$$T\uparrow \to n\downarrow$$

若 U_G 的增大能补偿主电路电流增加所产生的回路电压降，则电动机的转速 n 在负载增大时，就能基本维持不变。

当负载减小时，其补偿过程与此类似，请读者自行分析。

2）改善动特性，缩短系统的过渡时间。例如在启动时，启动瞬间有很大的启动电流，使 U_i 很大，电流正反馈就会很强，从而加快启动过程。对制动、反向等也起同样的加速作用，其过程相同。

3. 具有电流截止负反馈的自动调速系统

和直流调系统一样，交磁电机扩大机自动调速系统中采用了电压负反馈和电流正反馈环节后，系统的静特性得到明显改善。但是，当电动机的负载突然猛增或机械部分被卡住时，主回路的电流将会增大到危险的程度。为了限制主回路中过大的电流，系统中设置电流截止负反馈环节。具有电流截止负反馈的电机扩大机自动调速系统电路如图 4.26 所示。

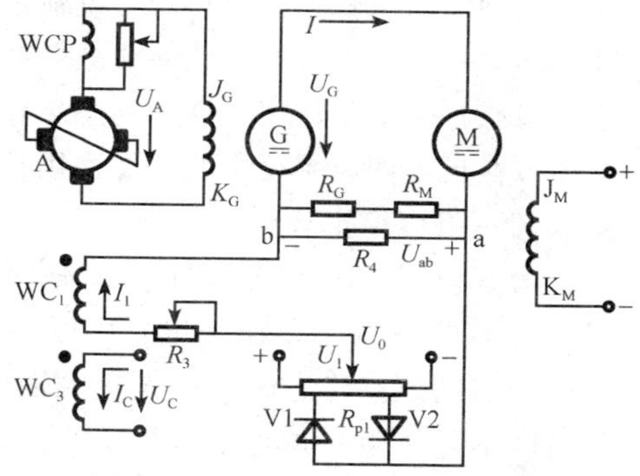

图 4.26　具有电流截止负反馈的自动调速电路

图中电阻 R_4 两端的电压 U_{ab} 反映了主电路电流的大小，其极性如图 4.26 所示。电压 U_{ab} 经二极管 V1 同电位器 R_{p1} 上的电压 U_1 进行比较。当主电路的电流不是很大时，$U_{ab}<U_1$，二极管 V1 承受反向电压而截止，控制绕组 WC_1 中没有电流，电流截止负反馈不起作用。当主电路的电流超过某一数值时，$U_{ab}>U_1+U_{V1}$，（U_{V1} 为二极管 V1 上的管压降），则二极管 V1 导通，电流从"＋"端经 V1、R_{p1} 的抽头和 R_3，再经控制绕组 WC_1 回到"－"端。此电流产生的磁通与控制绕组 WC_3 中的电流所产生的磁通方向相反，起去磁作用。于是扩大机和发电机的电压下降，电动机的转速下降。

主电路的电流越大，电流截止负反馈作用就越强，电动机的转速也就下降的越大，直至堵转状态，这时，主电路的电流为堵转电流 I_D。这样就得到了"挖掘机特性"，特性曲线见图 4.14，如果电动机需反转，给定电压 U_c 的极性与图 4.25 中的极性相反，这时电路中有关的电压及电流均反向，电流截止负反馈起作用的二极管是 V2，其工作原理与上述类似。

交磁电机扩大机电流截止负反馈环节不仅在电动机处于负载过大时起作用，而且在启动、制动和反转的过渡过程中也能起到限制电流过大的作用。例如启动时，采用电流截止负反馈后，就可使系统在强迫励磁下启动，这时主电路的电流不会超过电动机的允许电流值，又可保证在整个启动过程中，电动机的电流始终维持较大的数值，使电动机能以较大的加速度很快升速，完成既快又安全的过渡过程。同样电流截止负反馈环节在制动、调速和反转过程中，也能加快完成过渡过程。

4. 交磁电机扩大机调速系统的稳定环节

（1）稳定环节在直流调速系统中的作用

采用各种反馈的自动调速系统，具有自动稳速、扩大调速范围和加快过渡过程的作用。但在过渡过程（如启动、制动、反向和负载变化等）中，有时会出现振荡现象，造成系统的不稳定。

1）产生振荡的原因。产生振荡的主要原因是扩大机和发电机有电磁惯性，整个机械（包括电动机）有机械惯性；其次是系统的放大倍数过大及反馈强度过大。

2）消除振荡的方法。在产生振荡的因素中，系统的电磁及机械惯性是无法改变的，削弱反馈和减小放大倍数不利于静态时稳定转速，也不利于加快过渡过程。因此，针对发生振荡时系统中的电压和电流变化特别迅速这一现象，在系统中加入

某种动态负反馈环节，对电压和电流的变化起阻尼作用，阻止电压和电流的过快变化，这种作用也就是减小控制系统在过渡过程（动态）中的放大倍数，使过渡过程既迅速又平稳地进行，以消除或减弱系统的振荡现象。同时该负反馈环节在系统静态（稳态）时不起作用，这种动态负反馈环节称为稳定环节。由以上分析可知，稳定环节在自动调速系统中的主要作用是减小动态放大倍数、减弱或消除振荡现象。

（2）阻容稳定环节

阻容稳定环节电路如图 4.27 所示。图中电位器 R_p、电容器 C 和扩大机的控制绕组 WC_1（称为稳定绕组）串联后，再与扩大机的输出端相连。WC_3 为给定信号控制绕组。稳态时，扩大机的输出不变，因此阻容稳定环节由于电容的隔直作用而不起作用。在过渡过程中，扩大机的输出电压是变化的。例如在启动过程中，由于处在强励磁工作状态，其输出电压迅速上升，端电压的这一变化使阻容回路有一充电电流 i 流过。从图 4.25 中所示的极性可知，WC_1 中电流 i 产生的磁通对 WC_3 中电流 I_C 产生的磁通起去磁作用，显然对扩大机输出电压的上升（即变化）起到阻尼作用。而且扩大机端电压增加得越快，WC_1 中电流 i 就越大，阻尼也就越强。同理，在扩大机的端电压下降时，稳定环节也有阻尼作用。由以上分析可知，应用阻容稳定环节后，就可以起到减小动态放大倍数、减弱或消除振荡的作用，调整 R_p 的阻值可调节稳定作用的强弱。

（3）稳定变压器稳定环节

稳定变压器稳定环节电路如图 4.28 所示。稳定变压器的构造与普通变压器类似，不同的是稳定变压器有可调气隙，有的一次侧、二次侧绕组还有抽头，可以进行调节。图 4.28 中，稳定变压器 T 的一次侧绕组和扩大机的输出端相连。T 的二次侧绕组通过电位器 R_{p1} 和 WC_1 相联。只有当 U_A 变化时，T 的一次侧绕组才有变化的电流 i_1，在二次侧绕组中产生感应电动势，并有变化的电流 i_2 流过 WC_1，WC_1 中产生的磁通对控制绕组 WC_3 中 I_C 产生的磁通起去磁作用，这

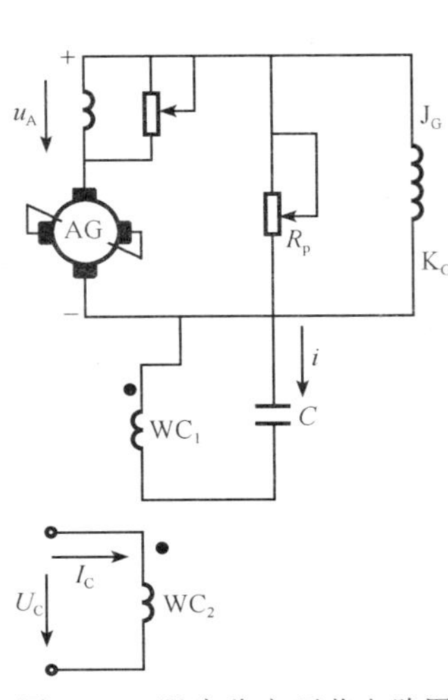

图 4.27　阻容稳定环节电路图

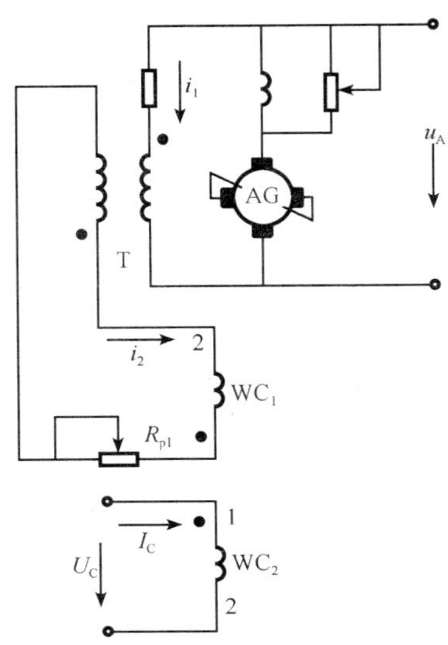

图 4.28　稳定变压器稳定环节

样就可以对 U_A 的变化起到阻尼作用。由于 T 的铁心不饱和，所以 i_2 与 U_A 的变化量成正比。调节 R_{p1} 的阻值，可调节稳定作用的强弱，R_{p1} 的阻值越小，稳定作用越强。

（4）桥形稳定环节

当扩大机的负载为感性负载时，常采用桥形稳定环节，其电路如图 4.29 所示。电阻 R_1、R_2、R_3 和直流发电机 G 的励磁绕组电阻 R_L 组成桥形电路，在其对角线的 C 和 D 两点接上电机扩大机的控制绕组 WC_1 和与其串联的电位器 R_P。适当调整 R_1、R_2 和 R_3 的阻值，使桥形电路平衡，即 $RR_3 = R_2R_L$，这样在稳态情况下，电桥平衡，WC_1 中无电流通过，即桥形稳定环节不起作用。

当 U_A 发生变化时，例如在启动时，U_A 迅速上升，R_1 和 R_2 中的电流也会上升，C 点的电位同时按比例升高。由于 G 的励磁绕组是电感性的，电流不能突变，因此 D 点的电位也不能突变，这样，C 点电位高于 D 点电位，WC_1 中就有电流 i_1 流过。由于 WC_1 中 i_1 产生的磁通对给定电压的磁通（图 4.29 中未画）起去磁作用，从而抑制了 U_A 的升高，这样就可以对 U_A 的变化起到阻尼作用。

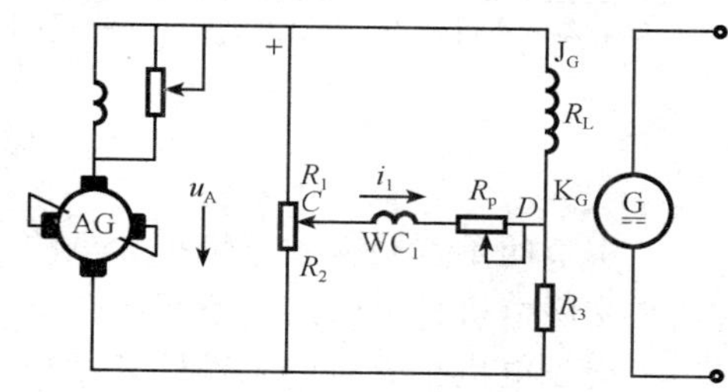

图 4.29 桥形稳定环节

U_A 变化得越快，G 的励磁绕组的自感作用就越大，这个稳定环节的阻尼作用也就越强。同理，当 U_A 下降时，稳定环节也有阻尼作用。由以上分析可知，利用桥形稳定环节，可减弱或消除振荡现象，起到减小动态放大倍数的作用。

4.2.4 交磁电机扩大机调速系统的故障分析与维修

交磁电机扩大机调速系统的故障、原因及处理方法见表 4.5。

表 4.5 交磁电机扩大机调速系统故障分析与维修

序号	故障现象	可能原因	处理方法
1	扩大机空载时无输出或输出电压很低	1）扩大机控制绕组断路 2）交轴绕组或电枢绕组断路或开路 3）电刷与换向器接触不良或连接线断路 4）换向器片间短路	1）可用万用表欧姆档检查控制绕组，或调换另一控制绕组施加控制电压，观察扩大机是否有电压输出。 2）可用万用表检查，对绕组发生的故障，可视情况不同修复或更换 3）调整电刷或修复断线 4）可用测量换向片片间压降的方法检查，若片间短路，可拉槽清除片间杂物。
2	空载电压达不到额定值	1）控制绕组部分短路 2）电刷架位置偏离中心线	1）可用电桥测量控制绕组的直流电阻来检查，也可调换另一控制绕组施加额定电压，然后测量空载电压是否达到规定值，若绕组部分短路应修复或重绕 2）可重新进行调整

续表

序号	故障现象	可能原因	处理方法
3	接上负载后，端电压明显下降	1）补偿绕组、换向绕组或电枢绕组的极性接反 2）换向绕组或补偿绕组短路 3）补偿绕组并联电阻短路	1）可用感应法检查极性，若极性接反，需更正接线 2）可用测量直流电阻的方法检查，若有短路，需修理或更换绕组。 3）可用万用表检查，若电阻短路，更换相同参数的新电阻
4	扩大机接上负载后，输出电压偏高	1）电刷中性线位置不对，电刷逆旋转方向移动太多 2）补偿绕组过补偿	1）需重新校正电刷中性线 2）可重新调整或更换该电阻

注：本着实用原则，由于实训条件所限，交磁电机扩大机的技能训练省略。

小　　结

本节的重点是交磁电机扩大机的工作原理、调整及常见故障及处理方法。难点是交磁电机扩大机的调速系统分析和扩大机的调整。

交磁电机扩大机的工作原理相当于两级直流发电机，是一种由交流电动带动旋转的特殊直流发电机。交磁电机扩大机自动调速系统与直流调速系统一样具有几种典型号的调速线路，其实现的调速性能指标也相同。在学习过程中应注意比较和归纳，以便于更好地掌握各调速方法。

4.3 变频调速系统

知识点

- 熟悉变频器的分类、结构并了解各部分的作用
- 熟悉变频器的预置功能

技能点

- 会装拆变频器，并能对变频器进行功能预置。

由于直流调速系统解决不了直流电动机本身的换向器换向问题和在恶劣环境下的不适用问题，同时制造大容量、高转速（即高电压）直流电动机也十分困难。随着交流电动机调速控制理论、电力电子技术、以微处理器为核心的全数字化控制等关键技术的发展，交流电动机调速方案中的关键问题得以解决，使得交流调速得到迅速发展。目前，交流调速系统已具备了宽调速范围、高稳态精度、

快速动态响应、高工作效率等优异性能，其稳态、动态特性均可与直流调速系统相媲美，交流调速系统现已逐步取代大部分直流调速系统，并有最终取代直流调速系统的趋势。

交流调速系统与直流调速系统相比，有如下特点：

1）容量大。

2）转速高且耐高压。

3）和同容量的直流电动机相比，体积小、重量轻、价格便宜，且结构简单、工作可靠、惯性小。

4）交流电动机环境适应性强，坚固耐用，可以在十分恶劣的环境下使用。

5）高性能、高精确度的新型交流拖动系统巴达到同直流拖动系统一样的性能指标。

6）交流调速系统能显著地节能。

4.3.1 变频器原理及分类

1. 变频调速的基本原理

变频器是利用电力半导体器件的通断作用将工频电源（50Hz 或 60Hz）变换成各种频率的交流电源，以实现电机变速运行的电能控制装置。

变频调速的基本原理是控制电路完成对主电路的控制，整流电路将交流电变换成直流电，直流中间电路对整流电路的输出进行平滑滤波，逆变电路将直流电再逆变成交流电。变频调速属于转差功率不变型调速，是异步电动机各种调速方案中效率最高、性能最好的一种调速方法，是交流调速的主要发展方向。

2. 变频器作用及其分类

变频器的功能是将电网提供的恒压恒频（CVCF）交流电变换为变压变频（VW/VF）交流电，变频伴随变压，对交流电动机实现无级调速。其作用如图 4.30 所示。变频器的种类很多，分类方法也有多种，见表 4.6 变频器分类。

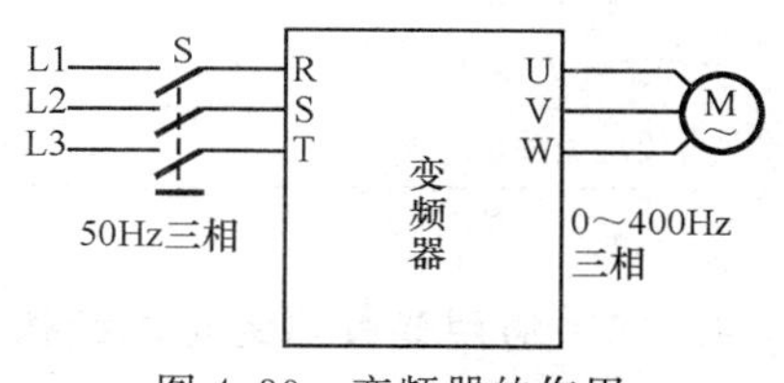

图 4.30 变频器的作用

表 4.6 变频器的分类

分类项目	分　类	原理及特点
按变换环节	交-直-交变频器	先把频率固定的交流电转换为直流电，经过中间滤波环节后，再把直流电逆变成变频变压的交流电，故又称为间接变频器
	交-交变频器	没有明显的轴间滤波环节，交流电直接变换成频率和电压连续可调的交流电，故又称为直接变频器

续表

分类项目	分类	原理及特点
按开关方式	PAM 控制变频器	脉冲宽度调制式按一定规律改变脉冲列的脉冲宽度，以调节输出量和波形
	PWM 控制变频器	脉冲幅度调制式按一定规律改变脉冲列的脉冲幅度，以调节输出量值和波形
	高载频 PWM 控制变频器	高载波频率的脉冲幅度调制式，采用模拟与数字电路混合、软件与硬件结合的优化方法，使控制电路结构简单，控制可靠。使变频器工作无噪声且输出频率高、成本低，作为小功率高速交流电机变频传动电源，取得了较好的结果
按储能方式	电流型变频器	直流环节的储能元件是电感线圈 L
	电压型变频器	直流环节的储能元件是电容器 C
按工作原理	V/f 控制变频器	对变频器输出的电压和频率同时进行控制
	转差频率控制变频器	速度调节器输出转差频率以控制转矩和电流，是对 V/f 控制的改进
	矢量控制变频器	将异步电动机的定子电流分为产生磁场电流的分量（励磁电流）和与其垂直的产生转矩的电流分量（转矩电流），并分别加以控制
按用途	通用变频器	是指能与普通的笼型异步电动机配套使用，能适应各种不同性质的负载并具有多种可供选择功能的变频器
	高性能专用变频器	主要应用于对电动机的控制要求较高的系统，大多数采用矢量控制方式，驱动对象通常是变频器厂家指定的专用电动机
	高频变频器	采用 PAM（脉冲幅值调制，在整流电路部分对输出电压的幅值进行控制，而在逆变电路部分对输出频率进行控制）控制方式，主要应用于超精密加工和高性能机械中，满足高速电动机的驱动要求
按供电电源相数	单相变频器、三相变频器	
按输出功率	小功率变频器、中功率变频器、大功率变频器	
按主开关器件	IGBT 变频器、GTO 变频器、GTR 变频器	
按机壳外形	塑壳变频器、铁壳变频器、柜式变频器	

4.3.2 通用变频器的基本结构

目前生产中广泛应用的是通用变频器。根据功率的大小，从外形上看有书本型结构（0.75～37kW）和装柜型结构（45～1500kW）两种。通用变频器大多采用交-直-交变频变压方式，其基本构成如图 4.31 所示。

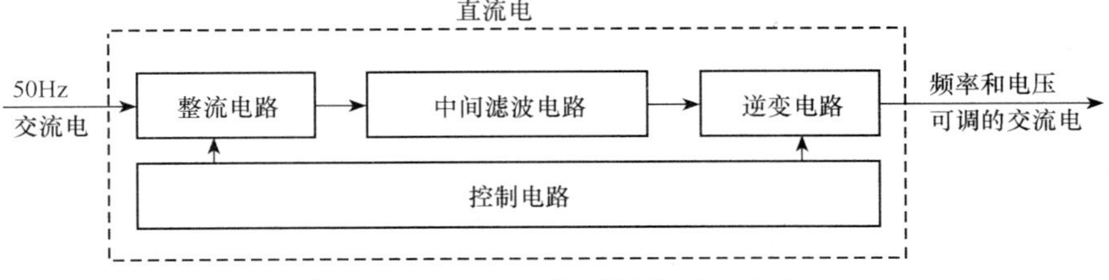

图 4.31 交-直-交变频器的基本构成

1. 变频器的主电路

通用变频器的主电路如图 4.32 所示，其各部分的作用见表 4.7。

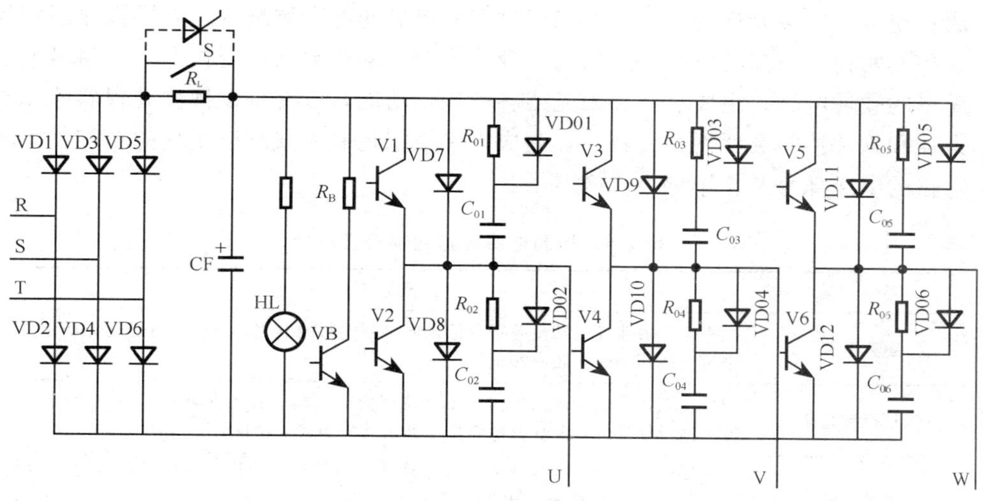

图 4.32　交-直-交变频器主电路

表 4.7　交-直-交变频器主电路各元件作用

回　路	功　能	元　件	各元件作用
整流电路	频率固定三相交流电↓直流电	三相整流桥 VD1～VD6	将交流电变成脉动直流电，若电源线电压为 U_L，则整流后的平均电压 $U_D=1.35U_L$
		滤波电容器 C_F	滤平桥式整流后的电压纹波，保持直流电压平稳
		限流电阻 R_L 与开关 S	接通电源时，将电容器 C_F 的充电冲击电流限制在允许的范围内，以保护整流桥。而当 C_F 充电到一定程度时，令开关 S 接通，将 R_L 短路。在有些变频器里，S 由晶闸管代替
		电源指示灯 HL	HL 除了表示电源是否接通外，另一个功能是变频器切断电源后，指示电容器 C_F 上的电荷是否已经释放完毕。在维修变频器时，必须等 HL 完全熄灭后才能接触变频器的内部带电部分，以保证安全。
逆变电路	直流电↓频率、幅值可调的交流电	三相逆变桥 V1～V6	通过逆变管 V1～V6 按一定的规律轮流导通和截止，将直流电逆变成频率、幅值都可调的三相交流电
		续流二极管 VD7～VD12	在换相过程中为电流提供通路
		缓冲电路 $R01$～$R06$、VD01～VD06、$C01$～06	限制过高的电流和电压，保护逆变管免遭损坏
		制动电阻 R_B 和制动三极管 VB	当电动减速，变频输出频率下降过快时，消耗因电动机处于再生发电制动状态而回馈到直流电路中的能量，以避免变频器本身的过电压保护电路动作而切断变频器的正常输出

2. 变频器的控制电路

为变频器的主电路提供通断控制信号的电路称为控制电路。其主要任务是完成对逆变器开关元件的开关控制和提供多种保护功能。控制方式有模拟控制和数字控制两种。目前已广泛采用以微处理器为核心的全数字控制技术，采用尽可能简单的硬件电路，主要靠软件来完成各种控制功能，以充分发挥微处理器计算能力强和软件控制灵活性高的特点，完成许多模拟控制方式难以实现的功能。控制电路的组成部分及作用见表 4.8。

表 4.8 控制电路各组成部分及作用

回路	作用
运算电路	将外部的速度、转矩等指令信号同检测电路的电流、电压信号进行比较运算，决定变频器的输出频率和电压
信号检测电路	将变频器和电动机的工作状态反馈至微处理器，并由微处理器按事先确定的算法进行处理后为各部分电路提供所需的控制或保护信号
驱动电路	为变频器中逆变电路的换流器件提供驱动信号。当逆变电路的换流器件为晶体管时，称为基极驱动电路。当逆变电路的换流器件为 SCR、IGBT 或 GTO 时，称为门极驱动电路
保护电路	对检测电路得到的各种信号进行运算处理，以判断变频器本身或系统是否出现异常。当检测到异常时，进行各种必要的处理

3. 变频器中的电力半导体器件

目前，变频器中用作逆变的电力半导体器件主要有：

1）晶闸管（SCR）。在逆变电路中使用时需要另设换流电路，造成电路结构复杂，增加了变频器的成本，但由于元件容量大，在 1000kV·A 以上的大容量变频器中得到广泛应用。

2）门极可关断晶闸管（GTO）。利用门极反向电流获得自关断能力，因此不需要外部换流电路。由它构成的变频器具有结构简单、体积小、成本低、损耗少等优点，在变频器中正逐步代替普通晶闸管。

3）电力晶体管（GTR）。采用达林顿连接的双极型晶体管，既扩大了容量，又保持了晶体管的固有特性，用基极电流可控制其关断，不需换流电路，在开关频率为数千赫的中小容量 PWM（脉冲宽度调制）变频器中被广泛采用。

4）功率场效应管（功率 MOSFET）。具有速度快、损耗小、驱动功率小、抗干扰能力强等优点，广泛应用于小容量变频器中。

5）绝缘栅双极晶体管（IGBT）。通过栅极驱动电压来控制的晶体管，它集功率 MOSFET 和 GTR 的优点于一身，具有输入阻抗高、开关速度快、驱动电路简单和通态电压低、耐压高等优点，因此有取代 GTR 和功率 MOSFET 的趋势。目前变频器主要生产厂家推出的中小容量新产品中大都采用 IGBT 作为换流器件。

6）智能功率模块（IPM）。一种将功率开关器件及其驱动电路、保护电路等集成在同一封装内的集成模块。目前 IPM 一般采用 IGBT 作为功率开关器件，对接收到的控制信号经光电耦合隔离后对 IGBT 进行驱动，并同时具有过电流保护、过热保护以及驱动电源电压不足时的保护等功能。

4.3.3 变频器的功能

随着变频调速技术的发展，变频器尤其是高性能通用变频器的功能越来越丰富。下面以通用变频器为例，将变频器的主要功能进行分类介绍。

1. 系统基本功能

（1）运行状态检测显示功能

运行状态检测显示功能主要用于检测变频器的工作状态，使操作者及时了解变频器的工作状态。这些功能的名称和内容见表 4.9。

表 4.9 变频器的运行状态检测显示

序 号	名 称	内 容
1	运行中信号	在电动机运行时为“闭合”状态，可以作为与停止状态进行互锁的信号
2	零速信号	当输出变频器在最低频率以下时可为“闭合”状态，可以作为机床的送刀、反转信号
3	速度一致信号	当频率指令（速度指令）和输出频率一致时为“闭合”状态，可以作为切削等用途时的互锁信号
4	任意速度一致信号	仅在和任意速度一致时才成为“闭合”状态
5	输出频率检测①	输出频率高于设定频率时成为“闭合”状态
6	输出频率检测②	输出频率低于设定频率时成为“闭合”状态
7	过转矩信号	当电动机产生的转矩超过转矩检测值时，成为“闭合”状态，用于检测机床刀具磨损和过载检测，主要用于机械保护的互锁信号
8	低电压信号	当变频器检测出电压过低，并切断输出时，成为“闭合”状态，当在外部采用了停电对策时，可以作为停电检测继电器使用
9	基极遮断信号	当变频器的输出被切断时，处于“闭合”状态
10	频率指令急变检测	当检测出频率指令发生设定值的 10% 以上的急变时，成为“闭合”状态，主要用于检测上位 PLC 异常

（2）全范围转矩自动增强功能

由于电动机绕组中阻抗的作用，采用 V/f 控制的变频器在电动机的低速运行区域将出现转矩不足的情况。为了提高系统的性能，具有全范围转矩自动增强功能的变频器在电动机的加速、减速和正常运行的所有区域中可以根据负载情况自动调节 V/f 值，对电动机的输出转矩进行补偿。

（3）防失速功能

包括加速过程的防失速功能、恒速运行过程中的防失速功能和减速过程的防失速功能。

加速过程和恒速运行过程中的防失速功能的基本作用是：在过电压保护电路动作之前，暂不降低变频器的输出频率或减慢输出频率的降低速率，以达到防止失速的目的。

(4) 过转矩限定运行功能

是对机械设备进行保护并保证运行的连续性。利用该功能可以对电动机的输出转矩极限值进行设定，当电动机的输出转矩达到该设定值时，变频器停止工作并发出报警信号。

(5) 自动节能运行功能

变频器能自动选择工作参数，使电动机在满足负载转矩要求的情况下以最小电流运行。

(6) 自动电压调整功能

当电源电压下降时，使用自动电压调整功能可以维持电动机的高启动转矩。

(7) 通过外部信号对变频器进行启停控制的功能

2. 频率设定功能

(1) 给定频率的设定方法

与给定信号对应的变频器的工作频率称为给定频率，通用变频器给定频率的设定通常采用以下三种方法：

① 面板给定。利用操作面板上的数字增加键和数字减少键进行频率的数字量给定或调整。

② 预置给定。通过程序预置的方法预置给定频率。启动时，按运行键，变频器即自行升速到预置的给定频率为止。

③ 外接给定。从控制接线端上，引入外部的电压或电流信号进行频率给定，这种方法常用于远程控制的情况。所有的变频器都为用户提供了可以外接给定控制信号的输入端。下面以 VT210S 系列变频器为例，说明其接线情况。

VT210S 系列变频器的外接给定信号接线如图 4.33 所示。

外接给定信号有电压信号和电流信号两种，外接给定电压信号又有两种给定方法：一种是直接输入电压信号，通常用于和计算机、PLC 或与其他设备配用的情况，此时电压信号接在 FSV-COM 端子上；另一种是利用变频器内部提供的给定电压信号，由外接电位器 RP 取出给定信号。而当外接给定信号为电流信号时，将外接信号线接到 FSI-COM 端子上。

(2) 基本频率和最高频率

① 基本频率 f_b。电动机的额定频率称为变频器的基本频率。

② 最高频率 f_{max}。当频率给定信号为最大时，变频器的给定频率称为最高频率。

(3) 上限频率和下限频率

上限频率 f_H 与下限频率 f_L 是调速系统所要求的变频器的工作范围，根据调速系统的工作需要进行设定。设与 f_H、f_L 对应的给定信号分别是 X_H、X_L 则上限频率的定义是：当 $X>X_H$ 时，$f_X=f_H$；下限频率的定义是：当 $X<X_L$ 时，$f_X=f_L$（图 4.34）。

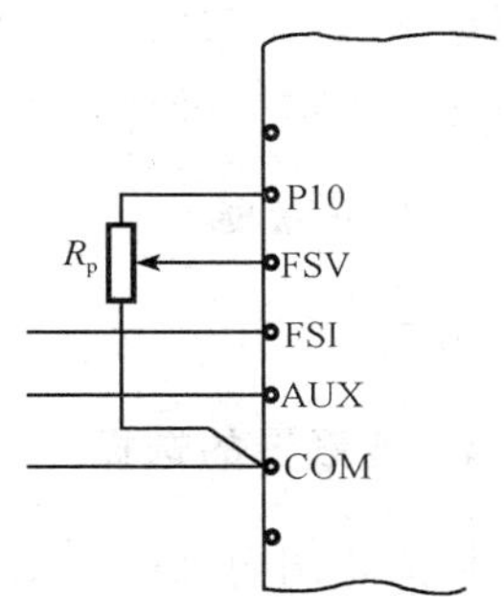

图 4.33　VT210S 变频器的给定信号接线

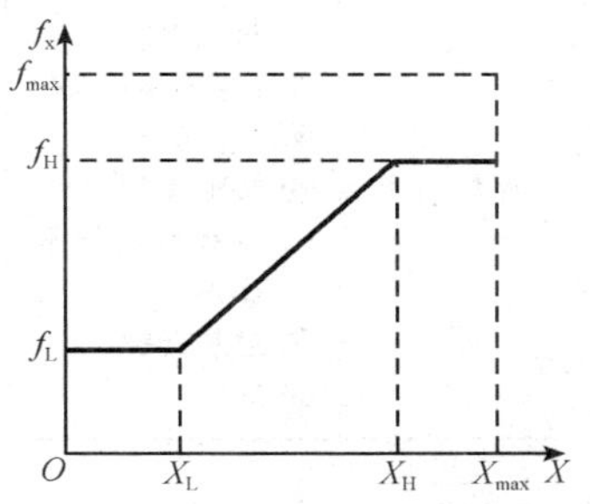

图 4.34　上限频率与下限频率

（4）载波频率

采用 PWM 技术的变频器的输出电压是一系列脉冲，输出脉冲的频率称为变频器的载波频率。在电动机的电流中，具有较强的载波频率的谐波分量，它将引起电动机铁心的振动而发出噪声或对同一控制柜内的其他设备造成干扰。为了降低噪声或干扰，用户可在一定范围内调整载波频率，但改变载波频率往往会影响变频器的特性。

（5）点动频率

生产机械在调试过程中，以及每次新的加工过程开始前，常需要点动控制。变频器可根据生产机械的特点和要求，预先一次性地设定一个点动频率，每次点动时都在该频率下运行，而不必变动已经设定好的给定频率。

3. 升速时间与降速时间的设定功能

（1）升速时间的设定

异步电动机在额定频率和电压下直接启动时，启动电流很大，使用变频器后，由于其输出频率可以从很低时开始，频率上升的快慢可以任意设定，从而可以有效地将启动电流限制在一定范围内。

不同的变频器对升速时间的定义不太一致，一般分两种情况：一种是工作频率从 0Hz 上升到基本频率所需的时间；另一种是工作频率从 0Hz 上升到最高频率所需的时间。各种变频器都为用户提供了可在一定范围内任意设定升速时间的功能，所规定的设定范围各不相同，最短的为 0～120s，最长的可达 0～6000s。

从减小电动机启动电流的角度来说，升速时间应设定得长一些，但升速时间过长会影响系统的工作效率。因此升速时间设定的基本原则是：在电动机的启动电流不超过允许值的前提下，尽可能地缩短升速时间。

（2）降速时间的设定

变频器降速时间的定义也有两种：其一，工作频率从基本频率降至 0Hz 所需时间；其二，工作频率从最高频率降至 0Hz 所需时间。所有变频器中，降速

表 4.10　变频器保护功能

保护对象	变频器	异步电动机
保护功能	① 过电流保护、 ② 过载保护、 ③ 再生过电压保护 ④ 欠压保护 ⑤ 接地保护 ⑥ 冷却风扇异常保护 ⑦ 过热保护 ⑧ 短路保护	① 过载保护 ② 超速保护

时间的设定范围都和升速时间相同。

设定降速时间时考虑的主要因素是拖动系统的惯性。一般情况下，惯性越大，设定的降速时间应越长。

4. 保护功能

见表 4.10。

4.3.4　变频器的选择

目前，国内外已有众多生产厂家定型生产多个系列的变频器，使用时应根据实际需要选择满足使用要求的变频器。

1. 选择变频器的类型

大体可分为以下几种情况：

1）对于风机和泵类负载，由于低速时转矩较小，对过载能力和转速精度要求较低，可以选用价廉的变频器。

2）对于希望具有恒转矩特性，但在转速精度及动态性能方面要求不高的负载，可选用无矢量控制型变频器。

3）对于低速时要求有较硬的机械特性，并要求有一定的调速精度，但在动态性能方面无较高要求的负载，可选用不带速度反馈的矢量控制型变频器。

4）对于某些对调速精度和动态性能方面都有较高要求，以及要求高精度同步运行的负载，可选用带速度反馈的矢量控制型变频器。

2. 变频器容量的选择

变频器的容量通常用额定输出电流（A）、输出容量（kV·A）、适用电动机功率（kW）来表示。其中，额定输出电流为变频器可以连续输出的最大交流电流的有效值，不论什么用途都不允许连续输出超过此电流值。输出容量是决定于额定输出电流与额定输出电压的三相视在输出功率。适用电动机功率是以 2、4 极的标准电动机为对象，表示在额定输出电流以内可以驱动的电动机功率。6 极以上的电动机和变极电动机等特殊电动机的额定电流比标准电动机大，不能根据适用电动机的功率选择变频器容量。因此，用标准 2、4 极电动机拖动的连续恒定负载，变频器的容量可根据适用电动机的功率选择。对于用 6 极以上和变极电动机拖的负载、变动负载、断续负载和短时负载，变频器的容量应按运行过程中可能出现的最大工作电流来选择，即

$$I_N \geqslant I_{Mmax}$$

式中，I_N——变频器的额定电流；

I_{Mmax}——电动机的最大工作电流。

4.3.5 变频器的安装与调试

变频器在安装使用前，必须认真阅读产品说明书等有关资料，熟悉各输入、输出端子的名称、作用及接线时须注意的事项；了解键盘上各键的功能并进行试操作；掌握功能预置的方法和步骤。

1. 变频器的安装

（1）变频器对安装环境的要求

变频器是全晶体管设备，所以它对周围环境的要求也和其他晶体管设备一样，如环境温度一般要求为－10～＋40℃，周围环境相对湿度在90％以下，安装位置应无直射阳光、无腐蚀性及易燃气体、无剧烈振动、粉尘和油雾少等。

（2）变频器的发热与散热

变频器内部存在着功耗，因而工作过程中会导致变频器发热。正常工作时，每1kV·A的变频器容量的损耗功率约为40～50W。为了不使变频器内部的温升过大，变频器必须将产生的热量充分地散发出去。通常采用的办法是用冷却风扇将热量吹走。因此，安装变频器时必须保证其散热途径畅通，不易被堵塞。

（3）安装变频器的具体方法和要求

1）墙挂式安装。变频器本身具有较好的外壳，一般情况下允许直接靠墙安装，这称为墙挂式安装。为保持良好的通风以改善冷却效果，变频器应垂直安装并与周围阻挡物间留有足够的距离。

2）柜式安装。当周围环境的尘埃较多，或和变频器配用的其他电器较多且需要和变频器安装在一起时，一般采用柜式安装。柜式安装同样需注意变频器的冷却。当一个柜内装有两台或两台以上变频器时，应尽量并排安装，如图4.35（a）所示。

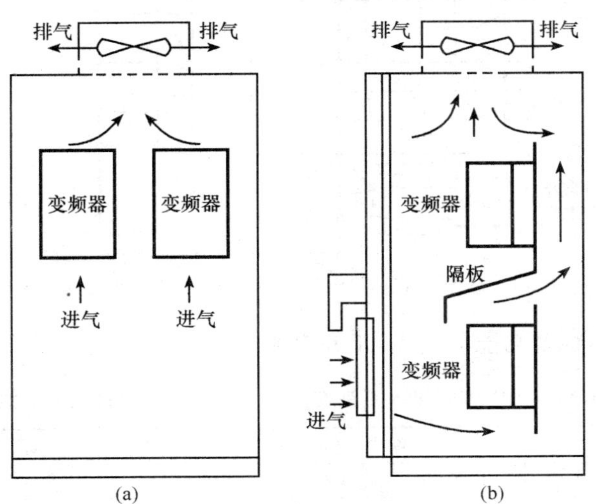

图4.35 变频器的电气柜中的安装方法

如必须采用上下排列方式，则应在两台变频器间加一隔板，以免下面变频器中出来的热风进入上面变频器内，如图4.35（b）所示。

(4) 变频器的接线

1) 变频器的输入、输出端子配置。不同变频器的端子配置不同，富士FRN-G9S/P9S系列变频器的端子配置如图4.36所示。

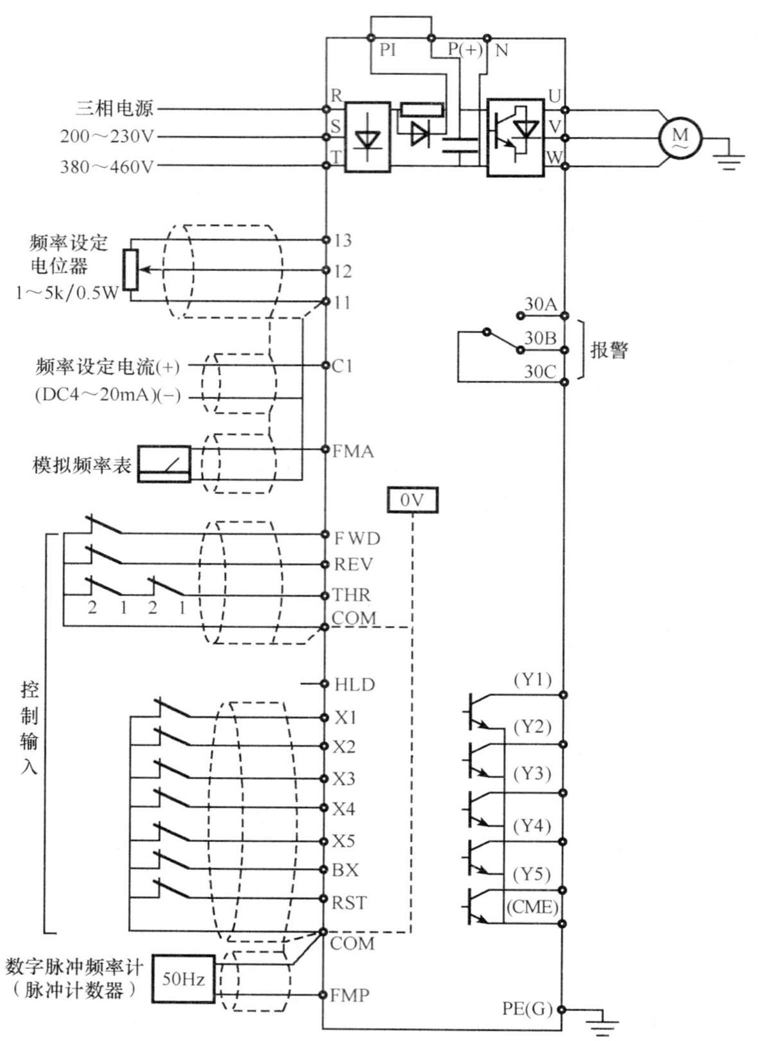

图 4.36 富士 FRN-G9S-P9S 系列变频器系列的端子配置

各端子的名称及功能见表4.11和表4.12。

表 4.11 FRN-G9S-P9S 系列变频器主电路端子和接地端子的功能

端子符号	端子名称	端子功能
R、S、T	主电路电源端子	连接三相电源
U、V、W	变频器输出端子	连接三相电动机
P1、P（+）	直流电抗器连接用端子	连接改善功率因数的电抗器（选用件）
P（+）、N	制动单元连接用端子	连接外部制动单元
PE	变频器接地端子	变频器机壳的接地

表 4.12　FRN-G9S/P9S 系列变频器控制端子的功能

分类	标　记	端子名称	说　明
频率设定	13	电位器电源	频率设定电位器用稳压电源+10V DC（最大输出电流 10mA）
	12	电压输入	0～+10V13（3/0 至最大输出频率）
	C1	电流输入	+4～+20mA13（3/0 至最大输出频率）
	11	公共端	端子 12、13、C1 和 V1 公共端
命令输入	FWD	正转运行命令	FWD-CM：接通，电动机正向运行；断开，电动机减速停止
	REV	反转运行命令	REV-CM：接通，电动机反向运行；断开，电动机减速停止
	HLD	3 线运行停止命令	HLD-CM 接通时，FWD 或 REV 端子的脉冲信号能自保持，能由短时接通的按钮操作
	BX	电动机滑行停止命令	BX-CM 接通时，电动机将滑行停止，不输出任何报警信号
	THR	外部故障跳闸命令	THR-CM 断开，发生 OH2 跳闸，电动机将滑行停止，报警信号（OH2）自保持
	RST	报警复位	变频器报警跳闸后，RST-CM 瞬时接通（≥0.1s），使报警复位
监视输出	FMA-11	模拟监视器	输出 0～+10V DC 电压；正比于由 F46/0～F46/3 选择的监视信号 0：输出频率 2：输出转矩 1：输出电流 3：负载率
	FMP-CM	频率监视器（脉冲输出）	脉冲频率=(F43)×(变频器输出频率)
接点输出	30A 30B 30C	报警输出	保护功能动作时，输出接点信号
控制输入	X1，X2，X3	多步速度选择	端子 X1、X2 和 X3 的 ON/OFF 组合能选择 8 种不同的频率 f_x
	X4，X5	选择加/减速时间 2、3 或 4	端子 X4 和 X5 的 ON/OFF 组合能选择 4 种不同的加/减速时间
	COM	公共端	接点输入信号和脉冲信号（FMP）的公共端
开路集电极输出	Y1	输出 1	由 F47 选择各端子功能 代码：功能 0：变频器正在运行（RUN） 1：频率到达信号（FAR） 2：频率值检测信号（FDT） 3：过载预报信号（OL） 4：欠压信号（LU） 5：键盘操作模式 6：转矩限制模式 7：变频器停止模式 8：自动再启动模式 9：自动复位模式 C：程序运行各步时间到信号 D：程序运行一个循环完成信号 E：程序运行步数信号（由 3 个输出端子 Y3、Y4 和 Y5 编码指示） F：报警跳闸模式时的报警指示信号（由 4 个输出端子 Y2、Y3、Y4 和 Y5 编码指示）
	Y2	输出 2	
	Y3	输出 3	
	Y4	输出 4	
	Y5	输出 5	
	CME	开路集电极输出的公共端	公共端或开路集电极输出信号

2）主电路的接线。主电路的基本接线如图 4.37 所示。R、S、T 是变频器的输入端，接电源进线。U、V、W 是变频器输出端，与电动机相接。输出端与输入端绝对不允许接错，否则会发生电源短路故障。

3）控制电路的接线。变频器的控制电路大体可分为模拟和数字两种。模拟量控制线主要包括：输入侧的给定信号线和反馈线；输出侧的频率信号线和电流信号线。由于模拟信号的抗干扰能力较低，因此模拟量控制线必须使用屏蔽线。屏蔽层靠近变频器的一端应接控制电路的公共端（COM），而不应接在变频器的地端（E）或大地，屏蔽层的另一端应悬空（图 4.38）。

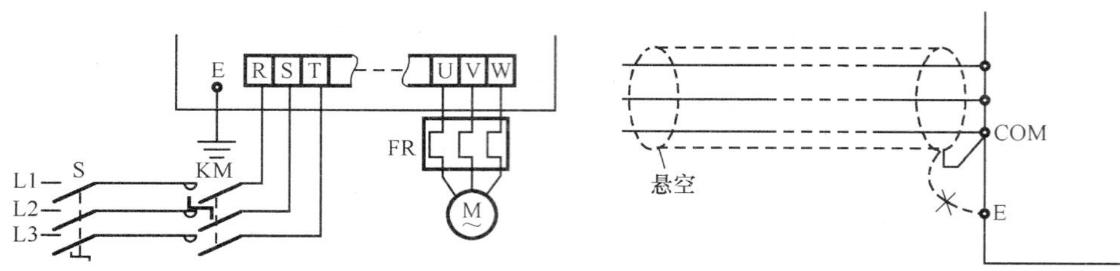

图 4.37　变频器的主电路基本接线

图 4.38　屏蔽线的接法

在布线时，还应注意：一是控制线要尽量远离主电路 100mm 以上；二是尽量不和主电路交叉。必须交叉时，应采取垂直交叉方式。

变频器的启动、点动、多挡转速控制等引入导线属数字量控制线。一般情况下，模拟量控制线的接线原则也都适用于数字量控制线。但数字量的抗干扰能力较强，故在距离不很远时，允许不使用屏蔽线，但同一信号的两根线必须绞合在一起，且绞合间距应尽可能小。

变频调速系统中的接触器、电磁继电器及其他各类电磁铁的线圈都具有较大的电感，在接通和断开的瞬间会产生很高的感应电动势，在电路内会形成峰值很高的浪涌电压，影响变频器的正常工作。因此，在线圈两端应并接 RC 浪涌电压吸收电路（图 4.39）。应注意 RC 浪涌吸收电路的接线不能超过 20cm。

4）变频器的接地。所有变频器都设有专门的接地端子“E”，使用时应将此端子与大地相接（图 4.40）。

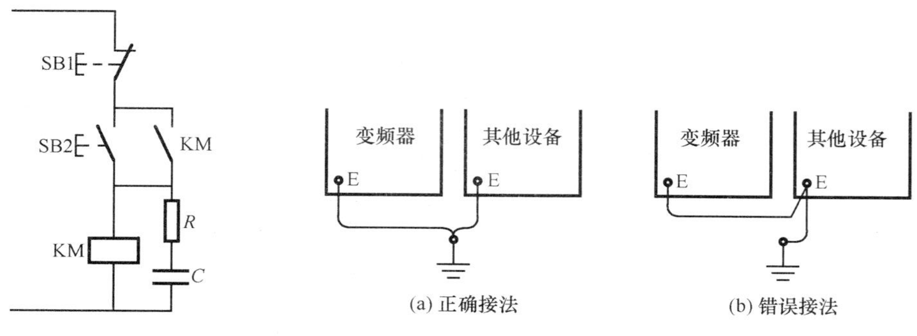

图 4.39　浪涌电压吸收电路

图 4.40　变频器和其他设备的接地

当变频器和其他设备，或有多台变频器一起接地时，每台设备应分别和地相接，见图 4.40（a），而不允许将一台设备的接地端和另一台的接地端相接后再接地，见图 4.40（b）。

（5）变频器的抗干扰

1）外来干扰。变频器采用了高性能微处理器等集成电路，对外来电磁干扰较敏感，会因电磁干扰的影响而产生错误，对运转造成恶劣影响。外来干扰一般的侵入途径是变频器的控制电缆，所以铺设控制电缆时必须采取充分的抗干扰措施。如前 3）所述控制电路接线所采取的措施，即为了提高变频器的抗干扰能力。

2）变频器产生的干扰。变频器的输入和输出电流的波形都不是标准正弦波，含有很多高次谐波成分。它们将以空中辐射、线路传播等方式把自己的能量传播出去，对周围的电子设备、通信和无线电设备的工作形成干扰。因此在装设变频器时，应考虑采取各种抗干扰措施，削弱干扰信号的强度。例如，对于通过辐射传播的无线电干扰信号，可采用屏蔽、装设抗干扰滤波器等措施来削弱干扰信号（图 4.41）。

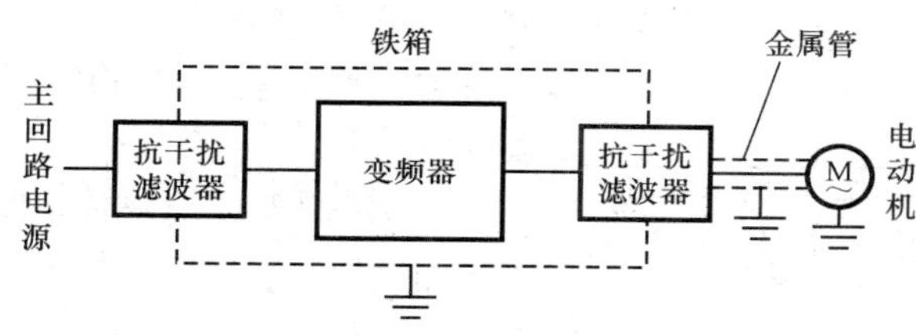

图 4.41 无线电干扰对策

2. 变频调速系统的调试

变频调速系统的调试工作并没有严格的确定步骤，只是一般应遵循“先空载、继轻载、后重载”的原则。

（1）通电前的检查

变频器安装、接线完成后，通电前应进行下列检查：

1）外观、构造检查。包括检查变频器的型号是否有误、安装环境有无问题、装置有无脱落或破损、电缆直径和种类是否合适、电气连接有元松动、接线有无错误、接地是否可靠等。

2）绝缘电阻的检查。测量变频器主电路绝缘电阻时，应将所有输入端（R、S、T）和输出端（U、V、W）都连接起来后，再用 500V 兆欧表测量绝缘电阻，其值应在 10MΩ 以上。如不能达到 10MΩ 以上时，应对输入、输出端子分别测量，最终确定绝缘不良的端子并予以修复。而控制电路的绝缘电阻应该用万用表的高阻档测量，不能用兆欧表或其他有高电压的仪表测量。

3）电源电压检查。检查主电路电源电压是否在容许电源电压值以内。

（2）变频器的功能预置

变频器在和具体的生产机械配用时，需根据该机械的特性与要求，预先进行一系列的功能设定（如基本频率、最高频率、升降速时间等），这称为预置设定，简称预置。

功能预置的方法主要有以下两种：

手动设定：也叫模拟设定，是通过电位器和多极开关设定。

程序设定：也叫数字设定，是通过编程的方式进行设定。

多数变频器的功能预置采用程序设定，通过变频器配置的键盘实现。

1）变频器的键盘配置。不同的变频器的键盘配置及各键的名称差异很大，归纳起来大致有以下几种：

① 模式转换键。用来更改工作模式，主要有显示模式、运行模式及程序设定模式等。常用的符号有 MOD、PRG 等。

② 增减键。用于改变数据。常用的符号有 △ 或 ∧ 或 ↑、▽ 或 ∨ 或 ↓。有的变频器还配置了横向移位键，用以加速数据的更改。

③ 读出、写入键。在程序设定模式下，用于读出和写入数据码。对于这两种功能，有的变频器由同一键来完成，有的则用不同的键来完成。常见的符号有 SET、READ、WRT、DATA、ENTER 等。

④ 运行操作键。在键盘运行模式下，用来进行“运行”、“停止”等操作。主要有 RUN（运行）、FwD（正转）、REV（反转）、STOP（停止）、JOG（点动）等。

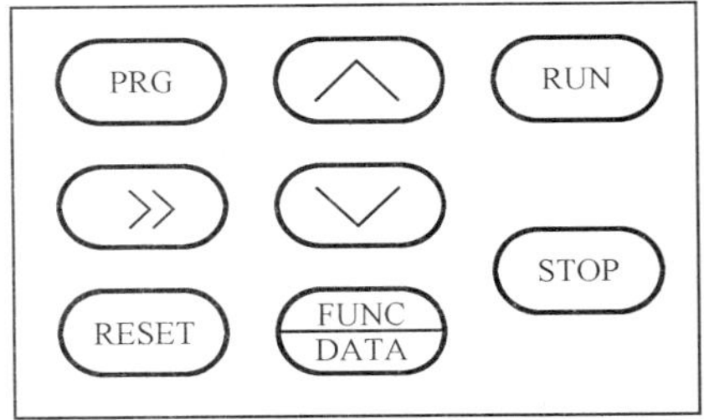

图 4.42　富士 FRN-G9S-P9S 系列变频器的键盘配置

⑤ 复位键。用于故障跳闸后，使变频器恢复正常状态。键的符号是 RESET（或简写为 RST）。

⑥ 数字键。有的变频器配置了“0～9”和小数点“.”等数字键，在设定数码时，可直接键入所需数据。

富士 FRN-G9S/P9S 系列变频器的键盘配置如图 4.42 所示。各键的名称及功能见表 4.13。

表 4.13　富士 FRN-G9S/P9S 系列变频器的键盘上各键的名称及功能

标　记	名　称	功　能
□	移位键	正常模式时，不管停止或运行状态，用于切换数字监视器或图形监视器的显示内容（如频率、电流、电压等）编程设定模式时，用于移动数据设定值的位选择功能码时，用于移动数据设定值的位
∧ ∨	增、减键	设定数据时，∧ 键增加设定值，∨ 键减少设定值正常模式时，∧ 键增加频率设定值，∨ 键减少频率设定值
STOP	停止键	停止变频器运行（仅在选择键盘面板操作时有效）
RUN	运行键	启动变频器运行（仅在选择键盘面板操作时有效）
PRG	编程键	正常模式或编程设定模式的选择
FUNC/DATA	功能/数据键	用于各功能数据的读出和写入用于存入改变后的设定频率值
RESET	复位键	报警停止状态复位到正常模式；编程设定模式时，使从数据更新模式转为功能选择模式取消设定数据写入

2）变频器的程序设定。程序设定就是通过编写程序的方法对变频器进行功能预置。如设定启动时间、停止时间等。

现代变频器可设定的功能有数十种甚至上百种，为了区分这些功能，各变频器生产厂家都以一定的方式对各种功能进行了编码，这种表示各种功能的代码，称为功能码。不同变频器生产厂家对功能码的编制方法很不一样。富士 FRN－G9S/P9S 系列变频器的部分功能码见表 4.14。

表 4.14　富士 FRN-G9S/P9S 系列变频器的部分功能码

功　能			LCD 显示	设定范围
分　类	代　码	名　　称		
基本功能	00	频率设定命令	00 FREQ COMND	0：键盘操作（∧或∨键） 1：电压输入（端子 12 和 V1） 2：电压和电流输入（端子 12 和 V1）
	01	操作方法	01 OPR METHOD	0：模数操作（RUN 或 STOP 键） 1：FWD 或 REV 端子命令信号操作
	02	最高频率	02 MAX Hz	G9S：50～400Hz　P9S：50～120Hz
	03	基本频率 1	03 BASE Hz-1	G9S：50～400Hz　P9S：50～120Hz
	04	额定电压 1 （最大输出电压 1）	04 RATED V-1	0：正比于输入（无 AVR 功能） 80～240V（200V 系列） 320～480V（400V 系列）
	05 06	加速时间 1 减速时间 1	05 ACC TIME1 06 DEC TIME1	0.01～3600s 0.00 滑行停止，0.01～3600s
	07	转矩提升 1	07 TRQ BOOST1	0.0（自动设定），0.1～20.0（手动设定）
	08	电子热过载（选择） 继电器（保护电动机） （数据）	08 EIECTRN OL	0：不动作 1：动作（适用于 4 极标准电动机） 2：动作（适用于富士 4 极逆变器电动机）

各种功能所需设定的数据或代码称为数据码。如最高频率为 50Hz、升速时间为 15s 等。变频器程序设定的一般步骤如下：

① 按模式转换键（MODE 或 PRG），使变频器处于程序设定状态。

② 按数字键或数字增减键（∧、∨、□），找出需预置的功能码。

③ 按读出键或设定键（READ 或 SET），读出该功能中原有的数据码。

④ 如需修改，则按数字键或数字增减键来修改数据码。

⑤ 按恤入键或设定键（WRT 或 SET），将修改后的数据码写入存储器中。

⑥ 判断预置是否结束，如未结束，则转入第二步继续预置其他功能；如已结束，则按模式转换键，使变频器进入运行状态。

上述步骤可用如图 4.43 所示的流程图来表示。图中各程序步代码的含义如下：

①——模式转换。

②——找出所需功能码。

③——读出该功能的原有数据码。

④——修改数据码。

⑤——写入新数据。

⑥——预置结束。

下面以富士 FRN-G9S/P9S 系列变频器为例，说明程序设定的具体步骤。程序设定的流程图如图 4.44 所示。

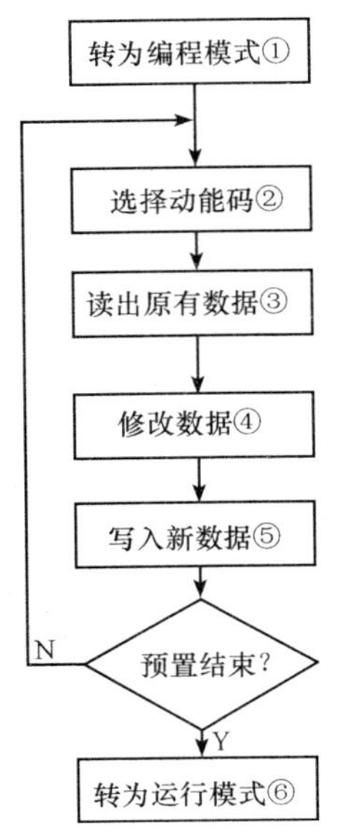

图 4.43　程序设定

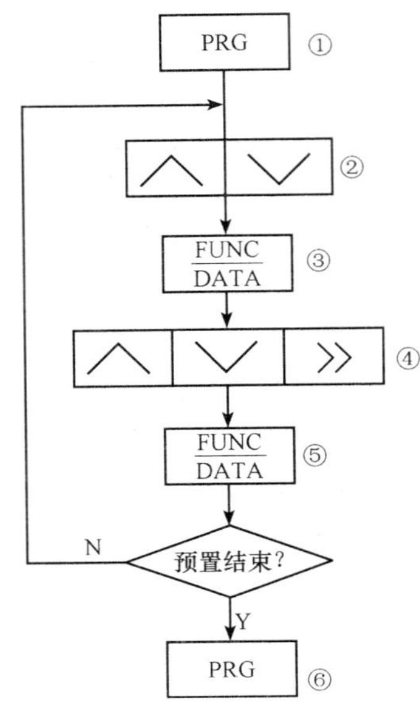

图 4.44　变频器程序设定流程图

变频器预置完成后，可先在输出端不接电动机的情况下，就几个较易观察的项目（如升速和降速时间、点动频率等）检查变频器的执行情况是否与预置相符合，并检查三相输出电压是否平衡。

(3) 电动机的空载试验

变频器的输出端接上电动机，但将电动机与负载脱开，进行通电试验以观察变频器带上电动机后的工作情况，并校准电动机的旋转方向。可按以下步骤进行试验：

1) 先将频率设置于 0 位，合上电源后，稍微增大工作频率，观察电动机的起转情况以及旋转方向是否正确。

2) 将频率上升至额定频率，让电动机运转一段时间，观察变频器的运行情况。如一切正常，再选若干个常用的工作频率，也使电动机运行一段时间，观察系统运行有无异常。

3) 将给定频率信号突降至 0（或按停止按钮），观察电动机的制动情况。

(4) 调速系统的负载试验

将电动机的输出轴与负载连接起来，然后进行试验。

1) 起转试验。使工作频率从 0Hz 开始缓慢增加，观察拖动系统能否起转，在多大频率下起转。如起转较困难，应设法加大启动转矩。

2) 启动试验。将给定信号调至最大，按下启动键，观察启动电流的变化以

及整个拖动系统在升速过程中是否运行平稳。如因启动电流过大而跳闸，则应适当延长升速时间。

3）停机试验。将运行频率调至最高工作频率，按停车键，再观察系统停机过程中是否出现因过电压或过电流而跳闸。如有，则应适当延长降速时间。

当输出频率为 0Hz 时，观察系统是否有爬行现象。如有，则应适当加强直流制动。

此外，一般还应校验电动机的发热、过载能力等性能。

3. 测量变频器电路时仪表类型的选择

在变频器的调试及运行过程中，有时需要测量它的某些输入、输出量。由于通常使用的交流仪表都是以测量工频正弦波形为目的而设计制造的，而变频器电路中的许多量并非标准工频正弦波。因此，测量变频器电路时如果仪表类型选择不当，测量结果会有较大误差，甚至根本无法进行测量。测量变频器电路的电压、电流、功率时可根据下列要求，选择适用的仪表：

1）测量输入电压，因是工频正弦电压，故各类仪表均可使用。

2）测量输出电压，以整流式仪表为宜。如选用电磁式仪表，则读数偏低。注意绝对不能用数字电压表。

3）测量输入和输出电流，均以选用电磁式仪表为宜。热电式仪表也可选用，但反应迟钝，不适用于负载变动的场合。

4）测量输入和输出功率均可用电动式仪表。

4.3.6 变频调速系统的维修

1. 变频器的日常维护与检查

变频器是以半导体元件为核心构成的静止装置，会由于温度、湿度、尘埃、振动等使用环境的影响及零部件老化等原因而发生故障。另外，变频器中使用滤波电容器、冷却风扇等消耗性器件，因此日常检查和定期维护必不可少。使用合理、维护得当能延长变频器的使用寿命，并减少突发故障造成的停产损失。

（1）变频器的日常检查

变频器在运行过程中，可以从设备外部目视检查运行状况有无异常。主要检查项目有：

1）电源电压是否在允许范围内。

2）冷却系统是否运转正常。

3）变频器、电动机等是否过热、变色或有异味。

4）变频器、电动机是否有异常振动和声音。

5）安装地点的环境有无异常。

（2）变频器的定期维护

为了防止出现因元器件老化和异常等造成故障，变频器在使用过程中必须定

期进行保养维护，根据需要更换老化的元器件。定期维护应放在暂时停产期间，在变频器停机后进行。

主要项目有：

1）对紧固件进行必要的紧固。

2）清扫冷却系统积尘。

3）检查绝缘电阻是否在允许范围内。

4）检查导体、绝缘物是否有腐蚀、变色或破损。

5）确认保护电路等的动作，确认各部分的动作波形。

6）检查冷却风扇、滤波电容器、接触器等的工作情况。

需定期检查更换的元器件及参考检查更换时间见表 4.15。

表 4.15　需定期检查更换的元器件及参考检查更换时间

名　　称	参考更换时间	更换方法
冷却风扇	2～3 年	更换为新品
平滑电容	5 年	更换为新品
熔断器	10 年	更换为新品
印制电路板上的铝制电解电容	5 年	更换为新品（检查后）
定时器		检查动作时间后决定

注：使用条件为①周围温度年平均 30℃；②负载率 80%以下；③使用率 12h/天以下。

（3）变频器维护时的注意事项

1）操作前必须切断电源，且在主电路滤波电容器放电完成后、电源指示灯 HL 熄灭再行作业，以确保操作者的安全。

2）在出厂前，生产厂家都已对变频器进行了初始设定，一般不能任意改变这些设定。而在改变了初始设定后又希望恢复初始设定值时，一般需进行初始化操作。

3）在新型变频器的控制电路中使用了许多 CMOS 芯片，用手指直接触摸电路板将会使这些芯片因静电作用而损坏。

4）在通电状态下不允许进行改变接线或拔插连接件等操作。

5）在变频器工作过程中不允许对电路信号进行检查。这是因为连接测量仪表时所出现的噪声以及误操作可能会使变频器出现故障。

6）当变频器发生故障而无故障显示时，注意不能再轻易通电，以免引起更大的故障。这时应断电后作电阻特性参数测试，初步查找故障原因。

2. 变频器的故障检修

新一代高性能的变频器具有较完善的自诊断功能、保护及报警功能。熟悉这些功能对正确使用和维修变频器极其重要。当变频调速系统出现故障时，变频器大都能自动停车保护，并给出提示信息，检修时应以这些显示信息为线索，查找变频器使用说明书中有关指示故障原因的内容，分析出现故障的范围，同时采用合理的测试手段确认故障点并修复之。

一般情况下，变频器的控制核心——微处理器系统与其他电路部分之间都设有可靠的隔离措施，因此出现故障的几率很低。即使发生故障，常规手段也难以检测发现。所以，当系统出现故障时，应将检修的重点放在主电路及微处理器以外的接口电路部分。变频器常见故障原因及处理方法见表 4.16。

表 4.16　变频器常见故障原因及处理方法

保护功能		异常原因	对　策
欠电压保护	主电路电压不足；瞬时停电保护，控制电路电压不足	电源容量不足；线路压降过大造成电源电压过低；变频器电源电压选择不当（11kW 以上）；处于同一电源系统的大容量电机启动；用发电机供电的电源进行急速加速；当切断电源的情况下，执行运转操作，电源端电磁铁接触器发生故障或接触不良	检测电源电压；检测电源容量及电源系统
过电流保护		加减速时间太短，在变频器输出端直接接通电动机电源，变频器输出端发生短路或拉地现象，额定值大于变频器容量的电动机的启动，驱动的电机是高速电机、脉冲电机或其他特殊电机	由于可能引起晶体管故障，需认真地检查，排除故障后再启动
对地短路保护		电动机的绝缘劣化，负载侧接线不良	检查电动机或负载侧接线是否与地线之间有短路
过电压保护		减速时间太短，出现负载（由负载带动旋转），电源电压过高	制动力矩不足时，延长减速时间，或者选用附加的制动单元、制动电阻器单元等；适当延长减速时间，如仍不能解决问题时，选用制动电阻或制动电阻单元
熔丝熔断		过电流保护重复动作，过载保护的电源复位重复动作，过励磁状态下，急速加减速（V/f 特性不适），外来干扰	排除故障，确定主回路晶体管无损坏后，更换熔丝后再进行运行
散热片过热		冷却风扇故障，周围温度太高，过滤网堵塞	更换冷却风扇或清理过滤网；将周围温度控制在 40℃ 以下，（封闭悬挂式），或者 50℃ 以下（柜内安装式）
过载保护	电动机、变频器过转矩	过负载，低速长时间运转，V/f 特性不当等，电机额定电流设定错误，生产机械异常或由于过载使电动机电源超过设定值，因机械设备异常或过载等原因电动机中流过设定值以上的电流	查找过负载的原因，核对运转状况、V/f 特性、电动机及变频器的容量（变频器过载保护动作后，需找出原因并排除后方可重通电，否则有可能损坏变频器）；将额定电流设定在指定范围内；检查生产机械的使用状况，并排除不良因素，或者将设定值上调到最大允许值
制动晶体管异常		制动电阻器的阻值太小；制动电阻被短路或接地	检查制动电阻的阻值或抱闸的使用率，更换制动电阻或考虑加大变频器容量

技能训练 4.2　通用变频器结构和功能预置

一、目的要求

1）熟悉变频器的结构，了解各部分作用。

2）熟悉变频器的功能预置的方法。

二、工量具及器材清单

工量具及器材清单见表 4.17。

表 4.17　常用工量具及仪表清单

序　号	类　别	名　称	型号规格	单　位	数　量	备　注
1	工具	电工通用工具、螺钉旋具（一字和十字）、尖嘴钳等		套	1	
2	仪表	万用表	MF30 或自定	只	1	
		兆欧表	5050 型	只	1	
3	器材	变频器	FRN-0.75G9S-4	台	1	
		三相异步电动机	Y802-4　0.75kW	台	1	

三、技能训练步骤及工艺要求

1. 变频器的结构

1）卸下螺钉，拆下变频器的外壳。

2）在教师的指导下，仔细观察变频器的结构，了解稳中有降组成部分的名称及作用。

3）参考表 4.11 和表 4.12，熟悉各接线端子的名称和功能。

2. 变频器的功能预置

(1）预置要求

根据表 4.18 所给的电动机参数和控制系统要求，对变频器进行功能预置。

表 4.18　电动机参数和控制系统要求

项目名称	参数与要求功能	项目名称	参数与要求功能
额定功率	0.75kW	加速时间	12s
额定电压	交流 380V	减速时间	5s
额定电流	1.5A	频率上限	60Hz
额定频率	50Hz	频率下限	20Hz
额定转速	1390r/min	电动机启动停止	由操作面板控制

(2）预置分析

根据系统要求，参考表 4.14 所示的功能码，确定要修改的功能码和参数，填入表 4.19 中去。

(3）预置过程

根据表 4.18，对变频器的功能或参数进行预置设定。下面以预置加速时间为例，说明预置的具体过程。

表 4.19 需要修改的功能码及参数

功能码	功　　能	设定范围（出厂设定值）	修改结具

加速时间预置的过程可用如图 4.45 所示的流程图表示。

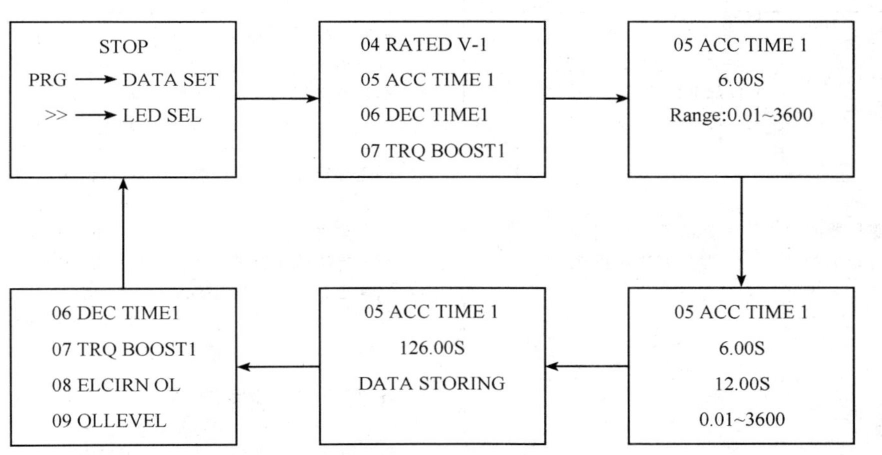

图 4.45 预置加速时间的流程图

1）运行监视画面转为选择画面后，按“编程键”后出现画面“2”。

2）用“增、减键”移动光标，选择功能“05 ACC TIME1”，按“功能/数据键”，出现画面“3”。

3）用“增、减键”改变预置数据，出现画面“4”。改变数据时可以用“移位键”移动数位。

4）按“功能/数据键”存入数据，出现画面“5”。

5）数据存入结束后，自动返回选择画面“6”。

6）按“编程键”，由选择画面返回正常画面“1”。

预置完成后，按表 4.20 所示的形式将预置过程写出。

四、注意事项

1）本技能训练的目的是使学生了解变频器的基本结构及功能预置的基本方法，训练时可结合本校相关资源配备的实际情况进行。

表 4.20　需要修改的功能码及参数

序　　号	显示内容	预置过程

2）观察变频器的结构时，切勿用手触摸线路板，以免损坏 CMOS 芯片。

3）预置结束后，可通电进行某些项目的实验，但必须在老师的监护下进行，以免损坏变频器，确保用电安全。

五、评分标准

评分标准见表 4.21 所示。

表 4.21　通用变频器结构和功能预置考核标准

项目内容	考核要求	配　分	评分标准	扣　分
变频器结构	能正确拆装，并说出各部分的作用	40	1）不能正确拆开变频器的外壳　扣 10 分 2）不能指出主要部件的名称　每个扣 5 分 3）不熟悉常用端子的名称、功能　扣 5～10 分	
变频器的功能预置	1）零部件的作用 2）拆装方法及步骤	60	1）不能确定需修改的功能码或确定错误，每个扣 3 分 2）不会预置　扣 40 分 3）预置方法或步骤错误　每个扣 10 分 4）预置过程书写不完整或有错误　扣 1～10 分	
安全文明生产	1）劳动保护用品穿戴整齐 2）电工工具佩带齐全 3）遵守操作规程 4）尊重教师，讲文明礼貌 5）考试结束要清理现场		1）各项考试中，违反安全文明生产考核要求的任何一项扣 2 分，扣完为止 2）学生在不同的技能试题中，违犯安全文明生产考核要求同一项内容的，要累计扣分 3）当老师发现学生有重大事故隐患时，要立即予以制止，并每次扣学生安全文明生产总 5 分	
定额时间	3h		每超时 5min 以内以扣 5 分计算	成绩
备注			教师签字： 年　月　日	
开始时间		结束时间		实际时间	

小　　结

本节的重点是变频器的工作原理、安装与调试，难点是变频器的工作原理与功能预置。

变频器调速属于交流调速系统，是近几年发展起来的新技术。随着微电子学、电力电子技术、电子计算机和自动控制理论等技术的发展，该项技术日趋成熟，较直流调速系统相比有着功能强、节能好、使用灵活方便、抗干扰能力强、可靠性高、成本低等特点，并有着取代直流调速的趋势在电力拖动中的应用越来越广泛，这对从事维修电工工作的人员提出了更新更高的要求，为了能适应时代发展的需要，掌握这项新知识、新技术将是现代维修电工技能的一个飞跃。

变频器是利用电力半导体器件的通断作用将工频电源变换为另一频率的电能控制装置。变频器中的逆变器的作用是把直流电变为交流电，三相逆变电路的频率调节由控制信号的频率控制，由逆变器得出的交流电压不能直接用于控制电动机的运行。一般由三相整流桥、滤波电路、限流电阻和开关电路、指示电路四大部分组成。其每部分作用显而易见，如能结合实际线路原理进行理解、掌握则更佳。

变频器的分类形式较多，生产厂家也很多，每种类型都有着不同操作面板，其中交一直一交系列通用变频器应用较为广泛。本节以富士 FRN-GQS-PQS 型通用型变频器为例进行了全面的分析，旨在能更多地让初学者了解变频器工作原理及特点，能按要求进行常规性装拆，并能进行一般功能预置。

4.4 可编程序控制器的应用

知识点

- 了解可编程序控制器的组成、优点和发展概况
- 掌握可编程序控制器的基本指令、顺序控制指令

技能点

- 掌握可编程序控制器的操作及典型控制线路应用

可编程序控制器（programmable controller）简称（PLC），是在继电器控制技术和计算机技术的基础上开发出来的，并逐渐发展成为以微处理器为核心，将自动化技术、计算机技术、通信技术融为一体的新型工业控制装置。它具有结构简单、可靠性高、通用性强、易于编程、使用方便等优点。

4.4.1 PLC 的概述

1. PLC 的发展

PLC 自问世以来，经过 40 多年的发展，在美、德、日等工业发达国家已成为重要产业之一。世界总销售额不断上升、生产厂家不断涌现、品种不断翻新、

产量产值大幅度上升而价格则不断下降。

目前，世界上有200多个厂家生产PLC，较有名的有：美国（AB通用电气、莫迪康公司）；日本（三菱、欧姆龙、松下电工等）；德国（西门子公司）；法国（TE、施耐德公司）；韩国（三星、LG公司）。

我国的PLC的研制和生产经历了三个阶段：顺序控制器、1位处理器为主的工业控制器、8位微处理为主的可编程序控制器。在对外开放政策的推动下，国外PLC大量进入我国市场。现在，PLC在国内的各行各业有了极大的应用，技术含量也越来越高。

2. PLC的特点

可编程序控制器属于存储程序控制方式，其控制功能是通过存在存储器内的程序来实现的，若要对控制功能作修改，只需改变软件指令即可，实现了硬件控制的软件化。其主要特点为：软件简单易学、使用和维护方便。PLC与继电器性能比较见表4.22。

表4.22　PLC与继电器的性能比较

比较分类	继电器	PLC
控制方法	采用机械触点的串、并联的硬接线来实现对设备的控制 同时继电器的触点数量有限，使系统构成后灵活性和扩展性受到很大限制	采用程序（软）的方式来实现对设备的控制 系统连线少要改变控制逻辑只需改变程序。同时PLC中的各种软继电器实际上是存储器中的触发器，当软继电器通时相当于该触发器为“1”，反之为“0”，而触发器的状态可取用任意次，因此每个软继电器的触点数量是无限的
工作方式	并行工作方式 即该吸合的继电器都同时吸合	串行工作方式 其程序按一定顺序循环执行，各软继电器处于周期性循环扫描接通状态，其动作顺序取决于程序的扫描顺序
控制速度	依靠机械触点来实现控制 动作慢，存在抖动现象	用程序方式来实现控制 指令的执行时间在微秒级
定时和计数方式	采用时间继电器 其延时精度易受环境温度和湿度的影响，精度不高。无计数功能	采用时钟脉冲 由晶振产生，精度高，范围宽
可靠性和可维护性	采用机械触点，寿命短，连线多，可靠性和可维护性差	采用微电子技术 体积小，可靠性高，同时PLC还有自诊断功能，为调试和维护提供了方便
难易程度及经济性	简单易懂、价格便宜	除电气知识外，还需一定的计算机知识，价格昂贵

综上所述，可编程序控制器在性能上优于继电器逻辑控制，与微型计算机、单片机一样，是一种用于工业自动化控制的理想工具。

3. 可编程控制器的应用

PLC 具有体积小、可靠性高、功能强、程序设计方便、通用性强、维护方便等优点，在各个行业中有着广泛的应用，已成为现代工业控制的三大支柱(PLC、机器人和 CAD/CAM)。

(1) 逻辑控制

利用 PLC 最基本的逻辑运算、定时、计数等功能可实现对机床、自动生产线、电梯等的扩展。

(2) 位置控制

较高档次的 PLC 具有单轴或多轴位置控制模块，可实现对步进电动机或伺服电动机的速度和加速度的控制，确保运行平滑。

(3) 过程控制

PLC 的模拟量输入输出和 PID 控制，可构成闭环控制系统，可应用于冶金、化工等行业。

(4) 监控系统

PLC 能记忆某些异常情况，并可进行数据采集。操作人员还可利用监控命令进行生产过程的监控，及时调整相关参数。

(5) 集散控制

PLC 与 PLC，PLC 与上位机之间的联网，可构成工厂自动化网络系统。见图 4.46。

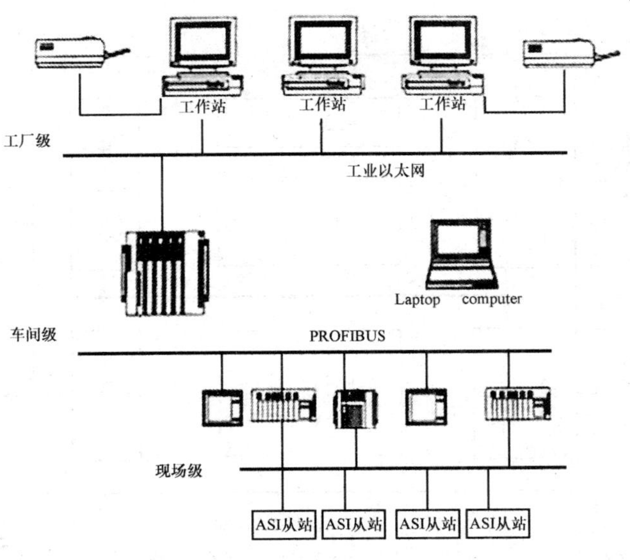

图 4.46 工厂自动化网线程系统

4. PLC 的技术发展动向

1) 产品规模向大、小两个方向发展。

大方向：I/O点数达14336点、32位微处理器、多CPU并行工作、大容量存储器、扫描速度高速化。

小方向：由整体结构向小型模块化结构发展，增加了配置的灵活性，降低成本。

2）PLC在闭环过程控制中应用日益广泛。

3）不断加强通讯功能。

4）新器件和模块不断推出。高档的PLC除了主要采用CPU提高处理速度外，还有带处理器的EPROM或RAM的智能I/O模块、高速计数模块、远程I/O模块等专用化模块。

5）编程工具丰富多样，功能不断提高，编程语言趋向标准化。有各种简单或复杂的编程器及编程软件，采用梯形图、功能图、语句表等编程语言，还有高档的PLC指令系统。

6）发展容错技术。采用热备用或并行工作、多数表决的工作方式。

7）追求软、硬件的标准化。

4.4.2 可编程控制器的组成

可编程控制器由硬件和软件两部分组成。

PLC的硬件：PLC是一种工控计算机，与计算机的组成十分相似，但具有更强的与工业过程相连接的接口。其结构框图如图4.47所示。PLC的硬件由CPU、存储器（RAM、ROM）、输入输出单元（I/O）、I/O扩展接口、电源和编程器等组成。

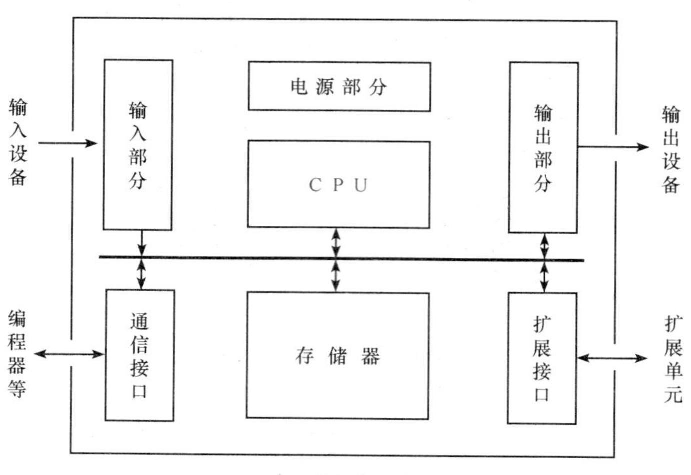

图4.47 可编程控制器的组成

1. 中央处理器CPU

CPU是整个PLC系统的核心，指挥PLC有条不紊地进行各种工作。CPU

一般由控制电路、运算器和寄存器组成，它们被封装在一个集成的芯片上，通过地址总线、数据总线与存储单元、输入输出接口电路连接。

CPU 类型有：

1）通用微处理器（8080、8086、80286、80386 等）。

2）单片机（8031、8096 等）。

3）位片式微处理器（AM2900、AM2901、AM2903 等）。

2. 存储器

可编程控制器的存储器由只读存储器 ROM、随机存储器 RAM 和可电擦写的存储器 EPROM 三大部分组成，属于记忆性部件。主要用于存放系统程序、用户程序及工作数据。

系统程序是制造 PLC 的厂家编写的系统监控程序，并固化在 ROM 内，用户不能直接更改。用户程序是 PLC 使用人员根据 PLC 控制对象要求而编制的应用程序。PLC 在运行过程中会产生大量的运算数据，用户程序和运算数据存放在随机存储器 RAM 中，小型的 PLC 的存储容量一般在 8K 字节以下。

可电擦写的存储器用来存放需长期保存的重要数据。

3. 输入/输出接口单元

输入/输出单元：是 PLC 与被控对象之间传送输入输出信号的接口部件，输入/输出单元有良好的电隔离和滤波功能。

1）开关量输入接口。在 PLC 控制系统中，各种按钮、行程开关、传感器等主令电器及继电器触点直接接到 PLC 输入接口电路上，操作人员发出的命令或来自生产现场的各种控制信号，通过输入接口电路转化为 PLC 内部 CPU 能接受的信号，由 CPU 进行逻辑处理。输入接口电路按可接纳的外部信号电源的类型不同分为直流输入、交/直流输入和交流输入三种。提高输入接口抗干扰能力的方法有：利用光电耦合电器和阻容滤波器提高抗干扰能力。

2）开关量输出接口。PLC 的输出接口电路是将 CPU 产生的小信号放大后输出，驱动接触器线圈、电磁阀、电磁铁、指示灯、数字显示装置和报警装置等输出设备。其作用是将 PLC 内部的标准信号转换成现场执行机构所需的开关量信号。开关量输出接口类型：

① 继电器输出（电磁隔离）。用于交流、直流负载，但接通断开的频率低。

② 晶体管输出（光电隔离）。有较高的接通断开频率，用于直流负载。

③ 晶闸管输出（光触发型进行电气隔离）仅适用于交流负载。

3）输入/输出等效电路。如图 4.48 所示。

4. 外设接口电路

外设接口电路用于连接计算机、手持编程器或其他图形编程器，并能通过外

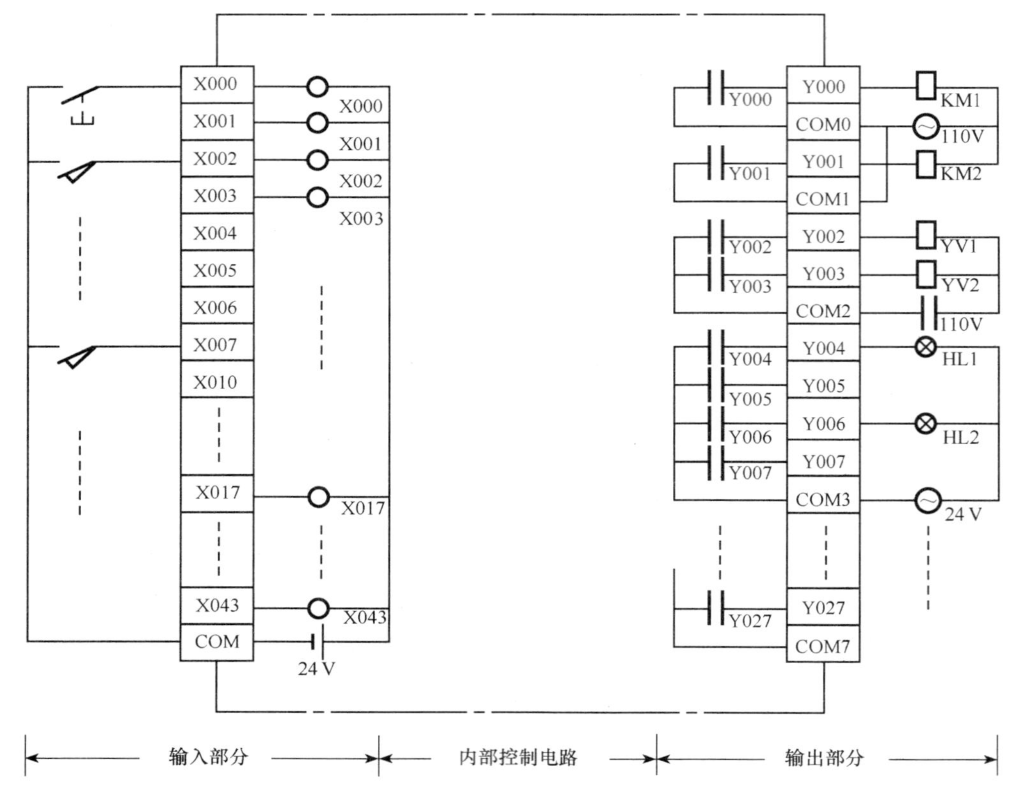

图 4.48　PLC 输入/输出接口等效电路

设接口组成 PLC 的控制网络。PLC 通过 SC-09 电缆与计算机连接，可以实现编程、监控、联网等功能。

5. 电源

通过 PLC 内部配有一个专用开关式稳压电源，可将 PLC 外部连接的电源电压转化为 PLC 内部电路需要的工作电压（如 DC5V、±12V、24V 等），并为外部输入元件（如接近开关）提供 24V 直流电源。小型 PLC，电源与 CPU 合为一体，中大型 PLC，用单独的电源模块。对电源的稳定性要求不是太高，允许在额定电源电压值的±10%～15%范围波动。

4.4.3　可编程控制器的基本工作原理

1. PLC 基本工作原理

可编程控制器属于工业控制计算机，它的工作原理是建立在计算机工作原理基础上的，通过执行反映控制要求的用户程序来实现。执行用户程序时，需要各种现场信息，如果这些现场信息（如 SB 接通或断开状态）已送到 PLC 的输入端口，PLC 将采集所有输入信号并存放到输入映象寄存器中，执行用户程序时所需输入状态均在输入映象寄存器中取用。

同样，PLC对外部的输出控制也是先把CPU执行用户程序后的输出结果存放在输出映象寄存器中，等执行完用户程序后，将所有输出结果一次性向输出端口或输出模块输出，使输出设备部件动作，如图4.49所示。

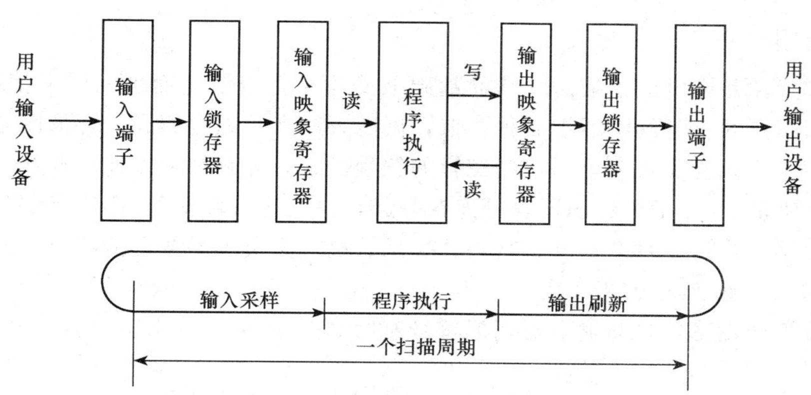

图4.49　可编程序控制器工作原理

由于可编程控制器在运行时需要处理许多操作，但它的CPU每一刻只能执行一个操作，而不能同时执行多个操作。根据这一实际情况，PLC采用分时操作即扫描的工作方式。由于CPU的运算速度很高，从宏观上而言似乎所有的操作都是及时、迅速地完成的。

2. PLC的一个扫描过程包含三个阶段

(1) 输入采样阶段（读）

PLC在输入采样阶段，首先扫描所有输入端子，并将输入状态存入对应的输入映象寄存器中．当输入映象寄存器被刷新后，进入程序执行阶段，在程序执行阶段和输出刷新阶段，因输入锁存器的存在，无论输入信号如何变化，其内容都保持不变，直到下一个扫描周期的输入采样阶段开始，才重新向输入端写入新内容。

(2) 程序执行阶段（算）

PLC按从上到下、从左到右的顺序逐句扫描程序。当指令中涉及输入、输出状态时，PLC就从输入映象寄存器“读入”上一阶段采入的对应输入端子的状态从元件映象寄存器“读入”对应元件（软继电器）的当前状态。然后，进行相应的运算，并将运算结果存入元件映象寄存器中。对元件映象寄存器来说，每一个元件的状态都会随着程序执行过程而变化。

(3) 输出刷新阶段（写）

当用户程序执行结束后，元件映象寄存器中所有输出继电器的状态，在输出刷新阶段转存到输出锁存器中，并通过一定的方式输出，驱动外部负载。

4.4.4　PLC的软件知识

PLC具有丰富的编程语言，如梯形图、指令表、顺序功能图、功能块图以

及与计算机兼容的BASIC语言、C语言、汇编语言等高级语言，还有一些型号的PLC有专用的高级语言。各种语言都有自身的特点，一般来说，功能越强，掌握起来也越困难。其中最常用的语言是梯形图和指令语句表。

1. 梯形图

梯形图是在继电器控制线路的基础上简化了符号演变而来（图形编程）。因此梯形图形式上与继电器控制很相似，读图方法和习惯也相同。梯形图是图形符号在图中的相互关系来表示控制逻辑的编程语言，并且梯形图通过连线，将许多功能强大的PLC指令的图形符号连在一起，以表达所调用的PLC指令及其前后顺序关系，梯形图具有形象、直观、实用、电气人员容易接受的特点，是目前用得最多的一种PLC编程语言。

梯形图图形符号与继电器图形符号对照如图4.50（a）所示。

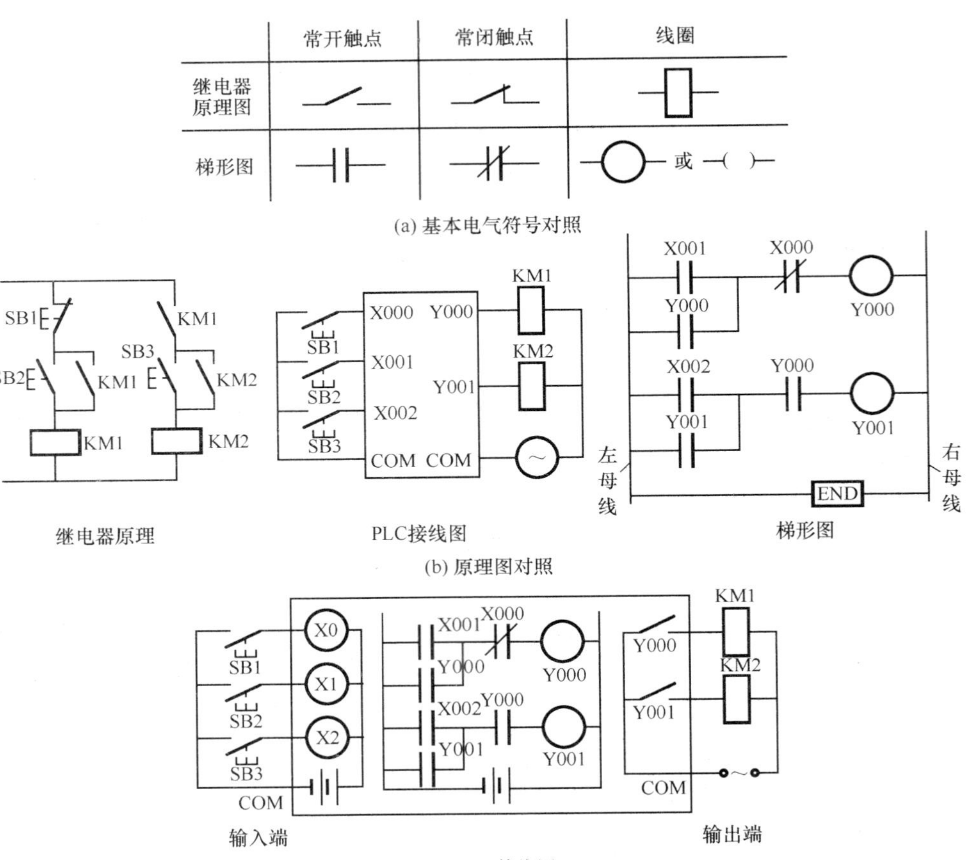

图4.50　梯形图图形符号与继电器图形符号对照

在所有梯形图中，都有左母线、右母线和逻辑行，逻辑行由各种等效继电器的触点串并联后和线圈组成。画梯形图时必须遵守以下规则：

(1) 左、右母线

梯形图中最左边垂直线是左母线，最右边的垂直线是右母线。画梯形图时每一个逻辑行必须从左母线开始，终止于右母线。梯形图只是PLC形象化的一种编程方法，图中左、右母线之间并不接任何电源，每个逻辑行中并没有实际电流通过，是为了分析方便，假想每个逻辑行中有电流从左往右流动。画梯形图时要注意：

1) 左母线只能直接接各类继电器的触点，继电器线圈不能直接接左母线。

2) 右母线只能直接接各类继电器的线圈（不含输入继电器线圈），继电器的触点不能直接接右母线。

图4.51（a～c）均是错误不正确的梯形图。

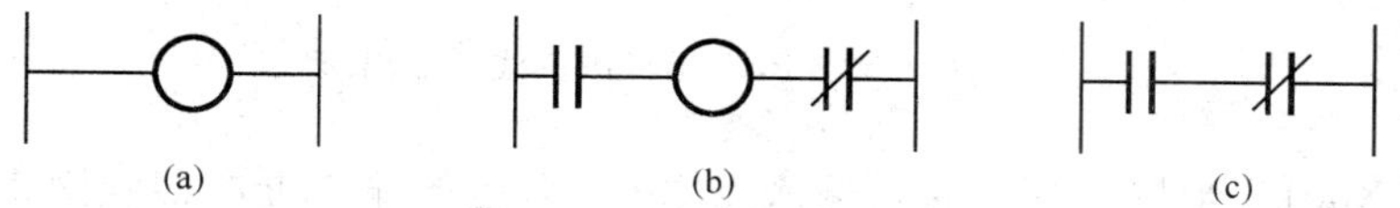

图4.51 不正确的梯形图画法

PLC开机后，线圈M1就立即得电的正确设计方法有两种，见图4.52。

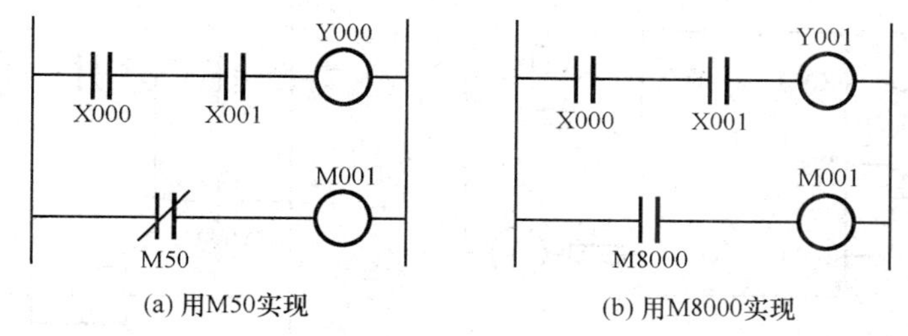

图4.52 M1得电梯形图设计

(2) 继电器线圈和触点

1) 梯形图中所有继电器的编号，应在该型号PLC软件的范围内，不能任意选用。

一般情况下，同一个编号的线圈在梯形图中只能出现一次，而同一编号的触点在梯形图中可以重复出现。

同一编号的线圈在程序中使用两次或两次以，称为双线圈输出。其正确的画法如图4.53（b）所示。双线圈输出只有特殊情况下才允许出现（例如用步进指令编写的程序中，就允许同一编号的线圈多次出现）。

PLC中的继电器并不是物理继电器，而是存储器的触发器，触点闭合为“1”，断开为“0”，实际上是触发器的输出状态。存储器中触发器的“1”可以多次引用，而不受使用次数的限制。因此，编程时没有必要时为减少某一继电器的触点数而增加程序的复杂性，这一点与继电控制线路的设计有很大区别。

2) 梯形图中，输入继电器只出现触点，线圈不出现。这是因为每个输入继电器的线圈是由对应输入点的外部输入信号驱动的。在图4.54中，按钮SB1接入

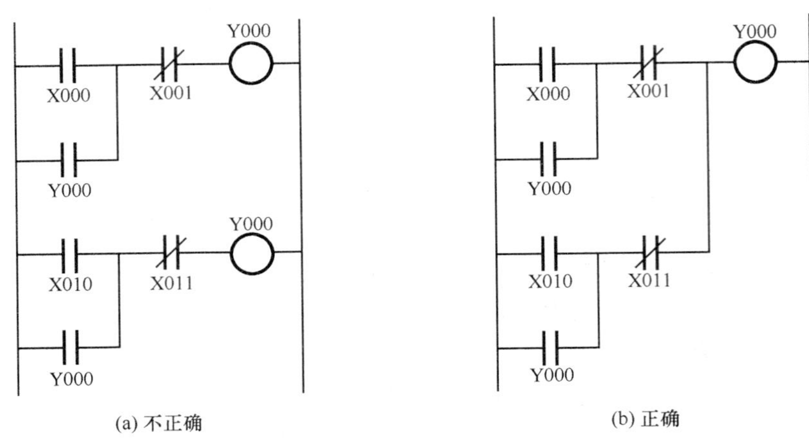

图 4.53　PLC 梯形图双线圈输出

输入点 X001，当按下 SB1 时，输入点 X001 对应的输入继电器线圈得电，梯形图中输入继电器 X001 的触点动作；松开 SB1 时，输入继电器线圈失电，梯形图中所有 X001 的触点复位。

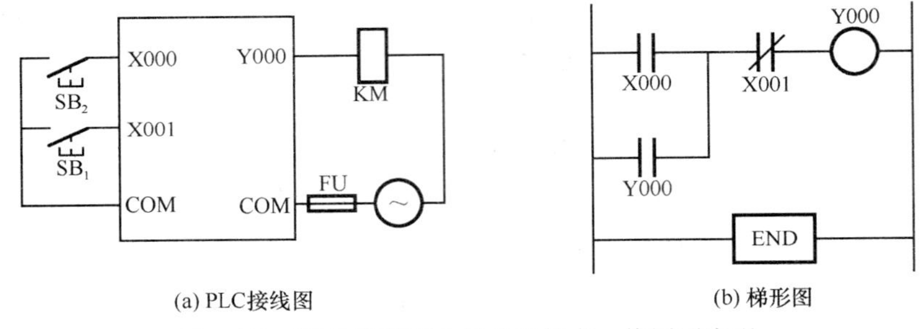

图 4.54　PLC 梯形图中只出现触点，线圈不出现

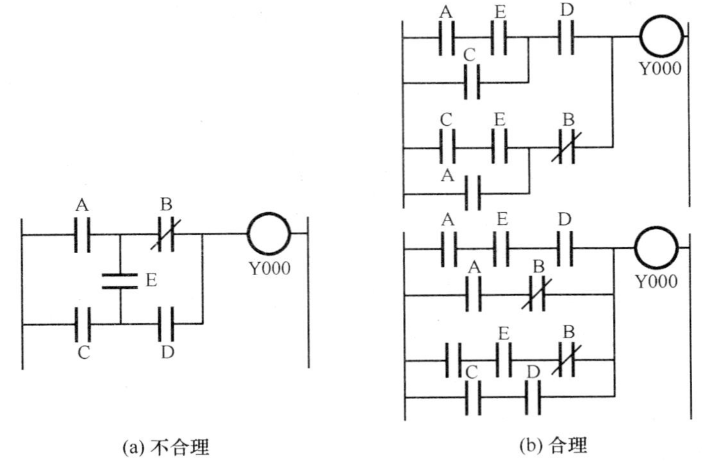

图 4.55　梯形图中触点的画法

3）梯形图中，不允许出现PLC所驱动的负载符号（如指示灯、电磁阀线圈、接触器线圈等），只能出现相应输出继电器的线圈。输出继电器线圈得电时，表示相应输出点有信号输出，相应负载被驱动。

图4.54中，KM线圈接在输出点Y000上，当Y000线圈得电时，Y000有信号输出，PLC的负载KM线圈得电。对PLC来说，KM是外部元件，因而KM线圈决不允许出现在梯形图中。

结论：在设计梯形图之前，一定要根据控制系统所有的输入信号和输出信号，分配PLC的输入点和输出点。即：让每一个输入控制信号对就一个输入继电器，每一个输出信号对应一个输出继电器。

4）梯形图中，所有触点都应按从上到下，从左到右的顺序排列，并且触点只允许画在水平方向（主控触点垂直画出），如图4.55所示，（a）为不理画法，（b）合理。

5）梯形图中触点可以任意的串联或并联，而线圈可以并联但不可以串联。

（3）合理设计梯形图

1）"上沉下轻"串联触点多的电路块应安排在最上面，这样可省略一条ORB指令，如图4.56所示。这时电路块下面可并联任意多的单个触点。

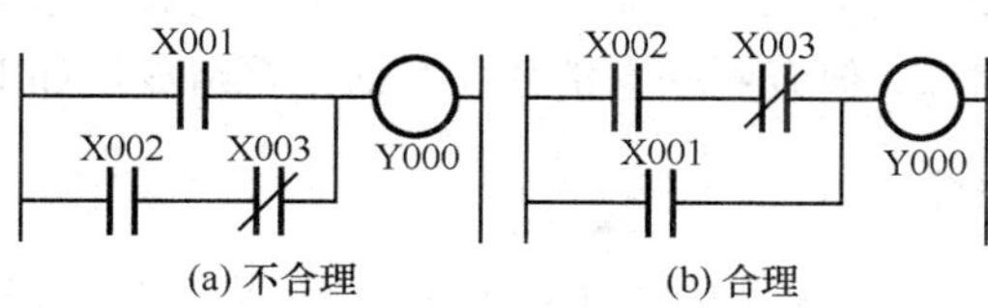

(a) 不合理　(b) 合理

图4.56　梯形图中上沉下轻画法

2）"左沉右轻"并联触点多的电路应安排在最左边，这样可省略一条ANB指令，如图4.57所示。这时电路块右边可以串联任意多个触点。

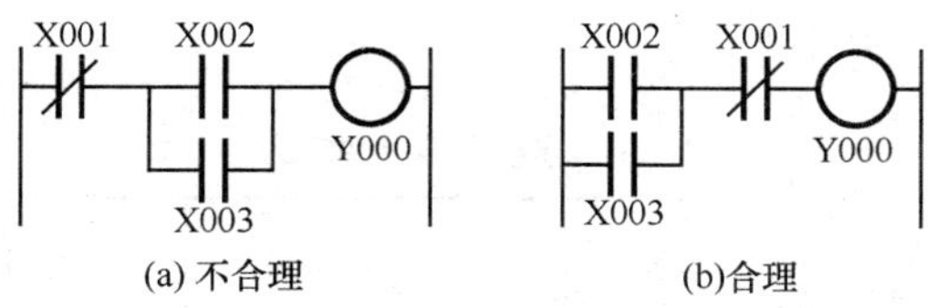

(a) 不合理　(b)合理

图4.57　梯形图中左沉右轻画法

3）如果多个逻辑行中都具有相同的控制条件，则将该条件提取出共用，简化梯形图，如图4.58所示。这时采用主控指令编程，可以省略多条重复的指令。

4）设计梯形图时，一定要了解PLC的扫描工作方式，即在程序处理阶段，对梯形图是按从上到下，从左到右的顺序逐一扫描处理的，不存在几条并列支路同时动作的情况。这一点有别于继电控制线路。

（4）输出线圈不能是输入继电器IR或特殊继电器SR

（5）程序结束后应有结束指令（END）

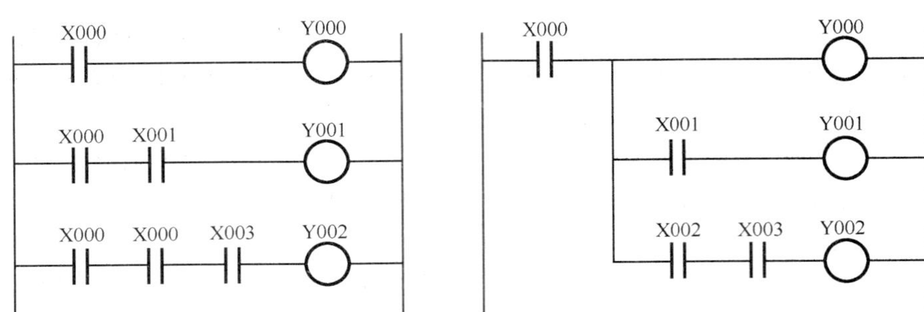

图 4.58　提取公共指令画法

2. 指令语句表

梯形图编程语言的优点是直观、简便。如果采用经济便携的编程器将程序输入到可编程控制器中，就必须使用 PLC 的另一种常用编程方法——指令语句表。语句是指令语句表编程语言的基本单元，每个控制功能由一个或多个语句组成的程序来执行。指令语句规定可编程控制器中 CPU 如何动作，PLC 的指令有基本指令和功能指令之分。指令语句表和梯形图之间存在唯一对应关系。基本指令一般由助记符和操作元件组成。助记符是每一条基本指令的符号，它表明了操作功能；操作元件是基本指令的操作对象。但有些基本指令仅有助记符组成，如 END 指令。

4.4.5　PLC 基本指令

PLC 的基本指令是最常用的指令，三菱 FX_{2N}共有 27 条基本指令。

1. 连接和驱动指令

这类指令主要是用于表示触点之间逻辑关系和驱动线圈的驱动指令。

(1) LD、LDI 与 OUT 指令

梯形图及指令见表 4.23。

表 4.23　连接和驱动指令（一）

梯形图	指令（助记符）	功　　能	操作元件	程 序 步	备　　注
	[LD] 取	读取第一个常开触点，与左母线相连	X、Y、M、S、T、C	1	程序应用见图 4.59
	[LDI] 取反	读取第一个常闭触点，与左母线相连	X、Y、M、S、T、C	1	
	[OUT] 输出	驱动输出线圈	Y、M、S、T、C	Y、M：1；特 M：2；T3；C：3～5；	程序应用见图 4.60

注：1）OUT 指令不能用于驱动输入继电器，因为输入继电器的状态是由输入信号决定的。
2）OUT 指令可以连续使用，称为并行输出，且不受使用次数限制。
3）定时器 T 和计时器 C 使用 OUT 指令后，还需有一条常数设定值语句。
如图 4.59 中圈 A 内所示。

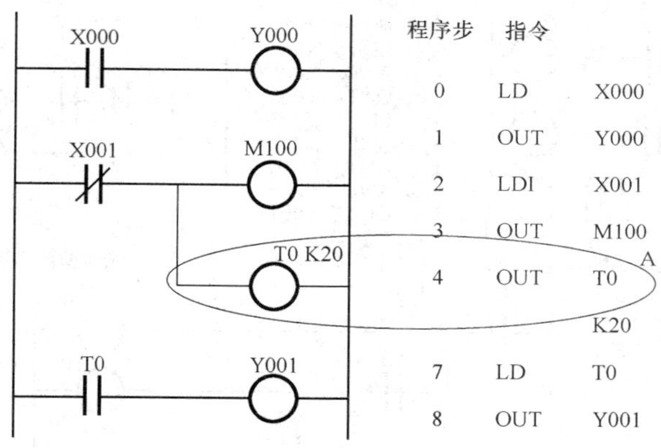

图 4.59 LD 与 LDI 指令应用

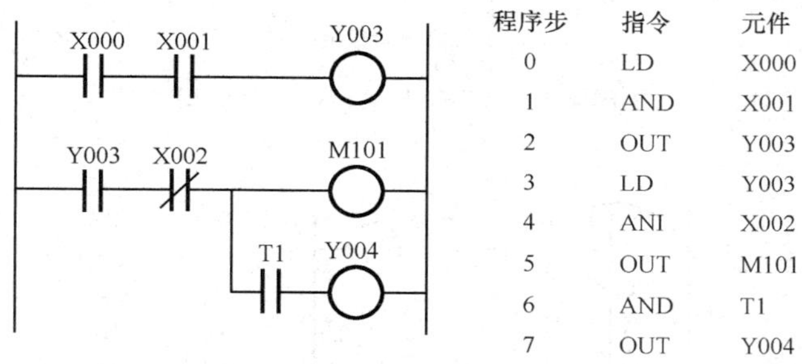

图 4.60 OUT 指令应用

（2）AND 和 ANDI 指令

梯形图及指令见表 4.24。

表 4.24 连接和驱动指令（二）

梯形图	指令	功能	操作元件	程序步	备注
(梯形图)	[AND] 与	串联一个常开触点	X、Y、M、S、T、C	1	程序应用见图 4.61
(梯形图)	[ANI] 与非	串联一个常闭触点	X、Y、M、S、T、C	1	

注：1）AND、ANDI 指令用于触点的串联连接，串联触点个数不限，该指令可以重复使用，见图 4.62（a）。

2）如果在 OUT 指令之后，再通过触点对其他线圈 OUT 指令，称之为纵输出，如图 4.62（c）所示。图 4.62（b）所示错误接法。

3）连续输出时注意输出顺序，否则要用分支电路指令 MPS、MRD、MPP。

（3）OR 和 ORI 指令

梯形图及指令见表 4.25。

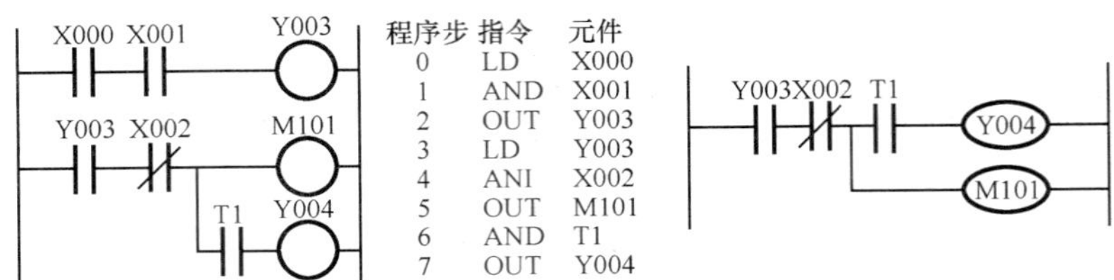

(a) AND与ANI指令

(b) 纵接输出错误画法

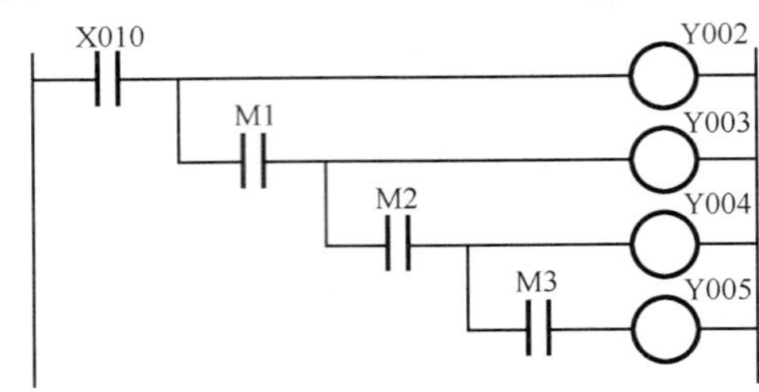

(c) 纵接输出

图 4.61　AND 与 ADNI 指令应用

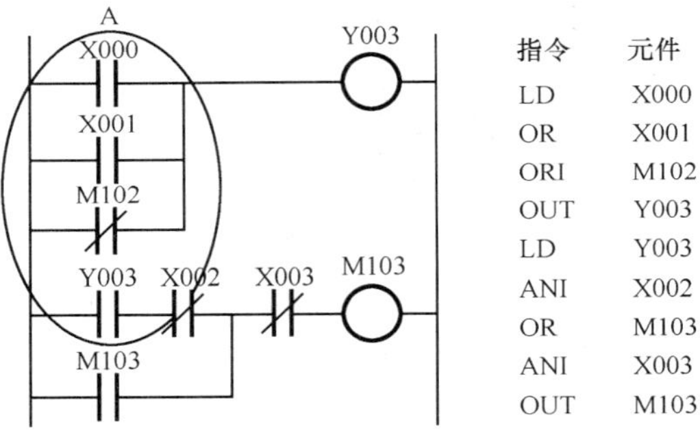

图 4.62　OR 与 ORI 指令应用

表 4.25　连接和驱动指令（三）

梯形图	指　　令	功　　能	操作元件	程序步	备　　注
	［OR］或	与一个常开触点并联	X、Y、M、S、T、C	1	程序应用见图 4.62
	［ORI］或非	与一个常闭触点并联	X、Y、M、S、T、C	1	

注：1）OR、ORI 指令用于一个触点的并联连接，该指令可以重复使用，不受次数限制。
　　2）当出现混合并联现象：如图 4.63 A 中圈所示，X1 与 X0 组合成并联块，M102 又与之组合成混合并联块，此时也应用 OR 或 ORI 指令。

(4）ANB 和 ORB 指令

梯形图及指令见表 4.26。

表 4.26 连接和驱动指令（四）

梯形图	指令	功能	操作元件	程序步	备注
	[ANB] 电路块与	关联电路块串联	无	1	程序应用见图 4.63
	[ORB] 电路块或	串联电路块并联		1	程序应用见图 4.64

注：1）电路块：将两个以上的触点串（并）联连接的电路块。

2）ANB 和 ORB 指令可以连续使用，先按顺序将所有电路块的指令写出，再连续写出 ANB 和 ORB 指令，如果电路块的个数为 n 个，ANB 和 ORB 指令就要写 $n-1$ 个。

3）要注意 ANB 与 AND 之间的区别，能不用 ANB 指令就尽量不用，这样可以节省指令，如图 4.65。

4）也要注意 ORB 与 OR 之间的区别，能不用 ORB 指令就尽量不用，这样可以节省指令，如图 4.65。

5）使用 ANB 和 ORB 指令编程时，最好采用图 4.63、图 4.64（a、b）的编程方法，这样 ANB 和 ORB 指令使用次数将不受限制，且指令语句表的可读性相对来说比较好，两个电路块之间的联系比较直观。

6）ANB 和 ORB 指令是不带操作元件的指令，单个触点与前面电路并联或串联时不能用电路块指令。

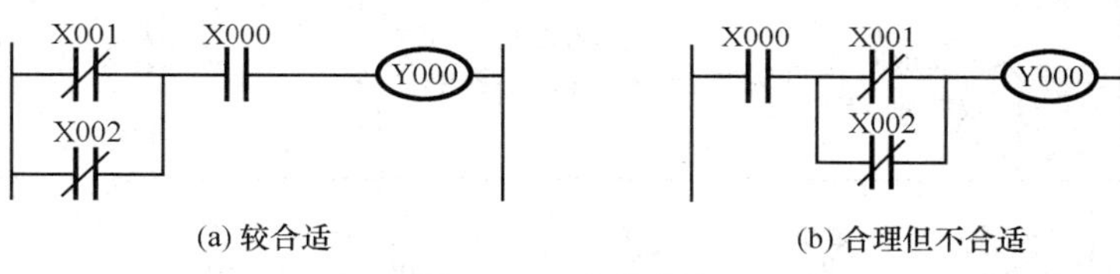

图 4.63 电路块与

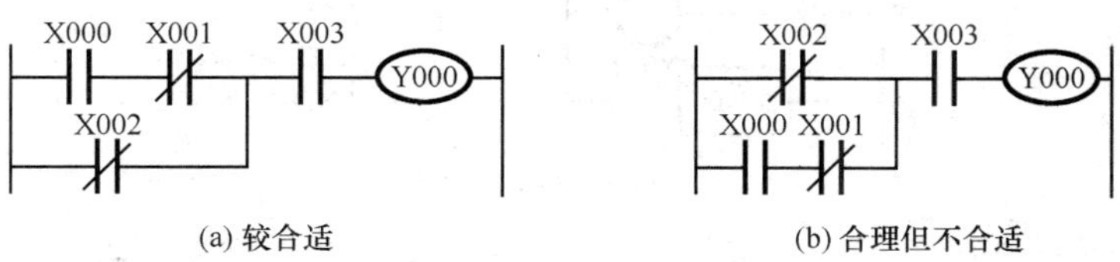

图 4.64 电路块或

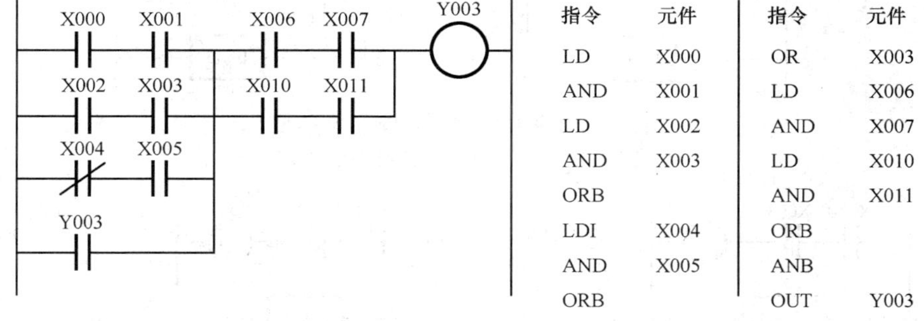

指令	元件	指令	元件
LD	X000	OR	X003
AND	X001	LD	X006
LD	X002	AND	X007
AND	X003	LD	X010
ORB		AND	X011
LDI	X004	ORB	
AND	X005	ANB	
ORB		OUT	Y003

图 4.65 ANB 和 ORB 指令的连续使用

（5）常开触点闭合或断开瞬间动作指令

梯形图及指令见表 4.27。

表 4.27 连接和驱动指令（五）

梯形图	指 令	功 能	操作元件	程序步	备 注
	[LDP] 上升沿检测 运算开始	连接左母线，在常开触点闭合的一瞬间接到左母线的一个扫描周期	X、Y、M、S、T、C	1	程序应用见图 4.66
	[LDF] 下降沿检测 运算开始	连接左母线，在常开触点断开的一瞬间接到左母线的一个扫描周期			
	[ANDP] 与脉冲	常开触点闭合的瞬间与前面的触点串联一个扫描周期	X、Y、M、S、T、C	1	程序应用见图 4.67
	[ANDF] 与脉冲（F）	常开触点闭合的瞬间与前面的触点串联一个扫描周期			
	[ORP] 或脉冲	常开触点闭合的瞬间与前面的触点并联一个扫描周期	X、Y、M、S、T、C	1	程序应用见图 4.68
	[ORF] 或脉冲（F）	常开触点闭合的瞬间与前面的触点并联一个扫描周期			程序应用见图 4.69

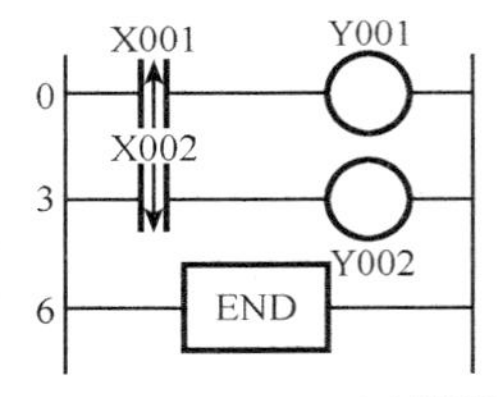

0 LDP X001
2 OUT Y001
3 LDF X002
5 OUT Y002
6 END

(a) LDP和LDF指令

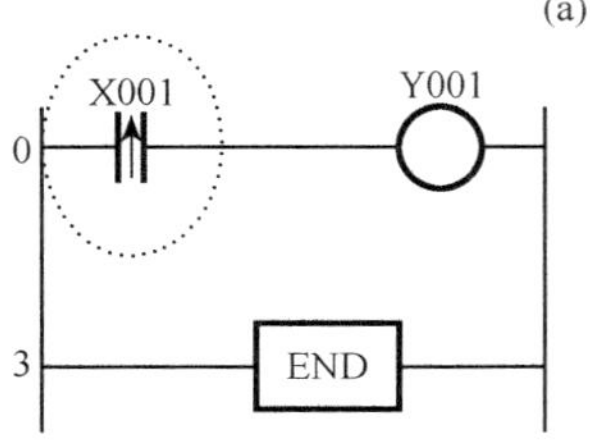

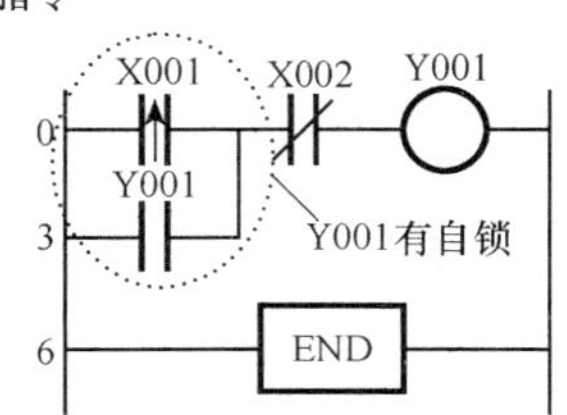

(b) LDP指令的应用

图 4.66 LDP 与 LDF 指令的应用

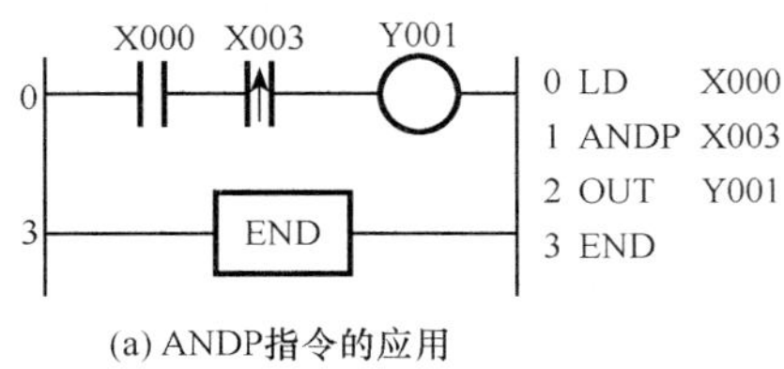

(a) ANDP指令的应用

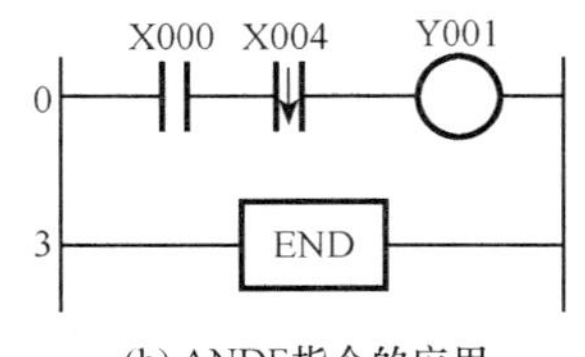

0 LD X000
1 ANDF X004
2 OUT Y001
3 END

(b) ANDF指令的应用

图 4.67 ANDP 与 ANDF 指令的应用

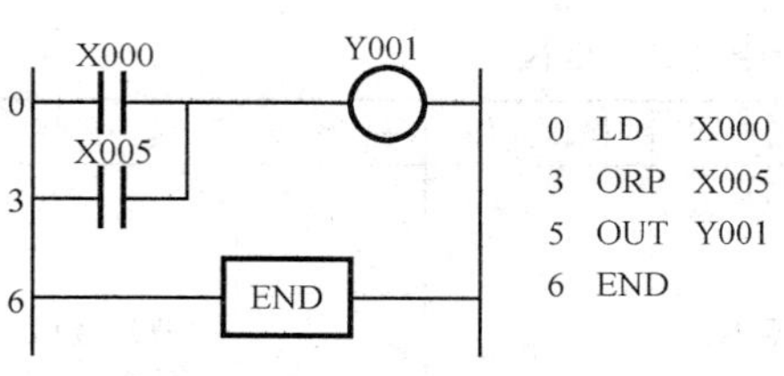

图 4.68 ORP 指令应用

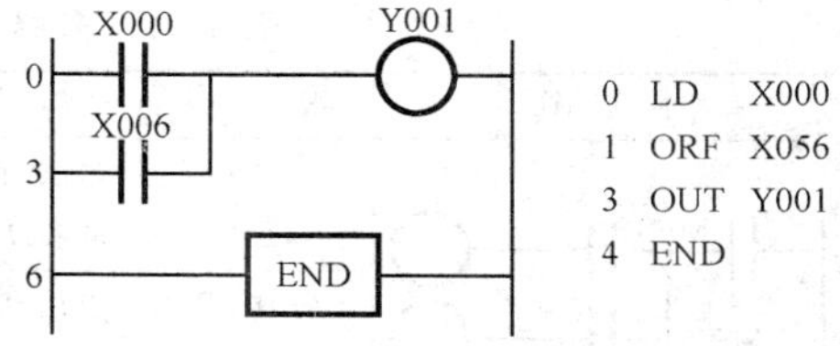

图 4.69 ORF 指令应用

2. 多路输出指令

1）主控指令和主控复位指令（MC、MCR）梯形图及指令见表 4.28。

表 4.28 多路输出指令（一）主控与主控复位

梯形图	指 令	功 能	操作元件	程序步	备 注
MC ｜ N_X ｜ Y M	［MC］主控	主控电路块起点（母线转移）	Y、M（特殊继电器除外）	3	程序应用见图 4.70
MCR ｜ N_X	［MCR］主控复位	主控电路块终点（母线复位，主控区结束）		2	

注：1）MC 和 MCR 指令用于许多线圈同时受一个或一组触点控制，以节省存储单元。
2）主控触点在梯形图中与一般触点垂直，如图 4.70 中的圈 A。
3）MC N0 M100 指令中 N 表示母线的第几次转移，M 用来存储母线转移前触点的运算结果，在这里 M0＝X000。若母线转移时用了 M100，则在程序中就不允许再出现 M0 线圈，否则可能导致双线圈输出。输入 X000 为 ON 时，执行从 MC 到 MCR 的指令，当输入 X000 为 OFF 时（Y001 和 Y002 均断开）。
① 积算式定时器、计数器、用 SET/RST 指令驱动的元件，在 MC 触点断开后可以保持断开前状态不变。
② 非积算式定时器，用 OUT 驱动的元件全为 OFF。
4）MC 指令后，母线移到 MC 触点之后，主控指令 MC 后面的任何指令均以 LD 或 LDI 指令开始，MCR 指令使母线返回。
5）通过更改 M 的地址号，MC、MCR 指令可嵌套使用，最多可嵌套 8 层（N0～N7），N0 为最高层，N7 为最低层，用 MCR 指令返回时，从低层（N7～N0）开始复位。
6）执行 MC 指令后，必须用 MCR 指令使左母线由临时位置返回到原来位置。

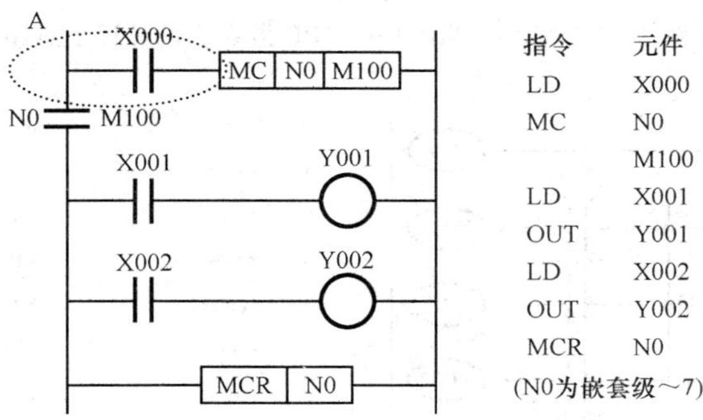

图 4.70 MC 和 MCR 指令

2）堆栈指令（MPS、MRD、MPP）梯形图及指令见表 4.29。

表 4.29　多路输出指令（二）堆栈

梯形图	指　令	功　能	操作元件	程序步	备　注
MPS MRD MPP	［MPS］进栈	存储并“下压”逻辑运算结果	无	1	程序应用见图 4.72
	［MRD］读栈	读出栈存储器中的内容		1	
	［MPP］出栈	读出并“上托”存储运算结果		1	

注：1）使用栈指令母线没有移动，故栈指令后的触点不能用 LD，用于带分支的多路输出电路。

2）MPS、MRD 和 MPP 指令的功能是将连接点的结果（位）按堆栈的形式存储，见图 4.106。

① 每执行一次 MPS，将触点逻辑运算结果推入存储器 1 号单元中并下压（将原有数据按顺序下移一层，留出最上层存放新的数据）。

② 每执行一次 MPP，将 1 号单元中原有数据按顺序上移一层，原先最上层数据被覆盖掉。

③ 执行 MRD，数据不作移动。

3）进栈和出栈指令遵循先进后出、后进先出的次序。

4）MPS 与 MPP 可以嵌套使用，但应≤11 层；同时 MPS 与 MPP 应成对出现，MPD 指令有时可以不用。

5）MPS、MRD 和 MPP 指令之后：若有单个常闭或常开触点串联，则应用 ANI 或 AND 指令；若有触点组成的电路块串联，则应该用 ANB 指令；若无触点串联直接驱动线圈，则应该用 OUT 指令。

6）用软件生成梯形图再转换成指令表时，编程软件会自动加入 MPS、MRD、MPP 指令。写入指令表时，必须由用户来写入 MPS、MRD、MPP 指令。

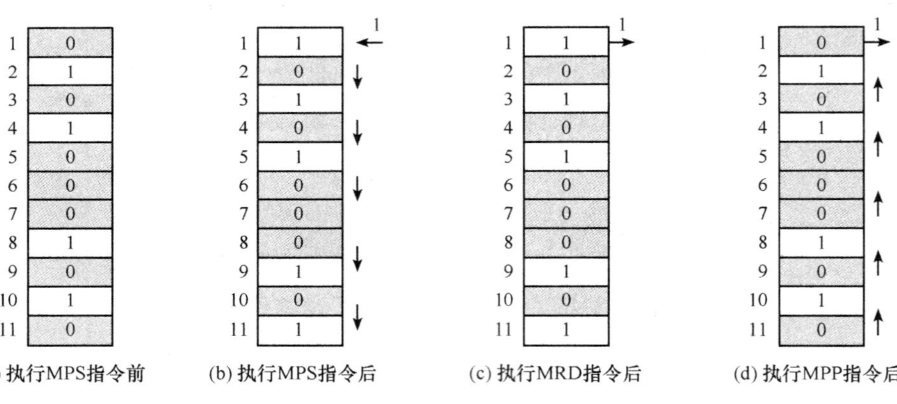

图 4.71　MPS、MRD 和 MPP 指令执行过程示意图

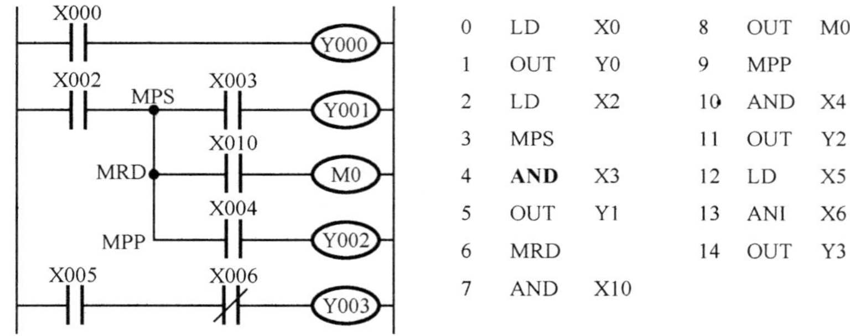

图 4.72　MPS、MRD 和 MPP 指令应用

3. 置位与复位指令（SET、RST）

置位与复位指令见表 4.30。

表 4.30　置位与复位指令

梯形图	指　令	功　能	操作元件	程序步	备　注
RST	［SET］ 置位	动作接通并保持（自锁）	Y、M、S	Y/M：1； S/特 M：2	程序应用见图 4.73
RST	［RST］ 复位	动作断开，寄存器清零	Y，M，S，T，C，D，V，Z	Y/M：1； S/特 M/TC：2； D/V/Z/特 D：3	

注：1）表中 D 为数据寄存器；V、Z 为变址寄存器

2）如图 4.54 所示：X000—接通 Y000 得电，即使再断开，Y000 仍继续保持得电。同理 X002—接通即使再断开，Y000 也将保持失电。

3）对同一元件可以多次使用 SET、RST 指令，最后一次执行的指令决定当前的状态。

4）RST 指令可以用来复位积算定时器 T246～T255 和计数器。

如不希望计数器和积算定时器具有断电保持功能，可在用户程序开始运行时用初始化脉冲 M8002 复位。

5）任何情况下，RST 指令都优先执行。

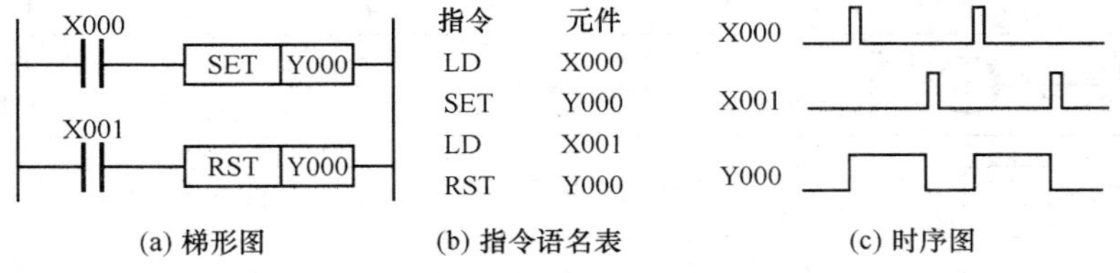

图 4.73　SET 和 RST 指令的应用

4. 脉冲微分指令

脉冲微分指令包括：上升沿微分（PLS）、下降沿微分指令（PLF）两条，见表 4.31。

表 4.31　脉冲微分指令

梯形图	指　令	功　能	操作元件	程序步	备　注
PLS	［PLS］ 上升沿脉冲微分	仅在驱动输入的上升沿，使线圈得电一个扫描周期	Y、M	2	程序应用见图 4.74
PLF	［PLF］ 下降沿脉冲微分	仅在驱动输入的下降沿，使线圈得电一个扫描周期			

注：1）PLS、PLF 指令只能用于输出继电器 Y 和辅助继电器 M（不包括特殊辅助继电器）。

2）PLC 从 RUN 到 STOP，再从 STOP 到 RUN 时，PLS M0 指令将输出一个脉冲，如果用的是断电保持型的辅助继电器则不会输出脉冲。

3）要注意 OUT、SET 和 RST、PLS 和 PLF 指令在执行结果上的不同。

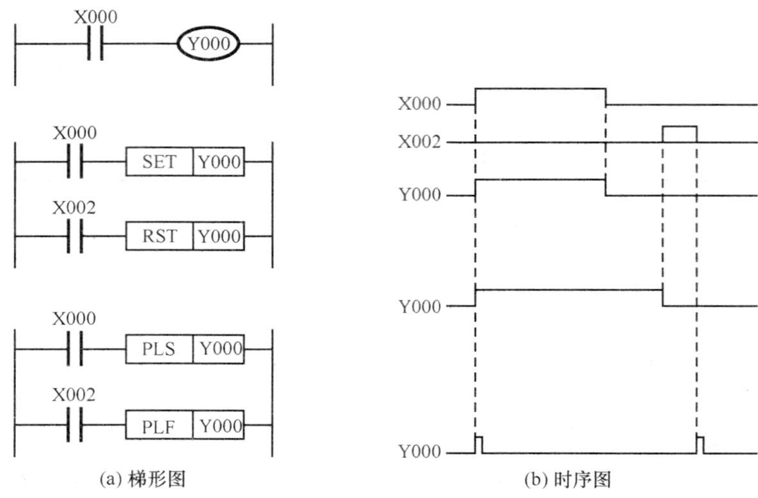

图 4.74　PLS 和 PLF 指令的应用

5. 其他指令

其他指令见表 4.32。

表 4.32　取反、空操作和结束指令

梯 形 图	指　　令	功　　能	操作元件	程 序 步	备　　注
	[INV] 反向	运算结果取反			程序应用 见图 4.75
NOP	[NOP] 无	空操作	无	1	
END	[END] 结束	程序结束			程序应用 见图 4.76

注：INV 指令 INV 指令又称为“取反指令”。

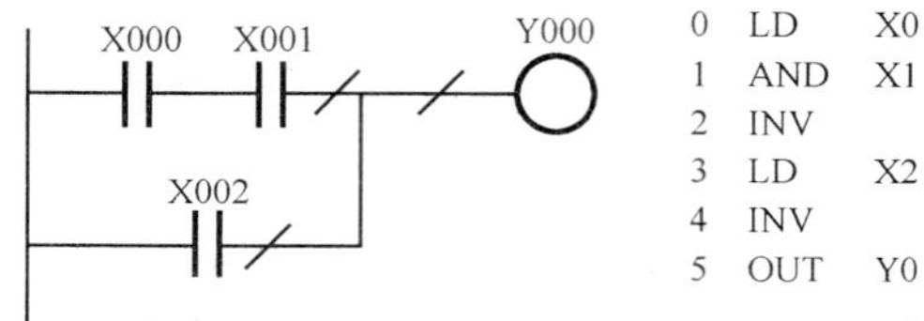

图 4.75　INV 指令的应用

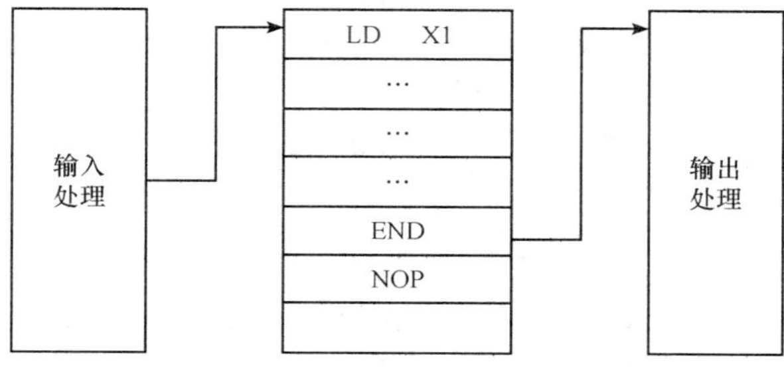

图 4.76　END 指令应用示意图

(1) INV 指令

INV 指令的梯形图、指令及功能见表 4.32 所示。在编制程序时应注意以下几点：

1) INV 指令是将 INV 电路之前的运算结果取反。

2) 能编制 AND、ANI 指令步的位置可使用 INV。

3) LD、LDI、OR、ORI 指令步的位置不能使用 INV。

4) 在含有 ORB、ANB 指令的电路中，INV 是将执行 INV 之前的运算结果取反。

(2) NOP 指令

NOP 指令又称为“空操作指令”。

NOP 指令是在调试程序时，用它来取代一些不必要的指令，即删除由这些指令构成的程序。但现在编程器的功能越来越强，修改程序时可直接删除指令而基本上很少使用 NOP 指令。另外，程序可用 NOP 指令延长扫描周期。

(3) END 指令

END 指令又称为“结束指令”。

END 为程序结束指令。用户在编程时，可在程序段中插入 END 指令进行分段调试，等各段程序调试通过后删除程序中间的 END 指令，只保留程序最后一条 END 指令。

每个 PLC 程序结束时必须用 END 指令，若整个程序没有 END 指令，则编程软件在进行语法检查时会显示语法错误。

注意：END 不是 PLC 的停机指令，它仅说明了执行用户程序的一个周期结束。

4.4.6 定时器和计数器

1. 定时器的工作特点及时序图

(1) 定时器

定时器相当于时间继电器，程序中作延时控制。

定时器是将 PLC 内的时种脉冲进行加法计数，当它达到规定设定值时，输出接点就工作。FX_{2N} 系列可编程控制器的定时精度有 1ms、10ms、100ms 三档，定时器有一般用（普通定时器）和累计（积算定时器）用两种。普通定时器的应用见图 4.77。

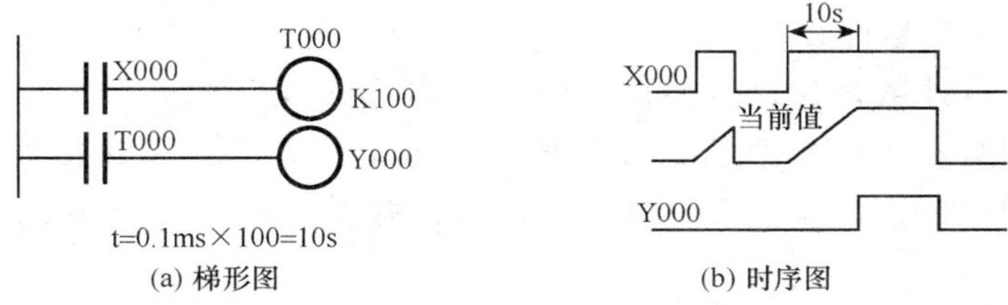

图 4.77 普通定时器的应用

普通定时器在延时时间没到时X000断开或PLC断电时，T0当前值寄存器则自动清零（复位）。当X000再次闭合或PLC恢复供电，T0当前值寄存器则重新开始计数。当达到设定值（K100）时，输出线圈Y000实现定时功能。

积算定时器与普通定时器的区别是：当输入断开或发生断电时，寄存器当前值保持，只有在接到复位指令RST时，计数器和触点复位。

定时器的最长定时时间为3276.7s<3600s（1h）。如果需要定时达到或超过1h时，用一个定时器显然是不能满足要求的，这时可采用定时器串级使用方法来实现长时间延时。串级时的定时器个数（N）按需设计，最长延时时间为$3276.7\times N$（s）。

（2）时序图

时序图是编写和分析控制程序的基本方法之一。时序图就是在某一个时间应该进行某一个控制动作的图形。

画时序图时，一般规定只画各元件的常开触点的状态。如果常触点是闭合状态，用“1”来表示（即高电平），常开触点是断开状态，用“0”来表示（即低电平）。假如梯形图中只有某元件的线圈或常闭触触点，则在时序图中仍然只画常开触点的状态。因为同一个元件的线圈和触点的状态是互相关联的。如，某元件线圈得电时，其常开触点是闭合的，常闭触点是断开的。

如图4.77（b）所示，图中X000、T000、Y000三者动作关系如表4.33。

表4.33　普通定时器时序动作表

计数时间段	X000	T000	Y000	备　注
计数前	断开	复位	断电	
$t_{计数}<t_{设定}$	闭合	开始计数	断电	
未达设定值时断电	断开	复位	断电	
重新闭合或供电	闭合	开始计数	断电	
$t_{计数}=t_{设定}$	闭合	设定时间到输出“1”	得电输出	
$t_{计数}>t_{设定}$	闭合	输出“1”	保持得电输出	
$t_{计数}>t_{设定}$	断开	复位	断电	

2. 计数器

FX_{2N}系列PLC的计数器有内部信号计数和高速计数用两类，其继电器编号见图4.21中计数器栏。

（1）内部信号计数

内部信号计数是在执行扫描操作时对内部元件（如X、Y、M、S、T）的信号进行记数。当记数值达到设定值时计数动作，因此，其接通（ON）时间和断开时间（OFF）应比PLC的扫描周期稍长，其应答速度通常为数十Hz以下。

1）设定值可直接用常数K或间接用数据寄存器D的内容。间接设定时，要用编号紧连在一起的两个数据寄存器。

2）C200～C234 计数器的计数方向（加/减计数）由特殊辅助继电器 M8200～M8234 设定。当 M82××接通（置 1）时，对应的计数器 C2××为减法计数；当 M82××断开（置 0）时为加法计数。

（2）高速计数器

高速计数器采用中断方式对特定的输入进行计数，具有掉电保持功能。其设定值范围：－2147483648～＋2147483647。高速计数器与 PLC 的扫描周期无关，最高计数为 60kHz。

3. 应用举例

（1）延时接通程序

按下起动开关 X000 延时 5s 后输出 Y000 接通；当按下停止按钮 X001 后，输出 Y000 断开，试设计 PLC 程序，见图 4.78。

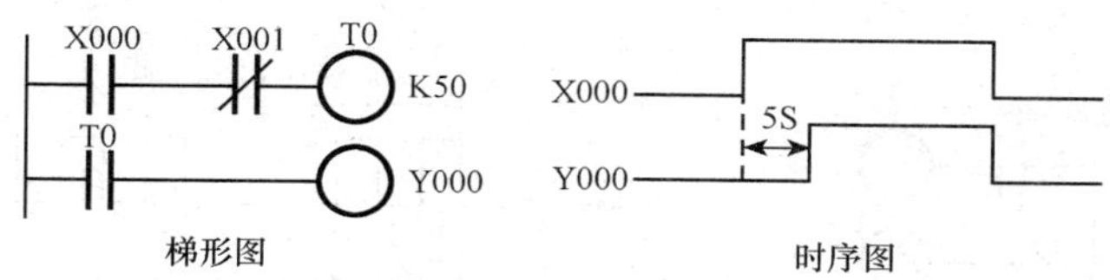

图 4.78　延时接通程序

（2）延时断开程序

按下起动开关 X000，延时 5s 后输出 Y000 接通；当按下停止按钮 X001 后，输出 Y000 断开，试设计 PLC 程序，见图 4.79。

（3）定时器串联定时程序

用定时计数器设计一程序，实现定时 5000s，见图 4.80。

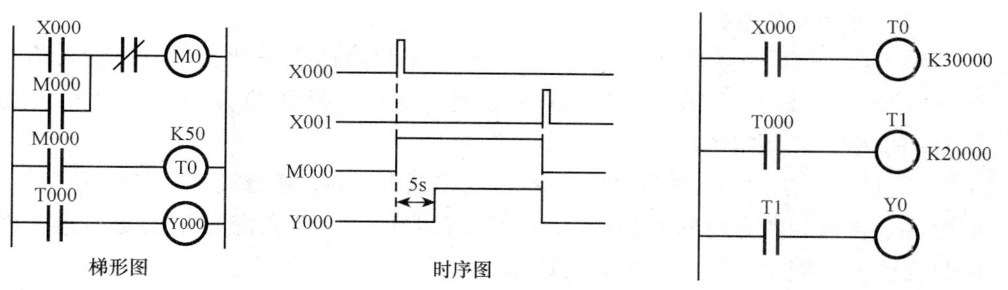

图 4.79　延时断开程序

图 4.80　延时 5000s 程序

（4）定时器与计数器的组合

利用定时器的组合，可以实现大于 3276.7s 的定时，但很长的几万秒甚至更长的定时，需用定时器与计数器的组合来实现，见图 4.81。

为当 X000 接通后，延时 20 000s，输出 Y000 接通；当 X000 断开后，输出 Y000 断开。

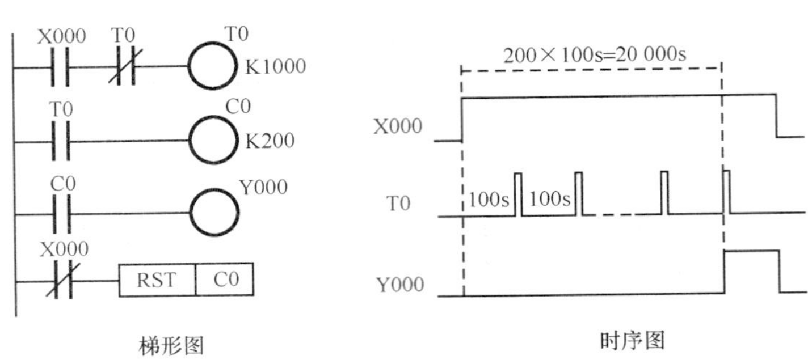

图 4.81　延时 20 000s 程序

(5) 两个计数器组合

用 PLC 内部的特殊辅助继电器提供了三种时钟脉冲计数达到延时作用。控制要求为当 X000 接通后，延时 50 000s，输出 Y000 接通；当 X000 断开后，输出 Y000 断开，见图 4.82。

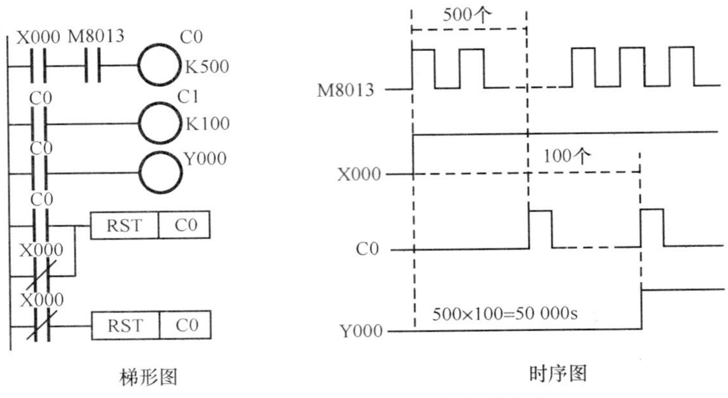

图 4.82　两个计数器组合定时程序

(6) 脉冲发生电路

1) 试设计频率为 10Hz 等脉冲发生器。等脉冲即占空比为 1，即输入信号 X000 接通后，输出 Y000 产生 0.05s 接通、0.05s 断开的方波，选择精度为 0.01s 的定时器，见图 4.83。

2) 设计周期为 50s 的脉冲发生器，其中断开 30s，接通 20s。占空比不为 1 的脉冲，接通和断开时间不相等，由于定时时间较长，可用 0.1s 的定时器，因此只要改变时间常数就可实现，见图 4.84。

4.4.7　顺序控制指令

在工业领域中，许多的控制对象（过程）都属于顺序控制，其特点是整个控制过程可划分为几个工步，每个工步按顺序轮流工作，而且任何时候都只有一个工步在工作。根据这种控制特点，开发了专门供编制顺序控制程序用的功能表图——状态流程图，这种先进的设计方法已成为 PLC 程序设计的最主要方法。

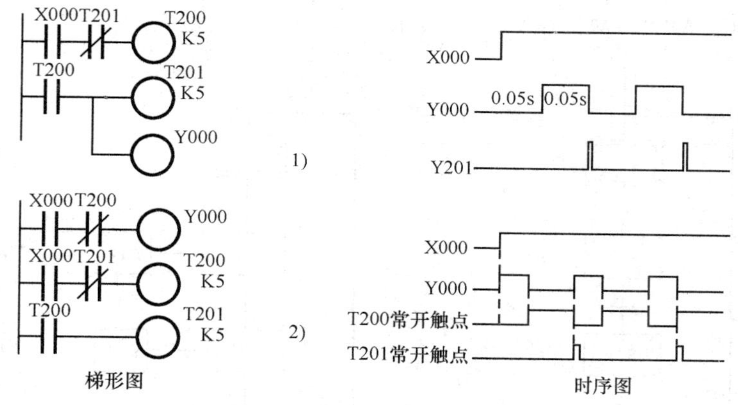

图 4.83　等时通断脉冲发生电路

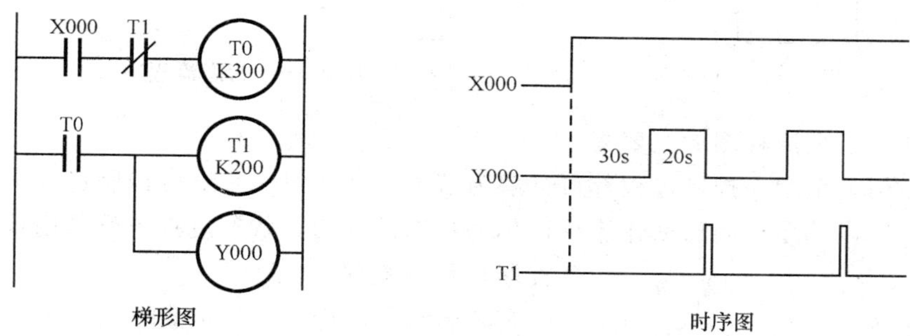

图 4.84　不等时通断脉冲发生电路

1. 状态流程（转移）图

状态流程（转移）图是描述控制系统的控制过程、功能和特性，又称状态图、流程图、功能图。步是构成状态流程图的基本单元，是根据系统输出量的变化，将系统的一个工作循环过程分解成若干个顺序相连的阶段。步在状态流程图中用方框来表示。编程时一般用 PLC 内部的软继电器表示各步，如 M20 或 S20 。

步是根据 PLC 的输出量是否发生变化来划分的，只要系统的输出量状态发生变化，系统就从原来的步进入新的步。

（1）状态流程图的特点：

① 复杂的控制任务或工作过程分解成若干个工序。

② 各工序的任务明确而具体。

③ 各工序间的联系清楚，可读性很强，能清晰地反映整个控制过程，并带给编程人员清晰的编程思路。

图 4.85 为液压工作台的快进、工进、快退的工序图，按工序图就可以画出工作台顺序控制流程图，如图 4.86 所示。图中的 S0、S20、S21、S22 步进号，

也可用M0、M20、M21、M22来表示。

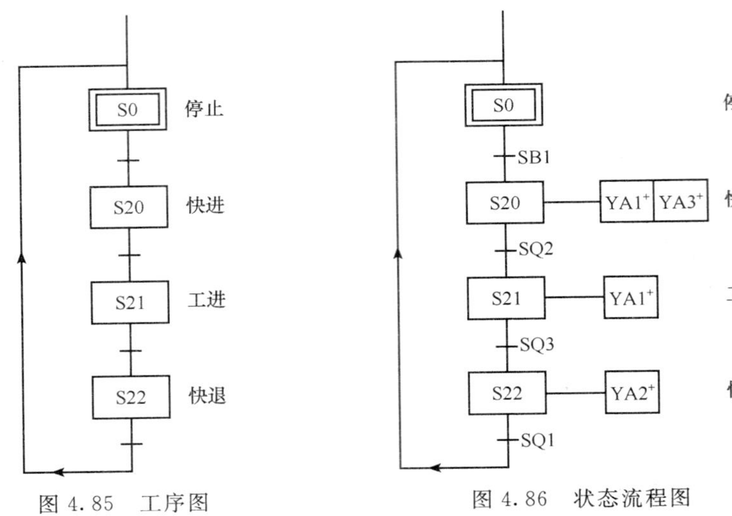

图4.85 工序图　　图4.86 状态流程图

(2) 状态流程图的三要素

任何一个顺序控制过程都可分解为若干步骤，每一步对应控制过程中的一个状态，所以顺序控制的动作流程也称为状态流程图。状态流程图就是用状态来描述控制过程的流程图。

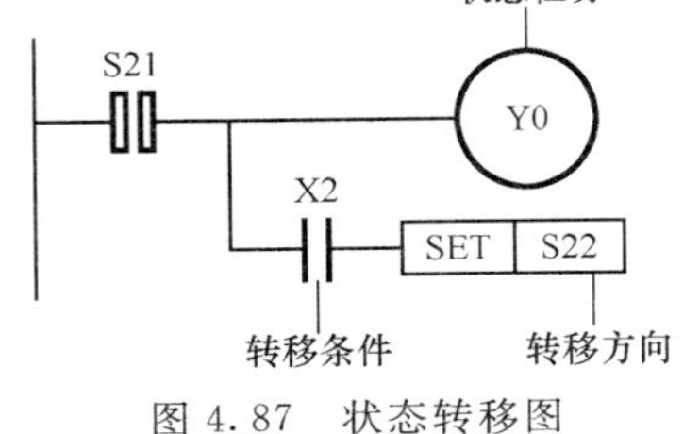

图4.87 状态转移图

在状态流程图中，一个完整的状态包括状态任务、状态转移条件、状态转移方向三个要素如图4.87所示。

① 状态任务，即本状态做什么。

② 状态转移条件，即满足什么条件实现状态转移。

③ 状态转移方向，即转移到什么状态去。

2. 状态元件

状态元件是一种步进梯形图或SFC表达工序号用的继电器。不做工序号使用时，也可作为与辅助继电器相同的一般接点/线圈来编程使用。也可以用作信号器，用做外部故障诊断使用。

FX_{2N}系列PLC中规定状态继电器为控制元件，状态继电器有S0～S999共1000点，其中S0～S9初始用；S10～S19返回原点用；S500～S899掉电保持用；S900～S999报警用。

选用状态继电器需注意以下几点：

1) 状态的编号必须在规定的范围内选用。

2) 各状态元件的触点，在PLC内部可以无数次使用。

3) 不使用步进指令时，状态元件可以作为辅助继电器使用。

4) 通过参数设置，可改变一般状态元件和掉电保持状态元件的地址分配。

3. 状态指令

三菱 FX_{2N}系列 PLC 除了 27 条基本指令外，还有两条功能很强的步时顺序控制指令（表 4.34），简称步进指令。采用步进指令编程，方法简单，规律性强。学者较容易掌握，运用步进指令可以编写出较复杂的控制程序，还可以大大提高工作效率，并给调试、修改程序带来很大的方便。

表 4.34 步进指令

梯形图	指 令	功 能	操作元件	程序步	备 注
S	［STL］ 步进开始	将步进接点接到左母线	无	1	程序应用见图 4.88
SET	［RET］ 步进返回	使副母返回到原来左母线的位置			程序应用见图 4.89

注：1）步进指令只有常开触点，没有常闭触点。

2）步时接点接通，需要用 SET 指令进行置位。如主控触点闭合一样，将左母线移到新的临时位置，相当于副母线，这时步进接点相连的逻辑行开始执行。可以采用基本指令写出指令语句表，与副母线相连的线圈可以直接采用驱动指令；与副母相连的触点可以采用 LD 指令或 LDI 指令，如图 4.89 所示。

3）RET 指令一段步进程序后只需在程序最后加一条 RET 指令，且步进顺序控制程序的结尾必须使用 RET 指令。

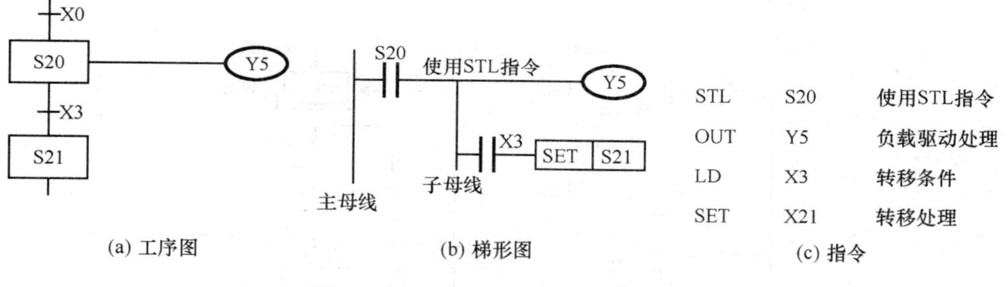

图 4.88 STL 和 SET 步进指令应用

4. 使用状态 STL 指令设计梯形图时的注意事项

1）顺序。在状态三要素中先任务再转移的方式编程，顺序不能颠倒。

2）母线。STL 步进接入指令有建立新母线的功能，其后进行的输出及状态转移操作都在新母线上进行。

3）元器件的使用。允许同一个元件的线圈在不同的 STL 接点后多次使用。但要注意，同一定时器不要在相邻状态中使用，可以隔开 一个状态使用在同一程序段中，同一状态继电器也只能使用一次。

4）程序执行完某一步要进入到下一步时，要用 SET 指令进行状态转移，激活下一步，并把前一步复位，如图 4.89 所示。

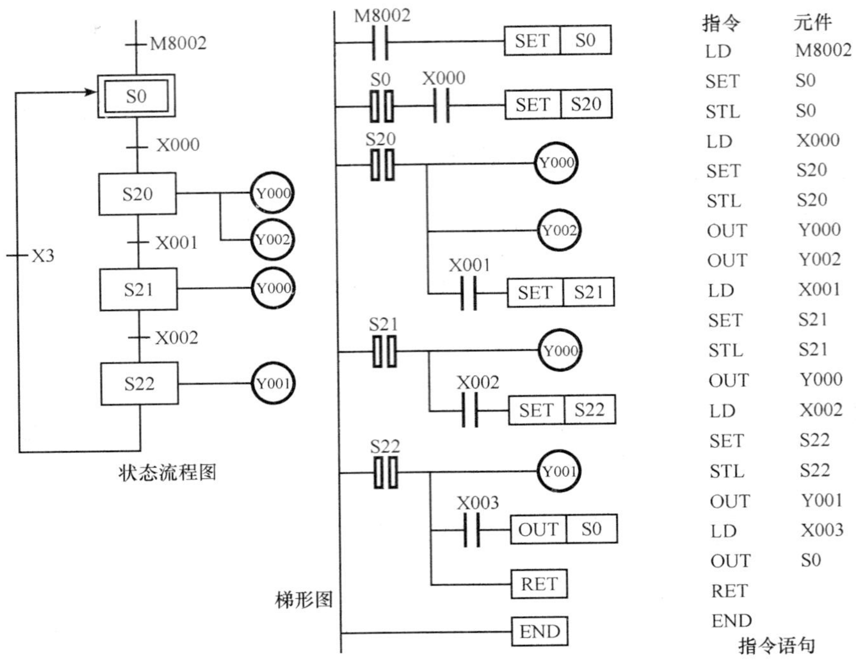

图 4.89　SET 指令在步进程序中的应用

5）状态不连续转移时，用 OUT 指令，如图 4.90 为非连续状态流程图。

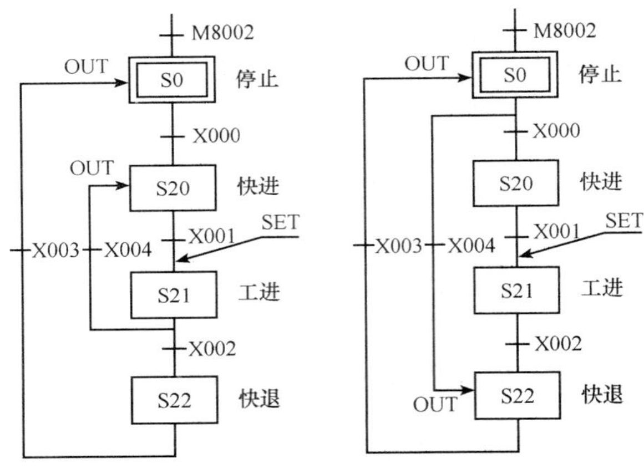

图 4.90　非连续状态流程图

5. 步进指令编程步骤

步进指令是顺序控制的一种编程方法，采用步进指令编程时，一般需要有下面几个步骤：

1）分配 PLC 的输入和输出点，列出输入和输出点分配表。

2）画出 PLC 的接线图。

3）根据控制要求或加工工艺要求，现出顺序控制的状态流程图。

4）根据状态流程图画出相应的梯形图。

5）确定初始条件，最终完成梯形图。

在图 4.89 的状态流程图中，如果没有 M8002，当 PLC 刚进入程序运行状态时，由于 S0 的前步 S22 还未曾得电，虽然 SQ_1 已满足，故 S0 无法得电，其所有的后续步均无法工作。因此刚开始时应该给初始步一个激活信号，且此信号在激活初始步以后就不能再出现，否则会同时出现两活动步。初始激活信号一般用 M8002，也可以用其他满足要求的脉冲信号。

4.4.8 PLC 应用实例

1. 异步电动机直接启停控制线路

无论控制程序多么复杂，总离不开起动和停止，它是最基本的控制程序。图 4.92 是根据异步电动机直接起停控制线路，要求用 PLC 程序设计相应的梯形图程序，实现电动机的起停控制。

在程序编入及调试的实际操作按如下步骤进行：

1）根据控制要求，确定输入/输出点数，列出输入/输出点表如表 4.35 所示。

2）画出 PLC 接线图如图 4.91（b）所示，并按要求将 PLC 与各控制元件间

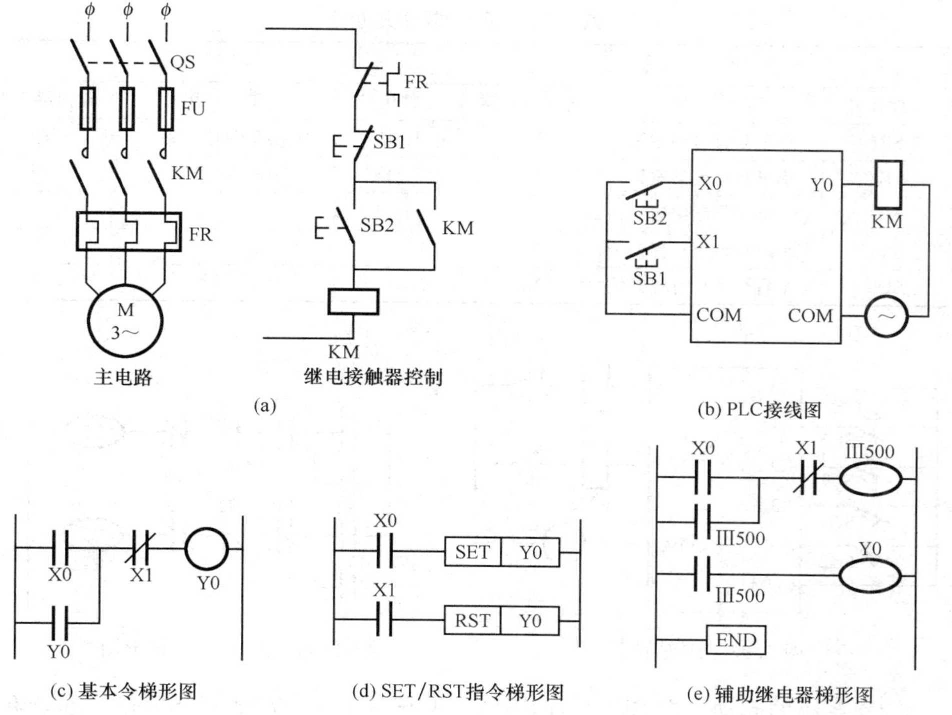

图 4.91　异步电动机直接启停控制

表 4.35　输入/输出地址表

输入			输出		
元件代号	作　　用	输入继电器	元件代号	作　　用	输出继电器
SB1	电动机 M 停止按钮	X0			
SB2	电动机 M 启动按钮	X1	KM_1	控制电动 M	Y0

的连接线接好。

3）根据继电控制线路，用基本 PLC 编程指令画出梯形图多种，如图 4.91（c～e）所示。

4）将梯形图程序输入 PLC 控制软件中。

2. 小车自动往复运动

（1）绘制线路图、梯形图

如图 4.92 所示分析控制要求，确定输入、输出设备（表 4.36），绘制接线图（图 4.93）、梯形图（图 4.94）。

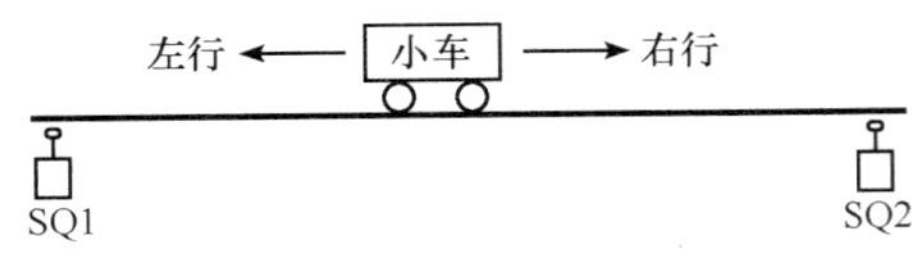

图 4.92　小车运动示意图

1）要实现小车的左右往复运动，只要对小车的拖动电动机实现正反转控制即可。这里用两个接触器分别控制小车左行（KM2）右行（KM1）。

表 4.36　输入/输出地址表

输入			输出		
元件代号	作　　用	输入继电器	元件代号	作　　用	输出继电器
SB1	小车左行启动按钮	X0	KM1	小车左行启动	Y2
SB2	小车右行启动按钮	X1	KM2	小车右行启动	Y3
SB3	小车停车按钮	X2			
SQ1	小车左行结束行程开关	X3			
SQ2	小车右行结束行程开关	X4			

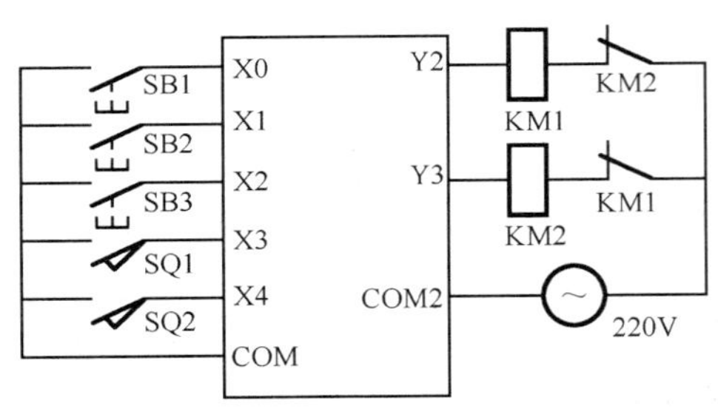

图 4.93　PLC 接线

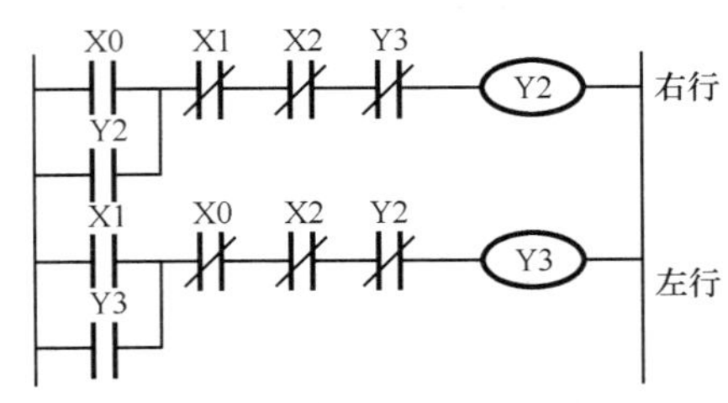

图 4.94　梯形图

2）系统的起动（左 SB2、右 SB1）、停止（SB3）需要三个按钮，起点和终点处的两个行程开关是用来自动控制小车的往复运动的，也应作为输入设备。

（2）修改、完善以满足控制要求

① 小车在两处装料、卸料需要延时，应增加定时器。

② 延时结束，小车要能自动继续左行或右行，应在 Y2 和 Y3 线圈前加入定时器的延时触点。

③ 小车到达 SQ1 或 SQ2 处要能自动停下，应在 Y2 和 Y3 线圈前加入相应行程开关的常闭触点，图 4.95 所示。

④ 若小车停在 SQ1 或 SQ2 处，就算曾经按下停止按钮，小车仍然会自行起动。解决方法：增加辅助继电器记忆起动信号，图 4.96 所示，完成修改。

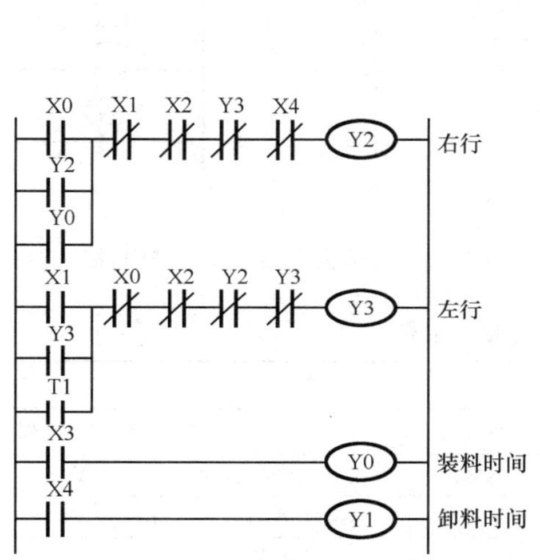

图 4.95　梯形图改善（一）

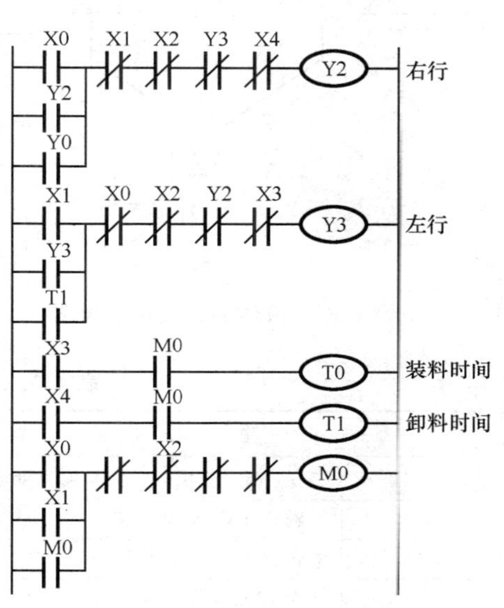

图 4.96　梯形图改善（二）

3. 液体混合装置

“液体混合装置”的装置结构图，如图 4.97 所示，其工艺要求如下：

按下启动按钮 SB1 后，电磁阀 YV1 得电，液体 A 流入；当液位达到传感器 S1 的高度，S1 发出信号，关断 YV1 按通 YV2，液体 B 流入；当液位达到传感器 S2 的高度，关断 YV2，按通搅拌机 M；搅拌 5 分钟后，停止搅拌，同时打开出口电磁阀 YV3，排出液体；液体排完（定时 2 分钟）后，关断 YV3，一个工作循环结束。

1）确定系统的输入输出设备，绘制 I/O 接线图（图 4.98），列出输入/输出点分配表（表 4.37）。

说明：电动机的起停由接触器控制，但接触器一般用交流电源，电磁阀用直流电源，这两种设备应接在 PLC 的不同 COM 端的输出点上。

2）根据要求画出工序图（图 4.99）。

3）根据工序图画出状态流程图（图 4.100）。

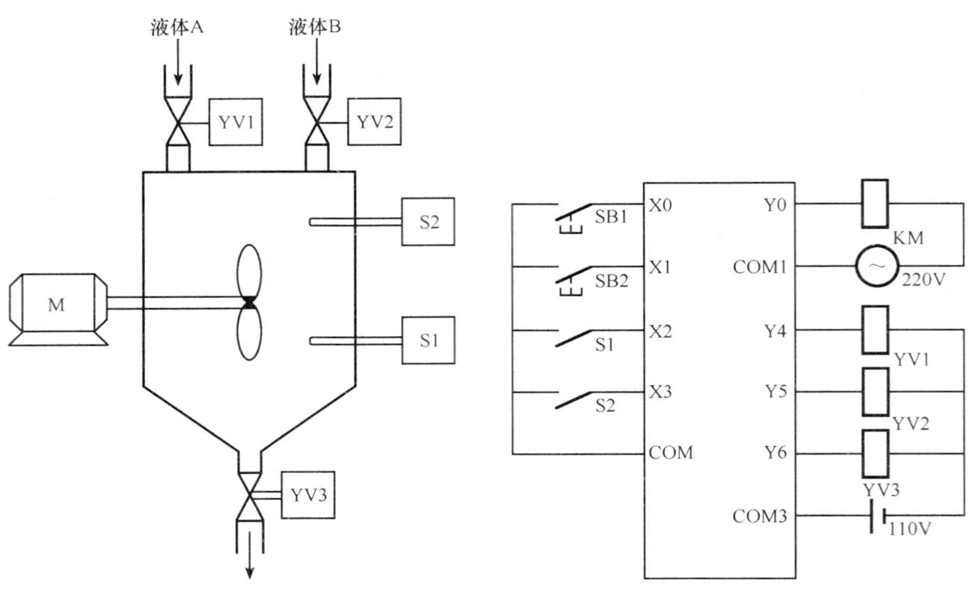

图 4.97　液体混合装置结构图　　　图 4.98　液体混合装置 PLC 控制接线图

表 4.37　输入/输出地址表

输入			输出		
元件代号	作　用	输入继电器	元件代号	作　用	输出继电器
SB1	电磁阀 YV1 启动按钮	X0	KM	搅拌电动机启动	Y0
SB2	电磁阀 YV2 启动按钮	X1	YV1	液体 *A* 流入	Y4
S1	到达低液位信号	X2	YV2	液体 *B* 流入	Y5
S2	到达高液位信号	X3	YV3	混合液体流出	Y6

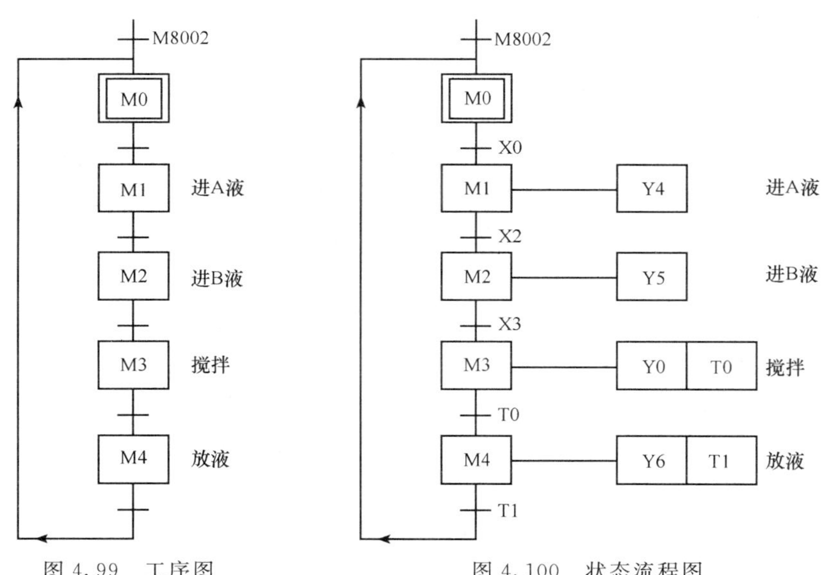

图 4.99　工序图　　　图 4.100　状态流程图

4）根据状态流程图画出梯形图（图 4.101）。

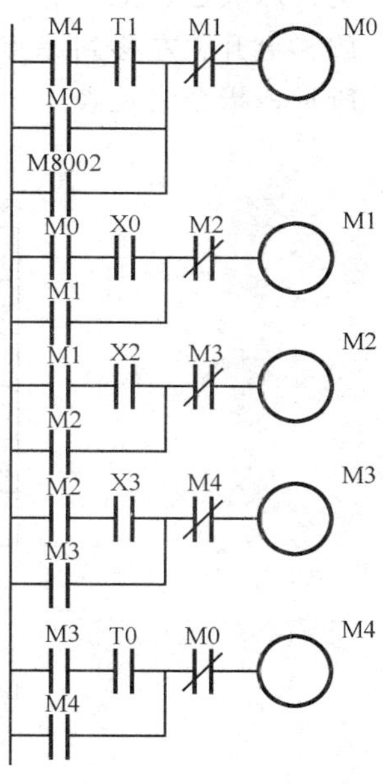

图 4.101　梯形图

4. 分捡小球大球的机械装置的控制

图 4.102 是分捡小球大球的机械装置的控制图：工作顺序是向下，吸抓住球，向上，向右运行，向下，释放，向上和向左运行至左上点（原点），抓球和释放球的时间均为 1s。

（1）动作顺序

1）左上为原点，机械臂下降（当碰铁压着的是大球时，限位开 SQ2 断开，而压着的是小球时 SQ2 接通）。

2）左、右移由 Y4、Y3 控制，上升、下降由 Y2、Y0 控制，将球吸住由 Y1 控制。

输出点：Y0 是机械臂下降 KM0；Y2 是机械臂上升 KM2；Y1 是吸球口 KM1；Y3 是机械臂右移 KM3；Y4 是机械臂左移 KM4；Y5 是机械臂停在原点的指示灯。

（2）状态转移图

根据工艺要求，根据 SQ2 的状态（即对应大、小球）有两个分支，为选择性分支。分支在机械臂下降之后根据 SQ2 的通断，分

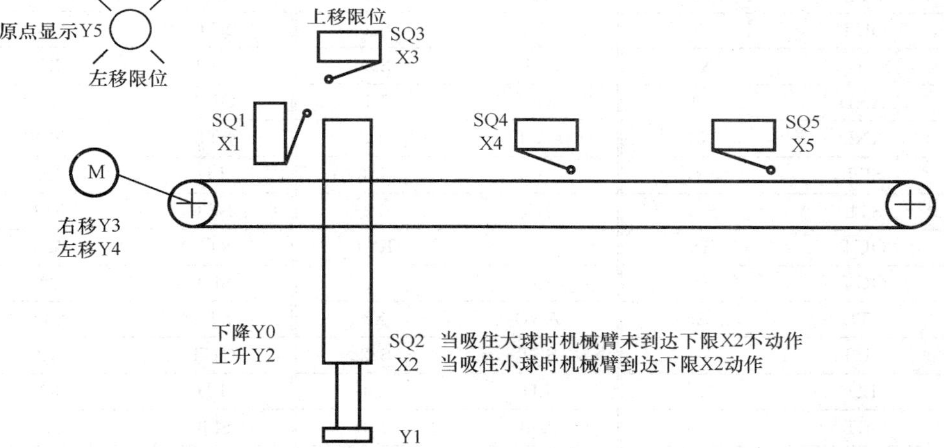

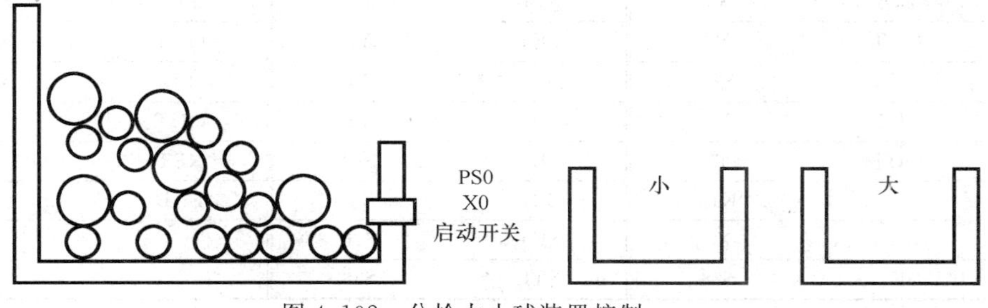

图 4.102　分捡大小球装置控制

别将球吸住、上升、右行到 SQ4 或 SQ5 处下降，此处应为汇合点。然后再释放、上升、左移到原点。PLC 接线图如图 4.103 所示，状态流程图如图 4.104 所示，指令表见表 4.38。

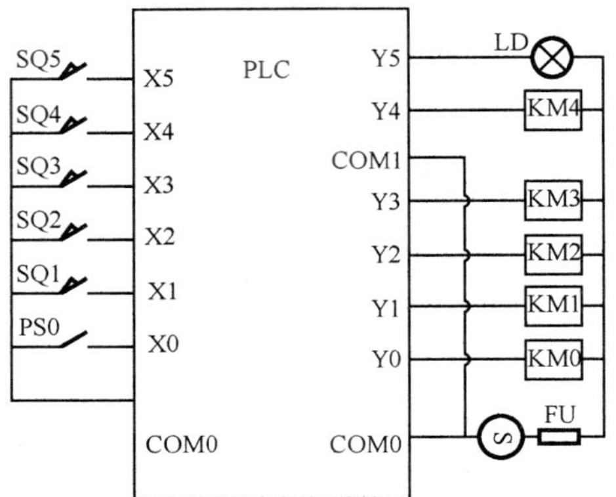

图 4.103　分捡大小球装置控制 PLC 接线图

表 4.38　分捡大小球装置控制指令表

LD	M8002	STL	S28	OUT	Y2
SET	S0	OUT	Y0	LD	X3
STL	S0	LD	X2	SET	S27
OUT	Y5	SET	S29	STL	S27
LD	X0	STL	S29	LDI	X5
AND	X1	RST	Y1	OUT	Y3
AND	X3	OUT	T2	STL	S24
SET	S21		K10	LD	X4
STL	S21	LD	T2	SET	S28
OUT	Y0		K20	STL	S27
OUT	T0	LD	T0	SET	S30
STL	S23	AND	X2	STL	S30
OUT	Y2	SET	S22	OUT	Y2
LD	X3	LD	T0	LD	X3
SET	S24	ANI	X2	SET	S31
STL	S24	SET	S25	STL	S31
LDI	X4	STL	S22	LDI	X1
OUT	Y3	SET	Y1	OUT	X4
STL	S25	OUT	T1	LD	X1
SET	Y1	LD	T1	OUT	S20
OUT	T1	SET	S23	RET	
	K10	LD	T1	END	
LD	X5	SET	S26		
SET	S28	STL	S26		

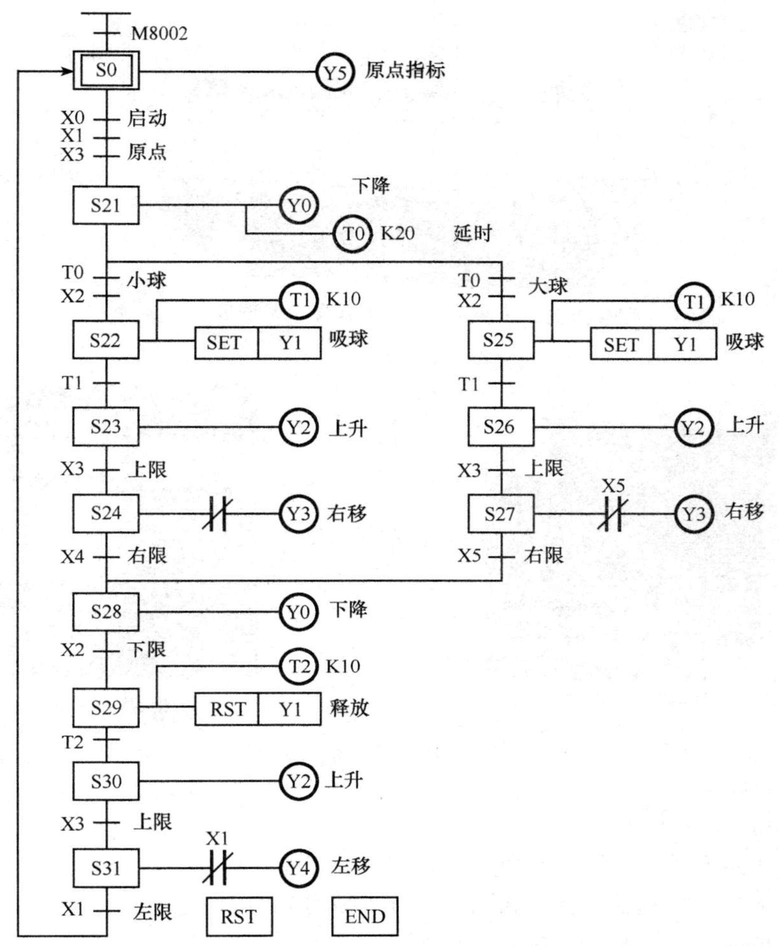

图 4.104　分捡大小球装置控制状态流程图

(3) 其他部分由学生自行完善

4.4.9　三菱 FX 系列 PLC 操作应用

三菱 FX 系列小型可编程控制器是当前国内外最新、最具特色、最具代表的微型 PLC，将 CPU 和输入/输出一体化，使用更为方便。

1. FX 系列 PLC 外型及接线端子

图 4.105（a）所示的是 FX_{2N}-64MR；图 4.105（b）所示是内置 RUN/STOP 局部放大；图 4.105（c）所示是各功能指示灯局部放大。

2. FX 系列 PLC 型号及含义

(1) FX 系列 PLC 型号

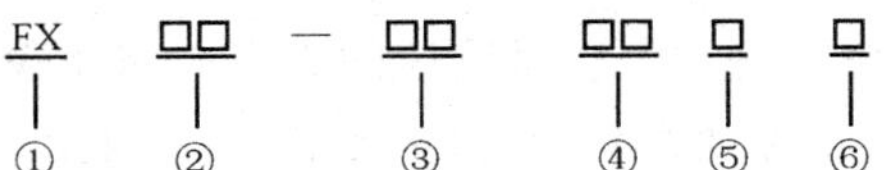

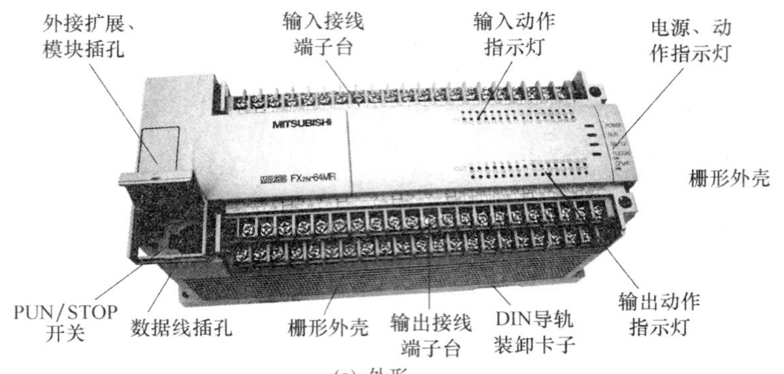

(a) 外形

(b) 内置RUP/STOP局部放大

(c) 指示灯局部放大

图 4.105　FX_{2N} 系列 PLC

① FX 系列 PLC。

② 子系列名称：ON、OS、2C、2NC、1N、1S。

③ 输入输出点数：输入输出的合计点数（4～128 点）。

④ 单元类型：M——基本单元

E——输入输出混合扩展单元及扩展模块

EX——输入专用扩展模块

EY——输出专用扩展模块。

⑤ 输出形式（其中输入专用无记号）：R—继电器输出；T—晶体管输出；S—晶闸管输出。

⑥ 特殊物品的区别（电源和输入、输出类型等特性）：D、A1、H、V、C、F 等。

如：D-DC 电源，DC 输出

如：特殊物品无记号-AC 电源，DC 输入，横式端子排、标准输出（继电器输出为 2A/1 点、晶体管输出 0.5/1 点、晶闸管输出 0.3A/1 点的标准输出）。

3. FX_{2N} 系列 PLC 编程软件的使用

FX_{2N} 系列 PLC 使用三菱公司专门为三菱 FX 系列设计的编程软件 SWOPC-FXGP/WIN-C 进行编程。该项编程软件的基本功能 是协助用户完成创建用户程序、修改和编辑已有的用户程序。

(1) 运行软件

单击桌面上如图 三菱编程软件 所示的PLC编程快捷方式图标，出现如图4.106所示的初始界面，新建程序文件。

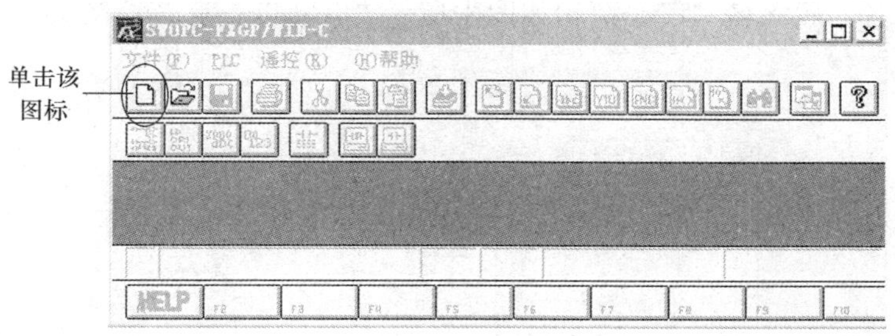

图4.106 PLC初始界面

(2) 新建一个程序文件

单击图4.106所示界面中新建文件 的图标，出现如图4.107所示的PLC类型设置界面。

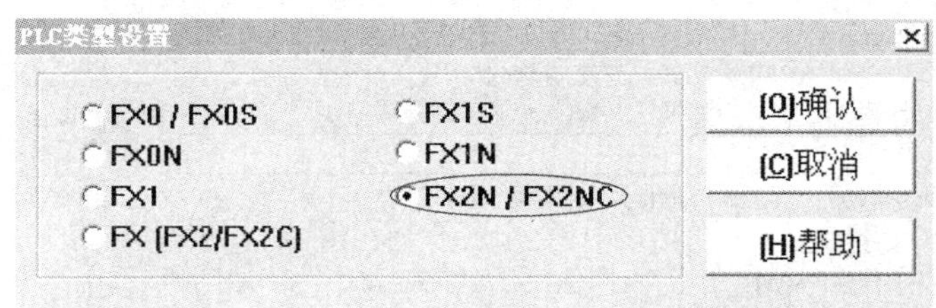

图4.107 PLC类型设置界面

(3) 机型选择

在图4.107所示界面中，选择FX2N/FX2NC栏，如图示。单击确认后，出现如图4.108所示的编程界面。

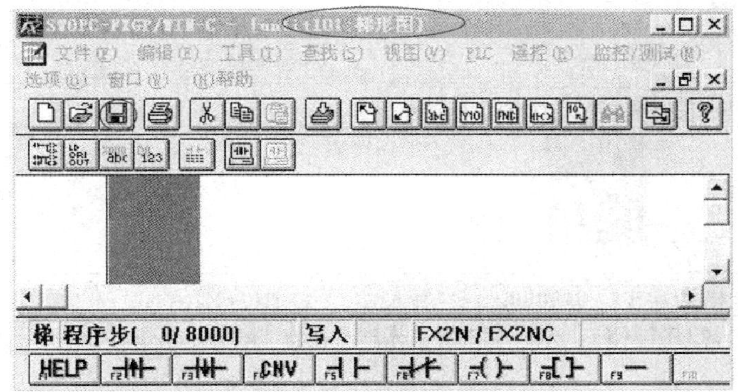

图4.108 PLC编程界面

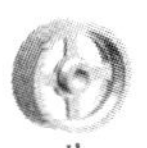

(4) 基本界面介绍

1) 文件名。在图 4.108 的界面上按下保存 后，跳出图 4.109 所示，在该界面的左上角“文件名”处写下所需要的文件名，在右下角“驱动器”处选择文件保存的位置，选择好后按下确定 确定 后，出现图 4.110，在此界面中再按图输入文件题头名后按确认键后即完成文件名并保存，图 4.111 中已显示该文件的文件名，后缀名“PMW”，如图中所示“电动机正反转控制.PMW”。

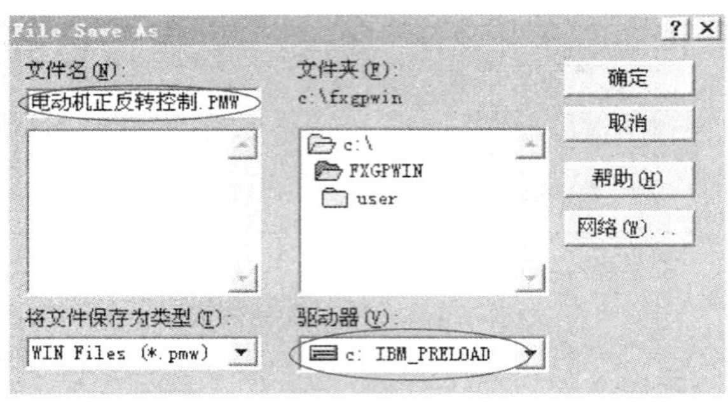

图 4.109 文件保存（一）

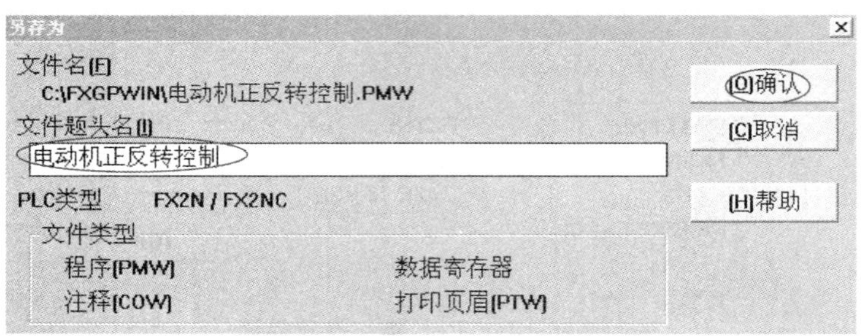

图 4.110 文件保存（二）

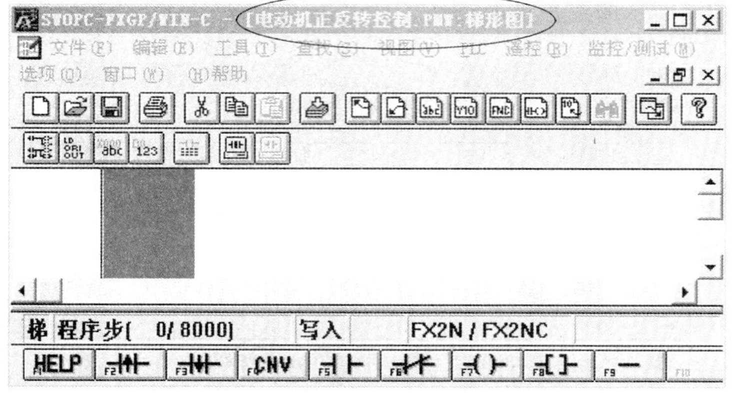

图 4.111 文件保存成功

2）下拉式菜单栏。下拉式菜单栏中有“文件”“编辑”“工具”“查找”“视图”“PLC”“遥控”“监控/测试”“选项”“帮助”等菜单项。用鼠标单击菜单项，弹出该菜单项的菜单条如按下“文件”钮后会出现下拉菜单，下拉菜单中包含新建、打开、保存、另存为、打印、页面设置等项目；编辑菜单中包含剪切、复制、粘贴、删除等项目，这两个菜单项的主要功能是管理、编辑文件。菜单栏中的其他项目，如“视图”栏单项功能涉及编程方式的变换；“PLC”菜单项主要进行程序的下载、上传；“监控及调试”菜单项功能是调试和监控程序。

3）工具栏。工具栏提供简便的鼠标操作，将最常用的编程操作以按钮形式设定到工具栏上。可以利用菜单栏中的“视图”菜单选项来显示或隐藏工具栏。工具栏中涉及的各种功能在菜单栏中都能找到。

4）编辑区。编辑区用来显示编程操作的工作对象。可以使用梯形图和指令语句表的方式进行程序的编辑工作。使用菜单栏中“视图”菜单项的梯形图及指令表菜单条，可以实现梯形图程序与指令语句表程序的转换。也可利用工具栏中的梯形图及指令表按钮实现梯形图程序与指令表程序的转换。

5）状态栏。编辑区下部是状态栏，用于表示编程 PLV 类型、软件的应用状态（如写入状态）和所处的程序步数（如 10/2000 表示现在程序是 10 步，程序总长可达 2000 步）等。

6）功能键栏与功能图栏。功能键栏与功能图栏是绘制梯形图的图形符号库，含有各种梯形的图形符号。

7）光标。蓝色的方框为光标。

（5）编写控制程序

在出现图 4.111 的编程界面后，单击功能图栏中的图标，就可以进行编程。如要输入一个常开触点，可单击功能图栏中的常开触点（图 4.112），也可以在“工具”菜单中选中“触点”，并在下拉式菜单中单击“常开触点”的符号，这时出现图 4.113 所示的输入元件对话框，在对话框中输入常开触点的文字符号和编号，单击“确认”按钮，要输入的常开触点就出现在蓝色光标所在位置如图 4.114 所示。

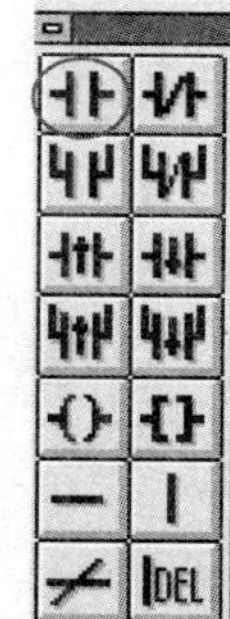

图 4.112

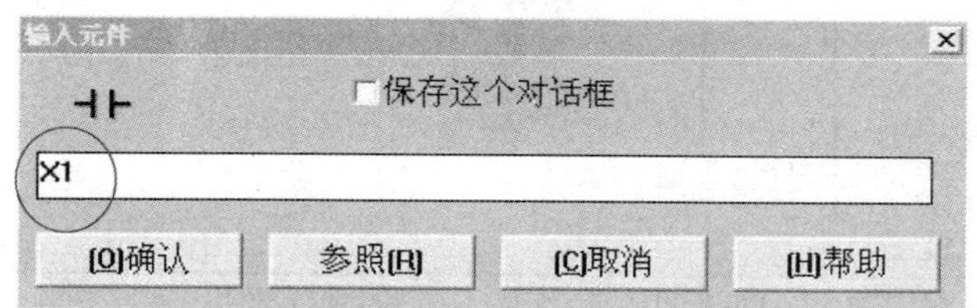

图 4.113　输入元件对话中输入 X1

（6）转换

一段程序输入后，有程序的部分将变成灰底，如图 4.115 所示。单击工具条上的转换图标进行转换后，如图 4.116 所示灰底变成了白底，此时才能将程序传送到 PLC。

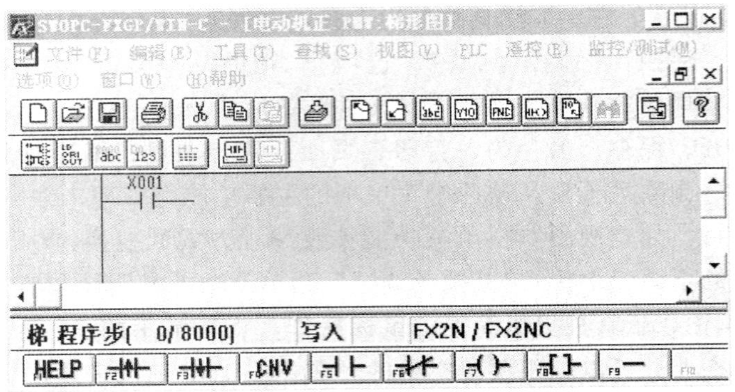

图 4.114　输入元件 X1 后的界面

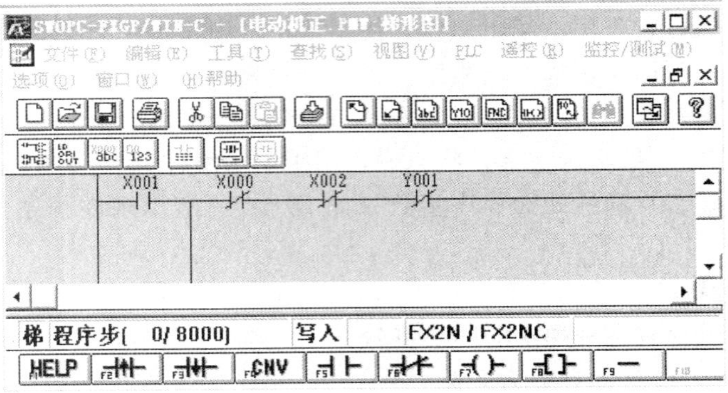

图 4.115　输入一段程序后的界面

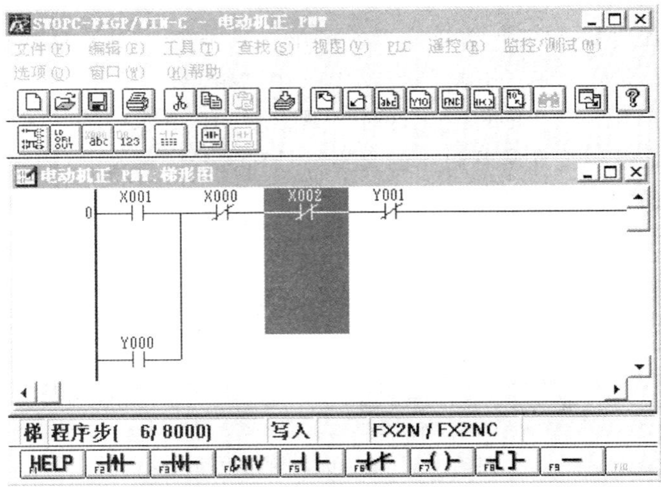

图 4.116　程序转换后的界面

(7) 程序下载

程序编辑完成后需下载到 PLC 中运行，这时需单击菜单栏中“PLC”菜单，在下拉式菜单中再选“传送”及“写出”即可编辑完成的程序下载到 PLC 中，

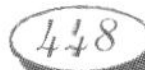

如图 4.117 所示。等程序下载完成后，操作界面回到转换后的界面。

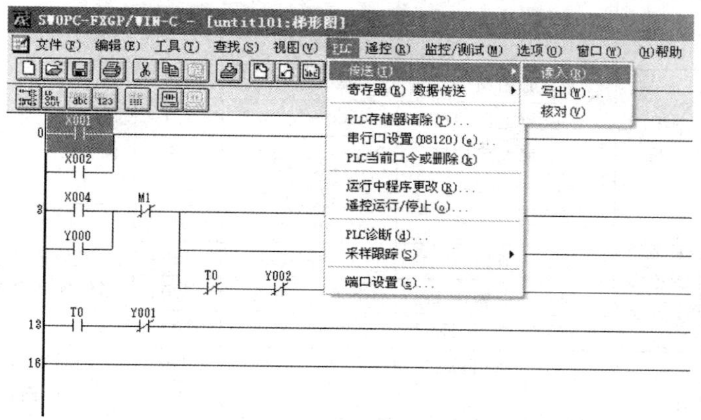

图 4.117　将程序传送至 PLC 的操作界面

（8）程序调试

程序下载完毕后，先将 PLC 内置开关拨到“RUN”位置，此时电源指示灯亮，再按下启动按钮进行程序调试。在程序运行过程中，如有程序错误，系统会发出警告，这时，应先停止运行，将 PLC 的内置开关拨到“STOP”位置后，打开传送菜单中的“读入”命令，将 PLC 中的程序计入编程计算机中修改。程序修改正确后，从步骤 7 开始下载和调试程序，直到程序全部正常运行。

PLC 中一次中能存入一个程序，下载新程序后，旧的程序即可删除。

4. FX_{2N} 系列常用的软继电器

不同厂家、不同系列的 PLC，其内部软继电器的功能和编号都不相同，因此在编制程序时，必须熟悉所选用 PLC 的软继电器的功能和编号。

FX_{2N} 系列 PLC 软继电器编号由字母和数字组成，其中输入继电器和输出继电器用八进制数字编号，其他软继电器均采用十进制数字编号。

FX_{2N} 系列 PLC 的软继电器见表 4.39。

表 4.39　FX_{2N} 系列常用软继电器

名称	代号	功　能	类　别	编　号	点　数	说　明
输入继电器	X	接受外部输入的开关量信号	外接常开触点或常闭触点	X000～X267	带扩展时最多 184 点	1（只能输入驱动，不能程序驱动 2）输入信号（ON、OFF）至少要维持维持一个扫描周期
输出继电器	Y	输出程序运行的结果	驱动执行机构控制外部负载	Y000～Y267		1）只能程序驱动，不能外部驱动 2）梯形图中，常开/常闭触点可以多次使用

续表

名称	代号	功能	类别	编号	点数	说明
辅助继电器	M	相当于中间继电器	※1 通用型	M0～M499	500	
			※2 掉电保持型	M500～M1023	534	保存用
			※3 掉电保持型	M1024～M3071	2048	保存用
			特殊型	M8000～M8255	156	
状态寄存器	S	用于编制顺序控制程序的状态标志	初始化用	S0～S9	10	不使用步进指令时，也可当作辅助继电器使用
			※1 一般用	S10～S499	490	
			※2 掉电保持用	S500～S899	400	
			※3 信号（报警）用	S900～S999	100	
定时器	T	相当于时间继电器	普通型 100ms	T0～T199	200	延时时间 0.1～3276.7s
			普通型 10ms	T200～T245	46	延时时间 0.01～327.67s
			积算型 ※3 1ms	T246～T249	4	延时时间 0.001～32.767s
			积算型 ※3 100ms	T250～T255	6	延时时间 0.1～3276.7s
计数器	C	对内部元件X、Y、M、T、C的信号进行记数	※1 16位向上	C0～C99	100	通用加法计数器
			※2 16位向上	C100～C199	100	掉电保持
			※1 32位双向	C200～C219	20	通用
			※2 32位双向	C220～C234	15	掉电保持
			※2 32位双向高速	C235～C245	≤6	1相单相计数输入
				C246～C250		1相双向计数输入
				C251～C255		2相计数输入
数据寄存器	D	存储PLC进行输入输出处理、模拟量控制、位置量控制时的数据和参数（使用一对时32位）	※1 16位通用	D0～D199	200	PLC由RUN→STOP时，其数据全部清零。如果将M8033置1，则PLC由RUN→STOP时，数据可以保持
			※2 16位保持用	D200～D511	312	只要不被改写，原有数据就不会丢失
			※3 16位保持用	D512～D8195	7488	D1000以后可以500点为单位设置文件寄存器
			16位特殊用	D8000 ～ D8195	106	
			16变址用	V0～V7，Z0～Z7	16	
指针	P	跳转	JAMP、CALL分支用	P0～P127	128	
	I	中断	输入中断、计时中断	I0□□～I8□□	9	
			计数中断	I010～I060	6	
嵌套	N		主控	N0～N7	8	
常数	K		十进制	16位：－32768～＋32767，32位：－2147483618～＋2147483617		
	H		十六进制	16位：0～FFFFH，32位；0～FFFFFFFFH		

※1：非备用区。根据参数设定，可以变更备用区。

※2：电池备用区。根据参数设定可以变更非电池备用区。

※3：电池备用区。区域特性不能变更。

4.4.10 PLC的安装和维护

PLC是一种新型的通用自动化控制装置，它有着一系列继电控制电路无取比拟的优点，技术越趋成熟，应用十分广泛。但在使用时由于工业生产现场的工作环境恶劣，干扰源众多，如大功率用电设备的起动或停止引起电网电压的波动形成低频干扰，电焊机、电火花加工机床、电机的电刷等通过电磁耦合产生的工频干扰等，都会影响PLC的正常工作。尽管在设计制造时已采取了很多措施，使它对工业环境比较适应，但是为了确保整个系统稳定可靠，还是应当尽量使PLC有良好的工作环境条件，并采取必要的抗干扰措施。

1. PLC的安装环境

PLC适用于大多数工业现场，但它对使用场合、环境温度等还是有一定要求。控制PLC的工作环境，可以有效地提高它的工作效率和寿命。在安装PLC时，要避开下列场所：

1）环境温度超过0～50℃的范围。

2）相对湿度超过85%或者存在露水凝聚（由温度突变或其他因素所引起的）。

3）太阳光直接照射。

4）有腐蚀和易燃的气体，例如氯化氢、硫化氢等。

5）有打量铁屑及灰尘。

6）频繁或连续的振动，振动频率为10～55Hz、幅度为0.5mm（峰-峰）。

7）超过10g（重力加速度）的冲击。

小型可编程控制器外壳的4个角上，均有安装孔。有两种安装方法，一是用螺钉固定，不同的单元有不同的安装尺寸；另一种是DIN（德国共和标准）轨道固定。DIN轨道配套使用的安装夹板，左右各一对。在轨道上，先装好左右夹板，装上PLC，然后拧紧螺钉。为了使控制系统工作可靠，通常把可编程控制器安装在有保护外壳的控制柜中，以防止灰尘、油污、水溅。为了保证可编程控制器在工作状态下其温度保持在规定环境温度范围内，安装机器应有足够的通风空间，基本单元和扩展单元之间要有30mm以上间隔。如果周围环境超过55℃，要安装电风扇，强迫通风。

为了避免其他外围设备的电干扰，可编程控制器应尽可能远离高压电源线和高压设备，可编程控制器与高压设备和电源线之间应留出至少200mm的距离。

当可编程控制器垂直安装时，要严防导线头、铁屑等从通风窗掉入可编程控制器内部，造成印刷电路板短路，使其不能正常工作甚至永久损坏。

2. PLC的接线

（1）电源接线

PLC通常采用供电电源为50Hz、（220±10%）V的交流电。接线时要分清

"N"端（零线）和"接地"端。

FX系列可编程控制器有直流24V输出接线端。该接线端可为输入传感（如光电开关或接近开关）提供直流24V电源。

如果电源发生故障，中断时间少于10ms，PLC工作不受影响。若电源中断超过10ms或电源下降超过允许值，则PLC停止工作，所有的输出点均同时断开。当电源恢复时，若RUN输入接通，则操作自动进行。

对于电源线来的干扰，PLC本身具有足够的抵制能力。如果电源干扰特别严重，可以安装一个变比为1∶1的隔离变压器，以减少设备与地之间的干扰。

(2) 接地

良好的接地是保证PLC可靠工作的重要条件，可以避免偶然发生的电压冲击危害。为了有效地减少干扰，应给PLC接专用的接地线，接地点应与其他动力设备的接地点分开。若达不到这种要求，也必须做到与其他设备公共接地，禁止与其他设备串联接地，更不能通过水管、避雷线接地。

PLC的基本单元必须接地。如果要用扩展单元，其接地点应与基本单元的接地点接在一起。

(3) 直流24V接线端

使用无源触点的输入器件时，PLC内部24V电源通过输入器件向输入端提供每点7mA的电流。

PLC上的24V接线端子，还可以向外部传感器（如接近开关或光电开关）提供电流。24V端子作传感器电源时，COM端子是直流24V地端。如果采用扩展单元，则应将基本单元和扩展单元的24V端连接起来。另外，任何外部电源不能接到这个端子。

如果发生过载现象，电压将自动跌落，该点输入对可编程控制器不起作用。

每种型号的PLC的输入点数量是有规定的。对每一个尚未使用的输入点，它不耗电，因此在这种情况下，24V电源端子向外供电流的能力可以增加。

FX系列PLC的空位端子，在任何情况下都不能使用。

(4) 输入接线

PLC一般接受行程开关、限位开关等输入的开关量信号。输入接线端子是PLC与外部传感器负载转换信号的端口。输入接线，一般指外部传感器与输入端口的接线。

输入器件可以是任何无源的触点或集电极开路的NPN管。输入器件接通时，输入端接通，输入线路闭合，同时输入指示的发光二极管亮。

输入端的一次电路与二次电路之间，采用光电耦合隔离。二次电路带RC滤波器，以防止由于输入触点抖动或从输入线路串入的电噪声引起PLC误动作。

若在输入触点电路串联二极管，在串联二极管上的电压应小于4V。若使用带发光二极管的舌簧开关，串联二极管的数目不能超过两只。

另外，输入接线还应特别注意以下几点，以提高 PLC 的抗干扰能力。

1）输入接线一般不要超过 30m。但如果环境干扰较小，电压降不大时，输入接线可适当长些。

2）输入、输出线不能用同一根电缆，输入、输出线要分开。

3）可编程控制器所能接受的脉冲信号的宽度，应大于扫描周期的时间。

（5）输出接线

1）可编程控制器有继电器输出、晶闸管输出、晶体管输出 3 种形式。

2）输出端接线分为独立输出和公共输出。当 PLC 的输出继电器或晶闸管动作时，同一号码的两个输出端接通。在不同组中，可采用不同类型和电压等级的输出电压。但在同一组中的输出只能用同一类型、同一电压等级的电源。

3）由于 PLC 的输出元件被封装在印制电路板上，并且连接至端子板，若将连接输出元件的负载短路，将烧毁印制电路板，因此，应用熔丝保护输出元件。

4）采用继电器输出时，承受的电感性负载大小影响到继电器的工作寿命，因此继电器工作寿命要求长。

3. 提高 PLC 控制系统的抗干扰能力

PLC 的干扰有：电弧干扰、反电势干扰、电子干扰、电源干扰，以及线路之间产生的干扰等。表 4.40 列举了 PLC 的抗干扰措施，保证了 PLC 的正常运行，除此之外，PLC 正确的接地和正确接线也是一项有效抗干扰措施。

表 4.40　PLC 的抗干扰措施

项　　目	名　　称	作　　用	备　　注
硬件措施	屏蔽	对 PLC 的电源变压器、内部 CPU 的主要的部件采用导电、导磁良好的材料进行屏蔽，防止外界的电磁干扰	采取这些抗干扰措施，一般 PLC 的平均无故障时间可达几十万小时以上
	滤波	对供电电源及 I/O 线路采用多中形式的滤波，以消除、抑制高频干扰	
	隔离	I/O 线路采用光电隔离，有效地抑制了外部干扰源的影响	
	模块化结构	便于系统修复，减少停机时间	
软件措施	采用扫描工作方式	减少了外界的干扰	
	设有故障检测和自诊断程序	能对系统硬件电路等故障实现检测和判断；当由干扰引起故障时，能立即将当前重要信息加以封存，禁止任何不稳定的读写操作，一旦正常后，便可恢复到故障发生前的状态，继续原来的工作	
	设置警戒时钟 WDT	PLC 程序循环执行时间超过 WDT 规定的时间，预示程序出错，立即进行报警	
	对程序进行检查和检验		

4. PLC的故障诊断

PLC本身具有一定的自诊断功能，从PLC面板指示灯的状态可以大体判断PLC系统的运行情况。

1）POWER：电源指示。当PLC的电源接通，该指令灯亮。

2）RUN：运行指示。当PLC基本单元的RUN端与COM之间开关闭（或面板上RUN开关合上）时，PLC即处于运行状态，RUN指示灯亮。

3）BET. V.：机内锂电池电压指示。如果该指示灯亮说明锂电池电压不足，应该更换。

4）PROG. E（CPU. E）：程序出错指示。该指示灯闪烁，说明出现以下类型的错误：

① 程序语法有错。

② 锂电池电压不足。

③ 定时器或计数器未设置常数。

④ 干扰信号使程序出错。

⑤ 程序执行时间超出允许时间，这时该指示灯连续亮。

5）输入或输出指示：PLC有正常输入时，对应输入点的指示灯亮；若PLC有输出且输出继电器动作，则对应输出点的指示灯亮。

此外，对于能使用户造成伤害的危险负载，除了在控制程序中加以考虑之外，还应设计外部紧急停车电路，使得可编程控制器发生故障时，能将引起伤害的负载电源切断。

交流输出线和直流输出线不要用同一本电缆，输出线应尽量远离高压线和动力线，避免并行。

以上是PLC现场安装和维护问题提出的一些注意事项，不尽全面，仅供参考。

技能训练4.3　可编程控制器应用

一、目的要求

熟练掌握PLC基本指令和步进指令，会用梯形图编程以实现相关控制要求。

二、工量具及器材清单

工量具及器材清单见表4.41。

表4.41　常用工量具及仪表清单

序　号	类　别	名　称	型号规格	单　位	数　量	备　注
1	工具	电工通用工具、螺钉旋具（一字和十字）、尖嘴钳、验电器、剥线钳等		套	1	
2	仪表	万用表	MF30或自定	只	1	

续表

序号	类别	名称	型号规格	单位	数量	备注
3	器材	计算机		台	1	
4		可编程控制器	FX2N-64MR	台	1	
5		低压熔断器	FS-10	只	3	
6		低压熔断器	FS-10	只	2	或换成低压断路器
7		交流接触器	JZC1-44	只	3	
8		热继电器	JR36-20	只	2	
9		导线	BV1.5mm^2	米	若干	
10		冷压接线鼻子	U 型	个	若干	
11		接线端子		节	20	
12		模拟控制板	500mm×450mm	个	1	

三、技能训练

1. 异步电动机直接启停 PLC 控制

1）选按应用“应用举例 1”的要求将程序编好。

2）PLC 控制线路的接线按图 4.91（b）进行，并检查接线的正确性；PLC 控制线路（实物图）如图 4.118 所示。

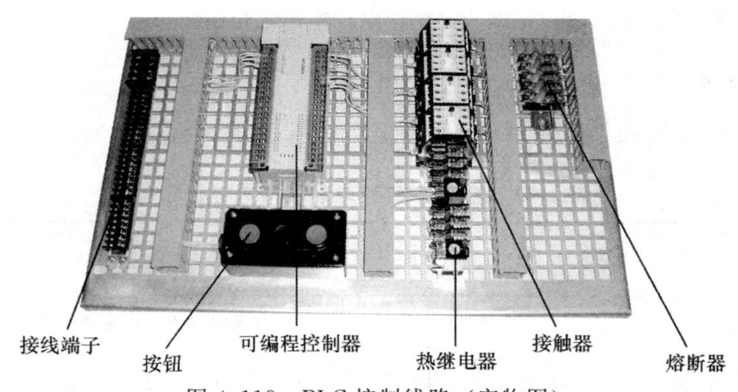

图 4.118　PLC 控制线路（实物图）

3）将程序输入编程器（本训练是与计算机相联，在计算机中安装专用三菱 PLC 编程软件后，可进行编程操作）

4）程序下载及调试。按表 4.42 的步骤调试程序。

5）系统调试时需注意的问题。①在指导老师或专职人员的监护下进行通电调试，将程序写入 PLC，验证系统功能是否符合控制要求。②如果出现故障，独立检修。线路检修完毕和梯形图修改完毕后应重新调试，直到系统正常工作。

2. 电动机制星-三角减压起动 PLC 控制

1）控制要求：电动机星形连接减压启动后，5s 转入三角形接法电动机进入正常运行。

表 4.42　程序调试步骤

序　号	操作步骤	操作内容	观察内容	观察与思考
1	下载程序	将图 4.91（c）的程序下载到 PLC	软件下载的步骤	1）理解 PLC 的工作过程 2）硬件不变，不同的指令，能实现相同的控制功能 3）比较三种控制方法的优缺点
2	开 PLC 在 RUN 位置	将 PLC RUN/STOP 开关拨到 RUN 位置	RUN 指示灯是否亮	
3	开始调试	按下并松开 SB1	Y0 指示灯的状态	
4	调试过程中，如有程序出错现象，要及时修改程序，保证程序执行完全符合控制要求		在软件中监控	
5	另一新程序调试	分别将图 4.91（d、e）的程序下载到 PLC		
6		重复第三步		
7	安全教育			

2）编程及调试步骤参见“训练例 1”。

3. 按三级传送机的传送要求，用 PLC 实现控制

4. 交通信号灯 PLC 控制

1）控制要求：开关合上后，东西绿灯亮 8s 后，闪 4s，灭；黄灯亮 4s 后，灭；红灯亮 16s；绿灯亮循环，对应东西绿黄灯亮时南北红灯亮 16s，接着绿灯亮 8s 后，闪 4s，灭；黄灯亮 4s 后，红灯又亮……如此循环。

2）编程及调试步骤参见“异步电动机直接启停 PLC 控制”。

四、评分标准

评分标准如表 4.43 所示。

表 4.43　晶闸管-直流电动机调速考核标准

项目内容	考核要求	配　分	评分标准	扣　分
设计程序	根据任务，设计梯形图及 PLC 控制 I/O 口输入/输出接点线图并列出输入/输出地址表，根据梯形图，列出指令表	50	1）梯形图表达不正确或画法不规范　每处扣 5 分 2）PLC I/O（输入/输出）接线图表达不规范　每处扣 5 分 3）不会列输入/输出地址表　每处扣 5 分 4）指令表达不规范　每处扣 5 分 5）指令有错　每条扣 2 分	
程序输入	熟练操作 PLC 编程器，能正确地将所编程序输入 PLC；按照被控设备的动作要求进行模拟调试，达到设计要求	40	1）不会熟练操作 PLC 编程器输入指令　扣 5 分 2）不会调试程序　扣 10 分 3）一次调试不成功　扣 10 分 二次调试不成功　扣 20 分 三次调试不成功　扣 40 分	

续表

项目内容	考核要求	配　分	评分标准	扣　分
安全文明生产	1）劳动保护用品穿戴整齐 2）电工工具佩带齐全 3）遵守操作规程 3）尊重教师，讲文明礼貌 4）考试结束要清理现场	10	1）各项考试中，违反安全文明生产考核要求的任何一项扣2分，扣完为止 2）学生在不同的技能试题中，违犯安全文明生产考核要求同一项内容的，要累计扣分 3）当老师发现学生有重大事故隐患时，要立即予以制止，并每次扣学生安全文明生产总5分	
定额时间	3h		每超时5min以内以扣5分计算	
备注			教师签字： 年　月　日	成绩
开始时间			结束时间	实际时间

小　结

本节的重点是PLC的梯形图、基本指令和顺序控制，难点是梯形图、顺序控制中状态流程图和步进指令的应用。

梯形图采用因果关系来描述事件发生的条件和结果，每个梯级是一个因果关系。在梯极中，描述事件发生的条件表示在左面事件发生的结果表示在后面，是最常用的一种程序设计语言，它源于继电器逻辑控制系统的描述。

基本指令一般由助记符和操作元件组成。PLC指令与PLC梯形图有着唯一的对应关系，且两者要能非常熟练地进行相互转化。三菱FX系列的PLC能用软件的方式，非常快捷地进行梯形图和指令表的转化，也就是说只要在软件中输入梯形图，就能一键转化成指令表，反之同样。

状态流程图的特点是一定要按“步”就班，每一个动作就是一步，只要动作稍有改变，就会产生新的一步。因此步的分解是关键，不能多步，更不能少步。另外，在使用步进指令时，一定要用“STL”指令“接入”左母线，这一指令可以使用很多次，且指令后面用的是“置位”和“复位”指令。当然也一定要有“RET”指令，“撤出”左母线，这条指令只要在整个程序后用一次就能完全满足要求。

我们在学习了继电器逻辑控制线路的基础上来学PLC，相对来说要容易很多，学习的时候做到：程序在调试中不断提高和完善。

在PLC推动工业发展自动化的强劲形势下掌握PLC的编程技能、应用技能也是每一个电气工作者的一项新的基本技能。

习　题

4.1　为什么要对生产机械进行调速?

4.2　什么是开环调速系统? 该系统有什么特点?

4.3　什么是闭环调速系统? 该系统有什么特点?

4.4　在图4.5所示的闭环调速系统中，假设负载转矩减小．试写出该系统的自动调速过程。

4.5　调速系统的质量指标主要有哪些?

4.6　什么是静差率? 静差率与机械特性的硬度有什么关系?

4.7　闭环调速系统为什么会出现振荡现象而造成系统的不稳定?

4.8　试简要叙述图4.11所示系统的自动调速过程。

4.9　采用电压负反馈为什么也能实现自动调速?

4.10　什么是“挖掘机特性”? 电流截止负反馈的主要作用是什么，它在什么情况下才起作用?

4.11　什么叫电压微分自动调速? 引入电压微分负反馈为什么有助于系统的稳定?

4.12　为什么要采用速度、电流双闭环自动调速系统?

4.13　试简要叙述交磁电机扩大机的结构及特点。

4.14　试简要叙述交磁电机扩大机的工作原理。

4.15　什么是交磁电机扩大机的空载特性? 什么是交磁电机扩大机的外特性?

4.16　试述图4.29所示系统的自动调速过程。

4.17　交磁电机扩大机自动调速系统中，电压负反馈的主要作用是什么? 它是怎样稳定转速的?

4.18　在交磁电机扩大机自动调速系统中，既然有了电压负反馈环节，为什么还要引入电流正反馈环节?

4.19　什么是“挖掘机特性”? 电流截止负反馈的主要作用是什么? 电流截止负反馈在什么情况下才起作用?

4.20　交磁电机扩大机调速系统中，为什么要引入稳定环节?

4.21　交磁电机扩大机调速系统中．稳定环节有哪些? 各稳定环节在调速系统中是如何起稳定作用的?

4.22　简述变频调速的工作原理。

4.23　什么是变频器? 按工作原理划分变频器可分为哪几类?

4.24　什么是 V/f 控制方式?

4.25　目前，应用于变频器中的电力半导体器件主要有哪些?

4.26　变频器在改变输出频率的同时，为什么要改变输出电压?

4.27　什么是PWM技术? 什么是SPWM技术?

4.28　如何选用变频器？

4.29　变频器功能预置的方法有哪几种？

4.30　试简述变频器程序设定的一般步骤。

4.31　变频调速系统在调试时，应遵循什么规律？

4.32　在维修变频器时应注意哪些事项？

4.33　已知图 4.131 梯形图，试编写程序。

4.34　已知如图 4.136 所示梯形图，试编写程序。

4.35　将电动机双重联锁正反转继电器控制电路图转换成梯形图。

4.36　采用两个计数器 CT，设计出梯形图，可实现如下功能：当输入 X0 为 ON，经过 400 秒后，输出 Y0 为 ON，当 X0 为 OFF 时，电路复位。

4.37　采用步进指令画出交通信号灯控制线路的梯形图，实现“技能训练 3”的控制要求。

附 录

附录 1 低压电器产品型号类组代号表

代号	名称	A	B	C	D	G	H	J	K	L	M	P	Q	R	S	T	U	W	X	Y	Z
H	刀开关和转换开关				刀开源		封闭式负荷开关		开启式负荷开关					熔断器式刀开关	刀形转换开关					其他	组合开关
R	熔断器			插入式			汇流排式			螺旋式	密闭管式				快速	有填料管式			限流	其他	
D	断路器									照明	灭磁				快速			框架式①	限流	其他	塑料外壳式②
K	控制器					鼓形						平面				凸轮				其他	
C	接触器					高压		交流				中频			时间					其他	直流
Q	启动器	按钮式		磁力				减压							手动		油浸		星三角	其他	综合
J	控制继电器									电流				热	时间	通用		温度		其他	中间
L	主令电器	按钮							主令控制器						主令开关	足踏开关	旋钮	万能转换开关	行程开关	其他	
Z	电阻器		板形元件	冲片元件		管形元件									烧结元件	铸铁元件			电阻器	其他	
B	变阻器			旋臂式						励磁		频敏	启动		石墨	启动调速	油浸启动	液体启动	滑线式	其他	

续表

代号	名称	A	B	C	D	G	H	J	K	L	M	P	Q	R	S	T	U	W	X	Y	Z
T	调整器				电压																
M	电磁铁												牵引					起重			制动
A	其他		保护器	插销	灯		接线盒			铃											

①：原称万能式。

②：原称装置式。

附录 2　通用派生代号

派生字母	代表意义
A、B、C、D、…	结构设计稍有改进或变化
J	交流、防溅式
Z	直流、自动复位、防振、重任务
W	无灭弧装置
N	可逆
S	有锁住机构、手动复位、防水式、三相、三个电源、双线圈
P	电磁复位、防滴式、单相、两个电源、电压
K	开启式
H	保护式、带缓冲装置
M	密封式、灭磁
Q	防尘式、手牵式
L	电流的
F	高返回、带分励脱扣

附录 3　特殊环境条件派生代号

派生字母	说　明	备　注
T	按湿热带临时措施制造	此项派生代号加注在产品全型号后
TH	湿热带	
TA	干热带	
G	高原	
H	船用	
Y	化工防腐用